U0623548

工业机器人编程从入门到精通

（ABB和KUKA）

龚仲华　编著

化学工业出版社

·北京·

内 容 简 介

　　本书以工业机器人应用为主旨，在介绍工业机器人的基本概念、编程基础知识的基础上，对 ABB、KU-KA 工业机器人的程序结构、指令功能与格式、编程示例进行了详尽说明；对机器人工具坐标系、工件坐标系、负载等作业数据以及作业范围、干涉区、软极限等与程序运行相关的系统参数设定方法进行了完整阐述。

　　本书提供了机器人编程指令的代码以及大量的程序实例详解，内容全面、选材典型、案例丰富，可供工业机器人编程、操作、维修人员及高等学校师生参考。

图书在版编目（CIP）数据

工业机器人编程从入门到精通：ABB 和 KUKA/
龚仲华编著． —北京：化学工业出版社，2023.5（2024.8重印）
ISBN 978-7-122-42745-8

Ⅰ.①工… Ⅱ.①龚… Ⅲ.①工业机器人-程序设计
Ⅳ.①TP242.2

中国国家版本馆 CIP 数据核字（2023）第 020903 号

责任编辑：毛振威　张兴辉　　　　　　　　　文字编辑：张　宇　陈小滔
责任校对：李　爽　　　　　　　　　　　　　装帧设计：刘丽华

出版发行：化学工业出版社（北京市东城区青年湖南街 13 号　邮政编码 100011）
印　　装：北京科印技术咨询服务有限公司数码印刷分部
787mm×1092mm　1/16　印张 30½　字数 826 千字　2024 年 8 月北京第 1 版第 2 次印刷

购书咨询：010-64518888　　　　　　　售后服务：010-64518899
网　　址：http://www.cip.com.cn
凡购买本书，如有缺损质量问题，本社销售中心负责调换。

定　　价：139.00 元

版权所有　违者必究

前言

工业机器人是融合机械、电子、控制、计算机、传感器、人工智能等多学科先进技术的智能产品，是制造业自动化、智能化的基础设备。随着社会进步和劳动力成本的增加，工业机器人在我国的应用已日趋广泛。

本书涵盖了工业机器人从编程基础到系统掌握 ABB、KUKA 机器人编程的全部内容。全书具体内容如下。

第 1～2 章为基础篇，对机器人产生、发展、分类与应用情况，工业机器人的组成特点、结构形态、技术参数以及 ABB、KUKA 工业机器人产品进行了介绍；对工业机器人运动控制与坐标系、机器人与工具姿态、作业控制要求等基本概念进行了详细阐述。

第 3～6 章为 ABB 篇，对 ABB 机器人的 RAPID 程序结构与格式、程序声明与程序调用、程序数据及定义、表达式运算与函数进行了系统阐述；对机器人移动、速度和姿态控制及控制点插补等运动控制指令，以及输入/输出、程序运行控制、程序中断、错误处理、伺服控制等系统控制指令进行了详尽说明；对工具坐标系设定、负载设定、工件坐标系设定、机器人运动保护设定指令进行了全面介绍，并提供了完整的搬运机器人、弧焊机器人程序实例。

第 7～10 章为 KUKA 篇，对 KUKA 工业机器人的 KRL 程序结构与格式、基本语法、程序数据、表达式与函数、系统变量、定时器与标志进行了系统阐述；对机器人移动指令、样条插补指令、输入/输出指令、控制点输出指令、循环处理指令、程序控制指令及中断程序编程进行了详尽说明；对机器人手动操作、用户程序创建与项目管理、程序输入与编辑、示教编程操作，以及机器人零点设定与校准，负载、坐标系、软极限、工作区间设定及系统状态显示操作进行了完整阐述。

本书编写参阅了 ABB、KUKA 公司的技术资料，并得到了 ABB、KUKA 技术人员的大力支持与帮助，在此表示衷心的感谢！

由于编著者水平有限，书中难免存在疏漏，期望广大读者批评、指正，以便进一步提高本书的质量。

编著者

目录

KUKA篇

基础篇

第1章

工业机器人概述

扫码阅读

第**2**章

工业机器人编程基础

2.1 运动控制与坐标系

2.1.1 机器人基准与控制模型

(1) 运动控制要求

工业机器人是一种功能完整、可独立运行的自动化设备,机器人系统的运动控制主要包括本体运动、工具运动、工件(工装)运动等。

机器人的工具运动一般比较简单,以电磁元件通断控制居多,其性质与 PLC 的开关量逻辑控制相似,因此,通常可利用控制系统的开关量输入/输出(DI/DO)信号和逻辑处理指令进行控制。有关内容见后述。

机器人本体及工件的移动是工业机器人作业必需的基本运动,所有运动轴都需要有位置、速度、转矩控制功能,可在运动范围内的任意位置定位,其性质与数控系统的坐标轴相同,因此,通常需要采用伺服驱动系统控制。利用伺服驱动系统控制的运动轴,在机器人上有时统称"关节轴";但是,通过气动或液压控制,只能实现定点定位的运动部件,不能称为机器人的运动轴。

运动控制需要有明确的控制目标。工业机器人的作业需要通过作业工具和工件的相对运动实现,因此,控制目标通常就是工具的作业部位,该位置称为工具控制点(tool control point)或工具中心点(tool center point),简称 TCP。由于 TCP 一般不是工具的几何中心,为避免歧义,本书中统一将其称为工具控制点。

为了便于操作和编程,机器人 TCP 在三维空间的位置、运动轨迹通常需要用笛卡儿直角坐标系(以下简称笛卡儿坐标系)描述。然而,在垂直串联、水平串联、并联等结构的机器人上,实际上并不存在可直接实现笛卡儿坐标系 X、Y、Z 轴运动的坐标轴,TCP 的定位和移动,需要通过多个关节轴回转、摆动合成。因此,在机器人控制系统上,必须建立运动控制模型,确定 TCP 笛卡儿坐标系位置和机器人关节轴位置的数学关系,再通过逆运动学,将笛卡儿坐标系的位置换算成关节轴的回转角度。

通过逆运动学将笛卡儿坐标系运动转换为关节轴运动时,实际上存在多种实现的可能性。

为了保证运动可控，当机器人位置以笛卡儿坐标形式指定时，必须对机器人的状态（称为姿态）进行规定。

6轴垂直串联机器人的运动轴包括腰回转（j1轴）、上臂摆动（j2轴）、下臂摆动（j3轴）以及手腕回转（j4轴）、腕摆动（j5轴）、手回转（j6轴）；其中，j1、j2、j3轴的状态决定了机器人机身的方向和位置（称为本体姿态或机器人姿态）；j4、j5、j6轴主要用来控制作业工具方向和位置（称为工具姿态）。

机器人和工具的姿态需要通过机器人的基准点、基准线进行定义，垂直串联机器人的基准点、基准线通常规定如下。

(2) 机器人基准点

垂直串联机器人基准点的运动控制基准点一般有图2.1.1所示的手腕中心点（WCP）、工具参考点（TRP）、工具控制点（TCP）三点。

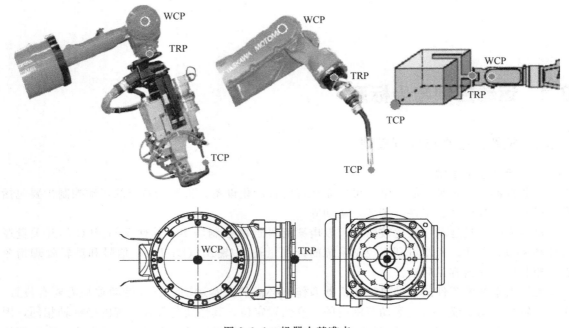

图 2.1.1　机器人基准点

① 手腕中心点（WCP）。机器人的手腕中心点（wrist center point，简称WCP）是确定机器人姿态、判别机器人奇点（singularity）的基准位置。垂直串联机器人的WCP点一般为手腕摆动轴j5和手回转轴j6的回转中心线交点。

② 工具参考点（TRP）。机器人的工具参考点（tool reference point，简称TRP）是机器人运动控制模型中的笛卡儿坐标系运动控制目标点，也是作业工具（或工件）安装的基准位置。垂直串联机器人的TRP通常位于手腕工具法兰的中心。

TRP也是机器人手腕基准坐标系（wrist reference coordinates）的原点，作业工具或工件的TCP位置、方向及工具（或工件）的质量、重心、惯量等参数，都需要通过手腕基准坐标系定义。如果机器人不安装工具（或工件）、未设定工具坐标系，系统将自动以TRP替代工具控制点TCP，作为笛卡儿坐标系的运动控制目标。

③ 工具控制点（TCP）。TCP是机器人作业时笛卡儿坐标系运动控制的目标点，当机器人手腕安装工具时，TCP就是工具（末端执行器）的实际作业部位，如果机器人安装（抓取）的是工件，TCP就是工件的作业基准点。

TCP 位置与手腕安装的作业工具（或工件）有关，例如，弧焊、喷涂机器人的 TCP 通常为焊枪、喷枪的枪尖；点焊机器人的 TCP 一般为焊钳的电极端点；如果手腕安装的是工件，TCP 则为工件的作业基准点；等等。

工具控制点（TCP）与工具参考点（TRP）的数学关系可由用户通过工具坐标系的设定建立，如果不设定工具坐标系，系统将默认 TCP 和 TRP 重合。

（3）机器人基准线

机器人基准线主要用来定义机器人结构参数、确定机器人姿态、判别机器人奇点。垂直串联机器人的基准线通常有图 2.1.2 所示的机器人回转中心线、下臂中心线、上臂中心线、手回转中心线四条。为了便于控制，机器人回转中心线、上臂中心线、手回转中心线通常设计在与机器人安装底面垂直的同一平面（下称中心线平面）上。基准线定义如下。

机器人回转中心线：腰回转轴 j1 回转中心线。

下臂中心线：平行于中心线平面，与下臂摆动轴 j2 和上臂摆动轴 j3 的回转中心线垂直相交的直线。

上臂中心线：j4 轴回转中心线。

手回转中心线：j6 轴回转中心线。

（4）运动控制模型

运动控制模型用来建立机器人关节轴位置与机器人基座坐标系工具参考点（TRP）位置间的数学关系。

6 轴垂直串联机器人的运动控制模型通常如图 2.1.3 所示。它需要由机器人生产厂家在控制系统中定义如下结构参数。

基座高度（height of foot）：下臂摆动中心到机器人基座坐标系 XY 平面的距离。

下臂（j2 轴）偏移（offset of joint 2）：下臂摆动中心线到机器人回转中心线（基座坐标系 Z 轴）的距离。

下臂长度（length of lower arm）：上臂摆动中心线到下臂摆动中心线的距离。

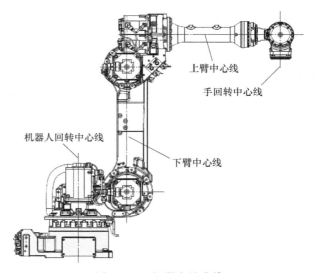

图 2.1.2 机器人基准线

上臂（j3 轴）偏移（offset of joint 3）：上臂中心线到上臂摆动中心线的距离。

上臂长度（length of upper arm）：上臂中心线与下臂中心线垂直时，手腕摆动（j5 轴）中心线到下臂中心线的距离。

手腕长度（length of wrist）：工具参考点（TRP）到手腕摆动（j5 轴）中心线的距离。

运动控制模型一旦建立，控制系统便可根据关节轴的位置，计算出 TRP 在机器人基座坐标系上的位置（笛卡儿坐标系位置），或者利用 TRP 位置逆向求解关节轴位置。

当机器人需要进行实际作业时，控制系统可通过工具坐标系参数，将运动控制目标点由 TRP 变换到 TCP 上，并利用用户、工件坐标系参数，确定基座坐标系原点和实际作业点的位置关系；对于使用变位器的移动机器人或倾斜、倒置安装的机器人，还可进一步利用大地坐标系，确定基座坐标系原点相对于地面固定点的位置。

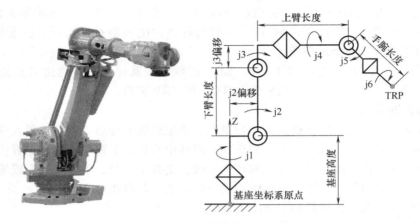

图 2.1.3　机器人运动控制模型与结构参数

2.1.2 关节轴、运动组与关节坐标系

(1) 关节轴与运动组

机器人作业需要通过工具控制点 (TCP) 和工件的相对运动实现，其运动形式很多。

例如，图 2.1.4 所示的带有机器人变位器、工件变位器等辅助运动部件的多机器人复杂系统上，机器人 1、机器人 2 不仅可以通过本体的关节运动，改变 TCP1、TCP2 和工件的相对位置，还可以通过工件变位器的运动，同时改变 TCP1、TCP2 和工件的相对位置，或者通过机器人变位器的运动，改变 TCP1 和工件的相对位置。

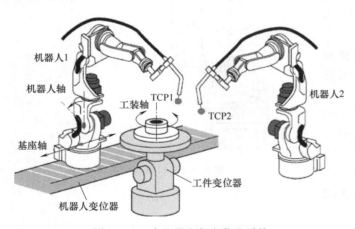

图 2.1.4　多机器人复杂作业系统

工业机器人上，由控制系统控制位置、速度、转矩，利用伺服驱动的运动轴（伺服轴），称为关节轴（joint axis）。为了区分运动轴功能，习惯上将控制机器人变位器、工件变位器运动的伺服轴称为外部关节轴（ext joint axis），简称外部轴（ext axis）或外部关节（ext joint）；而用来控制机器人本体运动的伺服轴直接称为关节轴（joint axis）。

由于工业机器人系统的运动轴众多、结构多样，为了便于操作和控制，在控制系统中，通常需要根据运动轴的功能，将其划分为若干运动单元、进行分组管理。例如，图 2.1.4 所示的机器人系统，可将运动轴划分为机器人 1、机器人 2、机器人 1 基座、工件变位器四个运动单元等。

运动单元的名称在不同机器人上有所不同。例如，FANUC 机器人称"运动群组（motion group）"、安川机器人称为"控制轴组（control axis group）"、ABB 机器人称为"机械单元（mechanical unit）"、KUKA 称"运动系统组（motion system group）"等。

工业机器人系统的运动单元一般分为如下三类。

机器人单元：由控制同一机器人本体运动的伺服轴组成，多机器人作业系统的每一个机器人都是 1 个相对独立的运动单元。机器人单元可直接控制目标点的运动。

基座单元：由控制同一机器人基座运动的伺服轴组成，多机器人作业系统的每一个机器人变位器都是 1 个相对独立的运动单元。基座单元可用于机器人的整体运动。

工装单元：由控制同一工件运动的伺服轴组成。工装单元可控制工件运动，改变机器人控制目标点与工件的相对位置。

由于基座单元、工装单元安装在机器人外部，因此，在机器人控制系统上，统称外部轴（ext axis）或外部关节（ext joint）。如果作业工具（如伺服焊钳等）含有系统控制的伺服轴，它也属于外部轴的范畴。

机器人运动单元可利用系统控制指令控制生效或撤销。运动单元生效时，该单元的全部运动轴都处于位置控制状态，随时可利用手动操作或移动指令控制其运动；运动单元撤销时，该单元的全部运动轴都将处于相对静止的"伺服锁定"状态，伺服电机位置可通过伺服驱动系统的闭环调节功能保持不变。

（2）机器人坐标系

工业机器人控制目标点的运动需要利用坐标系进行描述。机器人的坐标系众多，按类型分有关节坐标系、笛卡儿直角坐标系两类；按功能与用途，可分为基本坐标系、作业坐标系两类。

① 基本坐标系。机器人基本坐标系是任何机器人运动控制必需的坐标系，它需要由机器人生产厂家定义，用户不能改变。

垂直串联机器人的基本坐标系主要有关节坐标系、机器人基座坐标系（笛卡儿坐标系）、手腕基准坐标系（笛卡儿坐标系）三个，三者间的数学关系直接由控制系统的运动控制模型建立，用户不能改变其原点位置和方向。

② 作业坐标系。机器人作业坐标系是为了方便操作编程而建立的虚拟坐标系，用户可以根据实际作业要求设定。

垂直串联机器人的作业坐标系都为笛卡儿直角坐标系。根据坐标系用途，作业坐标系可分为工具坐标系、用户坐标系、工件坐标系、大地坐标系等几种；其中，大地坐标系在任何机器人系统中只能设定 1 个，其他作业坐标系均可设定多个。

由于工业机器人目前还没有统一的标准，加上中文翻译等原因，不同机器人的坐标系名称、定义方法不统一，另外，由于控制系统规格、软件版本、功能的区别，坐标系的数量也有所不同，常用机器人的坐标系名称、定义方法可参见后述。

在机器人坐标系中，关节坐标系是真正用于运动轴控制的坐标系，其功能与定义方法如下，其他坐标系的功能与定义方法见后述。

（3）关节坐标系定义

用来描述机器人关节轴运动的坐标系称为关节坐标系（joint coordinates）。关节轴是机器人实际存在、真正用于机器人运动控制的伺服轴，因此，所有机器人都必须定义唯一的关节坐标系。

关节轴与控制系统的伺服驱动轴（机器人轴和外部轴）一一对应，其位置、速度、转矩均可由伺服驱动系统进行精确控制，因此，机器人的实际作业范围、运动速度等主要技术参数，通常都以关节轴的形式定义。机器人使用时，如果用关节坐标系定义机器人位置，无需考虑机器人姿态、奇点（见后述）。

6 轴垂直串联机器人本体的关节轴都是回转（摆动）轴，但用于机器人变位器、工件变位器运动的外部轴，可能是回转轴或直线轴。

垂直串联机器人本体关节轴的定义如图 2.1.5 所示，关节轴的名称、方向、零点必须由机器人生产厂家定义。对于不同公司生产的机器人，关节轴名称、位置数据格式以及运动方向、零点位置均有较大的区别。

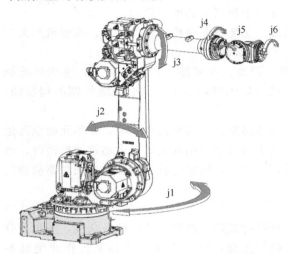

图 2.1.5　机器人本体关节轴

在常用的机器人中，FANUC、安川、KUKA 机器人的关节坐标系位置以 1 阶多元数值型（num 型）数组表示，ABB 机器人的关节坐标系位置则以 2 阶多元数值型（num 型）数组表示。数组所含的数据元数量，就是控制系统实际运动轴的数量。此外，关节轴的方向、零点定义也有较大区别（详见后述）。

FANUC、安川、ABB、KUKA 机器人的关节轴名称、位置数据格式如下。

FANUC 机器人：机器人本体轴名称为 J1，J2，…，J6；外部轴名称为 E1，E2，…；关节坐标系位置数据格式为（J1，J2，…，J6，E1，E2，…）。

安川机器人：机器人本体轴名称为 S，L，U，R，B，T；外部轴名称为 E1，E2，…；关节坐标系位置数据格式为（S，L，U，R，B，T，E1，E2，…）。

ABB 机器人：机器人本体轴名称为 j1，j2，…，j6；外部轴名称为 e1，e2，…；关节坐标系位置数据格式为 [[j1，j2，…，j6]，[e1，e2，…]]。

KUKA 机器人：机器人本体轴名称为 A1，A2，…，A6；外部轴名称为 E1，E2，…；关节坐标系位置数据格式为（A1，A2，…，A6，E1，E2，…）。

2.1.3　机器人基准坐标系

垂直串联机器人实际上不存在物理意义上的笛卡儿坐标系运动轴，因此，所有笛卡儿坐标系都是为了便于操作编程而虚拟的坐标系。

机器人的笛卡儿坐标系众多，其中，机器人基座坐标系是运动控制模型中用来计算工具参考点（TRP）三维空间位置的基准坐标系；机器人手腕基准坐标系是用来实现控制目标点变换（TRP/TCP 转换）的基准坐标系，它们是任何机器人都必备的基本笛卡儿坐标系，需要由机器人生产厂家定义。常用工业机器人的基本笛卡儿坐标系定义如下。

（1）机器人基座坐标系

机器人基座坐标系（robot base coordinates）是用来描述机器人工具参考点（TRP）三维空间运动的基本笛卡儿坐标系，同时，它也是工件坐标系、用户坐标系、大地坐标系等作业坐标系的定义基准。基座坐标系与关节坐标系的数学关系直接由控制系统的运动控制模型确定，用户不能改变其原点位置和坐标轴方向。

6 轴垂直串联机器人的基座坐标系如图 2.1.6 所示。机器人基座坐标系的原点、方向在不同公司生产的机器人上基本统一，规定如下。

Z 轴：机器人回转（j1 轴）中心线为基座坐标系的 Z 轴，垂直于机器人安装面向上方向为 +Z 方向。

X 轴：与机器人回转（j1 轴）中心线相交并垂直于机器人基座前侧面的直线为 X 轴，向外的方向为 +X 方向。

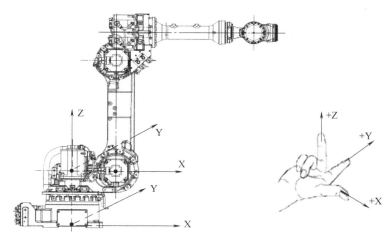

图 2.1.6　机器人基座坐标系

Y 轴：右手定则决定。

原点：基座坐标系的原点位置在不同机器人上稍有不同。为了便于机器人安装使用，基座、腰一体化设计的中小型机器人，其基座坐标系原点（Z 轴零点）一般定义于机器人安装底平面；基座、腰分离设计或需要框架安装的大中型机器人，基座坐标系原点（Z 轴零点）有时定义在通过 j2 轴回转中心、平行于安装底平面的平面上。

机器人基座坐标系的名称在不同公司生产的机器人上有所不同。例如，安川称为机器人坐标系（robot coordinates），ABB 称为基坐标系（base coordinates），KUKA 机器人称为机器人根坐标系（robot root coordinates）；由于机器人出厂时，控制系统默认机器人为地面固定安装，大地坐标系与机器人基座坐标系重合，因此，FANUC 机器人直接称之为大地坐标系（world coordinates），中文说明书译作"全局坐标系"。

地面固定安装的机器人通常不使用大地坐标系，控制系统默认大地坐标系与机器人基座坐标系重合，因此，机器人基座坐标系就是用户坐标系、工件坐标系的定义基准；如果机器人倾斜、倒置安装，或者机器人可通过变位器移动，一般需要通过大地坐标系定义机器人基座坐标系的位置和方向。

（2）手腕基准坐标系

机器人的手腕基准坐标系（wrist reference coordinates）是作业工具的设定基准。工具控制点（TCP）的位置，工具安装方向以及工具质量、重心、惯量等参数都需要利用手腕基准坐标系进行定义，它同样需要由机器人生产厂家定义。

手腕基准坐标系原点就是机器人的工具参考点（TRP），TRP 在机器人基座坐标系的空间位置可以直接通过控制系统的运动控制模型确定；手腕基准坐标系的方向用来确定工具的作业中心线方向（工具安装方向），手腕基准坐标系在机器人出厂时已定义，用户不能改变。

常用 6 轴垂直串联机器人的手腕基准坐标系定义如图 2.1.7 所示，坐标系的原点、Z 轴方向在不同公司生产的机器人上统一，但 X、Y 轴方向与机器人手腕弯曲轴的运动方向有关，在不同机器人上有所不同。手腕基准坐标系一般按以下原则定义。

Z 轴：机器人手回转（j6 轴）中心线为手腕基准坐标系的 Z 轴，垂直于工具安装法兰面向外的方向为＋Z 方向（统一）。

X 轴：位于机器人中心线平面，与手回转（j6 轴）中心线垂直相交的直线为 X 轴；j4、j6 轴为 0°时，j5 轴正向回转的切线方向为＋X 方向。

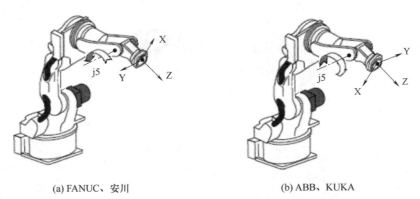

(a) FANUC、安川　　　　　　　(b) ABB、KUKA

图 2.1.7　手腕基准坐标系

　　Y 轴：随 X 轴改变，由右手定则决定。

　　原点：手回转中心线与手腕工具安装法兰面的交点。

　　在不同公司生产的机器人上，机器人手腕弯曲轴 j5 的回转方向有所不同，因此，手腕基准坐标系的 X、Y 轴方向也有所不同。例如，FANUC、安川等日本产品通常以手腕向上（向外）回转的方向为 j5 轴正向，手腕基准坐标系的＋X 方向如图 2.1.7（a）所示；ABB、KUKA 等欧洲产品通常以手腕向下（向内）回转的方向为 j5 轴正向，手腕基准坐标系的＋X 方向如图 2.1.7（b）所示。

　　手腕基准坐标系的名称在不同公司生产的机器人上有所不同。例如，安川、ABB 称为手腕法兰坐标系（wrist flange coordinates）；KUKA 称为法兰坐标系（flange coordinates）；FANUC 称为工具安装坐标系（tool installation coordinates，说明书译作"机械接口坐标系"）；等等。

2.1.4　机器人作业坐标系

(1) 机器人作业坐标系

　　机器人作业坐标系是为了方便操作编程而建立的虚拟坐标系，从机器人控制系统参数设定的角度，工业机器人常用的作业坐标系有图 2.1.8 所示的工具坐标系、用户坐标系、工件坐标

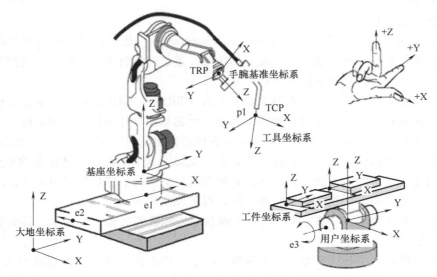

图 2.1.8　机器人作业坐标系

系、大地坐标系几类，其作用如下。

① 工具坐标系。在工业机器人控制系统上，用来定义机器人手腕上所安装的工具或所夹持的物品（工件）运动控制目标点位置和方向的坐标系，称为工具坐标系（tool coordinates）。工具坐标系原点就是作业工具的工具控制点（TCP）或手腕夹持物品（工件）的基准点；工具坐标系的方向就是作业工具或手腕夹持物品（工件）的安装方向。

通过工具坐标系，控制系统才能将运动控制模型中的运动控制目标点，由 TRP 变换到实际作业工具的 TCP 上，因此，它是机器人实际作业必须设定的基本作业坐标系。机器人工具需要修磨、调整、更换时，只需要改变工具坐标系参数，便可利用同样的作业程序，进行新工具作业。

工具坐标系可通过手腕基准坐标系平移、旋转的方法定义，如果不使用工具坐标系，控制系统将默认工具坐标系和手腕基准坐标系重合。

② 用户坐标系和工件坐标系。机器人控制系统的用户坐标系（user coordinates）和工件坐标系（work coordinates）都是用来确定 TCP 与工件相对位置的笛卡儿坐标系。在机器人作业程序中，控制目标点的位置一般以笛卡儿坐标系位置的形式指定，利用用户、工件坐标系就可直接定义控制目标点相对于作业基准的位置。

在同时使用用户坐标系和工件坐标系的机器人上（如 ABB），两者的关系如图 2.1.9 所示。用户坐标系一般用来定义机器人作业区的位置和方向，例如，当工件安装在图 2.1.8 所示的工件变位器上，或者，需要在图 2.1.9 所示的不同作业区进行多工件作业时，可通过用户坐标系来确定工件变位器、作业区的位置和方向。工件坐标系通常用来描述作业对象（工件）基准点位置和安装方向，故又称对象坐标系（object coordinates，如 ABB）或基本坐标系（base coordinates，如 KUKA）。

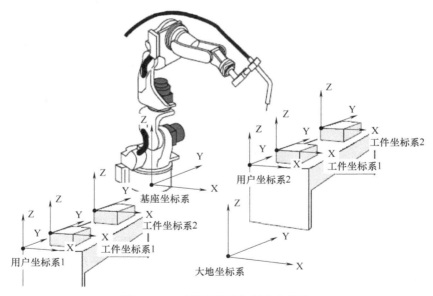

图 2.1.9　工件坐标系与用户坐标系

在机器人作业程序中，如果用用户坐标系、工件坐标系描述机器人 TCP 运动，程序中的位置数据就可与工件图纸上的尺寸统一，操作编程就简单、容易；此外，当机器人需要进行多工件相同作业时，只需要改变工件坐标系，便可利用同样的作业程序，完成不同工件的作业。

由于用户坐标系和工件坐标系的作用类似，且均可通过程序指令进行平移、旋转等变换，因此，FANUC、安川等机器人只使用用户坐标系，KUKA 机器人则只使用工件坐标系（KU-KA 称为基本坐标系）。

用户坐标系、工件坐标系需要通过机器人基座坐标系（或大地坐标系）的平移、旋转定义，如果不定义，控制系统将默认用户坐标系、工件坐标系和机器人基座坐标系（或大地坐标系）重合。

③ 大地坐标系。机器人控制系统的大地坐标系（world coordinates）用来确定机器人基座坐标系、用户坐标系、工件坐标系的位置关系。对于配置机器人变位器、工件变位器等外部轴的作业系统，或者机器人需要倾斜、倒置安装时，利用大地坐标系可使机器人和作业对象的位置描述更加清晰。

大地坐标系的设定只能唯一。大地坐标系一经设定，它将取代机器人基座坐标系，成为用户坐标系、工件坐标系的设定基准。如果不使用大地坐标系，控制系统将默认大地坐标系和机器人基座坐标系重合。

大地坐标系（world coordinates）的名称在不同机器人上有所不同，ABB 说明书译作"大地坐标系"，FANUC 说明书译作"全局坐标系"，安川机器人译作"基座坐标系"，KUKA 说明书译作"世界坐标系"，等等。

需要注意的是：在部分机器人（如 KUKA）上，工具、工件、用户坐标系可能只是机器人控制系统的参数名称，参数的真实用途与机器人作业形式有关；在这种情况下，工件外部安装、机器人移动工具作业（简称工具移动作业）和工具外部安装、机器人移动工件作业（简称工件移动作业）时，工具、工件坐标系参数的实际作用有区别。

(2) 工具移动作业坐标系定义

工具移动作业是机器人最常见的作业形式，搬运、码垛、弧焊、涂装等机器人的抓手、焊枪、喷枪大多安装在机器人手腕上，因此，需要采用如图 2.1.10 所示的工件外部安装、机器人移动工具作业系统。

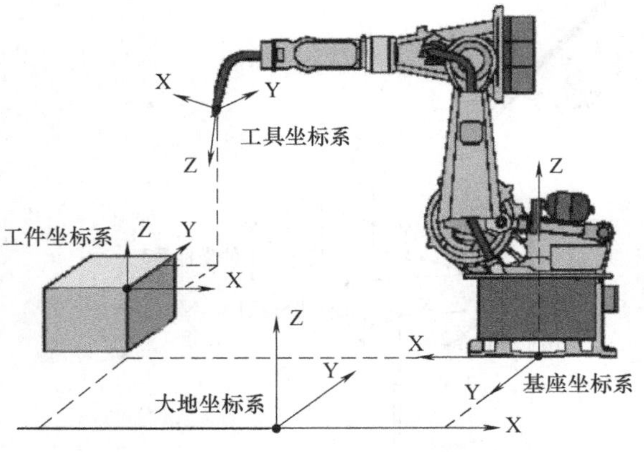

图 2.1.10　工具移动作业系统

机器人移动工具作业时，工件被安装（安放）在机器人外部（地面或工装上），作业工具安装在机器人手腕上，机器人的运动可直接改变工具控制点（TCP）的位置。在这种作业系统上，控制系统的工具坐标系参数被用来定义作业工具的 TCP 位置和安装方向，工件坐标系、用户坐标系被用来定义工件的基准点位置和安装方向。

机器人需要使用不同工具，进行多工件作业时，工具、工件坐标系可设定多个。如果工件固定安装，且作业面与机器人安装面（地面）平行，此时，工件基准点在机器人基座坐标系上的位置很容易确定，也可不使用工件坐标系，直接通过基座坐标系描述 TCP 运动。

在配置有机器人变位器、工件变位器等外部轴的系统上，机器人基座坐标系、工件坐标系将成为运动坐标系，此时，如果设定大地坐标系，可更加清晰地描述机器人、工件运动。

(3) 工件移动作业坐标系定义

工具外部安装、机器人移动工件作业系统如图 2.1.11 所示。工件移动作业通常用于小型、轻质零件在固定工具上的作业，例如，进行小型零件的点焊、冲压加工时，为了减轻机器人载荷，可采用工件移动作业，将焊钳、冲模等质量、体积较大的作业工具固定安装在地面或工装上。

机器人移动工件作业时，作业工具被安装在机器人外部（地面或工装上），工件夹持在机器人手腕上，机器人的运动将改变工件的基准点位置和方向。在这种作业系统上，控制系统的工具坐标系参数被用来定义工件的基准点位置和安装方向，而工件坐标系、用户坐标系参数则被用来定义工具的 TCP 位置和安装方向，因此，工件移动作业系统必须定义控制系统的工件坐标系、用户坐标系参数。

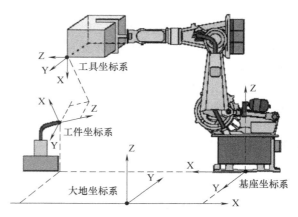

图 2.1.11　工件移动作业系统

同样，当机器人需要使用不同工具，进行多工件作业时，工具坐标系、工件坐标系可设定多个；如果系统配置有机器人变位器、工具移动部件等外部轴，设定大地坐标系可更加清晰地描述机器人、工具运动。

2.1.5　坐标系方向及定义

（1）坐标系方向的定义方法

在工业机器人上，机器人关节坐标系、基座坐标系、手腕基准坐标系的原点和方向已由机器人生产厂家在机器人出厂时设定，其他所有作业坐标系都需要用户自行设定。

工业机器人是一种多自由度控制的自动化设备，如果机器人的位置以虚拟笛卡儿坐标系的形式指定，不仅需要确定控制目标点（TCP）的位置，而且需要确定作业方向，因此，工具、工件、用户等作业坐标系需要定义原点位置，还需要定义方向。

工具、用户坐标系方向与工具类型、结构和机器人作业方式有关，且在不同厂家生产的机器人上有所不同（详见后述）。例如，在图 2.1.12 所示的安川点焊机器人上，工具坐标系的＋Z 方向被定义为工具沿作业中心线（以下简称工具中心线）接近工件的方向，工件（用户）坐标系的＋Z 方向被定义为工件安装平面的法线方向，等等。

三维空间的坐标系方向又称坐标系姿态，它需要通过基准坐标旋转的方法设定。在数学中，用来描述三维空间坐标旋转的常用方法有姿态角（attitude angle，又称旋转角、固定角）、欧拉角（Euler angles）、四元数（quaternion）、旋转矩阵（rotation matrix）等。旋转矩阵通常用于系统控制软件设计，不支持机器人用户设定。

工具、工件的方向规定、定义方法在不同机器人上有所不同。在常用机器人中，FANUC、安川一般采用姿态角定义法，ABB 机器人采用四元数定义法，KUKA 机器人采用欧拉角定义法；坐标系方向规定可参见后述。姿态角、欧拉角、四元素的定义如下。

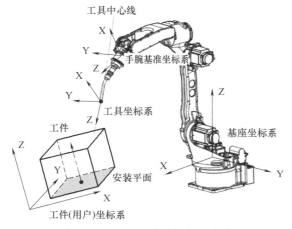

图 2.1.12　坐标系方向定义示例

(2) 姿态角定义

工业机器人的姿态角名称、定义方法与航空飞行器稍有不同。在垂直串联机器人手腕上，为了使坐标系旋转角度的名称与机器人动作统一，通常将旋转坐标系绕基准坐标系 X 轴的转动称为偏摆（yaw），转角以 W、R_x 表示；将旋转坐标系绕基准坐标系 Y 轴的转动称为俯仰（pitch），转角以 P、R_y 表示；将旋转坐标系绕基准坐标系 Z 轴的转动（如腰、手）称为回转（roll），转角以 R、R_z 表示。

用转角表示坐标系旋转时，所得到的旋转坐标系方向（姿态）与旋转的基准轴、旋转次序有关。如果旋转的基准轴规定为基准坐标系的原始轴（方向固定轴），旋转次序规定为 X→Y→Z，这样得到的转角称为"姿态角"。

为了方便理解，FANUC、安川等机器人的坐标系旋转参数 $W/P/R$、$R_x/R_y/R_z$，都可认为是旋转坐标系依次绕基准坐标系原始轴 X、Y、Z 旋转的角度（姿态角）。

例如，机器人手腕安装作业工具时，工具坐标系的旋转基准为手腕基准坐标系，如果需要设定如图 2.1.13（a）所示的工具坐标系方向，其姿态角将为 $R_x(W)＝0°$、$R_y(P)＝90°$、$R_z(R)＝180°$；即工具坐标系按图 2.1.13（b）所示，首先绕手腕基准坐标系的 Y_F 轴旋转 90°，使得旋转后的坐标系 X'_F 轴与需要设定的工具坐标系 X_T 轴方向一致；接着，将工具坐标系绕手腕基准坐标系的 Z_F 轴旋转 180°，使得 2 次旋转后的坐标系 Y'_F、Z'_F 轴与工具坐标系 Y_T、Z_T 轴方向一致。

按 X→Y→Z 次序旋转定义的姿态角 $W/P/R$、$R_x/R_y/R_z$，实际上和下述按 Z→Y→X 次序旋转所定义的欧拉角 $A/B/C$ 具有相同的数值，即 $R_x＝C$、$R_y＝B$、$R_z＝A$，因此，在定义坐标轴方向时，也可将姿态角 $R_x/R_y/R_z$ 视作欧拉角 $C/B/A$，但基准坐标系旋转的次序必须更改为 Z→Y→X。

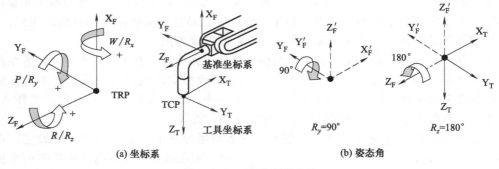

(a) 坐标系　　　　　　　　　　　　　(b) 姿态角

图 2.1.13　姿态角定义法

(3) 欧拉角定义

欧拉角（Euler angles）是另一种以转角定义旋转坐标系方向的方法。欧拉角和姿态角的区别在于：姿态角是旋转坐标系绕方向固定的基准坐标系原始轴旋转的角度，而欧拉角则是绕旋转后的新坐标系坐标轴回转的角度。

以欧拉角表示坐标旋转时，得到的坐标系方向（姿态）同样与旋转的次序有关。工业机器人的旋转次序一般规定为 Z→Y→X。因此，KUKA 等机器人的欧拉角 $A/B/C$ 的含义是：旋转坐标系首先绕基准坐标系的 Z 轴旋转 A，然后绕旋转后的新坐标系 Y 轴旋转 B，接着绕 2 次旋转后的新坐标系 X 轴旋转 C。

例如，同样对于图 2.1.13 所示的工具姿态，如果采用欧拉角定义法，对应的欧拉角为如图 2.1.14 所示的 $A＝180°$、$B＝90°$、$C＝0°$；即工具坐标系首先绕基准坐标系原始的 Z_F 轴旋转 180°，使得旋转后的坐标系 Y'_F 轴与工具坐标系 Y_T 轴方向一致；再绕旋转后的新坐标系 Y'_F

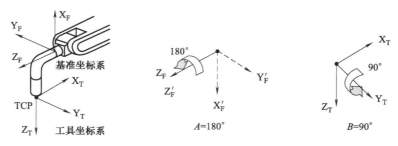

图 2.1.14　欧拉角定义法

轴旋转 $90°$，使得 2 次旋转后的坐标系 X_F'、Z_F' 轴与工具坐标系 X_T、Z_T 轴的方向一致。

由此可见，按 Z→Y→X 次序旋转定义的欧拉角 $A/B/C$，与按 X→Y→Z 次序旋转定义的姿态角 $R_x/R_y/R_z$（或 $W/P/R$）具有相同的数值，即 $A=R_z$、$B=R_y$、$C=R_x$。因此，也可将定义旋转坐标系的欧拉角 $A/B/C$ 视作姿态角 $R_z/R_y/R_x$，但基准坐标系的旋转次序必须更改为 X→Y→Z。

（4）四元数定义

ABB 机器人的旋转坐标系方向利用四元数（quaternion）定义，数据格式为 $[q1，q2，q3，q4]$。q_1、q_2、q_3、q_4 为表示坐标旋转的四元数，它们是带符号的常数，其数值和符号需要按照以下方法确定。

① 数值。四元数 q_1、q_2、q_3、q_4 的数值，可按以下公式计算后确定：

$$q_1^2+q_2^2+q_3^2+q_4^2=1$$

$$q_1=\frac{\sqrt{x_1+y_2+z_3+1}}{2}$$

$$q_2=\frac{\sqrt{x_1-y_2-z_3+1}}{2}$$

$$q_3=\frac{\sqrt{y_2-x_1-z_3+1}}{2}$$

$$q_4=\frac{\sqrt{z_3-x_1-y_2+1}}{2}$$

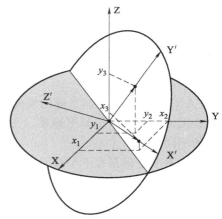

图 2.1.15　四元数数值计算

式中的 $(x_1，x_2，x_3)$、$(y_1，y_2，y_3)$、$(z_1，z_2，z_3)$ 分别为图 2.1.15 所示的旋转坐标系 X'、Y'、Z' 轴单位向量在基准坐标系 X、Y、Z 轴上的投影。

② 符号。四元数 q_1、q_2、q_3、q_4 的符号按下述方法确定。

q_1：符号总是为正；

q_2：符号由计算式 (y_3-z_2) 确定，$(y_3-z_2)\geqslant0$ 为"$+$"，否则为"$-$"；

q_3：符号由计算式 (z_1-x_3) 确定，$(z_1-x_3)\geqslant0$ 为"$+$"，否则为"$-$"；

q_4：符号由计算式 (x_2-y_1) 确定，$(x_2-y_1)\geqslant0$ 为"$+$"，否则为"$-$"。

例如，对于图 2.1.16 所示的工具坐标系，在 FANUC、安川机器人上用姿态角表示时，为 $R_x(W)=0°$、$R_y(P)=90°$、$R_z(R)=180°$；在 KUKA 机器人上用欧拉角表示时，为 $A=180°$、$B=90°$、$C=0°$；在 ABB 机器人上，用四元数表示时，因旋转坐标系 X'、Y'、Z' 轴（即工具坐标系 X_T、Y_T、Z_T 轴）单位向量在基准坐标系 X、Y、Z 轴（即手腕基准坐标系

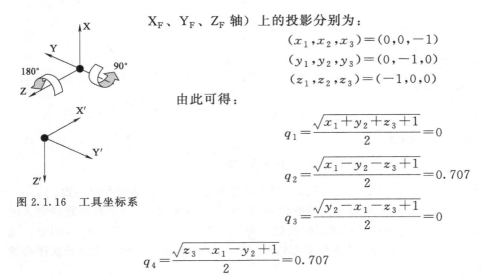

图 2.1.16　工具坐标系

X_F、Y_F、Z_F 轴）上的投影分别为：

$$(x_1, x_2, x_3) = (0, 0, -1)$$
$$(y_1, y_2, y_3) = (0, -1, 0)$$
$$(z_1, z_2, z_3) = (-1, 0, 0)$$

由此可得：

$$q_1 = \frac{\sqrt{x_1 + y_2 + z_3 + 1}}{2} = 0$$

$$q_2 = \frac{\sqrt{x_1 - y_2 - z_3 + 1}}{2} = 0.707$$

$$q_3 = \frac{\sqrt{y_2 - x_1 - z_3 + 1}}{2} = 0$$

$$q_4 = \frac{\sqrt{z_3 - x_1 - y_2 + 1}}{2} = 0.707$$

q_1、q_3 为 "0"，符号为 "+"；计算式 $(y_3 - z_2) = 0$，q_2 为 "+"；计算式 $(x_2 - y_1) = 0$，q_4 为 "+"；因此，工具坐标系的旋转四元数为 $[0, 0.707, 0, 0.707]$。

2.2　常用产品的坐标系定义

2.2.1　FANUC 机器人坐标系

(1) 基本说明

FANUC 机器人控制系统的坐标系实际上有关节坐标系、机器人基座坐标系、手腕基准坐标系、大地坐标系、工具坐标系、用户坐标系六类，但坐标系名称、使用方法与其他机器人有较大的不同。

手腕基准坐标系在 FANUC 机器人上称为工具安装坐标系（tool installation coordinates），中文说明书译作"机械接口坐标系"。手腕基准坐标系是通过运动控制模型建立，由 FANUC 定义的控制坐标系，通常只用于控制系统的工具坐标系参数设定，用户既不能改变其设定，也不能在该坐标系上进行其他操作，因此，机器人使用说明书一般不对其进行介绍。其他坐标系均可供用户操作、编程使用。

FANUC 机器人的坐标系在示教器上以英文缩写"JOINT""JGFRM""WORLD""TOOL""USER"的形式显示，其中，JGFRM 只能用于机器人手动操作。坐标系代号 JOINT、TOOL、USER 分别为关节坐标系、工具坐标系、用户坐标系，其含义明确。JGFRM、WORLD 坐标系的功能如下。

JGFRM：机器人手动（JOG）操作坐标系 JOG Frame 的代号，简称 JOG 坐标系。JOG 坐标系是 FANUC 公司为了方便机器人在基座坐标系手动操作而专门设置的特殊坐标系，其使用比机器人基座坐标系更方便（见后述）。机器人出厂时，控制系统默认 JOG 坐标系与机器人基座坐标系重合，因此，如不进行 JOG 坐标系设定操作，JOG 坐标系就可视作机器人基座坐标系。

WORLD：大地坐标系（world coordinates）的简称，中文说明书译作"全局坐标系"。大地坐标系是 FANUC 机器人基座坐标系、用户坐标系的设定基准，用户不能改变。由于绝大多数机器人采用的是地面固定安装，机器人出厂时默认大地坐标系与机器人基座坐标系重合，因此，FANUC 机器人操作编程时，通常直接用大地坐标系代替机器人基座坐标系。如果机器人需要利用变位器移动（附加功能），机器人基座坐标系与大地坐标系的相对位置，可通过控制系统的机器人变位器配置参数，由控制系统自动计算与确定。

为了与 FANUC 说明书统一，本书后述的内容中，也将 FANUC 机器人的 WORLD 坐标系称为全局坐标系，将手腕基准坐标系称为工具安装坐标系。

FANUC 机器人的坐标系定义如下。

(2) 机器人基本坐标系

关节、全局、机械接口坐标系是 FANUC 机器人的基本坐标系，必须由 FANUC 公司定义，用户不得改变。关节、全局、机械接口坐标系的原点位置、方向规定如下。

① 关节坐标系。FANUC 6 轴垂直串联机器人的腰回转、下臂摆动、上臂摆动、手腕回转、腕弯曲、手回转关节轴名称依次为 J1~J6；轴运动方向、零点定义如图 2.2.1 所示。机器人所有关节轴位于零点（J1~J6 为 0°）时，机器人中心线平面与基座前侧面垂直（J1 为 0°）；下臂中心线与基座安装底面垂直（J2 为 0°）；上臂中心线和手回转中心线与基座安装底面平行（J3、J5 为 0°）；手腕和手的基准线垂直基座安装底面向上（J4、J6 为 0°）。

② 全局、机械接口坐标系。FANUC 机器人的全局坐标系、机械接口坐标系原点和方向定义如图 2.2.2 所示。全局坐标系原点通常位于通过 J2 轴回转中心、平行于安装底平面的平面上；机械接口坐标系的 +Z 方向为垂直手腕工具安装法兰面向外，+X 方向为 J4 为 0°时的手腕向上（或向外）弯曲切线方向。

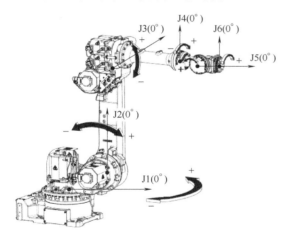
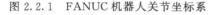
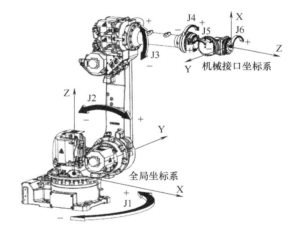

图 2.2.1　FANUC 机器人关节坐标系　　　　图 2.2.2　FANUC 机器人基本笛卡儿坐标系

(3) 工具、用户、JOG 坐标系

① 工具、用户坐标系。工具、用户坐标系是 FANUC 机器人的基本作业坐标系，用户坐标系可通过程序指令进行平移、旋转等变换，作为工件坐标系使用。工具、用户坐标系可由用户自由设定，其数量与控制系统型号、规格、功能有关，常用的机器人一般最大可设定 10 个工具坐标系、9 个用户坐标系。

FANUC 机器人控制系统的工具坐标系参数需要以机械接口坐标系为基准设定，如不设定工具坐标系，系统默认工具坐标系和机械接口坐标系重合；控制系统的用户坐标系参数需要以全局坐标系为基准设定，如不设定用户坐标系，系统默认用户坐标系和全局坐标系重合。工具、用户坐标系方向以基准坐标系按 X→Y→Z 次序旋转的姿态角 $W/P/R$ 表示。

② JOG 坐标系。JOG 坐标系是 FANUC 为方便机器人手动操作而专门设置的特殊坐标系，不能用于机器人程序。

JOG 坐标系的零点、方向可由用户设定，且可同时设定多个（通常为 5 个），因此，使用起来比机器人基座坐标系更方便。

例如，当机器人需要进行如图 2.2.3 所示的手动码垛时，可利用 JOG 坐标系的设定，方便、快捷地将物品从码垛区的指定位置取出。

FANUC 机器人控制系统的 JOG 坐标系参数需要以全局坐标系为基准设定，如不设定 JOG 坐标系，系统默认两者重合，此时，JOG 坐标系即可视为机器人手动操作时的机器人基座坐标系。

（4）常用工具的坐标系定义

工具、用户坐标系的方向与工具类型、结构以及机器人实际作业方式有关，在 FANUC 机器人上，常用工具以及工件的坐标系方向一般如下。

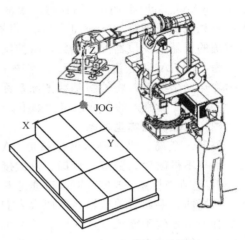

图 2.2.3　JOG 坐标系的作用

① 工具方向。工具移动作业系统的工具方向利用控制系统的工具坐标系定义，工件移动作业系统的工具方向利用控制系统的用户坐标系定义。常用工具在 FANUC 机器人上的坐标系方向一般按图 2.2.4 所示，定义如下。

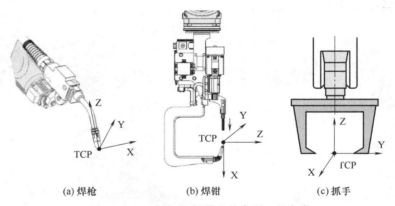

(a) 焊枪　　　　　　(b) 焊钳　　　　　　(c) 抓手

图 2.2.4　FANUC 机器人的常用工具方向

弧焊机器人焊枪：枪膛中心线向上方向为工具（或用户）坐标系的＋Z 方向；＋X 方向通常与基准坐标系的＋X 方向相同；＋Y 方向用右手定则决定。

点焊机器人焊钳：焊钳进入工件方向为工具（或用户）坐标系＋Z 方向；焊钳加压时的移动电极运动方向为＋X 方向；＋Y 方向用右手定则决定。

抓手：抓手一般只用于物品搬运、码垛等工具移动作业系统，工具坐标系的＋Z 方向一般与手腕基准坐标系相反（垂直手腕法兰向内）；＋X 方向与手腕基准坐标系的＋X 方向相同；＋Y 方向用右手定则决定。

② 工件方向。工具移动作业系统的工件安装在地面或工装上，工件方向需要利用控制系统的用户坐标系参数定义，用户坐标系的＋Z 方向一般为工件安装平面的法线方向；＋X 方向通常与全局坐标系的＋X 方向相反；＋Y 方向用右手定则决定。

工件移动作业系统的工件夹持在机器人手腕上，工件方向需要利用控制系统的工具坐标系参数定义，工具坐标系的＋Z 方向一般与机械接口坐标系的＋Z 方向相反（垂直手腕法兰向内）；＋X 方向与机械接口坐标系的＋X 方向相同；＋Y 方向用右手定则决定。

2.2.2　安川机器人坐标系

(1) 基本说明

安川机器人控制系统的坐标系实际上有关节坐标系、机器人基座坐标系、手腕基准坐标系、大地坐标系、工具坐标系、用户坐标系六类，但坐标系名称、使用方法与其他机器人有所不同。在安川机器人使用说明书上，手腕基准坐标系称为手腕法兰坐标系（wrist flange coordinates），机器人基座坐标系称为机器人坐标系（robot coordinates），大地坐标系称为基座坐标系（base coordinates）。

手腕基准（法兰）坐标系是用来建立运动控制模型，由安川定义的系统控制坐标系，通常只用于控制系统的工具坐标系参数设定，用户既不能改变其设定，也不能在该坐标系上进行其他操作，因此，机器人使用说明书一般不对其进行介绍。其他坐标系均可供用户操作、编程使用。

安川机器人示教器的坐标系显示为中文，如"关节坐标系""机器人坐标系""基座坐标系""直角坐标系""圆柱坐标系""工具坐标系""用户坐标系"；其中，直角坐标系、圆柱坐标系仅供机器人手动操作使用，其功能如下。

直角坐标系：用于机器人基座坐标系的手动操作。选择直角坐标系时，机器人可用笛卡儿直角坐标系的形式，控制 TCP 在机器人坐标系上的手动运动，因此，直角坐标系实际上就是通常意义上的手动操作机器人坐标系。

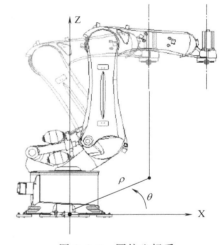

圆柱坐标系：安川公司为方便机器人坐标系手动操作而设置的坐标系。选择圆柱坐标系进行手动操作时，可以用图 2.2.5 所示的极坐标 ρ、θ，直接控制 TCP 进行机器人坐标系 XY 平面的径向、回转运动。

为了与安川说明书统一，本书后述的内容中，也将安川机器人的大地坐标系称为基座坐标系，将机器人基座坐标系称为机器人坐标系，将手腕基准坐标系称为手腕法兰坐标系。

(2) 机器人基本坐标系

关节坐标系、机器人坐标系、手腕法兰坐标系是安川机器人的基本坐标系，必须由安川公司定义，用户不得改变。关节坐标系、机器人坐标系、手腕法兰坐标系的原点位置、方向规定如下。

图 2.2.5　圆柱坐标系

① 关节坐标系。安川 6 轴垂直串联机器人的腰回转、下臂摆动、上臂摆动、手腕回转、腕弯曲、手回转关节轴名称依次为 S、L、U、R、B、T；轴运动方向、零点定义如图 2.2.6 所示。

安川机器人关节轴方向以及 S、L、U、R、T 轴的零点与 FANUC 机器人相同，但 B 轴零点有图 2.2.6 所示的两种情况：部分机器人以 S、L、U、R 为 0°时，手回转中心线与基座安装底面平行的位置为 B 轴零点；部分机器人则以 S、L、U、R 为 0°时，手回转中心线与基座安装底面垂直的位置为 B 轴零点。

② 机器人坐标系、手腕法兰坐标系。安川机器人的机器人坐标系、手腕法兰坐标系的原点和方向定义如图 2.2.7 所示。机器人坐标系原点位于机器人安装底平面；手腕法兰坐标系的＋Z 方向为垂直手腕工具安装法兰面向外，＋X 方向为 R 为 0°时的手腕向上（或向外）弯曲切线方向。

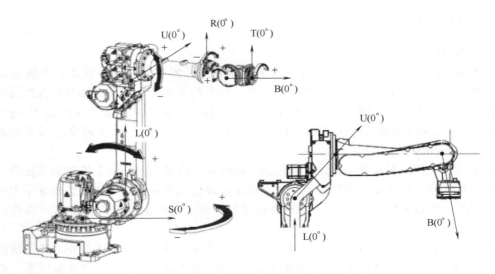

图 2.2.6　安川机器人关节坐标系

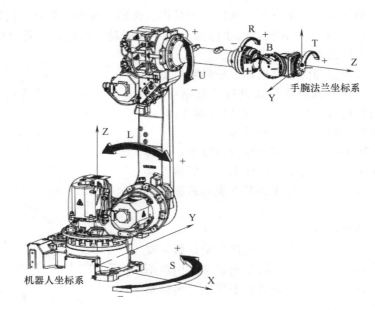

图 2.2.7　安川机器人基本笛卡儿坐标系

（3）基座、工具、用户坐标系

安川机器人控制系统的作业坐标系有基座坐标系、工具坐标系、用户坐标系三类。用户坐标系可通过程序指令进行平移、旋转等变换，作为工件坐标系使用。基座坐标系只能设定 1 个；工具、用户坐标系的数量与控制系统型号、规格、功能有关，常用的机器人一般最大可设定 64 个工具坐标系、63 个用户坐标系。

安川机器人的基座坐标系就是大地坐标系，它是机器人坐标系、用户坐标系的设定基准，其设定必须唯一；在利用变位器移动或倾斜、倒置安装的机器人上，机器人坐标系、用户坐标系的位置和方向需要通过基座坐标系确定。机器人出厂时默认基座坐标系和机器人坐标系重合，因此，对于绝大多数采用地面固定安装的机器人，基座坐标系就是机器人坐标系。机器人需要使用变位器移动或倾斜、倒置安装时（附加功能），机器人坐标系在大地坐标系上的位置和方向，可通过控制系统的机器人变位器配置参数，由控制系统自动计算与确定。

安川机器人控制系统的工具坐标系参数需要以手腕法兰坐标系为基准设定，如不设定工具坐标系，系统默认工具坐标系和手腕法兰坐标系重合；控制系统的用户坐标系参数需要以基座坐标系为基准设定，如不设定用户坐标系，系统默认用户坐标系和基座坐标系重合。工具、用户坐标系方向以基准坐标系按 X→Y→Z 次序旋转的姿态角 $R_x/R_y/R_z$ 表示。

（4）常用工具的坐标系定义

工具、用户坐标系的方向与工具类型、结构以及机器人实际作业方式有关。在安川机器人上，常用工具以及工件的坐标系方向一般如下。

① 工具方向。工具移动作业系统的工具方向利用控制系统的工具坐标系定义，工件移动作业系统的工具方向利用控制系统的用户坐标系定义。常用工具在安川机器人上的坐标系方向一般按图 2.2.8 所示，定义如下。

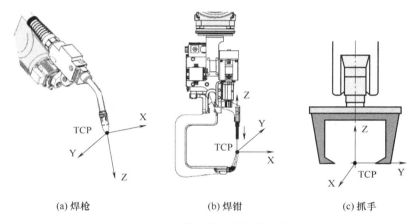

| (a) 焊枪 | (b) 焊钳 | (c) 抓手 |

图 2.2.8　安川机器人的常用工具方向

弧焊机器人焊枪：枪膛中心线向下方向为工具（或用户）坐标系＋Z 方向；＋X 方向通常与基准坐标系的＋X 方向相同；＋Y 方向用右手定则决定。

点焊机器人焊钳：焊钳进入工件方向为工具（或用户）坐标系＋X 方向；焊钳松开时的移动电极运动方向为＋Z 方向；＋Y 方向用右手定则决定。

抓手：一般只用于物品搬运、码垛等工具移动作业系统，工具坐标系的＋Z 方向一般与手腕基准坐标系相反（垂直手腕法兰向内）；＋X 方向与手腕基准坐标系的＋X 方向相同；＋Y 方向用右手定则决定。

② 工件方向。工具移动作业系统的工件安装在地面或工装上，工件方向需要利用控制系统的用户坐标系参数定义，用户坐标系的＋Z 方向一般为工件安装平面的法线方向；＋X 方向通常与机器人坐标系的＋X 方向相反；＋Y 方向用右手定则决定。

工件移动作业系统的工件夹持在机器人手腕上，工件方向需要利用控制系统的工具坐标系参数定义，工具坐标系的＋Z 方向一般与手腕法兰坐标系相反（垂直手腕法兰向内）；＋X 方向与手腕法兰坐标系的＋X 方向相同；＋Y 方向用右手定则决定。

2.2.3　ABB 机器人坐标系

（1）基本说明

ABB 机器人控制系统可使用关节、机器人基座、手腕基准、大地、工具、工件、用户等所有常用坐标系。在 ABB 机器人使用说明书上，手腕基准坐标系称为手腕法兰坐标系（wrist flange coordinates），机器人基座坐标系称为基坐标系（base coordinates），工件坐标系称为对象坐标系（object coordinates）。

ABB 机器人的手腕基准（法兰）坐标系是用来建立运动控制模型，由 ABB 定义的系统控制坐标系，通常只用于控制系统的工具坐标系参数设定，用户既不能改变其设定，也不能在该坐标系上进行其他操作，因此，机器人使用说明书一般不对其进行介绍。

ABB 机器人的用户坐标系、工件坐标系以及作业形式、运动单元等参数，需要由控制系统的工件数据（wobjdata）统一设定，因此，用户坐标系不能直接用于手动操作。

ABB 机器人示教器采用触摸屏操作，供用户操作、编程使用的坐标系在示教器上以中文"大地坐标系""基坐标""工具""工件坐标"及图标的形式显示和供用户选择；进行机器人基座坐标系手动操作时，应选择"基坐标"。ABB 机器人的用户坐标系手动操作不能直接选择，但可以通过工件坐标系和用户坐标系重合的工件数据定义，通过选择该工件坐标系，间接实现用户坐标系的手动操作功能。

为了与 ABB 说明书统一，本书后述的内容中，也将 ABB 机器人的机器人基座坐标系称为基坐标系，将手腕基准坐标系称为手腕法兰坐标系。

（2）机器人基本坐标系

关节坐标系、基坐标系、手腕法兰坐标系是 ABB 机器人的基本坐标系，必须由 ABB 公司定义，用户不得改变。关节、基坐标、手腕法兰坐标系的原点位置、方向规定如下。

① 关节坐标系。ABB 的 6 轴垂直串联机器人的腰回转、下臂摆动、上臂摆动、手腕回转、腕弯曲、手回转关节轴名称依次为 j1～j6；轴运动方向、零点定义如图 2.2.9 所示。

ABB 机器人的 j1、j2 的运动方向与 FANUC、安川机器人相同，但是 j3、j4、j5、j6 的运动方向与 FANUC、安川机器人相反。

ABB 机器人的关节轴零点（j1～j6 为 0）如图 2.2.9 所示，此时，机器人中心线平面与基座前侧面垂直（j1 为 0°）；下臂中心线与基座安装底面垂直（j2 为 0°）；上臂中心线和手回转中心线与基座安装底面平行（j3、j5 为 0°）；手腕和手的基准线垂直基座安装底面向上（j4、j6 为 0°）。

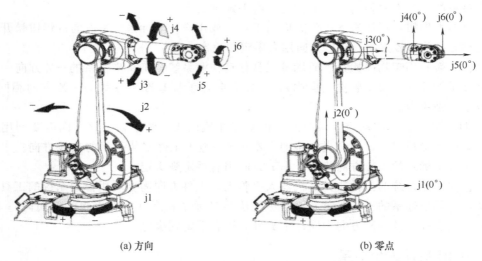

(a) 方向　　　　　　　　　　　(b) 零点

图 2.2.9　ABB 机器人关节坐标系

② 基坐标系、手腕法兰坐标系。ABB 机器人的基坐标系、手腕法兰坐标系的原点和方向定义如图 2.2.10 所示。机器人基坐标系原点位于机器人安装底平面；手腕法兰坐标系的＋Z

方向为垂直手腕工具安装法兰面向外；由于 ABB 机器人的 j5 轴方向与 FANUC、安川机器人相反，因此，+X 方向是 R 为 0°时的手腕向下（或向内）弯曲切线方向，与 FANUC、安川机器人相反。

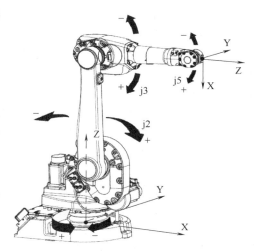

（3）作业坐标系

ABB 机器人控制系统的作业坐标系有大地、工具、工件、用户四类，其中，大地坐标系的设定必须唯一；工具、工件、用户坐标系数量不限；用户坐标系不能单独用于手动操作。

ABB 机器人的大地坐标系是基坐标系、工件坐标系、用户坐标系的设定基准，其设定必须唯一；机器人出厂时默认大地坐标系和基坐标系重合。

ABB 机器人控制系统的工具坐标系参数需要以手腕法兰坐标系为基准设定，如不设定工具坐标

图 2.2.10　ABB 机器人基本笛卡儿坐标系

系，系统默认工具坐标系和手腕法兰坐标系重合；控制系统的用户、工件坐标系参数需要以大地坐标系为基准，连同机器人作业形式、运动单元等参数，在工件数据（wobjdata）上统一设定；机器人出厂时默认用户坐标系、工件坐标系和大地坐标系重合。工具、工件、用户坐标系方向以基准坐标系旋转四元数定义。

（4）常用工具的坐标系定义

工具、工件、用户坐标系的方向与工具类型、结构以及机器人实际作业方式有关。在 ABB 机器人上，常用工具以及工件的坐标系方向一般如下。

① 工具方向。工具移动作业系统的工具方向利用控制系统的工具坐标系定义，工件移动作业系统的工具方向利用控制系统的用户坐标系定义。常用工具在 ABB 机器人上的坐标系方向一般按图 2.2.11 所示，定义如下。

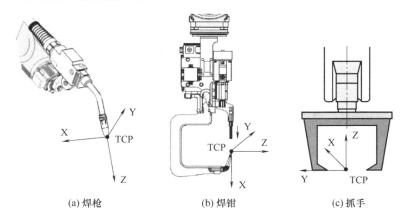

(a) 焊枪　　　　　　　(b) 焊钳　　　　　　　(c) 抓手

图 2.2.11　ABB 机器人常用工具方向

弧焊机器人焊枪：枪膛中心线向下方向为工具（或用户）坐标系+Z 方向；+X 方向通常与基准坐标系的+X 方向相同；+Y 方向用右手定则决定。

点焊机器人焊钳：焊钳进入工件方向为工具（或用户）坐标系+Z 方向；焊钳加压时的移动电极运动方向为+X 方向；+Y 方向用右手定则决定。

抓手：一般只用于物品搬运、码垛等工具移动作业系统，工具坐标系的+Z 方向一般与手

腕基准坐标系相反（垂直手腕法兰向内）；＋X 方向与手腕基准坐标系的＋X 方向相同；＋Y
方向用右手定则决定。

② 工件方向。工具移动作业系统的工件安装在地面或工装上，工件方向需要利用控制系
统的工件坐标系参数定义，工件坐标系的＋Z 方向一般为工件安装平面的法线方向；＋X 方向
通常与基坐标系（机器人基座坐标系）的＋X 方向相反；＋Y 方向用右手定则决定。

工件移动作业系统的工件夹持在机器人手腕上，工件方向需要利用控制系统的工具坐标系
参数定义，工具坐标系的＋Z 方向一般与手腕法兰坐标系相反（垂直手腕法兰向内）；＋X 方
向与手腕法兰坐标系的＋X 方向相同；＋Y 方向用右手定则决定。

2.2.4　KUKA 机器人坐标系

(1) 基本说明

KUKA 机器人控制系统的坐标系有关节、机器人基座、手腕基准、大地、工具、工件六
类。在 KUKA 机器人使用说明书上，关节坐标系称为轴（AXIS），机器人基座坐标系称为机
器人根坐标系（robot root coordinates，简称 ROBROOT CS），手腕基准坐标系称为法兰坐标
系（flange coordinates，简称 FLANGE CS），工件坐标系称为基坐标系（base coordinates，
简称 BASE CS）。

KUKA 机器人的手腕基准坐标系（FLANGE CS）是用来建立运动控制模型，由 KUKA
定义的系统控制坐标系，通常只用于控制系统的工具坐标系参数设定，用户既不能改变其设
定，也不能在该坐标系上进行其他操作。

KUKA 机器人示教器采用触摸屏操作，供用户操作、编程使用的坐标系在示教器上以中
文 "轴" "全局" "基坐标" "工具" 及图标的形式显示和供用户选择；"轴" "全局" "基坐标"
"工具" 分别代表关节、大地、工件、工具坐标系。在大地坐标系（WORLD CS）与机器人基
座坐标系（ROBROOT CS）重合（控制系统出厂默认）的机器人上，"全局" 坐标系，实际
上就是机器人基座坐标系。

为了与 KUKA 说明书统一，本书后述的内容中，也将机器人基座坐标系称为机器人根坐
标系（ROBROOT CS），将手腕基准坐标系称为法兰坐标系（FLANGE CS）；但是，为了避
免歧义，轴（AXIS）改称为关节坐标系，基坐标系（BASE CS）改称为工件坐标系；示教器
显示图标中的 "轴" "全局" "基坐标" 名称，也不再在除手动操作外的其他场合使用。

(2) 机器人基本坐标系

关节坐标系（AXIS）、机器人根坐标系（ROBROOT CS）、法兰坐标系（FLANGE CS）
是 KUKA 机器人的基本坐标系，必须由 KUKA 公司定义，用户不得改变。关节坐标系、机
器人根坐标系、法兰坐标系的原点位置、方向规定如下。

① 关节坐标系。KUKA 机器人的腰、下臂、上臂、腕回转、腕弯曲、手回转关节轴名称
依次为 A1～A6，轴运动方向、零点定义如图 2.2.12 所示。

KUKA 机器人的关节轴方向、零点定义与其他机器人（FANUC、安川、ABB 机器人等）
有较大的区别，A1 轴的运动方向与其他机器人相反；A3、A5 轴和 ABB 相同，与 FANUC、
安川相反；A4、A6 轴和 FANUC、安川相同，与 ABB 相反；A2 零点位于下臂中心线与机器
人基座安装面平行的位置；A3 轴以下臂中心线方向为 0°。

② 机器人根坐标系、法兰坐标系。KUKA 机器人的根坐标系、法兰坐标系的原点和方向
如图 2.2.13 所示，其定义与 ABB 机器人相同。

需要注意的是，虽然 KUKA 机器人的法兰坐标系的原点、方向均与 ABB 机器人手腕法兰
坐标系相同，但是，由于两种机器人的工具坐标系轴定义不同（见下述），因此，工具坐标系

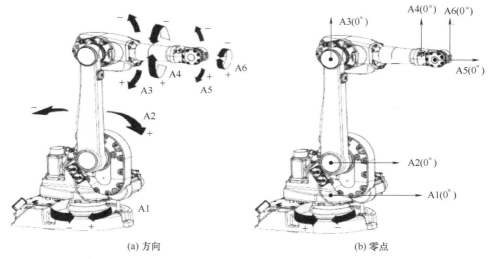

(a) 方向　　　　　　　　　(b) 零点

图 2.2.12　KUKA 机器人关节坐标系

参数也将不同。

（3）作业坐标系

KUKA 机器人控制系统的作业坐标系有工具坐标系（tool coordinates，简称 TOOL CS）、基坐标系（BASE CS）、大地坐标系（WORLD CS）三类，为避免歧义，本书将按通常习惯，将基坐标系（BASE CS）称为"工件坐标系"。大地坐标系的设定必须唯一，工具坐标系最大可设定 16 个，工件坐标系最大可设定 32 个。

KUKA 机器人的大地坐标系（WORLD CS）是机器人根坐标系（ROBROOT CS）、工件坐标系（BASE CS）的设定基准，其设定必须唯一；机器人出厂时默认三者重合。

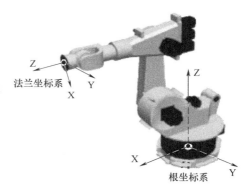

图 2.2.13　KUKA 机器人基本笛卡儿坐标系

KUKA 机器人控制系统的工具坐标系（TOOL CS）参数需要以法兰坐标系（FLANGE CS）为基准设定，如不设定工具坐标系，系统默认工具坐标系和法兰坐标系重合；控制系统的工件坐标系（BASE CS）参数需要以大地坐标系为基准设定，机器人出厂时默认工件坐标系和大地坐标系重合。工具、工件坐标系方向以基准坐标系按 Z→Y→X 次序旋转定义的欧拉角表示。

（4）常用工具的坐标系定义

工具、工件坐标系的方向与工具类型、结构以及机器人实际作业方式有关。KUKA 机器人的坐标系方向与 FANUC、安川、ABB 等机器人有较大的不同，常用工具以及工件的坐标系方向一般如下。

① 工具方向。工具移动作业系统的工具方向利用控制系统的工具坐标系定义，工件移动作业系统的工具方向利用控制系统的用户坐标系定义。常用工具在 KUKA 机器人上的坐标系方向一般按图 2.2.14 所示，定义如下。

弧焊机器人焊枪：枪膛中心线向下方向为工具（或用户）坐标系＋X 方向；＋Z 方向通常与基准坐标系的一X 方向相同；＋Y 方向用右手定则决定。

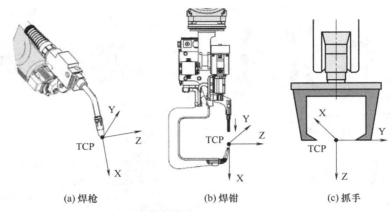

(a) 焊枪   (b) 焊钳   (c) 抓手

图 2.2.14   KUKA 机器人的常用工具方向

点焊机器人焊钳：焊钳进入工件方向为工具（或用户）坐标系＋Z方向；焊钳加压时的移动电极运动方向为＋X方向；＋Y方向用右手定则决定。

抓手：抓手一般只用于物品搬运、码垛等工具移动作业系统，工具坐标系的＋Z方向一般与手腕基准坐标系相同（垂直手腕法兰向外）；＋X方向与手腕基准坐标系的＋X方向相同；＋Y方向用右手定则决定。

② 工件方向。KUKA 机器人的工件方向通常按图 2.2.15 所示定义。

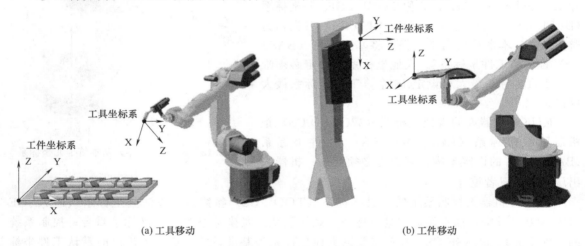

(a) 工具移动   (b) 工件移动

图 2.2.15   工件方向定义

工具移动作业系统的工件安装在地面或工装上，工件方向需要利用控制系统的工件坐标系参数定义。工件坐标系的＋Z方向一般为工件安装平面的法线方向；＋X方向通常与机器人根坐标系的＋X方向相反；＋Y方向用右手定则决定。

工件移动作业系统的工件夹持在机器人手腕上，工件方向需要利用控制系统的工具坐标系定义，工具坐标系的＋X方向一般与法兰坐标系相同（垂直手腕法兰向外）；＋Z方向与法兰坐标系的 －X方向相同；＋Y方向用右手定则决定。

（5）外部运动系统坐标系

外部运动系统坐标系是 KUKA 机器人控制系统的附加功能。在使用机器人变位器、工件变位器的作业系统上，需要以大地（世界）坐标系（WORLD CS）为参考，确定各部件的安装位置和方向，因此，需要设定以下"外部运动系统"坐标系。

① 机器人变位器坐标系。机器人变位器坐标系是用来描述机器人变位器安装位置、方向的坐标系，KUKA 公司称之为 ERSYSROOT CS。

ERSYSROOT CS 需要以大地坐标系（WORLD CS）为基准设定，ERSYSROOT CS 原点（XYZ）就是变位器基准点在 WORLD CS 上的位置，变位器安装方向需要通过 ERSYS-ROOT CS 绕 WORLD CS 回转的欧拉角定义。

使用机器人变位器时，机器人基座坐标系（ROBROOT CS）将成为运动坐标系，RO-BROOT CS 在变位器坐标系（ERSYSROOT CS）上的位置、方向数据，保存在系统参数 $ERSYS 中；ROBROOT CS 在大地（世界）坐标系（WORLD CS）上的位置、方向，保存在系统参数 $ROBROOT_C 中。

② 工件变位器坐标系。工件变位器坐标系是用来描述工件变位器安装位置、方向的坐标系，KUKA 机器人称之为基点坐标系，简称 ROOT CS。

ROOT CS 需要以大地坐标系（WORLD CS）为基准设定，ROOT CS 原点（XYZ）就是工件变位器基准点在 WORLD CS 上的位置，变位器安装方向需要通过 ROOT CS 绕 WORLD CS 回转的欧拉角定义。

工件变位器可以用来安装工件或工具，使用工件变位器时，控制系统的工具坐标系（BASE CS）将成为运动坐标系，因此，工件数据（系统变量 $BASE_DATA[n]）中需要增加 ROOT CS 数据。

2.3 机器人姿态及定义

2.3.1 机器人与工具姿态

(1) 机器人位置与机器人姿态

工业机器人的位置，可利用关节坐标系、笛卡儿直角坐标系两种方式指定。

① 关节位置。利用关节坐标系定义的机器人位置称为关节位置，它是控制系统真正能够实际控制的位置，其定位准确，机器人的状态唯一，也不涉及机器人姿态的概念。

关节位置与伺服电机所转过的绝对角度对应，一般利用伺服电机内置的脉冲编码器进行检测，位置值通过编码器输出的脉冲计数来计算、确定，故又称"脉冲位置"。工业机器人伺服电机所采用的编码器通常都具有断电保持功能（称绝对编码器），其计数基准（零点）一旦设定，在任何时刻，电机所转过的脉冲数都是一个确定值。因此，机器人的关节位置是与机器人、作业工具无关的唯一位置，也不存在奇点（singularity，见下述）。

机器人的关节位置通常只能利用机器人示教操作确定，操作人员基本上无法将三维空间的笛卡儿坐标系位置转换为机器人关节位置。

② TCP 位置与机器人姿态。TCP 位置是利用虚拟笛卡儿直角坐标系定义的工具控制点位置，故又称"XYZ 位置"。

工业机器人是一种多自由度运动的自动化设备，利用笛卡儿直角坐标系定义 TCP 位置时，机器人关节轴有多种实现的可能性。

例如，对于图 2.3.1 所示的 TCP 位置 $p1$，即便不考虑手腕回转轴 j4、手回转轴 j6 的位置，也可通过图 2.3.1（a）所示的机器人直立向前，图 2.3.1（b）所示的机器人前俯后仰，图 2.3.1（c）所示的机器人后转上仰等状态实现 $p1$ 点定位。

因此，利用笛卡儿直角坐标系指定机器人 TCP 位置时，不仅需要规定 XYZ 坐标值，而且还必须明确机器人关节轴的状态。

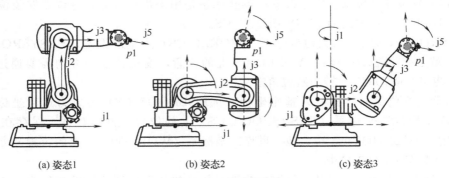

| (a) 姿态1 | (b) 姿态2 | (c) 姿态3 |

图 2.3.1　机器人姿态

机器人的关节轴状态称为机器人姿态，又称机器人配置（robot configuration）、关节配置（joint placement），在机器人上可通过机身前/后，正肘/反肘，手腕俯/仰及 j1、j4、j6 的区间表示，但不同公司的机器人的定义参数及格式有所不同，常用机器人的姿态定义方法可参见后述。

(2) 工具姿态及定义

以笛卡儿直角坐标系定义 TCP 位置，不仅需要确定（x，y，z）坐标值和机器人姿态，而且还需要规定作业工具的中心线方向。

例如，对于图 2.3.2（a）所示的点焊作业，作业部位的 XYZ 坐标值相同，但焊钳中心线方向不同；对于图 2.3.2（b）所示的弧焊作业，则需要在焊枪行进过程中调整中心线方向，规避障碍。

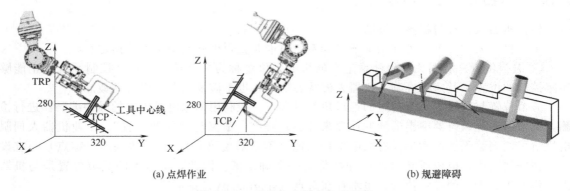

| (a) 点焊作业 | (b) 规避障碍 |

图 2.3.2　工具中心线方向与控制

机器人的工具中心线方向称为工具姿态。工具姿态实际上就是工具坐标系在当前坐标系（x、y、z 所对应的坐标系）上的方向，因此，它同样可通过坐标系旋转的姿态角或欧拉角、四元数定义。由于坐标旋转定义方法不同，不同机器人的 TCP 位置表示方法（数据格式）也有所不同，常用机器人的 TCP 位置数据格式如下。

FANUC、安川机器人：以（x，y，z，a，b，c）表示 TCP 位置，（x，y，z）为坐标值，（a，b，c）为工具姿态；a、b、c 依次为工具坐标系按 X→Y→Z 次序旋转，绕当前坐标系回转的姿态角 $W/P/R$（或 $R_x/R_y/R_z$）。

ABB 机器人：以 [[x，y，z]，[$q1$，$q2$，$q3$，$q4$]] 表示 TCP 位置，（x，y，z）为坐标值，[$q1$，$q2$，$q3$，$q4$] 为工具姿态；$q1$、$q2$、$q3$、$q4$ 为工具坐标系在当前坐标系上的旋转四元数。

KUKA 机器人：以（x，y，z，a，b，c）表示 TCP 位置，（x，y，z）为坐标值，（a，b，c）为工具姿态；a、b、c 依次为工具坐标系按 Z→Y→X 次序旋转、绕当前坐标系回转的欧拉角 $A/B/C$。

2.3.2 机器人姿态的定义

机器人姿态以机身前/后、手臂正肘/反肘、手腕俯/仰以及 j1/j4/j6 轴区间表示，姿态的基本定义方法如下。

(1) 机身前/后

机身前（front）/后（back）用来定义机器人手腕的基本位置，它以机器人中心线平面为基准，用手腕中心点（WCP）在基准面上的位置表示。WCP 位于基准面前侧为"前（front）"，位于基准面后侧为"后（back）"；若 WCP 处于基准面，机身前/后位置将无法确定，称为"臂奇点"。

需要注意的是：机器人运动时，用来定义机身前/后位置的基准面（机器人中心线平面），实际上是一个随 j1 轴回转的平面，因此，机身前/后相对于地面的位置，也将随 j1 轴的回转变化。

例如，当 j1 轴处于图 2.3.3（a）所示的 0°位置时，基准面与机器人基座坐标系的 YZ 平面重合，此时，若 WCP 位于机器人基座坐标系的+X 方向是机身前位（T），位于-X 方向是机身后位（B）；但是，如果 j1 轴处于图 2.3.3（b）所示的 180°位置，则 WCP 位于基座坐标系的+X 方向为机身后位，位于-X 方向为机身前位。

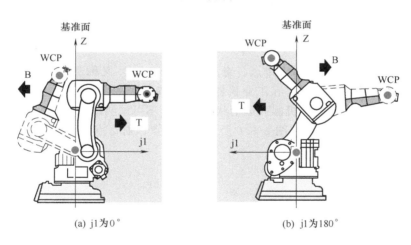

(a) j1为0°　　　　　　　　　　　(b) j1为180°

图 2.3.3　机身前/后位置定义

(2) 手臂正肘/反肘

手臂正肘/反肘（up/down）用来定义机器人上下臂的状态，定义方法如图 2.3.4 所示。

手臂正肘/反肘以机器人下臂摆动轴 j2 的中心线平面为基准，用上臂摆动轴 j3 的中心线位置表示，j3 轴中心线位于基准面上方为"正肘（up）"，位于基准面下方为"反肘（down）"；若 j3 轴中心线处于基准面，正肘/反肘状态将无法确定，称为"肘奇点"。

(3) 手腕俯/仰

手腕俯（noflip）/仰（flip）用来定义机器人手腕弯曲的状态，定义方法如图 2.3.5 所示。

手腕俯/仰以上臂中心线和 j5 轴回转中心线所在平面为基准，用手回转中心线的位置表示；j4 为 0°、基准水平面时，上臂中心线与基准面的夹角为正是"仰（flip）"，夹角为负是

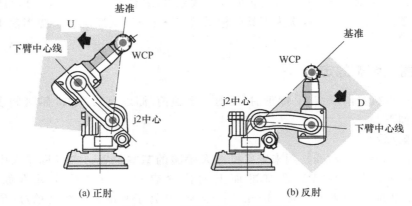

(a) 正肘　　　　　　　　　　　　　(b) 反肘

图 2.3.4　手臂正肘/反肘的定义

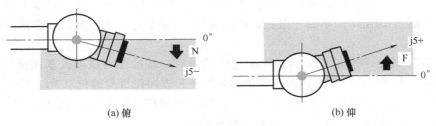

(a) 俯　　　　　　　　　　　　　(b) 仰

图 2.3.5　手腕俯/仰的定义

"俯（noflip）"；若夹角为 0°，手腕俯/仰状态将无法确定，称为"腕奇点"。

（4）j1/j4/j6 轴区间

j1/j4/j6 轴区间用来规避机器人奇点。奇点（singularity）又称奇异点，从数学意义上说，奇点是不满足整体性质的个别点。在工业机器人上，按 RIA 标准定义，奇点是"由两个或多个机器人轴共线对准所引起的、机器人运动状态和速度不可预测的点"。

6 轴垂直串联机器人的奇点有图 2.3.6 所示的臂奇点、肘奇点、腕奇点三种。

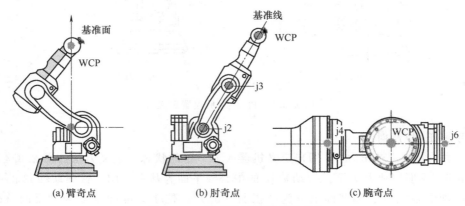

(a) 臂奇点　　　　　　　　(b) 肘奇点　　　　　　　　(c) 腕奇点

图 2.3.6　垂直串联机器人的奇点

臂奇点如图 2.3.6（a）所示，它是机器人手腕中心点 WCP 正好处于机身前/后定义基准面上的所有情况。在臂奇点上，由于机身前/后位置无法确定，j1、j4 轴存在瞬间旋转 180° 的危险。

肘奇点如图 2.3.6（b）所示，它是 j3 轴中心线正好处于正肘/反肘定义基准面上的所有情况。在肘奇点上，由于正肘/反肘状态无法确定，并且手臂伸长已到达极限，因此，TCP 线速度的微量变化，也可能导致 j2、j3 轴的高速运动而产生危险。

腕奇点如图 2.3.6（c）所示，它是手回转中心线与手腕俯/仰定义基准面夹角为 0°的所有情况。在腕奇点上，由于手腕俯/仰状态无法确定，j4、j6 轴存在无数位置组合，因此，存在 j4、j6 轴瞬间旋转 180°的危险。

为了防止机器人在奇点位置出现不可预见的运动，机器人姿态定义时，需要通过 j1/j4/j6 区间来规避机器人奇点。

2.3.3　常用产品的姿态参数

机器人姿态在 TCP 位置数据中用姿态参数（configuration data）表示，但数据格式在不同机器人上有所不同，常用机器人的姿态参数格式如下。

（1）FANUC 机器人

FANUC 机器人的姿态通过图 2.3.7 所示 TCP 位置数据中的 CONF 参数定义。

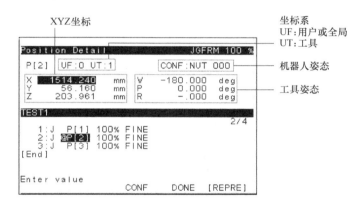

图 2.3.7　FANUC 机器人位置显示

CONF 参数的前 3 位为字符，含义如下：

首字符：表示手腕俯/仰（no flip/flip）状态，设定值为 N（俯）或 F（仰）；

第二字符：表示正肘/反肘（up/down），设定值为 U（正肘）或 D（反肘）；

第三字符：表示机身前/后（front/back），设定值为 T（前）或 B（后）。

CONF 参数的后 3 位为数字，依次表示 j1/j4/j6 的区间，含义如下：

—1：表示 j1/j4/j6 的角度 θ 为 $-540°<\theta\leqslant-180°$；

0：表示 j1/j4/j6 的角度 θ 为 $-180°<\theta<+180°$；

1：表示 j1/j4/j6 的角度 θ 为 $180°\leqslant\theta<540°$。

（2）安川机器人

安川机器人的姿态通过图 2.3.8 所示程序点位置数据中的＜姿态＞参数定义。

在＜姿态＞参数中，用前面/后面

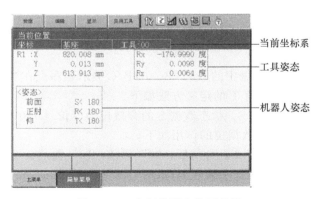

图 2.3.8　安川机器人位置显示

表示机身前/后；用正肘/反肘表示手臂正肘/反肘；用俯/仰表示手腕俯/仰；j1/j4/j6 区间用 "＜180" 表示 $-180° \leq \theta < 180°$，用 "≥180" 表示 $\theta \geq 180°$ 或 $\theta < -180°$。

（3）ABB 机器人

ABB 机器人的姿态可通过 TCP 位置（robtarget，亦称程序点）数据中的 "配置数据（confdata）" 定义，robtarget 数据的格式如下。

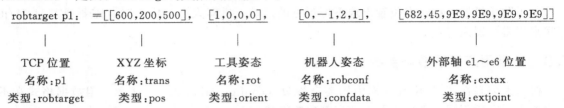

robtarget 数据中的 "XYZ 坐标（pos）" 和 "工具姿态（orient）" 用来表示程序点在当前坐标系中的空间位置（坐标值）和工具方向（四元数），"外部轴位置（extjoint）" 是以关节坐标系表示的外部轴位置。

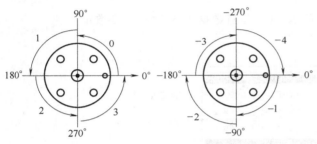

图 2.3.9　ABB 机器人 j1、j4、j6 轴区间代号

机器人姿态（confdata）以四元数 $[cf1, cf4, cf6, cfx]$ 表示，其中，$cf1$、$cf4$、$cf6$ 分别为 j1、j4、j6 的区间代号，数值 $-4 \sim 3$ 用来表示象限，含义如图 2.3.9 所示；cfx 为机器人姿态代号，数值 $0 \sim 7$ 的含义如表 2.3.1 所示。

表 2.3.1　ABB 机器人姿态参数 cfx 设定表

cfx 设定	0	1	2	3	4	5	6	7
机身状态	前	前	前	前	后	后	后	后
肘状态	正	正	反	反	正	正	反	反
手腕状态	仰	俯	仰	俯	仰	俯	仰	俯

（4）KUKA 机器人

KUKA 机器人的姿态通过 TCP 位置（POS）数据中的数据项 S（STATUS，状态）、T（TURN，转角）定义。POS 数据的格式如下：

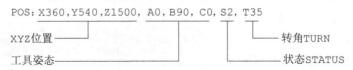

POS 数据中的 X/Y/Z、A/B/C 表示程序点在当前坐标系中的位置和工具方向（欧拉角），状态 S、转角 T 的定义方法如下。

① 状态 S。状态数据 S 的有效位为 5 位（bit0～bit4），其中，bit0～bit2 用来定义机器人姿态，有效数据位的作用如下。

bit0：定义机身前后，"0" 为前，"1" 为后。

bit1：定义手臂正肘/反肘，"0" 为反肘，"1" 为正肘。

bit2：定义手腕俯仰，"0" 为仰，"1" 为俯。

bit3：未使用。

bit4：示教状态（仅显示），"0"表示程序点未示教，"1"表示程序点已示教。

② 转角 T。转角数据 T 的有效位为 6 位，bit0～bit5 依次为 A1～A6 轴角度，"0"代表 A1～A6≥0°，"1"代表 A1～A6<0°；定义 KUKA 机器人转角 T 时，需要注意 A2、A3 轴的 0°位置和 FANUC、安川、ABB 等机器人的区别（参见 2.2 节）。

2.4 机器人移动要素与定义

2.4.1 机器人移动要素

(1) 移动指令编程要求

移动指令是机器人作业程序最基本的编程指令，指令不仅需要指定机器人、外部轴（机器人变位器、工件变位器）等运动部件的目标位置，而且还需要明确机器人 TCP 的运动速度、轨迹、到位区间等控制参数。

例如，对于图 2.4.1 所示的 TCP 从 $P0$ 到 $P1$ 点的运动，移动指令需要包含目标位置 $P1$、到位区间 e、移动轨迹、移动速度 v 等基本要素。

机器人移动要素的作用及定义方法如下。

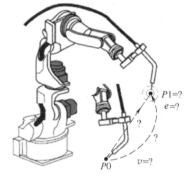

图 2.4.1　移动指令编程要求

(2) 目标位置

机器人移动指令的作用是将机器人 TCP 移动到指令规定的位置，机器人运动的起点就是执行指令时刻的机器人位置（当前位置 $P0$），指令执行完成后，机器人将在指令规定的位置停止。

机器人移动指令的目标位置又称终点、示教点、程序点，它可采用示教操作和程序数据定义两种方式编程。

利用示教操作定义移动指令目标位置的编程方式称为示教编程。示教编程的移动指令目标位置需要通过机器人的手动操作（示教操作）确定，故称示教点。示教点是移动指令执行完成后的机器人实际状态，它包含了机器人 TCP 需要到达的位置和工具需要具备的姿态也无需考虑坐标系等因素，因此，这是一种简单、可靠、常用的机器人编程方式。

利用程序数据定义移动指令目标位置的编程方式称为变量编程或参数化编程。如果程序数据定义的目标位置以关节坐标系的形式指定，机器人的位置唯一，无需规定机器人和工具姿态，也不存在奇点；但是，如果目标位置以虚拟笛卡儿坐标系指定，就必须同时指定坐标系、TCP 位置和工具姿态。参数化编程无需对机器人进行实际操作，但需要全面了解机器人程序数据、编程指令的编程格式与要求，通常由专业技术人员进行。

(3) 到位区间

机器人移动指令的目标位置实际上只是程序规定的理论位置，机器人实际所到达的位置还受到到位区间等参数的影响。

到位区间是控制系统用来判断机器人到达移动指令目标位置的区域。如果机器人已到达到位区间范围内，控制系统便认为当前指令已执行完成，将接着执行下一指令；否则，系统认为当前指令尚在执行中，不能执行后续指令。

到位区间又称"定位类型"，其定义方法在不同机器人上有所不同。例如，FANUC 机器人以连续运动终点（continuous termination）参数 CNT 指定；安川机器人以定位等级（positioning level）参数 PL 指定；ABB 机器人以到位区间数据 zonedata 定义；KUKA 机器人用程序点接近（approach）参数＄APP_＊定义。

　　需要注意的是：到位区间只是控制系统用来判定当前移动指令是否已执行完成的依据，而不是机器人的最终定位位置（定位误差），因为工业机器人的伺服驱动采用的是闭环位置控制系统，即便系统的移动指令已被结束执行，伺服驱动系统也将利用闭环自动调节功能，继续向移动指令的目标位置运动，直至到达闭环系统能够控制的最小误差（定位精度）位置。因此，只要移动指令的到位区间大于定位精度，机器人连续执行2条以上移动指令时，上一指令的闭环自动调节运动与当前指令的移动将同时进行，在2条指令的轨迹连接处将产生运动过渡的圆弧段。

（4）移动轨迹

　　移动轨迹就是机器人TCP在三维空间的运动路线。工业机器人的运动方式主要有绝对位置定位、关节插补、直线插补、圆弧插补、样条插补等。

　　绝对位置定位又称点到点（point to point，简称PtP）定位，它是机器人关节轴或外部轴（基座轴、工装轴）由当前位置到目标位置的快速定位运动，目标位置需要以关节坐标系的形式给定。绝对位置定位时，关节轴、外部轴所进行的是各自独立的运动，机器人TCP的移动轨迹无规定的形状。

　　关节插补是机器人TCP从当前位置到目标位置的插补运动，目标位置一般以TCP位置的形式给定。进行关节插补运动时，控制系统需要通过插补运算分配各运动轴的指令脉冲，以保证所有运动轴都同时启动，同时到达终点，但运动轨迹通常不为直线。

　　直线插补、圆弧插补、样条插补是机器人TCP从当前位置到目标位置的直线、圆弧、样条曲线运动，目标位置需要以TCP位置的形式给定。进行直线、圆弧、样条插补运动时，控制系统不但需要通过插补运算保证各运动轴同时启动、同时到达终点，而且需要保证机器人TCP的移动轨迹为直线、圆弧或样条曲线。

　　机器人的移动轨迹需要利用编程指令选择，由于工业机器人的编程目前无统一的标准，因此，指令代码、功能在不同机器人上有所区别。例如，ABB机器人的绝对位置定位指令为MoveAbsJ、关节插补指令为MoveJ、直线插补指令为MoveL、圆弧插补指令为MoveC；FANUC、安川机器人的关节、直线、圆弧插补指令分别为J、L、C（FANUC）与MOVJ、MOVL、MOVC（安川）；KUKA机器人的关节、直线、圆弧插补指令为PTP、LIN、CIRC。此外，样条插补通常属于系统附加功能，指令的编程格式也有所区别。

（5）移动速度

　　移动速度用来规定机器人关节轴、外部轴的运动速度，它可用关节速度、TCP速度两种形式指定。关节速度一般用于机器人绝对位置定位运动，它直接以各关节轴回转或直线运动速度的形式指定，机器人TCP的实际运动速度为各关节轴定位速度的合成。TCP速度通常用于关节、直线、圆弧插补，需要以机器人TCP空间运动速度的形式指定，指令中规定的TCP速度是机器人各关节轴运动合成后的TCP实际移动速度；对于圆弧插补，指定的是TCP的切向速度。

2.4.2　目标位置与到位区间

（1）目标位置定义

　　机器人移动指令的目标位置有关节位置、TCP位置两种指定方式，定义方法如下。

　　① 关节位置。关节位置就是机器人关节坐标系的位置，通常以绝对位置的形式编程。关节位置也是控制系统真正能够控制的位置，因此，利用关节位置编程时，无需考虑笛卡儿坐标系及机器人、工具姿态。

例如，在 FANUC 或安川机器人上，图
2.4.2 所示的机器人关节位置的坐标值为（0，
0，0，0，－30，0，682，45）等。

② TCP 位置。用笛卡儿直角坐标系描述
的机器人工具控制点（TCP）位置称为 TCP
位置。机器人需要进行直线、圆弧插补移动
时，目标位置、圆弧中间点都必须以 TCP 位
置的形式编程。

机器人移动指令用 TCP 位置编程时，必
须明确编程坐标系、TCP 定位点及工具在定
位点的姿态；因此，必须事先完成工具、工
件、用户等作业坐标系的设定。

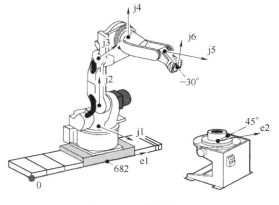

图 2.4.2 关节位置

例如，对于图 2.4.3 所示的机器人作业系
统，采用不同坐标系编程时，TCP 位置中的（x，y，z）坐标值可以为基座坐标系（800，0，
1000），或者大地坐标系（600，682，1200）、工件坐标系（300，200，500）等。

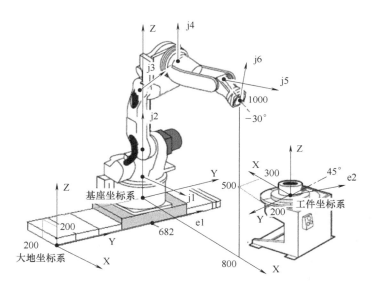

图 2.4.3 TCP 位置

(2) 到位区间及定义

到位区间是控制系统判别移动指令是否执行完成的依据，如果机器人到达了目标位置的到
位区间范围，就认为指令执行完成，后续指令即被启动执行。由于移动指令执行结束后，伺服
驱动系统仍将利用闭环位置调节功能自动消除误差，继续向目标位置移动，因此，机器人连续
移动时，在轨迹转换点上将产生图 2.4.4（a）所示的抛物线轨迹，俗称"圆拐角"。

机器人 TCP 的目标位置定位是一个减速运动过程，到位区间越小，指令执行时间就越长，
圆拐角也就越小，因此，如果目标位置的定位精度要求不高，扩大到位区间，可缩短机器人移
动指令的执行时间，提高运动的连续性。例如，当到位区间足够大时，机器人在执行图 2.4.4
（b）所示的 P1→P2→P3 连续移动指令时，甚至可以直接从 P1 沿抛物线连续运动至 P3。

到位区间在机器人程序中编程的方法主要有图 2.4.5 所示的速度倍率和位置误差两种，在
常用机器人中，FANUC、安川机器人采用的是速度倍率编程，ABB、KUKA 机器人采用的是

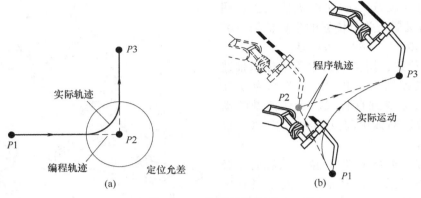

图 2.4.4　连续移动轨迹

位置误差编程。由于闭环位置控制的伺服驱动系统的位置跟随误差与移动速度成正比，因此，两种控制方式的实质相同。

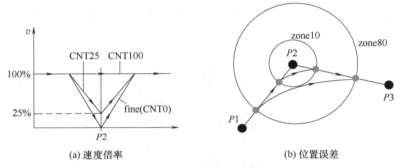

(a) 速度倍率　　　　　　　　　　(b) 位置误差

图 2.4.5　到位区间的编程方法

在采用速度倍率编程的机器人上，控制系统将根据移动指令附加的到位区间参数（如 CNT），在移动指令终点减速的速度到达编程值时，随即启动下一移动指令。如果到位区间的速度倍率定义为 0，机器人将在移动指令终点减速结束、运动停止后，才能启动下一指令，机器人理论上可在目标位置准确定位。

在采用位置误差编程的机器人上，控制系统将根据移动指令附加的到位区间参数（如 zone），在移动指令到达终点位置误差范围时，随即启动下一移动指令。如果到位区间的位置误差定义为 0，机器人将在移动指令完全到达终点、运动停止后，才能启动下一指令，机器人理论上可在目标位置准确定位。

（3）准确定位控制

从理论上说，只要移动指令到位区间的速度倍率或位置误差的编程值为 0，机器人便可在移动指令的目标位置上准确定位。但是，由于伺服驱动系统存在惯性环节，机器人的实际速度、位置总是滞后于控制系统的指令速度、位置，因此，实际上仍然不能保证目标位置的定位准确。

机器人移动指令终点的实际定位过程如图 2.4.6 所示。对于控制系统而言，如果移动指令的到位区间规定为 0，系统所输出的指令速

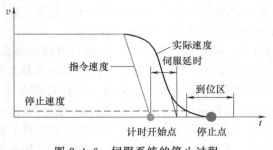

图 2.4.6　伺服系统的停止过程

度将根据加减速参数的设定线性下降，指令速度输出值为 0 的点，就是控制系统认为目标位置到达的点。但是，由于运动系统的惯性，机器人的实际运动必然滞后于控制系统的指令，这一滞后称为"伺服延时"，因此，如果仅以控制系统的指令速度为 0 作为机器人准确到位的判断条件，实际上还不能保证机器人准确到达目标位置。

在机器人程序中，伺服延时产生的定位误差可通过程序暂停、到位判别两种方法消除。

一般而言，交流伺服驱动系统的伺服延时大致在 100ms 左右，因此，对于需要准确定位的移动指令，通常可以在到位区间指定 0 的同时，添加一条 100ms 以上的程序暂停指令，这样便能消除伺服延时误差，使目标位置的定位准确。

在 FANUC、ABB 等机器人上，移动指令的准确定位还可通过准确定位（fine）的编程实现。采用准确定位（fine）的移动指令，在控制系统指令速度为 0 后，还需要对机器人的实际位置进行检测，只有所有运动轴的实际位置均到达准确定位的允差范围，才启动下一指令的移动。

2.4.3　移动速度与加速度

机器人的运动分为关节定位、TCP 插补、工具定向、外部轴运动四类，关节定位的速度称为关节速度，TCP 插补的速度称为 TCP 速度，工具定向的速度称为工具定向速度，外部轴运动速度称为外部速度。在机器人程序中，四种速度及加速度的编程方法如下。

(1) 关节速度

关节速度通常用于机器人手动操作及关节定位指令，关节速度是各关节轴独立的回转或直线运动速度，回转/摆动轴的基本速度单位为 deg/sec [(°)/s]；直线运动轴的基本速度单位为 mm/sec（mm/s）。

机器人的最大关节速度需要由机器人生产厂家设定，产品样本中的最大速度（maximum speed）是机器人空载时各关节轴允许的最大运动速度。最大关节速度是机器人运动的极限速度，在任何情况下都不允许超过。如果 TCP 插补、工具定向指令中的编程速度所对应的某一关节轴速度超过了该关节轴的最大速度，控制系统将自动限定该关节轴以最大速度运动，然后，再以该关节轴速度为基准，调整其他关节轴速度，保证运动轨迹准确。

关节速度必须由机器人生产厂家设定，在程序中通常以速度倍率（百分率）的形式编程，速度倍率对所有关节轴均有效。关节定位时，各关节轴各自以编程的速度独立定位。

(2) TCP 速度

TCP 速度用于机器人 TCP 的线速度控制，对于需要控制 TCP 运动轨迹的直线、圆弧插补等指令，都需要定义 TCP 速度。

TCP 速度是系统所有运动轴合成后的机器人 TCP 运动速度，基本单位为 mm/s。机器人的 TCP 速度一般可用速度值和移动时间两种方式编程；利用移动时间编程时，机器人 TCP 的空间移动距离除以移动时间所得的商，就是 TCP 速度。

机器人的 TCP 速度是多关节轴运动合成的速度，参与运动的各关节轴速度均不能超过各自的最大速度，否则，控制系统将自动调整 TCP 速度，以保证轨迹准确。

(3) 工具定向速度

工具定向速度用于图 2.4.7 所示的机器人工具姿态调整，基本速度单位为 deg/sec [(°)/s]。

工具定向运动多用于机器人作业开始、作业结束或轨迹转换处。在这些作业部位，为了避免机器人运动过程中可能出现的运动部件干涉，有时需要改变工具方向，才能接近、离开工件或转换轨迹，为此，需要对作业工具进行 TCP 位置保持不变的工具方向调整运动，这样的运动称为工具定向运动。

工具定向需要通过机器人工具参考点（TRP）绕TCP的回转实现，因此，工具定向速度实际上是用来定义机器人 TRP 的回转速度的。工具定向速度同样可采用速度值（deg/sec）或移动时间（sec）两种形式编程，利用移动时间编程时，机器人 TRP 的空间移动距离除以移动时间所得的商，就是工具定向速度。

机器人的工具定向速度通常也需要由多个关节轴的运动合成，参与运动的各关节轴速度同样不能超过各自的最大速度，否则，控制系统将自动调整工具定向速度，以保证运动准确。

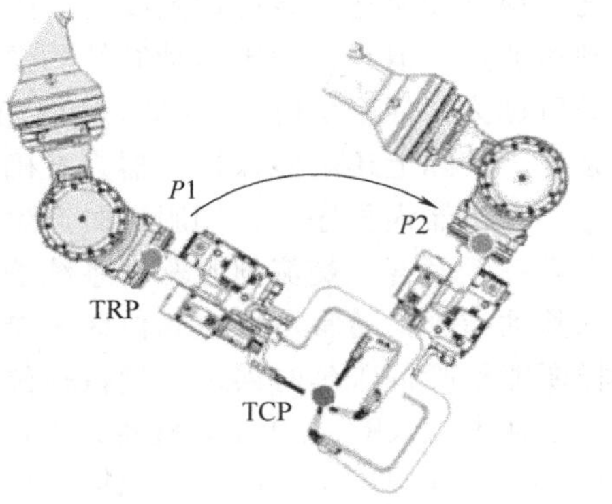

图 2.4.7　工具定向运动

（4）外部速度

外部速度用来指定机器人变位器、工件变位器等外部运动部件的运动速度，在多数情况下，外部轴只用于改变机器人、工件作业区的定位运动。

外部速度在不同机器人上的编程方式有所不同。在常用机器人中，FANUC、安川、KUKA 机器人以外部轴最大速度倍率（百分率）的形式编程；但 ABB 机器人可以用速度值的形式直接指定外部轴运动速度。

（5）加速度

垂直串联机器人的负载（工具或工件）安装在机器人手腕上，负载重心通常远离驱动电机，负载惯量远大于驱动电机（转子）惯量，因此，机器人空载运动与带负载运动所能够达到的性能指标相差很大。为了保证机器人运动平稳，机器人移动指令一般需要规定机器人运动启动和停止时的加速度。机器人的启动加速度、停止加速度一般以关节轴最大加速度倍率（百分率）的形式编程，其值受负载的影响较大。

2.5　机器人典型作业与控制

2.5.1　焊接机器人分类

（1）焊接的基本方法

焊接是以高温、高压方式接合金属或其他热塑性材料的制造工艺与技术。焊接加工环境恶劣，加工时产生的强弧光、高温、烟尘、飞溅、电磁干扰不仅有害于人体健康，甚至可能给人体带来烧伤、触电、视力损害、有毒气体吸入、紫外线过度照射等伤害。焊接加工对位置精度的要求远低于金属切削加工，因此，它是最适合使用工业机器人的领域之一，据统计，焊接机器人在工业机器人中的占比高达 50% 左右，其中，金属焊接在工业领域使用最为广泛。

目前，金属焊接方法主要有钎焊、熔焊和压焊三类。

① 钎焊。钎焊是以熔点低于工件（母材）、焊件的金属材料作为填充料（钎料），加热至使钎料熔化，但低于工件、焊件熔点的温度后，利用液态钎料填充间隙，使钎料与工件、焊件相互扩散，实现焊接的方法。例如，电子元器件焊接就是典型的钎焊，其焊接方法有烙铁焊、波峰焊及表面贴装（SMT）等，钎焊一般较少直接使用机器人焊接。

② 压焊。压焊是在加压条件下，使工件和焊件在固态下实现原子间结合的焊接方法。压焊的加热时间短、温度低，热影响小，作业简单、安全、卫生，同样在工业领域得到了广泛应用，其中，电阻焊是最常用的压焊工艺，工业机器人的压焊一般都采用电阻焊。

③ 熔焊。熔焊是通过加热，使工件（母材）、焊件及熔填物（焊丝、焊条等）局部熔化，

形成熔池，冷却凝固后接合为一体的焊接方法。熔焊不需要对焊接部位施加压力，熔化金属材料的方法可采用电弧、气体火焰、等离子、激光等，其中，电弧熔化焊接（arc welding，简称弧焊）是金属熔焊中使用最广的方法。

（2）点焊机器人

用于压焊的工业机器人称为点焊机器人，它是焊接机器人中研发最早的产品，主要用于如图 2.5.1 所示的点焊（spot welding）和滚焊（roll welding，又称缝焊）作业。

点焊机器人一般采用电阻压焊工艺，其作业工具为焊钳。焊钳需要有电极张开、闭合、加压等动作，因此，需要有相应的控制设备。机器人目前使用的焊钳主要有图 2.5.2 所示的气动焊钳或伺服焊钳两种。

   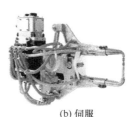

(a) 点焊　　　　　　　(b) 滚焊　　　　　　(a) 气动　　　　　　(b) 伺服

图 2.5.1　点焊机器人　　　　　　　图 2.5.2　点焊焊钳

气动焊钳是传统的自动焊接工具，结构简单，控制容易。气动焊钳的开/合位置、开/合速度、压力需要通过气缸调节，参数一旦调定，就不能在作业过程中改变，其灵活性较差。

伺服焊钳是目前先进的自动焊接工具，其开/合位置、开/合速度、压力均可由伺服电机进行控制，其动作快速，运动平稳，作业效率高。伺服焊钳参数可根据作业需要随时改变，因此，其适应性强，焊接质量好，是目前点焊机器人广泛使用的作业工具。

焊钳及控制部件（阻焊变压器等）的体积较大，质量大致为 30～100kg，而且对作业灵活性的要求较高，因此，点焊机器人通常以中、大型垂直串联机器人为主。

（3）弧焊机器人

用于熔焊的机器人称为弧焊机器人。弧焊机器人需要进行焊缝的连续焊接作业，对运动灵活性、速度平稳性和定位精度有一定的要求；但作业工具（焊枪）的质量较小，对机器人承载能力要求不高；因此，通常以 20kg 以下的小型 6 轴或 7 轴垂直串联机器人为主，机器人的重复定位精度通常应为 0.1～0.2mm。

弧焊机器人的作业工具为焊枪，机器人的焊枪安装形式主要有如图 2.5.3 所示的内置式、外置式两类。

内置焊枪所使用的气管、电缆、焊丝直接从机器人手腕、手臂的内部

(a) 内置焊枪　　　　　　　(b) 外置焊枪

图 2.5.3　弧焊机器人

引入焊枪，焊枪直接安装在机器人手腕上。内置焊枪结构紧凑，外形简洁，手腕运动灵活，但其安装、维护较为困难，因此，通常用于作业空间受限制的设备内部焊接作业。

外置焊枪所使用的气管、电缆、焊丝等均从机器人手腕的外部引入焊枪，焊枪通过支架安装在机器人手腕上。外置焊枪安装简单、维护容易，但其结构松散、外形较大，气管、电缆、焊丝等部件对手腕运动会产生一定的干涉，因此，通常用于作业面敞开的零件或设备外部焊接作业。

2.5.2 点焊机器人作业控制

(1) 电阻焊原理

电阻焊（resistance welding）属于压焊的一种，常用的有点焊和滚焊两种，其原理如图2.5.4所示。

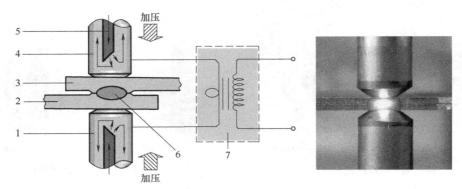

图 2.5.4　电阻焊原理

1，4—电极；2—工件；3—焊件；5—冷却水；6—焊核；7—阻焊变压器

电阻焊的工件和焊件都必须是导电材料，需要焊接的工件和焊件的焊接部位一般被加工成相互搭接的接头，焊接时，工件和焊件可通过电极压紧。工件和焊件被电极压紧后，由于接触面的接触电阻大大超过导电材料本身电阻，因此，当电极上施加大电流时，接触面的温度将急剧升高并迅速达到塑性状态，工件和焊件便可在电极轴向压力的作用下形成焊核，焊核冷却后，两者便可连为一体。

如果电极与工件、焊件为定点接触，电阻焊所产生的焊核为"点"状，这样的焊接称为点焊（spot welding）；如电极在工件和焊件上连续滚动，所形成的焊核便成为一条连续的焊缝，称为滚焊（roll welding）或缝焊。

电阻焊所产生的热量与接触面电阻、通电时间、电流的平方成正比。为了使焊接部位迅速升温，电极必须通入足够大的电流，为此，需要通过变压器，将高电压、小电流电源，变换成低电压、大电流的焊接电源，这一变压器称为阻焊变压器。

阻焊变压器可安装在机器人机身上，也可直接安装在焊钳上，前者称分离型焊钳，后者称一体型焊钳。阻焊变压器输出侧用来连接电极的导线需要承载数千甚至数万安培的大电流，其截面积很大，并需要水冷却，若导线过长，不仅损耗大，而且拉伸和扭转也较困难，因此，点焊机器人一般宜采用一体型焊钳。

(2) 系统组成

机器人点焊系统的一般组成如图2.5.5所示，点焊作业部件的作用如下。

① 焊机。电阻点焊的焊机简称阻焊机，其外观如图2.5.6所示，它主要用于焊接电流、焊接时间等焊接参数及焊机冷却等的自动控制与调整。

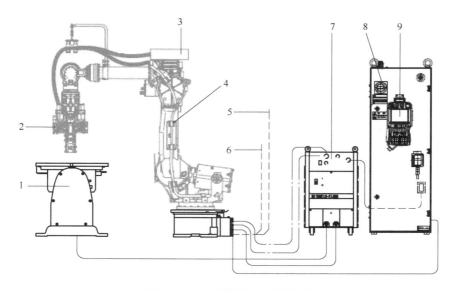

图 2.5.5　点焊机器人系统组成

1—变位器；2—焊钳；3—控制部件；4—机器人；5,6—水、气管；7—焊机；8—控制柜；9—示教器

图 2.5.6　电阻点焊机

阻焊机主要有单相工频焊机、三相整流焊机、中频逆变焊机、交流变频焊机几类。机器人使用的焊机多为中频逆变焊机、交流变频焊机。

中频逆变焊机、交流变频焊机的原理类似，它们通常采用的是图 2.5.7 所示的"交—直—交—直"逆变电路，首先将来自电网的交流电源转换为脉宽可调的 $1000 \sim 3000\,\mathrm{Hz}$ 中频、高压脉冲；然后，利用阻焊变压器变换为低压、大电流信号，再整流成直流焊接电流加入电极。

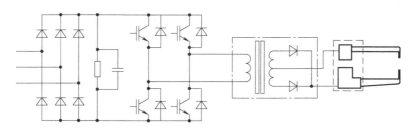

图 2.5.7　交流逆变电路

② 焊钳。焊钳是点焊作业的基本工具，伺服焊钳的开合位置、速度、压力等均可利用伺服电机进行控制，故通常作为机器人的辅助轴（工装轴），由机器人控制系统直接控制。

③ 附件。点焊系统的常用附件有变位器、电极修磨器、焊钳自动更换装置等，附件可根据系统的实际需要选配。电极修磨器用来修磨电极表面的氧化层，以改善焊接效果、提高焊接质量。焊钳自动更换装置用于焊钳的自动更换。

(3) 作业控制

点焊机器人常用的作业形式有焊接（单点或多点连续）和空打两种，其动作过程与控制要求在不同机器人上稍有不同。以安川机器人为例，点焊作业过程及控制要求如下。

① 单点焊接。单点焊接是对工件指定位置所进行的焊接操作，其作业过程如图 2.5.8 所示，作业动作及控制要求如下。

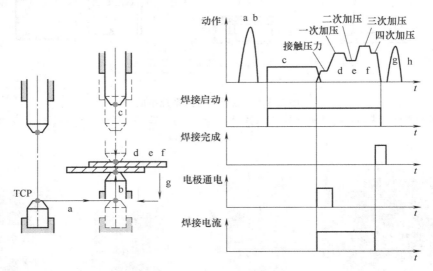

图 2.5.8　单点焊接作业过程

a. 机器人移动，将焊钳作业中心线定位到焊接点法线上。

b. 机器人移动，使焊钳的固定电极与工件下方接触，完成焊接定位。

c. 焊接启动，焊钳的移动电极伸出，使工件和焊件的焊接部位接触并夹紧。

d. 电极通电，焊点加热。

e. 加压，移动电极继续伸出，对焊接部位加压，加压次数、压力一般可根据需要设定。

f. 焊接结束，断开电极电源，移动电极退回。

g. 机器人移动，使焊钳的固定电极与工件下方脱离。

h. 机器人移动，使焊钳退出工件。

② 多点连续焊接。多点连续焊接通常用于板材的多点焊接，其作业过程如图 2.5.9 所示。

多点连续焊接时，焊钳姿态、焊钳与工件的相对位置（A、B）、工件厚度（C）等均应为固定值，焊钳可以在焊接点之间自由移动。在这种情况下，只需要指定（示教）焊接点的位置，机器人便可在第 1 个焊接点焊接完成，固定电极退出后，直接将焊钳定位到第 2 个焊接点，重复同样的焊接作业，接着，再继续进行后续所有点的焊接作业。

③ 空打。空打是点焊机器人的特殊作业形式，主要用于电极的磨损检测、锻压整形、修磨等操作。空打作业时，焊钳的基本动作与焊接相同，但电极不通焊接电流，因此，也可将焊钳作为夹具使用，用于轻型、薄板类工件的搬运。

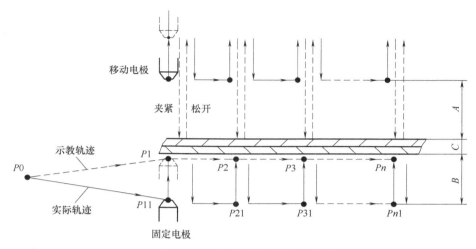

图 2.5.9　多点连续焊接作业过程

2.5.3　弧焊机器人作业控制

(1) 气体保护焊原理

电弧熔化焊接简称弧焊（arc welding），是熔焊的一种，它是通过电极和焊接件间的电弧产生高温，使工件（母材）、焊件及熔填物局部熔化，形成熔池，冷却凝固后接合为一体的焊接方法。

由于大气中存在氧、氮、水蒸气，高温熔池如果与大气直接接触，金属或合金就会氧化或产生气孔、夹渣、裂纹等缺陷，因此，通常需要用图 2.5.10 所示的方法，通过焊枪的导电嘴将氩气、氦气、二氧化碳或混合气体连续喷到焊接区，来隔绝大气，保护熔池，这种焊接方式称为气体保护电弧焊。

弧焊的熔填物既可如图 2.5.10（a）所示，直接将熔填物作为电极并熔化；也可如图 2.5.10（b）所示，由熔点极高的电极（一般为钨）加热后，与工件、焊件一起熔化。前者称为"熔化极气体保护电弧焊"，后者称为"不熔化极气体保护电弧焊"，两种焊接方式的电极极性相反。

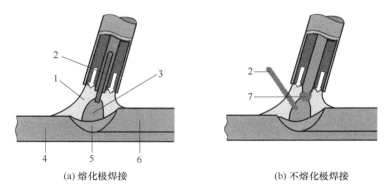

(a) 熔化极焊接　　　　　　　　　　(b) 不熔化极焊接

图 2.5.10　气体保护电弧焊原理

1—保护气体；2—焊丝；3—电弧；4—工件；5—熔池；6—焊件；7—钨极

熔化极气体保护电弧焊需要以连续送进的可熔焊丝为电极，产生电弧，熔化焊丝、工件及焊件，实现金属熔合。其根据保护气体种类，主要分为 MIG 焊、MAG 焊、CO_2 焊三种。

① MIG 焊。MIG 焊是惰性气体保护电弧焊（metal inert gas welding）的简称，保护气体为氩气（Ar）、氦气（He）等惰性气体，使用氩气的 MIG 焊俗称"氩弧焊"。MIG 焊几乎可用于所有金属的焊接，对于铝及其合金、铜及其合金、不锈钢等材料的焊接尤为适合。

② MAG 焊。MAG 焊是活性气体保护电弧焊（metal active gas welding）的简称，保护气体为惰性气体和氧化性气体的混合物，如在氩气（Ar）中加入氧气（O_2）、二氧化碳（CO_2）或两者的混合物，由于混合气体以氩气为主，故又称"富氩混合气体保护电弧焊"。MAG 焊主要适用于碳钢、合金钢和不锈钢等黑色金属的焊接，在不锈钢焊接中应用十分广泛。

③ CO_2 焊。CO_2 焊是二氧化碳（CO_2）气体保护电弧焊的简称，保护气体为二氧化碳（CO_2）或二氧化碳（CO_2）与氩气（Ar）的混合气体。二氧化碳价格低廉，可使焊缝成形良好，它是目前碳钢、合金钢等黑色金属材料最主要的焊接保护气体之一。

不熔化极气体保护电弧焊主要有 TIG 焊、原子氢焊及等离子（plasma）弧焊等，TIG 焊是最常用的方法。

TIG 焊是钨极惰性气体保护电弧焊（tungsten inert gas welding）的简称。TIG 焊以钨为电极，产生电弧，熔化工件、焊件和焊丝，实现金属熔合，保护气体一般为惰性气体氩气（Ar）、氦气（He）或氩氦混合气体。用氩气（Ar）作保护气体的 TIG 焊称为"钨极氩弧焊"，用氦气（He）作保护气体的 TIG 焊称为"钨极氦弧焊"，由于氦气价格贵，目前工业上以钨极氩弧焊为主。钨极氩弧焊多用于铝、镁、钛、铜等有色金属及不锈钢、耐热钢等材料的薄板焊接，对铅、锡、锌等低熔点且易蒸发金属的焊接较困难。

（2）系统组成

机器人弧焊系统的组成如图 2.5.11 所示，除了机器人基本部件外，系统一般还需要配置图 2.5.12 所示的焊接设备。

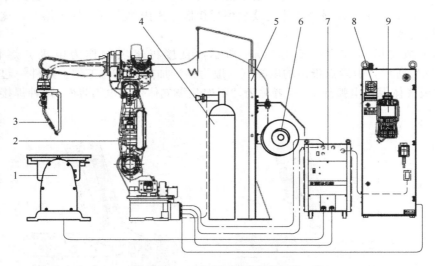

图 2.5.11　弧焊机器人系统组成

1—变位器；2—机器人；3—焊枪；4—气瓶；5—焊丝架；
6—焊丝盘；7—焊机；8—控制柜；9—示教器

弧焊焊接设备主要有焊枪（内置或外置，见前述）、焊机、送丝机构、保护气体及输送管路等。MIG 焊、MAG 焊、CO_2 焊以焊丝作为填充料，在焊接过程中焊丝将不断熔化，故需要有焊丝盘、送丝机构来保证焊丝的连续输送；保护气体一般通过气瓶、气管向导电嘴连续提供。

(a) 焊机

(b) 清洗站

(c) 焊枪交换装置

图 2.5.12　弧焊设备

弧焊机是用于焊接电压、电流等焊接参数自动控制与调整的电源设备，常用的有交流弧焊机和逆变弧焊机两类。交流弧焊机是一种把电网电源转换为弧焊低压、大电流电源的特殊变压器，故又称弧焊变压器。交流弧焊机结构简单、制造成本低、维修容易、空载损耗小，但焊接电流为正弦波，电弧稳定性较差、功率因数低，一般用于简单的手动弧焊设备。

逆变弧焊机是采用脉宽调制（pulse width modulation，简称 PWM）逆变技术的先进焊机，是工业机器人广泛使用的焊接设备。在逆变弧焊机上，电网输入的工频 50Hz 交流电首先经过整流、滤波转换为直流电，再逆变成 10～500kHz 的中频交流电，最后通过变压、二次整流和滤波，得到焊接所需的低电压、大电流直流焊接电流或脉冲电流。逆变弧焊机体积小、重量轻、功率因数高、空载损耗小，而且焊接电流、升降过程均可控制，故可获得理想的电弧特性。

除以上基本设备外，高效、自动化的弧焊工作站、生产线一般还配套有焊枪清洗装置、自动交换装置等辅助设备。焊枪经过长时间焊接，会产生电极磨损、导电嘴焊渣残留等问题，焊枪自动清洗装置可对焊枪进行导电嘴清洗、防溅喷涂、剪丝等处理，以保证气体畅通，减少残渣附着，保证焊丝干伸长度不变。焊枪自动交换装置用来实现焊枪的自动更换，以改变焊接工艺，提高机器人作业柔性和作业效率。

（3）作业控制

机器人弧焊除了普通的移动焊接外，还可进行"摆焊"作业。焊接过程中不仅需要有引弧、熄弧、送气、送丝等基本焊接动作，还需要有再引弧功能。弧焊机器人作业动作在不同机器人上有所区别，以安川机器人为例，弧焊控制的一般要求如下。

① 焊接。弧焊机器人的一般焊接动作和控制要求如图 2.5.13 所示。焊接时首先需要将焊枪移动到焊接开始点，接通保护气体和焊接电流，产生电弧（引弧）；然后，控制焊枪沿焊接轨迹移动并连续送入焊丝；当焊枪到达焊接结束点后，关闭保护气体和焊接电流（熄弧），退出焊枪；如果焊接过程中发生引弧失败、焊接中断、结束时粘丝等故障，还需要通过再引弧动作（见后述），重新启动焊接，解除粘丝。

(a) 引弧　　　　　　(b) 焊接　　　　　　(c) 熄弧

图 2.5.13　普通焊接过程

② 摆焊。摆焊（swing welding）是一种焊枪行进时可进行横向有规律摆动的焊接工艺。摆焊不仅能增加焊缝宽度、提高强度，还能改善根部焊透度和结晶性能，形成均匀美观的焊缝，提高焊接质量，因此，经常用于不锈钢材料角连接的焊接等场合。

机器人摆焊的实现形式有图 2.5.14 所示的工件移动摆焊和焊枪移动摆焊两种。

采用工件移动摆焊作业时，焊枪的行进利用工件移动实现，焊枪只需要在固定位置进行起点与终点重合的摆动运动，故称为定点摆焊。定点摆焊需要有控制工件移动的辅助轴（工具移动作业系统）或者控制焊枪摆动的辅助轴（工件移动作业系统），在焊接机器人上使用相对较少。

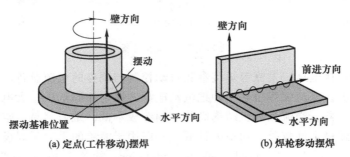

(a) 定点(工件移动)摆焊　　　　(b) 焊枪移动摆焊

图 2.5.14　摆焊的形式

焊枪移动摆焊是利用机器人同时控制焊枪行进、摆动的作业方式。焊枪摆动方式一般有图 2.5.15 所示的单摆、三角形摆、L 形摆三种。三种摆动方式的倾斜平面角度、摆动幅度和频率等参数均可通过作业命令编程和改变。

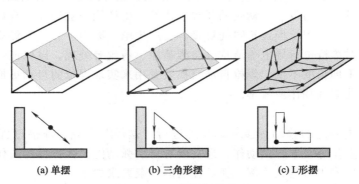

(a) 单摆　　　　(b) 三角形摆　　　　(c) L形摆

图 2.5.15　焊枪摆动方式

单摆焊接的焊枪运动如图 2.5.15（a）所示，焊枪沿编程轨迹行进时，可在指定的倾斜平面内横向摆动，焊枪运动轨迹为摆动平面上的三角波。

三角形摆焊接的焊枪运动如图 2.5.15（b）所示，焊枪沿编程轨迹行进时，首先进行水平（或垂直）方向移动，接着在指定的倾斜平面内运动，然后再沿垂直（或水平）方向回到编程轨迹，焊枪运动轨迹为三角形螺旋线。

L 形摆焊接的焊枪运动如图 2.5.15（c）所示，焊枪沿编程轨迹行进时，首先沿水平（或垂直）方向运动，回到编程轨迹后，再沿垂直（或水平）方向摆动，焊枪运动轨迹为 L 形三角波。

③ 再引弧。再引弧是在焊枪电弧中断时，重新接通保护气体和焊接电流，使得焊枪再次产生电弧的功能。例如，引弧部位或焊接部位存在锈斑、油污、氧化皮等污物，或者在引弧和焊接时发生断气、断丝、断弧等现象，就可能导致引弧失败或焊接过程中的熄弧。此外，如果

焊接参数选择不当，在焊接结束时也可能发生焊丝粘连的"粘丝"现象，在这种情况下，机器人就需要进行图 2.5.16 所示的再引弧操作，重新接通保护气体和焊接电流，继续进行或完成焊接作业。

图 2.5.16　再引弧

2.5.4　搬运及通用作业控制

（1）搬运机器人

搬运机器人（transfer robot）是从事物体移载作业的工业机器人的总称，主要用于物体的输送和装卸。从功能上说，装配、分拣、码垛等机器人，实际也属于物体移载的范畴，其作业程序与搬运机器人并无区别，因此，可使用相同的作业命令编程。

搬运机器人的用途广泛，其应用涵盖机械、电子、化工、饮料、食品、药品及仓储、物流等行业，因此，各种结构形态、各种规格的机器人都有应用。一般而言，承载能力 20kg 以下，作业空间在 2m 以内的小型搬运机器人，可采用垂直串联、SCARA、Delta（参见第 1 章）等结构；承载能力 20~100kg 的中型搬运机器人以垂直串联为主，但液晶屏、太阳能电池板安装等平面搬运作业场合，也有采用中型 SCARA 机器人的情况；承载能力大于 100kg 的大型、重型搬运机器人，则基本上都采用垂直串联结构。

搬运机器人用来抓取物品的工具统称夹持器。夹持器的结构形式与作业对象有关，吸盘、手爪、夹钳是机器人常用的作业工具。

① 吸盘。工业机器人所使用的吸盘主要有真空吸盘和电磁吸盘两类。

真空吸盘利用吸盘内部和大气间的压力差吸持物品，吸盘形状通常有图 2.5.17 所示的平板形、爪形两种。吸盘的真空可利用伯努利（Bernoulli）原理产生或直接抽真空产生。

(a) 平板形　　　　　　　　　　　　　(b) 爪形

图 2.5.17　真空吸盘

真空吸盘对所夹持的材料无要求，其适用范围广、无污染，但是，它要求物品具有光滑、平整、不透气的吸持面，而且其最大吸持力不能超过大气压力，因此，通常用于玻璃、塑料、金属、木材等轻量、具有光滑吸持面的平板类物品，或者密封包装的轻量物品的吸持。

电磁吸盘利用电磁引力吸持物品，吸盘可根据需要制成各种形状。电磁吸盘结构简单、控制方便、吸持力大、对吸持面的要求不高，因此，是金属材料搬运机器人常用的作业工具。但是，电磁吸盘只能用于导磁材料制作物品的吸持，物品被吸持后容易留下剩磁，因此，多用于原材料、集装箱搬运等场合。

② 手爪。手爪是利用机械锁紧或摩擦力夹持物品的夹持器。手爪可根据物品外形，设计成各种形状，夹持力可根据要求设计和调整，其夹持可靠、使用方便，但要求物品具有抵抗夹紧变形的刚性。

机器人常用的手爪有图 2.5.18 所示的指形、手形、三爪三类。

指形手爪一般利用牵引丝或凸轮带动的关节运动控制指状夹持器的开合，其动作灵活、适用面广，但手爪结构较为复杂、夹持力较小，故多用于机械、电子、食品、药品等行业的小型物品装卸、分拣等作业。

手形、三爪通常利用气缸、电磁铁控制开合，不但夹持力大，还具有自动定心的功能，因此，广泛用于机械加工行业的棒料、圆盘类物品搬运作业。

(a) 指形　　　　　　　　　(b) 手形　　　　　　　　　(c) 三爪

图 2.5.18　手爪

③ 夹钳。夹钳通常用于大宗物品夹持，多采用气缸控制开合。夹钳动作简单，对物品的外形要求不高，故多用于仓储、物流等行业的搬运、码垛机器人作业。

常用的夹钳有图 2.5.19 所示的铲形、夹板形两种结构。铲形夹钳大多用于大宗袋状物品的抓取，夹板形夹钳则用于箱形物品夹持。

(a) 铲形　　　　　　　　　　　　　(b) 夹板形

图 2.5.19　夹钳

(2) 通用机器人

通用机器人（universal robot）可用于切割、雕刻、研磨、抛光等作业，通常以垂直串联结构为主。由于机器人的结构刚性、加工精度、定位精度、切削能力低于数控机床等高精度加工设备，因此，通常只用于图 2.5.20 所示的木材、塑料、石材等装饰、家居制品的切割、雕刻、修磨、抛光等简单粗加工作业。

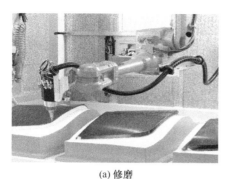
(a) 修磨

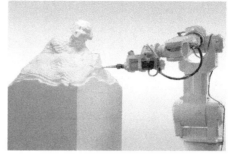
(b) 雕刻

图 2.5.20　通用机器人的应用

通用机器人的作业工具种类复杂，雕刻、切割机器人需要使用图 2.5.21（a）所示的刀具，涂装类机器人则需要使用图 2.5.21（b）所示的喷枪等。

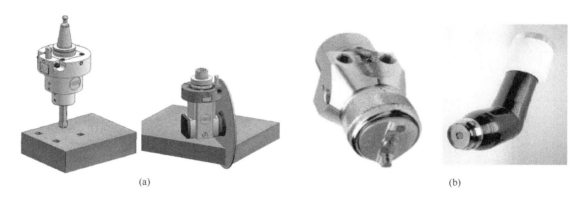
(a)　　　　　　　　　　　　　　　　　　(b)

图 2.5.21　通用机器人工具

搬运机器人的夹持器通常只需要进行开、合控制；切割、雕刻机器人的刀具一般只需要进行启动、停止控制；研磨、抛光、涂装机器人除了工具启动、停止外，有时需要进行摆动控制。

由于以上机器人的作业控制要求简单，产品批量较小，因此，一般不对作业命令进行细分，在机器人控制系统中，可以统一使用工具 ON/OFF 命令及与摆焊同样的摆动命令，控制机器人作业。

ABB篇

第3章

RAPID程序结构与语法

3.1 RAPID 程序结构与格式

3.1.1 RAPID 程序结构

(1) 编程语言

工业机器人的工作环境大多为已知环境，因此，以第一代示教再现机器人居多。示教再现机器人一般不具备分析、推理能力和智能性，机器人的全部行为需要由人对其进行控制。

工业机器人是一种有自身控制系统、可独立运行的自动化设备。为了使其能自动执行作业任务，操作者就必须将全部作业要求编制成控制系统计算机能够识别的命令，并输入到控制系统。控制系统通过执行命令，使机器人完成所需要的动作，这些命令的集合就是机器人的作业程序（简称程序），编写程序的过程称为编程。

命令又称指令（instruction），它是程序最重要的组成部分。一般而言，工业自动化设备的控制命令需要由如下两部分组成：

MoveJ　p1,v1000,z20,tool1:

指令码──────────────────────────操作数

指令码又称操作码，它用来规定控制系统需要执行的操作；操作数又称操作对象，它用来定义执行这一操作的对象。简单地说，指令码告诉控制系统需要做什么，操作数告诉控制系统由谁去做、怎样做。

指令是人指挥计算机工作的语言，它在不同的控制系统上有不同的表达形式，指令的表达形式称为编程语言（programming language）。由于工业机器人编程目前还没有统一的标准，因此，机器人编程语言多为生产厂家自行开发，程序格式、语法以及指令码、操作数的表示方法均不统一，例如，ABB 机器人为 RAPID 语言、KUKA 机器人为 KRL 语言、FANUC 机器人为 KAREL 语言、安川机器人为 INFORM III 语言等。

采用不同编程语言所编制的程序，其程序结构、指令格式、操作数的定义方法均有较大的不同，因此，工业机器人的应用程序目前还不具备通用性。为了便于区分，在本书后述的内容中，将 ABB 机器人程序称为 RAPID 程序，KUKA 机器人程序称为 KRL 程序，FANUC 机器人程序称为 KAREL 程序，安川机器人程序称为 INFORM III 程序。

（2）编程方法

目前，工业机器人的基本编程方法有示教、虚拟仿真两种。

① 示教编程。示教（teach in）编程是通过作业现场的人机对话操作，完成程序编制的一种方法。所谓示教，就是操作者对机器人操作进行的演示和引导，因此，需要由操作者按实际作业要求，通过人机对话操作，一步一步地告知机器人需要完成的动作，这些动作可由控制系统以命令的形式记录与保存，示教操作完成后，程序也就被生成。控制系统进行程序自动运行时，机器人便可重复全部示教动作，这一过程称为再现（play）。

示教编程简单易行，生成的程序准确可靠，程序中的机器人 TCP 位置是利用手动操作确定的实际位置，也无需考虑坐标系及机器人、工具姿态，也不存在奇点，因此，它是工业机器人目前最常用的编程方法。

示教编程需要在机器人作业现场，通过对机器人实际操作完成，编程的时间较长，此外，由于示教操作的机器人位置，通常以目测或简单测量的方法确定，因此，对于需要高精度定位、进行复杂轨迹运动的程序，也难以利用示教操作编制。

② 虚拟仿真编程。虚拟仿真编程是通过编程软件直接输入、编辑命令，完成程序编制的一种方法，由于机器人的笛卡儿坐标系位置需要通过逆运动学求解，运动存在一定的不确定性，因此，通常需要进行轨迹的模拟与仿真来验证程序的正确性。

虚拟仿真编程可在编程计算机上进行，编程效率高，且不影响现场机器人的作业，故适用于作业要求变更频繁、运动轨迹复杂的机器人编程。

虚拟仿真编程一般包括几何建模、空间布局、运动规划、动画仿真等步骤，编程需要配备机器人生产厂家提供的专门编程软件，如 ABB 公司的 RobotStudio、安川公司的 MotoSim EG、FANUC 公司的 ROBOGUIDE、KUKA 公司的 Sim Pro 等。虚拟仿真生成的程序需要经过编译，下载到机器人，并通过试运行确认。虚拟仿真编程涉及编程软件安装、操作和使用等问题，不同的软件差异较大。

值得一提的是，示教编程、虚拟仿真编程是两种不同的编程方式，但是，在部分书籍中，对于工业机器人的编程方法还有现场编程、离线编程、在线编程等多种提法。从中文意义上说，所谓现场、非现场编程，只是反映编程地点是否在机器人现场；而所谓离线、在线编程，也只是反映编程设备与机器人控制系统之间是否存在通信连接。简而言之，现场编程并不意味着它必须采用示教方式编程，而编程设备在线时，同样也可以通过虚拟仿真软件来编制机器人程序。

（3）程序基本结构

工业机器人应用程序的基本结构有线性和模块式两种。

① 线性结构。线性结构是 FANUC、安川等日本生产的机器人常用的程序结构。线性结构程序一般由程序标题（名称）、指令、程序结束标记组成，一个程序的全部内容都编写在同一个程序块中。程序设计时，只需要按机器人的动作次序，将相应的指令从上至下依次排列，机器人便可按指令次序执行相应的动作。

线性结构程序也可通过跳转、分支、子程序调用、中断等方法改变程序的执行次序。跳转目标、分支程序、子程序、中断程序等有时可在程序之后编制。

② 模块式结构。模块式结构是 ABB、KUKA 等欧洲生产的机器人常用的程序结构。模块式程序将不同用途的程序分成了若干模块，然后通过模块的不同组合，构建成不同的程序。

模块式程序必须有一个用于模块组织管理、可以直接执行的程序，这一程序称为主程序（main program）；含有主程序的模块称为主模块（main module）。如果模块中的程序只能由其他程序调用，不能直接执行，这样的程序称为子程序（sub program）；只含有子程序的模块称为子模块（sub module）。

模块式程序的主程序与机器人作业要求——对应，每一项作业任务都必须有唯一的主程序；子程序是供主程序选择和调用的公共程序，可被不同作业任务的不同主程序所调用，数量通常较多。

模块式程序的子程序大多以独立程序的形式编制，为了增加程序通用性，子程序可采用参数化编程技术，通过主程序调用指令，改变子程序中的指令操作数。

模块式程序的模块名称、格式、功能在不同的控制系统上有所不同。ABB 机器人的 RAP-ID 程序结构如下，KUKA 机器人的 KRL 程序结构可参见后述的 KUKA 篇。

（4）RAPID 程序结构

ABB 工业机器人的 RAPID 程序结构如图 3.1.1 所示，完整的 ABB 机器人应用程序称为任务（task），任务包含了工业机器人完成一项特定作业（如点焊、弧焊、搬运等）所需要的全部系统数据（系统模块）和用户程序（程序模块），可以随时启动和执行。

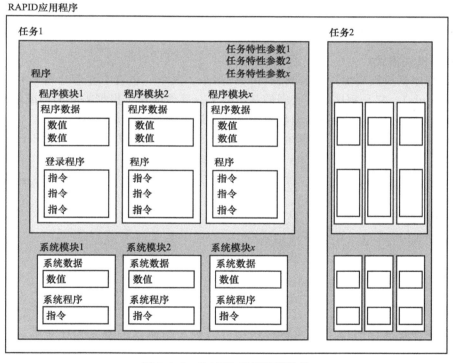

图 3.1.1　RAPID 应用程序结构

控制系统的任务数量与机器人的系统结构、控制要求有关。单一用途的简单机器人通常只需要一个任务；多用途、复杂机器人系统，可通过控制系统的多任务（multitasking）功能选件，同步启动、执行多个任务，对不同任务的用途、性质、类型等属性参数（task property parameter）进行定义。

① 系统模块。系统模块（system module）用来定义执行某一作业所需的系统功能和参数，包括系统程序（routine）和系统数据（system data）两部分。任务需要由工业机器人的生产厂家（ABB），根据机器人功能与作业控制要求编制和安装，用户不可更改。系统模块可在控制系统启动时自动加载，在机器人使用过程中，即使删除用户程序，系统模块仍将保留。

系统模块一般包含有模块说明（注释）、系统数据定义、系统初始化程序等内容，系统模块通常与用户编程无关，因此，本书将不再对其进行说明。

②程序模块。程序模块（program module）是 RAPID 应用程序的主体，需要编程人员根据作业的要求编制。程序模块由程序数据（program data）、作业程序（routine，ABB 说明书称例行程序，以下简称 RAPID 程序）两部分组成。程序数据用来定义指令的操作数，如程序点位置、工具坐标系、工件坐标系、作业参数等；RAPID 程序则用来定义机器人作业时系统所需要进行的全部动作。

一个 RAPID 任务可以有多个程序模块。在程序模块中，含有登录程序（entry routine）的程序模块，可用于程序的组织、管理和启动、执行，称为主模块（main module）；主模块上的 RAPID 程序称为主程序（main program）；其他程序模块通常用来实现系统、机器人的某些功能或特定动作，它们可由主程序进行调用和执行，这些程序模块所包含的程序通称 RAPID 子程序（sub program）。对于简单作业，RAPID 子程序也可直接编制在主模块中。

RAPID 程序可根据功能与用途，分为普通程序（procedures，简称 PROC）、功能程序（functions，简称 FUNC）、中断程序（trap routines，简称 TRAP）三类，其程序结构和用途有所不同（见后述）。

3.1.2 RAPID 程序模块

(1) 程序模块格式

RAPID 程序模块需要由用户编制且可以有多个，其中，包含有主程序的模块，称为主模块（main module），它是程序运行必需的基本模块；其他模块可根据需要编制或不使用。主模块可以包含子程序，因此，简单作业任务通常只编制一个主模块。

RAPID 程序模块应紧接在程序标题后编制，模块以"模块声明（module declaration）"行为起始，以"ENDMODULE"结束，其基本格式如下。

```
MODULE 模块名称(属性);                          // 模块声明(模块起始)
模块注释
程序数据定义
主程序
子程序 1
……
子程序 n
ENDMODULE                                        // 模块结束
```

RAPID 程序模块声明用来定义程序模块的名称、性质、类型等属性参数。模块声明以"MODULE"起始，随后为模块名称（如 MIG_mainmodu 等），如需要，模块名称后可用括号附加模块属性参数。模块名称可用示教器编辑、显示，但属性参数则只能通过 ABB 编程软件编辑，也不能在示教器上显示。RAPID 模块的常用属性参数有以下几种，需要同时定义两种以上属性时，需要按下列①～⑤的次序排列，不同属性间用逗号分隔（如"SYSMODULE，NOSTEPIN"等）；部分属性不能同时定义（如 NOVIEW、VIEWONLY 等）。

① SYSMODULE：系统模块；

② NOVIEW：可执行，但不能显示的模块；

③ NOSTEPIN：不能单步执行的模块；

④ VIEWONLY：只能显示，但不能修改的模块；

⑤ READONLY：只读模块，即只能显示，不能编辑，但可删除属性的模块。

模块声明之后，可根据需要添加模块注释（module comment）。注释以符号"!"（指令

COMMENT 的简写）起始，以换行符结束，中间为注释文本。模块注释是为了方便程序阅读所附加的说明文本，只能显示，不具备任何功能，程序设计者可根据要求自由添加或省略；注释行的数量不限。

模块注释后，通常为定义模块程序数据的数据声明指令。机器人作业需要的工具数据（tooldata）、工件数据（wobjdata）、工艺参数（如 welddata）、作业起点数据（robtarget）、特殊移动速度数据（speeddata）等需要供模块中所有程序共用的基本数据，通常需要在程序模块中定义。数据声明指令有规定的格式和要求，有关内容可参见后述。

程序数据声明指令之后为模块的作业程序（routine）。主程序必须位于例行程序的最前面，其他程序（子程序）的位置一般不限。全部程序编制完成后，最后行以模块结束标记"ENDMODULE"结束。

(2) 程序模块示例

RAPID 程序模块的结构较为复杂，为了便于读者完整地了解 RAPID 程序模块的基本结构，以下将以 ABB 焊接机器人的简单焊接作业任务为例，对 RAPID 程序的总体结构及一般概念进行简要说明。

ABB 焊接机器人的程序模块示例如下。

```
%%%
  VERSION:1
  LANGUAGE:ENGLISH
%%%                                                              // 标题
! * * * * * * * * * * * * * * * * * * * * * * * * * * * * * * *
! * * * * * * * * * * * * * * * * * * * * * * * * * * * * * *
MODULE MIG_mainmodu                                             // 模块声明
  ! Module name: Mainmodule for MIG welding                     // 注释
  ! Robot type: IRB 2600
  ! Software: RobotWare 6.01
  ! Created: 2017-01-01
  ......
  PERS tooldata tMIG1:= [TRUE,[[0,0,0],[1.0,0,0]],[1,[0,0,0],[1.0,0,0],0,0,0]];
                                                               // 程序数据定义指令
  PERS wobjdata station:= [FALSE,TRUE,"",[[0,0,0],[1.0,0,0]],[[0,0,0],[1.0,0,0]]];
  PERS seamdata sm1:= [0.2,0.05,[0,0,0,0,0,0,0,0,0],0,0,0,0,0,[0,0,0,0,0,0,0,0,0],0.0,0,1,
0,[0,0,0,0,0,0,0,0,0],0.05];
  PERS welddata wd1:= [40,10,[0,0,10,0,0,10,0,0,0],[0,0,0,0,0,0,0,0]];
  VAR speeddata vrapid:= [500,30,250,15]
  CONST robtarget p0:= [[0,0,500],[1.0,0,0],[-1,0,-1,1],[9E9,9E9,9E9,9E9,9E9,9E9]];
  ......
! * * * * * * * * * * * * * * * * * * * * * * * * * * * * * *     // 作业程序
PROC mainprg()                                                  // 主程序 mainprg
  ! Main program for MIG welding                                // 注释
  Initall;                                                      // 调用子程序 Initall
  ......
WHILE TRUE DO                                                   // 循环执行
  IF di01WorkStart= 1 THEN
  rWelding;                                                     // 调用子程序 rWelding
  ......
```

```
   ENDIF
   WaitTime 0.3;                                              // 暂停
   ENDWHILE                                                   // 结束循环
ERROR                                                         // 错误处理程序
   IF ERRNO= ERR_GLUEFLOW THEN
   ......
   ENDIF                                                      // 错误处理程序结束
ENDPROC                                                       // 主程序 mainprg 结束
! * * * * * * * * * * * * * * * * * * * * * * * * * * * * * * * * * *
PROC Initall()                                                // 子程序 Initall
   AccSet 100,100;                                            // 加速度设定
   VelSet 100,2000;                                           // 速度设定
   rCheckHomePos;                                             // 调用子程序 rCheckHomePos
   ......
   IDelete irWorkStop;                                        // 中断复位
   CONNECT irWorkStop WITH WorkStop;                          // 定义中断程序
   ISignalDI diWorkStop,1,irWorkStop;                         // 定义中断、启动中断监控
ENDPROC                                                       // 子程序 Initall 结束
! * * * * * * * * * * * * * * * * * * * * * * * * * * * * * * * * * *
PROC rCheckHomePos()                                          // 子程序 rCheckHomePos
   IF NOT CurrentPos(p0,tMIG1) THEN                           // 调用功能程序 CurrentPos
   MoveJ p0,v30,fine,tMIG1\WObj:= wobj0;
   ......
   ENDIF
ENDPROC                                                       // 子程序 rCheckHomePos 结束
! * * * * * * * * * * * * * * * * * * * * * * * * * * * * * * * * * *
FUNC bool CurrentPos(robtarget ComparePos,INOUT tooldata CompareTool)
                                                              //功能程序 CurrentPos

   VAR num Counter:= 0;
   VAR robtarget ActualPos;
   ActualPos:= CRobT(\Tool:= CompareTool\WObj:= wobj0);
   IF ActualPos.trans.x> ComparePos.trans.x- 25 AND ActualPos.trans.x< ComparePos.trans.x +
25 Counter:= Counter+1;
   ......
   IF ActualPos.rot.q1> ComparePos.rot.q1- 0.1 AND ActualPos.rot.q1< ComparePos.rot.q1+
0.1 Counter:= Counter+1;
   ......
   RETURN Counter= 7;                                         // 返回 CurrentPos 状态
ENDFUNC                                                       // 功能程序 CurrentPos 结束
! * * * * * * * * * * * * * * * * * * * * * * * * * * * * * * * * * *
TRAP WorkStop                                                 // 中断程序 WorkStop
   TPWrite "Working Stop";
   bWorkStop:= TRUE;
   ......
ENDTRAP                                                       // 中断程序 WorkStop 结束
! * * * * * * * * * * * * * * * * * * * * * * * * * * * * * * * * * *
```

```
PROC rWelding()                                              // 子程序 rWelding
  MoveJ p1,v100,z30,tMIG1\WObj:= station;                    // p0→p1
  MoveL p2 v200,z30,tMIG1\WObj:= station;                    // p1→p2
  ……

ENDPROC                                                      // 子程序 rWelding 结束
ENDMODULE                                                    // 主模块结束
! * * * * * * * * * * * * * * * * * * * * * * * * * * * * * * * * * *
! * * * * * * * * * * * * * * * * * * * * * * * * * * * * * * * * * *
```

（3）程序模块说明

程序模块由标题、注释、指令、标识等元素组成，其基本使用方法如下。

① 标题。标题（header）一般是应用程序（模块）的简要说明文本，内容通常为系统软件版本（version）、文字语言（language）等，标题可根据实际需要自由添加或省略。

标题编写在程序模块的起始位置，以字符"％％％"作为开始、结束标记；标题之后为应用程序的各种模块和程序。

② 注释。注释（comment）是为了方便程序阅读所附加的说明文本。注释只用于显示，程序设计者可根据要求自由添加或省略。

注释以符号"!"（指令 COMMENT 的简写）作为起始标记，以换行符结束。为了便于程序阅读，注释行"! ＊＊＊＊＊＊"常被用来分隔程序、模块。

③ 指令。指令（instruction）是系统的控制命令，它用来定义系统需要执行的操作。例如，指令"PERS tooldata tMIG1：＝……"用来定义系统的工具数据 tMIG1；指令"VAR speeddata vrapid：＝……"用来定义机器人的移动速度数据 vrapid 等。

④ 标识。标识（identifier）是程序构成元素的识别标记（名称）。RAPID 程序有众多的组成元素（模块、程序、数据等），为了区分不同的元素，在程序模块中，需要对每一个元素定义一个独立的名称，这一名称称为标识。例如，指令"PERS tooldata tMIG1：＝……"中的"tMIG1"，就是特定工具数据（tooldata）的标识；指令"VAR speeddata vrapid：＝……"中的 vrapid，就是特定速度数据（speeddata）的标识；等等。

在 RAPID 程序中，模块、程序、数据等都需要通过标识进行区分，因此，RAPID 程序的标识需要用 ISO 8859-1 标准字符编写，最多为 32 字符。标识的首字符必须为英文字母，后续的字符可为字母、数字或下划线"_"，但不能使用空格及已被系统定义为指令（如 AccSet、MoveJ、IDelete 等）、函数（如 Abs、Sin、Offs）、程序数据名（如 v100、z20、vmax、fine 等）的系统专用标识（保留字）。在同一控制系统中，不同元素原则上不可使用同样的标识，也不能仅仅通过字母的大小写来区分标识。

3.1.3　RAPID 程序格式

由示例可见，RAPID 程序模块由程序数据（program data）与作业程序（routine）组成，作业程序又包含有主程序、子程序、功能程序、中断程序等。其中，程序数据用来定义程序中的指令操作数，其定义方法将在后续内容中介绍；作业程序（例行程序）是系统的指令集合，是应用程序设计最重要的内容。不同类别程序的基本格式与要求简介如下。

（1）主程序格式

主程序（main program）又称登录程序（entry routine），它是程序自动运行必需的基本程序，用于程序组织与管理。每一主模块都需要有 1 个主程序。

RAPID 主程序以程序声明（routine declaration）起始，以 ENDPROC 结束，程序的基本

格式如下。

```
PROC 主程序名称(参数表)
  程序注释
  一次性执行子程序
  ……
  WHILE TRUE DO
  循环子程序
……
  执行等待指令
  ENDWHILE
  ERROR
  错误处理程序
  ……
  ENDIF
ENDPROC
```

主程序的程序声明用来定义程序名称、使用范围、类别以及程序参数等内容。从类别上说，主程序属于普通程序（PROC）。如果使用范围为全局（GLOBAL），程序声明可省略使用范围 GLOBAL，直接以类别标记 PROC 起始，随后为程序名称及程序参数。

主程序名称（procedure name）可由用户按 RAPID 标识规定定义（见前述）；参数化编程的主程序需要在名称后的括号内附加程序参数表（parameter list）；如不使用程序参数，名称后需要保留空括号"()"。程序声明的具体格式及程序参数的定义方法，详见后述。主程序的程序声明后可添加注释（comment），注释的编写方法、作用与模块注释相同。

主程序的注释后，通常是子程序调用、管理指令；最后一行是程序结束标记 ENDPROC。RAPID 子程序的调用方式与子程序类别有关，可分为普通程序调用、中断程序调用、功能程序调用三类。

RAPID 普通程序（procedures，简称 PROC）通常是程序模块的主要组成部分，它既可用于机器人作业控制，也可用于系统的其他处理。普通程序需要通过 RAPID 程序执行管理指令调用，并可根据需要选择无条件调用、条件调用、重复调用等方式。

RAPID 中断程序（trap routines，简称 TRAP）是一种由系统自动、强制调用与执行的子程序，系统的中断功能一旦被启用（使能），只要中断条件满足，系统将立即终止现行程序，直接跳转到中断程序，而无需编制其他调用指令。

RAPID 功能程序（functions，简称 FUNC）是专门用来实现复杂运算或特殊动作的子程序，执行完成后，可将运算或执行结果返回到调用程序。功能子程序可通过程序数据定义指令直接调用，同样无需编制专门的程序调用指令。

除了以上三类程序外，主程序还可根据需要编制错误处理程序块（ERROR）。错误处理程序块是用来处理程序执行错误的特殊程序块，当程序执行出现错误时，系统可立即中断现行指令，跳转至错误处理程序块，并执行相应的错误处理指令；处理完成后，可返回断点，继续执行后续指令。

错误处理程序块既可在主程序中编制，也可在子程序中编制。如用户程序中没有编制错误处理程序块，或错误处理程序块中无错误所对应的处理指令，控制系统将自动调用系统软件本身的错误处理中断程序，进行相关错误处理。

（2）普通子程序格式

RAPID 普通程序（procedures，简称 PROC）既可独立执行，也可被其他模块、程序所调用；因此，既可为主程序，也可作为子程序。普通程序作为子程序使用时，不能向调用模块或程序返回执行结果，故又称"无返回值程序"。

普通程序以程序声明起始，ENDPROC结束。对于大多数使用范围为全局（GLOBAL）的普通程序，程序声明中可省略使用范围（GLOBAL），直接以程序类别标记PROC起始，随后为程序名称及程序参数，不使用参数时保留空括号"()"。程序声明之后，可编写各种指令，最后，以指令ENDPROC结束。

全局普通程序PROC的基本格式如下：

```
PROC 程序名称(参数表)
  程序指令
  ……
ENDPROC
```

普通程序作为子程序被其他程序调用时，可通过结束指令ENDPROC或程序返回指令RETURN两种方式结束。例如，对于以下普通子程序rWelCheck，如系统开关量输入信号di01的状态为"1"，程序将执行指令RETURN，直接结束并返回调用程序；否则，将执行指令TPWrite "Welder is not ready"，通过结束指令ENDPROC返回调用程序。

```
PROC rWelCheck()
  IF di01:= 1 THEN
    RETURN
  ENDIF
    TPWrite "Welder is not ready";
  ENDPROC
```

(3) 功能程序格式

功能程序（functions，简称FUNC）又称有返回值程序，这是一种用来实现用户自定义的特殊操作（运算、比较等）并能向调用程序返回执行结果的参数化子程序。功能程序的调用需要通过程序中的功能函数进行，调用时不仅需要指定程序名称，且必须对程序中的参数进行定义与赋值。

功能程序的作用与函数运算命令类似，它可作为RAPID标准函数命令的补充，完成用户所需的特殊运算和处理。

功能程序以程序声明起始，ENDFUNC结束，程序基本格式如下。

```
FUNC 数据类型 功能名称(参数表)
  程序数据定义
  程序指令
  ……
  RETURN 返回数据
ENDFUNC
```

使用范围为全局（GLOBAL）的功能程序，程序声明中可省略使用范围GLOBAL，直接以程序类别标记FUNC起始，随后，需要定义返回数据的类型、功能程序名称以及参数表。程序声明后为程序指令，功能程序必须包含执行结果返回指令RETURN。有关功能程序的程序声明、参数定义及程序调用方法详见后述。

(4) 中断程序格式

中断程序（trap routines，简称TRAP）是用来处理系统异常情况的特殊子程序，需要通过程序中的中断条件自动调用。如果中断条件满足（如输入中断信号等），控制系统将立即终止现行程序的执行，无条件调用中断程序。

中断程序以程序声明起始，ENDTRAP 结束，程序基本格式如下。

```
TRAP 程序名称
  程序指令
  ……
ENDTRAP
```

使用范围为全局（GLOBAL）的中断程序，程序声明中可省略使用范围 GLOBAL，直接以程序类别标记 TRAP 起始，随后，为中断程序名称。中断程序不能定义参数，因此，名称后不能加空括号"（）"。中断程序的程序声明及中断条件、调用方法详见后述。

3.2　程序声明、参数与程序调用

3.2.1　程序声明与程序参数

(1) 程序声明指令

RAPID 程序的结构较复杂，任务可能包含多个模块、多个程序，为了方便系统组织与管理，除了模块、程序的名称外，还需要对模块、程序的使用范围、类别以及参数化编程程序的参数等内容进行定义。

在 RAPID 程序中，用来定义模块名称、属性的指令称为模块声明（module declaration），其编程格式与要求可参见前述；用来定义程序（主程序、普通子程序、功能程序、中断程序）名称、属性的指令称为程序声明（routine declaration）；采用参数化编程的主程序、普通子程序及功能程序还需要定义程序中所使用的参数（程序参数）。

程序声明需要在程序的起始行编制，指令的基本格式及编制要求如下。

```
LOCAL    PROC  Procedures1   (num requi_par    INOUT VER num inout_par,……)
使用范围  程序类型  程序名称      程序参数1              程序参数2
```

① 使用范围。使用范围用来限定使用（调用）该程序的模块，可定义为全局程序（GLOBAL）或局域程序（LOCAL）之一。

全局程序可被任务中的所有模块使用（调用）；GLOBAL 是系统默认设定，可直接省略。例如，声明为"PROC mainprg()""PROC Initall()"的程序均为全局程序。

局域程序只能供所在的程序模块使用（调用）。局域程序必须在程序声明的起始位置加"LOCAL"标记。例如，声明为"LOCAL PROC local_rprg()"的程序，只能被程序所在模块中的其他程序所调用。

局域程序的优先级高于全局程序，如任务中存在名称相同的全局程序和局域程序，执行局域程序所在模块时，系统将优先执行局域程序，与之同名的全局程序以及全局程序所定义的程序数据、编程指令均无效。

局域程序的类型、结构和编程要求与全局程序相同，因此，在本书后述的内容中，将以全局程序为例进行说明。

② 程序类型。程序类型是对程序格式、功能的规定，RAPID 程序的类型可以为普通程序（PROC）、功能程序（FUNC）或中断程序（TRAP），不同类型程序的功能、用途及编程格式要求可参见前述。

③ 程序名称。程序名称是程序的识别标记。程序名称应按照 RAPID 标识规定定义，使用

范围相同的程序，程序名称不能重复定义。

功能程序（FUNC）的名称前必须定义返回数据的类型。例如，用来计算数值型数据的功能程序，名称前应加"num"标记；用来计算机器人 TCP 位置型数据的功能程序，名称前应加"robtarget"标记；等等。

④ 程序参数。程序参数用于参数化编程程序的操作数赋值。参数化编程的普通程序（PROC），需要在程序名称的括号内附加程序参数；不使用参数化编程的普通程序（PROC）无需定义程序参数，但需要保留名称后的括号。功能程序（FUNC）必然采用参数化编程，因此，必须定义程序参数。中断程序（TRAP）在任何情况下均可能被系统调用，因此，不能使用参数化编程功能，名称后也无需加括号。

(2) 程序参数定义

RAPID 程序参数简称参数（parameter），它是用于程序数据赋值、返回执行结果的中间变量，在参数化编程的普通程序 PROC 及功能程序 FUNC 中，必须予以定义。

程序参数需要在程序名称后的括号内定义，并允许有多个；多参数程序的不同程序参数间，应用逗号分隔，如"PROC glue（\ switch on，\ PERS wobjdata wobj，num glueflow)"等。

RAPID 程序参数的定义格式和要求如下。

① 选择标记。前缀"\"的参数为可选参数，无前缀的参数为必需参数。可选参数通常用于以函数命令 Present（当前值）作为判断条件的 IF 指令，满足 Present 条件时，参数有效，否则，忽略该参数。

例如，以下程序中的"switch on""wobj"是用于 IF 条件 Present 的可选参数，如程序参数 switch on 的状态为 ON，参数有效，程序指令 1 将被执行，否则，忽略参数 switch on 和程序指令 1。

```
PROC glue(\switch on,\PERS wobjdata wobj,num glueflow,……)
  IF Present(on) THEN;
    程序指令1                          // 可选参数 switch on 状态为 ON 时执行
  ENDIF
  ……
```

② 访问模式。访问模式用来规定程序参数的数值设定与数据保存方式，可根据需要选择如下几种。

IN（默认）：输入参数。输入参数需要在程序调用时设定初始值；在程序中，它可作为具有初始值的程序数据使用。IN 是系统默认的访问模式，IN 标记可省略。

INOUT：输入/输出参数。输入/输出参数不仅在程序调用时需要设定初始值，而且，还可在程序中改变其数值，并保存执行结果。

VAR、INOUT VAR：可在程序中作为程序变量 VAR（详见后述）使用的程序参数。访问模式定义为 VAR 的参数，需要设定初始值；访问模式定义为 INOUT VAR 的参数，不仅可设定初始值，且能返回执行结果。

PERS、INOUT PERS：可在程序中作为永久数据 PERS（详见后述）使用的程序参数。访问模式为 PERS 的参数，需要输入初始值；访问模式为 INOUT PERS 的参数，不仅可输入初始值，且能返回执行结果。

REF：交叉引用参数。交叉引用参数只能用于系统预定义程序，用户程序不能使用该访问模式。

③ 数据类型。用来规定程序参数的数据格式，如十进制数值型数据为 num、逻辑状态型数据为 bool 等（详见后述）。

④ 参数/数组名称。参数名称是用 RAPID 标识表示的参数识别标记，在同一系统中，名称原则上不应重复定义。参数也可用数组形式定义，数组参数名称后需要加"{ * }"标记。

⑤ 排斥参数。用"｜"分隔的参数相互排斥，即执行程序时只能选择其中之一。排斥参数属于可选参数，它通常用于以函数命令 Present（当前值）作为 ON、OFF 判断条件的 IF 指令。例如，对于以下程序，如排斥参数 switch on 状态为 ON，程序指令 1 将被执行，同时忽略参数 switch off；否则，忽略参数 switch on 和程序指令 1，执行程序指令 2。

```
PROC glue(\switch on|switch off)
  IF Present(on) THEN;
    程序指令1                                    // 排斥参数 switch on 符合时执行
  IF Present(off) THEN
    程序指令2                                    // 排斥参数 switch off 符合时执行
  ENDIF
```

3.2.2 普通程序的执行与调用

(1) 普通程序的执行方式

RAPID 程序的执行、调用需要由主程序进行组织和管理。在主程序中，无条件执行的普通程序（PROC），可直接省略程序调用指令 ProcCall，只需要在程序行编写需要执行（调用）的程序名称。例如：

```
PROC mainprg()                                    // 主程序 mainprg
  ……
  rCheckHomePos;                                  //无条件执行程序 rCheckHomePos
  rWelding;                                       //无条件执行程序 rWelding
  ……
```

因此，普通程序（PROC）可通过主程序的编程，选择一次性执行和循环执行两种方式，其编程方法如下。

① 一次性执行。一次性执行的普通程序（PROC），在主程序启动后，只能执行一次，这样的程序通常用于机器人作业起点、控制信号初始状态、程序数据初始值、中断条件等作业初始状态的设定，因此，通常称之为"初始化程序"，并以 Init、Initialize、Initall 或 rInit、rInitialize、rInitAll 命名。

一次性执行的普通程序（PROC）的指令应在主程序的非循环区（通常为起始位置），利用无条件执行指令调用。例如：

```
PROC mainprg()
  ! Main program for MIG welding
  Initall;                                        //无条件执行子程序 Initall
  ……
```

② 循环执行。循环执行的普通程序（PROC），可在程序启动后，无限重复地执行，这样的程序通常用于机器人的连续作业。

循环执行的普通程序（PROC），可通过 RAPID 条件循环指令"WHILE—DO"，以循环执行的形式，利用无条件执行指令调用，指令的编程格式如下：

```
WHILE 循环条件 DO
  子程序名称(子程序调用指令)
  ……
  子程序名称(子程序调用指令)
  ……
  行等待指令
ENDWHILE
ENDPROC
```

系统执行条件循环指令 WHILE 时，若 WHILE 规定的循环条件满足，将执行 WHILE 至 ENDWHILE 间的全部指令；ENDWHILE 指令执行完成后，可返回 WHILE 指令，再次检查 WHILE 循环条件，若满足，则继续执行 WHILE 至 ENDWHILE 间的全部指令，如此循环。若 WHILE 规定的循环条件不满足，系统将跳过 WHILE 至 ENDWHILE 间的全部指令，执行 ENDWHILE 后的其他指令。因此，若将普通程序（PROC）的无条件执行指令（程序名称），直接编制在 WHILE 至 ENDWHILE 的循环执行区，只要 WHILE 规定的条件满足，便可实现程序的循环执行功能。

在 RAPID 程序中，WHILE 指令的循环条件不但可使用判别、比较等表达式，而且可直接指定为逻辑状态"TRUE"或"FALSE"。当循环条件直接定义为"TRUE"时，系统将无条件重复 WHILE 至 ENDWHILE 间的全部指令；若直接定义为"FALSE"，则 WHILE 至 ENDWHILE 间的指令将被直接跳过。

（2）程序重复调用

由于普通程序（PROC）的执行只需要在程序行编写程序名称，便可实现程序的调用功能，因此，当普通程序（PROC）作为子程序（以下简称普通子程序）使用时，不仅可通过上述的无条件执行、循环执行指令实现无条件调用、循环调用功能，而且可通过 RAPID 重复执行指令 FOR、条件执行指令 IF 或 TEST，实现子程序重复调用、条件调用功能。

普通子程序的重复调用一般通过 RAPID 重复执行指令 FOR 实现，程序调用指令（程序名称）编写在指令 FOR 至 ENDFOR 之间，指令 FOR 的编程格式及功能如下。

```
FOR 计数器 FROM 计数起始值 TO 计数结束值[STEP 计数增量] DO      // 重复执行指令
  子程序调用
  ……
ENDFOR                                                  // 重复执行指令结束
```

FOR 指令可通过计数器的计数，对 FOR 至 ENDFOR 之间的指令，重复执行指定的次数。指令的重复执行次数，由计数起始值 FROM、结束值 TO 及计数增量 STEP 控制。计数增量 STEP 的值可为正整数（加计数）、负整数（减计数），或者直接省略，由系统自动选择默认值。

执行 FOR 指令时，若计数器的当前值介于起始值 FROM 与结束值 TO 之间，系统将执行 FOR 至 ENDFOR 之间的指令，并使计数器的当前值增加（加计数）或减少（减计数）一个增量，然后返回 FOR 指令，再次进行计数值的范围判断，并决定是否重复执行 FOR 至 ENDFOR 之间的指令；若计数器的当前值不在起始值 FROM 和结束值 TO 之间，执行 FOR 指令时，系统将直接跳过 FOR 至 ENDFOR 之间的指令。

例如，对于以下程序，因计数增量 STEP 为−2，子程序调用指令 rWelding 每执行一次，计数器 i 将减 2。因此，当计数器 i 初始值 FOR 为 10，结束值 TO 为 0 时，子程序 rWelding

可重复执行 6 次，完成后执行指令 Reset do1；若计数器 i 初始值小于 0 或大于 10，将跳过子程序 rWelding，直接执行指令 Reset do1。程序中的指令 "a{i}:=a{i−1}" 用于计数器初始值调整，当初始值为奇数 1、3、5、7、9 时，系统可自动加 1，将其转换为 2、4、6、8、10。

```
FOR i FROM 10 TO 0 STEP -2 DO
  a{i}:= a{i-1}
  rWelding;
ENDFOR
  Reset do1;
  ......
```

FOR 指令中的计数增量选项 STEP 也可省略。省略 STEP 选项时，系统将根据起始值 FROM、结束值 TO，自动选择 STEP 值为 "+1" 或 "−1"：如果计数结束值 TO 大于计数起始值 FROM，系统默认 STEP 值为 "+1"，每执行一次 FOR 至 ENDFOR 之间的指令，计数值加 1；如果计数结束值 TO 小于计数起始值 FROM，系统默认 STEP 值为 "−1"，每执行一次 FOR 至 ENDFOR 之间的指令，计数值减 1。

例如，对于以下程序，若计数器 i 的初始值为 1，子程序 rWelding 可连续调用 10 次，完成后执行指令 Reset do1；若计数器 i 的初始值为 6，则子程序 rWelding 可连续调用 5 次，完成后执行指令 Reset do1；若计数器 i 的初始值小于 1 或大于 10，则跳过子程序 rWelding，直接执行指令 Reset do1。

```
FOR i FROM 1 TO 10 DO
  rWelding;                              // 子程序 rWelding 重复调用
ENDFOR
  Reset do1;
  ......
```

(3) 程序 IF 条件调用

RAPID 条件执行指令 IF 可用 "IF—THEN" "IF—THEN—ELSE" "IF—THEN—ELSEIF—THEN—ELSE" 等形式编程，利用 IF 指令，可实现以下多种子程序条件调用功能。

使用 "IF—THEN" 指令条件调用的子程序，可将子程序无条件执行指令（程序名称）编写在指令 IF 与 ENDIF 之间，此时，若系统满足 IF 条件，子程序将被调用；否则，子程序将被跳过。

例如，对于以下程序，若执行 IF 指令时，寄存器 reg1 的值小于 5，系统可调用子程序 work1，work1 执行完成后，执行指令 Reset do1；否则，将跳过子程序 work1，直接执行 Reset do1 指令。

```
IF reg1<5 THEN
  work1;
ENDIF
  Reset do1;
  ......
```

使用 "IF—THEN—ELSE" 指令条件调用子程序时，可根据需要，将子程序无条件执行指令（程序名称）编写在指令 IF 与 ELSE，或 ELSE 与 ENDIF 之间。当 IF 条件满足时，可执行 IF 与 ELSE 间的指令，跳过 ELSE 与 ENDIF 间指令；若 IF 条件不满足，则跳过 IF 与 ELSE 间的指令，执行 ELSE 与 ENDIF 间的指令。

例如，对于以下程序，若寄存器 reg1 的值小于 5，系统可调用子程序 work1，work1 执行完成后，跳转至指令 Reset do1 继续；否则，系统将跳过子程序 work1，调用子程序 work2，work2 执行完成后，再执行指令 Reset do1。

```
IF reg1<5 THEN
  work1;
ELSE
  work2;
ENDIF
  Reset do1;
  ......
```

指令"IF—THEN—ELSEIF—THEN—ELSE"可设定多重执行条件，子程序执行指令（程序名称）可根据实际需要，编写在相应的位置。

例如，对于以下程序，如果寄存器 reg1<4，系统将调用子程序 work1，work1 执行完成后，跳转至指令 Reset do1；如果 reg1＝4 或 5，系统将调用子程序 work2，work2 执行完成后，跳转至指令 Reset do1；如果 5<reg1<10，系统将调用子程序 work3，work3 执行完成后，跳转至指令 Reset do1；如果 reg1≥10，系统将调用子程序 work4，再执行指令 Reset do1。

```
IF reg1<4 THEN
  work1;
ELSEIF reg1= 4 OR reg1= 5 THEN
  work2;
ELSEIF reg1<10 THEN
  work3;
ELSE
  work4;
ENDIF
  Reset do1;
  ......
```

(4) 程序 TEST 条件调用

普通子程序的条件调用也可通过 RAPID 条件测试指令 TEST，以"TEST—CASE"或"TEST—CASE—DEFAULT"的形式编程。

条件测试指令可通过对 TEST 测试数据的检查，按 CASE 规定的测试值，选择需要执行的指令，并且 CASE 的编程次数不受限制，因此，它可实现子程序的多重调用功能。指令中的 DEFAULT（不符合）测试可根据需要使用或省略。

利用 TEST 条件测试指令调用子程序的编程格式如下。

```
TEST 测试数据
CASE 测试值,测试值,……:
  调用子程序;
CASE 测试值,测试值,……:
  调用子程序;
  ......
DEFAULT:
  调用子程序;
ENDTEST
......
```

例如，对于以下程序，若寄存器 reg1 的值为 1、2、3，系统将调用子程序 work1，work1 执行完成后，跳转至指令 Reset do1；若 reg1 的值为 4 或 5，系统将调用子程序 work2，work2 执行完成后，跳转至指令 Reset do1；若 reg1 的值为 6，系统将调用子程序 work3，work3 执行完成后，跳转至指令 Reset do1；若 reg1 的值不在 1～6 的范围内，则系统调用子程序 work4，work4 执行完成后，再执行指令 Reset do1。

```
TEST reg1
CASE 1,2,3:
  work1;
CASE 4,5:
  work2;
CASE 6:
  work3;
DEFAULT:
  work4;
ENDTEST
  Reset do1;
  ......
```

3.2.3 功能程序及调用

RAPID 功能程序（FUNC）是用来实现用户自定义的特殊运算、比较等操作，能向调用程序返回执行结果的参数化编程子程序。功能程序调用需要通过程序指令中的功能函数进行，调用程序时不仅需要指定功能程序的名称，而且还必须对程序中的参数进行定义与赋值。为了便于说明，以下将通过示例来具体说明功能程序的调用方法。

(1) 程序示例

功能程序（FUNC）的调用指令及程序格式示例如下。

```
PROC mainprg()
  ......
  p0:= pStart(Count1);                    // 调用功能子程序 pStart,计算程序数据 p0
  work_Dist:= veclen(p0.trans);           // 调用功能子程序 veclen,计算程序数据 work_Dist
  IF NOT CurrentPos(p0,tMIG1) THEN        // 调用功能子程序 CurrentPos,作为 IF 条件
  ......

ENDPROC
! * * * * * * * * * * * * * * * * * * * * * * * * * * * * * * * *

FUNC robtarget pStart(num nCount)                    // 功能程序 pStart 声明
  VAR robtarget pTarget;                              // 定义程序数据 pTarget
  TEST nCount                                         // 利用 TEST 指令确定 pTarget 值
  CASE 1:
  pTarget:= Offs(p0,200,200,500);
  CASE 2:
  pTarget:= Offs(p0,200,-200,500);
  ......
  ENDTEST
  RETURN pTarget;                                     // 返回 pTarget 值
ENDFUNC
! * * * * * * * * * * * * * * * * * * * * * * * * * * * * * * * *
```

```
FUNC num veclen(pos vector)                              // 功能程序 veclen 声明
  RETURN sqrt(quad(vector. x)+quad(vector. y)+quad(vector. z));
                                    // 计算位置数据 vector 的 √x²+y²+z² 值,并返回结果
ENDFUNC
! * * * * * * * * * * * * * * * * * * * * * * * * * * * * * * * * *


FUNC bool CurrentPos(robtarget ComparePos,INOUT tooldata CompareTool)
                                                  // 功能程序 CurrentPos 声明
  VAR num Counter:= 0;                            // 定义程序数据 Counter 及初值
  VAR robtarget ActualPos;                        // 定义程序数据 ActualPos
  ActualPos:= CRobT(\Tool:= CompareTool\WObj:= wobj0);     // 实际位置读取
  IF ActualPos. trans. x> ComparePos. trans. x-25 AND ActualPos. trans. x < ComparePos. trans. x +
25 Counter:= Counter+ 1;                          // 判别 X 轴位置
  ……
  IF ActualPos. rot. q1> ComparePos. rot. q1- 0. 1 AND ActualPos. rot. q1< ComparePos. rot.
q1+ 0. 1 Counter:= Counter+1;                     // 判别工具姿态参数 q1
  ……
  RETURN Counter= 7;                              // 判断 Counter= 7,返回逻辑状态
ENDFUNC
! * * * * * * * * * * * * * * * * * * * * * * * * * * * * * * * * *
```

在上述示例中,主程序 PROC mainprg()通过 3 个功能函数 pStart、veclen 和 CurrentPos,分别调用了 3 个功能子程序 pStart、veclen 和 CurrentPos。子程序调用指令及程序功能的说明如下。

(2) 功能子程序 pStart

功能子程序 pStart 通过主程序 PROC mainprg()中的指令"p0：＝pStart(Count1)"调用,用户自定义的功能函数为 pStart、程序赋值参数为 Count1。

功能子程序 pStart 用来确定多工件作业时的机器人作业起点 $p0$。在程序中,作业起点 $p0$ 为机器人 TCP 位置数据,其数据类型为 robtarget,因此,功能子程序的声明为"FUNC robtarget pStart"。

在功能子程序 pStart 中,机器人的作业起点位置 $p0$,通过条件测试指令 TEST 选择。TEST 指令的测试数据为工件计数器的计数值 nCount(nCount＝1 或 2)。测试数据 nCount 是功能子程序 pStart 的输入参数,其数据类型为 num、访问模式为 IN(系统默认),故 pStart 程序声明中的程序参数为"(num nCount)"。

功能子程序的程序参数 nCount 需要在功能子程序调用指令上赋值。用于程序参数赋值的程序数据,需要在功能函数后缀的括号内指定。如果工件计数器的计数值保存在程序数据 Count1 上,功能子程序 pStart 的调用指令便为"p0：＝pStart(Count1)"。

在功能子程序 pStart 中,利用指令 TEST 所选择的执行结果保存在程序数据 pTarget 上。该数据需要返回至主程序 PROC mainprg(),作为机器人作业起点 $p0$ 的位置值,因此,程序中执行结果返回指令为"RETURN pTarget"。

(3) 功能子程序 veclen

功能子程序 veclen 通过主程序 PROC mainprg ( )中的指令"work_Dist：＝veclen(p0. trans)"调用,用户自定义的功能函数为 veclen、程序赋值参数为 p0. trans。

功能子程序 veclen 用来计算机器人作业起点 $p0$ 至坐标原点的空间距离 work_Dist,其计

算结果为数值型数据 num，因此，功能子程序的声明为"FUNC num veclen"。

计算三维空间点到原点的空间距离，需要给定该程序点的坐标 $(x，y，z)$。在 RAPID 程序中，表示机器人 TCP 的 XYZ 坐标的数据类型为 pos，若将程序参数的名称定义为 vector、访问模式定义为 IN（系统默认），则程序 veclen 声明中的程序参数为"（pos vector）"。

功能子程序 veclen 的程序参数 vector，同样需要在调用指令上赋值。在 RAPID 程序中，机器人的 TCP 位置数据 robtarget（如作业起点 $p0$）是由 XYZ 位置数据 trans、工具方位数据 rot、机器人姿态数据 robconf、外部轴绝对位置数据 extax 复合而成的多元复合数据；复合数据既可整体使用，也可只使用其中的某一部分，例如，作业起点 $p0$ 的 XYZ 坐标可用"p0. trans"的形式独立使用。因此，功能函数只需要指定 $p0$ 的 XYZ 坐标数据 p0. trans，功能子程序 veclen 调用指令便为"work_Dist：＝veclen(p0. trans)"。

程序点 $(x，y，z)$ 到原点的空间距离计算式为 $\sqrt{x^2+y^2+z^2}$，这一运算可直接通过 RAPID 函数命令 sqrt（平方根）、quad（平方）实现。在 RAPID 程序中，表达式可直接代替程序数据，因此，在功能子程序 veclen 中，数据返回指令 RETURN 直接使用了空间距离的计算表达式"sqrt(quad(vector. x)＋quad(vector. y)＋quad(vector. z))"，表达式中的 vector. x、vector. y、vector. z 分别为 XYZ 坐标数据（复合数据）中的 x、y、z 坐标值。

(4) 功能子程序 CurrentPos

功能子程序 CurrentPos 直接由主程序 PROC mainprg（）中的条件执行指令 IF 调用，其执行结果（逻辑状态数据）取反后，作为 IF 指令的判断条件，因此，程序调用可由指令"IF NOT CurrentPos（p0，tMIG1）THEN"实现。调用功能子程序 CurrentPos 的用户自定义功能函数为 CurrentPos，指令需要 2 个程序赋值参数 p0 及 tMIG1。

功能子程序 CurrentPos 用来生成逻辑状态数据 CurrentPos，当机器人使用指定工具且 TCP 位于作业起点 $p0$ 附近时，程序数据 CurrentPos 的状态为 TRUE，否则为 FALSE。由于程序数据 CurrentPos 的数据类型为 bool，故功能程序的声明为"FUNC bool CurrentPos"。

判别机器人的 TCP 位置，必须用同一作业工具的 TCP 位置数据，因此，功能程序 CurrentPos 需要有 TCP 基准位置（robtarget 数据）、基准工具（tooldata 数据）两个程序参数。若将 TCP 基准位置参数的名称定义为 ComparePos、访问模式定义为 IN（系统默认），将基准工具参数的名称定义为 CompareTool、访问模式定义为 INOUT，则程序 CurrentPos 声明中的程序参数为"(robtarget ComparePos，INOUT tooldata CompareTool)"。

功能子程序 CurrentPos 的程序参数 ComparePos、CompareTool，同样需要在调用指令上赋值，其中，TCP 基准位置为作业起点 $p0$，基准工具为 tMIG1。由于程序直接由条件执行指令 IF 调用，故主程序 PROC mainprg()中调用功能子程序的 IF 条件为"NOT CurrentPos(p0，tMIG1)"。

功能子程序 CurrentPos 中，还定义了 1 个数值型程序变量 Counter 和 1 个 TCP 位置型程序变量 ActualPos。程序变量 Counter 是用来计算实际位置 ActualPos 和基准位置 ComparePos 中符合项数量的计数器；程序变量 ActualPos 是利用指令 CRobT 读取的机器人当前的实际 TCP 位置值。

为了保证机器人 TCP 位置、工具与比较基准相符，功能子程序 CurrentPos 需要对坐标值 $(x，y，z)$、工具姿态四元数 $(q1，q2，q3，q4)$ 等 7 项数据进行逐项比较。当 ActualPos 的 $(x，y，z)$ 坐标值（ActualPos. trans. x/ActualPos. trans. y/ActualPos. trans. z）处在比较基准 ComparePos 的 $(x，y，z)$ 坐标值（ComparePos. trans. x/ComparePos. trans. y/ComparePos. trans. z)±25mm 范围内时，认为 $(x，y，z)$ 位置符合，每个符合项都将使计数器 Counter 加 1。同样，当 ActualPos 的工具姿态四元数 $q1$、$q2$、$q3$、$q4$（ActualPos. rot. q1/ActualPos. rot. q2/ActualPos. rot. q3/ActualPos. rot. q4）在比较基准 ComparePos 的 $q1$，$q2$，$q3$，$q4$ 值（ComparePos. rot. q1/ComparePos. rot. q2/ComparePos. rot. q3/ComparePos. rot. q4）± 0.1 范围内时，认为工具姿态四元数符合，每个符合项都将使计数器 Counter 加 1。若 7 个比较项全部符合，则计数器 Counter＝7，此时，可通过返回指令 RETURN Counter＝7，向主程序返回判断结果的逻辑状态"TRUE"，否则，返回逻辑状态"FALSE"。

3.2.4　中断程序及调用

(1) 中断程序功能与调用

中断程序（trap routines，简称 TRAP）是用来处理异常情况的特殊子程序，它可根据程序指令所设定的中断条件，由系统自动调用。中断功能一旦启用（使能），只要中断条件满足，系统可立即终止现行程序，直接转入中断程序，而无需进行其他编程。

中断功能启用后，系统就可能在程序执行的任意位置随时调用中断程序（TRAP），因此，中断程序不能使用参数化编程功能，程序声明中既不需要定义参数，也不需要在程序名称后添加程序参数的括号。

使用中断功能时，需要在调用程序上编制中断连接指令（CONNECT—WITH），以建立 RAPID 中断条件和中断程序间的连接，并进行中断条件的设定。如需要，中断连接指令和中断程序可编制多个。在 RAPID 程序中，一个中断条件只能连接（调用）唯一的中断程序，但是，不同的中断条件允许连接（调用）同一中断程序。

中断连接一旦建立，所定义的中断功能将自动生效，此时，系统便可根据中断条件，自动调用中断程序。如作业程序中存在不允许中断的特殊动作，可通过中断禁止指令 IDisable 来暂时禁止中断功能；被禁止的中断功能，可通过中断使能指令 IEnable 重新使能；中断禁止/使能指令 IDisable/IEnable 对所有中断连接均有效。如需要，也可通过中断停用 ISleep 指令、启用指令 IWatch，来停用/启用指定的中断，而不影响其他中断的使用。

实现 RAPID 程序中断的方式有多种，例如，在机器人关节、直线、圆弧插补运动轨迹的特定控制点上中断；通过系统开关量输入/输出（DI/DO）信号、模拟量输入/输出（AI/AO）信号、开关量输入组/输出组（GI/GO）信号控制程序中断；或利用延时、系统出错、外设检测变量、永久数据的状态，控制程序中断；等等。有关中断功能的使用及指令编程方法将在后续章节详述。

(2) 中断连接指令编程

中断程序（TRAP）需要通过中断连接指令调用，在需要调用中断程序的程序中，不但需要编制中断连接指令，而且还需要对中断条件进行定义。

例如，对于系统开关量输入信号（DI）控制的中断，中断连接指令的编程格式如下。

```
CONNECT 中断条件 WITH 中断程序;
ISignalDI DI 信号,1,中断条件;
……
```

程序中的指令 CONNECT—WITH 用来建立中断条件和中断程序的连接，中断条件一旦满足，系统便可立即结束现行程序，无条件跳转到 WITH 指定的中断程序继续执行。

中断条件定义指令一般紧接在中断连接指令后编程，不同条件的中断需要使用不同的中断定义指令。例如，指令 ISignalDI 为系统开关量输入（DI）信号中断定义指令，指令需要依次指定 DI 信号名称、启用中断的信号状态（如状态"1"），并定义中断条件的名称等。有关中断条件定义指令的编程格式，可参见本书后述的章节。

以上指令一经执行，系统的中断功能将被启用并一直保持有效，因此，中断连接指令通常编制在主程序、初始化子程序等非循环执行的程序中。

(3) 程序示例

利用系统开关量输入（DI）信号 diWorkStop，实现程序中断的程序示例如下。该中断功能可通过执行初始化子程序 PROC Initall() 启动，中断条件的名称定义为 irWorkStop，中断程序名称定义为 TRAP WorkStop。

```
PROC Initall()
  ……
  CONNECT irWorkStop WITH WorkStop;
  ISignalDI diWorkStop,1,irWorkStop;
  ……
ENDPROC
! * * * * * * * * * * * * * * * * * * * * * * * * * * * * * * * *
TRAP WorkStop
  TPWrite "Working Stop";
  bWorkStop:= TRUE;
  ……
ENDTRAP
! * * * * * * * * * * * * * * * * * * * * * * * * * * * * * * * *
```

在以上程序中，指令"CONNECT irWorkStop WITH WorkStop"用来建立中断条件"irWorkStop"和中断程序 TRAP WorkStop 之间的连接，只要 irWorkStop 条件满足，系统便可立即结束现行程序，无条件跳转到 WITH 指定的中断程序 TRAP WorkStop 继续执行。指令"ISignalDI diWorkStop，1，irWorkStop"用来定义中断条件，如果系统 DI 信号 diWorkStop 的状态为"1"，中断条件"irWorkStop"便将满足。

以上中断连接指令编制在一次性执行的初始化子程序 PROC Initall() 中，指令一旦被执行，中断便将启动，在任何时刻，只要系统的 DI 信号 diWorkStop 状态为"1"，便可调用中断程序 TRAP WorkStop。

在中断子程序上，由于程序的使用范围为系统默认的全局（GLOBAL）程序，因此，程序声明只需要定义程序类型 TRAP 及程序名称 WorkStop。执行该中断程序，系统将通过文本显示指令 TPWrite，在示教器上显示"Working Stop"信息文本；同时，可将逻辑状态型（bool）程序数据 bWorkStop 的状态设定为"TRUE"，该逻辑状态可用来控制指示灯、改变机器人运动等。

3.3 程序数据及定义

3.3.1 数据声明指令

(1) 指令格式与数据使用范围

程序数据是程序指令的操作数，其数量众多、格式各异。为了便于用户使用，控制系统出厂时，生产厂家已对部分常用的基本程序数据进行了预定义，这些数据可直接在程序中使用，编程时无需另行定义。例如，速度数据 v200 所规定的机器人 TCP 移动速度为 200mm/s；速度数据 vrot50 所规定的回转轴速度为 50°/s；到位区间 z30 所规定的机器人 TCP 到位允差为 30mm、工具姿态的到位允差为 45mm、工具定向回转的到位允差为 4.5°等。

但是，机器人实际作业时，除了系统预定义的基本程序数据外，还需要有作业工具、工件数据、工艺参数、机器人 TCP 位置、移动速度等其他程序数据，这些数据需要由用户在 RAPID 程序中定义。

一般而言，机器人的作业工具、工件数据、工艺参数以及机器人作业起点与终点、作业移动速度等程序数据，是程序模块中所有程序共用的基本数据，通常在程序模块的起始位置予以统一定义。如果程序数据只用于某一特定的程序，则可以在使用该程序数据的程序中单独定义。

用来定义程序数据的指令称为数据声明指令（data declaration），该指令可对程序数据的使用范围、性质、类型、名称等进行规定，如需要，还可进行初始赋值。

RAPID 数据声明指令的基本格式如下。

```
TASK    PERS    pos    segpos{2}    :=[[0,0,0,],[200,-100,500]]
使用范围 数据性质 数据类型  数据名称/个数              初始值
```

程序数据中的使用范围用来规定程序数据的使用对象，即指定程序数据可用于哪些任务、模块和程序。使用范围可选择全局数据（global data）、任务数据（task data）和局部数据（local data）三类。

全局数据（global data）是可供所有任务、所有模块和程序使用的程序数据，它在系统中具有唯一名称和唯一的值。全局数据由系统默认设定，故无需在指令中声明 GLOBAL。

任务数据（task data）只能供本任务使用，局部数据（local data）只能供本模块使用。任务数据、局部数据声明指令只能在程序模块中编程，不能在主程序、子程序中编程。局部数据是系统优先使用的程序数据，如系统中存在与局部数据同名的全局数据、任务数据，这些程序数据将被同名局部数据替代。

在实际程序中，由于大多数程序数据的使用范围均为单任务、全局数据（系统默认），因此，数据使用范围定义项通常予以省略。

(2) 数据性质、类型定义

① 数据性质。数据性质用来规定程序数据的使用方法及数据的保存、赋值、更新要求。RAPID 程序数据有常量 CONST（constant）、永久数据 PERS（persistent）、程序变量 VAR（variable）和程序参数（parameter）四类；其中，程序参数用于参数化编程的程序，它需要在程序声明中定义（参见前述）。

声明为常量 CONST、永久数据 PERS 的程序数据，保存在系统的 SRAM（静态随机存储器）中，其数值可一直保持到下次赋值。

声明为程序变量 VAR 的程序数据及程序参数，保存在系统的 DRAM 中（动态随机存储器），它们仅在程序执行时有效，程序执行一旦完成或系统被复位，数据将被自动清除。

常量 CONST、永久数据 PERS、程序变量 VAR 的特点及定义方法详见后述。

② 数据类型。数据类型用来规定程序数据的格式与用途，程序数据类型代号需要由控制系统生产厂家（ABB）统一规定。例如，十进制数值型数据为"num"，二进制逻辑状态型数据为"bool"，字符串（文本）型数据为"string"，机器人 TCP 位置型数据为"robtarget"，等。程序数据的类型众多，详见厂家说明书。

为了便于数据的识别、分类和检索，在 RAPID 程序中，也可通过数据等同指令 ALIAS，对控制系统生产厂家出厂定义的数据类型增加一个别名，这样的数据称为"等同型（alias）数据"。利用指令 ALIAS 定义的数据类型名，可直接代替控制系统原有的数据类型名，在程序中使用。例如：

```
VAR num reg1:= 2;                    // 定义 reg1 为 num 型数据并赋值 2
ALIAS num level;                     // 定义数据类型名 num 等同 level
……
VAR level high;                      // 定义 high 为 level 数据(num 数据)
VAR level low:= 4.0;                 // 定义 level 数据 low(num 数据)并赋值
high:= low+ reg1                     // 同类数据运算
……
```

(3) 数据名称与初始值定义

① 数据名称/个数。数据名称是程序数据的识别标记，需要按 RAPID 标识的规定命名，原则上说，在同一系统中，程序数据的名称不应重复定义。数据类型相同的多个程序数据，也可用数组的形式统一命名，数组名后需要后缀"｛数据元数｝"标记。例如，当程序数据 seg-pos 为包含 2 个 XYZ 位置数据的 2 元数组时，其数据名称为"segpos{2}"等。

② 数据初始值。初始值用来规定程序执行时刻的程序数据值，初始值可以为具体的数值，也可以为 RAPID 表达式的运算结果，但必须符合程序数据的格式要求。

数据声明指令未定义初始值的程序数据，程序执行时，控制系统将自动赋予系统默认的初始值。例如，十进制数值型数据 num 的初始值默认为"0"，二进制逻辑状态型数据 bool 的初始值为"FALSE"，字符串型数据 string 的初始值为"空白"，等等。

程序数据一旦定义，便可在程序中按系统规定的格式，对其进行赋值、运算等操作与处理。一般而言，类型相同的程序数据可直接通过 RAPID 表达式（运算式），进行算术、逻辑运算等处理，所得到的结果为同类数据；不同类型的数据原则上不能直接运算，但部分程序数据可通过 RAPID 数据转换函数命令转换格式。

3.3.2 基本型数据及定义

机器人程序数据的形式多样。从数据结构上说，RAPID 程序数据有基本型（atomic）、复合型（record）及数组三类。

基本型（atomic）数据在 ABB 机器人说明书中有时被译为"原子型数据"，它通常由数字、字符等基本元素构成。基本型数据在程序中只能整体使用。

RAPID 程序常用的基本型数据主要有数值型（num）、双精度数值型（dnum）、字节型（byte）、逻辑状态型（bool）、字符串型（string、stringdig）几类。其组成特点、格式要求及编程示例如下。

(1) 数值型、双精度数值型数据

数值型数据可用来表示十进制整数（INT）或实数（REAL）。在计算机及其控制系统上，数值型数据通常以浮点（floating-point）形式存储，数据存储格式通常采用 ANSI/IEEE 754—2019 IEEE Standard for Floating-Point Arithmetic 标准（等同 ISO/IEC/IEEE 60559）规定的 binary32、binary64。由于早期标准（ANSI/IEEE 754—1985）将 binary32、binary64 数据存储格式称为单精度（single precision 或 float）、双精度（double precision 或 double）格式，因此，人们习惯上仍称之为"单精度""双精度"数据。

在 ABB 机器人控制系统上，以 binary32 格式存储的数据称为数值型数据，数据类型为 num；以 binary64 格式存储的数据称为双精度数值型数据，数据类型为 dnum。num 数据的字长为 32 位（二进制，4 字节），其中，数据位（尾数）为 23 位，指数位为 8 位，符号位为 1 位；dnum 数据的字长为 64 位（二进制，8 字节），其中，数据位（尾数）为 52 位，指数位为 11 位，符号位为 1 位。在 RAPID 程序中，num 数据是作业程序的常用数据，dnum 型数据一般只用来表示超过 num 型数据范围的特殊数值。

num 数据用来表示十进制整数时，其数值范围为 $-2^{23} \sim (2^{23}-1)$，即 $-8388608 \sim +8388607$；dnum 数据用来表示十进制整数时，可表示的数值范围为 $-2^{52} \sim (2^{52}-1)$，即 $-4503599627370496 \sim 4503599627370495$。

num 数据、dnum 数据用来表示实数时，其含义与数学上的实数有所不同。数学意义上的实数（REAL）包括有理数和无理数，即有限小数和无限小数；但是，由于计算机数据存储器字长的限制，任何计算机及其控制系统可表示的实数只能是数学意义上实数的一部分（子集），即有限位数的小数，而不能用来表示超过存储器字长的数值。

binary32 格式（num 数据）的实数存储格式如下：

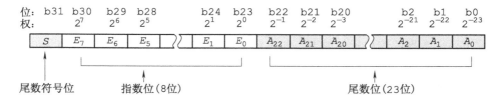

数据存储器的低 23 位为尾数 A_n（$n=0 \sim 22$），高 8 位为指数 E_m（$m=0 \sim 7$），最高位为尾数的符号位 S（bit31），所组成的十进制数值为：

$$N = (-1)^S \times \left[1 + \sum_{n=0}^{22} (A_n \times 2^{n-23}) \right] \times 2^{E-127}$$

$$= \pm(2^0 + A_{22} \times 2^{-1} + A_{21} \times 2^{-2} + \cdots + A_0 \times 2^{-23}) \times 2^{E-127}$$

式中，$E = E_0 \times 2^0 + E_1 \times 2^1 + \cdots + E_7 \times 2^7$。由于 E 为正整数，其十进制数值为 $0 \sim 255$，为了表示负指数，计算机需要对指数 E 进行（$E-127$）处理。

此外，标准还规定，存储器全 0 与全 1 状态，所代表的十进制值为 "0"，即：

$$N = \pm(2^0 + 0 \times 2^{-1} + 0 \times 2^{-2} + \cdots + 0 \times 2^{-23}) \times 2^{0-127} = \pm 2^{-127} = 0 (全 0)$$

$$N = \pm(2^0 + 1 \times 2^{-1} + 1 \times 2^{-2} + \cdots + 1 \times 2^{-23}) \times 2^{255-127} = \pm(2 - 2^{-23}) \times 2^{128} \approx \pm 2^{129} = 0 (全 1)$$

因此，N 的实际取值范围为 $-2^{128} \sim -2^{-126}$，0，$+2^{-126} \sim +2^{128}$；尾数 B 可表示的十进制数值为 0，$1 \sim (2 - 2^{-23})$。转换为十进制后，可得：binary32 格式（num 数据）可表示的十进制数最大绝对值约为 3.402×10^{38}（2^{128}）；除 0 外，可表示的十进制数最小绝对值约为 1.175×10^{-38}（2^{-126}）。

binary64 格式（dnum）的字长为 64 位（二进制），数据存储器的低 52 位为尾数 A_n（$n=0 \sim 51$），高 11 位为指数 E_m（$m=0 \sim 10$），最高位为尾数的符号位 S（bit63），因此，所组成的十进制数值为：

$$N = (-1)^S \times \left[1 + \sum_{n=0}^{51} (A_n \times 2^{n-52}) \right] \times 2^{E-1023}$$

N 的实际取值范围为 $-2^{1024} \sim -2^{-1022}$，0，$+2^{-1022} \sim +2^{1024}$；可表示的十进制数最大绝对值约为 1.8×10^{308}（2^{1024}）；除 0 外，可表示的十进制数最小绝对值约为 2.2×10^{-308}（2^{-1022}）。

在 RAPID 程序中，num、dnum 数据可用整数、小数、指数形式编程，如 3、-5、3.14、-5.28、2E+3（数值 2000）、2.5E$-$2（数值 0.025）等；如需要，也可转换成二进制（bin）、八进制（oct）或十六进制（hex）等形式。

在 num 数值允许的范围内，num 与 dnum 的数据格式可自由转换；若运算结果不超过数值范围，num、dnum 数据还可进行各种运算。但是，由于表示小数的位数有限，系统可能需要对数据进行近似值处理，因此，在程序中，通过运算得到的 num、dnum 数据通常不能用于"等于""不等于"的比较运算。此外，对于除法运算，即使商为整数，系统也不认为它是准确的整数。

例如，对于以下程序（程序中的运算符"："为 RAPID 赋值符，作用相当于等号"="），由于系统不认为 a/b 是准确的整数 2，因而 IF 的指令条件将永远无法满足。

```
a:= 10;
b:= 5;
IF a/b= 2 THEN
......
```

num、dnum 数据的编程示例如下，如仅定义数据类型，系统默认其初始值为 0。

```
VAR num counter;                        // 定义 counter 为 num 数据,初始值 0
counter:= 250;                          // 数据赋值,counter= 250
a:= 10 DIV 3;                           // 数据 a= 10/3 的商(a= 3)
b:= 10 MOD 3;                           // 数据 b= 10/3 的余数(b= 1)
VAR num nCount:= 1;                     // 定义 nCount 为 num 数据并赋值 1
VAR dnum reg1:= 10000;                  // 定义 reg1 为 dnum 数据并赋值 10000
VAR dnum bin:= 0b11111111;             // 定义 bin 为二进制格式 dnum 数据并赋值 255
VAR dnum oct:= 0o377;                   // 定义 oct 为八进制格式 dnum 数据并赋值 255
VAR dnum hex:= 0xFFFFFFFF;             // 定义 hex 为十六进制 dnum 数据并赋值($2^{32}$ - 1)
......
```

数值型数据的用途众多，它既可表示通常的数值，也可用数值来表示控制系统的工作状态，因此，在 RAPID 程序中，数值型数据可分为多种特殊的类型。例如，专门用来表示开关量输入/输出信号（DI/DO）逻辑状态的数值型数据，被称为 dionum 型数据，其数值只能为 0 或 1；专门用来表示系统错误性质的数值型数据，被称为 errtype 型数据，其数值只能为正整数 0~3。这种只能取某一类型数据（如 num 数据）特定值的程序数据，称为枚举数据（enumeration，详见后述）。

为了避免歧义，在 RAPID 程序中，枚举数据通常用特定的标识（字符串文本）表示。例如，逻辑状态数据 dionum 的数值 0、1，通常以"FALSE""TRUE"表示；系统错误性质数据 errtype，通常以"TYPE_STATE（操作提示）""TYPE_WARN（系统警示）""TYPE_ERR（系统报警）"表示。

(2) 字节型、逻辑状态型

字节型数据在 RAPID 程序中称为 byte 型数据，它们只能以 8 位二进制正整数的形式表示，其十进制的数值范围为 0~255。在程序中，字节型数据主要用来表示开关量输入/输出组信号的状态，进行多位逻辑运算处理。

逻辑状态型数据在 RAPID 程序中称为 bool 型数据，它们只能用来表示二进制逻辑状态，数值 0、1 通常以 TRUE（真）、FALSE（假）表示。在程序中，bool 型数据可用 TRUE、FALSE 进行赋值，也可进行比较、判断及逻辑运算，或直接作为 IF 指令的判别条件。

byte、bool 数据的编程示例如下，如果仅定义数据类型，系统默认其初始值为 FALSE。

```
VAR byte data3;                         // 定义 data3 为 byte 数据,初始值 0(0000 0000)
VAR byte data1:= 38;                    // 定义 data1 为 byte 数据并赋值 38(0010 0110)
```

```
VAR byte data2:= 40;                        // 定义 data2 为 byte 数据并赋值 40(0010 1000)
data3:= BitAnd(data1,data2);                // 进行 8 位逻辑与运算,结果 data3= 0010 0000
……
VAR bool flag1;                             / 定义 flag1 为 bool 数据,初始值 0(FALSE)
VAR bool active:= TRUE;                      // 定义 active 为 bool 数据并赋值 1(TRUE)
……
VAR bool highvalue;                          // 定义 highvalue 为 bool 数据,初始值 0(FALSE)
VAR num reg1;                                  // 定义 reg1 为 num 数据,初始值 0
highvalue:= reg1> 100;                 // highvalue 赋值,reg1> 100 时为 TRUE,否则为 FALSE
IF highvalue Set do1;                       // highvalue 为 TRUE 时,设定系统输出 do1= 1
medvalue:= reg1> 20 AND NOT highvalue;
          // medvalue 赋值,reg1> 20 及 highvalue 为 0 时(20<reg1≤100)为 TRUE,否则为 FALSE
……
```

(3) 字符串型

字符串型数据亦称文本（text），在 RAPID 程序中称为 string 型数据，它们是由英文字母、数字及符号构成的特殊数据。在 RAPID 程序中，string 数据最大允许有 80 个 ASCII 字符（详见后述数据转换命令说明），string 数据的前后均需要用双引号（"）标记。若 string 数据本身含有双引号（"）或反斜杠（\），则需要用连续的 2 个双引号或反斜杠表示。例如，字符串 start "welding\pipe"2 的表示方法为"start " "welding\\pipe""2"等。

由纯数字 0～9 组成的特殊字符串型数据，在 RAPID 程序中称为 stringdig 型数据，它们也可直接用来表示正整数的数值。用 stringdig 型数据表示的数值范围可达 $0～2^{32}$，大于 num 型数据（$2^{23}-1$）；stringdig 型数据还可直接通过 RAPID 函数命令（StrDigCalc、StrDigCmp等），以及 opcalc、opnum 型运算及比较符（LT、EQ、GT 等），在程序中进行算术运算和比较处理（见后述）。

string 数据的编程示例如下，如仅定义数据类型，系统默认其初始值为空白或 0。

```
VAR string text;                            // 定义 text 为 string 数据,空白文本
text:= "start welding pipe 1";             // text 赋值为 start welding pipe 1
TPWrite text;                               // 示教器显示文本 start welding pipe 1
……
VAR string name:= "John Smith";            // 定义 name 为 string 数据,并赋值 John Smith
VAR string text2:= "start " "welding\\pipe" " 2 ";
                                           // text2 赋值为 start "welding\pipe" 2
TPWrite text2;                             // 示教器显示文本 start "welding\pipe" 2
……
VAR stringdig digits1;                     // 定义 digits1 为 stringdig 数据,初始值为 0
VAR stringdig digits2:= "4000000";         // 定义 digits2 为 stringdig 数据并赋值 4000000
VAR stringdig res;                         // 定义 res 为 stringdig 数据,初始值为 0
VAR bool flag1;                            // 定义 flag1 为 bool 数据,初始值为 0
……
digits1:= "5000000";                      // 定义 digits1 为 stringdig 数据并赋值 5000000
flag1:= StrDigCmp(digits1,LT,digits2);
                   // stringdig 数据比较,如 digits1> digits2,bool 数据 flag1 为 TRUE
res:= StrDigCalc(digits1,OpAdd,digits2);
                                // stringdig 数据加法运算(digits1+ digits2)
……
```

3.3.3 复合型数据、数组及定义

(1) 复合型数据

复合型（record）数据是由多个数据按规定格式复合而成的数据，在 ABB 机器人说明书中有时译为"记录型"数据。复合型数据的数量众多，例如，用来表示机器人位置、移动速度、工具、工件的数据均为复合型数据。

复合型数据的构成元可以是基本型数据，也可以是其他复合型数据。例如，用来表示机器人 TCP 位置的 robtarget 型数据，是由 4 个构成元 [trans, rot, robconf, extax] 复合而成的多重复合数据，其中，构成元 trans 是由 3 个 num 型数据 [x, y, z] 复合而成的 XYZ 坐标数据（pos 型数据）；构成元 rot 是由 4 个 num 数据 [$q1$, $q2$, $q3$, $q4$] 复合而成的姿态四元数（rot 型数据）；构成元 robconf 是由 4 个 num 数据 [$cf1$, $cf4$, $cf6$, cfx] 复合而成的机器人姿态数据（confdata 型数据）；构成元 extax 是由 6 个 num 数据 [$e1$, $e2$, $e3$, $e4$, $e5$, $e6$] 复合而成的机器人外部轴关节位置数据（extjoint 型数据）等。

在 RAPID 程序中，复合型数据既可整体使用，也可只使用其中的某一部分，或某一部分数据的某一项；复合型数据及其构成元均可使用 RAPID 表达式、函数命令进行运算与处理。例如，机器人 TCP 位置型数据 robtarget，既可整体用作机器人移动的目标位置，也可只取其 XYZ 坐标数据 trans（pos 型数据）或 XYZ 坐标数据 trans 中的坐标值 x（num 型数据），对其进行单独定义，或参与其他 pos 型数据、num 型数据的运算。

在 RAPID 程序中，复合数据的构成元、数据项可用"数据名.构成元名""数据名.构成元名.数据项名"的形式引用。例如，机器人 TCP 位置型数据 $p0$ 中的 XYZ 坐标数据 trans，可用 p0.trans 的形式引用；而 XYZ 坐标数据 trans 中的坐标值 x 项，则可用 p0.trans.x 的形式引用。有关复合型数据的具体格式、定义要求，将在本书后述的内容中，结合编程指令进行具体介绍。

复合型数据的编程示例如下，若仅定义数据类型，系统默认其初始的数值为 0、姿态为初始状态。

```
VAR robtarget p0;                              // 定义p0为复合型TCP位置数据,初始状态
p0:=[ [0,0,0],[1,0,0,0],[1,1,0,0],[0,0,9E9,9E9,9E9,9E9] ];
                                              // 复合型TCP位置数据p0整体赋值
VAR robtarget p1:=[ [0,0,10],[1,0,0,0],[1,1,0,0],[0,0,9E9,9E9,9E9,9E9] ];
                                              // 定义p1为复合型TCP位置数据,并整体赋值
……
VAR robtarget pos2;                           // 定义pos2为复合型TCP位置数据,初始状态
VAR pos p2:=[100,100,200];                    // 定义复合型XYZ坐标数据并赋值
pos2.trans:=p2;                               // 仅对复合型TCP位置数据pos2的trans部分赋值
……
VAR pos pos3;                                 // 定义复合型XYZ坐标数据,初始值0
pos3.x:=500.21;                               // 仅对复合型XYZ坐标数据pos3的x坐标赋值
……
VAR robtarget p10;                            // 定义p10为复合型TCP位置数据,初始状态
p10:=Offs(p1,10,0,0);                         // 利用偏移函数Offs计算p10值
VAR robtarget p20;                            // 定义p20为复合型TCP位置数据,初始状态
p20:=CRobT(\Tool:=tool\wobj:=wobj0);
                                              // 利用函数CRobT读入机器人TCP当前位置值
……
```

（2）数组

为了减少指令、简化程序，类型相同的多个程序数据可用数组的形式，进行一次性定义；多个数组数据还可用多价数组的形式定义，复合数组所包含的数组数，称为数组价数或维数；每一数组所包含的数据数，称为数据元数。

以数组形式定义的程序数据，其数据名称相同。对于1价（1维）数组，定义时需要在数组名称后附加"{元数}"标记；引用数据时，需要在数组名称后附加"{元序号}"标记。对于多价（多维）数组，定义时需要在名称后附加"{价数，元数}"标记；引用数据时，需要在数组名称后附加"{价序号，元序号}"标记。

RAPID数组数据的定义及引用示例如下，若仅定义数据类型，系统默认初始值为0。

```
VAR num dcounter_1{5}:= [9,8,7,6,5 ];          // 1价、5元 num 数组定义并赋值
reg1:= dcounter_1{3};                          // 1价、5元 num 数组数据引用,reg1= 7
VAR pos seq{3}:=[[0,0,0],[0,0,500],[0,0,1000]];  // 1价、3元 pos 数组定义并赋值
pos1:= seq{2}                                  //1价、3元 pos 数组数据引用,pos1= [0,0,500]
……
VAR num dcounter_2{2,3}:= [[9,8,7 ],[6,5,4 ]]; // 2价、3元 num 数组定义并赋值
reg2:= dcounter_2{1,2}                         // 2价、3元 num 数组数据引用,reg2= 8
reg3:= dcounter_2{2,3}                         // 2价、3元 num 数组数据引用,reg3= 4
……
```

3.3.4　结构数据、枚举数据及使用

（1）结构数据

结构（struc）数据的形式类似1维数组，但数据元的数据类型可以不同。ABB机器人控制系统的结构数据由系统生产厂（ABB公司）定义，数据格式及初始值在机器人出厂时已规定，在RAPID程序中可直接使用，无需再进行结构数据定义。

ABB机器人的结构数据众多，其中，用户程序最常用的结构数据及格式如下，数据构成项的具体说明可参见第4章。

① 关节位置数据jointtarget。关节位置数据jointtarget用于机器人本体关节轴j1~j6及外部轴e1~e6的绝对位置定义，数据格式规定如下。

`p0:=[[0,30,45,0,0,0],[0,0,9E9,9E9,9E9,9E9]];`

jointtarget数据由机器人本体关节位置（robax数据）和外部轴位置（extax数据）两个6元num数组复合而成，robax数据代表机器人本体关节轴j1~j6的绝对位置，extax数据代表外部轴e1~e6的绝对位置。

② 方位数据pose。方位数据pose用来定义笛卡儿坐标系的XYZ坐标的值和方向，数据格式如下。

`frame_1:=[[50,100,200],[1,0,0,0]];`

pose数据由XYZ坐标值（trans数据，3元num数组）、工具姿态（rot数据，坐标旋转四元数）构成，可用来表示坐标系的原点和方向，或者，作业工具的TCP位置和方向。

③ TCP位置数据robtarget。TCP位置数据robtarget用于作业工具方位以及机器人姿态、外部轴位置定义，数据格式如下。

`robtarget p1:=[[0,0,0],[1,0,0,0],[0,1,0,0],[0,0,9E9,9E9,9E9,9E9]];`

robtarget数据由工具方位（pose数据）及机器人姿态（robconf数据，4元num数组）、外部轴位置（extax数据，6元num数组）复合而成。工具方位数据pose用来表示作业工具

在工件坐标系中的 TCP 位置和方向；机器人姿态用来描述机器人本体形态（参见第 2 章）；外部轴位置用来指定外部轴 e1～e6 的绝对位置。

④ 工具数据 tooldata。工具数据 tooldata 用来描述作业工具的特性，数据格式如下。

```
tool1:=[TRUE,[[97.4,0,223.1],[0.966,0,0.259,0]],[5,[23,0,75],[1,0,0,0],0,0,0]];
```

工具数据 tooldata 由工具安装形式（bool 数据）、工具坐标系方位（pose 数据）、工具质量（num 数据）、工具重心方位（pose 数据）以及 X/Y/Z 方向的转动惯量等多个数据复合而成。

⑤ 工件数据 wobjdata。工件数据 wobjdata 用来描述工件的特性，数据格式如下。

```
wobj1:=[FALSE,TRUE,"",[[0,0,200][1,0,0,0]],[[100,200,0],[1,0,0,0]]];
```

工件数据 wobjdata 由工件安装形式（bool 数据）、工装安装形式（bool 数据）、机械单元名称（string 数据）、工件坐标系方位（pose 数据）、用户坐标系方位（pose 数据）等多个数据复合而成。

除以上最常用的结构数据外，ABB 机器人的到位区间、移动速度、停止点等数据均需要以结构数据的形式定义，有关内容将在第 4 章详述。

(2) 枚举数据

枚举数据（enumeration）是只能取某一类型数据（通常为数值数据 num）特定值的程序数据。例如，用来表示日期的数据，"月"的取值只能是正整数 1～12，"日"的取值只能为正整数 1～31。

ABB 机器人控制系统的枚举数据由系统生产厂（ABB 公司）定义，数据格式及初始值在机器人出厂时已规定，用户无需（不能）进行枚举数据定义。在 RAPID 程序中，枚举数据一般以字符串（名称）的方式使用，数据的构成、内容不能修改。

ABB 机器人的枚举数据一般用于系统状态指示。例如，用来表示 I/O 单元当前的运行状态的枚举数据 iounit_state 的数值与名称如表 3.3.1 所示。

表 3.3.1　I/O 单元运行状态数据 iounit_state 定义表

I/O 单元状态值		含义
数值	字符串	
1	IOUNIT_RUNNING	运行状态：I/O 单元运行正常
2	IOUNIT_RUNERROR	运行状态：I/O 单元运行出错
3	IOUNIT_DISABLE	运行状态：I/O 单元已撤销
4	IOUNIT_OTHERERR	运行状态：I/O 单元配置或初始化出错
10	IOUNIT_LOG_STATE_DISABLED	逻辑状态：I/O 单元已撤销
11	IOUNIT_LOG_STATE_ENABLED	逻辑状态：I/O 单元已使能
20	IOUNIT_PHYS_STATE_DEACTIVATED	物理状态：I/O 单元被程序撤销，未运行
21	IOUNIT_PHYS_STATE_RUNNING	物理状态：I/O 单元已使能，正常运行中
22	IOUNIT_PHYS_STATE_ERROR	物理状态：系统报警，I/O 单元停止运行
23	IOUNIT_PHYS_STATE_UNCONNECTED	物理状态：I/O 单元已配置，总线通信出错
24	IOUNIT_PHYS_STATE_UNCONFIGURED	物理状态：I/O 单元未配置，总线通信出错
25	IOUNIT_PHYS_STATE_STARTUP	物理状态：I/O 单元正在启动中
26	IOUNIT_PHYS_STATE_INIT	物理状态：I/O 单元正在初始化

用来表示控制系统错误类别的枚举数据 errdomain 的数值与名称如表 3.3.2 所示。

表 3.3.2　系统错误类别数据 errdomain 定义表

错误类别		含义
数值	字符串	
0	COMMON_ERR	系统出错或状态变更
1	OP_STATE	操作状态变更

续表

错误类别		含义
数值	字符串	
2	SYSTEM_ERR	系统出错
3	HARDWARE_ERR	硬件出错
4	PROGRAM_ERR	程序出错
5	MOTION_ERR	运动出错
6	OPERATOR_ERR	运算出错（新版本已撤销）
7	IO_COM_ERR	I/O 和通信出错
8	USER_DEF_ERR	用户定义的出错
9	OPTION_PROD_ERR	选择功能出错（新版本已撤销）
10	PROCESS_ERR	过程出错
11	CFG_ERR	机器人配置出错

ABB 机器人常用的枚举数据将在后续的章节中，结合指令、函数具体介绍。

3.3.5　程序数据性质及定义

程序数据的性质用来规定数据的使用、保存方式及赋值、更新要求。RAPID 程序数据的性质可定义为常量 CONST（constant）、永久数据 PERS（persistent）、程序变量 VAR（variable）或程序参数（parameter）。其中，程序参数仅用于参数化编程的程序，需要在程序声明中定义（参见前述）；常量、永久数据、程序变量的特点及定义方法如下。

（1）常量

常量 CONST（constant）在系统中具有恒定的数值，它保存在系统的 SRAM 中。任何类型的 RAPID 程序数据均可定义成常量。常量通常在程序模块中利用数据声明指令定义。在程序中，常量可作为表达式、函数命令的运算数使用，但由于其值不能改变，故不能用来保存表达式、函数命令的运算结果。

常量可通过赋值、运算表达式等方式定义数值，也可用数组数据的形式，一次性定义多个常量。

定义常量 CONST 的数据声明指令编程示例如下。

```
CONST num a:= 3;                             // 定义 num 型常量 a= 3
CONST num b:= 5;                             // 定义 num 型常量 b= 5
CONST num index:= a+ b;                      // 用表达式定义 num 型常量,index= 8
CONST num dcounter_1{3}:= [9,8,7];           // 用 1 价、3 元数组定义 num 型常量
CONST pos seq{2}:= [[0,0,0],[0,500,1000]];   // 用 1 价、2 元数组定义 pos 型常量
CONST num dcounter_2{2,3}:= [[9,8,7],[6,5,4]]; // 用 2 价、3 元数组定义 num 型常量
......
```

（2）永久数据

永久数据 PERS（persistent）不仅可通过数据声明指令定义、变更数值，还可通过程序中的表达式、函数命令改变数值，并保存执行结果。永久数据 PERS 保存在系统的 SRAM 中。任何类型的 RAPID 程序数据均可定义为永久数据。

永久数据 PERS 的数据声明指令只能在程序模块中编程。使用范围定义为任务数据 TASK、局部数据 GLOBAL 的永久数据，必须在数据声明指令中定义初始值；使用范围定义为全局数据的永久数据，若数据声明指令未定义初始值，系统将自动设定 num、dnum 数据的初始值为 0，bool 数据的初始值为 FALSE，string 数据的初始值为空白。

在主程序、子程序中,永久数据不仅可使用,而且可改变数值;但不能使用数据声明指令来定义永久数据。永久数据值在程序执行完成后仍保存在系统中,以供其他程序或下次开机时继续使用。

永久数据 PERS 可通过赋值、运算表达式等方式定义数值,也可用数组数据的形式,一次性定义多个永久数据。

定义永久数据 PERS 的数据声明指令编程示例如下,指令只能在程序模块中编程。

```
MODULE mainmodu(SYSMODULE)                              // 在模块中定义永久数据
......
 PERS num a:= 3;                                        // 定义 num 型永久数据 a= 3
 PERS num b:= 5;                                        // 定义 num 型永久数据 b= 3
 PERS num index:= a+ b;                              // 用表达式定义 num 型永久数据 index= 8
 PERS num dcounter_1{3}:= [9,8,7];                  // 用 1 价、3 元数组定义 num 型永久数据
 PERS pos seq{2}:= [[0,0,0],[0,500,1000]];          // 用 1 价、2 元数组定义 pos 型永久数据
 PERS num dcounter_2{2,3}:= [[9,8,7],[6,5,4]];      // 用 2 价、3 元数组定义 num 型永久数据
 PERS pos refpnt:= [0,0,0];                          // 定义 pos 型永久数据 refpnt 并赋值
......
 ! * * * * * * * * * * * * * * * * * * * * * * * * * * * * * * *
PROC mainprg()                                          // 主程序 mainprg
......
 p0:= [100,200,500]
 refpnt:= p0;                                           // 变更永久数据 refpnt 数值
......
ENDMODULE
```

在上述示例中,pos 型永久数据 refpnt 在模块 MODULE mainmodu 中定义了初始值 [0,0,0],但在主程序 PROC mainprg 中,使用了赋值指令 "refpnt:=p0",程序执行后的 [x,y,z] 值将成为 [100,200,500]。这一执行结果将被系统保存,当模块下次启动时,MODULE mainmodu 模块中的永久数据声明指令 refpnt 将自动成为如下形式:

```
 PERS pos refpnt:= [100,200,500];              // refpnt 值自动变为上次执行结果
 ......
```

(3) 程序变量

程序变量 VAR(variable,简称变量)是可供模块、程序自由使用的程序数据。变量值可通过程序中的赋值指令、函数命令或表达式运算,进行任意设定或修改。程序变量 VAR 保存在系统的 DRAM 中,它们仅在程序执行时有效,程序执行一旦完成或系统被复位,数值将被自动清除。

在数据声明指令中,程序变量 VAR 可通过赋值、运算表达式等方式定义数值,也可用数组数据的形式,一次性定义多个程序变量。若数据声明指令未对程序变量进行赋值,系统将自动设定 num、dnum 数据的初始值为 0,bool 数据的初始值为 FALSE,string 数据的初始值为空白。

定义程序变量 VAR 的数据声明指令编程示例如下。

```
 VAR num counter;                              // 定义 num 型程序变量 counter= 0
 VAR bool bWorkStop;                           // 定义 bool 型程序变量 bWorkStop= FALSE
```

```
VAR pos pHome;                              // 定义 pos 型程序变量 pHome= [0,0,0]
VAR string author_name;                     // 定义 string 型程序变量 author_name 为空白
……
VAR pos pStart:= [100,100,50];              // 定义 pos 型程序变量 pStart= [100,100,50]
author_name:= "John Smith";                 // string 型程序变量 author_name 赋值为"John Smith"
VAR num index:= a+b;                         // 定义 num 型程序变量 index 并通过表达式赋值
VAR num maxno{6}:= [1,2,3,9,8,7];          // 用 1 价、6 元数组定义 num 型程序变量
VAR pos seq{2}:= [[0,0,0],[0,500,1000]];   // 用 1 价、2 元数组定义 pos 型程序变量
VAR num dcounter_2{2,3}:= [[9,8,7],[6,5,4]];   // 用 2 价、3 元数组定义 num 型程序变量
……
```

3.4　表达式、运算指令与函数

3.4.1　表达式与编程

在 RAPID 程序中，程序数据的值既可直接用赋值指令定义，也可通过 RAPID 表达式、运算指令或函数命令进行运算处理。在 RAPID 程序中，简单的算术运算和比较操作，可直接通过表达式、运算指令实现；复杂的算术运算、函数运算及逻辑运算，则需要通过 RAPID 函数命令实现。

（1）表达式与运算符

表达式是用来计算程序数据数值、逻辑状态的运算式或比较式，它需要用运算符来连接运算数。表达式中的运算数可以是常数，也可以是程序中定义的常量 CONST、永久数据 PERS 和程序变量 VAR；不同运算符对运算数的类型有规定要求。RAPID 基本运算符的使用要求如表 3.4.1 所示。

表 3.4.1　基本运算符使用要求表

运算符		运算	运算数类型	运算说明
算术运算	:=	赋值	任意	a:=b
	+	加	num,dnum, pos,string	$[x1,y1,z1]+[x2,y2,z2]=[x1+x2,y1+y2,z1+z2]$ "IN"+"OUT"="INOUT"
	−	减	num,dnum,pos	$[x1,y1,z1]-[x2,y2,z2]=[x1-x2,y1-y2,z1-z2]$
	*	乘	num,dnum, pos,orient	$[x1,y1,z1]*[x2,y2,z2]=[x1*x2,y1*y2,z1*z2]$ $a*[x,y,z]=[a*x,a*y,a*z]$
	/	除	num,dnum	a/b
比较运算	<	小于	num,dnum	(3<5)=TRUE;(5<3)=FALSE
	<=	小于等于	num,dnum	—
	=	等于	任意同类数据	([0,0,100]=[0,0,100])=TRUE ([100,0,100]=[0,0,100])=FALSE
	>	大于	num,dnum	—
	>=	大于等于	num,dnum	—
	<>	不等于	任意同类数据	([0,0,100]<>[0,0,100])=FALSE ([100,0,100]<>[0,0,100])=TRUE

算术运算表达式的运算次序与通常的算术运算相同，并可使用括号。数值型的 num、dnum 数据可进行全部算术运算，多个 num、dnum 数据的运算结果仍为 num、dnum 数据；

num、dnum 数据也可作为比例系数或组成项，改变 XYZ 位置型数据 pos 的数值，其运算结果为 pos 数据。多个 XYZ 位置型数据 pos 可进行加、减、乘运算，其结果为对应项和、差、积组成的 pos 数据。用来表示工具姿态和坐标系方位的四元数，可进行乘法运算，其结果为四元数的矢量积。

普通的字符串型 string 数据只能进行加运算，其结果为相加字符串的依次合并。由纯数字组成的特殊字符串型数据（stringdig 数据），可以进行算术运算和比较运算，但需要通过后述的数字字符串运算（StrDigCalc）、比较（StrDigCmp）等 RAPID 函数命令，以及相应的数字字符串运算（opcalc）、比较（opnum）符，如 OpAdd、OpSub、LT、EQ、GT 等实现，有关内容详见后述的函数命令说明。

比较运算的结果为 bool 数据，并以"TRUE（符合）""FALSE（不符合）"来表示其状态。数值型的 num、dnum 数据可进行大于（>）、小于（<）、大于等于（>=）、小于等于（<=）比较；等于（=）、不等于（<>）比较可用于任意类型相同的程序数据。但是，由于 num、dnum 数据只能用来表示有限位小数，进行算术运算时，系统需要对其进行近似处理，例如，除法运算所得到的整数商，不一定就是准确的整数；因此，通过运算得到的 num、dnum 数据，一般不能用来进行等于、不等于的比较操作。

（2）表达式编程

在 RAPID 程序中，表达式可用于以下场合：

① 基本型 num、dnum、bool、string 数据赋值与运算；
② 复合型 pos 数据的组成项赋值，数据运算、比例修整；
③ 代替指令操作数；
④ 作 RAPID 函数命令的自变量；
⑤ 作 IF 指令的判断条件等。

表达式在 RAPID 程序中的编程示例如下。

```
    CONST num a:= 3;                                    // num 数据赋值
    PERS num b:= 5;
    VAR num c:= 10;
    VAR num reg1;
    reg1:= c* (a+b);
    VAR bool highstatus;
    highstatus:= reg1> 100;                            // bool 数据赋值
    VAR string st1_type;
    st1_type:= "IN"+ "OUT"                             // string 数据赋值
    VAR pos pos1;
    VAR pos pos2;
    VAR pos pos3;
    pos1:= [100,200,200* a];                           // pos 数据组成项赋值
    pos2:= [100,100,200] + [0,0,500];                  // pos 数据运算
    pos3:= b* [100,100,200];                           // pos 数据比例修整
    ……
    WaitTime a+b;                                       // 代替 WaitTime 指令的操作数
    d:= Abs(a-b);                                       // 作为函数命令 Abs 的自变量
    ……
 IF a> 2 AND NOT highstatus THEN                        // 作为 IF 指令的判断条件
    work1;
```

```
ELSEIF a<2 OR reg1> 100 THEN                    // 作为 IF 指令的判断条件
  work2;
ELSEIF a<2 AND reg1<10 THEN                      // 作为 IF 指令的判断条件
    work3;
ENDIF
……
```

3.4.2　运算指令与编程

(1) RAPID 运算指令

RAPID 运算指令较为简单，它通常只能用于 num、dnum 数据的清除、相加、加减 1 等运算，指令的名称、编程格式及简要说明如表 3.4.2 所示。

表 3.4.2　RAPID 运算指令及编程格式

名称	编程格式与示例		
数值清除	Clear	编程格式	Clear　Name｜Dname;
		程序数据	Name:num 数据名称； 或,Dname:dnum 数据名称
		简要说明	清除指定程序数据的数值
		编程示例	Clear reg1;
加运算	Add	编程格式	Add　Name｜Dname,　AddValue｜AddDvalue;
		程序数据	Name、AddValue:num 型被加数、加数名称； 或,Dname、AddDvalue:dnum 型被加数、加数名称
		简要说明	同类型程序数据加运算,结果保存在被加数上,加数可使用负号
		编程示例	Add　reg1,　3; Add　reg1,　一reg2;
数值加 1	Incr	编程格式	Incr　Name｜Dname;
		程序数据	Name:num 型被加数名称； 或,Dname:dnum 型被加数名称
		简要说明	指定的程序数据加 1
		编程示例	Incr　reg1;
数值减 1	Decr	编程格式	Decr　Name｜Dname;
		程序数据	Name:num 型被减数名称； 或,Dname:dnum 型被减数名称
		简要说明	指定的程序数据减 1
		编程示例	Decr　reg1;
整数检查	TryInt	编程格式	TryInt DataObj｜DataObj2;
		程序数据	DataObj:num 型检查数据名称； 或,DataObj2:dnum 型检查数据名称
		简要说明	检查指定的数据是否为 num 或 dnum 型整数,如为整数,程序继续;否则报系统出错
		编程示例	TryInt mydnum;
指定位置位	BitSet	编程格式	BitSet　BitData｜DnumData,　BitPos;
		程序数据	BitData:byte 型数据名称； 或,DnumData:dnum 型数据名称； BitPos:需要置 1 的数据位,数据类型 num
		简要说明	将 byte、dnum 型数据指定位的状态置 1
		编程示例	BitSet data1,8;
指定位复位	BitClear	编程格式	BitClear　BitData｜DnumData,　BitPos;
		程序数据	BitData:byte 型数据名称； 或,DnumData:dnum 型数据名称； BitPos:需要复位的数据位,数据类型 num
		简要说明	将 byte、dnum 型数据指定位的状态置 0
		编程示例	BitClear data1,8;

(2) 运算指令编程

运算指令在作业程序中的编程示例如下。其中，Add 指令的被加数与加数的数据类型必须一致，否则，需要通过后述的数据转换指令，进行 num、dnum 的格式转换。

```
……
Clear reg1;                               // reg1= 0
Add reg1,3;                               // reg1= reg1+3
Add reg1,-reg2;                           // reg1= reg1-reg2
Incr reg1;                                // reg1= reg1+1
Decr reg1;                                // reg1= reg1-1
……
VAR num a:= 5000;                         // 程序数据定义
VAR num b:= 6000;
VAR dnum c:= 7000;
VAR dnum d:= 8000;
Add a,b;                                  // num 数据加运算
Add c,d;                                  // dnum 数据加运算
Add b,DnumToNum(c\Integer);              // c 转换为 num 数据,与 b 加运算
Add c,NumToDnum(b);                       // b 转换为 dnum 数据,与 c 加运算
……
TryInt b;                                 // 检查 b 为整数
……
CONST num parity1_bit:= 8;                // 程序数据定义
CONST num parity2_bit:= 52;
VAR byte data1:= 2;
VAR dnum data2:= 2251799813685378;
BitSet data1,parity1_bit;                 // data1 第 8 位置 1
BitClear data2,parity2_bit;              // data2 第 52 位置 0
……
```

3.4.3 函数命令及编程

(1) 参数与定义

RAPID 函数命令可用于复杂算术运算、三角函数运算、纯数字字符串数据 stringdig 运算及二进制逻辑运算。

RAPID 函数命令可视为系统生产厂家编制的功能程序，它与用户编制的功能程序 FUNC 一样，同样需要定义与使用参数，参数的数量、类型必须符合函数命令的要求。函数命令的执行结果，同样可返回到程序中。

函数命令所需要的参数，可直接在程序中定义，也可以是程序声明（见后述）中定义的程序参数。在程序中定义的函数命令参数，可以是常数、表达式或常量 CONST、永久数据 PERS 或程序变量 VAR；用程序声明中的程序参数作为函数命令参数时，执行程序前应对程序参数进行赋值。

函数命令的参数定义示例如下。

```
……
VAR num angle1;                           // 定义程序变量
VAR num angle2;
```

```
VAR num x_value:= 1;
VAR num y_value:= 2;
……
reg1:= Sin(45);                          // 用常数指定参数
angle1:= ATan2(y_value,x_value);         // 用程序变量指定参数
angle2:= ATan2(a:= 2,b:= 2);             // 用表达式指定参数
……
```

　　RAPID 函数命令数量众多，其中，算术和逻辑运算、纯数字字符串运算与比较、程序数据格式转换等命令是最常用的基本命令，命令说明如下；其他函数命令将在对应的编程指令中予以介绍。

（2）算术、逻辑运算命令

　　算术运算、逻辑运算函数命令可用于复杂算术运算、三角函数运算及逻辑运算。RAPID程序常用的命令如表 3.4.3 所示，说明如下。

表 3.4.3　常用算术运算、逻辑运算函数命令表

	函数命令	功能	编程示例
算术运算	Abs、AbsDnum	绝对值	val：＝Abs(value)
	DIV	求商	val：＝20 DIV 3
	MOD	求余数	val：＝20 MOD 3
	quad、quadDmum	平方	val：＝quad(value)
	Sqrt、SqrtDmum	平方根	val：＝Sqrt(value)
	Exp	计算 e^x	val：＝Exp(x_value)
	Pow、PowDnum	计算 x^y	val：＝Pow(x_value,y_value)
	Round、RoundDnum	小数位取整	val：＝Round(value\Dec：＝1)
	Trunc、TruncDnum	小数位舍尾	val：＝Trunc(value\Dec：＝1)
三角函数运算	Sin、SinDnum	正弦	val：＝Sin(angle)
	Cos、CosDnum	余弦	val：＝Cos(angle)
	Tan、TanDnum	正切	val：＝Tan(angle)
	Asin、AsinDnum	−90°～90°反正弦	Angle1：＝Asin(value)
	Acos、AcosDnum	0°～180°反余弦	Angle1：＝Acos(value)
	ATan、ATanDnum	−90°～90°反正切	Angle1：＝ATan(value)
	ATan2、ATan2Dnum	y/x 反正切	Angle1：＝ATan(y_value,x_value)
逻辑运算	AND	逻辑与	val_bit：＝a AND b
	OR	逻辑或	val_bit：＝a OR b
	NOT	逻辑非	val_bit：＝NOT a
	XOR	异或	val_bit：＝a XOR b
多位逻辑运算	BitAnd、BitAndDnum	位"与"	val_byte：＝BitAnd(byte1,byte2)
	BitOr、BitOrDnum	位"或"	val_byte：＝BitOr(byte1,byte2)
	BitXOr、BitXORDnum	位"异或"	val_byte：＝BitXOr(byte1,byte2)
	BitNeg、BitNegDnum	位"非"	val_byte：＝BitNeg(byte)
	BitLSh、BitLShDnum	左移位	val_byte：＝BitLSh(byte,value)
	BitRSh、BitLRhDnum	右移位	val_byte：＝BitRSh(byte,value)
	BitCheck、BitCheckDnum	位状态检查	IF BitCheck(byte 1,value)＝TRUE THEN

　　① 算术运算命令。算术运算命令可用于 num 或 dnum 型数据运算，其中，dnum 数据运算命令需要加后缀"Dnum"。例如，Abs 为 num 数据求绝对值命令，AbsDnum 为 dnum 数据求绝对值命令。

　　为了防止存储器溢出，幂函数运算（x^y）命令 Pow、PowDnum 中的底数 x 只能为 num 数据，其他命令中的全部操作数，均可为 num 或 dnum 型数据。

函数命令中的 Round、Trunc 命令均可用于近似值计算，但取近似值的方法不同：命令 Round 为"四舍五入"取近似，命令 Trunc 为"舍尾"取近似。若需要对小数值取近似，应在命令参数后添加可选项 \ Dec，以定义需要保留的小数位数；省略可选项 \ Dec 时，系统默认取整数。例如：

```
……
VAR num reg1:= 0.8665372;
VAR num reg2:= 0.6356138;
……
val1:= Round(reg1\Dec:= 3);              // 保留 3 位小数、四舍五入取整,val1= 0.867
val2:= Round(reg2);                          // 保留整数、四舍五入取整,val2= 1
val3:= Trunc(reg1\Dec:= 3);               // 保留 3 位小数、舍尾取整,val3= 0.866
val4:= Trunc(reg2);                            // 保留整数、舍尾取整,val4= 0
……
```

② 三角函数运算命令。函数命令 Sin、Cos、Tan 用于正弦、余弦、正切运算；Asin、Acos、Atan、Atan2 用于反正弦、反余弦、反正切运算。其中，Asin、Acos 命令的参数取值范围应为 $-1 \sim 1$，Asin 命令的计算结果为 $-90° \sim 90°$，Acos 命令的计算结果为 $0° \sim 180°$；Atan 命令的参数可为任意值，计算结果为 $-90° \sim 90°$；Atan2 命令同样用于反正切运算，但它可通过计算式 Atan (y/x) 确定象限，得到 $-180° \sim 180°$ 范围的角度值。

三角函数运算命令的编程示例如下。

```
……
VAR num reg1:= 30;
VAR num reg2:= 0.5;
VAR num reg3:= -0.5;
VAR num value1:= 1;
VAR num value2:= -1;
VAR num val1;
……
val1:= Sin(reg1);                          // val1= 0.5
val2:= Asin(reg2);                         // val2= 30
val3:= Asin(reg3);                         // val3= -30
val4:= Acos(reg2);                         // val4= 60
val5:= Acos(reg3);                         // val5= 120
val6:= Atan(value1);                       // val6= 45
val7:= Atan(value2);                       // val7= -45
val8:= Atan2(value1,value1);               // val8= 45
val9:= Atan2(value1,value2);               // val8= 135
val10:= Atan2(value2,value1);              // val8= -45
val10:= Atan2(value2,value2);              // val8= -135
……
```

③ 逻辑运算命令。AND、OR、NOT、XOR 用于二进制"位"逻辑运算；BitAnd、BitOr、BitXOr、BitNeg、BitLSh、BitRSh、BitCheck 用于字节数据 byte 的 8 位二进制逻辑"与""或""异或""非"及移位、状态检查等逻辑操作，以及 dnum 正整数的 52 位逻辑操作。

逻辑运算命令的编程示例如下。

```
VAR bool highstatus;
……
IF NOT highstatus THEN                                          // NOT 运算
work1;
ELSEIF a<2 OR reg1>100 THEN                                     // OR 运算
work2;
ELSEIF a<2 AND reg1<10 THEN                                     // AND 运算
work3;
ENDIF
……
! * * * * * * * * * * * * * * * * * * * * * * * * * * * * * * * * * *
……
VAR byte data1:= 38;                                 // 定义 byte 数据 data1= 0010 0110
VAR byte data2:= 40;                                 // 定义 byte 数据 data2= 0010 1000
VAR num index_bit:= 3;
VAR byte data3;
……
data3:= BitAnd(data1,data2);          // 8 位逻辑"与"运算 data3= 0010 0000
data4:= BitOr(data1,data2);           // 8 位逻辑"或"运算 data4= 0010 1110
data5:= BitXOr(data1,data2);          // 8 位逻辑"异或"运算 data5= 0000 1110
data6:= BitNeg(data1);                // 8 位逻辑"非"运算 data6= 1101 1001
data7:= BitLSh(data1,index_bit);      // 左移 3 位操作 data7= 0011 0000
data8:= BitRSh(data1,index_bit);      // 右移 3 位操作 data8= 0000 0100
IF BitCheck(data1,index_bit)= TRUE THEN   // 检查第 3 位(bit2)的"1"状态
……
```

(3) 字符串操作命令

字符串操作命令 StrDigCalc 和 StrDigCmp，用于纯数字字符串数据 stringdig 的四则运算和比较操作，stringdig 数据的范围为 $0 \sim 2^{32}$。stringdig 数据运算操作需要使用表 3.4.4 所示的文字型运算符 opcalc 和文字型比较符 opnum。

表 3.4.4　opcalc 运算符及 opnum 比较符一览表

运算	opcalc 运算符	OpAdd	OpSub	OpMult	OpDiv	OpMod	—
	运算	加	减	乘	求商	求余数	—
比较	opnum 比较符	LT	LTEQ	EQ	GT	GTEQ	NOTEQ
	操作	小于	小于等于	等于	大于	大于等于	不等于

字符串操作命令的参数、运算结果均应为纯数字正整数字符串（stringdig），如果出现运算结果为负、除数为 0 或数据范围超过 2^{32} 的情况，系统都将发生运算出错报警。

字符串操作命令的编程示例如下。

```
……
VAR stringdig digits1:= "99988";                        // 定义纯数字字符串 1
VAR stringdig digits2:= "12345";                        // 定义纯数字字符串 2
VAR stringdig res1;                                     // 定义纯数字字符串变量
……
VAR bool is_not1;                                       // 定义逻辑状态型变量
……
```

```
res1:= StrDigCalc(str1,OpAdd,str2);          // 加运算,res1= "112333"
res2:= StrDigCalc(str1,OpSub,str2);          // 减运算,res2= "87643"
res3:= StrDigCalc(str1,OpMult,str2);         // 乘运算,res3= "1234351860"
res4:= StrDigCalc(str1,OpDiv,str2);          // 除运算(求商),res4= "8"
res5:= StrDigCalc(str1,OpMod,str2);          // 除运算(求余数),res5= "1228"
......
is_not1:= StrDigCmp(digits1,LT,digits2);     // 小于比较,is_not1 为 FALSE
is_not2:= StrDigCmp(digits1,EQ,digits2);     // 等于比较,is_not2 为 FALSE
is_not3:= StrDigCmp(digits1,GT,digits2);     // 大于比较,is_not3 为 TRUE
is_not4:= StrDigCmp(digits1,NOTEQ,digits2);  // 不等于比较,is_not4 为 TRUE
......
```

3.4.4　数据转换命令及编程

(1) 命令与功能

RAPID 指令对操作数类型都有规定,当操作数类型与规定不符时,需要通过数据转换函数命令,将其转换为指令所要求的类型。

RAPID 数据转换函数命令可用于基本型的 num、dnum、string、byte 等数据的格式转换,命令的编程格式、参数要求、执行结果及功能的简要说明如表 3.4.5 所示。

表 3.4.5　数据转换函数命令说明表

名称			编程格式与示例
num 数据转换 为 dnum 数据	NumToDnum	命令格式	NumToDnum(Value)
		基本参数	Value:需要转换的 num 数据
		可选参数	—
		执行结果	dnum 型数据
	简要说明		将数值型数据转换为双精度数值型数据
	编程示例		Val_dnum:=NumToDnum(val_num);
dnum 数据转换 为 num 数据	DnumToNum	命令格式	DnumToNum(Value [\Integer])
		基本参数	Value:需要转换的 dnum 数据
		可选参数	不指定:转换为浮点数; \Integer:转换为整数
		执行结果	num 型数据
	简要说明		将双精度数值型数据转换为数值型数据
	编程示例		Val_num:=DnumToNum(val_dnum);
num 数据转换为 string 数据	NumToStr	命令格式	NumToStr(Val,Dec [\Exp])
		基本参数	Val:需要转换的 num 数据; Dec:转换后保留的小数位数
		可选参数	不指定:小数型字符串; \Exp:指数型字符串
		执行结果	小数或指数形式的字符串数字,数据类型 string
	简要说明		将数值型数据转换为字符串格式
	编程示例		str:=NumToStr(0.38521,3);
dnum 数据转换为 string 数据	DnumToStr	命令格式	DnumToStr(Val,Dec [\Exp])
		基本参数	Val:需要转换的 dnum 数据; Dec:转换后保留的小数位数
		可选参数	不指定:小数型字符串; \Exp:指数型字符串
		执行结果	小数或指数形式的字符串数字,数据类型 string

续表

名称	编程格式与示例		
dnum 数据转换为 string 数据	简要说明	将双精度数值型数据转换为字符串格式	
	编程示例	str：＝DnumToStr(val,2\Exp)；	
从 string 数据 截取 string 数据	StrPart	命令格式	StrPart(Str,ChPos,Len)
		基本参数	Str：待转换的字符串，数据类型 string； ChPos：截取的首字符位置，数据类型 num； Len：需要截取的字符数量，数据类型 num
		可选参数	—
		执行结果	新的字符串，数据类型 string
	简要说明	从指定字符串中截取部分字符，构成新的字符串	
	编程示例	part：＝StrPart("Robotics",1,5)；	
byte 数据转换 为 string 数据	ByteToStr	命令格式	ByteToStr(BitData [\Hex] │ [\Okt] │ [\Bin] │ [\Char])
		基本参数	BitData：需转换的 byte 数据，范围 0～255
		可选参数	不指定：十进制数字字符串(0～255)； \Hex：十六进制数字字符串(00～FF)； \Okt：八进制数字字符串(000～377)； \Bin：二进制数字字符串(0000 0000～1111 1111)； \Char：ASCII 字符
		执行结果	参数选定的字符串，数据类型 string
	简要说明	将 1 字节常数 0～255 转换为指定形式的字符	
	编程示例	str：＝ByteToStr(122\Hex)；	
string 数据转换 为 byte 数据	StrToByte	命令格式	StrToByte(ConStr [\Hex] │ [\Okt] │ [\Bin] │ [\Char])
		基本参数	ConStr：需转换的 string 数据
		可选参数	不指定：字符串为十进制数字(0～255)； \Hex：字符串为十六进制数字(00～FF)； \Okt：字符串为八进制数字(000～377)； \Bin：字符串为二进制数字(0000 0000～1111 1111)； \Char：字符串为 ASCII 字符
		执行结果	1 字节常数 0～255，数据类型 byte
	简要说明	将指定形式的字符串转换为 1 字节常数 0～255	
	编程示例	reg1：＝StrToByte(7A\Hex)；	
任意类型数据转 换为 string 数据	ValToStr	命令格式	ValToStr(Val)
		基本参数	Val：待转换的数据，类型任意
		可选参数	—
		执行结果	字符串，数据类型 string
	简要说明	将任意类型的程序数据转换为字符串	
	编程示例	str：＝ValToStr(p)；	
string 数据转换为 任意类型数据	StrToVal	命令格式	StrToVal(Str,Val)
		基本参数	Str：待转换的字符串，数据类型 string； Val：转换结果，数据类型任意定义
		可选参数	—
		执行结果	命令执行情况，转换成功为 TRUE，否则为 FALSE
	简要说明	将指定字符串转换为任意类型的程序数据	
	编程示例	ok：＝StrToVal("3.85",nval)；	
当前日期转换 为 string 数据	CDate	命令格式	CDate()
		基本参数	—
		可选参数	—
		执行结果	字符串，数据类型 string
	简要说明	日期标准格式为"年—月—日"	
	编程示例	date：＝CDate()；	
当前时间转换 为 string 数据	CTime	命令格式	CTime()
		基本参数	—
		可选参数	

续表

名称	编程格式与示例		
当前时间转换为 string 数据	CTime	执行结果	字符串,数据类型 string
		简要说明	时间标准格式为"时:分:秒"
		编程示例	time:=CTime();
十进制/十六进制字符串转换	DecToHex	命令格式	DecToHex(Str)
		基本参数	Str:十进制数字字符串
		执行结果	十六进制数字字符串
		简要说明	将十进制数字字符串转换为十六进制数字字符串
		编程示例	str:=DecToHex("98763548");
十六进制/十进制字符串转换	HexToDec	命令格式	HexToDec(Str)
		基本参数	Str:十六进制数字字符串
		执行结果	十进制数字字符串
		简要说明	将十六进制数字字符串转换为十进制数字字符串
		编程示例	str:=HexToDec("5F5E0FF");

(2) 基本转换命令编程

num、dnum、string 数据的转换是最基本的数据转换操作,函数命令的编程示例如下。

```
VAR num a:= 55;                                              // 程序数据定义
VAR dnum b:= 8388609;
VAR num val_num;
VAR dnum val_dnum;
val_dnum:= NumToDnum(a);                                     // num→dnum 数据转换
val_num:= DnumToNum(b);
......
! * * * * * * * * * * * * * * * * * * * * * * * * * * * * * *
VAR string str1;                                             // 程序数据定义
VAR string str2;
VAR string str3;
VAR string str4;
VAR string str5;
VAR string str6;
......
VAR num a:= 0.38521;
VAR num b:= 0.3852138754655357;
str1:= NumToStr(a,2);                       // num→string 转换,str1 为字符"0.38"
str2:= NumToStr(a,2\Exp);                   // num→string 转换,str2 为字符"3.85E-01"
str3:= DnumToStr(b,3);                      // dnum→string 转换,str3 为字符"0.385"
str4:= DnumToStr(val,3\Exp);               // dnum→string 转换,str4 为字符"3.852E-01"
str5:= DecToHex("99999999");                // Dec/Hex 转换,str5 为字符"5F5E0FF"
str6:= HexToDec("5F5E0FF");                 // Hex/Dec 转换,str6 为字符"99999999"
......
! * * * * * * * * * * * * * * * * * * * * * * * * * * * * * *
VAR string part1;
VAR string part2;
Part1:= StrPart("Robotics Position",1,5);   // 字符串截取,part1 为字符"Robot"
Part2:= StrPart("Robotics Position",10,3);  // 字符串截取,part2 为字符"Pos"
......
```

```
! * * * * * * * * * * * * * * * * * * * * * * * * * * * * * * * * *
VAR string time;                                    // 程序数据定义
VAR string date;
time:= CTime();                                     // time 为字符"时:分:秒"
date:= CDate();                                     // date 为字符"年—月—日"
……
```

(3) byte 数据转换命令编程

byte 数据是一种特殊形式的 num 数据，其十进制数值为正整数 0～255。byte 数据可用来表示 8 位二进制数 0000 0000 ～1111 1111 或 2 位十六进制数 00～FF（Hex）、3 位八进制数 000～377（Okt），此外，还能用来表示 ASCII 字符。

ASCII 是美国信息交换标准代码（American Standard Code for Information Interchange）的简称（等同 ISO/IEC 646 标准），它是目前英语及其他西欧语言显示最通用的编码系统。ASCII 可用表 3.4.6 所示的 2 位十六进制数 00～7F 来表示相应的字符。

表 3.4.6　ASCII 代码表

十六进制代码	0	1	2	3	4	5	6	7
0		DLE	SP	0	@	p	`	p
1	SOH	DC1	!	1	A	Q	a	q
2	STX	DC2	"	2	B	R	b	r
3	ETX	DC3	#	3	C	S	c	s
4	EOT	DC4	S	4	D	T	d	t
5	ENQ	NAK	%	5	E	U	e	u
6	ACK	SYN	&	6	F	V	f	v
7	BEL	ETB	'	7	G	W	g	w
8	BS	CAN	(	8	H	X	h	x
9	HT	EM	)	9	I	Y	i	y
A	LF	SUB	*	:	J	Z	j	z
B	VT	ESC	+	;	K	[	k	{
C	FF	FS	,	<	L	\	l	|
D	CR	GS	-	=	M	]	m	}
E	SO	RS	.	>	N	^	n	~
F	SI	US	/	?	O	_	o	DEL

表 3.4.6 中的水平方向数值，为字符代码的高位（0～7）；垂直方向数值，为字符代码的低位（0～F）。例如，字符"A"的 ASCII 代码为十六进制数"41"；若用十进制数表示代码，则为数字"65"。字符串同样可用 ASCII 代码表示，例如，表示字符串"one"的 ASCII 代码为十六进制数"6F 6E 65"。

用 RAPID 函数命令转换 ASCII 字符时，应首先将命令参数中的十进制数转换为十六进制数，然后，再将十六进制数转成 ASCII 字符。例如，十进制参数"122"的十六进制值为"7A"，因此，它所对应的 ASCII 字符为英文小写字母"z"。

字节转换函数命令的编程示例如下，为简化程序，以下程序使用了数组数据。

```
VAR byte data1:= 122;                               // 待转换数据定义
VAR string data_buf{5};                             // 保存转换结果的程序数据(数组)定义
data_buf{1}:= ByteToStr(data1);                     // num→string 转换,data_buf{1}为字符"122"
data_buf{2}:= ByteToStr(data1\Hex);                 // data_buf{2}为 Hex 字符"7A"
data_buf{3}:= ByteToStr(data1\Okt);                 // data_buf{3}为 Okt 字符"172"
data_buf{4}:= ByteToStr(data1\Bin);                 // data_buf{4}为 Bin 字符"0111 1010"
```

```
data_buf{5}:= ByteToStr(data1\Char);                    // data_buf{5}为 ASCII 字符"z"
! * * * * * * * * * * * * * * * * * * * * * * * * * * * * *
VAR string data_chg {5}:= ["15","FF","172","00001010","A"];        // 待转换数据定义
VAR byte data_buf{5};
data_buf{1}:= StrToByte(data_chg{1});              // string→num 转换,data_buf{1}为 15
data_buf{2}:= StrToByte(data_chg{2}\Hex);                    // data_buf{2}为 255
data_buf{3}:= StrToByte(data_chg{3}\Okt);                    // data_buf{3}为 122
data_buf{4}:= StrToByte(data_chg{4}\Bin);                    // data_buf{4}为 10
data_buf{5}:= StrToByte(data_chg{1}\Char);                    // data_buf{5}为 65
......
```

(4) 字符串转换命令编程

函数命令 ValToStr、StrToVal 可进行字符串（string 数据）和其他类型数据间的相互转换，数据类型可以任意指定。数据转换命令多用于数据通信程序。

ValToStr 可将任意类型数据转换为 string 数据。数值型 num 数据转换为 string 数据时，保留 6 个有效数字（不包括符号、小数点）；dnum 数据转换为 string 数据时，保留 15 个有效数字。例如：

```
VAR string str1;                                          // 程序数据定义
VAR string str2;
VAR string str3;
VAR string str4;
VAR pos p:= [100,200,300];
VAR num numtype:= 1.234567890123456789;
VAR dnum dnumtype:= 1.234567890123456789;
......
Str1:= ValToStr(p);                              // str1 为字符"[100,200,300]"
Str2:= ValToStr(TRUE);                                    // str2 为字符"TRUE"
Str3:= ValToStr(numtype);                              // str3 为字符"1.23457"
Str4:= ValToStr(dnumtype);                        // str4 为字符"1.23456789012346"
......
```

StrToVal 可将字符串（string 数据）转换为任意类型数据，命令的执行结果为转换完成标记（bool 数据）。数据成功转换时，执行结果为 TRUE；否则为 FALSE。

例如，利用以下程序，可将字符串"3.85"转换为 num 型程序数据 nval，字符串"[600，500，225.3]"转换为 pos 型程序数据 pos15，命令执行结果分别保存在 bool 型程序数据 ch_ok1、ch_ok2 中，数据成功转换时，ch_ok1、ch_ok2 状态分别为 TRUE。

```
VAR bool ch_ok1;                                          // 程序数据定义
VAR num nval;
ch_ok1:= StrToVal("3.85",nval);                  // 数据转换,并保存命令执行结果
......
! * * * * * * * * * * * * * * * * * * * * * * * * * * * * *
VAR bool ch_ok2;                                          // 程序数据定义
VAR pos pos15;
VAR string str15:= "[600,500,225.3]";
ch_ok2:= StrToVal(str15,pos15);                  // 数据转换,并保存命令执行结果
......
```

第 **4** 章

运动控制指令编程

4.1 基本程序数据定义

4.1.1 程序点、移动速度定义

(1) 程序点定义

利用程序定义的工业机器人位置称为程序点。在运动控制指令中，程序点可用来指定移动目标（target）或控制点（trigger）的位置。

在机器人程序中，程序点位置可通过关节坐标系和虚拟笛卡儿坐标系两种方式定义。RAPID 程序点的数据格式如下。

① 关节坐标系定义。在 RAPID 程序中，利用机器人关节坐标系绝对位置定义的程序点位置称为关节位置，数据类型为"jointtarget"，数据格式如下。

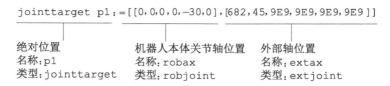

jointtarget 属于 RAPID 结构数据（struc），它由机器人本体关节轴位置（robax）和外部轴位置（extax）复合而成，数据项的含义如下。

robax：机器人本体关节轴绝对位置，6 元复合数值数据，数据类型为 robjoint。标准RAPID 编程软件允许定义 6 个运动轴（j1～j6）的位置值，回转轴以角度表示，单位为 deg（°）；直线轴以离原点的距离表示，单位为 mm。

extax：外部轴（基座轴、工装轴）绝对位置，6 元复合数值数据，数据类型为 extjoint。标准 RAPID 编程软件允许定义 6 个外部轴（e1～e6）的位置，回转轴以角度表示，单位为deg（°）；直线轴以离原点的距离表示，单位为 mm。外部轴少于 6 轴时，不使用的轴应定义为"9E9"。

在 RAPID 程序中，关节位置既可完整定义与使用，也可仅对机器人本体关节轴位置

（robax）或外部轴位置（extax）进行定义或修改，此外，还可通过偏移指令 EOffsSet 调整外部轴位置。

关节位置的定义指令编程示例如下，仅定义数据名时，系统默认数值为 0。

```
VAR jointtarget p0:= [[0,0,0,0,0,0],[0,0,9E9,9E9,9E9,9E9]];      // 完整定义关节位置p0
……
VAR robjoint p1;                                                 // 定义关节位置,初始值 0
p1.robax:= [0,45,30,0,-30,0];                                    // 仅定义机器人本体关节轴位置
p1.extax:= [-500,-180,9E9,9E9,9E9,9E9];                          // 仅定义外部轴关节位置
……
VAR extjoint eax_ofs:= [100,45,9E9,9E9,9E9,9E9];                 // 定义外部轴关节位置偏移量
EOffsSet eax_ofs;                                                // 外部轴关节位置偏移
……
```

② TCP 位置定义。TCP 位置是以笛卡儿直角坐标系三维空间的位置值（x，y，z）描述的机器人工具控制点（TCP）位置。定义 TCP 位置时，不仅需要机器人 TCP 的 XYZ 坐标，而且还需要规定机器人、工具的姿态。

在 RAPID 程序中，机器人 TCP 位置的数据类型为 robtarget，数据格式如下。

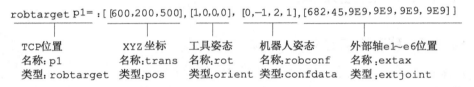

robtarget 属于 RAPID 结构数据（struc），它由机器人 TCP 的坐标值（trans）、工具姿态（rot）、机器人姿态（robconf）、外部轴位置（extax）复合而成，数据项的含义如下。

trans：机器人 TCP 坐标位置，3 元复合数值数据，数据类型为 pos，以机器人 TCP 在指定坐标系上的坐标值（x，y，z）表示。

rot：工具姿态，4 元复合数值数据，数据类型为 orient，用坐标旋转四元数 [$q1$，$q2$，$q3$，$q4$] 表示工具坐标系方向，四元数的含义可参见第 2 章。

robconf：机器人姿态，4 元复合数值数据，数据类型为 confdata，格式为 [$cf1$，$cf4$，$cf6$，cfx]，数据项 $cf1$、$cf4$、$cf6$ 分别为机器人 j1、j4、j6 轴的区间号，设定范围为 $-4 \sim 3$；cfx 为机器人的姿态号，设定范围为 $0 \sim 7$；设定值的含义可参见第 2 章。

extax：外部轴（基座轴、工装轴）e1 ~ e6 绝对位置（extjoint），6 元复合数值数据，数据类型为 extjoint，定义方法与关节位置数据 jointtarget 相同。

在实际程序中，TCP 位置数据既可以完整定义、编程，也可只对其中的数据项进行定义、修改；此外，还可以 pos 数据、pose 数据的形式进行定义和编程。ABB 机器人的 pos 数据、pose 数据含义如下。

a. pos 数据。ABB 机器人的 pos 数据仅含坐标值，称为 XYZ 坐标数据。pos 数据可用来指定笛卡儿坐标系位置，但不能定义坐标系方向、工具姿态、机器人姿态和外部轴位置，因此，可用于 XYZ 坐标位置定义、位置变换。需要注意的是，ABB 机器人的 pos 数据与 KUKA 机器人的 POS 数据有较大的不同，KUKA 机器人的 POS 数据是包含 XYZ 坐标值、工具姿态、机器人姿态的 6 轴垂直串联机器人的标准位置格式（参见 KUKA 篇）。

b. pose 数据。ABB 机器人的 pose 数据包含坐标值和方向，称为方位数据。pose 数据可用来指定笛卡儿坐标系的位置和方向，但不能定义机器人姿态和外部轴位置，因此，可用于机

器人姿态、外部轴位置不变的 TCP 位置定义或坐标系平移、旋转变换。ABB 机器人的 pose 数据在 KUKA 机器人上称为 FRAME 数据（参见 KUKA 篇）。

TCP 位置定义及编程示例如下，仅定义数据名时，系统默认数值为 0。

```
VAR robtarget p1:= [[0,0,0],[1,0,0,0],[0,1,0,0],[0,0,9E9,9E9,9E9,9E9]];
                                                    // 完整定义 TCP 位置
VAR robtarget p2;                                   // 定义 TCP 位置,初始值 0
VAR robtarget p3;
......
VAR pos point_1:= [50,100,200]                      // 定义 pos 数据
VAR pos point_2
VAR pose frame_1:= [[50,100,200],[1,0,0,0]]         // 定义 pose 数据
......
p2.pos:= [50,100,200];                // 仅定义 TCP 位置p2的 XYZ 坐标值
p2.pos.z:= 200;                       // 仅定义 TCP 位置p2的 Z 坐标值
......
p3:= Offs(p1,50,80,100);              // 利用函数命令定义 TCP 位置
......
point_2:= PoseVect [frame_1,point_1]  // 利用函数命令定义 pos 数据
......
```

(2) 移动速度定义

机器人的移动速度包括机器人 TCP 移动速度、工具定向运动速度、外部轴运动速度等。在 RAPID 程序中，机器人的移动速度既可通过速度数据统一定义，也可利用移动指令的添加项，在指令中直接编程。

在 RAPID 程序中，速度数据为 4 元 RAPID 结构数据（struc），数据类型为 speeddata，数据格式为 [v_tcp, v_ori, v_leax, v_reax]，构成项的含义如下。

v_tcp：机器人 TCP 移动速度，单位 mm/s；

v_ori：工具定向运动速度，单位 (°)/s；

v_reax：外部回转轴定位速度，单位 (°)/s；

v_leax：外部直线轴定位速度，单位 mm/s。

在 RAPID 程序中，速度数据既可完整定义与使用，也可对某一部分进行修改或设定。数据定义指令的编程示例如下。

```
VAR speeddata v_work;               // 定义速度数据 v_work,初始值为 0
......
v_work:= [500,30,250,15];           // 完整定义速度数据
v_work.v_tcp:= 200;                 / 仅定义 v_work 的 TCP 移动速度 v_tcp
v_work.v_ori:= 12;                  //仅定义 v_work 的工具定向运动速度 v_ori
......
```

为便于用户编程，控制系统出厂时已预定义了部分常用的速度数据，预定义的速度数据可直接以速度名称的形式编程，无需另行定义程序数据。

① 预定义 TCP 移动速度。系统预定义的机器人 TCP 移动速度如表 4.1.1 所示，表中的 vmax 速度为机器人生产厂家设定的最大 TCP 移动速度值，该数值与机器人型号、规格有关，需要时可通过 RAPID 函数指令 MaxRobSpeed 读取、检查。

表 4.1.1 系统预定义机器人 TCP 移动速度表

速度名称	v5	v10	v20	v30	v40	v50	v60	v80	v100
v_tcp/(mm/s)	5	10	20	30	40	50	60	80	100
v_ori/[(°)/s]					500				
v_reax/[(°)/s]					1000				
v_leax/(mm/s)					5000				
速度名称	v150	v200	v300	v400	v500	v600	v800	v1000	v1500
v_tcp/(mm/s)	150	200	300	400	500	600	800	1000	1500
v_ori/[(°)/s]					500				
v_reax/[(°)/s]					1000				
v_leax/(mm/s)					5000				
速度名称	v2000	v2500	v3000	v4000	v5000	v6000	v7000	vmax	
v_tcp/(mm/s)	2000	2500	3000	4000	5000	6000	7000	MaxRobSpeed	
v_ori/[(°)/s]					500				
v_reax/[(°)/s]					1000				
v_leax/(mm/s)					5000				

系统预定义的 TCP 移动速度 v5~vmax 包含了系统默认的工具定向运动速度 v_ori（500°/s）、外部回转轴运动速度 v_reax（1000°/s）、外部直线轴移动速度 v_leax（5000mm/s），故可直接用于机器人绝对定位指令 MoveAbsJ、关节插补指令 MoveJ、直线插补指令 MoveL、圆弧插补指令 MoveC 的速度编程。

② 预定义外部回转轴定位速度。系统预定义的外部回转轴定位速度如表 4.1.2 所示，速度数据 vrot1~vrot100 只能用于外部回转轴定位，数据对应的 TCP 移动速度 v_tcp、工具定向运动速度 v_ori、外部直线轴移动速度 v_leax 均为 0。

表 4.1.2 系统预定义外部回转轴定位速度表

速度名称	vrot1	vrot2	vrot5	vrot10	vrot20	vrot50	vrot100
v_reax/[(°)/s]	1	2	5	10	20	50	100
v_tcp、v_ori、v_leax				0			

③ 预定义外部直线轴定位速度。系统预定义的外部直线轴定位速度如表 4.1.3 所示，速度数据 vlin10~vlin1000 只能用于外部直线轴绝对定位，数据对应的 TCP 移动速度 v_tcp、工具定向运动速度 v_ori、外部回转轴移动速度 v_reax 均为 0。

表 4.1.3 系统预定义外部直线轴定位速度表

速度名称	vlin10	vlin20	vlin50	vlin100	vlin200	vlin500	vlin1000
v_leax/(mm/s)	10	20	50	100	200	500	1000
v_tcp、v_ori、v_reax				0			

(3) 移动速度编程

在 RAPID 程序中，机器人移动速度既可通过速度数据统一定义，也可利用系统预定义速度后缀的添加项 \V 或 \T 直接指定。添加项 \V 和 \T 的编程方法如下，在同一指令中，\V 和 \T 不能同时编程。

① 添加项 \V。添加项 \V 可直接替代系统预定义的机器人 TCP 移动速度。例如，指令 v200 \V：=250 可直接定义机器人 TCP 移动速度为 250mm/s，系统预定义速度 v_tcp＝200mm/s 无效。

添加项 \V 只能定义机器人的 TCP 移动速度，对工具定向、外部轴定位无效。

② 添加项 \T。添加项 \T 可规定移动指令的机器人运动时间（单位 s），间接定义机器

人移动速度。例如，指令 v100 \ T：=4 可定义机器人 TCP 从起点到目标位置的移动时间为 4s，系统预定义的 v_tcp=100mm/s 无效。

添加项 \ T 不仅可用来定义机器人 TCP 移动速度，而且对机器人的工具定向、外部轴定位同样有效。例如，指令 vrot10 \ T：=6 可定义外部轴的回转运动时间为 6s；指令 vlin100 \ T：=6 则可定义外部轴的直线运动时间为 6s；等等。

利用添加项 \ T 定义移动速度时，机器人 TCP、工具定向、外部轴定位的实际速度与移动指令对应的移动距离有关，在同样的移动时间下，指令的移动距离越长，机器人的实际移动速度就越快。

4.1.2　到位区间及检测条件定义

到位区间用来规定机器人移动指令在目标位置上的允许误差，它是控制系统判别机器人当前移动指令是否执行完成的依据，若机器人 TCP 到达了目标位置的到位区间范围内，就认为指令的目标位置到达，系统随即开始执行后续指令。

在 RAPID 程序中，到位区间的数据类型为 zonedata，如果需要，zonedata 还可通过添加项（\ Inpos），增加到位检测条件。到位区间、到位检测条件的定义方法如下。

（1）到位区间定义

到位区间数据 zonedata 包含了目标点暂停控制和目标位置允许误差两部分数据，数据格式如下。

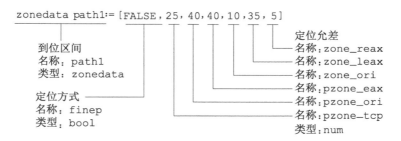

到位区间数据 zonedata 为 6 元 RAPID 结构数据（struc），数据项含义如下。

finep：定位方式，逻辑状态型数据（bool）。"TRUE" 为目标位置暂停，"FALSE" 为机器人连续运动。

pzone_tcp：TCP 到位区间，数值型数据（num），单位 mm。

pzone_ori：工具姿态到位区间，数值型数据（num），单位 mm；设定值应大于等于 pzone_tcp，否则，系统将自动取 pzone_ori=pzone_tcp。

pzone_eax：外部轴到位区间，数值型数据（num），单位 mm；设定值应大于等于 pzone_tcp，否则，系统将自动取 pzone_eax=pzone_tcp。

zone_ori：工具定向到位区间，数值型数据（num），单位 deg（°）。

zone_leax：外部直线轴到位区间，数值型数据（num），单位 mm。

zone_reax：外部回转轴到位区间，数值型数据（num），单位 deg（°）。

为了确保机器人能够到达程序指令的轨迹，到位区间不能超过理论轨迹长度的 1/2，否则，系统将自动缩小到位区间。

在 RAPID 程序中，到位区间既可完整定义，也可对某一部分进行单独修改或设定，如果需要，还可通过后述的添加项（\ Inpos），增加到位检测条件。

定义到位区间的指令编程示例如下。

```
VAR zonedata path1;                            // 定义到位区间 path1,初始值为 0
……
path1:= [FALSE,25,35,40,10,35,5 ];                 // 完整定义到位区间 path1
Path1.pzone_tcp:= 30;                          // 定义 path1 的 TCP 到位区间
Path1.pzone_ori:= 40;                          / 定义 path1 的工具姿态到位区间
……
```

为便于用户编程,控制系统已预先定义了表 4.1.4 所示的到位区间,表中的 fine、z0 为准确到位停止点,z1~z200 定义为连续运动。系统预定义的到位区间可直接以区间名称的形式编程,无需另行定义程序数据。

表 4.1.4　系统预定义到位区间

到位区间名称	系统预定义值					
	pzone_tcp	pzone_ori	pzone_eax	zone_ori	zone_leax	zone_reax
fine(停止点)	0.3mm	0.3mm	0.3mm	0.03°	0.3mm	0.03°
z0	0.3mm	0.3mm	0.3mm	0.03°	0.3mm	0.03°
z1	1mm	1mm	1mm	0.1°	1mm	0.1°
z5	5mm	8mm	8mm	0.8°	8mm	0.8°
z10	10mm	15mm	15mm	1.5°	15mm	1.5°
z15	15mm	23mm	23mm	2.3°	23mm	2.3°
z20	20mm	30mm	30mm	3°	30mm	3°
z30	30mm	45mm	45mm	4.5°	45mm	4.5°
z40	40mm	60mm	60mm	6°	60mm	6°
z50	50mm	75mm	75mm	7.5°	75mm	7.5°
z60	60mm	90mm	90mm	9°	90mm	9°
z80	80mm	120mm	120mm	12°	120mm	12°
z100	100mm	150mm	150mm	15°	150mm	15°
z150	150mm	225mm	225mm	23°	225mm	23°
z200	200mm	300mm	300mm	30°	300mm	30°

(2) 到位检测条件定义

为了保证机器人能够准确到达目标位置,在 RAPID 程序中,可在到位区间的基础上增加到位检测条件,机器人只有满足目标位置的到位检测条件,控制系统才启动下一指令的执行。到位检测条件需要以添加项 (\ Inpos) 的形式,添加在到位区间之后。

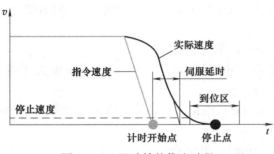

图 4.1.1　运动轴的停止过程

机器人运动轴的实际到位停止过程如图 4.1.1 所示。运动轴停止时,系统指令速度将按加减速要求下降,指令速度为 0 的点,就是理论停止位置。理论停止位置是控制系统开始计算停顿时间、程序暂停时间的起始点。

但是,由于系统存在惯性,运动轴的实际速度变化必然滞后于指令速度变化,这一滞后时间称为"伺服延时"。伺服延时与伺服系统的结构、性能有关。通常而言,交流伺服驱动系统的伺服延时大致为 100ms,因此,为了确保运动轴能够在目标位置上可靠停止,指令终点的暂停时间一般应大于 100ms。

在 RAPID 程序中,机器人到位检测条件可通过停止点数据 (stoppointdata) 定义,指令编程格式如下。

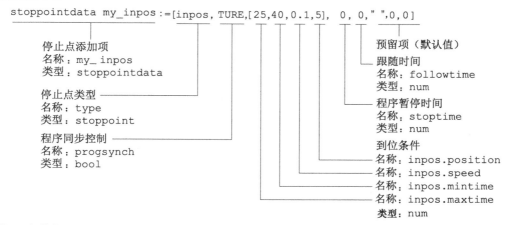

停止点数据（stoppointdata）属于 RAPID 结构数据（struc），数据项含义如下。

① 停止点类型 type：用来规定机器人到达定位点时的停止方式，枚举数据，数据类型为 stoppoint，设定值如下。

0 或 fine：准确定位，定位区间为 z0。

1（inpos）：到位检测，到位检测条件由到位条件数据项 inpos 定义。

2（stoptime）：程序暂停，暂停时间由暂停时间数据项 stoptime 定义。

3（fllwtime）：跟随停止（仅用于协同作业同步控制），跟随停止时间由数据项 followtime 定义。

② 程序同步控制 progsynch：用来定义到位检测功能，逻辑状态型数据 bool。"TRUE"为到位检测有效，机器人只有满足到位检测条件，才能执行下一指令；"FALSE"为到位检测无效，机器人只要到达目标位置到位区间，便可执行后续指令。

③ 到位条件：4 元数值复合数据，构成项如下。

inpos. position：到位检测区间，定义到位区间 z0（fine）的百分率。

inpos. speed：到位检测速度条件，定义到位区间 z0（fine）移动速度的百分率。

inpos. mintime：到位最短停顿时间，单位 s。在设定的时间内，即使到位检测条件满足，也必须等到该时间到达，才能执行后续指令。

inpos. maxtime：到位最长停顿时间，单位 s。如果设定时间到达，即使检测条件未满足，也将启动后续指令。

④ 程序暂停时间 stoptime：定位方式选择 stoptime 时的目标位置暂停时间，数值型数据（num），单位 s。

⑤ 跟随时间 followtime：定位方式选择 fllwtime 时的目标位置暂停时间，数值型数据（num），单位 s。

⑥ 系统预留项 signal、relation、checkvalue：目前不使用，可直接设定为 [""，0，0]。

在 RAPID 程序中，停止点数据既可完整定义，也可对其某一部分进行单独修改或设定，其编程示例如下。

```
VAR stoppointdata path_inpos1;                        // 定义停止点 path_inpos1,初始值为 0
......
path_inpos1:= [inpos,TRUE,[25,40,1,3],0,0,"",0,0];        //完整定义停止点 path_inpos1
path_inpos1. inpos. position:= 40;                    // 仅定义 path_inpos1 的到位检测区间
path_inpos1. inpos. stoptime:= 3;                     // 仅定义 path_inpos1 的到位暂停时间
......
```

为便于用户编程，控制系统已预先定义了表 4.1.5 所示的到位停止点，表 4.1.6 所示的程序暂停、跟随停止点数据，系统预定义的停止点数据可直接以停止点名称的形式编程，无需进行程序数据定义。

表 4.1.5 系统预定义的到位停止点

停止点名称	系统预定义值						
	type	progsynch	inpos. position	inpos. speed	inpos. mintime	inpos. maxtime	其他
inpos20	inpos	TRUE	20	20	0	2	0
inpos50	inpos	TRUE	50	50	0	2	0
inpos100	inpos	TRUE	100	100	0	2	0

表 4.1.6 系统预定义的程序暂停、跟随停止点

停止点名称	系统预定义值				
	type	progsynch	stoptime	followtime	其他
stoptime0_5	stoptime	FALSE	0.5	0	0
stoptime1_0	stoptime	FALSE	1.0	0	0
stoptime1_5	stoptime	FALSE	1.5	0	0
fllwtime0_5	fllwtime	TRUE	0	0.5	0
fllwtime1_0	fllwtime	TRUE	0	1.0	0
fllwtime1_5	fllwtime	TRUE	0	1.5	0

4.1.3 工具、工件数据定义

(1) 工具数据定义

在 RAPID 程序中，工具数据（tooldata）是用来全面描述作业工具特性的程序数据，它不仅包括了工具坐标系（TCP 位置和工具安装方向）数据，而且可用来定义工具的安装方式、工具质量、工具重心等参数。工具数据（tooldata）定义指令的编程格式如下。

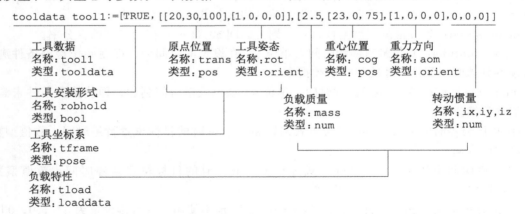

```
tooldata tool1:=[TRUE,[[20,30,100],[1,0,0,0]],[2.5,[23,0,75],[1,0,0,0],0,0,0]]
```

工具数据
名称：tool1
类型：tooldata

工具安装形式
名称：robhold
类型：bool

工具坐标系
名称：tframe
类型：pose

负载特性
名称：tload
类型：loaddata

原点位置
名称：trans
类型：pos

工具姿态
名称：rot
类型：orient

重心位置
名称：cog
类型：pos

负载质量
名称：mass
类型：num

重力方向
名称：aom
类型：orient

转动惯量
名称：ix,iy,iz
类型：num

工具数据（tooldata）是由工具安装形式、工具坐标系、负载特性构成的 RAPID 结构数据（struc），数据项的说明如下。

① 工具安装形式 robhold：用来定义机器人作业方式（参见第 2 章），逻辑状态数据，数据类型为 bool。机器人移动工具作业系统定义为"TRUE"；机器人移动工件作业系统定义为"FALSE"。

② 工具坐标系 tframe：用来定义工具坐标系（参见第 2 章）的方位数据 pose，由原点位置 trans（3 元数值复合数据）、工具姿态（安装方向）rot（4 元数值复合数据）构成。原点位置 trans 是以（x，y，z）表示的三维空间 XYZ 坐标数据，用来定义工具控制点（TCP）的位

置，数据类型为 pos；工具姿态 rot 是以 [q1, q2, q3, q4] 表示的坐标旋转四元数，用来表示工具安装方向，数据类型为 orient。

③ 负载特性 tload：用来定义图 4.1.2 所示的机器人手腕负载（工具或工件）的质量、重心和惯量，多元双重复合数据，数据类型为 loaddata，构成项如下。

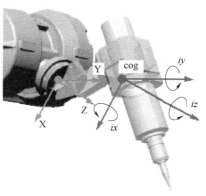

mass：负载质量，数值型数据 num，定义负载（工具或工件）的质量，单位为 kg。

cog：重心位置，3 元数值复合数据，数据类型为 pos；用来定义负载（工具或工件）重心在手腕基准坐标系上的坐标值 (x, y, z)。

图 4.1.2　负载特性数据

aom：重力方向，4 元数值复合数据，数据类型为 orient；以坐标系旋转四元数 [q1, q2, q3, q4] 定义的负载重力方向。

ix、iy、iz：转动惯量，数值型数据 num；ix、iy、iz 依次为负载在手腕基准坐标系 X、Y、Z 方向上的转动惯量，单位 kgm^2；如定义 ix、iy、iz 为 0，控制系统将视负载为质点。

在搬运、码垛等机器人上，负载数据不仅需要考虑工具（抓手、吸盘等）本身，而且需要包括被搬运物品所产生的作业负载（ABB 机器人称为有效载荷）。机器人作业负载可通过移动指令添加项（\ TLoad）指定的负载数据（loaddata）定义。

由于作业负载数据的计算较为复杂，在实际使用时，通常需要通过机器人控制系统配套提供的负载自动测定软件（如 ABB 公司的 LoadIdentify 负载测定服务程序等），由系统自动测试、设定。利用负载自动测定软件获得的负载数据，实际上是工具、物品两部分负载之和，因此，作业负载添加项（\ TLoad）一旦指定，就无需再考虑工具数据（tooldata）中的负载特性数据项 tload，数据项 tload 将自动成为无效。

在 RAPID 程序中，工具数据（tooldata）既可完整定义，也可对其某一部分进行修改或设定。定义工具数据的指令格式如下。

```
PERS tooldata tool1;                              // 定义工具数据,初始值为 tool0
……
VAR pose frame_t1                                  // 定义工具坐标系数据 pose
……
tool1:= [TRUE,[ [97.4,0,223.1],[0.966,0,0.259,0] ],[5,[23,0,75],[1,0,0,0],0,0,0] ];
                                                   // 工具数据定义
……
tool1. tframe. trans:= [100,0,220];               // 仅定义 tool1 的工具坐标系原点
tool1. tframe. trans. z:= 300;                     // 仅定义 tool1 的工具坐标系原点 z 坐标
……
frame_t1:=[[50,100,200],[1,0,0,0] ]               // 工具坐标系定义
……
```

由于工具数据的计算较为复杂，为了便于用户编程，ABB 机器人可直接使用工具数据自动测定指令，由控制系统自动测试并设定工具数据，或者直接在系统预定义的初始值上修改。系统预定义的初始工具数据（tool0）如下。

```
tool0:= [TRUE,[[0,0,0 ],[1,0,0,0]],[0.001,[0,0,0.001 ],[1,0,0,0 ],0,0,0]];
```

tool0 定义的工具特性如下。

作业方式：机器人移动工具作业。

TCP 位置：与工具参考点（TRP）重合。

工具坐标系方向：与手腕基准坐标系相同。

工具质量：0kg，设定值 0.001kg 为系统允许的最小值，视为 0。

工具重心：与工具参考点（TRP）重合，设定值 z0.001 为系统允许的最小值，视为 0。

重力方向：与手腕基准坐标系相同。

转动惯量：0，负载可视为一个质点。

(2) 工件数据定义

在 RAPID 程序中，工件数据（wobjdata）是用来描述工件安装特性的程序数据，它可用来定义用户坐标系、工件坐标系等参数。机器人移动工件作业系统的 TCP 位置、安装方向需要利用控制系统的工件坐标系定义，因此，必须定义工件数据（wobjdata）。

工件数据（wobjdata）定义指令的编程格式如下。

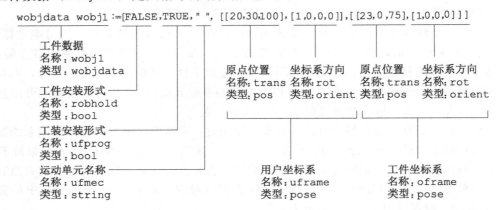

工件数据（wobjdata）是由工具安装形式、工装安装形式、运动单元名称、用户坐标系、工件坐标系构成的 RAPID 结构数据（struc），数据项说明如下。

① 工件安装形式 robhold：逻辑状态型数据 bool，用来定义工件的安装形式（是否安装在机器人上）。机器人移动工具作业系统应定义为"FALSE"；机器人移动工件作业系统应定义为"TURE"。

② 工装安装形式 ufprog：逻辑状态型数据 bool，用来定义工装的安装形式（用户坐标系特性）。工装固定安装时应定义为"TURE"，带工装变位器的协同作业系统（MultiMove）应定义为"FALSE"，用于工装移动的机械单元名称需要在数据项 ufmec 上定义。

③ 运动单元名称 ufmec：字符串型数据 string，在工装移动协同运动系统上，用来定义工装移动的机械单元名称，名称需要加双引号；工装固定作业系统需要保留双引号。

④ 用户坐标系 uframe：用来定义用户坐标系的原点和方向的方位数据 pose，由原点位置 trans（3 元数值复合数据）、坐标系方向 rot（4 元数值复合数据）构成。原点位置 trans 是以 (x, y, z) 表示的三维空间 XYZ 坐标数据，用来定义用户坐标系原点的位置，数据类型为 pos；坐标系方向 rot 是以 $[q1, q2, q3, q4]$ 表示的坐标旋转四元数，用来表示工件坐标系方向，数据类型为 orient。

⑤ 工件坐标系 oframe：用来定义工件坐标系的坐标原点和方向的方位数据 pose，由原点位置 trans（3 元数值复合数据）、坐标系方向 rot（4 元数值复合数据）构成。原点位置 trans 是以 (x, y, z) 表示的三维空间 XYZ 坐标数据，用来定义工件坐标系原点的位置，数据类型为 pos；坐标系方向 rot 是以 $[q1, q2, q3, q4]$ 表示的坐标旋转四元数，用来定义工件坐

标系方向，数据类型为 orient。

在 RAPID 程序中，工件数据需要以数据名称的形式编程，数据既可完整定义，也可对其中的某一部分进行修改或设定，例如：

```
PRES wobjdata wobj1;                                    // 定义工件数据,初始值为 wobj0
PRES wobjdata wobj2;
……
VAR pose frame_user1                                    // 定义坐标系数据 pose
VAR pose frame_work1
……
wobj1:=[FALSE,TRUE,"",[[0,0,200],[1,0,0,0] ],[[100,200,0],[1,0,0,0]]];
                                                       // 工件数据完整定义
……
wobj2.uframe.trans:=[100,0,200];              // 仅定义 wobj2 用户坐标系的 trans 项
wobj2.uframe.trans.z:=300;           // 仅定义 wobj2 用户坐标系 trans 项的 z 坐标值
wobj2.oframe.trans:=[100,200,0];             //仅定义 wobj2 工件坐标系的 trans 项
wobj2.oframe.trans.z:=300;           // 仅定义 wobj2 工件坐标系 trans 项的 z 坐标值
……
frame_user1:=[[50,100,200],[1,0,0,0] ]                          // 坐标系定义
frame_work1:=[[150,150,300],[1,0,0,0] ]
……
```

为了便于用户编程，ABB 机器人出厂时已预定义了工件数据 wobj0，wobj0 的数据设定值如下，它可以作为工件数据（wobjdata）定义指令的初始值。

```
wobj0:=[FALSE,TRUE,"",[[0,0,0],[1,0,0,0] ],[[0,0,0],[1,0,0,0]]];
```

wobj0 所定义的工件特性为：工件和工装固定，用户坐标系、工件坐标系与大地坐标系重合。

4.2　机器人移动指令编程

4.2.1　指令格式及说明

（1）指令格式

ABB 机器人的运动指令包括机器人和外部轴绝对定位、机器人 TCP 关节/直线/圆弧插补、控制点插补、其他扩展插补以及独立轴控制、伺服焊钳控制、智能机器人的同步跟踪和外部引导运动等。

机器人和外部轴绝对定位、关节/直线/圆弧插补是最常用的机器人移动指令，指令的基本说明如表 4.2.1 所示。

表 4.2.1　机器人移动指令编程说明表

名称		编程格式与示例	
绝对定位	MoveAbsJ	程序数据	ToJointPoint,Speed,Zone,Tool
		指令添加项	\Conc,
		数据添加项	\ID、\NoEOffs、\V|\T、\Z、\Inpos、\WObj、\TLoad
	编程示例	MoveAbsJ　j1,v500,fine,grip1; MoveAbsJ\Conc,j1\NoEOffs,v500,fine\Inpos:=inpos20,grip1; MoveAbsJ　j1,v500\V:=580,z20\Z:=25,grip1\WObj:=wobjTable;	

续表

名称	编程格式与示例		
外部轴绝对定位	MoveExtJ	程序数据	ToJointPoint,Speed,Zone
		指令添加项	\Conc,
		数据添加项	\ID,\NoEOffs,\T,\Inpos
	编程示例	MoveExtJ j1,vrot10,fine; MoveExtJ\Conc,j2,vlin100,fine\Inpos:=inpos20; MoveExtJ j1,vrot10\T:=5,z20;	
关节插补	MoveJ	程序数据	ToPoint,Speed,Zone,Tool
		指令添加项	\Conc,
		数据添加项	\ID,\V|\T,\Z,\Inpos,\WObj,\TLoad
	编程示例	MoveJ p1,v500,fine,grip1; MoveJ\Conc,p1,v500,fine\Inpos:=inpos50,grip1; MoveJ p1,v500\V:=520,z40\Z:=45,grip1\WObj:=wobjTable;	
直线插补	MoveL	程序数据	ToPoint,Speed,Zone,Tool
		指令添加项	\Conc,
		数据添加项	\ID,\V|\T,\Z,\Inpos,\WObj,\Corr,\TLoad
	编程示例	MoveL p1,v500,fine,grip1; MoveL\Conc,p1,v500,fine\Inpos:=inpos50,grip1\Corr; MoveJ p1,v500\V:=520,z40\Z:=45,grip1\WObj:=wobjTable;	
圆弧插补	MoveC	程序数据	CirPoint,ToPoint,Speed,Zone,Tool
		指令添加项	\Conc,
		数据添加项	\ID,\V|\T,\Z,\Inpos,\WObj,\Corr,\TLoad
	编程示例	MoveC p1,p2,v300,fine,grip1; MoveL\Conc,p1,p2,v300,fine\Inpos:=inpos20,grip1\Corr; MoveJ p1,p2,v300\V:=320,z20\Z:=25,grip1\WObj:=wobjTable;	

目标位置 ToJointPoint 或 ToPoint、移动速度 Speed、到位区间 Zone、工具数据 Tool 是机器人移动指令必需的程序数据，需要在程序中预先定义。指令添加项用来调整指令执行方式，数据添加项用来调整程序数据，二者均可根据实际需要添加或省略。

(2) 程序数据

机器人移动指令的程序数据、添加项含义基本相同，其含义和编程要求统一介绍如下；其他个别程序数据及添加项的含义与编程要求，将在相关指令中说明。

① 目标位置 ToJointPoint、ToPoint。ToJointPoint 是机器人、外部轴的关节坐标系绝对位置，数据类型为 jointtarget。关节坐标系绝对位置是以各运动轴的关节坐标系原点为基准，利用转角或位置表示的机器人或外部轴绝对位置，它与编程时所选择的笛卡儿坐标系、作业工具无关。ToPoint 是机器人 TCP 在三维笛卡儿坐标系上的位置值，数据类型为 robtarget，TCP 位置与坐标系、工具、机器人姿态、外部轴位置有关。

在 RAPID 程序中，关节位置 ToJointPoint、TCP 位置 ToPoint 通常以程序数据名称的形式编程，若位置需要通过示教操作定义，编程时可用"＊"代替程序数据名称。

在多机器人协同作业系统（MultiMove）上，如果不同机器人需要同步移动，目标位置 ToJointPoint、ToPoint 需要通过添加项 \ ID，指定同步控制的指令号。

机器人 TCP 位置 ToPoint，还可通过 RAPID 的工具偏移 RelTool、程序偏移 Offs 等函数命令指定，函数命令可直接替代程序数据 ToPoint 在指令中编程，例如：

```
MoveL RelTool(p1,50,80,100\Rx:= 0\ Ry:= 0\ Rz:= 90),v1000,z30,Tool1;
                                        // 利用工具偏移函数指定目标位置
MoveL Offs(p1,0,0,100),v1000,z30,grip2\Wobj:= fixture;
                                        // 利用程序偏移函数指定目标位置
```

② 移动速度 Speed。移动速度 Speed 用来规定机器人 TCP 或外部轴的移动速度，数据类型为 speeddata。移动速度既可使用系统预定义的速度名称（如 v1000、vrot10、vlin50 等），也可通过添加项 \ V、\ T，在指令中直接设定。

③ 到位区间 Zone。到位区间用来规定目标位置允许误差，数据类型为 zonedata。到位区间可为系统预定义的区间名称（如 z50、fine 等），也可通过数据添加项 \ Z、\ Inpos，在指令中直接指定到位区间、到位检测条件。

④ 工具数据 Tool。其用来定义作业工具，数据类型为 tooldata。机器人未安装工具时，可选择系统预定义数据 Tool0。工具数据还可通过添加项 \ WObj、\ TLoad、\ Corr 等，进一步规定工件数据、工具负载、轨迹修整等参数。

在机器人移动工件作业系统上，控制系统的工件坐标系数据用来定义固定工具的 TCP 位置和安装方向，因此，必须使用添加项 \ WObj 定义工件数据（wobjdata）。

(3) 添加项

添加项属于指令选项，用来调整指令的执行方式和程序数据，可根据实际需要添加或省略。RAPID 机器人移动指令的添加项作用及编程方法如下。

① \ Conc：连续执行，数据类型为 switch。添加 \ Conc 可使系统在移动机器人的同时，启动并执行后续程序的非移动指令。\ Conc 直接后缀在移动指令之后，\ Conc 和程序数据间用逗号分隔，例如：

```
MoveJ\Conc,p1,v1000,fine,grip1;
Set do1,on;
......
MoveL  p2,  v1000,fine,grip1;
......
```

指令 MoveJ \ Conc 可使机器人在执行关节插补指令 MoveJ 的同时，启动并执行后续的非移动指令（"Set do1，on"等，最多 5 条）。若不添加 \ Conc，系统将按照指令时序，依次逐条执行，即后续的"Set do1，on"指令需要在机器人到达目标位置 $p1$ 后，才能启动、执行。

使用添加项 \ Conc 时，系统能连续执行的非移动指令最多为 5 条。轨迹需要通过指令 StorePath、RestoPath 存储或恢复（见后述）的移动指令不能使用添加项 \ Conc。

② \ ID：同步移动，数据类型为 identno。添加 \ ID 仅用于多机器人协同作业（MultiMove）系统，\ ID 可附加在目标位置 ToJointPoint、ToPoint 后，用来指定同步移动的指令编号，实现不同机器人的同步移动、协同作业。

③ \ V、\ T：用户自定义的移动速度添加项，数据类型为 num。\ V 可用于 TCP 移动速度的直接编程；\ T 可通过运动时间，间接指定移动速度；在同一指令中，添加项 \ V 和 \ T 不能同时使用（见 4.1 节）。

④ \ Z、\ Inpos：用户自定义的到位区间和到位检测条件，\ Z 的数据类型为 num，\ Inpos 的数据类型为 stoppointdata。添加项 \ Z 可直接指定目标位置的到位区间，如 "z40 \ Z：＝45"等；添加项 \ Inpos 可对目标位置的到位检测条件做进一步的规定，如 "fine \ Inpos：＝inpos20"等（见 4.1 节）。

⑤ \ Wobj：工件数据，数据类型为 wobjdata。\ Wobj 可添加在工具数据 Tool 后，以选择工件坐标系、用户坐标系等工件数据（见 4.1 节）。机器人移动工件作业系统的工件数据将直接影响机器人本体运动，必须指定添加项 \ Wobj；机器人移动工具作业系统，可根据实际需要选择或省略。添加项 \ Wobj 可以和添加项 \ TLoad、\ Corr 同时编程。

⑥ \ TLoad：机器人负载，数据类型为 loaddata。添加项 \ TLoad 可直接指定机器人的负

载参数，使用添加项 \ TLoad 时，工具数据 tooldata 中的负载特性项 tload 将成为无效（见 4.1 节）。添加项 \ TLoad 可和添加项 \ Wobj、\ Corr 同时使用。

4.2.2 机器人移动指令编程

RAPID 机器人移动指令有定位和插补两大类。所谓定位，是通过机器人本体、外部关节轴运动，将机器人或工件移动到目标位置的操作，定位指令只能保证目标位置的准确，不能对机器人 TCP 的运动轨迹进行控制。所谓插补，是通过关节轴的位置同步控制，使机器人 TCP 沿指定轨迹移动到目标位置的操作，可保证目标位置、运动轨迹的准确。

(1) 机器人和外部轴定位指令

ABB 机器人的定位指令有绝对定位、外部轴绝对定位两条，指令功能及编程要求如下。

① 绝对定位。绝对定位指令 MoveAbsJ 可使机器人、外部轴（基座、工装）定位到指定的目标位置，指令编程格式如下。

```
MoveAbsJ [\Conc,] ToJointPoint [\ID] [\NoEOffs],Speed [\V] | [\T],Zone [\Z] [\Inpos],
          Tool [\Wobj] [\TLoad];
```

指令 MoveAbsJ 的基本程序数据及添加项的编程方法可参见前述，添加项 \ NoEOffs 用来取消外部偏移，其数据类型为 switch。使用添加项 \ NoEOffs 时，若系统参数 NoEOffs＝1，系统将自动取消目标位置的外部轴偏移量。

指令 MoveAbsJ 是以当前位置为起点，以目标位置为终点的"点到点"定位运动，所有运动轴同时启动，同时到达终点，机器人 TCP 的移动速度大致与指令速度一致。

指令 MoveAbsJ 的目标位置需要以关节位置 ToJointPoint 的形式直接定义，不分 TCP 移动、工具定向、变位器运动，也不能控制机器人 TCP 运动轨迹。虽然，指令 MoveAbsJ 的目标位置与工具、工件等作业坐标系无关，但是，由于负载数据与机器人安全运行、驱动控制密切相关，因此，ABB 机器人的绝对定位指令同样需要指定工具、工件数据。

绝对定位指令 MoveAbsJ 的编程示例如下。

```
MoveAbsJ  p1,v1000,fine,grip1;                          // 程序点定位
MoveAbsJ  * ,v1000,fine,grip1;                          // 示教点定位
MoveAbsJ  p2,v500\V:= 520,z30\Z:= 35,tool1;             // 移动速度、到位区间定义
MoveAbsJ  p3,v500\T:= 10,fine\Inpos:= inpos20,tool1;    // 移动时间、到位条件定义
MoveAbsJ\Conc,p4[\NoEOffs],v1000,fine,tool1;            // 使用指令添加项
Set do1,on;                                             // 连续执行指令
……
```

② 外部轴绝对定位。外部轴绝对定位指令 MoveExtJ 只能用于机器人基座轴、工装轴的独立定位，指令的编程格式如下：

```
MoveExtJ [\Conc,] ToJointPoint [\ID] [\UseEOffs],Speed [\T],Zone [\Inpos];
```

指令 MoveExtJ 的基本程序数据及添加项 \ Conc、\ ID、\ T、\ Inpos 的含义及编程方法可参见前述。添加项 \ UseEOffs 用来指定外部轴偏移，数据类型为 switch，使用添加项 \ UseEOffs 时，定位目标位置可通过指令 EOffsSet 进行偏移。

指令 MoveExtJ 的目标位置同样是关节坐标系位置，与作业坐标系无关。外部轴绝对定位时，由于机器人本体不产生运动，因此，无需考虑负载的影响，指令不需要指定工具、工件数据。

外部轴绝对定位指令的编程示例如下。

```
VAR extjoint eax_ap4:= [100,0,0,0,0,0];                 // 定义外部轴偏移量 eax_ap4
……
```

```
MoveExtJ  p1,vrot10,z30;                             // 程序数据定位
MoveExtJ  p2,vrot10\T:= 10,fine\Inpos:= inpos20;     // 移动时间、到位条件定义
MoveExtJ\Conc,p3,vrot10,fine;                        // 使用指令添加项
Set do1,on;                                          // 连续执行指令
……
EOffsSet eax_ap4;                                    // 生效偏移量 eax_ap4
MoveExtJ,p4\UseEOffs,vrot10,fine;                    // 目标位置偏移
……
```

(2) 机器人 TCP 插补指令

机器人 TCP 插补指令可使 TCP 沿指定轨迹，移动到目标位置。插补指令的控制对象为机器人 TCP，指令目标位置需要以 TCP 位置（robtarget 数据）的形式指定。机器人常用的插补有关节插补、直线插补和圆弧插补三类，指令的功能及编程格式、要求分别如下。

① 关节插补指令。关节插补指令 MoveJ 又称关节运动指令，执行关节插补指令时，所有运动轴将以当前位置作为起点，目标位置为终点进行同步运动。关节插补指令的编程格式如下，指令中的程序数据及添加项含义可参见前述。

```
MoveJ [\Conc,] ToPoint[\ID],Speed[\V] | [\T],Zone[\Z][\Inpos],Tool[\Wobj] [\TLoad];
```

关节插补运动可包含机器人系统的所有运动轴，故可用来实现 TCP 定位、工具定向、外部轴定位等操作。执行关节插补指令时，参与插补运动的全部运动轴将同步运动，并同时到达终点，机器人 TCP 的运动轨迹由各轴同步运动合成（通常不是直线），机器人 TCP 的移动速度与指令速度大致相同。

关节插补指令 MoveJ 的编程示例如下。

```
MoveJ  p1,v1000,fine,grip1;                          // 程序点插补
MoveJ  * ,v1000,fine,grip1;                          // 示教点插补
MoveJ  p2,v500\V:= 520,z30\Z:= 35,tool1;             // 速度、到位区间定义
MoveJ  p3,v1000\T:= 5,fine\Inpos:= inpos20,tool1;    // 移动时间、到位条件定义
MoveJ\Conc,p4,v1000,fine,tool1;                      // 使用指令添加项
Set do1,on;                                          // 连续执行指令
……
MoveJ p5,v1000,fine,grip2\Wobj:= fixture;            // 工件数据定义
……
```

② 直线插补指令。直线插补指令 MoveL 又称直线运动指令，执行直线插补指令时，全部运动轴不仅能同时启动、同时停止，而且能保证机器人 TCP 的移动轨迹为连接起点和终点的直线。直线插补指令的编程格式如下。

```
MoveL [\Conc,] ToPoint[\ID],Speed[\V] | [\T],Zone[\Z] [\Inpos],Tool[\Wobj] [\Corr]
[\TLoad];
```

MoveL 指令的基本程序数据、添加项含义及编程方法可参见前述。添加项 \Corr 用来附加轨迹校准功能，数据类型为 switch；添加项 \Corr 用于带轨迹校准器的智能机器人，使用添加项 \Corr 后，系统可通过轨迹校准器，自动调整移动轨迹（见后述）。

直线插补指令 MoveL 与关节插补指令 MoveJ 的编程方法相同，例如：

```
MoveL  p1,v500,z30,Tool1;                            // 程序点插补
MoveL  * ,v500,z30,Tool1;                            // 示教点插补
MoveL  p2,v500\V:= 520,z30\Z:= 35,tool1;             // 速度、到位区间定义
MoveL  p3,v1000\T:= 5,fine\Inpos:= inpos20,tool1;    // 移动时间、到位条件定义
```

```
MoveL\Conc,p4,v1000,fine,tool1;                          // 使用指令添加项
Set do1,on;                                              // 连续执行指令
……
MoveL  p5,v500,z30,Tool1 [\Corr];                        // 轨迹修整
MoveL RelTool(p3,0,0,100\Rx:= 0\ Ry:= 0\ Rz:= 90),v300,fine\Inpos:= inpos20,Tool1;
                                                         // 使用函数命令
MoveL Offs(p3,0,0,100),v300,fine\Inpos:= inpos20,grip2\Wobj:= fixture;
                                                         // 使用函数命令
```

③ 圆弧插补指令。圆弧插补指令 MoveC 又称圆周运动指令，执行圆弧插补指令，可使机器人 TCP 沿指定圆弧，从当前位置移动到目标位置。工业机器人的圆弧插补指令的轨迹需要利用起点（当前位置）、中间点（CirPoint）和终点（目标位置）三点定义，指令 MoveC 的编程格式如下。

```
MoveC [\Conc,] CirPoint,ToPoint [\ID],Speed [\V] | [\T],Zone [\Z] [\Inpos],Tool [\Wobj]
       [\Corr] [\TLoad];
```

指令 MoveC 的基本程序数据、添加项含义及编程方法可参见前述。程序数据 CirPoint 用来指定圆弧的中间点，数据类型为 robtarget。

理论上说，指令 MoveC 的中间点 CirPoint 可以是圆弧上位于起点和终点之间的任意一点，但是，为了获得正确的轨迹，选择中间点时需要注意以下问题。

a. 为了保证圆弧的准确，中间点 CirPoint 应尽可能选择在接近圆弧的中间位置。

b. 起点（start）、中间点（CirPoint）、终点（ToPoint）间应有足够的间距，应保证图 4.2.1 所示的起点（start）离终点（ToPoint）、起点（start）离中间点（CirPoint）的距离均大于等于 0.1mm；此外，还需要保证起点（start）-中间点（CirPoint）连线与起点（start）-终点（ToPoint）连线的夹角大于 1°，否则，不但无法得到准确的运动轨迹，而且可能使系统产生报警。

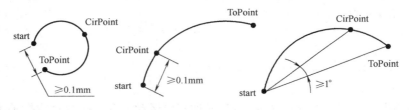

图 4.2.1　圆弧插补点的选择

c. 不能试图用终点和起点重合的圆弧插补指令，来实现 360°全圆插补；全圆插补需要通过 2 条或以上的圆弧插补指令实现。

圆弧插补指令 MoveC 的编程示例如下。

```
MoveC  p1,p2,v500,z30,Tool1;                             // 程序点插补
MoveC  * ,* ,v500,z30,Tool1;                             // 示教点插补
MoveC  p3,p4,v500\V:= 550,z30\Z:= 35,Tool1;              // 速度、到位区间定义
MoveC  p5,p6,v1000\T:= 5,fine\Inpos:= inpos20,tool1;     // 移动时间、到位条件定义
MoveC\Conc,p7,p8,v200,fine\Inpos:= inpos20,tool1;        // 使用指令添加项
Set do1,on;                                              // 连续执行指令
……
```

利用圆弧插补指令 MoveC，实现 360°全圆插补的程序示例如下。

```
MoveL   p1,v500,fine,Tool1;
MoveC   p2,p3,v500,z20,Tool1;
MoveC   p4,p1,v500,fine,Tool1;
……
```

执行以上指令时，首先，将 TCP 以系统预定义速度 v500，直线移动到 p1 点；然后，按照 p1、p2、p3 所定义的圆弧，移动到 p3（第1 段圆弧的终点）；接着，按照 p3、p4、p1 定义的圆弧，移动到 p1 点，使 2 段圆弧闭合。这样，若指令中的 p1、p2、p3、p4 点均位于同一圆弧上，便可得到图 4.2.2（a）所示的 360°全圆轨迹，否则，将得到图 4.2.2（b）所示的 2 段闭合圆弧。

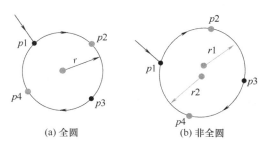

(a) 全圆　　　(b) 非全圆

图 4.2.2　全圆插补

4.2.3　程序点的偏置与镜像

(1) 指令与功能

在 RAPID 程序中，程序点的位置可通过偏移与镜像函数、程序点变换指令来改变。程序点偏移与镜像函数一般用于指定程序点或移动指令目标位置的调整，用来简化搬运、码垛等机器人的多点定位程序。程序点变换指令可一次性改变程序指定区域所有程序点的位置，因此，可用来实现相同程序的多区作业功能。程序点变换指令需要通过坐标系变换功能实现，有关内容见后述。

程序点的偏移与镜像函数是在不改变当前坐标系（工件、用户）的前提下，对程序点位置、工具进行的调整，函数可直接替代程序点，在移动指令中编程。例如：

```
MoveL Offs(p2,0,0,10),v1000,z50,tool1;                          // 用位置偏置定义程序点
MoveL RelTool(p2,0,0,100\Rz:= 90),v1000,z50,tool1;              // 用工具偏置调整工具
MoveL RelTool MirPos(p1,mirror),v1000,z50,tool1;               // 用镜像函数定义程序点
```

RAPID 位置偏置函数命令 Offs 和镜像函数命令 MirPos，可用来调整程序点在当前坐标系（工件、用户）的位置（pos 数据），但不能改变工具姿态数据 orient；工具偏置函数命令 RelTool 可改变工具坐标系，调整工具位置和姿态，但不能改变程序点在当前坐标系（工件、用户）的位置（pos 数据）。

RAPID 位置偏置、工具偏置及镜像函数命令的基本说明如表 4.2.2 所示。

表 4.2.2　RAPID 位置偏置、工具偏置及镜像函数命令说明表

名称	编程格式与示例		
位置偏置函数	Offs	命令参数	Point,XOffset,YOffset,ZOffset
		可选参数	—
	编程示例	p1:=Offs(p1,5,10,15);	
工具偏置函数	RelTool	命令参数	Point,Dx,Dy,Dz
		可选参数	\Rx、\Ry、\Rz
	编程示例	MoveL RelTool(p1,0,0,0\Rz:=25),v100,fine,tool1;	
程序点镜像函数	MirPos	命令参数	Point,MirPlane
		可选参数	\WObj、\MirY
	编程示例	p2:=MirPos(p1,mirror);	

（2）位置偏置函数

RAPID 位置偏置函数命令 Offs 可改变程序中的大地或用户、工件坐标系 XYZ 坐标值（pos 数据），偏移程序点位置，但不能调整工具 TCP 位置和姿态。该命令的执行结果为 TCP 位置数据 robtarget。

位置偏置函数命令的编程格式及命令参数要求如下。

`Offs(Point,XOffset,YOffset,ZOffset)`

Point：原程序点名称，数据类型 robtarget。

XOffset、YOffset、ZOffset：X、Y、Z 坐标偏移，数据类型 num，单位 mm。

在 RAPID 程序中，位置偏置函数命令 Offs 既可用来定义新程序点，也可直接作为移动指令的目标位置编程，命令的编程示例如下。

```
p1:= [[0,0,0],[1,0,0,0],[0,1,0,0],[0,0,9E9,9E9,9E9,9E9]];        // 定义 TCP 位置 p1
......
p2:= Offs(p1,50,100,150);                                       // 定义新程序点 p2
MoveL Offs(p1,0,0,100),v1000,z50,tool1;                         // 作为目标位置编程
......
```

位置偏置函数命令 Offs 可结合子程序调用功能使用，用来实现搬运、码垛等作业的程序点变换功能，简化机器人程序。

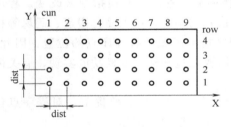

图 4.2.3　位置偏置命令应用

例如，对于图 4.2.3 所示的机器人搬运、码垛作业，可以编制一个以程序点的行、列作为程序参数（变量），通过行、列与间距的乘积确定程序点位置的机器人定位子程序，然后，通过调用子程序，完成机器人在不同程序点的搬运、码垛作业。

位置偏置函数定位的子程序编制示例如下，利用这一子程序（PROC pallet），主程序只要在调用指令中对行（row）、列（cun）和间距（dist）参数进行赋值，控制系统便可利用位置偏置函数命令 Offs，自动计算出目标位置（ptpos）的 XY 坐标值，从而简化作业程序。

```
!* * * * * * * * * * * * * * * * * * * * * * * * * * * * * * * * *
PROC pallet(num cun,num row,num dist,PERS tooldata tool,PERS wobjdata wobj)
  VAR robtarget ptpos:= [[0,0,0],[1,0,0,0],[0,0,0,0],[9E9,9E9,9E9,9E9,9E9,9E9]];
  ptpos:= Offs(ptpos,cun* dist,row* dist,0);
  MoveL ptpos,v100,fine,tool\WObj:= wobj;
ENDPROC
!* * * * * * * * * * * * * * * * * * * * * * * * * * * * * * * * *
```

（3）工具偏置函数

RAPID 工具偏置函数命令 RelTool 可用来调整程序点的工具坐标系数据，包括坐标原点（TCP 位置）和坐标系方向，命令的执行结果为 TCP 位置数据 robtarget。

工具偏置函数命令的编程格式及命令参数要求如下。

`RelTool(Point,Dx,Dy,Dz [\Rx][\Ry][\Rz])`

Point：原程序点名称，数据类型 robtarget。

Dx、Dy、Dz：工具坐标系原点偏移，数据类型 num，单位 mm。

\Rx、\Ry、\Rz：工具坐标系方向偏移，工具绕 X、Y、Z 轴旋转的角度，数据类型

num，单位（°）。添加项 \ Rx、\ Ry、\ Rz 同时指定时，工具坐标系方向按照绕 X、绕 Y、绕 Z 的次序依次回转。

工具偏置函数命令 RelTool 既可用来定义新程序点，也可直接作为移动指令的目标位置编程，命令的编程示例如下。

```
p1:=[[0,0,0],[1,0,0,0],[0,1,0,0],[0,0,9E9,9E9,9E9,9E9]];          // 定义 TCP 位置p1
……

p2:= RelTool(p1,50,100,150\Rx:= 30\Ry:= 45);                      // 定义新程序点
MoveL RelTool(p2,0,0,100\Rz:= 90),v1000,z50,tool1;               // 作为目标位置编程
……
```

（4）程序点镜像函数

镜像函数命令 MirPos 可将指定程序点转换为 XZ 平面或 YZ 平面的对称点，实现机器人的对称作业功能。由于结构限制，机器人的程序点镜像，一般只能在工件坐标系上进行。

例如，对于图 4.2.4 所示的作业，当程序的运动轨迹为 $P0 \to P1 \to P2 \to P0$ 时，如果使用 XZ 平面对称的镜像功能，机器人运动轨迹可转换成 $P0' \to P1' \to P2' \to P0'$。

RAPID 镜像函数命令通常用于作业程序中某些特定程序点的对称编程。如果作业程序或任务、模块的全部程序点都需要进行镜像变换，就需要利用控制系统的镜像程序编辑操作，直接通过程序编辑器生成一个新的镜像作业程序或任务、模块。

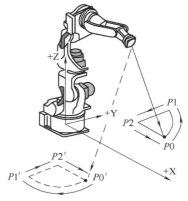

图 4.2.4　镜像函数应用

RAPID 镜像函数命令 MirPos 的编程格式及命令参数要求如下。

```
MirPos(Point,MirPlane [\WObj] [\MirY])
```

Point：原程序点名称，数据类型 robtarget。当程序点为工件坐标系位置时，需要利用添加项 \ WObj 指定工件坐标系名称。

MirPlane：用于镜像变换的工件坐标系名称，数据类型 wobjdata。

\ WObj：原程序点 Point 的工件坐标系名称，数据类型 wobjdata；不使用添加项时，原程序点为大地坐标系或机器人基座坐标系数据。

\ MirY：XZ 平面对称，数据类型 switch；不使用添加项时为 YZ 平面对称。

镜像函数命令 MirPos 既可用来定义新程序点，也可直接作为移动指令的目标位置编程，命令的编程示例如下。

```
PERS wobjdata mirror:= [……];                                     // 定义镜像转换坐标系
p1:=[[0,0,0],[1,0,0,0],[0,1,0,0],[0,0,9E9,9E9,9E9,9E9]];          // 定义 TCP 位置p1
……

p2:= MirPos(p1,mirror);                                          // 定义新程序点
MoveL RelTool MirPos(p1,mirror),v1000,z50,tool1;                // 作为目标位置编程
……
```

4.2.4　位置读入与程序点转换

（1）函数与功能

ABB 机器人和外部轴绝对定位指令的目标位置需要以关节位置（jointtarget）的形式指

定，关节、直线、圆弧插补指令的目标位置需要以机器人 TCP 位置（robtarget）的形式指定，因此，同一程序点作为不同移动指令的目标位置时，需要进行程序数据的格式转换。

在 RAPID 程序中，机器人、外部轴的当前位置与数据格式可通过函数命令读入与转换，如果需要，还可以进行程序点空间距离、位置矢量等计算。常用的位置读入与程序点转换函数命令的说明如表 4.2.3 所示。

表 4.2.3　位置读入与程序点转换函数说明表

名称		编程格式与示例	
XYZ 坐标值读入	CPos	命令格式	CPos([\Tool] [\WObj])
		可选参数	\Tool：工具数据，未指定时为当前工具； \WObj：工件数据，未指定时为当前工件
		执行结果	机器人当前的 XYZ 位置，数据类型 pos
	功能说明		读取当前的 XYZ 位置值，到位区间要求：inpos50 以下的停止点 fine
	编程示例		pos1：=CPos(\Tool：=tool1\WObj：=wobj0)；
TCP 位置读入	CRobT	命令格式	CRobT([\TaskRef] | [\TaskName] [\Tool] [\WObj])
		可选参数	\TaskRef	\TaskName：任务代号或名称，未指定时为当前任务； \Tool：工具数据，未指定时为当前工具； \WObj：工件数据，未指定时为当前工件
		执行结果	机器人当前的 TCP 位置，数据类型 robtarget
	功能说明		读取当前的 TCP 位置值，到位区间要求：inpos50 以下的停止点 fine
	编程示例		p1：=CRobT(\Tool：=tool1\WObj：=wobj0)；
关节位置读入	CJointT	命令格式	CJointT([\TaskRef] | [\TaskName])
		可选参数	\TaskRef	\TaskName：同 CRobT 命令
		执行结果	机器人当前的关节位置，数据类型 jointtarget
	功能说明		读取机器人及外部轴的关节位置，到位区间要求：停止点 fine
	编程示例		joints：=CJointT()；
工具数据读入	CTool	命令格式	CTool([\TaskRef] | [\TaskName])
		可选参数	\TaskRef	\TaskName：同 CRobT 命令
		执行结果	当前有效的工具数据，数据类型 tooldata
	功能说明		读取当前有效的工具数据
	编程示例		temp_tool：=CTool()；
工件数据读入	CWobj	命令格式	CWobj([\TaskRef] | [\TaskName])
		可选参数	\TaskRef	\TaskName：同 CRobT 命令
		执行结果	当前有效的工件数据，数据类型 wobjdata
	功能说明		读取当前有效的工件数据
	编程示例		temp_wobj：=CWObj()；
TCP 位置转换为关节位置	CalcJointT	命令格式	CalcJointT([\UseCurWObjPos], Rob_target, Tool [\WObj] [\ErrorNumber])
		基本参数	Rob_target：需转换的机器人 TCP 位置； Tool：工具数据
		可选参数	\UseCurWObjPos：用户坐标系位置，未指定时为工件坐标系位置； \WObj：工件数据，未指定时默认 WObj0； \ErrorNumber：存储错误的变量名称
		执行结果	程序点 Rob_target 的关节位置，数据类型 jointtarget
	功能说明		将机器人的 TCP 位置转换为关节位置
	编程示例		jointpos1：=CalcJointT(p1, tool1\WObj：=wobj1)；
关节位置转换为 TCP 位置	CalcRobT	命令格式	CalcRobT(Joint_target, Tool [\WObj])
		基本参数	Joint_target：需要转换的机器人关节位置； Tool：工具数据
		可选参数	\WObj：工件数据，未指定时默认 WObj0

续表

名称	编程格式与示例		
关节位置转换为 TCP 位置	CalcRobT	执行结果	程序点 Joint_target 的 TCP 位置,数据类型 robtarget
		功能说明	将机器人的关节位置转换为 TCP 位置
		编程示例	p1:=CalcRobT(jointpos1,tool1\WObj:=wobj1);
位置矢量 长度计算	VectMagn	命令格式	VectMagn(Vector)
		基本参数	Vector:位置数据 pos
		执行结果	指定位置矢量长度(模),数据类型 num
		功能说明	计算指定位置的矢量长度
		编程示例	magnitude:=VectMagn(vector);
程序点距离计算	Distance	命令格式	Distance(Point1,Point2)
		基本参数	Point1:程序点 1 的 XYZ 坐标(pos); Point2:程序点 2 的 XYZ 坐标(pos)
		执行结果	Point1 与 Point2 的空间距离,数据类型 num
		功能说明	计算两程序点的空间距离
		编程示例	dist:=Distance(p1,p2);
位置矢量 乘积计算	DotProd	命令格式	DotProd(Vector1,Vector2)
		基本参数	Vector1、Vector2:程序点 1、2 的 XYZ 坐标 pos
		执行结果	Vector1、Vector2 的矢量乘积,数据类型 num
		功能说明	计算两程序点的位置矢量乘积
		编程示例	dotprod:=DotProd(p1,p2);

(2) 位置读入函数编程

位置读入函数命令的编程示例如下。

```
VAR pos pos1;                                               // 程序数据定义
VAR robtarget p1;
VAR jointtarget joints1;
PERS tooldata temp_tool;
PERS wobjdata temp_wobj;
……
MoveL * ,v500,fine\Inpos:= inpos50,grip2\Wobj:= fixture;   // 定位到程序点
pos1:= CPos(\Tool:= tool1\WObj:= wobj0);                    // 当前的 XYZ 坐标读入到 pos1
p1:= CRobT(\Tool:= tool1\WObj:= wobj0);                     // 当前的 TCP 位置读入到p1
joints1:= CJointT();                                       // 当前的关节位置读入到 joints1
temp_tool:= CTool();                                       // 当前的工具数据读入到 temp_tool
temp_wobj:= CWObj();                                       // 当前的工件数据读入到 temp_wobj
……
```

(3) 程序点转换函数编程

RAPID 程序点转换函数命令,可用于机器人的 TCP 位置数据(robtarget)和关节位置数据(jointtarget)的相互转换及空间距离计算等处理。

函数命令 CalcJointT 可根据程序点的 TCP 位置(robtarget)及工具、工件坐标系数据,计算出对应的关节位置(jointtarget)、机器人姿态(不受插补姿态控制指令 ConfL、ConfJ 的影响);若程序点为奇点,则 j4 轴位置规定为 0°。如果执行命令时,机器人、外部轴程序偏移有效,转换结果将为程序偏移后的机器人、外部轴关节位置。例如,计算 TCP 位置 $p1$(工具 tool1、工件 wobj1)对应的机器人关节位置 jointpos1 的程序如下。

```
VAR jointtarget jointpos1;                                 // 程序数据定义
CONST robtarget p1;
jointpos1:= CalcJointT(p1,tool1\WObj:= wobj1);             // 关节位置计算
```

命令 CalcRobT 可将程序点的关节位置（jointtarget），转换为指定工具、工件坐标系下的 TCP 位置（robtarget）。若执行命令时，机器人、外部轴程序偏移有效，则转换结果为程序偏移后的机器人 TCP 位置。例如，计算机器人关节位置 jointpos1 在工具坐标系 tool1、工件坐标系 wobj1 的 TCP 位置 $p1$ 的程序如下。

```
VAR robtarget p1;                              // 程序数据定义
CONST jointtarget jointpos1;
p1:= CalcRobT(jointpos1,tool1\WObj:= wobj1);   // TCP 位置计算
```

函数命令 VectMagn 可计算指定 pos 型 XYZ 位置数据（x，y，z）的矢量长度，其计算结果为 $\sqrt{x^2+y^2+z^2}$。命令 Distance 可计算 2 个 XYZ 坐标数据（$x1$，$y1$，$z1$）和（$x2$，$y2$，$z2$）间的空间距离，其计算结果为 $\sqrt{(x1-x2)^2+(y1-y2)^2+(z1-z2)^2}$。命令 DotProd 可计算 2 个 XYZ 坐标数据（$x1$，$y1$，$z1$）和（$x2$，$y2$，$z2$）的矢量乘积，其计算结果为 $|A||B|\cos\theta_{AB}$。

函数命令 VectMagn、Distance、DotProd 的编程示例如下。

```
VAR pos p1;                                    // 程序数据定义
VAR pos p2;
VAR num magnitude;
VAR num dist;
……
magnitude:= VectMagn(p1);                      // 矢量长度计算
dist:= Distance(p1,p2);                        // 2 点间距离计算
dotprod:= DotProd(p1,p2);                      // 矢量乘积计算
……
```

4.3 移动速度和姿态控制指令

4.3.1 速度控制指令编程

(1) 指令及编程格式

移动速度及加速度是机器人运动的基本要素。为了方便操作，提高作业可靠性，在 RAPID 程序中，可通过速度控制指令，对程序中移动速度的倍率、最大值进行设定和限制。

RAPID 速度控制指令的基本说明如表 4.3.1 所示，指令 VelSet 与 SpeedLimAxis、SpeedLimCheckPoint 同时编程时，三者的最小值有效。

表 4.3.1 RAPID 速度控制指令编程说明表

名称		编程格式与示例	
速度设定	VelSet	编程格式	VelSet Override,Max;
		程序数据	Override:速度倍率(%)，数据类型 num；Max:最大速度(mm/s)，数据类型 num
	功能说明		移动速度倍率、最大速度设定
	编程示例		VelSet 50,800;
速度倍率调整	SpeedRefresh	编程格式	SpeedRefresh Override;
		程序数据	Override:速度倍率(%)，数据类型 num
	功能说明		调整移动速度倍率
	编程示例		SpeedRefresh speed_ov1;

续表

名称	编程格式与示例		
轴速度限制	SpeedLimAxis	编程格式	SpeedLimAxis MechUnit,AxisNo,AxisSpeed;
		程序数据	MechUnit：机械单元名称，数据类型 mecunit； AxisNo：轴序号，数据类型 num； AxisSpeed：速度限制值，数据类型 num
	功能说明		限制指定机械单元、指定轴的最大移动速度
	编程示例		SpeedLimAxis ROB_1,1,10;
检查点速度限制	SpeedLimCheck-Point	编程格式	SpeedLimCheckPoint RobSpeed;
		程序数据	RobSpeed
	功能说明		限制机器人 4 个检查点的最大移动速度
	编程示例		SpeedLimCheckPoint　Lim_speed1;

(2) 速度设定和倍率调整指令

RAPID 速度设定指令 VelSet 用来调节速度数据 speeddata 的倍率，设定关节、直线、圆弧插补指令的 TCP 最大移动速度，指令编程格式及程序数据作用如下。

```
VelSet Override,Max;
```

Override：速度倍率（%），对移动指令的编程速度有效，但不能改变机器人作业参数所规定的速度，如焊接数据 welddata 规定的焊接速度等。速度倍率 Override 一经设定，所有运动轴的速度将成为指令和倍率的乘积，直至重新设定或进行恢复系统默认值的操作。

Max：最大移动速度，仅对插补指令的编程速度有效，不能改变绝对定位、外部轴绝对定位指令的移动速度，也不能改变用添加项 \ T 间接指定的速度。

RAPID 速度设定指令 VelSet 的编程示例如下。

```
VelSet 50,800;                       //指定速度倍率 50%、最大插补速度 800mm/s
MoveJ  * ,v1000,z20,tool1;                     //倍率有效,实际速度 500mm/s
MoveL  * ,v2000,z20,tool1;                   //速度限制有效,实际速度 800mm/s
MoveL  * ,v2000\V:= 2400,z10,tool1;          //速度限制有效,实际速度 800mm/s
MoveAbsJ * ,v2000,fine,grip1;      //倍率有效、速度限制无效,实际速度 1000mm/s
MoveExtJ j1,v2000,z20;             //倍率有效、速度限制无效,实际速度 1000mm/s
MoveL  * ,v1000\T:= 5,z20,tool1;               //倍率有效,实际移动时间 10s
MoveL  * ,v2000\T:= 6,z20,tool1;       //倍率有效、速度限制无效,实际移动时间 12s
……
```

移动速度可通过速度倍率调整指令 SpeedRefresh 改变，指令允许调整的倍率范围为 0%~100%。例如：

```
VAR num speed_ov1:= 50;                   // 定义速度倍率 speed_ov1 为 50%
MoveJ  * ,v1000,z20,tool1;                       // 移动速度 1000mm/s
MoveL  * ,v2000,z20,tool1;                       // 移动速度 2000mm/s
SpeedRefresh speed_ov1;               // 速度倍率更新为 speed_ov1(50%)
MoveJ  * ,v1000,z20,tool1;     // 速度倍率 speed_ov1 有效,实际速度 500mm/s
MoveL  * ,v2000,z20,tool1;    // 速度倍率 speed_ov1 有效,实际速度 1000mm/s
……
```

(3) 轴速度限制指令

轴速度限制指令 SpeedLimAxis 用来限制指定机械单元、指定轴的最大移动速度。指令所规定的速度限制值，在系统 DI 信号"LimitSpeed"为"1"时生效，此时，若运动轴的实际移动速度超过了限制值，系统将自动限制其为指令规定的速度限制值。为了保证运动轨迹的正确，对于关节、直线、圆弧插补指令，如果其中的一个运动轴速度被限制，参与插补运动的其他运动轴速度也将同步下降，以保证轨迹不变。

轴速度限制指令 SpeedLimAxis 的编程格式及程序数据作用如下。

```
SpeedLimAxis MechUnit,AxisNo,AxisSpeed;
```

MechUnit：机械单元（控制轴组）名称，数据类型 mecunit；机械单元名称只能是系统已定义的名称。

AxisNo：轴序号，数据类型 num；轴序号应按伺服系统配置的次序设定，例如，对于 6 轴垂直串联机器人，j1，j2，…，j6 轴的序号依次为 1，2，…，6 等。

AxisSpeed：速度限制值，数据类型 num；回转轴的单位为 (°)/s，直线轴的单位为 mm/s。如指令中的 ROB_1 等，轴速度限制指令 SpeedLimAxis 的编程示例如下。

```
SpeedLimAxis ROB_1,1,10;
SpeedLimAxis ROB_1,2,15;
SpeedLimAxis ROB_1,3,15;
SpeedLimAxis ROB_1,4,30;
SpeedLimAxis ROB_1,5,30;
SpeedLimAxis ROB_1,6,30;
SpeedLimAxis STN_1,1,20;
SpeedLimAxis STN_1,2,25;
……
```

执行以上指令，若系统 DI 信号"LimitSpeed"的输入状态为"1"，机械单元 ROB_1（机器人 1）的腰回转 j1 轴的最大移动速度将被限制为 10°/s，上、下臂摆动轴 j2、j3 的最大移动速度将被限制为 15°/s，手腕回转、摆动轴 j4、j5、j6 的最大移动速度将被限制为 30°/s。机械单元 STN_1（工件变位器）的第一回转轴 e1 的最大移动速度将被限制为 20°/s；第一回转轴 e2 的最大移动速度将被限制为 25°/s。

(4) 检查点速度限制指令

检查点速度限制指令 SpeedLimCheckPoint 用来限制图 4.3.1 所示的 6 轴垂直串联机器人上臂端点、手腕中心点（WCP）、工具参考点（TRP）、工具控制点（TCP）等 4 个检查点的最大移动速度。任意 1 个点的移动速度超过了指令值，相关运动轴的移动速度将被自动限制在指令设定的速度上。

检查点速度限制指令 SpeedLimCheckPoint 同样只有在系统 DI 信号"LimitSpeed"为"1"

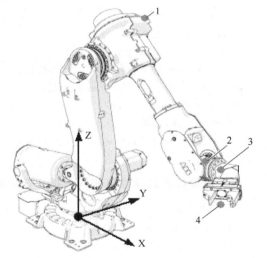

图 4.3.1　机器人的速度检查点
1—上臂端点；2—手腕中心点（WCP）；
3—工具参考点（TRP）；4—工具控制点（TCP）

时才生效。指令中的程序数据 RobSpeed 用来设定检查点的速度限制值，其数据类型为 num，单位为 mm/s。

检查点速度限制指令 SpeedLimCheckPoint 的编程示例如下。

```
MoveJ p1,v1000,z20,tool1;
……
```

```
VAR num Lim_speed:= 200;                          // 设定检查点速度限制 200mm/s
SpeedLimCheckPoint  Lim_speed;                        // 生效检查点速度限制
MoveJ p2,v1000,z20,tool1;                         // 检查点速度限制 200mm/s
......
```

(5) 速度数据读入函数

机器人的移动速度可利用示教器进行倍率调整，示教器调整的速度倍率及系统参数设定的 TCP 最大移动速度，可通过 RAPID 函数命令，在程序中读取。

速度数据读入函数命令的基本说明如表 4.3.2 所示。

表 4.3.2 速度数据读入函数命令说明表

名称		编程格式与示例	
速度倍率读取	CSpeedOverride	命令格式	CSpeedOverride([\CTask])
		可选参数	\CTask:当前任务(switch 型)，未指定时为系统总值
		执行结果	示教器的速度倍率调整值，数据类型 num
	功能说明		读取示教器当前设定的速度倍率调整值
	编程示例		myspeed:=CSpeedOverride();
TCP 最大速度读取	MaxRobSpeed	命令格式	MaxRobSpeed()
		执行结果	最大 TCP 移动速度，数据类型 num，单位 mm/s
	功能说明		读取机器人最大 TCP 移动速度
	编程示例		myspeed:=MaxRobSpeed();

速度数据读入函数命令的编程示例如下。

```
VAR num Mspeed_Ov1;                               // 程序数据定义
VAR num Mspeed_Max1;
......
Mspeed_Ov1:= CSpeedOverride();                    // 示教器速度倍率读入到 Mspeed_Ov1
Mspeed_Max1:= MaxRobSpeed();                       // 系统 TCP 最大速度读入到 Mspeed_Max1
......
```

4.3.2 加速度控制指令编程

(1) 指令及编程格式

工业机器人的运动速度较高，加减速冲击对机器人的影响大，因此，一般采用加速度变化率 da/dt（Ramp）保持恒定的 S 型（亦称钟型或铃型）加减速方式。

在 ABB 机器人上，S 型加减速的加速度、加速度变化率以及运动合成后的机器人 TCP 的加速度等，均可通过 RAPID 程序中的加速度设定、加速度限制指令进行规定。

加速度控制指令一旦编程，程序中全部移动指令的加速度均将被限制，直至重新设定或进行恢复系统默认值的操作。

RAPID 加速度控制指令基本说明如表 4.3.3 所示。指令 AccSet、PathAccLim、WorldAccLim，同时编程时，系统将取三者的最小值，作为机器人加速度的限制值。

表 4.3.3 RAPID 加速度控制指令编程说明表

名称		编程格式与示例	
加速度设定	AccSet	编程格式	AccSet Acc,Ramp;
		程序数据	Acc:加速度倍率(%)，数据类型 num；Ramp:加速度变化率倍率(%)，数据类型 num
	功能说明		设定加速度、加速度变化率的倍率
	编程示例		AccSet 50,80;

续表

名称		编程格式与示例	
加速度限制	PathAccLim	编程格式	PathAccLim AccLim [\AccMax],DecelLim [\DecelMax];
		程序数据 与添加项	AccLim：启动加速度限制有/无，数据类型 bool； \AccMax：启动加速度限制值(m/s²)，数据类型 num； DecelLim：停止加速度限制有/无，数据类型 bool； \DeceMax：启动加速度限制值(m/s²)，数据类型 num
		功能说明	设定启动/制动的最大加速度
		编程示例	PathAccLim TRUE\AccMax:=4,TRUE\DecelMax:=4;
大地坐标系 加速度限制	WorldAccLim	编程格式	WorldAccLim [\On] | [\Off];
		程序数据 与添加项	\On：设定加速度限制值，数据类型 num； \Off：使用最大加速度值，数据类型 switch
		功能说明	设定大地坐标系的最大加速度
		编程示例	WorldAccLim\On:=3.5;

(2) 编程示例

① 加速度设定。加速度设定指令 AccSet 用来设定运动轴的加速度与加速度变化率的倍率。加速度倍率 Acc 的默认值为 100%，允许设定的范围为 20%～100%，若设定值小于 20%，系统将自动取 20%。加速度变化率倍率 Ramp 的默认值为 100%，允许设定的范围为 10%～100%，若设定值小于 10%，系统将自动取 10%。

加速度设定指令 AccSet 的编程示例如下。

```
AccSet 50,80;                              // 加速度倍率 50%、加速度变化率倍率 80%
AccSet 15,5;                               // 自动取加速度倍率 20%、加速度变化率倍率 10%
```

② 加速度限制。加速度限制指令 PathAccLim 用来限制机器人 TCP 的最大加速度。加速度限制指令一旦生效，只要机器人 TCP 的加速度超过限制值，系统将自动将其限制在指令规定的加速度上。指令 PathAccLim 的编程格式及程序数据作用如下。

```
PathAccLim  AccLim [\AccMax],DecelLim [\DecelMax];
```

AccLim、DecelLim：机器人启动、停止时的加速度限制功能选择，逻辑状态型数据（bool），设定"TURE"时加速度限制功能生效，设定"FALSE"时加速度限制功能无效。

\AccMax、\DecelMax：启动、停止时的加速度限制值设定，最小设定为 0.1m/s²；添加项只有在 AccLim、DecelLim 设定为"TURE"时才有效。

加速度限制指令 PathAccLim 的编程示例如下。

```
MoveL p1,v1000,z30,tool0;                  // TCP 按系统默认加速度移动到p1 点
PathAccLim TRUE\AccMax:= 4,FALSE;          // 启动加速度限制为 4 m/s²
MoveL p2,v1000,z30,tool0;                  // TCP 以 4 m/s² 启动，并移动到p2 点
PathAccLim FALSE,TRUE\DecelMax:= 3;        // 停止加速度限制为 3 m/s²
MoveL p3,v1000,fine,tool0;                 // TCP 移动到p3 点，并以 3 m/s² 停止
PathAccLim FALSE,FALSE;                    // 撤销启/停加速度限制功能
……
```

③ 大地坐标系加速度限制。大地坐标系加速度限制指令 WorldAccLim 用来设定机器人 TCP 在大地坐标系上的最大加速度。WorldAccLim 指令生效时，如果机器人 TCP 的加速度超过了限制值，系统将自动将其限制在指令规定的加速度上。

大地坐标系加速度限制功能在指令添加项选择 \On 时有效，加速度限制值可在添加项 \On 上设定；如果指令添加项选择 \OFF，将撤销大地坐标系加速度限制功能，此时，运动

轴将按系统设定的最大加速度加速。

大地坐标系加速度限制指令 WorldAccLim 的编程示例如下。

```
VAR robtarget p1:= [[800,-100,750],[1,0,0,0],[0,-2,0,0],[45,9E9,9E9,9E9,9E9,9E9]];
WorldAccLim\On:= 3.5;                        // 大地坐标系加速度限制为 3.5m/s²
MoveJ p1,v1000,z30,tool0;                     // 机器人移动到p1点,TCP 加速度不超过 3.5m/s²
WorldAccLim\Off;                              // 撤销大地坐标系加速度限制功能
MoveL p2,v1000,z30,tool0;                     // 机器人移动到p2 点
……
```

4.3.3 姿态控制指令编程

(1) 指令与编程格式

RAPID 姿态控制指令可用于关节插补、直线插补、圆弧插补指令的机器人、工具姿态控制。指令的基本说明如表 4.3.4 所示。

表 4.3.4　RAPID 姿态控制指令说明表

名称		编程格式与示例	
关节插补姿态控制	ConfJ	编程格式	ConfJ [\On] | [\Off];
		指令添加项	\On:生效姿态控制,数据类型 switch; \Off:撤销姿态控制,数据类型 switch
		功能说明	生效/撤销关节插补的姿态控制功能
		编程示例	ConfJ\On;
直线、圆弧插补姿态控制	ConfL	编程格式	ConfL [\On] | [\Off];
		指令添加项	\On:生效姿态控制,数据类型 switch; \Off:撤销姿态控制,数据类型 switch
		功能说明	生效/撤销关节插补的姿态控制功能
		编程示例	ConfL\On;
奇点姿态控制	SingArea	编程格式	SingArea [\Wrist] | [\LockAxis4] | [\Off];
		指令添加项	\Wrist:改变工具姿态,避免奇点,数据类型 switch; \LockAxis4:锁定 j4 轴,避免奇点,数据类型 switch; \Off:撤销奇异点姿态控制,数据类型 switch
		功能说明	生效/撤销奇异点姿态控制功能
		编程示例	SingArea\Wrist;
圆弧插补工具姿态控制	CirPathMode	编程格式	CirPathMode [\PathFrame] | [\ObjectFrame] | [\CirPointOri] | [\Wrist45] | [\Wrist46] | [\Wrist56];
		指令添加项	说明见后
		功能说明	生效/撤销圆弧插补的工具姿态控制功能
		编程示例	CirPathMode\ObjectFrame;

(2) 插补姿态控制

关节插补姿态控制指令 ConfJ 用来规定关节插补指令 MoveJ 的机器人、工具的姿态;直线、圆弧插补姿态控制指令 ConfL 用来规定直线插补指令 MoveL 及圆弧插补指令 MoveC 的机器人、工具姿态。指令可通过添加项 \ON 或 \OFF,来生效或撤销机器人、工具的姿态控制功能。

当程序通过 ConfJ \ ON、ConfL \ ON 指令生效姿态控制功能时,系统可保证到目标位置时的机器人、工具姿态与 TCP 位置(robtarget)一致;若这样的姿态无法实现,程序将在指令执行前自动停止。当程序通过 ConfJ \ OFF、ConfL \ OFF 指令取消姿态控制功能时,若TCP 目标位置数据(robtarget)所规定的姿态无法实现,系统将自动选择最接近 TCP 目标位

置数据的姿态，并继续执行插补指令。

指令 ConfJ、ConfL 所设定的姿态控制对后续的程序均有效，直至利用新的指令重新设定或进行恢复系统默认值（ConfJ \ ON、ConfL \ ON）的操作。

机器人、工具姿态控制指令 ConfJ \ ON、ConfL \ ON 的编程示例如下。

```
ConfJ\ On;                          // 关节插补姿态控制生效
ConfL\ On;                          // 直线、圆弧插补姿态控制生效
MoveJ p1,v1000,z30,tool1;          // 关节插补运动到p1点,并保证姿态一致
MoveL p2,v300,fine,tool1;          // 直线插补运动到p2点,并保证姿态一致
MoveC p3,p4,v200,z20,Tool1;        // 圆弧插补运动到p4点,并保证姿态一致
……
ConfJ\ Off;                         // 关节插补姿态控制撤销
ConfL\ Off;                         // 直线、圆弧插补姿态控制撤销
MoveJ p10,v1000,fine,tool1;        // 以最接近的姿态关节插补到p10点
……
```

(3) 奇点控制

6 轴垂直串联工业机器人的奇点有臂奇点、肘奇点、腕奇点三类（参见第 2 章）。为了防止奇点的运动失控，在 RAPID 程序中，可通过奇点姿态控制指令 SingArea，来规定机器人的奇点定位方式。奇点姿态控制指令一旦生效，控制系统将通过微调工具姿态、锁定 j4 轴位置等方式，来回避奇点或限定奇点的定位方式，以预防机器人的运动失控。

RAPID 奇点姿态控制指令 SingArea 可选择以下添加项之一，来规定机器人处于奇点时的姿态控制方式。

\ Off：撤销奇点姿态控制功能，奇点的工具姿态自动调整、j4 轴位置锁定等功能无效。

\ Wrist：通过改变工具姿态规避奇点；同时，保证机器人 TCP 的运动轨迹与编程轨迹一致。

\ LockAxis4：将 j4 轴锁定在 0°或±180°位置，以避免奇点可能产生的 j1、j4、j6 轴瞬间旋转运动，并保证机器人 TCP 的运动轨迹与编程轨迹一致。

奇点控制指令 SingArea 一经执行，奇点姿态控制功能将一直保持有效，直至利用新的指令重新设定或进行恢复系统默认值（\ Off）的操作。

奇点控制指令 SingArea 的编程示例如下。

```
……
SingArea\Wrist;                     // 通过改变工具姿态规避奇点
MoveL p2,v1000,z30,tool0;          // 机器人移动指令
……
```

(4) 圆弧插补姿态控制

在 RAPID 程序中，机器人 TCP 圆弧插补时的工具姿态，可通过圆弧插补姿态控制指令 CirPathMode 控制。圆弧插补姿态控制指令一旦生效，控制系统将根据不同的要求，在圆弧插补过程中自动、连续调整工具的姿态，使工具在圆弧插补起点、中间点、终点的姿态，与 TCP 位置数据（robtarget）所规定的姿态一致。指令 CirPathMode 对圆弧插补指令 MoveC，以及特殊的圆弧插补指令 MoveCDO、MoveCSync、SearchC、TriggC（指令功能见后续章节）均有效。

圆弧插补姿态控制指令 CirPathMode 可根据需要选择不同的添加项，实现不同的工具姿态控制功能，指令的编程格式及添加项含义如下。

```
CirPathMode[\PathFrame]|[\ObjectFrame]|[\CirPointOri]|[\Wrist45]|[\Wrist46]|
[\Wrist56];
```

　　\PathFrame：系统默认标准姿态控制方式，以轨迹为基准，姿态连续变化。机器人圆弧插补时的工具姿态将以图 4.3.2 所示的方式自动调整，即工具沿圆弧的法线，从圆弧起点姿态连续变化到圆弧终点姿态；系统在改变工具姿态的同时，还需要通过机器人的运动，使手腕中心点（WCP）与工具控制点（TCP）连线在作业面的投影始终位于圆弧的法线方向，以保持工具与轨迹（圆弧）的相对关系不变。由于机器人沿圆弧移动时，工具的姿态由系统自动、连续调整，因此，在圆弧插补指令的中间点 CirPoint，工具的姿态可能与程序点规定的姿态有所不同。

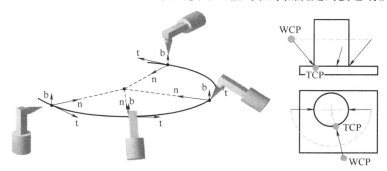

图 4.3.2　标准姿态控制

　　\CirPointOri：中间点姿态控制方式。中间点姿态控制的基本方法与标准姿态控制方式相同，但是，工具姿态分为起点到中间点、中间点到终点两段控制，即工具先从圆弧起点姿态连续变化到中间点姿态，再从中间点姿态连续变化为终点姿态，从而保证工具在圆弧中间点、终点的实际姿态都与指令中的程序点一致。采用中间点姿态控制方式时，圆弧插补指令的中间点必须位于圆弧段的 1/4～3/4 区域。

　　\ObjectFrame：工件坐标系姿态控制方式。该方式以工件为基准，姿态连续变化，圆弧插补时的工具姿态将以图 4.3.3 所示的方式自动调整，即机器人与工件的相对关系（WCP 与 TCP 的连线在作业面的投影方向）保持不变，工具姿态将沿圆弧的切线，从圆弧起点姿态连续变化到圆弧终点姿态。同样，由于机器人沿圆弧移动时，工具的姿态由系统自动、连续调整，因此，在圆弧插补指令的中间点 CirPoint，工具的姿态可能与程序点规定的姿态有所不同。

　　\Wrist45、\Wrist46、\Wrist56：简单姿态控制方式，多用于对工具姿态要求不高的薄板零件切割加工等场合。采用简单姿态控制方式时，机器人圆弧插补的工具姿态调整只通过 j4/j5 轴（\Wrist45），或 j4/j6 轴（\Wrist46），或 j5/j6 轴（\Wrist56）的运动进行，以使得圆弧插补运动时的工具坐标系 Z 轴在加工平面（切割平面）上的投影位于圆弧法线上。例如，采用 \Wrist45 工具姿态控制方式时，工具姿态如图 4.3.4 所示。

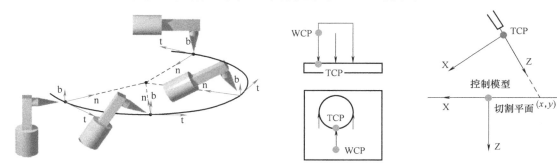

图 4.3.3　工件坐标系姿态控制　　　　　　图 4.3.4　简单姿态控制

圆弧插补工具姿态控制指令 CirPathMode 的编程示例如下。

```
CirPathMode\CirPointOri;                    // 中间点工具姿态控制生效
MoveC  p2,p3,v500,z20,grip2\Wobj:= fixture;  // p2、p3 点姿态与指令一致
```

CirPathMode 指令所设定的控制状态，对后续的全部圆弧插补指令始终有效，直至利用新的指令重新设定或进行恢复系统默认值（\PathFrame）的操作。

4.4 控制点插补指令编程

4.4.1 指令与功能

(1) 指令说明

控制点插补是 ABB 机器人的特殊功能。通过控制点插补指令，控制系统可以在执行机器人 TCP 插补移动到达轨迹指定位置时，执行系统输入/输出（I/O）、程序中断等操作，实现机器人移动和输入/输出、程序中断的同步控制。

机器人 TCP 关节、直线、圆弧插补轨迹上需要执行输入/输出、程序中断操作的点，称为同步控制的触发点（trigger point），简称控制点。控制点位置需要根据同步执行的动作要求，利用控制点设定指令或程序数据设定指令，在 RAPID 程序中事先定义。

在 RAPID 程序中，控制点插补指令分为如下两类，两类指令控制点的设定方法、数据格式有所不同。

① TriggJ、TriggL、TriggC：控制点关节插补、直线插补、圆弧插补通用指令，指令不但可用于控制系统开关量输出 DO、模拟量输出 AO 及开关量输出组 GO 的标准输出控制，而且可以用于系统特殊模拟量输出、程序中断等控制。TriggJ、TriggL、TriggC 的控制点位置需要利用 RAPID 程序指令 TriggIO（固定控制点）、TriggEquip（浮动控制点）设定，控制点可位于插补轨迹的任意位置。

利用控制点设定指令所定义的控制点位置，称为控制点数据（triggdata）。由于输入/输出、程序中断的控制要求不同，不同用途的 triggdata 数据格式不同，因此，控制点不能以程序数据设定的方式定义。

② TriggJIOs、TriggLIOs：控制点输出关节、直线插补指令，指令只能用于关节、直线插补时的系统 DO、AO 及 GO 的标准输出控制。TriggJIOs、TriggLIOs 指令的控制点数据格式固定，因此，可直接通过程序数据定义指令，利用程序数据 triggios、triggiosdnum 或 triggstrgo 定义。

控制点设定指令、函数及程序数据的名称、功能如表 4.4.1 所示，控制点的定义方法见后述。

表 4.4.1 控制点设定指令、函数及程序数据表

类别	名称	功能	可使用的指令
设定指令	TriggIO	标准输出控制点（固定）设定	TriggJ、TriggL、TriggC
	TriggEquip	标准输出控制点（浮动）设定	
	TriggSpeed	速度模拟量输出控制点设定	
	TriggRampAO	线性变化模拟量输出控制点设定	
	TriggInt	程序中断控制点设定	
	TriggCheckIO	程序条件中断控制点设定	

续表

类别	名称	功能	可使用的指令
设定指令	TriggDataReset	控制点数据清除	TriggJ、TriggL、TriggC、Trigg-JIOs、TriggLIOs
	TriggDataCopy	控制点数据复制	
函数	TriggDataValid	控制点数据检测	
程序数据	triggios、triggiosdnum	DO/AO 输出控制点设定	TriggJIOs、TriggLIOs
	triggstrgo	GO 输出控制点设定	

（2）控制点清除、复制与检查

利用控制点设定指令创建的 triggdata 数据没有统一的格式，因此，一般不能用程序数据定义指令设定 triggdata 数据，但可通过数据清除、复制指令进行清除、复制，或者利用函数命令检测设定值是否正确。triggdata 数据清除、复制指令及检测函数对所有形式的 triggdata 数据均有效，指令及函数的编程方法及程序示例如下。

① 控制点清除、复制。指令 TriggDataReset、TriggDataCopy 可用来清除、复制 triggdata 数据，指令的编程格式及程序数据含义如下。

```
TriggDataReset TriggData;
TriggDataCopy Source,Destination;
```

TriggData：需要清除的 triggdata 数据名称。

Source：需要复制的 triggdata 数据名称。

Destination：需要粘贴的 triggdata 数据名称。

控制点数据清除、复制指令 TriggDataReset、TriggDataCopy 的编程示例如下。

```
……
VAR triggdata gunon;                                    // 定义控制点
VAR triggdata glueflow;
……
TriggDataCopy gunon,glueflow;                           // 控制点 gunon 复制到 glueflow
TriggDataReset gunon;                                   // 清除控制点 gunon
……
```

② 控制点检查。函数命令 TriggDataValid 可用来检测 triggdata 数据的正确性，命令的执行结果为逻辑状态数据 bool，若控制点数据设定正确，结果为"TRUE"；若控制点数据未设定或设定不正确，结果为"FALSE"。

函数命令 TriggDataValid 的编程格式及参数要求如下。

```
TriggDataValid(TriggData)
```

TriggData：需要检查的 triggdata 数据名称。

控制点检查函数命令的执行结果一般作为 IF 指令的判断条件，命令的编程示例如下。

```
……
VAR triggdata gunon;                                    // 定义控制点
TriggIO gunon,1.5\Time\DOp:= do1,1;                     // 设定控制点 gunon
……
IF TriggDataValid(gunon) THEN                           // 检查控制点 gunon
……
```

4.4.2　DO/AO/GO 控制点定义

输出控制点是插补轨迹中用于系统 DO、AO、GO 信号标准输出的控制点。指令 TriggJ、

TriggL、TriggC 的标准输出控制点，需要通过 RAPID 指令定义；指令 TriggJIOs、TriggLIOs 的标准输出控制点，可直接利用 RAPID 程序数据定义。两种定义方式的编程方法如下。

(1) RAPID 指令定义

控制点插补指令 TriggJ、TriggL、TriggC 的输出控制点，需要利用 RAPID 程序的控制点设定指令定义，指令的基本说明如表 4.4.2 所示。

表 4.4.2　输出控制点设定指令编程说明表

名称		编程格式与示例	
固定输出控制点设定	TriggIO	程序数据	TriggData,Distance,SetValue｜SetDvalue
		数据添加项	\Start \Time,\DOp \GOp \AOp \ProcID,\DODelay
	编程示例	TriggIO gunon,0.2\Time\DOp:=gun,1;	
浮动输出控制点设定	TriggEquip	程序数据	TriggData,Distance,EquipLag,SetValue｜SetDvalue
		数据添加项	\Start,\DOp \GOp \AOp \ProcID,\Inhib
	编程示例	TriggEquip gunon,10,0.1\DOp:=gun,1;	

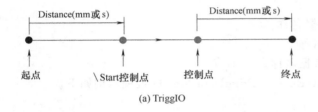

(a) TriggIO

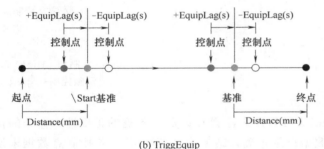

(b) TriggEquip

图 4.4.1　控制点的指令定义

TriggIO、TriggEquip 指令的功能如图 4.4.1 所示。

指令 TriggIO 是以图 4.4.1（a）所示的控制点插补指令终点或起点（\Start）为基准，通过程序数据 Distance（距离或移动时间\Time）定义的位置，由于基准点位置固定，因此，指令 TriggIO 可用于输出控制点的准确定义。指令 TriggEquip 是以图 4.4.1（b）所示的移动轨迹上离终点或起点（\Start）指定距离（Distance）的位置为基准，通过机器人移动时间（EquipLag，补偿外设动作时间）定义的位置，实际输出动作位置变动较大。

指令 TriggIO、TriggEquip 的编程格式及添加项、程序数据含义如下。

```
TriggIO  TriggData,Distance [\Start ]｜[\Time ][\DOp]｜[\GOp]｜[\AOp ]｜[\ProcID ],
    SetValue｜SetDvalue [\DODelay ];
TriggEquip TriggData,Distance [\Start ],EquipLag [\DOp]｜[\GOp]｜[\AOp ]｜[\ProcID],
    SetValue｜SetDvalue [\Inhib ];
```

TriggData：控制点名称，数据类型 triggdata。

Distance：控制点位置（TriggIO 指令）或基准位置（TriggEquip 指令），数据类型 num。TriggIO 指令可使用添加项 \Time、\Start（不能同时使用），TriggEquip 指令只能使用添加项 \Start。不使用添加项时，Distance 为控制点离终点的距离（mm）；使用添加项 \Start 时，Distance 为控制点离起点的距离（mm）；使用添加项 \Time 时，Distance 为从控制点到基准位置的机器人移动时间（s）。

SetValue、SetDvalue：DO、AO、GO 信号输出值，数据类型 num。

EquipLag：补偿外设动作的机器人移动时间，仅用于 TriggEquip 指令，数据类型 num，单位 s。EquipLag 为正时，控制点位于 Distance 定义的基准位置之前；EquipLag 为负时，控制点位于 Distance 定义的基准位置之后。

\ Start：基准位置为起点，数据类型 switch。

\ Time：移动时间，数据类型 switch，仅用于 TriggIO 指令。

\ DOp、\ GOp、\ AOp：需要输出的 DO、GO、AO 信号名称（三者只能选择其中之一），数据类型分别为 signaldo、signalgo、signalao；信号名称和添加项间用 ":=" 连接，如 "DOp:=do1" "GOp:=go1" "AOp:=ao1" 等。

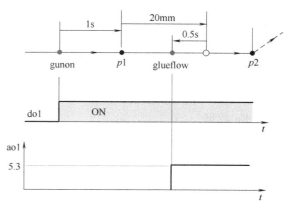

\ ProcID：调用的 IPM 程序号，数据类型 num。该添加项用户不能使用。

\ DODelay：DO、AO、GO 信号输出延时，数据类型 num，单位 s。

输出控制点设定指令 TriggIO、TriggEquip 的编程示例如下，程序所实现的输出功能如图 4.4.2 所示。

图 4.4.2 控制点输出示例

```
VAR triggdata gunon;                                            // 定义控制点
VAR triggdata glueflow;
……
TriggIO gunon,1\Time\DOp:= do1,1;                      // 设定固定控制点 gunon
TriggEquip glueflow,20\Start,0.5\AOp:= ao1,5.3;   // 设定浮动控制点 glueflow
TriggL p1,v500,gunon,fine,gun1;                           // gunon 控制点输出 do1= 1
TriggL p2,v500,glueflow,z50,tool1;                         // glueflow 控制点输出 ao1= 5.3
……
```

(2) 程序数据定义

控制点输出插补指令 TriggJIOs、TriggLIOs 的 DO、AO、GO 信号输出控制点数据具有统一的格式，可直接通过 RAPID 程序数据定义指令来定义。

TriggJIOs、TriggLIOs 指令的输出控制点数据有 triggios、triggiosdnum、triggstrgo 三种。triggios 数据、triggiosdnum 数据可用于 DO、AO 输出控制点定义，triggios 数据的 DO、AO 输出值用单精度数值数据 num 设定，triggiosdnum 数据的 DO、AO 输出值可用双精度数值数据 dnum 设定；程序数据 triggstrgo 用于 GO 输出控制点定义，GO 输出值需要用纯数字的字符串数据 stringdig 设定。

triggios、triggiosdnum、triggstrgo 数据的基本格式如下，数据名称可由用户定义。

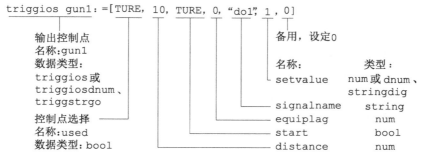

triggios、triggiosdnum、triggstrgo 数据是由多个不同类型数据复合而成的结构数据，数据项的含义如下。

used：控制点选择，逻辑状态数据（bool），TURE 为有效，FALSE 为无效。

distance：控制点位置，数值数据（num），单位 mm。设定值为控制点离基准点的距离。

start：Distance 基准点选择，逻辑状态数据（bool），TURE 代表基准点为移动指令起点，FALSE 代表基准点为移动指令终点。

equiplag：补偿外设动作时间，数值数据（num），单位 s。设定值为正，控制点位于 Distance 位置之前；设定值为负，控制点位于 Distance 位置之后。

signalname：输出信号名称，字符串数据（string），用来指定输出信号。

setvalue：信号输出值，triggios 为 num 数据；triggiosdnum 为 dnum 数据；triggstrgo 为 stringdig 数据。

在 RAPID 程序中，输出控制点既可完整定义，也可对其中的每一项进行单独修改，或者，以数组形式一次性定义多个控制点。输出控制点数据定义的编程示例如下。

```
VAR triggios trig_p1;                                        // 定义控制点
VAR triggiosdnum trig_p2;
VAR triggstrgo trig_p3;
......
trig_p1:= [TRUE,5,FALSE,0,"do1",1,0 ];                       // 完整定义
trig_p2:= [TRUE,10,TRUE,0,"go3",4294967295,0 ];
trig_p3:= [TRUE,15,TRUE,0,"go2","800000",0 ];
trig_p1.distance:= 10;                                       // 逐项定义或修改
trig_p1.start:= TRUE;
......
VAR triggios trig_A1{3}:=[[TRUE,3,FALSE,0,"do1",1,0],        // 数组定义
                         [TRUE,15,TRUE,0,"ao1",10,0],
                         [TRUE,3,TRUE,0,"go1",55,0] ];
VAR triggiosdnum trig_A2{3}:=[[TRUE,10,TRUE,0,"do2",1,0],
                             [TRUE,10,TRUE,0,"ao2",5,0],
                             [TRUE,10,TRUE,0,"go3",4294967295,0] ];
VAR triggstrgo trig_A3{3}:=[[TRUE,3,TRUE,0,"go2","1",0],
                           [TRUE,15,TRUE,0,"go2","800000",0],
                           [TRUE,4,FALSE,0,"go2","4294967295",0] ];
trig_A1{1}.start:= TRUE;                                     // 数组的逐项定义或修改
trig_A1{1}.equiplag:= 0.5
......
```

4.4.3 特殊 AO 及中断控制点定义

(1) 控制点设定指令

通用控制点插补指令 TriggJ、TriggL、TriggC 不但可用于系统 DO、AO、GO 的标准输出控制，而且可以用于系统线性变化模拟量输出、机器人 TCP 速度模拟量输出、程序中断等控制。

线性变化模拟量输出可在机器人关节、直线、圆弧插补时，在轨迹的指定区域输出线性增加（或减少）的模拟量，以控制外部参数的逐渐变化，实现诸如弧焊机器人对于薄板类零件的"渐变焊接"功能。

TCP 速度模拟量输出可在机器人关节、直线、圆弧插补轨迹的控制点上，输出与机器人 TCP 实际移动速度成正比的模拟量，以便对特定位置的机器人 TCP 移动速度进行检测，或者对与移动速度有关的外部参数进行控制。

程序中断控制点用于机器人关节、直线、圆弧插补过程中的无条件中断，中断控制点一旦被设定与连接，机器人执行控制点插补指令 TriggJ、TriggL、TriggC 时，只要到达中断控制点，系统便可无条件终止现行程序，跳转至中断程序。

线性变化模拟量输出、机器人 TCP 速度模拟量输出、程序中断控制点设定等指令的编程格式与示例如表 4.4.3 所示，指令编程方法如下。

表 4.4.3 特殊模拟量输出指令及编程说明表

名称		编程格式与示例	
线性变化 AO 控制点设定	TriggRampAO	程序数据	TriggData,Distance,EquipLag,AOutput,SetValue,RampLength
		数据添加项	\Start,\Time
	编程示例		TriggRampAO aoup,10\Start,0.1,ao1,8,12;
TCP 速度 AO 控制点设定	TriggSpeed	程序数据	TriggData,Distance,ScaleLag,AOp,ScaleValue
		数据添加项	\Start,\DipLag,\ErrDO,\Inhib
	编程示例		TriggSpeed flow,10\Start,0.5,ao1,0.5\DipLag:=0.03;
程序中断控制点设定	TriggInt	程序数据	riggData,Distance,Interrupt
		数据添加项	\Start,\Time
	编程示例		TriggInt trigg_1,5,intno_1;

(2) 线性变化 AO 控制点设定

线性变化模拟量输出控制点设定指令 TriggRampAO 的编程格式如下。

```
TriggRampAO  TriggData,Distance[\Start],EquipLag,AOutput,SetValue,RampLength
[\Time];
```

指令中的程序数据 TriggData、Distance、EquipLag 及添加项 \ Start 用来设定线性变化 AO 输出控制点的位置，其含义与控制点设定指令 TriggIO、TriggEquip 相同；其他程序数据、添加项的含义如图 4.4.3 所示，编程要求如下。

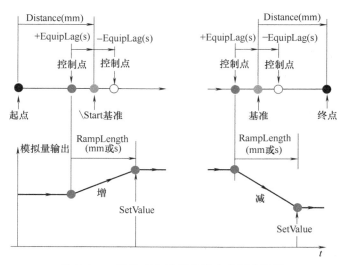

图 4.4.3 线性变化模拟量输出控制点设定

AOutput：线性变化 AO 信号名称，数据类型 signalao。

SetValue：AO 线性增/减的目标值，数据类型 num。

RampLength：AO 线性变化区，数据类型 num。未使用添加项\Time 时，设定值为变化区的轨迹长度，单位 mm；使用添加项\Time 时，设定值为变化区的机器人移动时间，单位 s。

\Time：变化区的机器人移动时间有效，数据类型 switch。使用添加项时，RampLength 设定值为机器人移动时间。

线性变化 AO 输出的编程示例如下，程序对应的 ao1 输出如图 4.4.4 所示。

```
VAR triggdata upao;                                        // 控制点定义
VAR triggdata dnao;
……
TriggRampAO upao,10\Start,0.1,ao1,8,12;                    // 线性变化模拟量输出设定
TriggRampAO dnao,8,0.1,ao1,2,10;
……
MoveL p1,v200,z10,gun1;                                    // 线性变化模拟量输出指令
TriggL p2,v200,upao,z10,gun1;
TriggL p3,v200,dnao,z10,gun1;
……
```

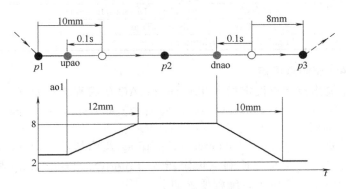

图 4.4.4　线性变化模拟量输出

(3) TCP 速度 AO 控制点设定

机器人 TCP 速度模拟量输出指令 TriggSpeed 的编程格式如下。

```
TriggSpeed  TriggData,Distance[\Start],ScaleLag,AOp,ScaleValue[\DipLag][\ErrDO]
            [\Inhib]
```

指令中的程序数据 TriggData、Distance 及添加项\Start，用来设定线性变化 AO 控制点的位置，其含义与控制点设定指令 TriggIO、TriggEquip 相同。指令中其他程序数据、添加项的含义、编程要求如下。

ScaleLag：外设动作延时补偿，数据类型 num，单位 s。以机器人实际移动时间的形式补偿外设动作延时，设定值为正时，AO 输出控制点位于 Distance 位置之前；设定值为负时，控制点位于 Distance 位置之后。

AOp：TCP 速度模拟量输出 AO 信号名称，数据类型 signalao。

ScaleValue：模拟量输出倍率，数据类型 num，用于实际模拟量输出调整。

\DipLag：机器人减速补偿，数据类型 num，设定值为正，单位 s。增加本添加项后，可超前\DipLag 时间，输出机器人终点减速的 TCP 速度模拟量，以补偿系统滞后。\DipLag 一经设定，对后续的所有 TriggSpeed 指令均有效。

\ErrDO：模拟量出错时的 DO 信号输出，数据类型 signaldo。若机器人移动期间，AOp 输

出值溢出，DO 信号将输出 "1"。\ErrDO 一经设定，对后续的所有 TriggSpeed 指令均有效。

　　\Inhib：模拟量输出禁止，数据类型 bool。添加项定义为 TRUE 时，禁止 AOp 输出（输出 0）。\Inhib 一经设定，对后续的所有 TriggSpeed 指令均有效。

　　TCP 速度模拟量输出的编程示例如下，程序所对应的 ao1 模拟量输出如图 4.4.5 所示。

```
VAR triggdata flow;                               // 控制点定义
TriggSpeed flow,10\Start,1,ao1,0.8\DipLag: = 0.5; // 速度模拟量输出定义
TriggL p1,v500,flow,z10,tool1;                    // 速度模拟量输出
......
TriggSpeed flow,8,1,ao1,1;                        // 改变速度模拟量输出
TriggL p2,v500,flow,z10,tool1;                    // 速度模拟量输出
......
```

(4) 程序中断控制点设定

　　程序中断控制点设定指令 TriggInt 的编程格式及要求如下。

```
TriggInt TriggData,Distance [\Start] | [\Time],Interrupt;
```

　　程序数据 TriggData、Distance 及添加项 \ Start、\ Time，用来设定控制点的位置，其含义与输出控制点设定指令 TriggIO、TriggEquip 相同。程序数据 Interrupt 用来定义中断名称（中断条件），其数据类型为 intnum，在中断连接指令中用来连接中断程序。

　　控制点中断设定指令 TriggInt 的编程示例如下，程序所对应的中断如图 4.4.6 所示。

```
VAR intnum intno_1;                       // 中断名称定义
VAR triggdata trigg_1;                    // 控制点程序数据定义
......
! * * * * * * * * * * * * * * * * * * * * * * * * * * * * * * *
PROC main()
CONNECT intno_1 WITH trap_1;              // 中断程序连接
TriggInt trigg_1,5,intno_1;               // 中断控制点设定
......
TriggJ p1,v500,trigg_1,z50,gun1;          // 控制点中断
MoveL p2,v500,z50,gun1;
TriggL p3,v500,trigg_1,z50,gun1;          // 控制点中断
......
IDelete intno1;                           // 删除中断
......
```

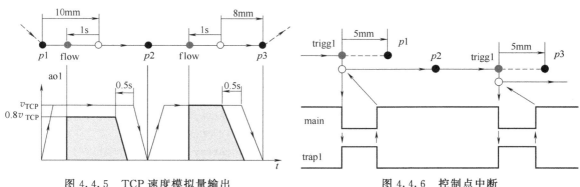

　　　　图 4.4.5　TCP 速度模拟量输出　　　　　　　图 4.4.6　控制点中断

4.4.4 控制点插补指令编程

(1) 指令与功能

在 RAPID 程序中，控制点插补指令 TriggJ、TriggL、TriggC 可用于系统 DO、AO、GO 的标准输出及线性变化 AO 输出、TCP 速度 AO 输出、程序中断等控制，控制点位置需要通过指令 TriggIO、TriggEquip 定义；每一插补指令最大允许定义 8 个控制点，超过 8 个控制点的插补轨迹，需要分段编程。控制点输出插补指令 TriggJIOs、TriggLIOs 只能用于关节、直线插补时的 DO、AO、GO 的标准输出控制，控制点位置可直接通过程序数据定义指令定义；每一指令最大可以有 50 个控制点。

控制点插补指令的名称、编程格式如表 4.4.4 所示，编程格式与示例如下。

表 4.4.4 控制点插补指令编程说明表

名称	编程格式与示例		
控制点关节插补	TriggJ	基本程序数据	ToPoint，Speed，Zone，Tool
		附加程序数据	Trigg_1｜TriggArray{ * }
		基本指令添加项	\Conc
		基本数据添加项	\ID、\T、\Inpos、\WObj、\TLoad
		附加数据添加项	\T2、\T3、\T4、\T5、\T6、\T7、\T8
	TriggJIOs	基本程序数据	ToPoint，Speed，Zone，Tool
		基本数据添加项	\ID、\T、\Inpos、\WObj、\Corr、\TLoad
		附加数据添加项	\TriggData1、\TriggData2、\TriggData3
	编程示例	TriggJ p2，v500，gunon，fine，gun1； TriggJIOs p3，v500，\TriggData1:=gunon，z50，gun1；	
控制点直线插补	TriggL	基本程序数据	ToPoint，Speed，Zone，Tool
		附加程序数据	Trigg_1｜TriggArray{ * }
		基本指令添加项	\Conc
		基本数据添加项	\ID、\T、\Inpos、\WObj、\Corr、\TLoad
		附加数据添加项	\T2、\T3、\T4、\T5、\T6、\T7、\T8
	TriggLIOs	基本程序数据	ToPoint，Speed，Zone，Tool
		基本数据添加项	\ID、\T、\Inpos、\WObj、\Corr、\TLoad
		附加数据添加项	\TriggData1、\TriggData2、\TriggData3
	编程示例	TriggL p2，v500，gunon，fine，gun1； TriggLIOs p3，v500，\TriggData1:=gunon，z50，gun1；	
控制点圆弧插补	TriggC	基本程序数据	CirPoint，ToPoint，Speed，Zone，Tool
		附加程序数据	Trigg_1｜TriggArray{ * }
		基本指令添加项	\Conc
		基本数据添加项	\ID、\T、\Inpos、\WObj、\Corr、\TLoad
		附加数据添加项	\T2、\T3、\T4、\T5、\T6、\T7、\T8
	编程示例	TriggC p2，p3，v500，gunon，fine，gun1；	

(2) TriggJ/TriggL/TriggC 指令编程

控制点插补指令 TriggJ/TriggL/TriggC，可在关节/直线/圆弧插补到达控制点时，执行 DO、AO、GO 的标准输出及线性变化 AO 输出、TCP 速度 AO 输出、程序中断等操作，指令的编程格式及程序数据要求如下。

```
TriggJ[\Conc]  ToPoint [\ID],Speed [\T],Trigg_1 | TriggArray{*} [\T2] [\T3] [\T4] [\T5] [\T6]
               [\T7] [\T8],Zone [\Inpos],Tool [\WObj] [\TLoad];
TriggL[\Conc]  ToPoint [\ID],Speed [\T],Trigg_1 | TriggArray{*} [\T2] [\T3] [\T4] [\T5] [\T6]
               [\T7] [\T8],Zone [\Inpos],Tool[\WObj] [\Corr] [\TLoad];
TriggC[\Conc]  CirPoint,ToPoint [\ID],Speed [\T],Trigg_1 |TriggArray{*} [\T2] [\T3] [\T4]
```

[\T5][\T6][\T7][\T8],Zone[\Inpos],Tool[\WObj][\Corr][\TLoad];

指令 TriggJ/TriggL/TriggC 的机器人运动、程序数据及添加项 ToPoint [\ID]、Speed [\T]、Zone、Tool [\WObj]、CirPoint 的含义与标准插补指令 MoveJ/MoveL/MoveC 相同，有关内容可参见前述，指令中其他程序数据、添加项的含义及编程要求如下。

Trigg_1 或 TriggArray｛*｝：控制点名称，数据类型 triggdata。选择程序数据 Trigg_1 时，可通过添加项\T2～\T8，指定 8 个控制点；选择数组 TriggArray｛*｝时，允许以数组的形式指定 25 个控制点，但不能再使用添加项\T2～\T8。

\T2～\T8：控制点 2～8 名称，数据类型 triggdata。

以 DO、AO、GO 标准输出控制为例，指令 TriggJ/TriggL/TriggC 的编程示例如下，程序所实现的输出控制功能如图 4.4.7 所示。

```
……
VAR triggdata gunon;                                    // 定义控制点
VAR triggdata gunoff;
……
TriggIO gunon,5\Start\DOp:=do1,1;                       // 设定输出控制点
TriggIO gunoff,10\DOp:=do1,0;
……
MoveJ p1,v500,z50,gun1;
TriggL p2,v500,gunon,fine,gun1;                         // 控制点 gunon 输出 do1=1
TriggL p3,v500,gunoff,fine,gun1;                        // 控制点 gunoff 输出 do1=0
MoveJ p4,v500,z50,gun1;
TriggL p5,v500,gunon\T2:=gunoff,fine,gun1;              // 控制点 gunon、gunoff 同时有效
……
```

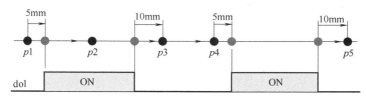

图 4.4.7　TriggJ/TriggL/TriggC 指令示例

（3）TriggJIOs/TriggLIOs 指令编程

控制点输出插补指令 TriggJIOs/TriggLIOs 可在关节/直线/圆弧插补到达控制点时，执行 DO、AO、GO 的标准输出操作，指令的编程格式及程序数据要求如下。

```
TriggJIOs ToPoint[\ID],Speed[\T],[\TriggData1][\TriggData2][\TriggData3],Zone[\Inpos],
        Tool[\WObj][\Corr][\TLoad];
TriggLIOs[\Conc] ToPoint[\ID],Speed[\T],[\TriggData1][\TriggData2][\TriggData3],
                Zone[\Inpos],Tool[\WObj][\Corr][\TLoad];
```

指令 TriggJIOs/TriggLIOs 的机器人运动、程序数据及添加项 ToPoint[\ID]、Speed [\T]、Zone、Tool[\WObj]的含义与标准插补指令 MoveJ/MoveL 相同，有关内容可参见前述，指令中其他程序数据、添加项的含义及编程要求如下。

\TriggData1、\TriggData2、\TriggData3：控制点数据 triggios 或 triggiosdnum、trigg-strgo 名称，程序数据一般以数组形式定义。

指令 TriggJIOs/TriggLIOs 只能用于 DO、AO、GO 标准输出控制，编程示例如下，程序所实现的输出控制功能如图 4.4.8 所示。

```
......
VAR triggios gunon{1}:=[ TRUE,5,TRUE,0,"do1",1,0 ];          // 程序数据定义
VAR triggios trig_A1{3}:=[ [TRUE,6,FALSE,0,"do1",0,0],
                           [TRUE,5,TRUE,0,"ao1",10,0],
                           [TRUE,20,TRUE,0,"go1",55,0] ];
......
MoveJ p1,v500,z50,gun1;
TriggLIOs p2,v500,\TriggData1:=gunon,z50,gun1;
Reset do1;
TriggJIOs p3,v500,\TriggData1:=gunon \TriggData2:=trig_A1,z50,gun1;
......
```

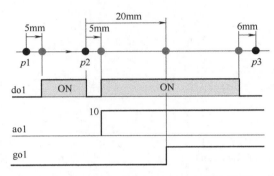

图 4.4.8　TriggJIOs/TriggLIOs 指令示例

4.5　其他运动控制指令编程

4.5.1　终点输出插补指令

(1) 指令与功能

终点输出插补指令实际上是一种以移动指令终点作为 DO、AO、GO 输出控制点的特定控制点插补指令，由于控制点无需另行定义，因此，可以直接利用 RAPID 终点输出插补指令 MoveJDO、MoveJAO、MoveJGO 编程。

终点输出插补指令可以用于非准确定位的机器人 TCP 连续移动插补程序。当系统执行连续移动插补指令时，由于机器人 TCP 实际上不能到达指令的目标位置，此时，系统将自动以图 4.5.1 所示位于目标位置定位区间内的过渡轨迹（拐角）中间点，作为 DO、AO、GO 信号输出的动作点。

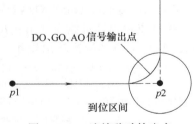

图 4.5.1　连续移动输出点

终点输出插补指令的基本说明如表 4.5.1 所示。

表 4.5.1　终点输出插补指令编程说明表

名称	编程格式与示例		
关节插补	MoveJDO MoveJAO	基本程序数据	ToPoint,Speed,Zone,Tool
		附加程序数据	Signal,Value
		基本数据添加项	\ID,\T,\WObj,\TLoad

续表

名称	编程格式与示例		
关节插补	MoveJGO	基本程序数据	ToPoint,Speed,Zone,Tool
		附加程序数据	Signal
		基本数据添加项	\ID,\T,\WObj,\TLoad
		附加数据添加项	\Value\\DValue
	编程示例	MoveJDO p1,v1000,z30,tool2,do1,1; MoveJAO p1,v1000,z30,tool2,ao1,5.2; MoveJGO p1,v1000,z30,tool2,go1\Value：=5;	
直线插补	MoveLDO MoveLAO	基本程序数据	ToPoint,Speed,Zone,Tool
		附加程序数据	Signal,Value
		基本数据添加项	\ID,\T,\WObj,\TLoad
	MoveLGO	基本程序数据	ToPoint,Speed,Zone,Tool
		附加程序数据	Signal
		基本数据添加项	\ID,\T,\WObj,\TLoad
		附加数据添加项	\Value\\DValue
	编程示例	MoveLDO p1,v500,z30,tool2,do1,1; MoveLAO p1,v500,z30,tool2,ao1,5.2; MoveLGO p1,v500,z30,tool2,go1\Value：=5;	
圆弧插补	MoveCDO MoveCAO	基本程序数据	CirPoint,ToPoint,Speed,Zone,Tool
		附加程序数据	Signal,Value
		基本数据添加项	\ID,\T,\WObj,\TLoad
	MoveCGO	基本程序数据	ToPoint,Speed,Zone,Tool
		附加程序数据	Signal
		基本数据添加项	\ID,\T,\WObj,\TLoad
		附加数据添加项	\Value\\DValue
	编程示例	MoveCDO p1,p2,v500,z30,tool2,do1,1; MoveCAO p1,p2,v500,z30,tool2,ao1,5.2; MoveCGO p1,p2,v500,z30,tool2,go1\Value：=5;	

(2) 指令格式与编程示例

终点输出插补指令的编程格式和程序数据要求如下。

```
MoveJDO ToPoint [\ID],Speed [\T],Zone,Tool [\WObj],Signal,Value[\TLoad];
MoveJAO ToPoint [\ID],Speed [\T],Zone,Tool [\WObj],Signal,Value[\TLoad];
MoveJGO ToPoint [\ID],Speed[\T],Zone,Tool [\WObj],Signal[\Value] | [\DValue] [\TLoad];
MoveLDO ToPoint [\ID],Speed [\T],Zone,Tool [\WObj],Signal,Value[\TLoad];
MoveLAO ToPoint [\ID],Speed [\T],Zone,Tool [\WObj],Signal,Value[\TLoad];
MoveLGO ToPoint [\ID],Speed [\T],Zone,Tool [\WObj],Signal[\Value]| [\DValue] [\TLoad];
MoveCDO CirPoint,ToPoint [\ID],Speed [\T],Zone,Tool [\WObj],Signal,Value [\TLoad];
MoveCAO CirPoint,ToPoint [\ID],Speed [\T],Zone,Tool [\WObj],Signal,Value [\TLoad];
MoveCGO CirPoint,ToPoint [\ID],Speed [\T],Zone,Tool [\WObj],Signal[\Value] | [\DValue]
        [\TLoad];
```

指令 MoveJDO（AO/GO）、MoveLDO（AO/GO）、MoveCDO（AO/GO）的机器人运动、程序数据及添加项 ToPoint[\ID]、Speed[\T]、Zone、Tool[\WObj]、CirPoint 等的含义均与标准插补指令 MoveJ、MoveL、MoveC 相同，有关内容可参见前述；指令中其他程序数据、添加项的含义及编程要求如下。

Signal：DO/AO/GO 信号名称，数据类型 signalgo/signalao/signalgo。

Value：DO/AO 信号输出值，数据类型 dionum/num。

\Value、\Dvalue：GO 信号输出值，数据类型 num、dnum。

终点输出指令的编程示例如下。

```
MoveJDO p1,v1000,fine,tool2,do1,1;              // 在终点p1 输出 do1 = 1
Reset do0;                                      // 非移动指令
MoveLAO p2,v1000,z30,tool2,ao1,5.2;             // 在p2 拐角中间点输出 ao1 = 5.2
MoveC p3,p4,v500,fine,tool2 ao1,6;              // 在p4 拐角中间点输出 ao1 = 6
MoveLAO p5,v1000,z30,tool2;                     // 连续移动指令
MoveJGO p6,v1000,z30,tool2,go1 \Value: = 6;     // 输出组 go1 = 0…0 0110
……
```

4.5.2　子程序同步插补指令

(1) 指令功能

在大多数工业机器人上，子程序无条件调用指令通常需要以单独的程序行的形式编程。在这种情况下，如果在子程序调用指令位于机器人连续移动插补指令之间，需要在上一移动指令执行完成，到达指令目标位置后，才能调用子程序；子程序执行完成，返回后，再启动下一移动指令的运动，即子程序调用指令将中断机器人的连续移动。

ABB 机器人的子程序同步插补指令 MoveJSync、MoveLSync、MoveCSync 是用于机器人连续移动过程中同步调用子程序的特殊插补指令。利用子程序同步插补指令调用的子程序只能为不含机器人移动指令的 RAPID 普通子程序（PROC）。

控制系统执行子程序同步插补指令时，机器人 TCP 可按插补指令编制的轨迹连续移动。当机器人 TCP 到达指令目标位置定位区间内的过渡轨迹（拐角）中间点时，自动调用并执行子程序，从而使得子程序和机器人移动指令能够同步执行。

例如，机器人执行以下连续移动关节插补或直线插补指令时，系统可在图 4.5.2（a）所示的 $p2$ 点（连续移动轨迹的中间点），调用并执行子程序 my_proc。

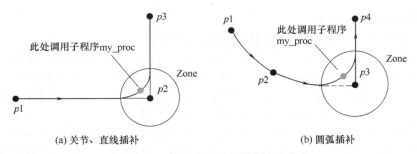

(a) 关节、直线插补　　　　　　　　(b) 圆弧插补

图 4.5.2　子程序同步插补指令功能

```
MoveJ  p1,v500,z30,Tool2;
MovcJSync p2, v500, z30, tool2,"my_proc";
MovcJ p3, v500, z30, tool2;
```

或：

```
MoveL  p1,v500,z30,Tool2;
MovcLSync p2, v500, z30, tool2,"my_proc";
MovcL p3, v500, z30, tool2;
```

机器人执行以下连续移动圆弧插补指令时，系统可在图 4.5.2（b）所示的 $p3$ 点（连续移

动轨迹的中间点），调用并执行子程序 my_proc。

```
MoveL  p1,v500,z30,Tool2;
MovcCSync p2, p3, v500, z30, tool2,"my_proc";
MovcL  p4, v500, z30, tool2;
```

子程序同步插补指令的基本说明如表 4.5.2 所示。

表 4.5.2　子程序同步插补指令编程说明表

名称	编程格式与示例		
关节插补 调用程序	MoveJSync	程序数据	ToPoint,Speed,Zone,Tool,ProcName
		指令添加项	—
		数据添加项	\ID,\T,\WObj,\TLoad
	编程示例	MoveJSync p1,v500,z30,tool2,"proc1";	
直线插补 调用程序	MoveLSync	程序数据	ToPoint,Speed,Zone,Tool,ProcName
		指令添加项	—
		数据添加项	\ID,\T,\WObj,\TLoad
	编程示例	MoveLSync p1,v500,z30,tool2,"proc1";	
圆弧插补调用程序	MoveCSync	程序数据	CirPoint,ToPoint,Speed,Zone,Tool,ProcName
		指令添加项	—
		数据添加项	\ID,\T,\WObj,\TLoad
	编程示例	MoveCSync p1,p2,v500,z30,tool2,"proc1";	

(2) 编程格式与示例

指令 MoveJSync、MoveLSync、MoveCSync 的编程格式如下。

```
MoveJSync ToPoint [\ID],Speed [\T],Zone,Tool [\WObj],ProcName[\TLoad];
MoveLSync ToPoint [\ID],Speed [\T],Zone,Tool [\WObj],ProcName[\TLoad];
MoveCSync CirPoint,ToPoint[\ID],Speed[\T],Zone,Tool[\WObj],ProcName[\TLoad];
```

指令 MoveJSync、MoveLSync、MoveCSync 的基本程序数据及添加项的含义、编程要求与标准插补指令 MoveJ、MoveL、MoveC 相同，有关内容可参见前述。程序数据 ProcName 为需要调用的子程序（PROC）名称，数据类型为 string，需要加双引号。

子程序同步插补指令的编程示例如下。

```
MoveJSync p1,v800,z30,tool2,"proc1";      // 关节插补终点p1调用程序 proc1
Set do1,on;                               // 非连续移动
......
MoveLSync p2,v500,z30,tool2,"proc2";      // 直线插补p2拐角中点调用程序 proc2
MoveL p3,v500,z30,tool2;                   // 连续移动
MoveCSync p4,p5,v500,z30,tool2,"proc3";   // 圆弧插补终点p5调用程序 proc3
Set do1,off;                              // 非连续移动
......
```

4.5.3　DI 控制点搜索插补指令

(1) 指令与功能

DI 控制点是控制系统 DI 信号状态发生变化的程序点。利用 DI 控制点搜索插补指令，控制系统可通过机器人 TCP 的直线插补、圆弧插补运动或外部轴运动，来搜索指定 DI 的控制点，并将程序点的位置保存到指定的程序数据中；如果需要，还可以使得机器人或外部轴在 DI 控制点上以不同的方式停止。利用 DI 控制点搜索插补指令所指定的程序运动轨迹，不能通过 StorePath 指令储存（参见 StorePath 指令说明）。

DI 控制点搜索指令的说明如表 4.5.3 所示。

表 4.5.3　DI 控制点搜索指令编程说明表

名称	编程格式与示例		
DI 控制点搜索 直线插补	SearchL	编程格式	SearchL [\Stop] | [\PStop] | [\SStop] | [\Sup],PersBool | Signal [\Flanks] | [\PosFlank] | [\NegFlank] | [\HighLevel] | [\LowLevel],SearchPoint,ToPoint [\ID],Speed [\V] | [\T],Tool [\WObj] [\Corr] [\TLoad];
		指令添加项	\Stop:控制点快速停止,数据类型 switch; \PStop:控制点轨迹停止,数据类型 switch; \SStop:控制点减速停止,数据类型 switch; \Sup:多控制点允许,数据类型 switch
		程序数据 与添加项	PersBool:监控信号及初始状态,数据类型 bool; Signal:监控信号名称,数据类型 signaldi; \Flanks:上升/下降沿监控,数据类型 switch; \PosFlank:上升沿监控,数据类型 switch; \NegFlank:下降沿监控,数据类型 switch; \HighLevel:高电平监控,数据类型 switch; \LowLevel:低电平监控,数据类型 switch; SearchPoint:控制点位置,数据类型 robtarget; ToPoint:插补目标位置,数据类型 robtarget; \ID:同步运动,数据类型 switch; Speed:移动速度,数据类型 speeddata; \V:TCP 速度,数据类型 num; \T:移动时间,数据类型 num; Tool:工具数据,数据类型 tooldata; \WObj:工件数据,数据类型 wobjdata; \Corr:轨迹校准,数据类型 switch; \TLoad:工具负载,数据类型 loaddata
		功能说明	以直线插补方式搜索 DI 控制点,并保存到程序数据 SearchPoint 中
		编程示例	SearchL \Stop,di1,sp,p10,v100,tool1;
DI 控制点搜索 圆弧插补	SearchC	编程格式	SearchC [\Stop] | [\PStop] | [\SStop] | [\Sup],PersBool | Signal [\Flanks] | [\PosFlank] | [\NegFlank] | [\HighLevel] | [\LowLevel],SearchPoint,CirPoint,ToPoint [\ID],Speed [\V] | [\T],Tool [\WObj] [\Corr] [\TLoad];
		指令添加项	同指令 SearchL
		程序数据 与添加项	CirPoint:圆弧插补中间点,数据类型 robtarget; ToPoint:圆弧插补目标位置,数据类型 robtarget; 其他:同指令 SearchL
		功能说明	以圆弧插补方式搜索 DI 控制点,并保存到程序数据 SearchPoint 中
		编程示例	SearchC \Sup,di1\Flanks,sp,cirpoint,p10,v100,probe;
DI 控制点搜索 外部轴移动	SearchExtJ	编程格式	SearchExtJ [\Stop] | [\PStop] | [\SStop] | [\Sup],PersBool | Signal [\Flanks] | [\PosFlank] | [\NegFlank] | [\HighLevel] | [\LowLevel],SearchJointPos,ToJointPos [\ID] [\UseEOffs],Speed [\T];
		指令添加项	同指令 SearchL
		程序数据 与添加项	SearchJointPos:DI 控制点位置,数据类型 jointtarget; ToJointPos:外部轴目标点,数据类型 jointtarget; 其他:同指令 SearchL
		功能说明	通过外部轴移动搜索 DI 控制点,并将其保存到程序数据 SearchPoint 中
		编程示例	SearchC \Sup,di1\Flanks,sp,cirpoint,p10,v100,probe;

指令 SearchL、SearchC、SearchExtJ 的基本程序数据及添加项的含义、编程要求与标准插补指令 MoveL、MoveC、MoveExtJ 相同，有关内容可参见前述；可选指令添加项用于后续运动控制，程序数据添加项用于监控信号与监控状态设定（见下述）。其他程序数据的作用如下。

PersBool 或 Signal：定义监控信号名称及初始状态（数据类型 bool）的程序数据名称，或监控信号（数据类型 signaldi）名称。

SearchPoint：保存 DI 控制点位置的程序数据名称，数据类型 robtarget。

（2）后续运动控制

机器人或外部轴搜索到指定的 DI 控制点后，其后续运动可以通过指令添加项，选择以下几种方式之一。

不使用添加项：终点停止。仅保存 DI 控制点的位置值，机器人或外部轴继续以指定方式移动到目标位置停止；若轨迹中存在多个 DI 控制点，则系统发生 "ERR_WHLSEARCH" 报警，并停止机器人或外部轴移动。

\Sup：允许多 DI 控制点。仅保存 DI 控制点的位置值，机器人或外部轴继续以指定方式移动到目标位置停止；当轨迹中存在多个 DI 控制点时，仅产生系统警示信息，机器人或外部轴将继续运动至目标位置。

\Stop：DI 控制点快速停止。用于机器人 TCP 速度低于 100mm/s 的 DI 控制点搜索，机器人或外部轴搜索到 DI 控制点后将立即停止。由于运动轴停止需要一定时间，因此，实际停止位置将偏离 DI 控制点，作为参考，对于速度为 50mm/s 的 DI 控制点搜索，其定位误差为 1～3mm。

\PStop：DI 控制点轨迹停止。机器人或外部轴搜索到 DI 控制点后，将继续沿插补轨迹减速停止。轨迹停止需要较长的时间，对于速度为 50mm/s 的搜索，实际停止位置将偏离 DI 控制点 15～25mm。

\SStop：DI 控制点减速停止。机器人或外部轴搜索到 DI 控制点后，正常减速停止。对于速度为 50mm/s 的搜索，实际停止位置将偏离 DI 控制点 4～8mm。

（3）监控信号与监控状态设定

DI 控制点的 DI 信号状态可通过程序数据 PersBool 或 Signal 指定。利用程序数据 PersBool 定义 DI 信号状态时，DI 信号名称及初始状态（TURE 或 FALSE）需要在程序中预先定义，DI 信号状态改变点即为 DI 控制点。利用程序数据 Signal 及添加项定义 DI 信号状态时，Signal 为 DI 信号名称，监控状态可选以下添加项进行定义。

不使用添加项：状态 "1" 监控。DI 信号状态为 "1" 的点，为 DI 控制点；如果指令执行前 DI 信号已经为 "1"，则直接以指令的起点为 DI 控制点。

\Flanks：上升/下降沿监控。只要监控信号的状态发生变化，该点即为 DI 控制点。

\PosFlank：上升沿监控。监控信号由 0 变为 1 的点，为 DI 控制点。

\NegFlank：下降沿监控。监控信号由 1 变为 0 的点，为 DI 控制点。

\HighLevel：高电平监控。监控信号状态为 "1" 的点，为 DI 控制点；如果指令执行前信号为 "1" 状态，则直接以指令起点为 DI 控制点。

\LowLevel。低电平监控。监控信号状态为 "0" 的点，为 DI 控制点；如果指令执行前信号为 "0" 状态，则直接以指令起点为 DI 控制点。

（4）编程示例

DI 控制点搜索指令的编程示例如下。

```
PERS bool mypers: = FALSE;                              // 监控信号及初始状态定义
……
SearchExJ \Stop,di2,posx,jpos20,vlin50;      // 外部轴搜索、di2 高电平监控、快速停止
SearchL di1,sp,p10,v100,probe;               // 直线插补搜索、di1 高电平监控、终点停止
SearchL \Sup,di1 \Flanks,sp,p10,v100,probe;
                                      // 直线插补搜索、di1 上升/下降沿监控、终点停止
……
SearchC \Stop,mypers,sp,cirpoint,p10,v100,probe;
                                 // 圆弧插补搜索、mypers 状态 TURE 监控、快速停止
……
SearchL \Stop,di1,sp,p10,v100,tool1;         // 直线插补搜索、di1 高电平监控、快速停止
MoveL sp,v100,fine,tool1;                    // DI 控制点准确定位
……
```

4.5.4 独立轴控制指令

(1) 指令与功能

独立轴（independent axis）是利用位置控制或速度控制模式独立运动的伺服控制轴。独立轴不能参与机器人 TCP 的关节、直线、圆弧插补运动。

独立轴选择位置控制模式时，可进行绝对位置定位、相对位置定位或增量移动；选择速度控制模式时，伺服电机将以指定的转速连续回转。

在 ABB 机器人上，可通过 RAPID 独立轴控制指令，将指定机械单元、指定轴定义为独立轴，并进行绝对位置定位、相对位置定位、增量移动或连续回转等运动；独立运动结束后，可通过独立轴控制撤销指令，撤销独立控制功能，并对参考点（零点）进行重新设定。

独立轴控制指令及函数的说明如表 4.5.4 所示。

表 4.5.4　独立轴控制指令与函数编程说明表

名称		编程格式与示例	
独立轴绝对定位	IndAMove	编程格式	IndAMove MechUnit, Axis [\ ToAbsPos] │ [\ ToAbsNum], Speed[\Ramp];
		程序数据与添加项	\MechUnit:机械单元名称,数据类型 mecunit; Axis:轴序号,数据类型 num; \ToAbsPos:TCP 型绝对目标位置,数据类型 robtarget; \ToAbsNum:数值型绝对目标位置,数据类型 num; Speed:移动速度[(°)/s 或 mm/s],数据类型 num; \Ramp:加速度倍率(%),数据类型 num
		功能说明	生效独立轴控制功能,并进行绝对位置定位
		编程示例	IndAMove Station_A,2\ToAbsPos:=p4,20;
独立轴相对定位	IndRMove	编程格式	IndRMove MechUnit,Axis [\ToRelPos] │ [\ToRelNum] [\Short] │ [\Fwd] │ [\Bwd],Speed [\Ramp];
		程序数据与添加项	\ToRelPos：TCP 型相对目标位置,数据类型 robtarget; \ToRelNum:数值型相对目标位置,数据类型 robtarget; \Short:捷径定位,数据类型 switch; \Fwd:正向回转,数据类型 switch; \Bwd:反向回转,数据类型 switch; 其他:同指令 IndAMove
		功能说明	生效回转轴独立控制功能,并进行相对位置定位
		编程示例	IndRMove Station_A,2\ToRelPos:=p5 \Short,20;

续表

名称			编程格式与示例
独立轴增量移动	IndDMove	编程格式	IndDMove MechUnit,Axis,Delta,Speed [\Ramp];
		程序数据与添加项	Delta：增量距离[(°)或 mm]及方向，数据类型 num；正值为正向回转，负值为反向回转； 其他：同指令 IndAMove
		功能说明	生效独立轴控制功能，并按指定的速度和方向移动指定的距离
		编程示例	IndDMove Station_A,2,−30,20;
独立轴连续回转	IndCMove	编程格式	IndCMove MechUnit,Axis,Speed [\Ramp];
		程序数据与添加项	Speed：回转速度[(°)/s 或 mm/s]及方向，数据类型 num；正值为正向回转，负值为反向回转； 其他：同指令 IndAMove
		功能说明	生效回转轴独立控制功能，并按指定的速度和方向连续回转
		编程示例	IndCMove Station_A,2,−30;
独立轴控制撤销	IndReset	编程格式	IndReset MechUnit,Axis [\RefPos]｜[\RefNum][\Short]｜[\Fwd]｜[\Bwd]｜\Old];
		程序数据与添加项	\RefPos：TCP 型参考点位置，数据类型 robtarget； \RefNum：数值型参考点位置，数据类型 num； \Short：捷径参考点位置，数据类型 switch； \Fwd：参考点位于正向，数据类型 switch； \Bwd：参考点位于负向，数据类型 switch； \Old：参考点不变(默认)，数据类型 switch； 其他：同指令 IndAMove
		功能说明	撤销独立轴控制，重新设定轴的参考点位置
		编程示例	IndReset Station_A,1 \RefNum:=300 \Short;
独立轴到位检查	IndInpos	命令格式	IndInpos (MechUnit,Axis)
		命令参数	MechUnit：机械单元名称，数据类型 mecunit； Axis：轴序号，数据类型 num
		执行结果	独立轴到位 TRUE，否则 FALSE
		功能说明	检测独立轴是否完成定位
		编程示例	WaitUntil IndInpos(Station_A,1)=TRUE;
独立轴速度检查	IndSpeed	命令格式	IndSpeed (MechUnit,Axis [\InSpeed]｜[\ZeroSpeed])
		命令参数与添加项	MechUnit：机械单元名称，数据类型 mecunit； Axis：轴序号，数据类型 num； \InSpeed：到位速度检查，数据类型 switch； \ZeroSpeed：零速检查，数据类型 switch
		执行结果	速度符合检查条件 TRUE，否则 FALSE
		功能说明	检测独立轴速度是否到达规定值
		编程示例	WaitUntil IndSpeed(Station_A,2 \InSpeed)=TRUE;

(2) 编程说明

① 独立轴定位。当独立轴采用位置控制模式工作时，可根据需要，选择绝对位置定位、相对位置定位、增量移动三种运动方式。

独立轴绝对定位指令 IndAMove 可用于直线轴、回转轴，执行指令可将指定的运动轴定义为独立轴，并移动到指定的绝对位置。当回转轴选择独立轴绝对定位时，伺服电机的回转角度可以超过360°；伺服电机的回转方向可根据目标位置和当前位置的差值，由控制系统自动判定。

独立轴相对位置定位指令 IndRMove 只能用于回转轴控制。选择独立轴相对位置定位的回转轴，其运动方向可通过添加项\Fwd、\Bwd 选定，回转角度不能超过360°；如果选择添加项\Short，独立轴以捷径定位方式定位，回转方向可由控制系统自动选择，选择捷径定位的回转轴实际回转角度不会超过180°。

独立轴进行绝对、相对位置定位时，其定位目标位置可为机器人 TCP 位置（robtarget）或坐标值（num 数据）。目标位置以 TCP 位置数据 robtarget 指定时，系统需要根据 TCP 位置计算独立轴的运动距离；由于 TCP 位置与程序偏移有关，因此，以 robtarget 数据定义的目标位置，将受程序偏移指令 EOffsSet、PDispOn 的影响。目标位置以坐标值（num 数据）指定时，直线轴的单位为 mm，回转轴的单位为（°），坐标值（num 数据）指定的目标位置无需控制系统进行其他处理，因此，它不受程序偏移指令 EOffsSet、PDispOn 的影响。

独立轴增量移动指令 IndDMove 同样可用于直线轴、回转轴，它可使得独立轴在指定的方向、移动指定的距离，其运动方向可通过移动距离的正负符号指定。

② 到位检查。独立轴定位完成后，可通过函数命令 IndInpos、IndSpeed，进行定位位置（IndInpos）、停止速度（IndSpeed）的检查与确认。

③ 速度控制。独立轴连续回转指令 IndCMove 可将独立轴从位置控制切换至速度控制模式。速度控制的独立轴将以指令规定的速度（Speed）连续回转，因此，它只能用于可无限回转的关节轴控制。独立轴连续回转的方向可通过速度数据（Speed）的正负符号指定。

④ 独立轴控制撤销。独立轴控制撤销指令 IndRese 用来撤销伺服轴独立控制功能，参与机器人 TCP 的关节、直线、圆弧插补运动。撤销独立轴控制功能需要对运动轴的参考点（零点）进行重新设定，参考点重新设定操作只是改变控制系统的实际位置存储器数据，而不会产生轴运动。参考点位置可通过不同的添加项，选择以下设定方式。

添加项\RefPos：独立轴参考点以机器人 TCP 位置的形式重新设定。

添加项\RefNum：独立轴参考点以关节绝对位置的形式重新设定。

添加项\Old：保持原来的参考点位置不变。

添加项\Fwd、\Bwd、\Short：参考点方向设定，指定\Fwd，参考点位于正向；指定\Bwd，参考点位于反向；选择\Short，回转轴参考点位于±180°范围内。

(3) 编程示例

利用 RAPID 独立轴控制指令，控制工件变位器 Station_A、Station_B 独立运动的编程示例如下。

```
......
ActUnit Station_B;                                    // 启用机械单元 Station_B
IndAMove Station_B,1\ToAbsNum: = 90,20;               // Station_B 第 1 轴 90°定位
DeactUnit Station_B;                                  // 停用机械单元 Station_B
......
ActUnit Station_A;                                    // 启用机械单元 Station_A
IndCMove Station_A,2,20;                              // Station_A 第 2 轴正向连续回转
WaitUntil IndSpeed(Station_A,2 \InSpeed) = TRUE;      // 等待速度到达
WaitTime 0.2;                                         // 暂停 0.2s
MoveL p10,v1000,fine,tool1;                           // 机器人运动
......
IndCMove Station_A,2,- 10;                            // Station_A 第 2 轴反向连续回转
MoveL p20,v1000,z50,tool1;                            // 机器人运动
......
IndRMove Station_A,2 \ToRelPos: = p1 \Short,10;       // Station_A 第 2 轴捷径定位
MoveL p30,v1000,fine,tool1;                           // 机器人运动
......
```

```
WaitUntil IndInpos(Station_A,2 ) = TRUE;          // 等待位置到达
WaitTime 0.2;                                     // 暂停 0.2s
IndReset Station_A,2 \RefPos:= p40\Short;         // 撤销独立轴控制,设定参考点
MoveL p40,v1000,fine,tool1;                       // TCP 定位
......
```

4.5.5 多机器人协同运动指令

(1) 指令与功能

多机器人协同运动指令用于复杂系统的不同机器人同步运动控制。多机器人协同运动需要在各机器人的主模块上定义协同作业任务表（tasks 数据，永久数据 PERS）、同步点（syncident 数据，程序变量 VAR）；然后，在同步点上启动、结束协同运动，用于协同运动的机器人移动指令需要增加添加项 \ ID。

多机器人协同运动指令的说明如表 4.5.5 所示。

表 4.5.5　多机器人协同运动指令编程说明表

名称	编程格式与示例		
协同运动启动	SyncMoveOn	编程格式	SyncMoveOn SyncID,TaskList [\TimeOut];
		程序数据与添加项	SyncID:同步点名称,数据类型 syncident; TaskList:协同作业任务表名称,数据类型 tasks; \TimeOut:同步等待时间(s),数据类型 num
	功能说明		在指定的同步点上,启动协同运动
	编程示例		SyncMoveOn sync2,task_list;
协同运动结束	SyncMoveOff	编程格式	SyncMoveOff SyncID [\TimeOut];
		程序数据与添加项	SyncID:同步点名称,数据类型 syncident; \TimeOut:同步等待时间(s),数据类型 num
	功能说明		在指定的同步点上,结束协同运动
	编程示例		SyncMoveOff sync2;
协同运动暂停	SyncMoveSuspend	编程格式	SyncMoveSuspend;
		程序数据	—
	功能说明		暂时停止协同运动,进入独立控制模式
	编程示例		SyncMoveSuspend;
协同运动恢复	SyncMoveResume	编程格式	SyncMoveResume;
		程序数据	—
	功能说明		恢复协同运动
	编程示例		SyncMoveResume;
协同运动撤销	SyncMoveUndo	编程格式	SyncMoveUndo;
		程序数据	—
	功能说明		强制撤销协同运动,恢复独立控制模式
	编程示例		SyncMoveUndo;
当前任务名称读取	GetTaskName	命令格式	GetTaskName ([\TaskNo] | [\MecTaskNo])
		命令参数与添加项	\TaskNo:任务编号,数据类型 num \MecTaskNo:运动任务编号,数据类型 num
		执行结果	当前任务名称、编号,数据类型 string
	功能说明		读取当前任务名称、编号
	编程示例		taskname:=GetTaskName(\MecTaskNo:=taskno);
同步运动检查	IsSyncMoveOn	命令格式	IsSyncMoveOn()
		命令参数	—
		执行结果	程序处于协同运动为 TRUE,否则为 FALSE
	功能说明		检查当前程序(任务)是否处于协同作业模式
	编程示例		Task_state:=IsSyncMoveOn();

协同运动的启动、结束需要在同步点上进行，指令添加项\TimeOut 为等待同步对象到达同步点的最长时间。在\TimeOut 规定时间内，若同步对象未到达同步点，则产生系统错误"ERR_SYNCMOVEOFF"并调用错误处理程序处理或停止机器人运动（错误处理程序未编制）。不使用添加项\TimeOut 时，系统将一直等待同步对象到达同步点。

协同运动暂停指令 SyncMoveSuspend 可暂时取消协同运动的同步控制模式，使各机器人恢复独立控制模式。使用协同运动暂停指令前，必须用轨迹存储指令 StorePath 及添加项\KeepSync，保持同步运动数据。

函数命令 GetTaskName 可用来检查系统当前执行任务名称及编号；函数命令 IsSyncMove-On 可用来检查系统当前任务是否处于协同作业同步运动模式。

(2) 程序示例

多机器人协同运动需要在各机器人主模块、主程序、子程序中编制相应的协同运动指令。以机器人 T_ROB1、T_ROB2 协同运动为例，程序示例如下。

机器人 T_ROB1 的主模块、主程序、子程序如下：

```
MODULE mainmodu (SYSMODULE)                              // T_ROB1 主模块
......
PERS tasks task_list{2}:=[["T_ROB1"],["T_ROB2"]];        // 定义协同作业任务
VAR syncident sync1;                                     // 定义同步点
VAR syncident sync2;
VAR syncident sync3;
......
! * * * * * * * * * * * * * * * * * * * * * * * * * * * * * * * * *
PROC main()                                              // T_ROB1 主程序
......
MoveL p0,vmax,z50,tool1;
WaitSyncTask sync1,task_list \TimeOut:=60;               // 等待 T_ROB2 同步 60s
MoveL p1,v500,fine,tool1;
syncmove;                                                // 调月协同子程序
......
ERROR                                                    // 同步超时出错处理
IF ERRNO = ERR_SYNCMOVEON THEN
RETRY;
ENDIF
ENDPROC
! * * * * * * * * * * * * * * * * * * * * * * * * * * * * * * * * *
PROC syncmove()                                          // T_ROB1 协同子程序
SyncMoveOn sync2,task_list;                              // 协同运动启动
MoveL * \ID:=10,v100,z10,tool1 \WOBJ:=rob2_obj;          // 与 T_ROB2 同步
SyncMoveOff sync3;                                       // 协同运动结束
UNDO                                                     // 任务还原
SyncMoveUndo;                                            // 撤销协同运动
ERROR                                                    // 同步出错处理
StorePath \KeepSync;                                     // 保存程序轨迹
p10:=CRobT(\Tool:=tool1 \WOBJ:=rob2_obj);                // 记录当前位置
SyncMoveSuspend;                                         // 暂停协同运动
MoveL p1,v100,fine,tool1;                                // 独立运动
SyncMoveResume;                                          // 恢复协同运动
```

```
MoveL p10\ID: = 111,fine,z10,tool1 \WOBJ: = rob2_obj;        // 与 T_ROB2 同步运动
RestoPath;                                                    // 恢复轨迹
StartMove;                                                    // 恢复移动
RETRY;
ENDPROC
! * * * * * * * * * * * * * * * * * * * * * * * * * * * * * * * * * * * * *
......
```

机器人 T_ROB2 的主模块、主程序、子程序如下：

```
MODULE mainmodu (SYSMODULE)                                   // T_ROB2 主模块
......
PERS tasks task_list{2}: = [["T_ROB1"],["T_ROB2"]];
VAR syncident sync1;
VAR syncident sync2;
VAR syncident sync3;
......
! * * * * * * * * * * * * * * * * * * * * * * * * * * * * * * * * * * * * *
PROC main()                                                   // T_ROB2 主程序
......
MoveL p0,vmax,z50,tool2;
WaitSyncTask sync1,task_list;                                 // 无限等待 T_ROB1 同步
MoveL p1,v500,fine,tool2\WOBJ: = rob2_obj;
syncmove;                                                     // 调用协同子程序
......
ERROR                                                         // 同步超时出错处理
IF ERRNO = ERR_SYNCMOVEON THEN
RETRY;
ENDIF
ENDPROC
! * * * * * * * * * * * * * * * * * * * * * * * * * * * * * * * * * * * * *
PROC syncmove()                                               // T_ROB2 协同子程序
SyncMoveOn sync2,task_list;                                   // 启动协同运动
MoveL *  \ID: = 10,v100,z10,tool2\WOBJ: = rob2_obj;          // 与 T_ROB1 同步
SyncMoveOff sync3;                                            // 结束协同运动
UNDO                                                          // 任务还原
SyncMoveUndo;                                                 // 撤销协同运动
ERROR                                                         // 同步出错处理
StorePath \KeepSync;                                          // 保存程序轨迹
p10: = CRobT(\Tool: = tool2 \WOBJ: = rob2_obj);              // 记录当前位置
SyncMoveSuspend;                                              // 暂停协同运动
MoveL p1,v100,fine,tool2 \WOBJ: = rob2_obj;                  // 独立运动
SyncMoveResume;                                               // 恢复协同运动
MoveL p10\ID: = 111,fine,z10,tool2 \WOBJ: = rob2_obj;        //与 T_ROB1 同步运动
RestoPath;                                                    // 恢复轨迹
StartMove;                                                    // 恢复移动
RETRY;
ENDPROC
! * * * * * * * * * * * * * * * * * * * * * * * * * * * * * * * * * * * * *
```

执行以上程序时，机器人 T_ROB1、T_ROB2 的主程序可在同步点 sync1 上完成同步，随后，各自独立定位到 $p1$ 点；接着，在程序 PROC syncmove、同步点 sync2 上，再次同步；然后，开始进行指定位置（＊）的直线插补同步运动（ID：=10）；同步运动完成后，在同步点 sync3 上结束同步，还原任务，撤销协同运动。如果程序 PROC syncmove 的同步运动出错，错误处理程序可保持程序同步轨迹，记录出错位置 $p11$，暂停协同运动，各自独立返回到 $p1$ 点；随后，恢复协同运动，并同步运动到出错位置 $p11$（ID：=111）；接着，恢复程序轨迹，重启同步移动（ID：=10）。

ABB 机器人控制系统功能完备、指令丰富，除了以上运动控制指令外，在具有一定智能性的工业机器人上，还可以使用同步跟踪（synchronized supervised）、外部引导运动（externally guided motion，简称 EGM）、轨迹校准（correction generators）运动等功能，限于篇幅，在此不再——介绍。

第**5**章

系统控制指令编程

5.1 输入/输出指令编程

5.1.1 I/O 状态读入函数

(1) I/O 信号与分类

工业机器人作业时，不但需要通过移动指令控制机器人 TCP 的移动，而且需要控制作业工具、工装夹具等辅助部件的动作。例如，点焊机器人一般需要有焊钳开/合、电极加压、焊接电源通断等动作，并需要对焊接电流、焊接电压进行调节；弧焊机器人则需要有引弧、熄弧、送丝、通气等动作，同样也需要进行焊接电流、焊接电压的调节；等等。用来控制机器人辅助部件动作的指令，称为输入/输出指令。

ABB 机器人控制系统的输入/输出信号可分为 DI/DO、AI/AO、SI/SO 及 GI/GO 几类，信号功能如下。

① DI/DO 信号。DI/DO 是开关量输入/输出（data input/data output）信号的简称，DI 信号可用于开关器件的状态检测，DO 信号可用于电磁元件的通断控制。在 RAPID 程序中，DI/DO 信号可通过逻辑运算函数命令进行处理。

② AI/AO 信号。AI/AO 是模拟量输入/输出（analog input/analog output）信号的简称，AI 信号用于连续变化参数（如电压、电流、压力、流量等）的检测，AO 信号用于连续变化参数的输出。在 RAPID 程序中，AI/AO 信号可通过 RAPID 算术运算函数命令处理。

③ SI/SO 信号。SI/SO 是系统输入/输出（system input/system output）信号的简称，SI/SO 一般用于系统的运行控制与状态指示，如伺服驱动启动/急停、机器人操作模式选择、程序自动运行/暂停等，信号功能、用途由控制系统生产厂家统一规定，在 RAPID 程序中可以读取、使用其状态，但不能改变其输出。

④ GI/GO 信号。GI/GO 是成组输入/输出（group input/group output）信号的简称，ABB 机器人的 GI/GO 信号可以为 16 点、32 点 DI/DO，DI/DO 地址需要通过控制系统的 I/O 配置操作设定。在 RAPID 程序中，GI/GO 信号可通过多位逻辑处理函数命令进行成组处理。

(2) I/O 状态读入函数与编程

在 RAPID 程序中，控制系统 I/O 信号的当前状态，可通过 I/O 读入函数命令读取或检查，常用的 I/O 状态读入函数命令名称、参数与编程示例如表 5.1.1 所示。

表 5.1.1　I/O 状态读入函数命令说明表

名称	编程格式与示例		
DI 状态读入	DInput	命令参数	Signal
	编程示例	flag1：= DInput(di1)；或 flag1：= di1；	
DO 状态读入	DOutput	命令参数	Signal
	编程示例	flag1：= DOutput(do1)；	
AI 数值读入	AInput	命令参数	Signal
	编程示例	reg1：= AInput(current)；或：reg1：= current；	
AO 数值读入	AOutput	命令参数	Signal
	编程示例	reg1：= AOutput(current)；	
16 点 DI 状态成组读入	GInput	命令参数	Signal
	编程示例	reg1：= GInput(gi1)；或：reg1：= gi1；	
32 点 DI 状态成组读入	GInputDnum	命令参数	Signal
	编程示例	reg1：= GInputDnum (gi1)；	
16 点 DO 状态成组读入	GOutput	命令参数	Signal
	编程示例	reg1：= GInput(go1)；	
32 点 DO 状态成组读入	GOutputDnum	命令参数	Signal
	编程示例	reg1：= GOutputDnum (go1)；	
DI 状态检测	TestDI	命令参数	Signal
	编程示例	IF TestDI (di2) SetDO do1,1； IF NOT TestDI (di2) SetDO do2,1； IF TestDI (di1) AND TestDI(di2)SetDO do3,1；	

表 5.1.1 中的 DI、AI 状态读入函数命令 DInput、AInput 及 GI 组信号读入函数命令 GInput，均为早期控制系统的遗留命令，在现行控制系统上可直接用程序数据名代替，例如，signaldi 数据 di1 可直接替代命令 DInput(di1)，signalai 数据 current 可直接替代命令 AInput(current)，signalgi 数据 gi1 可直接替代命令 GInput(gi1)，等等。表中其他函数命令的编程要求和示例如下。

① DI/DO 状态读入函数。DI/DO 状态读入函数可用来读入参数指定的 DI/DO 信号状态，命令的执行结果为 DIO 数值数据（dionum），值为 "0" 或 "1"。DI/DO 状态读入函数的编程格式及参数要求如下，现行系统可直接用程序数据 Signal 替代命令 DInput (Signal)。

```
DInput(Signal);或 Signal;                              // DI 信号状态读入
DOutput(Signal);                                       // DO 信号状态读入
```

Signal：DI/DO 信号名称，数据类型 signaldi/signaldo。

DI/DO 状态读入命令的编程示例如下。

```
flag1：= di1;                                          // 读入 di1 信号状态
flag2：= DOutput(do1);                                 // 读入 do1 信号状态
……

IF di2 = 1 THEN                                        // 作为 IF 指令条件
……

IF DOutput(do2) = 1 THEN
……
```

② AI/AO 读入函数。AI/AO 读入函数可用来读入指定 AI/AO 通道的模拟量数值，命令的执行结果为 num 数据。AI/AO 读入函数的编程格式及参数要求如下，现行系统可直接用程序数据 Signal 替代命令 AInput (Signal)。

```
AInput(Signal);或:Signal;                              // AI 数值读入
AOutput(Signal);                                       // AO 数值读入
```

Signal：AI/AO 信号名称，数据类型 signalai/signalao。

AI/AO 数值读入函数命令的编程示例如下。

```
reg1:= ai1;                                              // 读入 ai1 值
reg2:= AOutput(ao1);                                     // 读入 ao1 值
……
deviation1:= 3*ai2+ 10;                                  // 参与运算
deviation2:= deviation1+reg2;
……
IF ai2 = 5.12 THEN                                       // 作为 IF 指令条件
……
IF AOutput(ao2) >= 10.25 THEN
……
```

③ GI/GO 读入函数。GI/GO 状态读入函数可用来读入 16 点、32 点 DI/DO 信号组的状态，16 点信号组读入命令的执行结果为 num 数据（16 位正整数），32 点信号组读入命令的执行结果为 dnum 数据（32 位正整数）。GI/GO 读入函数命令的编程格式及参数要求如下，现行系统可直接用程序数据 Signal 替代命令 GInput（Signal）。

```
GInput(Signal);或:Signal;                                // 16 点 DI 状态成组读入
GInputDnum (Signal);                                     // 32 点 DI 状态成组读入
GOutput(Signal);                                         //16 点 DO 状态成组读入
GOutputDnum (Signal);                                    //32 点 DO 状态成组读入
```

Signal：DI/DO 信号组名，数据类型 signalgi/signalgo。

DI/DO 信号组状态读入函数命令的编程示例如下。

```
reg1:= gi1;                                              // 读入 16 点 DI 状态
reg2:= GOutput(go1);                                     // 读入 16 点 DO 状态
reg3:= GInputDnum (gi2);                                 // 读入 32 点 DI 状态
reg4:= GOutputDnum (go2);                                // 读入 32 点 DO 状态
……
IF gi2 = 5 THEN                                          // 检查 16 点 DI 状态(0…0101)
……
IF GInputDnum(gi2) = 25 THEN                             // 检查 32 点 DI 状态(0…01 1001)
……
```

④ DI 状态检测函数。DI 状态检测函数可用来检测命令参数所指定的 DI 信号状态，若 DI 信号状态为"1"，命令的执行结果为逻辑状态"TRUE"（bool 数据）；若 DI 信号状态为"0"，命令的执行结果为逻辑状态"FALSE"（bool 数据）。

DI 状态检测函数命令的编程格式及参数要求如下。

```
TestDI (Signal);
```

Signal：DI 信号名称，数据类型 signaldi。

DI 状态检测命令常作为 IF 指令的判断条件，它可使用 NOT、AND、OR 等逻辑运算表达式，TestDI 命令的编程示例如下。

```
IF TestDI (di2) SetDO do1,1;                             // di2=1 时 do1 输出 1
IF NOT TestDI (di2) SetDO do2,1;                         // di2=0 时 do2 输出 1
IF TestDI (di1) AND TestDI(di2) SetDO do3,1;             // di1、di2 同时为 1 时 do3 输出 1
……
```

5.1.2 DO/GO/AO 输出指令

(1) 指令与功能

在 RAPID 程序中，DO、GO、AO 信号的输出可通过 DO/GO/AO 输出指令控制，信号输出既可用 DO/GO/AO 输出指令的形式编程，也可利用控制点插补指令在机器人 TCP 插补移动时同步执行（参见第 4 章）。使用 DO/GO/AO 输出指令编程时，DO、GO 信号还可进行取反、脉冲、延时、同步等特殊处理。

DO/AO 输出指令说明如表 5.1.2 所示，指令的编程要求和示例如下。

表 5.1.2 DO/AO 输出指令及编程格式

名称		编程格式与示例		
输出控制	DO 信号 ON	Set	程序数据	Signal
		编程示例	Set do15;	
	DO 信号 OFF	Reset	程序数据	Signal
		编程示例	Reset do15;	
	DO 信号取反	InvertDO	程序数据	Signal
		编程示例	InvertDO do15;	
	脉冲输出	PulseDO	程序数据	Signal
			指令添加项	\High,\Plength
		编程示例	PulseDO do15; PulseDO\High do3; PulseDO\PLength:=1.0,do3;	
输出设置	DO 状态设置	SetDO	程序数据	Signal,Value
			指令添加项	\SDelay,\Sync
		编程示例	SetDO do15,1; SetDO \SDelay:=0.2,do15,1; SetDO \Sync ,do1,0;	
	DO 组状态设置	SetGO	程序数据	Signal,Value|Dvalue
			指令添加项	\SDelay
		编程示例	SetGO go2,12; SetGO \SDelay:=0.4,go2,10;	
	AO 值设置	SetAO	程序数据	Signal,Value
		编程示例	SetAO ao2,5.5;	

(2) 输出控制指令

输出控制指令可用来控制 DO 的输出状态，输出状态可为 ON（1）、OFF（0）或将现行状态取反。输出控制指令的编程格式及程序数据要求如下。

```
Set Signal;                                              // DO 信号 ON
Reset Signal;                                            // DO 信号 OFF
InvertDO Signal;                                         // DO 状态取反
```

Signal：DO 信号名称，数据类型 signaldo。

DO 输出控制指令的编程示例如下。

```
Set do2;                                                 // do2 输出 ON(1)
Reset do15;                                              // do15 输出 OFF(0)
InvertDO do10;                                           // do10 输出状态取反
……
```

(3) 脉冲输出指令

脉冲输出指令 PulseDO 可在指定的 DO 点上输出脉冲信号，输出脉冲宽度、输出形式可通过指令添加项定义。PulseDO 指令的编程格式及指令添加项、程序数据要求如下。

```
PulseDO [ \High,] [ \PLength,] Signal;
```

Signal：DO 信号名称，数据类型 signaldo。

\High：输出脉冲形式定义，数据类型 switch，添加项\High 的作用如图 5.1.1 所示。

不使用添加项\High 时，PulseDO 指令的输出如图 5.1.1 (a) 所示，其输出脉冲的形状与指令执行前的 DO 信号状态有关。若指令执行前 DO 信号状态为"0"，则产生一个正脉冲；若指令执行前 DO 信号状态为"1"，则产生一个负脉冲。

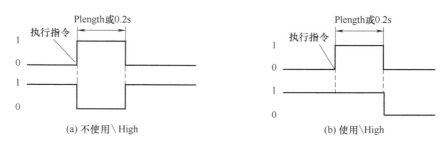

图 5.1.1　DO 脉冲输出

使用添加项\High 时，输出脉冲的状态只能为"1"，实际输出有图 5.1.1 (b) 所示的两种情况。若指令执行前 DO 信号状态为"0"，则产生一个正脉冲；若指令执行前 DO 信号状态为"1"，将在脉冲输出期间保持"1"状态。

\PLength：输出脉冲宽度，数据类型 num，单位 s，允许输入范围 0.001～2000。省略添加项时，系统默认的脉冲宽度为 0.2s。

脉冲输出指令 PulseDO 的编程示例如下。

```
PulseDO do15;                          // do15 输出宽度 0.2s 的脉冲
PulseDO \PLength:= 1.0,do2;             // do2 输出宽度 1s 的脉冲
PulseDO \High,do3;                      // do3 输出 0.2s 脉冲,或保持 1 状态 0.2s
……
```

(4) 输出设置指令

输出设置指令不但可用来控制 DO、GO、AO 的输出，还可通过添加项定义延时、同步等控制参数。输出设置指令的编程格式及指令添加项、程序数据要求如下。

```
SetDO [ \SDelay,] | [ \Sync,] Signal,Value;          // DO 输出设置
SetAO Signal,Value;                                  // AO 输出设置
SetGO [ \SDelay ,] Signal,Value | Dvalue;            // GO 输出组设置
```

Signal：输出信号名称，数据类型 signaldo/signalao/signalgo。

Value 或 Dvalue：输出值，SetDO 指令的数据类型为 dionum（0 或 1）；SetAO 指令的数据类型为 num；SetGO 指令的数据类型为 num 或 dnum。

\SDelay：输出延时，数据类型 num，单位 s，允许输入范围 0.001～2000。系统在输出延时阶段，可继续执行后续的其他指令，延时到达后改变输出状态。若延时期间再次出现了同一信号的设置指令，则前一指令被自动取消，系统直接执行后一条输出设置指令。

\Sync：同步控制，数据类型 switch。增加添加项\Sync 后，系统执行输出设置指令时，需要确认 DO 信号的实际输出状态发生改变后，才能继续执行下一指令；如果无添加项\Sync，则系统不等待 DO 信号的实际输出状态变化。

输出设置指令的编程示例如下。

```
VAR dionum off: = 0;                                        // 程序数据定义
VAR dionum high: = 1;
......
SetDO do1,1;                                                // do1 设定为 1
SetDO do2,off;                                              // do2 设定为 0
SetDO \SDelay: = 0.5,do3,high;                   // 延时 0.5s 后,将 do3 设定为 1
SetDO \Sync ,do4,0;                            // do4 设定为 0,并确认实际状态
SetAO ao1,5.5;                                            // ao1 设定为 5.5
SetGO go1,12;                                       // go1 设定为 0…0 1100
SetGO\SDelay: = 0.5,go2,10;              // 延时 0.5s 后,go2 设定为 0…0 1010
......
```

5.1.3 I/O 状态等待指令

(1) 指令与功能

在 RAPID 程序中，DI/DO、AI/AO、GI/GO 信号状态可用来控制程序执行过程，使程序在指定的条件满足后，继续执行下一指令。I/O 状态等待指令的名称与编程格式如表 5.1.3 所示，编程要求和示例如下。

表 5.1.3 状态等待指令及编程格式

名称	编程格式与示例		
DI 状态等待	WaitDI	程序数据	Signal,Value
		数据添加项	\MaxTime,\TimeFlag
	编程示例	WaitDI di4,1; WaitDI di4,1\ MaxTime:=2; WaitDI di4,1\ MaxTime:=2\TimeFlag:= flag1;	
DO 状态等待	WaitDO	程序数据	Signal,Value
		数据添加项	\MaxTime,\TimeFlag
	编程示例	WaitDO do4,1; WaitDO do4,1\MaxTime:=2; WaitDO do4,1\MaxTime:=2\TimeFlag:= flag1;	
AI 状态等待	WaitAI	程序数据	Signal,Value
		数据添加项	|\LT|\GT,\MaxTime,\ValueAtTimeout
	编程示例	WaitAI ai1,5; WaitAI ai1,\GT,5; WaitAI ai1,\LT,5\MaxTime:=4; WaitAI ai1,\LT,5\MaxTime:=4\ValueAtTimeout:= reg1;	
AO 状态等待	WaitAO	程序数据	Signal,Value
		数据添加项	|\LT|\GT,\MaxTime,\ValueAtTimeout
	编程示例	WaitAO ao1,5; WaitAO ao1,\GT,5; WaitAO ao1,\LT,5 \MaxTime:=4; WaitAO ao1,\LT,5\MaxTime:=4\ValueAtTimeout:= reg1;	
GI 状态等待	WaitGI	程序数据	Signal,Value|Dvalue
		数据添加项	\NOTEQ||\LT|\GT,\MaxTime,\TimeFlag
	编程示例	WaitGI gi1,5; WaitGI gi1,\NOTEQ,0; WaitGI gi1,5\MaxTime:= 2; WaitGI gi1,\NOTEQ,0\MaxTime:= 2;	

续表

名称	编程格式与示例		
GO 状态等待	WaitGO	程序数据	Signal,Value|Dvalue
		数据添加项	\NOTEQ||\LT|\GT,\MaxTime,\ValueAtTime-out|\DvalueAtTimeout
	编程示例	WaitGO go1,5; WaitGO go1,\NOTEQ,0; WaitGO go1,5\MaxTime:= 2; WaitGO go1,\NOTEQ,0\MaxTime:= 2\ValueAtTimeout:= reg1;	

（2）DI/DO 状态等待指令

DI/DO 状态等待指令可通过系统对指定 DI/DO 点的状态检查，来决定程序是否继续执行；如果需要，指令还可通过添加项，来规定最长等待时间、生成超时标记等。

DI/DO 状态等待指令的编程格式及指令添加项、程序数据要求如下。

```
WaitDI Signal,Value [\MaxTime] [\TimeFlag];                        // DI 状态等待
WaitDO Signal,Value [\MaxTime] [\TimeFlag];                        // DO 输出等待
```

Signal：DI/DO 信号名称，数据类型 signaldi/signaldo。

Value：DI/DO 信号状态，数据类型 dionum（0 或 1）。

\MaxTime：最长等待时间，数据类型 num，单位 s。不使用本添加项时，系统必须等待 DI/DO 条件满足，才能继续执行后续指令。使用本添加项时，若 DI/DO 在\MaxTime 规定的时间内未满足条件，且未定义添加项\TimeFlag，系统将发出等待超时报警并停止；若定义添加项\TimeFlag，则将\TimeFlag 指定的等待超时标志置为"TURE"状态，系统继续执行后续指令。

\TimeFlag：等待超时标志，数据类型 bool。

DI/DO 状态等待指令的编程示例如下。

```
VAR bool flag1;                                          // 程序数据定义
VAR bool flag2;
……
WaitDI di4,1;                                            // 等待 di4 = 1
WaitDI di4,1\MaxTime:= 2;                                // 等待 di4 = 1,2s 后报警停止
WaitDI di4,1\MaxTime:= 2\TimeFlag:= flag1;
                             // 等待 di4 = 1,2s 后 flag1 为 TURE,并执行下一指令
IF flag1 THEN
……
WaitDO do4,1;                                            // 用于 DO 等待,含义同上
WaitDO do4,1\MaxTime:= 2;
WaitDO do4,1\MaxTime:= 2\TimeFlag:= flag2;
IF flag2 THEN
……
```

（3）AI/AO 状态等待指令

AI/AO 状态等待指令可通过系统对 AI/AO 的数值检查，来决定程序是否继续执行；如果需要，指令还可通过添加项来增加判断条件、规定最长等待时间、保存超时瞬间当前值等。

AI/AO 状态等待指令的编程格式及指令添加项、程序数据要求如下。

```
WaitAI Signal [\LT] | [\GT],Value [\MaxTime] [\ValueAtTimeout];    // 等待 AI 条件满足
WaitAO Signal [\LT] | [\GT],Value [\MaxTime] [\ValueAtTimeout];    // 等待 AO 条件满足
```

Signal：AI/AO 信号名称，数据类型 signalai/signalao。

Value：AI/AO 判别值，数据类型 num。

\LT 或\GT：，判断条件，"小于"或"大于"判别值，数据类型 switch。指令不使用添加项\LT 或\GT 时，直接以判别值（等于）作为判断条件。

\MaxTime：最长等待时间，数据类型 num，单位 s；含义同 WaitDI/WaitDO 指令。

\ValueAtTimeout：当前值存储数据，数据类型 num。当 AI/AO 在\MaxTime 规定时间内未满足条件时，超时瞬间的 AI/AO 当前值保存在该程序数据中。

AI/AO 状态等待指令的编程示例如下。

```
VAR num reg1：= 0;                                               // 程序数据定义
VAR num reg2：= 0;
……
WaitAI ai1,5;                                                   // 等待 ai1 = 5
WaitAI ai1,\GT,5;                                               // 等待 ai1＞5
WaitAI ai1,\LT,5\MaxTime：= 4;                          // 等待 ai1＜5,4s 后报警停止
WaitAI ai1,\LT,5\MaxTime：= 4\ValueAtTimeout：= reg1;
                                  // 等待 ai1＜5,4s 后报警停止,当前值保存至 reg1
……
WaitAO ao1,5;                                                   // 用于 AO 等待,含义同上
WaitAO ao1,\GT,5;
WaitAO ao1,\LT,5\MaxTime：= 4;
WaitAO ao1,\LT,5\MaxTime：= 4\ValueAtTimeout：= reg2;
……
```

（4）GI/GO 状态等待指令

GI/GO 状态等待指令可通过系统对 DI/DO、GI/GO 信号组的状态检查，来决定程序是否继续执行；如果需要，指令还可通过程序数据添加项来规定判断条件、规定最长等待时间、保存超时瞬间当前值等。

GI/GO 状态等待指令的编程格式及指令添加项、程序数据要求如下。

```
WaitGI Signal,[\NOTEQ ] | [\LT ] | [\GT ] ,Value | Dvalue [\MaxTime ] [\ValueAtTimeout ] |
       [\DvalueAtTimeout ];
WaitGO Signal,[\NOTEQ] | [\LT ] | [\GT ] ,Value | Dvalue [\MaxTime ] [\ValueAtTimeout ] |
       [\DvalueAtTimeout ];
```

Signal：GI/GO 信号组名称，数据类型 signalgi/signalgo。

Value 或 Dvalue：GI/GO 判别值，数据类型 num 或 dnum。

\NOTEQ 或\LT 或\GT：判断条件，"不等于"或"小于"或"大于"判别值，数据类型 switch。指令不使用添加项\NOTEQ 或\LT 或\GT 时，以等于判别值作为判断条件。

\MaxTime：最长等待时间，数据类型 num，单位 s；含义同 WaitDI/WaitDO 指令。

\ValueAtTimeout 或\DvalueAtTimeout：当前值存储数据，数据类型 num 或 dnum。当 GI/GO 信号在\MaxTime 规定时间内未满足条件时，超时瞬间的 GI/GO 信号当前值将保存在该程序数据中。

GI/GO 状态等待指令的编程示例如下。

```
VAR num reg1：= 0;                                               // 程序数据定义
VAR num reg2：= 0;
……
WaitGI gi1,5;                                                   // 等待 gi1 = 0…0 0101
```

```
WaitGI gi1,\NOTEQ,0;                                    // 等待 gi1 不为 0
WaitGI gi1,5\MaxTime: = 2;                     // 等待 gi1 = 0…0 0101,2s 后报警停止
WaitGI gi1,\GT,0\MaxTime: = 2;                    // 等待 gi1 大于 0,2s 后报警停止
WaitGO gi1,\GT,0\MaxTime: = 2\ValueAtTimeout: = reg1;
                          // 等待 gi1 大于 0,2s 后报警停止,当前值保存至 reg1
WaitGO go1,5;                                        // 用于 GO 等待,含义同上
WaitGO go1,\NOTEQ,0;
WaitGO go1,5\MaxTime: = 2;
WaitGI go1,\GT,0\MaxTime: = 2;
WaitGO go1,\GT,0\MaxTime: = 2\ValueAtTimeout: = reg2;
……
```

5.1.4　I/O 配置与连接指令

(1) 指令与功能

I/O 配置指令通常用于工业机器人的安装与调试。RAPID 的 I/O 配置指令包括 I/O 单元使能/撤销、I/O 连接定义/撤销、I/O 总线使能等。

一般而言,控制系统的 I/O 单元(或模块)大多由机器人生产厂家,通过系统参数的设定进行配置,I/O 单元(或模块)可在系统启动时自动启动。ABB 机器人的 RAPID 程序功能较强,如果需要,机器人使用厂家也可在应用程序中,利用 I/O 单元撤销指令 IODisable,停用指定的 I/O 单元;或者,利用 I/O 单元使能指令 IOEnable,重新启用 I/O 单元。为了增加程序的通用性,RAPID 程序中所使用的 I/O 信号可自由命名,当程序用于特定机器人时,可通过 I/O 连接定义指令 AliasIO,建立程序 I/O 和系统实际配置 I/O 间的连接。指令 AliasIO 所建立的 I/O 连接,还可通过 I/O 连接撤销指令 AliasIOReset 撤销,以便重新建立程序 I/O 与其他实际配置 I/O 的连接。由于 ABB 机器人控制系统的标准 I/O 单元利用 Device Net 总线连接,因此,当使用 Interbus-S、Profibus-DP 等网络从站时,需要在 RAPID 程序中,利用总线使能指令,生效相应的总线和网络从站。

I/O 配置与连接指令编程说明如表 5.1.4 所示。

表 5.1.4　I/O 配置与连接指令编程说明表

名称	编程格式与示例		
I/O 单元使能	IOEnable	程序数据	UnitName,MaxTime
	编程示例	IOEnable board1,5;	
I/O 单元撤销	IODisable	程序数据	UnitName,MaxTime
	编程示例	IODisable board1,5;	
I/O 连接定义	AliasIO	程序数据	FromSignal,ToSignal
	编程示例	AliasIO config_do,alias_do;	
I/O 连接撤销	AliasIOReset	程序数据	Signal
	编程示例	AliasIOReset alias_do;	
I/O 总线使能	IOBusStart	程序数据	BusName
	编程示例	IOBusStart "IBS";	

(2) I/O 单元使能/撤销指令

I/O 单元使能/撤销指令 IOEnable/ IODisable,可用来启用/禁止系统中已实际安装、配置的 I/O 单元。I/O 单元一旦被禁止,利用该单元连接的所有输出信号的状态将成为 0(OFF 或 FALSE);单元重新启用时,可将输出信号的状态,恢复到 I/O 单元撤销指令 IODisable 执行前的状态。但是,用来连接系统、机器人基本控制信号的 I/O 单元,即属性(Unit Trustlevel）定义为"Required（必需）"的 I/O 单元，不能通过 I/O 单元撤销指令 IODisable 撤销。

I/O 单元使能/撤销指令 IOEnable/ IODisable 的编程格式及程序数据含义如下。

```
IODisable UnitName MaxTime;
IOEnable UnitName MaxTime;
```

UnitName：I/O 单元名称，数据类型 string。I/O 单元名称必须与系统参数中所设定的名称统一，否则，系统将发生"名称不存在"报警（ERR_NAME_INVALID）。

MaxTime：指令执行最大等待时间，数据类型 num，单位 s。I/O 单元使能/撤销需要进行总线通信、状态保存等操作，其执行时间约为 2~5s。

I/O 单元使能/撤销指令 IOEnable/ IODisable 的编程示例如下。

```
CONST string board1: = "board1";          // 定义 I/O 单元名称
IODisable board1,5;                        // 撤销 I/O 单元
……
IOEnable board1,5;                         // 重新启用 I/O 单元
……
```

(3) I/O 连接定义/连接撤销指令

I/O 连接定义指令 AliasIO 可用来建立 RAPID 程序中的 I/O 信号和系统实际配置的 I/O 信号间的连接，使程序中的信号成为系统实际配置的 I/O 信号。I/O 连接撤销指令 AliasIOReset 用来撤销指令 AliasIO 所建立的 I/O 连接。

I/O 连接定义/撤销指令的编程格式及程序数据含义如下。

```
AliasIO FromSignal,ToSignal;               // I/O 连接定义
AliasIOReset Signal;                       // I/O 连接撤销
```

FromSignal：系统实际配置的 I/O 信号名称，数据类型为 signaldi（DI）或 signaldo（DO）、signalai（AI）、signalao（AO）、signalgi（GI）、signalgo（GO）、string。FromSignal 所指定的信号必须是系统实际存在的信号；用 string 数据指定信号名称时，需要通过数据定义指令，将其定义为系统实际存在的信号。

ToSignal：RAPID 程序中所使用的 I/O 信号名称，数据类型同 FromSignal；ToSignal 所指定的信号必须是程序中已定义的程序数据。

I/O 连接指令一经执行，控制系统便可用实际配置的信号 FromSignal，来替代 RAPID 程序中的 I/O 信号 ToSignal。

Signal：RAPID 程序中的 I/O 信号名称，数据类型同 FromSignal；Signal 所指定的信号必须是程序中已定义的程序数据。

I/O 连接定义/连接撤销指令的编程示例如下。

```
MODULE mainmodu (SYSMODULE)                        // 主模块
| * * * * * * * * * * * * * * * * * * * * * * * * * * * * * *
VAR signaldi alias_di;                             // alias_di 信号定义
VAR signaldo alias_do;                             // alias_do 信号定义
……
| * * * * * * * * * * * * * * * * * * * * * * * * * * * * * *
ROC prog_start()                                   // I/O 连接定义程序
CONST string config_string: = "config_di";         // DI 信号名称定义
……
AliasIO config_string,alias_di;           // 连接 config_string、alias_di 信号
```

```
AliasIO config_do,alias_do;                           // 连接 config_do、alias_do 信号
IF alias_di = 1 THEN
SetDO alias_do,1;
……
AliasIOReset alias_di;                                 // 撤销 alias_di 信号连接
AliasIOReset alias_do;                                 // 撤销 alias_do 信号连接
……
```

（4）I/O 总线使能指令

I/O 总线使能指令 IOBusStart 可用来使能 Interbus-S、Profibus-DP 等网络总线，以及利用总线连接的网络从站，并对总线进行命名，指令的编程格式及程序数据含义如下。

```
IOBusStart BusName;
```

BusName：I/O 总线名称，数据类型 string。

I/O 总线使能指令的编程示例如下。

```
……
IOBusStart "IBS";                                      // 使能 I/O 总线,并命名为 IBS
……
```

5.1.5　I/O 检测函数与指令

（1）函数命令与程序指令

为了检查 I/O 信号的状态，在 RAPID 程序中，可以利用 I/O 单元检测、I/O 信号运行及连接检测函数命令，来检测 I/O 单元及 I/O 信号的实际运行与连接状态。在此基础上，还可通过 I/O 总线检测指令获得 I/O 总线的运行状态、物理状态或逻辑状态。

I/O 检测函数、指令的编程说明如表 5.1.5 所示。

表 5.1.5　I/O 检测函数、指令编程说明表

名称			编程格式与示例	
函数命令	I/O 单元检测	IOUnitState	命令参数	UnitName
			可选参数	\Phys|\Logic
		编程示例	IF(IOUnitState("UNIT1"\Phys)= IOUNIT_RUNNING) THEN	
	I/O 运行检测	ValidIO	命令参数	Signal
		编程示例	IF ValidIO(ai1) SetDO do1,1; IF NOT ValidIO(di17) SetDO do1,1; IF ValidIO(gi1) AND ValidIO(go1) SetDO do3,1;	
	I/O 连接检测	GetSignalOrigin	命令参数	Signal,SignalName
		编程示例	reg1:= GetSignalOrigin(di1,di1_name);	
程序指令	I/O 总线检测	IOBusState	程序数据	BusName,State
			数据添加项	\Phys|\Logic
		编程示例	IOBusState "IBS",bstate \Phys; TEST bstate CASE IOBUS_PHYS_STATE_RUNNING：	

（2）IOUnitState 命令编程

I/O 单元检测函数命令 IOUnitState 可用来检测指定 I/O 单元当前的运行状态，其执行结果为枚举数据（iounit_state）；iounit_state 数据通常以字符串文本表示，数值与字符串文本的对应关系及含义如表 5.1.6 所示。

表 5.1.6 **iounit_state 数据含义表**

I/O 单元状态值		含义
数值	字符串文本	
1	IOUNIT_RUNNING	运行状态；I/O 单元运行正常
2	IOUNIT_RUNERROR	运行状态；I/O 单元运行出错
3	IOUNIT_DISABLE	运行状态；I/O 单元已撤销
4	IOUNIT_OTHERERR	运行状态；I/O 单元配置或初始化出错
10	IOUNIT_LOG_STATE_DISABLED	逻辑状态；I/O 单元已撤销
11	IOUNIT_LOG_STATE_ENABLED	逻辑状态；I/O 单元已使能
20	IOUNIT_PHYS_STATE_DEACTIVATED	物理状态；I/O 单元被程序撤销，未运行
21	IOUNIT_PHYS_STATE_RUNNING	物理状态；I/O 单元已使能，正常运行中
22	IOUNIT_PHYS_STATE_ERROR	物理状态；系统报警，I/O 单元停止运行
23	IOUNIT_PHYS_STATE_UNCONNECTED	物理状态；I/O 单元已配置，总线通信出错
24	IOUNIT_PHYS_STATE_UNCONFIGURED	物理状态；I/O 单元未配置，总线通信出错
25	IOUNIT_PHYS_STATE_STARTUP	物理状态；I/O 单元正在启动中
26	IOUNIT_PHYS_STATE_INIT	物理状态；I/O 单元正在初始化

I/O 单元检测函数命令 IOUnitState 的编程格式及参数的要求如下。

```
IOUnitState (UnitName [\Phys] | [\Logic])
```

UnitName：需要检测的 I/O 单元名称，数据类型 string。I/O 单元名称必须与系统参数定义一致。如果未指定可选参数\Phys 或\Logic，执行结果（iounit_state 数据）为表 5.1.6 中的单元运行状态值 1～4。

\Phys 或\Logic：物理状态或逻辑状态检测，数据类型 switch。增加选择参数\Phys 后，执行结果（iounit_state 数据）为表 5.1.6 中的 I/O 单元的物理状态值 20～26；增加选择参数\Logic 后，执行结果（iounit_state 数据）为表 5.1.6 中的 I/O 单元的逻辑状态值 10～11。

I/O 单元检测函数命令的检测结果一般作为 IF、TEST 等指令的判断条件、测试数据，指令的编程示例如下。

```
IF (IOUnitState("UNIT1") = IOUNIT_RUNNING) THEN
......                                                // 检测 I/O 单元运行状态
IF (IOUnitState("UNIT1"\Phys) = IOUNIT_PHYS_STATE_RUNNING) THEN
......                                                // 检测 I/O 单元物理状态
IF (IOUnitState("UNIT1"\Logic) = IOUNIT_LOG_STATE_DISABLED) THEN
......                                                // 检测 I/O 单元逻辑状态
```

(3) ValidIO 命令编程

I/O 运行检测函数命令 ValidIO 可用来检测指定 I/O 信号及对应 I/O 单元的实际运行状态，其执行结果为逻辑状态型数据（bool）。执行命令后，若命令参数所指定的 I/O 信号及所在 I/O 单元运行正常，且 I/O 连接已通过指令 AliasIO 定义，命令执行结果为"TRUE"；若该 I/O 单元运行不正常，或指定的 I/O 信号未定义连接，则命令执行结果为"FALSE"。

I/O 信号运行检测函数命令 ValidIO 的编程格式及参数要求如下。

```
ValidIO (Signal)
```

Signal：需要检测的 I/O 信号名称，数据类型 signaldi（DI）或 signaldo（DO）、signalai（AI）、signalao（AO）、signalgi（GI）、signalgo（GO）。

I/O 状态检测函数命令一般作为 IF、TEST 等指令的判断条件、测试数据，并可使用 NOT、AND、OR 等逻辑运算表达式，命令的编程示例如下。

```
        IF ValidIO(di17) SetDO do1,1;                    // di17 正常,do1 = 1
        IF NOT ValidIO(do9) SetDO do2,1;                 // do9 不正常,do2 = 1
        IF ValidIO(ai1) AND ValidIO(ao1) SetDO do3,1;    // ai1、ao1 均正常,do3 = 1
        IF ValidIO(gi1) AND ValidIO(go1) SetDO do4,1;    // gi1、go1 均正常,do4 = 1
        ......
```

（4）GetSignalOrigin 命令编程

I/O 连接检测函数命令 GetSignalOrigin 可用来检测程序中 I/O 信号的连接定义情况，其执行结果为具有特殊数值的信号枚举数据 SignalOrigin。SignalOrigin 数据通常以字符串文本表示，数值与字符串文本的对应关系及含义如表 5.1.7 所示。

表 5.1.7　SignalOrigin 数据含义表

连接状态		含义
数值	字符串文本	
0	SIGORIG_NONE	I/O 信号已通过数据声明指令定义，但未进行 I/O 连接定义
1	SIGORIG_CFG	I/O 信号在系统的实际配置中存在
2	SIGORIG_ALIAS	I/O 信号已通过数据声明指令定义，I/O 连接定义已完成

I/O 连接检测函数命令 GetSignalOrigin 的编程格式及参数要求如下。

```
GetSignalOrigin (Signal,SignalName)
```

Signal：需要检测的 I/O 信号名称，数据类型 signaldi（开关量输出 DI）、signaldo（开关量输出 DO）、signalai（模拟量输入 AI）、signalao（模拟量输出 AO）、signalgi（开关量输入组 GI）、signalgo（开关量输出组 GO）。

SignalName：程序中定义的 I/O 信号名称，数据类型 string。

I/O 连接检测函数命令的检测结果同样可作为 IF、TEST 等指令的判断条件、测试数据，指令的编程示例如下。

```
        VAR signalorigin reg1;             // 保存指令执行结果的程序变量 reg1 定义
        VAR string di1_name;               // 检测信号名称 di1_name 定义
        ......
        reg1: = GetSignalOrigin( di1,di1_name );
    IF reg1: = SIGORIG_NONE THEN
        ......
        ELSEIF reg1: = SIGORIG_CFG THEN
        ......
        ELSEIF reg1: = SIGORIG_ALIAS THEN
        ......
    ENDIF
        ......
```

（5）IOBusState 指令编程

I/O 总线检测指令 IOBusState 可用来检测指定 I/O 总线的运行状态，其执行结果为枚举数据 busstate。busstate 数据通常以字符串文本表示，数值与字符串文本的对应关系及含义如表 5.1.8 所示。

I/O 总线检测指令 IOBusState 的编程格式及程序数据、数据添加项的要求如下。

```
IOBusState BusName,State [\Phys] | [\Logic]
```

BusName：需要检测的 I/O 总线名称，数据类型 string。

表 5.1.8　busstate **数据含义表**

总线运行状态		含义
数值	字符串文本	
0	BUSSTATE_HALTED	运行状态:I/O总线停止运行
1	BUSSTATE_RUN	运行状态:I/O总线运行正常
2	BUSSTATE_ERROR	运行状态:系统报警,I/O总线停止运行
3	BUSSTATE_STARTUP	运行状态:I/O总线正在启动中
4	BUSSTATE_INIT	运行状态:I/O总线正在初始化
10	IOBUS_LOG_STATE_STOPPED	逻辑状态:系统报警,I/O总线停止运行
11	IOBUS_LOG_STATE_STARTED	逻辑状态:I/O总线正常运行
20	IOBUS_PHYS_STATE_HALTED	物理状态:I/O总线被撤销,未运行
21	IOBUS_PHYS_STATE_RUNNING	物理状态:I/O总线使能,正常运行中
22	IOBUS_PHYS_STATE_ERROR	物理状态:系统报警,I/O总线停止运行
23	IOBUS_PHYS_STATE_STARTUP	物理状态:I/O总线正在启动中
24	IOBUS_PHYS_STATE_INIT	物理状态:I/O总线正在初始化

State：存储总线状态的程序数据名称，数据类型 busstate。该程序数据用来存储 I/O 总线检测结果，如果未指定添加项\Phys 或\Logic，检测结果为表 5.1.8 中的 I/O 总线运行状态值 0~4。

\Phys 或\Logic：物理状态或逻辑状态检测，数据类型 switch。增加添加项\Phys 后，检测结果为表 5.1.8 中的 I/O 总线物理状态值 20~24；增加添加项\Logic 后，检测结果为表 5.1.8 中的 I/O 总线逻辑状态值 10~11。

I/O 总线检测指令的检测结果一般作为 IF、TEST 等指令的判断条件、测试数据，指令的编程示例如下。

```
    VAR busstate bstate;                         // 总线状态存储变量 bstate 定义
    ……
    IOBusState "IBS",bstate;                     // 总线运行状态测试
TEST bstate
    CASE BUSSTATE_RUN:
    ……
    IOBusState "IBS",bstate \Phys;               // 总线物理状态测试
TEST bstate
    CASE IOBUS_PHYS_STATE_RUNNING:
    ……
    IOBusState "IBS",bstate \Logic;              // 总线逻辑状态测试
TEST bstate
    CASE IOBUS_LOG_STATE_STARTED:
    ……
```

5.1.6　输出状态保存指令

(1) 指令与功能

RAPID 输出保存指令 TriggStopProc 可用来保存程序停止（STOP）或系统急停（QSTOP）时的 DO、GO 信号的状态。DO、GO 信号状态以重启型数据（restartdata）的形式，保存在系统的永久数据（PERS）上，以便在系统重新启动时检查、恢复。TriggStopProc 指令的执行状态可在指定的 DO 信号上输出。

输出保存指令 TriggStopProc 的编程格式及程序数据、添加项的含义如下。

TriggStopProc　RestartRef [\DO] [\GO1] [\GO2] [\GO3] [\GO4] ,ShadowDO;

RestartRef：保存 DO、GO 信号状态的系统重启数据名称，数据类型 restartdata。restartdata 数据为多元复合结构数据，数据性质为永久数据（PERS）。

ShadowDO：输出 TriggStopProc 指令执行状态的 DO 信号名称，数据类型 signaldo。

\DO：需要保存的 DO 信号名称，数据类型 signaldo。

\GO1～\GO4：需要保存的 1～4 组 GO 信号名称，数据类型 signalgo。

指令 TriggStopProc 的基本执行过程如下。

① 通过机器人操作或其他方式（如系统报警等），使机器人进入减速停止（程序停止 STOP）或紧急停止（系统急停 QSTOP）状态。

② 控制系统立即读取 TriggStopProc 指令中用程序数据 RestartRef 添加项\DO 或\GO1～\GO4 指定的信号状态，并将当前状态其作为 restartdata 数据的初值（prevalue）保存到程序数据 RestartRef 中。

③ 延时 400～500ms 后，控制系统再次读取\DO 或\GO1～\GO4 指定信号的状态，并作为 restartdata 数据的终值（postvalue），保存到程序数据 RestartRef 中。

④ 将系统的全部 DO 输出状态设定为 0。

⑤ 根据 restartdata 数据的设定，在 ShadowDO 指定的 DO 信号上，输出指令 TriggStopProc 执行标记。

(2) 程序数据及设定

输出保存指令 TriggStopProc 所保存的重启数据为多元复合结构数据，类型为 restartdata。restartdata 数据的格式及构成项的含义如下。

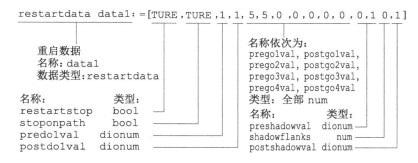

restartstop：数据有效性指示，bool 数据。状态"TURE"为有效数据；状态"FALSE"为无效数据。

stoponpath：机器人 TCP 停止位置指示，bool 数据。状态"TURE"代表 TCP 停止位置在插补轨迹上；状态"FALSE"代表 TCP 停止位置不在插补轨迹上。

predo1val：DO 初值，dionum 数据。

postdo1val：DO 终值，dionum 数据。

prego1val～prego4val：GO1～GO4 初值，num 数据。

postgo1val～postgo4val：GO1～GO4 终值，num 数据。

preshadowval：ShadowDO 初始状态设定，dionum 数据。

shadowflanks：ShadowDO 信号状态变化次数设定，num 数据。

postshadowval：ShadowDO 最终状态设定，dionum 数据。

restartdata 数据需要以永久数据（PERS）的形式，在 RAPID 程序中事先定义；利用数据项 preshadowval、shadowflanks、postshadowval 的不同设定，可在指令 TriggStopProc 执行

状态输出信号 ShadowDO 上得到不同的输出状态。例如：

设定 preshadowval＝0、shadowflanks＝0、postshadowval＝0，指令 TriggStopProc 执行状态输出信号 ShadowDO 将始终为"0"；

设定 preshadowval＝0、shadowflanks＝0、postshadowval＝1 时，restartdata 数据保存后，指令 TriggStopProc 执行状态输出信号 ShadowDO 的输出状态将为"1"；

设定 preshadowval＝0、shadowflanks＝1、postshadowval＝1 时，restartdata 数据保存时，指令 TriggStopProc 执行状态输出信号 ShadowDO 可产生一个上升沿；

设定 preshadowval＝0、postshadowval＝0、shadowflanks＝2 时，数据保存时，指令 TriggStopProc 执行状态输出信号 ShadowDO 为宽度 400～500ms 的脉冲；等等。

5.2 程序运行控制指令编程

5.2.1 程序等待指令

(1) 指令与功能

通常情况下，当工业机器人选择程序自动运行模式时，控制系统将自动、连续执行程序指令。但是，为了协调机器人系统各部分的动作，程序中某些指令可能需要一定的执行条件，这时，就需要通过程序等待指令暂停程序的执行过程，以等待条件满足后，继续执行后续指令。

RAPID 程序等待的方式较多。例如，可通过前述的 I/O 状态等待指令控制程序运行，或者通过延时、到位检测、永久数据状态检查等方式暂停程序的执行过程。在多任务、协同作业等复杂系统上，还可使用程序同步等待 WaitSyncTask、程序加载等待 WaitLoad、同步监控等待 WaitSensor、工件等待 WaitWObj 等指令来暂停程序，协调系统动作。

利用延时、到位检测、永久数据状态检查等方式控制程序等待指令的说明如表 5.2.1 所示。

表 5.2.1　程序等待指令编程说明表

名称	编程格式与示例		
定时等待	WaitTime	程序数据	Time
		指令添加项	\InPos,
	编程示例	WaitTime \InPos,0;	
移动到位等待	WaitRob	指令添加项	\InPos ∣ \ZeroSpeed
	编程示例	WaitRob \ZeroSpeed;	
逻辑状态等待	WaitUntil	程序数据	Cond
		指令添加项	\InPos,
		数据添加项	\MaxTime,\TimeFlag,\PollRate
	编程示例	WaitUntil di4 ＝ 1 \MaxTime：＝5.5;	
永久数据等待	WaitTestAndSet	程序数据	Object
	编程示例	WaitTestAndSet semPers;	
程序同步等待	WaitSyncTask	程序数据	SyncID,TaskList
		指令添加项	\InPos,
		数据添加项	\TimeOut
	编程示例	WaitSyncTask \InPos,sync1,task_list \TimeOut：＝ 60;	
程序加载等待	WaitLoad	程序数据	LoadNo
		指令添加项	\UnloadPath,\UnloadFile
		数据添加项	\CheckRef
	编程示例	WaitLoad load1;	

名称	编程格式与示例		
同步监控等待	WaitSensor	程序数据	MechUnit
		数据添加项	\RelDist,\PredTime,\MaxTime,\TimeFlag
	编程示例	WaitSensor sync1\RelDist：=500.0；	
工件等待	WaitWObj	程序数据	WObj
		数据添加项	\RelDist,\PredTime,\MaxTime,\TimeFlag
	编程示例	WaitWObj wobj_on_cnv1\RelDist：=0.0；	

（2）定时等待与移动到位等待

定时等待指令 WaitTime 和移动到位等待指令 WaitRob 是 RAPID 程序最常用的程序等待指令，指令编程要求分别如下。

① 定时等待。定时等待指令 WaitTime 可直接通过暂停时间的设定，来控制程序的执行过程，指令的编程格式及要求如下。

```
WaitTime [\InPos,] Time;
```

\InPos：到位检测，数据类型 switch。不使用添加项时，系统一旦执行等待指令，就立即开始暂停计时；使用添加项时，如果 WaitTime 指令之前存在移动指令，需要等待机器人、外部轴移动到位且完全停止后，才开始暂停计时。如果指令仅使用添加项\InPos，暂停时间 Time 设定为 0，则指令功能与下述的到位等待指令 WaitRob \InPos 功能相同。

Time：暂停时间，数据类型 num，单位 s。暂停时间的最小设定值为 0.001s，最大值不受限制。

定时等待指令 WaitTime 的编程示例如下。

```
MoveJ p1,v1000,z30,tool1;
WaitTime \InPos,0;                              // 程序暂停,等待机器人到位
SetDO do1,1;
WaitTime 0.5;                                   // 程序暂停 0.5s
……
```

② 移动到位等待。移动到位等待指令 WaitRob 可通过机器人、外部轴到位区间或移动速度的检测，来控制程序的执行过程，指令的编程格式及要求如下。

```
WaitRob [\InPos] | [\ZeroSpeed];
```

\InPos 或\ZeroSpeed：到位判别条件，数据类型 switch，两者必须且只能选择其一。选择\InPos，控制系统将以机器人、外部轴到达停止点所规定的到位区间，作为程序暂停结束的判别条件；选择\ZeroSpeed，控制系统将以机器人、外部轴移动速度为 0 的时刻，作为程序暂停结束的判别条件。

移动到位等待指令 WaitRob 的编程示例如下。

```
MoveJ p1,v1000,fine\Inpos：=inpos20,tool1;
WaitRob \InPos;                                 // 等待到达到位区间
MoveJ p2,v1000,fine,tool1;
WaitRob \ZeroSpeed;                             // 等待移动速度为 0
……
```

（3）逻辑状态等待

逻辑状态等待指令 WaitUntil 可通过指定逻辑状态的判别，来控制程序的执行过程，指令的编程格式及指令添加项的要求如下。

```
WaitUntil [\InPos,] Cond [\MaxTime] [\TimeFlag] [\PollRate];
```

\InPos：到位检测，数据类型 switch。不使用添加项时，系统执行指令时，只需要等待指定的

逻辑状态；使用添加项后，必须同时满足机器人和外部轴移动到位及指定的逻辑状态两个条件。

Cond：逻辑判断条件，数据类型 bool，可使用逻辑表达式。

\MaxTime：最长等待时间，数据类型 num，单位 s。不使用本添加项时，系统必须等待至逻辑判断条件满足，才能继续执行后续指令。使用本添加项时，如果逻辑判断条件在\MaxTime 规定的时间内未满足，且未定义添加项\TimeFlag 时，系统将发出等待超时报警（ERR_WAIT _MAXTIME），并停止；定义添加项\TimeFlag 时，控制系统将\TimeFlag 指定的等待超时标志置为"TURE"状态，并继续执行后续指令。

\TimeFlag：等待超时标志，数据类型 bool。增加本添加项时，如果指定的条件在\MaxTime 规定的时间内仍未满足，则该程序数据将成为"TURE"状态，系统继续执行后续指令。

\PollRate：检测周期，数据类型 num，单位 s，最小设定为 0.04s。添加项用来指定控制系统检测逻辑判断条件的周期，例如，DI/DO 信号的输入采样时间等。不使用本添加项时，系统默认的检测周期为 0.1s。

逻辑状态等待指令 WaitUntil 的编程示例如下。

```
WaitUntil \Inpos,di4 = 1;                          // 等待到位及 di4 信号 ON
WaitUntil di1 = 1 AND di2 = 1 \MaxTime: = 5;        // 等待 di1、di2 信号 ON,5s 后报警
......
VAR bool tmout;                                     // 定义超时标记
WaitUntil di1 = 1 \MaxTime: = 5 \TimeFlag: = tmout; // 等待 di1 信号 ON,5s 后继续
IF tmout THEN                                       // 检查超时标记
    SetDO do1,1;
        ELSE
    SetDO do1,0;
ENDIF
```

(4) 永久数据等待

RAPID 程序中永久数据（PERS）是可定义初始值，并能保存最后结果的程序数据，它必须利用模块的数据声明指令定义。永久数据等待指令 WaitTestAndSet 是通过对逻辑状态型（bool）永久数据的状态检测，来控制程序的执行过程、暂停程序的编程指令，编程格式与要求如下。

```
WaitTestAndSet Object;
```

Object：永久数据名称，数据类型 bool。当指令需要用于多任务控制时，永久数据的使用范围必须定义为全局永久数据（global data，参见第 3 章），指令功能如下。

① 若指令执行时，永久数据的状态为 TRUE，则程序暂停，直至其成为 FALSE；随后，将永久数据的状态设置为 TRUE。

② 若指令执行时，永久数据的状态为 FALSE，则将其设置为 TRUE，并继续执行后续指令。

永久数据等待指令 WaitTestAndSet 的编程示例如下。

```
MODULE mainmodu (SYSMODULE)                         // 主模块
  PERS bool semPers: = FALSE;                       // 定义永久数据
  ......
ENDMODULE
! * * * * * * * * * * * * * * * * * * * * * * * * * * * * * * * * *
PROC doit()                                         // 程序模块
  ......
  WaitTestAndSet semPers;                           // 等待 semPers 状态 FALSE
```

永久数据等待指令 WaitTestAndSet 的功能，实际上也可通过逻辑状态等待指令 WaitUntil 实现，例如，上述程序的功能与以下程序相同。

```
IF semPers = FALSE THEN
   semPers:= TRUE;
ELSE
   WaitUntil semPers = FALSE;
   semPers:= TRUE;
ENDIF
```

5.2.2　程序停止与移动停止指令

(1) 指令与功能

程序停止指令可直接结束程序自动运行及机器人运动，程序自动运行一旦被停止，一般需要通过重新启动操作，才能恢复程序的执行。RAPID 程序可通过程序终止或停止、程序或循环退出、移动停止或结束、系统停止等方式结束自动运行。程序一旦停止运行，控制系统一般不能进行程序数据的处理，指令均无程序数据；但部分指令可通过增加指令添加项，以实现不同的控制目的。

移动停止指令可暂停或结束当前的机器人、外部轴移动，运动停止后，控制系统可继续执行后续其他指令。机器人和外部轴的移动可通过指令恢复。

RAPID 程序停止、移动停止指令的编程说明如表 5.2.2 所示。

表 5.2.2　程序停止指令及编程说明表

类别与名称		编程格式与示例		
停止	程序终止	Break	程序数据、指令添加项	—
		编程示例	Break;	
	程序停止	Stop	指令添加项	\NoRegain | \AllMoveTasks
		编程示例	Stop \NoRegain;	
退出	退出程序	Exit	程序数据、指令添加项	—
		编程示例	Exit	
	退出循环	ExitCycle	程序数据、指令添加项	—
		编程示例	ExitCycle;	
移动停止	移动暂停	StopMove	指令添加项	\Quick,\AllMotionTasks
		编程示例	StopMove;	
	恢复移动	StartMove	指令添加项	\AllMotionTasks
		编程示例	StartMove;	
	移动结束	StopMoveReset	指令添加项	\AllMotionTasks
		编程示例	StopMoveReset;	
系统停止	系统停止	SystemStopAction	指令添加项	\Stop,\StopBlock,\Halt
		编程示例	SystemStopAction \Stop;	

(2) 程序终止与停止

RAPID 程序运行可通过程序终止指令 Break、程序停止指令 Stop 两种方式停止。程序停止时，控制系统可保留原程序的执行状态信息，因此，操作者可通过示教器上的程序启动按钮（START），重新启动程序；程序重启后，控制系统仍可继续执行后续的指令。程序终止和程序停止指令的功能及编程要求如下。

① 程序终止。利用程序终止指令 Break 停止程序时，系统将立即停止机器人、外部轴移动，并结束程序的自动运行，操作者可进行测量检查、作业检查等工作。被终止的程序可通过

示教器的程序启动按钮 START 重新启动，以继续执行后续指令。

② 程序停止。利用指令 Stop 停止程序时，系统将等待当前的移动指令执行完成，在机器人、外部轴运动停止后，才结束程序的自动运行。Stop 指令可通过添加项 \NoRegain 或 \AllMoveTasks，选择以下停止方式之一。

\NoRegain：停止点检查功能无效，数据类型 switch。使用添加项 \NoRegain 后，程序重启时将不检查机器人、外部轴的实际位置是否为程序停止时的位置，直接执行后续的指令；不使用本添加项时，程序重启时将检查机器人、外部轴实际位置，如果机器人、外部轴已偏离程序停止时的位置，示教器上将显示操作信息，由操作者选择是否先使机器人、外部轴返回程序停止时的位置。

\AllMoveTasks：所有任务停止，数据类型 switch。使用本添加项时，可停止所有任务中的程序运行；不使用本添加项时，仅停止指令所在任务的程序运行。

程序终止指令 Break、停止指令 Stop 的编程示例如下。

```
MoveJ p0,v1000,z30,tool1;
Break;                                    // 程序终止,机器人立即停止
MoveJ p1,v1000,fine,tool1;
Stop;                                     // 程序停止,到达p1后停止
……
```

(3) 程序退出

RAPID 程序可通过退出程序指令 Exit、退出循环指令 ExitCycle 两种方式退出。

① 退出程序。利用退出程序指令 Exit 退出程序时，系统将立即结束当前程序的自动运行，并清除全部执行状态数据；程序的重新启动必须重新选择程序，并从主程序的起始位置开始重新运行。

② 退出循环。利用退出循环指令 ExitCycle 退出程序时，系统将立即结束当前程序的自动运行，并返回到主程序的起始位置；但变量或永久数据的当前值、运动设置、打开的文件及路径、中断设定等不受影响。因此，如果系统选择了程序连续执行模式，可直接通过示教器的程序启动按钮 START 重新启动主程序。

程序退出指令 Exit、退出循环指令 ExitCycle 的编程示例如下。

```
……
IF di0 = 0 THEN
  Exit;                                   // 退出程序
ELSE
  ExitCycle;                              // 退出循环
ENDIF
ENDPROC
```

(4) 移动停止

RAPID 程序可通过移动暂停指令 StopMove、移动结束指令 StopMoveReset 来停止或结束当前指令的机器人和外部轴移动，运动停止后，系统可继续执行后续其他指令，机器人和外部轴的移动可通过恢复移动指令 StartMove 恢复。移动暂停、恢复移动指令常用于程序中断控制，以便进行程序轨迹的存储、恢复及重启。

机器人和外部轴是否处于移动停止状态，可通过函数命令 IsStopMoveAct 检查，如果处于移动停止状态，命令的执行结果将为 TRUE，否则为 FALSE。

① 移动暂停。移动暂停指令 StopMove 可暂停当前的机器人和外部轴移动，运动停止后，

系统可继续执行后续其他指令；指令中的剩余行程可通过恢复移动指令 StartMove 恢复。指令可通过以下添加项选择停止方式。

\Quick：快速停止，数据类型 switch。不使用本添加项时，机器人、外部轴为正常的减速停止；使用本添加项后，机器人、外部轴以动力制动的形式快速停止。

\AllMotionTasks：所有任务停止，数据类型 switch。使用本添加项时，可停止所有同步执行的任务中的机器人、外部轴运动。

② 移动结束。移动结束指令 StopMoveReset 可暂停当前的机器人和外部轴的移动，并清除剩余行程；运动恢复后，将启动下一指令的机器人和外部轴移动。指令添加项的含义与移动暂停指令 StopMove 相同。

移动暂停指令 StopMove、移动结束指令 StopMoveReset 的编程示例如下。

```
IF di0 = 1 THEN
  StopMove;                                              // 移动暂停
  WaitDI di1,1;
  StartMove;                                             // 移动恢复
ELSE
  StopMoveReset;                                         // 移动结束
ENDIF
......
```

(5) 系统停止

系统停止指令 SystemStopAction 可停止控制系统的程序处理过程。它可通过添加项选择如下停止方式。

\Stop：正常停止，数据类型 switch。使用该添加项时，控制系统将停止程序处理，结束程序自动运行和机器人、外部轴移动，但可保留程序执行指针，因此，被停止的程序可通过正常操作重启。

\StopBlock：程序段结束，数据类型 switch。使用该添加项时，系统将停止程序处理，结束程序的自动运行和机器人、外部轴移动；同时，将删除程序执行指针，程序重启必须重新选定重启的指令（程序段）。

\Halt：伺服关闭，数据类型 switch。使用该添加项时，系统在结束程序的自动运行和机器人、外部轴移动的同时，还将自动关闭伺服驱动器；因此，程序重启时，必须进行伺服驱动的重新启动操作。

系统停止指令 SystemStopAction 的编程示例如下。

```
IF di0 = 1 THEN
  SystemStopAction \Stop;                               // 正常停止
ELSE
  SystemStopAction \Halt;                               // 伺服关闭
ENDIF
......
```

5.2.3 程序转移与指针复位指令

程序转移指令可用来实现程序的跳转功能，指令包括程序内部跳转和跨程序跳转（子程序调用）两类。子程序调用、返回指令的编程要求可参见第 3 章。

(1) 程序转移指令与功能

RAPID 程序内部跳转指令及特殊的子程序变量调用指令的编程说明如表 5.2.3 所示。

表 5.2.3　RAPID 程序转移指令及编程说明表

名称	编程格式与示例		
程序跳转	GOTO	程序数据	Label
	编程示例	GOTO ready;	
条件跳转	IF—GOTO	程序数据	Condition,Label
	编程示例	IF reg1 > 5 GOTO next;	
子程序的变量调用	CallByVar	程序数据	Name,Number
	编程示例	CallByVar "proc",reg1;	

　　程序跳转指令 GOTO 可中止后续指令的执行，直接转移至跳转目标（label）位置继续。跳转目标（label）以字符后缀 ":" 的形式表示，并需要单独占一指令行。跳转目标既可位于 GOTO 指令之后（向下跳转），也可位于 GOTO 指令之前（向上跳转）；如果需要，GOTO 指令还可结合 IF、TEST、FOR、WHILE 等条件判断指令一起使用，以实现程序的条件跳转及分支等功能。

　　利用指令 GOTO 及 IF 实现程序跳转、重复执行、分支转移的编程示例如下。

```
GOTO next1;                                          // 跳转至 next1 处继续(向下)
……                                                 // 被跳过的指令
next1:                                               // 跳转目标
……
| * * * * * * * * * * * * * * * * * * * * * * * * * * *
reg1:= 1;
next2:                                               // 跳转目标
……                                                 // 重复执行 4 次
reg1:= reg1 + 1;
IF reg1< 5 GOTO next2;                               // 条件跳转,至 next2 处重复
| * * * * * * * * * * * * * * * * * * * * * * * * * * *
IF reg1> 100 THEN
GOTO next3;                                          // 如 reg1> 100 跳转至 next3 分支
  ELSE
GOTO next4;                                          // 如 reg1≤100 跳转至 next4 分支
  ENDIF
  next3:
……                                                 // next3 分支,reg1> 100 时执行
GOTO ready;                                          // 分支结束
  next4:
……                                                 // next4 分支,reg1≤100 时执行
  ready:                                             // 分支合并
……
```

(2) 子程序的变量调用

　　变量调用指令 CallByVar 可用于名称为 "字符串＋数字" 的无参数普通子程序（PROC）调用，它可用变量替代数字实现不同子程序的调用。CallByVar 指令的编程格式及程序数据要求如下。

CallByVar Name,Number;

　　Name：子程序名称的文字部分，数据类型 string。

　　Number：子程序名称的数字部分，数据类型 num，为正整数。

　　例如，利用变量调用指令 CallByVar 选择调用无参数普通子程序 proc1、proc2、proc3 的

程序示例如下，程序中的 reg1 值可以为 1、2 或 3。

```
VAR num reg1;                                              // 变量定义
……
CallByVar "proc",reg1;                                     // 子程序变量调用
……
```

以上程序也可通过 TEST 指令实现，其程序如下。

```
TEST reg1
  CASE 1:
    proc1;
  CASE 2:
    proc2;
  CASE 3:
    proc3;
  ENDTEST
```

（3）指针复位与操作模式检查

程序指针就是用来选择程序编辑、程序重新启动指令的光标，当系统由自动运行模式切换为手动（低速或高速）模式时，程序指针将自动复位到应用程序的起始位置，这时，如果操作者在手动操作模式下调整了程序指针的位置，当再切换到程序自动运行时，若程序需要从起始位置开始执行，就需要通过指令 ResetPPMoved 复位程序指针。

RAPID 程序指针复位与检查函数命令的功能、编程格式与示例如表 5.2.4 所示。

表 5.2.4 程序指针检查与复位指令编程说明表

名称	编程格式与示例		
程序指针复位	ResetPPMoved	编程格式	ResetPPMoved;
	功能说明	复位程序指针到程序起始位置	
	编程示例	ResetPPMoved;	
手动指针移动检查	PPMovedInManMode	命令格式	PPMovedInManMode()
		执行结果	TRUE:手动移动了指针;FALSE:未移动
	编程示例	IF PPMovedInManMode() THEN	
指针停止状态检查	IsStopStateEvent	命令格式	IsStopStateEvent ([\PPMoved] | [\PPToMain])
		命令参数 与添加项	\PPMoved:指针移动检查,数据类型 switch \PPToMain:指针移动至主程序检查,数据类型 switch
		执行结果	TRUE:指针被移动;FALSE:指针未移动
	编程示例	IF IsStopStateEvent (\PPMoved) = TRUE THEN	

函数命令 PPMovedInManMode 用来检查手动操作模式的程序指针移动状态，如果在手动操作模式下移动了程序指针，则执行结果为 TRUE。IsStopStateEvent 命令用来检查当前任务的程序指针停止位置，如果在程序停止后，指针被移动，则执行结果为 TRUE。

RAPID 程序指针复位与检查函数命令的编程示例如下。

```
IF PPMovedInManMode() THEN                                 // 指针检查
  ResetPPMoved;                                            // 指针复位
  DoJob;                                                   // 程序调用
ELSE
  DoJob;
ENDIF
……
```

5.2.4 执行时间记录指令与函数

(1) 指令与功能

RAPID 程序执行时间记录指令可用来精确记录程序指令的执行时间,系统计时器的计时单位为 ms,最大计时值为 4294967s(49 天 17 时 2 分 47 秒)。执行时间计时器的时间值可以通过函数命令读入,读入的时间单位可以选择 μs。

RAPID 程序执行时间记录指令及函数命令的编程说明如表 5.2.5 所示。

表 5.2.5　执行时间记录指令与函数命令编程说明表

名称		编程格式与示例	
计时器启动	ClkStart	编程格式	ClkStart Clock;
		程序数据	Clock:计时器名称,数据类型 clock
	功能说明	启动计时器计时	
	编程示例	ClkStart clock1;	
计时器停止	ClkStop	编程格式	ClkStop Clock;
		程序数据	Clock:计时器名称,数据类型 clock
	功能说明	停止计时器计时	
	编程示例	ClkStop clock1;	
计时器复位	ClkReset	编程格式	ClkReset Clock;
		程序数据	Clock:计时器名称,数据类型 clock
	功能说明	复位计时器计时值	
	编程示例	ClkReset clock1;	
启动执行时间记录	SpyStart	编程格式	SpyStart File;
		程序数据	File:文件路径与名称,数据类型 string
	功能说明	详细记录每一指令的执行时间,并保存到文件 file 中	
	编程示例	SpyStart "HOME:/spy. log";	
停止执行时间记录	SpyStop	编程格式	SpyStop;
		程序数据	—
	功能说明	停止记录指令执行时间	
	编程示例	SpyStop;	
计时器时间读入	ClkRead	命令格式	ClkRead (Clock \HighRes)
		命令参数	Clock:计时器名称,数据类型 clock; \HighRes:计时单位 μs,数据类型 switch
		执行结果	计时器时间值,数据类型 num,单位 ms(或 μs)
	功能说明	读取计时器时间值	
	编程示例	time:=ClkRead(clock1);	
系统时间读取	GetTime	命令格式	GetTime([\WDay] | [\Hour] | [\Min] | [\Sec])
		命令参数与添加项	\Wday:当前日期,数据类型 switch; \Hour:当前时间(时),数据类型 switch; \Min:当前时间(分),数据类型 switch; \Sec:当前时间(秒),数据类型 switch
		执行结果	系统当前的时间值,数据类型 num
	功能说明	读取系统当前的时间	
	编程示例	hour:= GetTime(\Hour);	

(2) 编程示例

RAPID 程序执行时间记录指令的编程示例如下,该程序可以通过计时器 clock1 的计时,将系统 DI 信号 di1 输入为"1"的延时读入到程序数据 time 中。

```
VAR clock clock1;                                                    // 程序数据定义
VAR num time;
......
ClkReset clock1;                                                     // 计时器复位
ClkStart clock1;                                                     // 计时器启动
WaitUntil di1 = 1;                                           // 程序暂停,等待 di1 输入
ClkStop clock1;                                                      // 停止计时
time: = ClkRead(clock1);                                             // 读入计时值
......
```

程序执行时间记录启动/停止指令 SpyStart /SpyStop,可将每一程序指令的执行时间详细记录,并保存到指定的文件中。由于时间计算和数据保存需要较长的时间,因此,该功能多用于程序调试,而较少用于实际作业。

例如,利用指令 SpyStart /SpyStop 记录子程序 rProduce1 的指令执行时间,并将其保存到 SD 卡(HOME:)文件 spy. log 中的程序如下。

```
......
SpyStart "HOME:/spy. log";                                   // 启动指令执行时间记录
rProduce1;                                                   // 调用需要记录的程序
SpyStop;                                                     // 停止指令执行时间记录
......
! * * * * * * * * * * * * * * * * * * * * * * * * * * * * * * * * * * * *
PROC rProduce1()
  SetDo1,1;
  IF di1 = 0 THEN
  MoveL p1,v200,fine,tool0;
  ENDIF
  MoveL p2,v200,fine,tool0;
  ......
ENDPROC
! * * * * * * * * * * * * * * * * * * * * * * * * * * * * * * * * * * * *
```

5.3 程序中断指令编程

5.3.1 中断监控指令

(1) 指令与功能

中断是系统对异常情况的处理方式,中断功能一旦使能(启用),只要中断条件满足,系统可立即终止现行程序的执行,直接转入中断程序(TRAP),而无需进行其他编程。RAPID 中断程序的格式及基本要求,可参见第 3 章。

RAPID 程序中断需要在主程序中编制中断设定、中断控制指令。中断设定指令用来定义程序中断的条件,中断控制指令用来连接中断条件、使能/禁止/删除/启用/停用中断功能。对于控制系统出错引起的中断,还可在中断程序(TRAP)中编制中断监视指令,以读取中断数据及系统出错信息。

中断控制、监视指令的编程说明如表 5.3.1 所示。

表 5.3.1 中断控制、监视指令编程说明表

名称	编程格式与示例		
中断连接	CONNECT—WITH	程序数据	Interrupt, Trap_routine
	编程示例	CONNECT feeder_low WITH feeder_empty;	
中断删除	IDelete	程序数据	Interrupt
	编程示例	IDelete feeder_low;	
中断使能	IEnable	程序数据	—
	编程示例	IEnable;	
中断禁止	IDisable	程序数据	—
	编程示例	IDisable;	
中断停用	ISleep	程序数据	Interrupt
	编程示例	ISleep sig1int;	
中断启用	IWatch	程序数据	Interrupt
	编程示例	IWatch sig1int;	
中断数据读入	GetTrapData	程序数据	TrapEvent
	编程示例	GetTrapData err_data;	
出错信息读入	ReadErrData	程序数据	TrapEvent, ErrorDomain, ErrorId, ErrorType
		数据添加项	\Title、\Str1…\Str5
	编程示例	ReadErrData err_data, err_domain, err_number, err_type \Title:=titlestr \Str1:=string1 \Str2:=string2;	

(2) 中断的连接与删除

中断连接指令 CONNECT—WITH 用来建立中断条件和中断程序的连接；中断删除指令 IDelete 用来删除已建立的中断连接。

在 RAPID 程序中，不同的中断条件通常以中断名称表示与区分，每一个中断条件（名称）只能连接唯一的中断程序；但是，不同的中断条件（名称）允许连接（调用）同一中断程序。中断连接、删除指令的编程要求如下。

```
CONNECT Interrupt WITH Trap_routine;                    // 中断连接
IDelete Interrupt;                                      // 中断删除
```

Interrupt：中断名称（中断条件），数据类型 intnum。

Trap_routine：中断程序名称。

中断连接、删除指令的编程示例如下，中断连接指令之后，需要紧接用来定义中断条件的中断设定指令（见后述）。

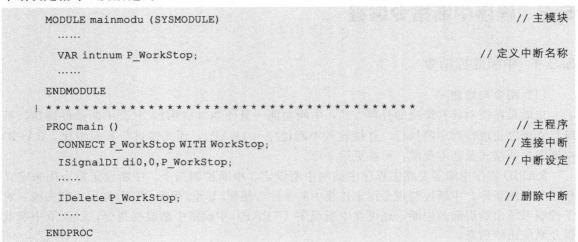

```
MODULE mainmodu (SYSMODULE)                             // 主模块
    ......
    VAR intnum P_WorkStop;                              // 定义中断名称
    ......
ENDMODULE
| * * * * * * * * * * * * * * * * * * * * * * * * * * * * * *
PROC main ()                                            // 主程序
    CONNECT P_WorkStop WITH WorkStop;                   // 连接中断
    ISignalDI di0,0,P_WorkStop;                         // 中断设定
    ......
    IDelete P_WorkStop;                                 // 删除中断
    ......
ENDPROC
```

```
! * * * * * * * * * * * * * * * * * * * * * * * * * * * * * * * * *
  TRAP WorkStop                                              // 中断程序
    ......
  ENDTRAP
! * * * * * * * * * * * * * * * * * * * * * * * * * * * * * * * * *
```

(3) 中断禁止/使能与启用/停用

中断连接一旦建立，系统的中断功能将自动生效，程序自动运行时，只要中断条件满足，系统便立即终止现行程序，而转入中断程序的处理。但是，如果程序中存在某些不允许（或不需要）中断的区域，也可以通过中断禁止/使能与启用/停用指令来禁止、停用中断。

① 中断禁止/使能。中断禁止指令 IDisable 用来暂时禁止中断功能，利用中断禁止指令禁止的中断可通过中断使能指令 IEnable 重新恢复。中断禁止/使能指令对程序中的所有中断均有效，若只需要禁止某一特定的中断，则应使用中断停用/启用指令。

中断禁止/使能指令的编程示例如下。

```
......
IDisable;                                                    // 禁止中断
FOR i FROM 1 TO 100 DO                            // 不允许中断的指令
  character[i]:= ReadBin(sensor);
ENDFOR
IEnable;                                                     // 使能中断
......
```

② 中断停用/启用。中断停用指令 ISleep 可用来禁止指定名称（条件）的中断，但不影响其他中断功能；被停用的中断，可通过中断启用指令 IWatch 重新启用。

指令 ISleep、IWatch 的编程格式如下。

```
ISleep Interrupt;                                            // 中断停用
IWatch Interrupt;                                            // 中断启用
```

Interrupt：需要停用、启用的中断名称，数据类型 intnum。

中断停用、启用指令的编程示例如下。

```
......
ISleep sig1int;                                       // 停用中断 sig1int
weldpart1;                          // 调用子程序 weldpart1,中断 sig1int 无效
IWatch sig1int;                                       // 启用中断 sig1int
weldpart2;                          // 调用子程序 weldpart2,中断 sig1int 有效
......
```

(4) 中断监视指令

中断数据读入指令 GetTrapData 可用来获取当前中断的状态信息；状态信息读入后，可进一步通过出错信息读入指令 ReadErrData，读取导致系统出错的错误类别、错误代码、错误性质等更多信息。中断数据读入、出错信息读入指令只能在中断程序（TRAP 程序）中编程。中断监视指令多用于系统出错控制的中断程序，指令的编程格式及程序数据、数据添加项含义如下。

```
GetTrapData TrapEvent;
ReadErrData TrapEvent,ErrorDomain,ErrorId,ErrorType [\Title] [\Str1]… [\Str5];
```

TrapEvent：中断事件，数据类型 trapdata。该程序数据用来储存中断信息。

ErrorDomain：系统错误类别，数据类型 errdomain。该程序数据用来储存错误类别。ABB 机器人的错误类别为枚举数据，在 RAPID 程序中通常以字符串文本的形式表示，指令可设定的值（字符串）如表 5.3.2 所示。

表 5.3.2　错误类别及含义

错误类别		含义
数值	字符串	
0	COMMON_ERR	所有出错及状态变更
1	OP_STATE	操作状态变更
2	SYSTEM_ERR	系统出错
3	HARDWARE_ERR	硬件出错
4	PROGRAM_ERR	程序出错
5	MOTION_ERR	运动出错
6	OPERATOR_ERR	运算出错(新版本已撤销)
7	IO_COM_ERR	I/O 和通信出错
8	USER_DEF_ERR	用户定义的出错
9	OPTION_PROD_ERR	选择功能出错(新版本已撤销)
10	PROCESS_ERR	过程出错
11	CFG_ERR	机器人配置出错

ErrorId：错误代码，数据类型 num。IRC5 机器人控制系统的错误号以"错误类别＋错误代码"的形式表示，例如，错误号 10008 的错误类别为"1"（操作状态变更）、错误代码为"0008"（程序重启），因此，该出错中断的 ErrorId 值将为 8。

ErrorType：系统错误性质，数据类型 errtype。该程序数据用来储存错误性质，错误性质为特定的数值型数据，在 RAPID 程序中通常以字符串文本的形式定义，指令可设定的值（字符串）如表 5.3.3 所示。

表 5.3.3　错误性质及含义

错误性质		含义
数值	字符串	
0	TYPE_ALL	任意性质的错误(操作提示、系统警示、系统报警)
1	TYPE_STATE	操作状态变更(操作提示)
2	TYPE_WARN	系统警示
3	TYPE_ERR	系统报警

\Title：文件标题，数据类型 string，即保存系统错误信息的 UTF8 格式文件标题。

\Str1… \Str5：错误信息，数据类型 string，存储系统错误信息的内容。

中断数据读入、出错信息读入指令的编程示例如下，指令只能在中断程序中编程。

```
    VAR errdomain err_domain;                           // 定义程序数据
    VAR num err_number;
    VAR errtype err_type;
    VAR trapdata err_data;
    VAR string titlestr;
    VAR string string1;
    VAR string string2;
    ……
! * * * * * * * * * * * * * * * * * * * * * * * * * * * * * * * * * * * *
  TRAP err_trap                                          // 中断程序
    GetTrapData err_data;                                // 中断信息读入
```

```
        ReadErrData err_data,err_domain,err_number,err_type \Title:= titlestr \Str1:=
string1 \Str2:= string2;                                              // 出错信息读入
    ENDTRAP
! * * * * * * * * * * * * * * * * * * * * * * * * * * * * * * * * * * * * * * *
```

5.3.2　I/O 中断设定指令

(1) 指令与功能

I/O 中断是以控制系统 DI/DO、AI/AO、GI/GO 状态作为中断条件，控制程序中断的功能。RAPID 程序的 I/O 中断包括常规 I/O 中断（以下简称 I/O 中断）和控制点 I/O 中断两类。I/O 中断与机器人运动无关，只要 I/O 信号满足中断条件，控制系统便可立即执行中断程序；控制点 I/O 中断需要结合控制点插补指令 TriggJ/TriggL/TriggC 使用（详见第 4 章），它只能在机器人执行控制点插补指令时，在插补轨迹的控制点上，利用 I/O 信号控制程序中断。

I/O 中断设定指令及编程说明如表 5.3.4 所示。

表 5.3.4　I/O 中断设定指令及编程说明表

名称	编程格式与示例		
DI/DO 中断设定	ISignalDI/ ISignalDO	程序数据	Signal,TriggValue,Interrupt
		指令添加项	\Single,｜\SingleSafe,
	编程示例	ISignalDI di1,1,sig1int; ISignalDO\Single,do1,1,sig1int;	
GI/GO 中断设定	ISignalGI/ ISignalGO	程序数据	Signal,Interrupt
		指令添加项	\Single,｜\SingleSafe,
	编程示例	ISignalGI gi1,sig1int; ISignalGO go1,sig1int;	
AI/AO 中断设定	ISignalAI/ ISignalAO	程序数据	Signal,Condition,HighValue,LowValue,DeltaValue,Interrupt
		指令添加项	\Single,｜\SingleSafe,
		数据添加项	\Dpos｜\DNeg
	编程示例	ISignalAI ai1,AIO_OUTSIDE,1.5,0.5,0.1,sig1int; ISignalAO ao1,AIO_OUTSIDE,1.5,0.5,0.1,sig1int;	
控制点 I/O 中断设定	TriggCheckIO	程序数据	TriggData,Distance,Signal,Relation, CheckValue｜CheckDvalue,Interrupt
		数据添加项	\Start｜\Time,\StopMove
	编程示例	TriggCheckIO checkgrip,100,airok,EQ,1,intno1;	

(2) DI/DO 中断设定指令

DI/DO 中断设定指令 ISignalDI / ISignalDO 用于控制系统开关量输入/输出中断条件的定义，指令的编程格式与要求如下。

```
ISignalDI [ \Single,] ｜[ \SingleSafe,] Signal,TriggValue,Interrupt;
ISignalDO [ \Single,] ｜[ \SingleSafe,] Signal,TriggValue,Interrupt;
```

\Single 或\SingleSafe：一次性中断或一次性安全中断选择，数据类型 switch。不使用该添加项时，只要 DI、DO 信号满足中断条件，便可随时启动中断功能，中断次数不受限制。选择添加项 \Single 为一次性中断，控制系统仅在 DI、DO 信号第一次满足中断条件时，才启动中断功能，中断启动时，系统将立即执行中断程序。添加项 \SingleSafe 为一次性安全中断，控制系统同样只能在 DI 信号第一次满足中断条件时，才启动中断功能；但是，如果中断启动时，系统处于程序停止状态，中断将进入"列队等候"状态，只有在程序再次启动时，才执行中断程序。

Signal：DI/DO 中断信号名称，数据类型 signaldi/signaldo。

TriggValue：中断检测条件，数据类型 dionum。设定"0"（或 low）为下降沿中断；设定"1"（或 high）为上升沿中断；设定"2"（或 edge）为边沿中断（上升/下降沿同时有效）。I/O 中断只能通过 DI/DO 信号的上升沿、下降沿启动，若中断使能前，中断信号状态已为"0"（下降沿检测）或"1"（上升沿检测），控制系统将不会产生下降沿或上升沿中断。

Interrupt：中断名称（中断条件），数据类型 intnum。

DI/DO 中断设定指令的编程示例如下。

```
MODULE mainmodu (SYSMODULE)                                    // 主模块
  VAR intnum siglint;                                         // 定义中断名称
  ......
ENDMODULE
! * * * * * * * * * * * * * * * * * * * * * * * * * * * * * * * *
PROC main ()                                                   // 主程序
  ......
  CONNECT siglint WITH iroutine1;                            // 中断连接
  ISignalDO di1,0,siglint;                                   // 中断设定
  ......
  IDelete siglint;                                            // 中断删除
  ......
ENDPROC
! * * * * * * * * * * * * * * * * * * * * * * * * * * * * * * * *
TRAP iroutine1                                                 // 中断程序
  ......
ENDTRAP
! * * * * * * * * * * * * * * * * * * * * * * * * * * * * * * * *
```

（3）GI/GO 中断设定指令

GI/GO 中断设定指令 ISignalGI/ ISignalGO 用于控制系统开关量输入/输出组信号中断条件的定义，指令的编程格式与要求如下。

ISignalGI [\Single,] | [\SingleSafe,] Signal,Interrupt;

ISignalGO [\Single,] | [\SingleSafe,] Signal,Interrupt;

\Single 或\SingleSafe：一次性中断或一次性安全中断选择，数据类型 switch。该添加项的含义与 DI/DO 中断设定指令 ISignalDI / ISignalDO 相同。

Signal：GI/GO 中断信号名称，数据类型 signalgi/signalgo。

Interrupt：中断名称（中断条件），数据类型 intnum。

GI/GO 中断可在信号组的任一 DI/DO 信号状态改变时启动中断，无须规定 GI/GO 的状态值。如果程序要求中断只能在特定的 GI/GO 状态下产生，应先通过 GI/GO 信号状态读入指令读取 GI/GO 状态，然后，通过数据比较等指令的处理结果启动中断。

GI/GO 中断设定指令的编程要求、程序格式与 DI/DO 中断设定指令基本相同。例如，一般先在主模块中定义中断名称，然后，在主程序中通过中断连接指令连接中断程序，利用 GI/GO 中断设定指令设定中断条件。GI/GO 中断同样可通过中断删除指令 IDelete 删除。

（4）AI/AO 中断设定指令

AI/AO 中断设定指令 ISignalAI/ ISignalAO 用于控制系统模拟量输入/输出中断条件的定义，指令的编程格式与要求如下。

ISignalAI [\Single,] | [\SingleSafe,] Signal,Condition,HighValue,LowValue,DeltaValue

[\DPos]|[\DNeg],Interrupt；

ISignalAO [\Single,]|[\SingleSafe,] Signal,Condition,HighValue,LowValue,DeltaValue [\DPos]|[\DNeg],Interrupt；

\Single 或\SingleSafe：一次性中断或一次性安全中断选择，数据类型 switch。该添加项的含义与 DI/DO 中断设定指令 ISignalDI/ISignalDO 相同。

Signal：AI/AO 中断信号名称，数据类型 signalai/signalao。

Condition：中断检测条件，数据类型 aiotrigg。AI/AO 中断的中断检测条件为枚举数据，在 RAPID 程序中通常以字符串文本形式定义，指令可设定的值如表 5.3.5 所示。

表 5.3.5 aiotrigg 设定值及含义

设定值		含义
数值	字符串	
1	AIO_ABOVE_HIGH	AI/AO 实际值＞HighValue 时中断
2	AIO_BELOW_HIGH	AI/AO 实际值＜HighValue 时中断
3	AIO_ABOVE_LOW	AI/AO 实际值＞LowValue 时中断
4	AIO_BELOW_LOW	AI/AO 实际值＜LowValue 时中断
5	AIO_BETWEEN	HighValue≥AI/AO 实际值≥LowValue 时中断
6	AIO_OUTSIDE	AI/AO 实际值＜LowValue 及 AI/AO 实际值＞HighValue 时中断
7	AIO_ALWAYS	只要满足 AI/AO 最小变化量要求，即产生 AI/AO 中断

HighValue、LowValue：AI/AO 中断检测的上、下限（阈值）设定，数据类型 num；设定值 HighValue 必须大于 LowValue。

DeltaValue：AI/AO 的最小变化量，数据类型 num；设定值只能为正数或 0。只有 AI/AO 的实际变化量大于本设定值时，控制系统才能更新测试值，产生新的中断。

\DPos 或\DNeg：AI/AO 信号极性选择，数据类型 switch。若不使用该添加项，无论 AI/AO 值增、减变化，均可产生中断。选择添加项\DPos 时，只有在 AI/AO 值增加时才能产生中断；选择添加项\DNeg 时，只有在 AI/AO 值减少时才能产生中断。

Interrupt：中断名称（中断条件），数据类型 intnum。

以模拟量输入中断为例，对于图 5.3.1 所示的模拟量输入 ai1，如设定 HighValue＝6.1、LowValue＝2.2、DeltaValue＝1.2，利用不同 ISignalAI 指令，所产生的中断情况如下。

① 指令"ISignalAI ai1，AIO_BETWEEN，6.1，2.2，1.2，siglin t；"设定的中断检测条件为"AIO_BETWEEN"（6.1≥ai1≥2.2），最小变化量为 1.2；控制系统可产生的 AI/AO 中断如下。

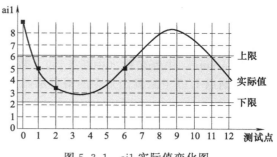

图 5.3.1 ai1 实际值变化图

测试点 1、2、6：满足 6.1≥ai1≥2.2、变化量大于 1.2 条件；控制系统将更新测试值，并产生 AI/AO 中断。

测试点 3～5：满足 6.1≥ai1≥2.2，但变化量均小于 1.2，控制系统不更新测试值，不产生 AI/AO 中断。

测试点 7～12：不满足中断检测条件，控制系统不更新测试值，也不产生 AI/AO 中断。

② 指令"ISignalAI ai1，AIO_BETWEEN，6.1，2.2，1.2 \DPos，siglin t；"所设定的中断检测条件为"AIO_BETWEEN"（6.1≥ai1≥2.2），最小变化量 1.2 带添加项\DPos（AI/AO 增加）；控制系统可以在测试点 1、2、6 更新测试值，但是，测试点 1、2 不满足添加项

\DPos 的条件，因此，系统只能在测试点 6 产生中断。

③ 指令 "ISignalAI，ai1，AIO_OUTSIDE，6.1，2.2，1.2\DPos，sig1int;" 设定的中断检测条件为 "AIO_OUTSIDE"（ai1＜2.2 或 ai1＞6.6），变化量带添加项\DPos（AI/AO 增加）；控制系统可在测试点 7、8 更新测试值，但是，测试点 7 不满足添加项\DPos 规定的附加条件，因此，只能在测试点 8 产生 AI/AO 中断。

④ 指令 "ISignalAI ai1，AIO_ALWAYS，6.1，2.2，1.2\DPos，sig1int;"，设定的中断条件为 "AIO_ALWAYS"（只要满足 AI/AO 最小变化量要求，即产生 AI/AO 中断），但最小变化量设定值（1.2）上增加了添加项\DPos（AI/AO 增加）；控制系统可在测试点 1、2、6、7、8、11、12 上更新测试值，但是，由于测试点 1、2、11、12 不满足添加项\DPos 条件，因此，只能在测试点 6、7、8 产生 AI/AO 中断。

(4) 控制点 I/O 中断设定指令

控制点 I/O 中断用于控制点插补指令 TriggJ/TriggL/TriggC，它可在 TriggJ/TriggL/TriggC 插补轨迹的控制点上，通过对指定 I/O 信号的状态检查和判别，决定是否需要终止现行程序、转入中断程序，指令 TriggJ/TriggL/TriggC 的功能及编程要求可参见第 4 章。

控制点 I/O 中断的控制点位置需要通过指令 TriggCheckIO 定义，控制点数据以 triggdata 的形式保存。控制点 I/O 中断一旦设定与连接，系统将在指令 TriggJ/TriggL/TriggC 的控制点检查 I/O 中断条件，若中断条件满足，便终止现行程序，转入中断程序；否则，继续后续的插补运动。

控制点 I/O 中断设定指令 TriggCheckIO 的编程格式及要求如下。

```
TriggCheckIO  TriggData,  Distance[\Start]|[\Time],  Signal,  Relation,
              CheckValue|CheckDvalue[\StopMove],  Interrupt;
```

程序数据 TriggData、Distance 及添加项\Start 或\Time，用来设定控制点名称、位置，其含义与输出控制点设定指令 TriggIO、TriggEquip 相同，有关内容可参见第 4 章。指令中的其他程序数据及添加项的含义、编程要求如下。

Signal：I/O 中断信号名称，数据类型 signaldi（DI）、signaldo（DO）、signalai（AI）、signalao（AO）、signalgi（GI）、signalgo（GO）或 string。

Relation：文字型比较符（EQ、LT 等，参见第 3 章），数据类型 opnum。

CheckValue 或 CheckDvalue：比较基准值，数据类型 num 或 dnum。

\StopMove：运动停止选项，数据类型 switch。增加本选项，可在调用中断程序前立即停止机器人运动。

Interrupt：中断名称（中断条件），数据类型 intnum。

控制点 I/O 中断设定指令的编程示例如下，程序实现的中断控制功能如图 5.3.2 所示。

```
VAR intnum gateclosed;                                       // 中断名称定义
VAR triggdata checkgate;                                     // 控制点定义
……

! * * * * * * * * * * * * * * * * * * * * * * * * * * * * *

PROC main()
CONNECT gateclosed WITH waitgate;                            // 中断程序连接
TriggCheckIO checkgate,5,di1,EQ,1\StopMove,gateclosed;       // I/O 中断设定
……

TriggJ p1,v600,checkgate,z50,grip1;                          // 中断控制
TriggL p2,v500,checkgate,z50,grip1;                          // 中断控制
……

IDelete gateclosed;                                          // 删除中断
……
```

上述程序所定义的中断名称（中断条件）为 gateclosed，控制点名称为 checkgate，中断程序名称为 TRAP waitgate；Trigg-CheckIO 所定义的控制点为距离终点 5mm 的位置，监控信号为 di1＝1。因此，当系统执行控制点插补指令"TriggJ p1，v600，checkgate，z50，grip1"时，可在距离终点（p1）5mm 的位置检查 di1 状态，若 di1 为"0"，则继续后续的插补运动直至终点 p1；接着，执行指令"TriggL p2，v500，check-gate，z50，grip1;"，并在距离终点（p2）

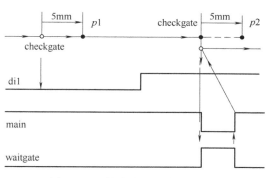

图 5.3.2 控制点 I/O 中断功能

5mm 的位置，再次检测 di1 的状态，若 di1 为"1"，则中断主程序 PROC main()转入中断程序 TRAP waitgate。

5.3.3 状态中断设定指令

（1）指令与功能

状态中断除 I/O 信号以外其他状态所产生的中断，如通过延时、系统出错、外设检测变量或永久数据等状态产生的中断等，指令的编程说明如表 5.3.6 所示。

表 5.3.6 状态中断设定指令编程说明表

名称	编程格式与示例		
定时中断	ITimer	程序数据	Time，Interrupt
		指令添加项	\Single｜\SingleSafe
	编程示例	ITimer \Single，60，timeint;	
系统出错中断	IError	程序数据	ErrorDomain，ErrorType，Interrupt
		数据添加项	\ErrorId
	编程示例	IError COMMON_ERR，TYPE_ALL，err_int;	
永久数据中断	IPers	程序数据	Name，Interrupt
	编程示例	IPers counter，pers1int;	
探测数据中断	IVarValue	程序数据	Device，VarNo，Value，Interrupt
		数据添加项	\Unit，\DeadBand，\ReportAtTool，\SpeedAdapt，\APTR
	编程示例	IVarValue "sen1;"，GAP_VARIABLE_NO，gap_value，IntAdap;	
消息中断	IRMQMessage	程序数据	InterruptDataType，Interrupt
	编程示例	IRMQMessage dummy，rmqint;	

标准的探测数据中断指令 IVarValue 仅用于配套串行通信探测传感器的特殊机器人。消息中断指令 IRMQMessage 是一种通信中断功能，它可根据 RAPID 消息队列（RAPID Message Queue）通信数据的类型，启动中断程序。探测数据中断、消息中断指令属于复杂机器人系统的高级中断功能，在普通机器人上使用较少，有关内容可参见 ABB 公司手册。其他中断指令的编程要求与程序示例如下。

（2）定时中断设定指令

定时中断可在指定的时间点上启动中断程序，指令的编程格式及要求如下。

```
ITimer [\Single,]｜[\SingleSafe,] Time,Interrupt;
```

\Single 或\SingleSafe：一次性中断或一次性安全中断选择，数据类型 switch。该添加项的含义与 DI/DO 中断设定指令 ISignalDI/ISignalDO 相同。

Time：定时值，数据类型 num，单位 s。不使用添加项\Single、\SingleSafe 时，控制系统将以设定的时间间隔，周期性地重复执行中断程序，可设定的最小定时值为0.1s。使用添加项\Single或\SingleSafe时，控制系统仅在指定延时到达时，执行一次中断程序，可设定的最小定时值为0.01s。

Interrupt：中断名称（中断条件），数据类型intnum。

定时中断设定指令的编程示例如下。

```
MODULE mainmodu (SYSMODULE)                          // 主模块
  VAR intnum timeint;                                // 定义中断名称
  ......
ENDMODULE
| * * * * * * * * * * * * * * * * * * * * * * * * * * * * * * * * *
PROC main ()                                         // 主程序
  CONNECT timeint WITH iroutine1;                    // 连接中断
  ITimer \Single,60,timeint;                         // 60s 后启动中断程序 1 次
  ......
  IDelete timeint;                                   // 删除中断
  CONNECT timeint WITH iroutine1;                    // 重新连接中断
  ITimer 60,timeint;                                 // 每隔 60s 重复启动中断程序
  ......
  IDelete siglint;                                   // 删除中断
ENDPROC
| * * * * * * * * * * * * * * * * * * * * * * * * * * * * * * * * *
TRAP iroutine1                                       // 中断程序
  ......
ENDTRAP
| * * * * * * * * * * * * * * * * * * * * * * * * * * * * * * * * *
```

(3) 系统出错中断设定指令

系统出错中断可在系统出现指定的错误时启动中断程序，指令的编程格式与要求如下。

```
IError ErrorDomain [\ErrorId],ErrorType,Interrupt;
```

ErrorDomain：系统错误类别，数据类型errdomain。错误类别通常以字符串文本的形式定义，设定值及含义可参见系统出错信息读入指令ReadErrData的说明。如果错误类别设定为"COMMON_ERR"，只要控制系统出错或变更操作状态，就产生中断。

\ErrorId：错误代码，数据类型num。设定值及含义可参见系统出错信息读入指令ReadErrData的说明。

ErrorType：系统错误性质，数据类型errtype。设定值及含义可参见系统出错信息读入指令ReadErrData的说明。如果错误性质设定"TYPE_ALL"，控制系统发生任何性质的出错，都将产生中断。

Interrupt：中断名称（中断条件），数据类型intnum。

例如，利用如下指令设定的中断err_int，可在系统发生任何类别、任何性质出错时，均启动中断程序TRAP trap_err。

```
CONNECT err_int WITH err_trap;
IError COMMON_ERR,TYPE_ALL,err_int;
......
```

（4）永久数据中断设定指令

永久数据中断可在永久数据状态改变时启动中断功能，中断程序执行完成后，可返回被中断的程序继续执行后续指令。但是，如果永久数据的状态在程序停止期间发生改变，程序重新启动时，将不会产生永久数据中断。永久数据中断设定指令的编程格式与要求如下。

IPers Name,Interrupt;

Name：永久数据名称，数据类型不限。如果所指定的永久数据为复合数据或数组，任一数据项发生改变，都将产生中断。

Interrupt：中断名称（中断条件），数据类型 intnum。

例如，对于以下程序，只要永久数据 counter 的状态发生变化，便可启动中断程序 TRAP iroutine1，并通过文本显示指令 TPWrite，在示教器上显示文本"Current value of counter = ＊＊"（＊＊为永久数据 counter 的当前值）；然后，继续执行后续指令。

```
MODULE mainmodu (SYSMODULE)                                    // 主模块
    ......
    VAR intnum perslint;                                       // 定义中断名称
    PERS num counter:= 0;                                      // 定义永久数据
    ......
ENDMODULE
! * * * * * * * * * * * * * * * * * * * * * * * * * * * * * * * * *
PROC main()                                                    // 主程序
    CONNECT perslint WITH iroutine1;                           // 中断连接
    IPers counter,perslint;                                    // 中断设定
    ......
    IDelete perslint;
    ......
ENDPROC
! * * * * * * * * * * * * * * * * * * * * * * * * * * * * * * * * *
TRAP iroutine1
    TPWrite "Current value of counter = "\Num:= counter;      // 文本显示
    ......
ENDTRAP
! * * * * * * * * * * * * * * * * * * * * * * * * * * * * * * * * *
```

5.4　错误处理与恢复程序编制

5.4.1　错误处理程序编制

（1）指令与功能

控制系统出现错误时，根据错误的严重程度，可分为系统错误（error）、系统警示（warning）、操作提示（information）三类。系统错误大多由控制系统的软硬件故障引起，原则上需要通过维修解决；系统警示大多属于用户操作、设定、编程错误，一般可通过系统重启、复位、中断等方式恢复；操作提示属于状态显示，通常不影响系统正常工作。

当机器人程序自动运行时，如果系统出现了系统警示、操作提示等可恢复错误，就需要中断程序的执行，进行必要的处理。ABB 机器人的系统错误处理方式有程序中断和使用控制系

统错误处理器处理两种，程序中断的编程方法可参见前述。

错误处理器可用于系统可恢复轻微错误的处理，如运算出错、程序数据格式出错等。使用错误处理器处理错误时，无需调用、编制专门子程序，只需要以程序跳转的方式，跳转至对应的错误处理程序块（ERROR）进行处理，错误处理程序块执行完成后，可通过故障重试、继续执行、重启移动等方式，返回至中断位置继续执行程序。

ABB 机器人的错误信息可在系统日志（Event Log）上自动保存，并在示教器上显示。一般而言，系统本身的错误代码、信息文本已由控制系统生产厂家定义，因用户编程、操作、外设错误引起的出错，其错误代码、信息文本可通过系统日志创建指令编制。

利用错误处理器处理用户错误时，需要利用 RAPID 错误处理器设定指令，对错误编号、程序跳转位置、处理方式等进行必要的设定，相关指令的编程说明如表 5.4.1 所示。

表 5.4.1 错误处理器设定指令编程说明表

名称		编程格式与示例	
错误编号定义	BookErrNo	编程格式	BookErrNo ErrorName;
		程序数据	ErrorName：错误编号名称，数据类型 errnum
	功能说明	定义错误编号	
	编程示例	BookErrNo ERR_GLUEFLOW;	
错误处理程序调用	RAISE	编程格式	RAISE [Error no.];
		程序数据	Error no：错误编号名称，数据类型 errnum
	功能说明	调用指定的错误处理程序	
	编程示例	RAISE ERR_MY_ERR;	
用户错误处理方式	RaiseToUser	编程格式	RaiseToUser[\Continue] │ [\BreakOff] [\ ErrorNumber];
		指令添加项	\Continue：程序连线，数据类型 switch； \BreakOff：强制中断，数据类型 switch； \ErrorNumber：错误编号名，数据类型 errnum
	功能说明	用于不能单步执行的模块（NOSTEPIN），进行用户指定的错误处理操作	
	编程示例	RaiseToUser \Continue \ErrorNumber：=ERR_MYDIVZERO;	

(2) 错误编号及定义

在控制系统内部，不同错误用错误编号（ERRNO）区分。在程序中，错误编号所对应的错误名称（ErrorName）。可用字符串文本的形式定义（枚举数据 errnum）。errnum 数据既可使用系统预定义的字符串文本，也可通过错误编号定义指令 BookErrNo，在 RAPID 程序中定义。

系统预定义的 errnum 数据包含了运算出错、程序数据出错、指令出错等常见错误。例如，"ERR_DIVZERO"为程序中发生除数为 0 的表达式出错；"ERR_AO_LIM"为模拟量输出（AO）值溢出；等等。

错误编号通过指令 BookErrNo 定义的用户错误，可通过指令 RAISE 调用错误处理器进行处理。为了使系统能识别，并自动分配错误编号，在 RAPID 程序中，需要事先利用程序数据定义指令，将错误编号（errnum 数据）的初始值设定为－1。

例如，通过以下程序，可将控制系统 DI 信号 di1 为"0"的状态，定义为用户特殊出错"ERR_GLUEFLOW"。这一出错可通过 RAPID 错误处理程序调用指令 RAISE，调用错误处理器，执行 Set do1 指令恢复。

```
VAR errnum ERR_GLUEFLOW: = -1;                              // errnum 数据定义
BookErrNo ERR_GLUEFLOW;                                     // 错误编号定义
……
IF di1 = 0 THEN
```

```
RAISE ERR_GLUEFLOW;                                        // 调用错误处理程序
ENDIF
……
ERROR                                                       // 错误处理程序开始
IF ERRNO = ERR_GLUEFLOW THEN
Set do1;
ENDIF                                                       // 错误处理程序结束
……
```

(3) 错误处理程序调用

RAPID 错误处理程序是以 ERROR 作为起始标记的程序块，简称 ERROR 程序块。任何类型的 RAPID 程序（普通程序 PROC、功能 FUNC、中断程序 TRAP）都可编制一个 ER-ROR 程序块。ERROR 程序块的错误处理指令，既可编制在当前程序的 ERROR 程序块中，也可通过 RAISE 指令，调用其他程序（如主程序）ERROR 程序块中用来处理同样错误的指令。如果程序未编制 ERROR 程序块，或者 ERROR 程序块无对应的错误处理指令，系统将自动调用系统错误中断程序，由系统软件自动处理。

例如，通过 ERROR 程序块处理系统预定义错误"ERR_PATH_STOP"（轨迹停止出错）的程序如下。

```
PROC routine1()
MoveL p1\ID: = 50,v1000,z30,tool1 \WObj: = stn1;
……
ERROR                                                       // 错误处理程序开始
IF ERRNO = ERR_PATH_STOP THEN
StorePath;
p_err: = CRobT(\Tool: = tool1 \WObj: = wobj0);
MoveL p_err,v100,fine,tool1;
RestoPath;
StartMoveRetry;
ENDIF                                                       // 错误处理程序结束
ENDPROC
……
```

在以上程序中，由于轨迹停止出错"ERR_PATH_STOP"的错误编号已由控制系统预定义，故程序中无需编制错误编号定义指令 BookErrNo，用来处理错误的指令"StorePath"（存储轨迹）、"p_err: = CRobT(\Tool: = tool1 \WObj: = wobj0)"（读取机器人停止点位置）、"MoveL p_err，v100，fine，tool1"（移动到机器人停止点）、"RestoPath"（恢复轨迹）、"St-artMoveRetry"（重启移动）等，均直接编制在 ERROR 程序块中。

再如，通过调用主程序"PROC main()"的 ERROR 程序块中的错误处理指令，处理程序子程序"PROC routine1()"的系统预定义错误"ERR _ DIVZERO"（除数为 0）的程序如下。

```
PROC main()                                                 // 主程序
   routine1;
   ……
   ERROR                                                    // 错误处理程序开始
   IF ERRNO = ERR_DIVZERO THEN
```

```
    value2: = 1;
    RETRY;
    ENDIF                                              // 错误处理程序结束
    ……
  ENDPROC
    | * * * * * * * * * * * * * * * * * * * * * * * * * * * * * * * * *
  PROC routine1()                                        // 子程序
    ……
    value1: = 5/value2;
    ……
    ERROR
    RAISE;                                          // 调用主程序错误处理程序
    ENDIF                                              // 错误处理程序结束
    ……
```

在以上程序中，由于主程序"PROC main()"的 ERROR 程序块中已存在处理错误"ERR_
DIVZERO"(除数为 0) 的指令"value2：＝ 1"(除数定义为 1)、"RETRY"(故障重试) 等，因此，
子程序"PROC routine1()"的 ERROR 程序块只需要编制错误处理程序调用指令 RAISE。

(4) 用户错误处理方式

出于安全方面的考虑，在通常情况下，控制系统的错误处理指令都以单步的方式执行，因
此，对于属性定义为"NOSTEPIN"(不能单步执行) 的程序模块 (见第 3 章)，就需要通过
指令 RaiseToUser，对错误处理指令的执行方式进行重新定义。

用户错误处理方式定义指令 RaiseToUser，可通过添加项\Continue 或\BreakOff，选择以
下错误处理程序的执行方式之一。如果不使用添加项，系统仍按常规方式执行错误处理指令。

使用添加项\Continue：出现错误时，控制系统将停止当前指令的执行，并跳转至 ER-
ROR 程序块，继续执行错误处理指令。

使用添加项 \ BreakOff：出现错误时，控制系统将停止当前指令的执行，并强制中断当前
程序，返回至主程序。

例如，在以下程序中，由主程序 routine1 指令调用的子程序 PROC routine1，编制在属性
定义为 NOSTEPIN (不能单步执行) 的模块 MODULE MySysModule 中，因此，通过指令
RaiseToUser 的编程，控制系统将进行如下错误处理操作。

```
  PROC main()                                            // 主程序
    VAR errnum ERR_MYDIVZERO: = - 1;                  // errnum 数据定义
    BookErrNo ERR_MYDIVZERO;                          // 错误编号定义
    routine1;                                          // 子程序调用
    ……
    ERROR                                              // 错误处理程序
    IF ERRNO = ERR_MYDIVZERO THEN
    reg1: = 0;
    TRYNEXT;
    ENDIF
  ENDPROC
    | * * * * * * * * * * * * * * * * * * * * * * * * * * * * * * * * *
  MODULE MySysModule (SYSMODULE,NOSTEPIN)              // 模块及属性定义
    PROC routine1()                                      // 子程序
```

```
......
reg1:＝reg2/ reg3;
......

ERROR                                                        // 错误处理程序
IF ERRNO = ERR_DIVZERO THEN                                  // 若出现除数为 0 错误
RaiseToUser \Continue \ErrorNumber:＝ ERR_MYDIVZERO;        // 继续执行错误处理程序
ELSE                                                         // 如发生其他错误
RaiseToUser \BreakOff;                                       // 强制中断程序
ENDIF
ENDPROC
```

① 当程序 PROC routine1 中的运算表达式"reg1:＝reg2/reg3",出现除数 reg3 为 0 的系统预定义错误"ERR_DIVZERO"时,控制系统可通过指令"RaiseToUser \Continue \Error-Number:＝ ERR_MYDIVZERO",跳转至 ERROR 程序块,并调用主程序 PROC main()ERROR 程序块中的"ERR_MYDIVZERO"错误处理指令"reg1:＝0"(设定 reg1:＝0)、"TRYNEXT"(故障重试、执行下一指令)处理错误,接着,返回子程序 PROC routine2,继续执行"reg1:＝reg2/reg3"后续的指令。

② 当 PROC routine1 出现其他系统错误时,可通过 ERROR 程序块中的指令"RaiseToUser \BreakOff",强制中断子程序 PROC routine1 的执行过程,直接返回至主程序 PROC main()。

5.4.2 故障恢复指令与函数

(1) 指令与功能

RAPID 故障恢复指令与函数命令可用于故障处理 ERROR 程序块执行完成后的故障重试、重启移动、移动恢复模式设置以及故障重试计数器清除、重试次数读取等操作。除移动恢复模式设置指令外,其他故障恢复指令大多只能在 ERROR 程序块编程。

RAPID 故障恢复指令及函数命令的说明如表 5.4.2 所示。

表 5.4.2 故障恢复指令及函数命令编程说明表

名称	编程格式与示例		
故障重试	RETRY	编程格式	RETRY;
	功能说明	再次执行发生错误的指令	
	编程示例	RETRY;	
重试下一指令	TRYNEXT	编程格式	TRYNEXT;
	功能说明	执行发生错误指令的下一指令	
	编程示例	TRYNEXT;	
跳过系统警示	SkipWarn	编程格式	SkipWarn;
	功能说明	跳过指定的系统警示,不记录和显示故障信息	
	编程示例	SkipWarn;	
重启移动	StartMoveRetry	编程格式	StartMoveRetry;
	功能说明	恢复轨迹,重启机器人移动	
	编程示例	StartMoveRetry;	
移动恢复模式设定	ProcerrRecovery	编程格式	ProcerrRecovery [\ SyncOrgMoveInst] ∣ [\ SyncLastMoveInst] [\ProcSignal];
		指令添加项	\SyncOrgMoveInst:恢复原轨迹,数据类型 switch; \SyncLastMoveInst:恢复下一轨迹,数据类型 switch; \ProcSignal:状态输出,数据类型 signaldo
		功能说明	设定机器人移动时的错误恢复模式
		编程示例	ProcerrRecovery \SyncOrgMoveInst;

续表

名称	编程格式与示例		
故障重试 计数器清除	ResetRetryCount	编程格式	ResetRetryCount;
		功能说明	清除故障重试计数器的计数值
		编程示例	ResetRetryCount;
读取剩余故障 重试次数	RemainingRetries	命令格式	RemainingRetries()
		执行结果	剩余故障重试次数,数据类型 num
		编程示例	Togo_Retries:=RemainingRetries();

(2) 故障重试与跳过系统警示

故障重试指令 RETRY、TRYNEXT 用于 ERROR 程序块执行完成后的返回,跳过系统警示指令 SkipWarn 可取消警示信息(warning)的保存及故障信息显示操作。指令 RETRY、TRYNEXT、SkipWarn 只能在 ERROR 程序块中编程。

指令 RETRY 和 TRYNEXT 的区别在于 ERROR 程序块执行完成后的返回位置:RETRY 指令可返回到出现错误的指令上重新执行;TRYNEXT 指令将跳过出现错误的指令,从下一指令开始继续执行。

例如,在下述程序中,当指令"reg2:=reg3/reg4"出现 reg4=0(除数为 0)的系统预定义错误"ERR_DIVZERO"时,系统将自动调用 ERROR 程序块,设定 reg4=1;ERROR 程序块执行完成后,可通过指令 RETRY 返回,重新执行指令"reg2:=reg3/reg4",程序执行结果为"reg2=reg3"。

```
……
reg2:= reg3/reg4;
MoveL p1,v50,z30,tool2;
……
ERROR
IF ERRNO = ERR_DIVZERO THEN
reg4:= 1;
RETRY;
ENDIF
ENDPROC
……
```

而在下述程序中,当程序同样出现 reg4=0(除数为 0)错误时,系统可通过 ERROR 程序块,设定 reg2=0;ERROR 程序块执行完成后,将通过指令 TRYNEXT,跳过出错指令"reg2:=reg3/reg4",直接执行后续的"MoveL p1,v50,z30,tool2"指令,程序执行结果为"reg2=0"。

```
reg2:= reg3/reg4;
MoveL p1,v50,z30,tool2;
……
ERROR
IF ERRNO = ERR_DIVZERO THEN
reg2:= 0;
TRYNEXT;
ENDIF
ENDPROC
……
```

(3) 重启移动

重启移动指令 StartMoveRetry 相当于程序运行控制指令 StartMove（恢复移动，参见前述）和故障重试指令 RETRY 的组合，具有恢复机器人移动和故障重试功能。

例如，在下述程序中，若系统在执行"MoveL p1，v1000，z30，tool1 \WObj：＝stn1"指令时，出现了系统预定义的错误"ERR_PATH_STOP"（停止轨迹错误），系统将自动调用 ERROR 程序块处理错误；ERROR 程序块执行完成后，可通过指令 StartMoveRetry 返回，重新执行"MoveL p1，v1000，z30，tool1 \WObj：＝stn1"指令。

```
......
MoveL p1,v1000,z30,tool1 \WObj:＝stn1;
......
ERROR
IF ERRNO = ERR_PATH_STOP THEN
StorePath;                                        // 存储程序轨迹
......                                             // 错误处理
RestoPath;                                        // 恢复程序轨迹
StartMoveRetry;                                   // 恢复移动并重试
ENDIF
ENDPROC
......
```

(4) 移动恢复模式设定

移动恢复模式设定指令 ProcerrRecovery 多用于连续移动指令的错误处理，指令可通过如下添加项选择需要重启的移动指令。

\SyncOrgMoveInst：系统在 ERROR 程序块执行完成、通过指令 StartMove 恢复移动时，可继续执行原移动指令。

\SyncLastMoveInst：系统在 ERROR 程序块执行完成、通过指令 StartMove 恢复移动时，将跳过原来移动指令，直接执行下一移动指令。

\ProcSignal：可在指定的 DO 点上输出重启移动信号。

例如，对于以下程序，当系统执行指令"MoveL p1，v50，z30，tool2"时，出现预定义的错误"ERR_PATH_STOP"（停止轨迹错误），系统将自动调用 ERROR 程序块处理错误；ERROR 程序块执行完成后，可通过指令 StartMove、RETRY，重启指令"MoveL p1，v50，z30，tool2"，使机器人运动到 $p1$ 点。

```
......
MoveL p1,v50,z30,tool2;
ProcerrRecovery \SyncOrgMoveInst;                 // 设定移动恢复模式
MoveL p2,v50,z30,tool2;
......
ERROR                                             // 错误处理程序
IF ERRNO = ERR_PATH_STOP THEN
......
StartMove;                                        // 恢复移动
RETRY;                                            // 故障重试
ENDIF
ENDPROC
```

若上述程序中 "ProcerrRecovery\SyncOrgMoveInst" 指令改为 "ProcerrRecovery \ SyncLast-MoveInst"，当执行指令 "MoveL p1，v50，z30，tool2" 出现同样错误时，系统在 ERROR 程序块执行完成，通过指令 StartMove、RETRY 重启移动时，将跳过指令 "MoveL p1，v50，z30，tool2"，直接执行 "MoveL p2，v50，z30，tool2"，使机器人移动到 $p2$ 点。

(5) 故障重试计数器清除与读取

为了避免因指令执行滞后等因素引起的恢复失败，用户可通过系统参数 No Of Retry（故障重试次数）的设置，使故障重试指令 RETRY、TRYNEXT 执行多次。系统已执行的重试次数被保存在故障重试计数器（RetryCount）中；剩余的故障重试次数可通过 RAPID 函数命令 RemainingRetries 读取。

如果重试操作需要比系统 No Of Retry 设置值更多，可在程序中，利用 ResetRetryCount 指令清除故障重试计数器的当前值，通过重新计数增加故障重试次数。

例如，以下程序可在剩余的故障重试次数 Togo_Retries 小于 2 次时，通过 ResetRetry-Count 指令清除故障重试计数器，继续故障重试操作。

```
......
VAR num Togo_Retries;
......
ERROR
......                                                         // 故障处理程序
Togo_Retries: = RemainingRetries();                           // 读取剩余重试次数
IF Togo_Retries < 2 THEN
ResetRetryCount;                                              // 清除重试计数器
ENDIF
RETRY;
ENDPROC
......
```

5.4.3 轨迹存储与恢复指令

(1) 指令与功能

轨迹存储与恢复指令可用于因程序中断、错误处理引起的机器人移动轨迹恢复，例如，用于焊接机器人焊钳更换、焊枪清洗后的重新作业等。

RAPID 轨迹存储与恢复指令的编程说明如表 5.4.3 所示。

表 5.4.3 轨迹存储与恢复指令编程说明表

名称	编程格式与示例		
程序轨迹存储	StorePath	编程格式	StorePath [\KeepSync];
		指令添加项	\KeepSync:保持协同作业同步,数据类型 switch
	功能说明	存储当前移动指令的轨迹,并选择独立或同步运动模式	
	编程示例	StorePath;	
剩余轨迹清除	ClearPath	编程格式	ClearPath;
	功能说明	清除当前指令所剩余的轨迹	
	编程示例	ClearPath;	
程序轨迹恢复	RestoPath	编程格式	RestoPath;
	功能说明	恢复 StorePath 指令保存的程序轨迹	
	编程示例	RestoPath;	

续表

名称	编程格式与示例		
恢复移动	StartMove	编程格式	StartMove［\AllMotionTasks］;
		指令添加项	\AllMotionTasks:全部任务有效,数据类型 switch
	功能说明	重新恢复机器人移动	
	编程示例	StartMove;	
沿原轨迹返回	StepBwdPath	编程格式	StepBwdPath StepLength,StepTime;
		程序数据	StepLength:返回行程(mm),数据类型 num;
			StepTime:返回时间,数据已作废,固定 1
	功能说明	机器人沿原轨迹返回指定行程	
	编程示例	StepBwdPath 30,1;	
当前轨迹检查	PathLevel	命令格式	PathLevel()
		执行结果	1:原始轨迹;2:指令轨迹存储
	功能说明	检查机器人当前有效的移动轨迹	
	编程示例	level:= PathLevel();	
断电后的轨迹检查	PFRestart	命令格式	PFRestart([\Base] ∣ [\Irpt])
		命令参数 与添加项	\Base:基本轨迹检查,数据类型 switch;
			\Irpt:指令存储轨迹检查,数据类型 switch
		执行结果	要求的轨迹存在 TRUE,否则 FALSE
	功能说明	电源中断重启后检查轨迹移动	
	编程示例	IF PFRestart(\Irpt) = TRUE THEN	

(2) 编程说明

轨迹存储指令 StorePath 用来保存当前指令的程序轨迹;剩余轨迹清除指令 ClearPath 可清除当前指令尚未执行完成的剩余程序轨迹。指令 StorePath 所保存的程序轨迹可通过指令 RestoPath 恢复,并通过指令 StartMove 重启移动。

程序轨迹存储与恢复指令的编程示例如下。

```
PROC main ()
……
VAR intnum int_move_stop;                                   // 定义中断名称
……
CONNECT int_move_stop WITH trap_move_stop;                  // 连接中断
ISignalDI di1,1,int_move_stop;                              // 中断设定
……
MoveJ p10,v200,z20,gripper;                                 // 移动指令
MoveL p20,v200,z20,gripper;
……
! * * * * * * * * * * * * * * * * * * * * * * * * * * * * *
TRAP trap_move_stop                                        // 中断程序
StopMove;                                                  // 移动暂停
ClearPath;                                                 // 剩余轨迹清除
StorePath;                                                 // 程序轨迹保存
……                                                        // 中断处理
StepBwdPath 30,1;                                          // 沿原轨迹返回 30mm
MoveJ p10,v200,z20,gripper;                                // 重新定位到起点
RestoPath;                                                 // 程序轨迹恢复
StartMove;                                                 // 恢复移动
……
```

在以上程序中，如果系统执行主程序 PROC main（）移动指令"MoveL p20，v200，z20，gripper；"时，中断信号 di1 为"1"，系统将立即停止机器人运动，调用并执行中断程序 TRAP trap_move_stop。

在中断程序 TRAP trap_move_stop 中，系统首先通过 StopMove 指令暂停机器人移动；接着，利用 ClearPath 指令清除尚未执行完成的剩余程序轨迹；然后，利用轨迹存储指令 StorePath 保存编程轨迹，并进行相关的中断处理。

中断处理完成后，可通过沿原轨迹返回指令"StepBwdPath"，使机器人沿原轨迹回退30mm；接着，通过指令"MoveJ p10，v200，z20，gripper；"，使机器人返回到起点 p10；最后，通过轨迹恢复指令 RestoPath 恢复程序轨迹，通过 StartMove 指令重启机器人移动；因此，机器人可重新进行"MoveL p20，v200，z20，gripper；"指令的运动。

5.4.4 轨迹记录与恢复指令及函数

(1) 指令、函数及功能

RAPID 轨迹记录与恢复程序可利用轨迹记录、轨迹前进/回退指令及函数命令编制。轨迹记录指令可用于机器人移动轨迹的记录与恢复，指令可以记录多条已执行的指令轨迹。利用轨迹记录指令记录的机器人移动轨迹，可保存在系统存储器中，如果需要，还可通过程序（如 ERROR 程序块）中的轨迹前进/回退指令，使机器人沿记录轨迹前进/回退。机器人前进/回退轨迹可利用 RAPID 函数进行检查。轨迹记录指令与函数命令的编程说明如表 5.4.4 所示。

表 5.4.4 轨迹记录指令与函数命令编程说明表

名称		编程格式与示例	
开始记录轨迹	PathRecStart	编程格式	PathRecStart ID；
		程序数据	ID：轨迹名称，数据类型 pathrecid
	功能说明	开始记录机器人移动轨迹	
	编程示例	PathRecStart fixture_id；	
停止记录轨迹	PathRecStop	编程格式	PathRecStop [\Clear]；
		指令添加项	\Clear：轨迹清除，数据类型 switch
	功能说明	停止记录机器人移动轨迹，清除轨迹记录	
	编程示例	PathRecStop；	
沿记录轨迹回退	PathRecMoveBwd	编程格式	PathRecMoveBwd [\ID] [\ToolOffs] [\Speed]；
		指令添加项	\ID：轨迹名称，数据类型 pathrecid； \ToolOffs：工具偏移（间隙补偿），数据类型 pos； \Speed：回退速度，数据类型 speeddata
	功能说明	机器人沿记录轨迹回退	
	编程示例	PathRecMoveBwd \ID：=fixture_id \ToolOffs：=[0,0,10] \Speed：=v500；	
沿记录轨迹前进	PathRecMoveFwd	编程格式	PathRecMoveFwd [\ID] [\ToolOffs] [\Speed]；
		指令添加项	\ID：轨迹名称，数据类型 pathrecid； \ToolOffs：工具偏移（间隙补偿），数据类型 pos； \Speed：前进速度，数据类型 speeddata
	功能说明	机器人沿记录轨迹前进	
	编程示例	PathRecMoveFwd \ID：=mid_id；	
后退轨迹检查	PathRecValidBwd	命令格式	PathRecValidBwd ([\ID])
		命令参数	\ID：轨迹名称，数据类型 pathrecid
		执行结果	后退轨迹有效 TRUE，后退轨迹无效 FALSE
	编程示例	bwd_path：= PathRecValidBwd (\ID：= id1)；	
前进轨迹检查	PathRecValidFwd	命令格式	PathRecValidFwd ([\ID])
		命令参数	\ID：轨迹名称，数据类型 pathrecid
		执行结果	前进轨迹有效 TRUE，前进轨迹无效 FALSE
	编程示例	fwd_path：= PathRecValidFwd (\ID：= id1)；	

(2) 编程示例

RAPID 轨迹记录指令与函数的编程示例如下。

```
VAR pathrecid id1;                                          // 程序数据定义
VAR pathrecid id2;
VAR pathrecid id3;
……
MoveJ p0,vmax,fine,tool1;
PathRecStart id1;                                           // 记录轨迹 id1
MoveL p1,v500,z50,tool1;
PathRecStart id2;                                           // 记录轨迹 id2
MoveL p2,v500,tocl1;
PathRecStart id3;                                           // 记录轨迹 id3
MoveL p3,500,z50,tool1;
PathRecStop;                                                // 停止记录轨迹
……
ERROR                                                       // 错误处理程序
StorePath;                                                  // 保存程序轨迹
IF PathRecValidBwd(\ID: = id3) THEN                         // 检查轨迹 id3
   PathRecMoveBwd \ID: = id3;                               // 如 id3 已记录,回退到p2
ENDIF
IF PathRecValidBwd(\ID: = id2) THEN                         // 检查轨迹 id2
   PathRecMoveBwd \ID: = id2;                               // 如 id2 已记录,回退到p1
ENDIF
   PathRecMoveBwd;                                          // 沿 id1 回退到p0
IF PathRecValidFwd(\ID: = id2) THEN                         // 检查轨迹 id2
   PathRecMoveFwd \ID: = id2;                               // 如 id2 已记录,前进到p2
ENDIF
IF PathRecValidFwd(\ID: = id3) THEN                         // 检查轨迹 id3
   PathRecMoveFwd \ID: = id3;                               // 如 id3 已记录,前进到p3
ENDIF
   PathRecMoveFwd;                                          // 沿 id1 前进到p1
   RestoPath;                                               // 恢复程序轨迹
   StartMove;                                               // 恢复移动
RETRY;                                                      // 故障重试
……
```

在上述程序中，指令"MoveJ p0，vmax，fine，tool1""MoveL p1，v500，z50，tool1" "MoveL p2，v500，z50，tool1"的机器人移动轨迹，可通过轨迹记录指令 PathRecStart，分别记录、保存到程序数据"id1""id2""id3"（pathrecid 数据）中。系统执行移动指令时出现的错误，可通过 ERROR 程序块处理。

在 ERROR 程序块中，首先通过后退轨迹检查函数命令 PathRecValidBwd，检查后退轨迹的记录，确定机器人沿原轨迹后退的位置，移动到相应的移动指令起点；然后，再通过前进轨迹检查函数命令 PathRecValidFwd，检查前进轨迹记录，使机器人沿原轨迹前进至出现故障的移动指令终点；完成后，恢复程序轨迹，恢复移动，故障重试。

5.5 伺服控制指令与编程

5.5.1 伺服控制模式设定

(1) 指令与功能

工业机器人的伺服驱动系统一般采用转矩、速度、位置 3 闭环结构；驱动系统可根据需要，选择转矩控制、速度控制、位置控制、伺服锁定等多种模式。

位置控制、伺服锁定、转矩控制是机器人伺服驱动常用的 3 种控制模式。作业时需要连续运动的部件需要选择位置控制模式，跟随系统指令运动；伺服锁定模式多用于机器人变位器、工件变位器，部件运动到位后，可通过伺服锁定，使驱动电机保持定位；转矩控制通常用于跟随轴，伺服电机可输出规定的转矩，但不对电机转速、位置进行控制。

ABB 机器人的伺服设定指令用于驱动系统控制模式设定，常用的有机械单元启用/停用、软伺服控制 2 类。机械单元启用/停用指令用于指定机械单元所有运动轴的位置控制/伺服锁定模式切换；软伺服控制指令可用于指定运动轴的位置/转矩控制模式切换。控制系统配置的机械单元名称、工作状态、运行时间等信息可通过 RAPID 函数命令读取、检查。

RAPID 伺服设定指令的基本说明如表 5.5.1 所示。

表 5.5.1 伺服控制模式设定指令说明表

名称	编程格式与示例		
启用机械单元	ActUnit	编程格式	ActUnit MechUnit;
		程序数据	MechUnit：机械单元名称，数据类型 mecunit
	功能说明	使能指定机械单元的运动轴，驱动系统进入位置控制模式	
	编程示例	ActUnit track_motion;	
停用机械单元	DeactUnit	编程格式	DeactUnit MechUnit;
		程序数据	MechUnit：机械单元名称，数据类型 mecunit
	功能说明	关闭指定机械单元的运动轴，驱动系统进入伺服锁定模式	
	编程示例	DeactUnit track_motion;	
启用软伺服	SoftAct	编程格式	SoftAct [\MechUnit,] Axis,Softness [\Ramp];
		指令添加项	\MechUnit：机械单元名称，数据类型 mecunit
		程序数据与添加项	Axis：轴序号，数据类型 num
			Softness：柔性度，数据类型 num，单位%；
			\Ramp：加减速倍率，数据类型 num，单位%
	功能说明	使能指定轴的驱动系统进入转矩控制模式	
	编程示例	SoftAct \MechUnit:=orbit1,1,40 \Ramp:=120;	
停用软伺服	SoftDeact	编程格式	SoftDeact [\Ramp];
		指令添加项	\Ramp：加减速倍率，数据类型 num，单位%
	功能说明	撤销驱动系统的转矩控制功能，恢复位置控制模式	
	编程示例	SoftDeact \Ramp:=150;	
启动软伺服抖动	DitherAct	编程格式	DitherAct [\MechUnit] Axis [\Level];
		指令添加项	\MechUnit：机械单元名称，数据类型 mecunit
		程序数据与添加项	Axis：轴序号，数据类型 num；
			\Level：幅值倍率，数据类型 num，单位%
	功能说明	使指定的转矩控制轴产生抖动，以消除机械间隙	
	编程示例	DitherAct \MechUnit:=ROB_1,2;	
撤销软伺服抖动	DitherDeact	编程格式	DitherDeact;
		程序数据	—
	功能说明	撤销所有转矩控制轴的抖动功能	
	编程示例	DitherDeact;	

续表

名称	编程格式与示例		
机械单元名称读入	GetMechUnitName	命令格式	GetMechUnitName（MechUnit）
		命令参数	MechUnit：机械单元名称，数据类型 mecunit
		执行结果	字符型机械单元名称 UnitName，数据类型 string
	功能说明		读取字符型机械单元名称 UnitName，数据类型 string
	编程示例		mecname：= GetMechUnitName(ROB1)；
机械单元启用检查	IsMechUnitActive	命令格式	IsMechUnitActive（MechUnit）
		命令参数	MechUnit：机械单元名称，数据类型 mecunit
		执行结果	机械单元启用 TRUE，停用 FALSE
	功能说明		检查机械单元是否启用
	编程示例		Curr_MechUnit：= IsMechUnitActive(SpotWeldGun)；
机械单元状态检测	GetNextMechUnit	命令格式	GetNextMechUnit（ListNumber，UnitName [\MecRef] [\TCPRob] [\NoOfAxes] [\MecTaskNo] [\MotPlanNo] [\Active] [\DriveModule] [\OKToDeact]）；
		命令参数与添加项	ListNumber：机械单元列表序号，数据类型 num；UnitName：字符型机械单元名称，数据类型 string；\MecRef：机械单元名称，数据类型 mecunit；\TCPRob：机械单元为机器人，数据类型 bool；\NoOfAxes：机械单元轴数量，数据类型 num；\MotPlanNo：使用的驱动器号，数据类型 num；\Active：机械单元状态，数据类型 bool；\DriveModule：驱动器模块号，数据类型 num；\OKToDeact：可停用机械单元，数据类型 bool
		执行结果	指定的机械单元状态信息
	功能说明		检测指定机械单元的状态
	编程示例		found：= GetNextMechUnit (listno，name)；
机械单元服务信息读入	GetServiceInfo	命令格式	GetServiceInfo（MechUnit [\DutyTimeCnt]）
		命令参数与添加项	MechUnit：机械单元名称，数据类型 mecunit；\DutyTimeCnt：机械单元运行时间，数据类型 switch
		执行结果	读取机械单元运行时间
	功能说明		读取机械单元运行时间等服务信息
	编程示例		mystring：= GetServiceInfo(ROB_ID \DutyTimeCnt)；

（2）机械单元启用/停用

运动组在 ABB 机器人上称为机械单元（参见第 2 章），机械单元名称及所属伺服轴需要通过系统配置参数定义，单元工作状态可通过函数命令 GetNextMechUnit 检查，服务信息可通过函数命令 GetServiceInfo 读取。

机械单元启用/停用指令 ActUnit/DeactUnit 用于伺服轴控制模式的切换。启用机械单元，可使单元所属的全部伺服轴进入位置控制模式；停用机械单元，可将伺服轴切换为伺服锁定模式。为确保定位准确，执行指令 ActUnit/DeactUnit 前，所有伺服轴必须以到位区间 fine 准确停止。

例如，当机械单元 track_motion 为机器人变位器时，执行以下程序，系统可通过 ActUnit track_motion 指令，使变位器驱动轴进入位置控制模式，并通过外部轴定位指令 MoveExtJ 移动变位器，使机器人移动到 $p0$ 点；变位器定位完成后，可通过 DeactUnit track_motion 指令使变位器驱动轴进入伺服锁定模式，在 $p0$ 点保持；随后，进行机器人其他作业。

```
......
ActUnit track_motion;                                          // 启用机械单元
MoveExtJ p0,vrot10,fine;                                       // 外部轴定位
DeactUnit track_motion;                                        // 停用机械单元
MoveL p10,v100,z10,tool1;
MoveL p20,v100,fine,tool1;
......
```

（3）软伺服与抖动控制

软伺服（soft servo）控制多用于机器人工具与工件存在刚性接触的作业场合。软伺服功能启用后，驱动系统将切换至转矩控制模式，电机输出转矩保持不变，转速、位置控制功能无效，伺服轴的定位位置（误差）将随负载转矩变化。

软伺服启用指令 SoftAct 可将指定伺服轴切换到转矩控制模式，电机输出转矩可通过程序数据 Softness（柔性度）以百分率的形式指定。柔性度 0 为刚性接触，电机输出额定转矩；柔性度 100％ 为触摸，电机输出最低转矩。转矩控制的启/制动加速度，可通过指令添加项 \Ramp，以百分率的形式设定。

伺服轴转矩控制模式还可通过软伺服抖动指令 DitherAct，产生短时间的抖动，消除间隙、摩擦力误差。伺服抖动的频率、转矩由系统自动设定，幅值可通过添加项 \Level，以百分率（50％～150％）的形式调整。

例如，通过以下程序，机器人 ROB_1 运动到 $p0$ 点后，可通过指令 SoftAct，使 j2 轴进入转矩控制模式，电机输出转矩为 50％ 额定转矩；停顿 2s 后，再通过指令 DitherAct，使 j2 轴抖动 1s，消除误差。

```
......
MoveJ p0,v100,fine,tool1;
SoftAct \MechUnit:= ROB_1,2,50;                                // 启用软伺服
WaitTime 2;
DitherAct \MechUnit:= ROB_1,2;                                 // 软伺服抖动
WaitTime 1;
......
DitherDeact;                                                   // 软伺服抖动撤销
SoftDeact;                                                     // 停用软伺服
MoveL p10,v100,z10,tool1;
......
```

5.5.2 伺服参数调整与初始化

（1）指令与功能

伺服调整指令是用于驱动系统参数自动测试、设定、调整的高级应用功能，它包括阻尼自动测试与设定指令、伺服参数设定与输出指令等，常用指令如表 5.5.2 所示。

表 5.5.2 常用伺服调整指令表

名称	编程格式与示例		
位置采样 周期调整	PathResol	编程格式	PathResol PathSampleTime;
		程序数据	PathSampleTime：位置采样周期倍率（％），数据类型 num
	功能说明	在 25％～400％ 范围内，调整系统的位置采样周期	
	编程示例	PathResol 150;	

续表

名称		编程格式与示例	
启用事件缓冲	ActEventBuffer	编程格式	ActEventBuffer;
		功能说明	启用事件缓冲功能
		编程示例	ActEventBuffer;
停用事件缓冲	DeactEventBuffer	编程格式	DeactEventBuffer;
		功能说明	停用事件缓冲功能
		编程示例	DeactEventBuffer;
启动阻尼测试	FricIdInit	编程格式	FricIdInit;
		功能说明	启动机器人运动轴的阻尼自动测试功能
		编程示例	FricIdInit;
阻尼测试参数设定	FricIdEvaluate	编程格式	FricIdEvaluate FricLevels [\MechUnit] [\BwdSpeed] [\NoPrint] [\FricLevelMax] [\FricLevelMin] [\OptTolerance];
		程序数据与添加项	FricLevels:阻尼系数名称,数据类型 array of num(数值型数组,按轴序排列); \MechUnit:机械单元名称,数据类型 mecunit; \BwdSpeed:机器人回退速度,数据类型 speeddata; \NoPrint:示教器不显示测试过程,数据类型 switch; \FricLevelMax:阻尼系数最大值(%),数据类型 num,设定范围 101%～500%,默认 500%; \FricLevelMin:阻尼系数最小值(%),数据类型 num,设定范围 1%～100%,默认 100%; \OptTolerance:公差优化系数,数据类型 num,设定范围 1～10,默认 1
		功能说明	设定阻尼测试参数
		编程示例	FricIdEvaluate friction_levels;
生效阻尼系数	FricIdSetFricLevels	编程格式	FricIdSetFricLevels FricLevels [\MechUnit];
		程序数据与添加项	FricLevels:阻尼系数名称,数据类型 array of num(数值型数组,按轴序排列); \MechUnit:机械单元名称,数据类型 mecunit
		功能说明	生效阻尼系数
		编程示例	FricIdSetFricLevels friction_levels;
伺服调节模式选择	MotionProcessModeSet	编程格式	MotionProcessModeSet Mode;
		程序数据	Mode:调节模式,数据类型 motionprocessmode
		功能说明	定义伺服驱动系统的位置调节模式
		编程示例	MotionProcessModeSet LOW_SPEED_ACCURACY_MODE;
伺服参数调整	TuneServo	编程格式	TuneServo MechUnit,Axis,TuneValue [\Type];
		程序数据与添加项	MechUnit:机械单元名称,数据类型 mecunit; Axis:轴序号,数据类型 num; TuneValue:参数调整值(%),数据类型 num; \Type:调节器参数选择,数据类型 tunetype
		功能说明	对指定轴进行独立的伺服调节器参数设定
		编程示例	TuneServo ROB_1,1,DF\Type:=TUNE_DF;
伺服参数初始化	TuneReset	编程格式	TuneReset;
		功能说明	清除 TuneServo 指令设定的参数,恢复出厂设定
		编程示例	TuneReset;
当前事件读入	EventType	命令格式	EventType()
		执行结果	当前执行的事件类型(0～7),数据类型 event_type
		功能说明	读取系统当前执行的事件类型,无事件时执行结果为 0
		编程示例	Curr_EventType EventType();

(2) 指令说明

位置采样周期是控制系统读取实际位置的时间间隔，采样周期越短，实际位置更新速度就越快，运动轨迹精度就越高。ABB 机器人的位置采样周期可利用系统参数 PathSampleTime 设定，在 RAPID 程序中，可通过指令 PathResol 进行倍率调整，调整范围为 25%～400%。

启用/停用事件缓冲指令 ActEventBuffer/DeactEventBuffer 可间接改变轨迹控制精度。事件缓冲功能停用后，机器人在执行插补移动时，系统将不再对普通事件（如通信命令、一般系统出错等）进行预处理，从而提高轨迹控制精度。系统正在执行的当前事件可利用函数命令 EventType 读取。

阻尼是驱动系统闭环位置控制的重要参数，且与机械传动系统安装调整、润滑等诸多因素相关，理论计算较为困难。在 ABB 机器人上，可使用阻尼测试指令自动测试功能，自动计算、设定系统阻尼。阻尼自动测试功能的使用要点如下。

① 使用阻尼自动测试功能，必须设定系统参数 Friction FFW On 为"TRUE"。

② 阻尼自动测试功能只能用于机器人 TCP 插补控制的伺服轴（本体关节轴）。

③ 阻尼测试时，机器人需要自动进行圆弧插补的前进和回退运动。

④ 阻尼测试插补指令的到位区间必须定义为 z0（fine）。

利用 RAPID 阻尼测试指令，进行系统阻尼自动测试的程序示例如下。

```
......
FricIdInit;                                              // 启动阻尼测试
MoveC p10,p20,Speed,z0,Tool;                             // 阻尼测试运动
MoveC p30,p40,Speed,z0,Tool;
FricIdEvaluate friction_levels;                          // 阻尼测试参数设定
FricIdSetFricLevels friction_levels;                     // 生效阻尼参数
......
```

伺服调节模式选择指令 MotionProcessModeSet 用来设定驱动系统的位置调节模式。调节模式"Mode"为枚举数据（数据类型 motionprocessmode），在作业程序中通常以规定的字符串文本形式设定。调节模式"OPTIMAL_CYCLE_TIME_MODE"为时间最短的最佳位置调节模式；"LOW_SPEED_ACCURACY_MODE"为低速、高精度位置调节模式；"LOW_SPEED_STIFF_MODE"为低速、高刚度位置调节模式。

伺服调整指令 TuneServo 可用于伺服驱动系统的位置、速度调节器参数设定，调节器参数可通过指令 TuneServo 的添加项\Type 指定。改变调节器参数将直接影响机器人的动态特性和位置控制精度；参数调整不当，将导致系统超调量增加、刚性下降、定位不准，严重时甚至引起系统振荡，因此，用户原则上不应使用该指令。如果使用指令后出现问题，可利用伺服参数初始化指令 TuneReset，撤销 TuneServo 指令设定，恢复控制系统出厂参数。

5.5.3 伺服测试指令与函数

(1) 指令与功能

ABB 机器人的伺服测试指令与函数命令可用于伺服驱动系统参数的检查。伺服驱动系统的参数不仅可通过控制系统的数据采集通道记录与保存，而且可通过控制系统的模拟量输出信号（AO）输出，作为仪表显示或外部设备的控制信号。伺服测试指令与函数命令的格式与要求如表 5.5.3 所示。

(2) 编程说明

ABB 机器人控制系统最多可检测 12 个伺服驱动信号，不同的信号需要使用不同的数据采

集通道记录、保存。RAPID 测试信号定义指令 TestSignDefine 用来定义测试信号的名称，分配控制系统的数据采集通道，设定数据采样周期。

表 5.5.3　伺服测试指令与函数命令编程说明表

名称	编程格式与示例		
测试信号定义	TestSignDefine	编程格式	TestSignDefine Channel,SignalId,MechUnit,Axis,SampleTime;
		程序数据	Channel：测试通道号，数据类型 num； SignalId：信号名称，数据类型 testsignal； MechUnit：机械单元名称，数据类型 mecunit； Axis：轴序号，数据类型 num； SampleTime：采样周期(s)，数据类型 num
	功能说明		定义测试信号，并按指定的采样周期更新数据
	编程示例		TestSignDefine 1,resolver_angle,Orbit,2,0.1;
测试信号清除	TestSignReset	编程格式	TestSignReset；
	功能说明		测试停止，清除全部测试信号
	编程示例		TestSignReset；
信号测试值读取	TestSignRead	命令格式	TestSignRead (Channel)
		命令参数	Channel：测试通道号，数据类型 num
		执行结果	指定测试通道的测试值
	功能说明		读取指定测试通道的测试值
	编程示例		speed_value：= TestSignRead(speed_channel);
电机输出转矩读取	GetMotorTorque	命令格式	GetMotorTorque([\MechUnit,]　AxisNo)
		命令参数 与添加项	\MechUnit：机械单元名称，数据类型 mecunit； Axis：轴序号，数据类型 num
		执行结果	指定伺服电机的当前输出转矩(Nm)，数据类型 num
	功能说明		读取指定伺服电机的当前输出转矩
	编程示例		motor_torque2：= GetMotorTorque(2);

在作业程序中，测试信号的名称需要通过枚举数据（数据类型 testsignal），以字符串文本的形式编程。控制系统出厂预定义的测试信号如表 5.5.4 所示。系统的数据采集通道号可通过指令的程序数据 Channel（num 数据）定义，利用信号测试值读取函数命令 TestSignRead 读取信号值时，需要通过数据采集通道号来指定需要读入的测试信号。

表 5.5.4　系统预定义的测试信号

信号名称		单位	含义
字符串文本	数值		
resolver_angle	1	rad	实际位置反馈(编码器角度)
speed_ref	4	rad/s	转速给定值
speed	6	rad/s	电机实际转速值
torque_ref	9	Nm	转矩给定值
dig_input1	102	—	驱动器 DI 信号 di1 状态
dig_input2	103	—	驱动器 DI 信号 di2 状态

数据采样周期是控制系统读取测试信号的时间间隔，采样周期越短，测试结果就越接近实际值。控制系统的数据采样周期，需要利用指令 TestSignDefine 的程序数据 SampleTime 定义；数据采样周期不同，通过函数命令 TestSignRead 读取的测试值计算方法也将不同，两者的关系如下。

SampleTime＝0：使用系统默认的数据采样周期 0.5ms 时，函数命令 TestSignRead 读取的测试值为最近 8 次采样数据的平均值。

SampleTime＝0.001：数据采样周期为 1ms 时，函数命令 TestSignRead 读取的测试值为最近 4 次采样数据的平均值。

SampleTime＝0.002：数据采样周期为 2ms 时，函数命令 TestSignRead 读取的测试值为最近 2 次采样数据的平均值。

SampleTime≥0.004：数据采样周期大于 4ms 时，函数命令 TestSignRead 读取的测试值为最近 1 次采样的瞬时值。

伺服测试指令与函数命令的编程示例如下。

```
......
CONST num torque_channel1:=1;                            // 程序数据定义
VAR num curr_torque1;
VAR num max_torque1:=6;
VAR num motor_torque2
VAR num max_torque2:=10;
......
TestSignDefine torque_channel1,torque_ref,ROB_1,1,0.001;  // 定义测试信号 1
curr_torque1:=TestSignRead(torque_channel1);              // 读取测试值 1
IF (curr_torque1 > max_torque1) THEN
TPWrite "Driver of J1 axis are overloaded";
Stop;
EDNIF
TestSignReset;                                            // 清除测试信号
......
motor_torque2:=GetMotorTorque(2);                         // j2 轴电机输出转矩读取
IF (motor_torque2 > max_torque2) THEN
TPWrite "Motor of J2 axis are overloaded";
Stop;
EDNIF
......
```

在以上程序中，TestSignDefine 指令所定义的测试信号为机器人 ROB_1 的 j1 轴转矩给定值（torque_ref），分配的测试通道号为 1（torque_channel1），指定的数据采样周期为 1ms。测试通道 1 最近 4 次采样的平均值，可通过信号测试值读取命令 TestSignRead，读入到程序数据 curr_torque1 中；若 curr_torque1 值大于 6（Nm），示教器将显示"Driver of J1 axis are overloaded"（j1 轴驱动器过载）报警，并停止执行程序。在接下来的程序中，可直接通过电机输出转矩读取命令 GetMotorTorque，将机器人 ROB_1 的 j2 轴伺服电机的实际输出转矩，读入到程序数据 motor_torque2 中，若 motor_torque2 值大于 10（Nm），示教器将显示"Motor of J2 axis are overloaded"（j2 轴电机过载）报警，并停止执行程序。

5.5.4 伺服焊钳设定指令

(1) 指令与功能

ABB 机器人的伺服焊钳设定指令用于伺服焊钳的开合转矩变化率、开合速度、开合延时及伺服驱动器速度环增益、速度极限、转矩极限等诸多参数的设定。指令的编程格式与要求如表 5.5.5 所示。

(2) 指令说明

① 伺服焊钳参数的调整与清除。伺服焊钳的作业参数一般由机器人生产厂家在点焊机器

人的系统参数上设定。ABB 机器人的伺服焊钳参数可通过指令 STTune，在程序中调整，需要调整的作业参数可通过枚举数据 tunegtype 指定，tunegtype 数据需要以字符串文本的形式编程，参数名称与含义如表 5.5.6 所示。

表 5.5.5 伺服焊钳设定指令编程说明表

名称		编程格式与示例	
伺服焊钳 参数调整	STTune	编程格式	STTune MechUnit,TuneValue,Type;
		程序数据	MechUnit:机械单元名称,数据类型 mecunit; TuneValue:参数调整值,数据类型 num; Type:调节器参数选择,数据类型 tunegtype
		功能说明	调整程序数据 type 指定的伺服焊钳参数
		编程示例	STTune SEOLO_RG,0.050,CloseTimeAdjust;
伺服焊钳 参数清除	STTuneReset	编程格式	STTuneReset MechUnit;
		程序数据	MechUnit:机械单元名称,数据类型 mecunit
		功能说明	清除用户设定的伺服焊钳参数,恢复出厂设定值
		编程示例	STTuneReset SEOLO_RG;
伺服焊钳 校准	STCalib	编程格式	STCalib ToolName [\ToolChg] | [\TipChg] | [\Tip- Wear] [\RetTipWear] [\RetPosAdj] [\PrePos] [\Conc];
		程序数据 与添加项	ToolName:伺服焊钳名称,数据类型 string; \ToolChg:更换焊钳校准,数据类型 switch; \TipChg:更换电极校准,数据类型 switch; \TipWear:电极磨损校准,数据类型 switch; \RetTipWear:电极磨损量(mm),数据类型 num; \RetPosAdj:电极位置调整量(mm),数据类型 num; \PrePos:快速行程(mm),数据类型 num; \Conc:连续执行后续指令,数据类型 switch
		功能说明	在更换焊钳、电极或电极磨损时,重新设置、保存伺服焊钳参数
		编程示例	STCalib gun1 \TipWear \RetTipWear:= curr_tip_wear;

表 5.5.6 伺服焊钳调整参数名称与含义

参数名称(type)	对应的系统参数	参数含义	单位	推荐值
RampTorqRefOpen	ramp_torque_ref_opening	焊钳打开时的转矩变化率	Nm/s	200
RampTorqRefClose	ramp_torque_ref_closing	焊钳闭合时的转矩变化率	Nm/s	80
KV	Kv	速度环增益	Nm·s/rad	1
SpeedLimit	speed_limit	速度限制值	rad/s	60
CollAlarmTorq	alarm_torque	转矩极限值	%	1
CollContactPos	distance_to_contact_position	电极接触行程	m	0.002
CollisionSpeed	col_speed	焊钳开合速度	m/s	0.02
CloseTimeAdjust	min_close_time_adjust	焊钳最小闭合时间	s	—
ForceReadyDelayT	pre_sync_delay_time	焊钳闭合延时	s	—
PostSyncTime	post_sync_time	焊钳打开延时	s	—
CalibTime	calib_time	电极校准等待时间	s	—
CalibForceLow	calib_force_low	电极校准最低压力	N	—
CalibForceHigh	calib_force_high	电极校准最高压力	N	—

RAPID 伺服焊钳参数清除指令 STTuneReset，用于程序调整参数的清除，以恢复控制系统的出厂设定值。

焊钳参数调整指令的编程示例如下。

```
……
STTuneReset SEOLO_RG;                                    // 恢复出厂设置
STTune SEOLO_RG,0.05,CloseTimeAdjust;                    // 最小闭合时间调整为 0.05s
STTune SEOLO_RG,0.1,ForceReadyDelayT;                    // 焊钳闭合延时调整为 0.1s
……
```

② 伺服焊钳校准。ABB 机器人的焊钳校准指令 STCalib 用于电极、焊钳更换后的程序校准，指令可通过添加项\ToolChg 或\TipChg、\TipWear 选择以下校准方式之一。

\ToolChg：焊钳更换校准。焊钳低速闭合，直至电极接触工件，并产生一定的电极压力；然后，自动设定电极接触行程，打开焊钳。焊钳更换校准时，电极磨损量保持不变。

\TipChg：电极更换校准。焊钳低速闭合，直至电极接触工件，并产生一定的电极压力；然后，重新设定电极磨损量，打开焊钳。

\TipWear：电极磨损校准。焊钳快速闭合，直至电极接触工件，并产生一定的电极压力；然后，设定电极磨损量，打开焊钳。

添加项\RetTipWear、\RetPosAdj 用来保存校准得到的电极磨损、电极位置调整量；\PrePos 用来预设电极快速移动行程，加快电极校准速度。

伺服焊钳校准指令的编程示例如下。

```
VAR num curr_tip_wear;                                   // 程序数据定义
VAR num curr_adjustment;
CONST num max_adjustment:=20;                            // 定义电极允许的最大调整量
CONST num max_tip_wear:=1;                               // 定义电极允许的最大磨损量
……
STCalib gun1 \ToolChg \PrePos:=10;                       // 焊钳校准,快速行程 10mm
……
STCalib gun1 \TipChg \RetPosAdj:=curr_adjustment;        // 电极校准,保存电极调整值
IF curr_adjustment> max_adjustment THEN
TPWrite "The tips are lost !";                           // 电极失效
……
STCalib gun1 \TipWear \RetTipWear:=curr_tip_wear;        // 磨损校准,保存磨损量
IF curr_tip_wear> max_tip_wear THEN
TPWrite "The tips are lost !";                           // 电极失效
……
```

5.5.5 伺服焊钳监控指令与函数

(1) 伺服焊钳控制指令

ABB 机器人的伺服焊钳闭合（电极加压）、打开、电极校准等动作，均可由 RAPID 指令进行控制，伺服焊钳也可使用独立轴控制模式，单独控制运动。伺服焊钳控制指令的编程格式与要求如表 5.5.7 所示。

伺服焊钳独立移动指令 STIndGun 可利用独立轴控制模式移动电极；伺服焊钳闭合指令 STClose 可用来闭合焊钳，加压电极；伺服焊钳打开指令 STOpen 可用来打开焊钳。

伺服焊钳闭合指令 STClose 可通过添加项\RetThickness 的选择，将焊钳闭合时实际检测到的工件厚度数据，自动保存到\RetThickness 指定的程序数据中。若选择添加项\Conc，控制系统将在闭合焊钳的同时，继续执行后续指令，但无法获得正确的工件厚度数据，为此，需要通过后述的焊钳检测函数命令 STIsClosed，读取工件厚度数据。

表 5.5.7　伺服焊钳控制指令编程说明表

名称	编程格式与示例		
伺服焊钳独立移动	STIndGun	编程格式	STIndGun ToolName GunPos;
		程序数据	ToolName:伺服焊钳名称,数据类型 string; GunPos:电极移动行程(mm),数据类型 num
	功能说明		以独立轴控制的方式移动电极
	编程示例		STIndGun gun1,30;
撤销焊钳独立控制	STIndGunReset	编程格式	STIndGunReset ToolName;
		程序数据	ToolName:伺服焊钳名称,数据类型 string
	功能说明		撤销伺服焊钳独立轴控制功能,并将电极定位到当前 TCP 规定的位置
	编程示例		STIndGunReset gun1;
伺服焊钳闭合	STClose	编程格式	STClose ToolName,TipForce,Thickness[\RetThickness][\Conc];
		程序数据 与添加项	ToolName:伺服焊钳名称,数据类型 string; TipForce:电极压力(N),数据类型 num; Thickness:电极接触行程(mm),数据类型 num; \RetThickness:工件厚度(mm),数据类型 num; \Conc:连续执行后续指令,数据类型 switch
	功能说明		闭合焊钳,电极加压,将工件厚度保存在程序数据 RetThickness 中
	编程示例		STClose gun1,2000,3\RetThickness:=curr_thickness \Conc;
伺服焊钳打开	STOpen	编程格式	STOpen ToolName [\WaitZeroSpeed] [\Conc];
		程序数据 与添加项	ToolName:伺服焊钳名称,数据类型 string; \WaitZeroSpeed:等待机器人停止,数据类型 switch; \Conc:连续执行后续指令,数据类型 switch
	功能说明		打开伺服焊钳
	编程示例		STOpen gun1;

伺服焊钳独立移动、伺服焊钳闭合、伺服焊钳打开指令的编程示例如下。

```
VAR num curr_thickness1;                                    // 程序数据定义
……
STOpen gun1;                                                // 焊钳打开
MoveL p1,v200,z50,gun1;                                     // 机器人定位
STClose gun1,2000,5\RetThickness:= curr_thickness1;         // 闭合焊钳
……
STIndGun gun1,30;                                           // 独立移动焊钳
STClose gun1,1000,5;                                        // 闭合焊钳
WaitTime 10;                                                // 程序暂停
STOpen gun1;                                                // 打开焊钳
STIndGunReset gun1;                                         // 撤销独立控制
MoveL p2,v200,z50,gun1;                                     // 机器人定位
……
```

(2) 焊钳参数计算与检测函数

RAPID伺服焊钳参数计算与检测函数命令,可用来进行伺服电机输出转矩与电极压力之间的换算,焊钳初始化及位置同步检查,伺服控制模式检查,以及工件厚度、电极磨损量、电极位置调整量数据读取,等操作。函数命令的编程格式与要求如表 5.5.8 所示。

表 5.5.8　伺服焊钳检测函数命令编程说明表

名称		编程格式与示例	
伺服焊钳压力计算	STCalcForce	命令格式	STCalcForce(ToolName,MotorTorque)
		命令参数	ToolName:伺服焊钳名称,数据类型 string;
			MotorTorque:伺服电机转矩(Nm),数据类型 num
		执行结果	伺服电机转矩所对应的电极压力(N)
	编程示例		tip_force:= STCalcForce(gun1,7);
伺服焊钳转矩计算	STCalcTorque	命令格式	STCalcTorque(ToolName,TipForce)
		命令参数	ToolName:伺服焊钳名称,数据类型 string;
			TipForce:电极压力(N),数据类型 num
		执行结果	电极压力所对应的伺服电机转矩(Nm)
	编程示例		curr_motortorque:= STCalcTorque(gun1,1000);
伺服焊钳状态检查	STIsCalib	命令格式	STIsCalib(ToolName [\sguninit] ∣ [\sgunsynch])
		命令参数 与添加项	ToolName:伺服焊钳名称,数据类型 string;
			\sguninit:焊钳初始化检查,数据类型 switch;
			\sgunsynch:位置同步检查,数据类型 switch
		执行结果	状态正确 TRUE;否则,FALSE
	编程示例		curr_gunSynchronize:= STIsCalib(gun1\sgunsynch);
伺服焊钳闭合检查	STIsClosed	命令格式	STIsClosed(ToolName [\RetThickness])
		命令参数 与添加项	ToolName:伺服焊钳名称,数据类型 string;
			\RetThickness:工件厚度(mm),数据类型 num
		执行结果	焊钳已闭合,电极压力正确为 TRUE,否则为 FALSE;工件厚度保存在\RetThickness 指定的程序数据中
	编程示例		curr_gunClosed:=STIsClosed(gun1\RetThickness:=thickness2);
伺服焊钳打开检查	STIsOpen	命令格式	STIsOpen (ToolName [\RetTipWear] [\RetPosAdj])
		命令参数 与添加项	ToolName:伺服焊钳名称,数据类型 string;
			\RetTipWear:电极磨损量(mm),数据类型 num;
			\RetPosAdj:电极位置调整量(mm),数据类型 num
		执行结果	焊钳已打开为 TRUE,否则为 FALSE;电极磨损、位置调整量分别保存在\RetTipWear、\RetPosAdj 指定的程序数据中
	编程示例		curr_gunOpen:= STIsOpen(gun1\RetTipWear:=tipwear_2);
焊钳独立控制检查	STIsIndGun	命令格式	STIsIndGun (ToolName)
		命令参数	ToolName:伺服焊钳名称,数据类型 string
		执行结果	伺服焊钳独立轴控制为 TRUE,否则,为 FALSE
	编程示例		curr_gunIndmode:= STIsIndGun(gun1);

RAPID 伺服焊钳参数计算与检测函数命令的编程示例如下。

```
VAR num curr_tip_wear;                                          // 程序数据定义
VAR num curr_adjustment;
VAR bool curr_gunOpen;
CONST num max_adjustment:= 20;                        // 定义电极允许的最大调整量
CONST num max_tip_wear:= 1;                           // 定义电极允许的最大磨损量
......
curr_gunOpen:= STIsOpen(gun1 \RetTipWear:= curr_tip_wear \RetPosAdj:= curr_adjust-
ment);                                                    // 焊钳状态检查
IF curr_ gunOpen THEN
MoveL p0,v200,z50,gun1;                                   // 机器人定位
ENDIF
IF curr_adjustment> max_adjustment THEN
TPWrite "The tips are lost !";                           // 电极失效
```

```
ENDIF
IF curr_tip_wear> max_ tip_wear THEN
TPWrite "The tips are lost !";                                    // 电极失效
ENDIF
......
```

    ABB 机器人控制系统的功能较强，指令、函数命令众多，除了以上常用指令以及第 6 章将介绍的作业数据设定指令和函数命令外，还有示教器通信、串行数据通信、网络通信、文件管理、智能机器人控制等多种指令和函数命令，相关内容可参见 ABB 公司的技术指令。

作业数据设定与程序实例

6.1 工具坐标系及负载设定

6.1.1 移动工具坐标系设定

(1) 指令与功能

工业机器人的工具、工件坐标系及机器人负载数据等基本作业数据包含了坐标系原点、方向及负载重心、方向与惯量等诸多参数。其计算较为复杂，实际使用时一般需要利用机器人的示教操作，由控制系统自动计算与设定相关数据，有关内容可参见 ABB 公司的技术资料或本书作者编写的《ABB 工业机器人从入门到精通》。

ABB 机器人控制系统功能较强、指令丰富，机器人实际作业所需要的工具、工件、负载等作业数据的计算，可直接通过作业数据设定指令和函数命令，在 RAPID 程序中编程。

工业机器人的基本作业形式有工件固定、机器人移动工具作业（以下简称工具移动）和工具固定、机器人移动工件作业（以下简称工具固定）两种。在 ABB 机器人上，控制系统的坐标系名称与用途统一，即工件坐标系就是以工件为基准建立的坐标系，工具坐标系就是以工具为基准建立的坐标系，因此，在工具移动作业系统和工件移动作业系统上，工具坐标系的设定要求有所不同。

ABB 机器人工具移动作业的工具、工件坐标系设定方法如图 6.1.1 所示。

工具移动作业时，工件安装在固定于地面的工装上，工件（用户）坐标系是以大地坐标系为基准

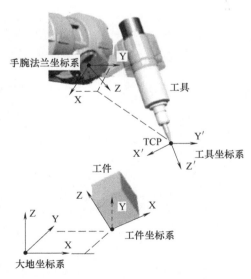

图 6.1.1 移动工具坐标系设定

设定；作业工具安装在机器人的手腕上，工具坐标系是以机器人手腕基准坐标系（ABB 称为

手腕法兰坐标系，wrist flange coordinates）为基准设定的移动坐标系。

在 RAPID 程序中，移动工具坐标系的原点、方向可分别利用指令 MToolTCPCalib、MToolRotCalib 自动计算和设定，指令的编程说明如表 6.1.1 所示。

表 6.1.1　移动工具坐标系设定指令说明表

名称		编程格式与示例	
移动工具坐标系原点设定	MToolTCPCalib	编程格式	MToolTCPCalib Pos1,Pos2,Pos3,Pos4,Tool,MaxErr,MeanErr；
		程序数据与添加项	Pos1,Pos2,Pos3,Pos4：测试点 1～4，数据类型 jointtarget； Tool：工具名称，数据类型 tooldata； MaxErr：最大误差，数据类型 num； MeanErr：平均误差，数据类型 num
	功能说明		利用 4 点定位，计算移动工具坐标系原点（TCP 位置）
	编程示例		MToolTCPCalib p1,p2,p3,p4,tool1,max_err,mean_err；
移动工具坐标系方向设定	MToolRotCalib	编程格式	MToolRotCalib RefTip,ZPos [\XPos],Tool；
		程序数据与添加项	RefTip：坐标系原点，数据类型 jointtarget； ZPos：工具坐标系＋Z 轴点，数据类型 jointtarget； \XPos：工具坐标系＋X 轴点，数据类型 jointtarget； Tool：工具名称，数据类型 tooldata
	功能说明		利用 2～3 点定位，计算移动工具坐标系方向（四元数）
	编程示例		MToolRotCalib pos_tip,pos_z \XPos：＝pos_x,tool1；

（2）原点设定指令编程

移动工具坐标系原点设定指令 MToolTCPCalib 用于工具坐标系原点（TCP 在手腕法兰坐标系的位置）的自动计算和设定，指令的编程格式及程序数据含义见表 6.1.1。

利用指令 MToolTCPCalib 设定移动工具坐标系原点时，首先需要在工具姿态可自由调整的位置，选择或安装一个用于 TCP 定位的测量基准；然后，通过机器人手动操作等方式确定、读取图 6.1.2 所示的 4 个测试点关节位置。

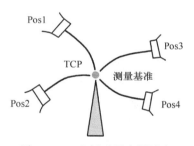

图 6.1.2　坐标系原点测试点

测试点 Pos1、Pos2、Pos3、Pos4 必须具有不同的工具姿态，但 TCP 应位于同一点（测量基准点）；4 个测试点的工具姿态变化越大，TCP 定位越准确，工具坐标系原点计算与设定就越准确。因测试点工具姿态、TCP 位置偏差所导致的工具坐标系原点设定最大误差值和平均误差值，可保存到程序数据 MaxErr、MeanErr 中。

利用 MToolTCPCalib 指令自动设定工具坐标系原点的程序设计方法如下。

① 在程序模块中，利用永久数据 PERS 定义指令定义待测工具的工具数据 tooldata 初始值。tooldata 初始值中的工具安装形式（robhold）必须定义为"TRUE"（工具安装在机器人上），工具坐标系（tframe）为原点、方向均与手腕法兰坐标系重合的 pose 数据 ［［0,0,0］，［1,0,0 ,0］］。

② 利用常量 CONST 定义指令，在程序模块中定义测试点的关节位置（jointtarget 数据）。

③ 在程序中，利用 PDispOff 指令，撤销程序点偏移。

④ 在程序中，通过关节定位指令 MoveAbsJ 依次进行测试点定位；MoveAbsJ 指令中的工具、工件数据需要定义为"Tool 0\WObj：＝ WObj0；"。

⑤ 在程序中，利用 MToolTCPCalib 指令自动计算、设定工具坐标系原点。

⑥ 如果需要，可通过程序数据 MaxErr、MeanErr 检查工具坐标系原点设定的最大误差和平均误差；必要时，重新选择测试点位置。

利用 MToolTCPCalib 指令设定工具 tool1 原点的编程示例如下。

```
MODULE MTD_Defmodu                                                // 模块
……
PERS tooldata tool1:＝[ TRUE,[ [ 0,0,0 ],[1,0,0,0 ] ],[ 0.001,[ 0,0,0.001 ],[1,0,0,0 ],0,
0,0 ] ];                                                          // 工具数据初始值定义
……
CONST jointtarget p1:＝[...];                                     // 工具 TCP 测试点定义
CONST jointtarget p2:＝[...];
CONST jointtarget p3:＝[...];
CONST jointtarget p4:＝[...];
……
VAR num max_err;
VAR num mean_err;
……
! ＊＊＊＊＊＊＊＊＊＊＊＊＊＊＊＊＊＊＊＊＊＊＊＊＊＊＊＊＊＊＊＊＊＊
PROC MT_TCPCalib ()                                               // 程序
……
PDispOff;
MoveAbsJ p1,v10,fine,tool0\WObj:＝WObj0;                          // TCP 测试点定位
MoveAbsJ p2,v10,fine,tool0\WObj:＝WObj0;
MoveAbsJ p3,v10,fine,tool0\WObj:＝WObj0;
MoveAbsJ p4,v10,fine,tool0\WObj:＝WObj0;
MToolTCPCalib p1,p2,p3,p4,tool1,max_err,mean_err;                 // 工具坐标原点设定
……
```

(3) 方向设定指令编程

移动工具坐标系方向设定指令 MtoolRotCalib 用于工具坐标系方向（绕手腕法兰坐标系回转的四元数）的自动计算和设定，指令的编程格式及程序数据含义见表 6.1.1。

设定移动工具坐标系方向需要在 RAPID 程序中定义图 6.1.3 所示的工具姿态保持不变的 2 或 3 个测试点，并通过原点设定指令、手动操作定位等方式确定测试点的关节位置。

测试点 RefTip、ZPos、\XPos 的选择原则如下。

① 如果工具坐标系和机器人手腕法兰坐标系的 Y 轴方向相同，指令只要定义图 6.1.3 （a）所示的坐标系原点 RefTip 和＋Z 轴上的一点 ZPos，定义 X、Z 轴方向。

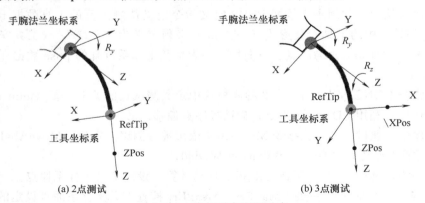

(a) 2点测试　　　　　　　　　　　　(b) 3点测试

图 6.1.3　坐标系方向测试点

② 如果工具坐标系需要绕机器人手腕法兰坐标系 Y 轴及 Z 轴、X 轴回转，同时改变 X、Y、Z 轴方向，必须定义图 6.1.3（b）所示工具坐标系原点 RefTip、＋Z 轴上的一点 ZPos 和 ＋X 轴上的一点 \ XPos。

利用 MtoolRotCalib 指令自动设定工具坐标系方向的程序设计方法如下。

① 在程序模块中，利用永久数据 PERS 定义指令，定义待测工具的工具数据 tooldata 初始值。tooldata 初始值中的工具安装形式（robhold）必须定义为"TRUE"（工具安装在机器人上），工具坐标系（tframe）应为原点已定义、方向为初始值的 pose 数据，如 [[100,200, 3000],[1,0,0,0]] 等。

② 在程序模块中，利用常量 CONST 定义指令，定义测试点的关节位置（jointtarget 数据）。

③ 在程序中，利用 PDispOff 指令，撤销程序点偏移。

④ 在程序中，通过关节定位指令 MoveAbsJ 依次进行测试点定位；MoveAbsJ 指令中的工具、工件数据需要定义为"Tool 0\WObj：＝WObj0；"。

⑤ 在程序中，利用 MtoolRotCalib 指令自动计算、设定工具坐标系方向。

利用 MToolTCPCalib 指令设定工具 tool1 方向的编程示例如下。

```
MODULE MTD_Defmodu                                                    // 模块
……
PERS tooldata tool1：＝[ TRUE,[ [ 100,200,300 ],[1,0,0 ,0] ],[ 0.001,[ 0,0,0.001 ],[1,0,0,
0 ],0,0,0 ] ];                                          // 工具数据初始值定义(永久数据)
CONST jointtarget pos_tip：＝[...];                            // 工具方向测试点定义
CONST jointtarget pos_z：＝[...];
CONST jointtarget pos_x：＝[...];
……

! * * * * * * * * * * * * * * * * * * * * * * * * * * * * * * * * * * *

PROC MT_ROTCalib ()                                                   // 程序
……

PDispOff;
MoveAbsJ pos_tip,v10,fine,tool0\WObj：＝WObj0;             // 工具方向测试点定位
MoveAbsJ pos_z,v10,fine,tool0\WObj：＝WObj0;
MoveAbsJ pos_x,v10,fine,tool0\WObj：＝WObj0;
MToolRotCalib pos_tip,pos_z\XPos：＝pos_x,tool1;          // 工具坐标系方向设定
……
```

6.1.2　固定工具坐标系设定

(1) 指令与功能

机器人移动工件作业时，工具安装在固定于地面的工装上，工具坐标系实际需要以大地坐标系为基准设定；工件安装在机器人的手腕上，工件坐标系实际需要以手腕法兰坐标系为基准设定；机器人通过工件的移动，改变工具与工件的相对位置。

ABB 机器人固定工具坐标系的设定基准及设定方法如图 6.1.4 所示。设定固定工具坐标系原点、方向时，需要在机器人上安装一把工具数据已知的工具（移动工具）作为确定测试点位置的测试工具；然后，利用测试工具的测试点定位，计算、设定待测工具（固定工具）的坐标系原点、方向。

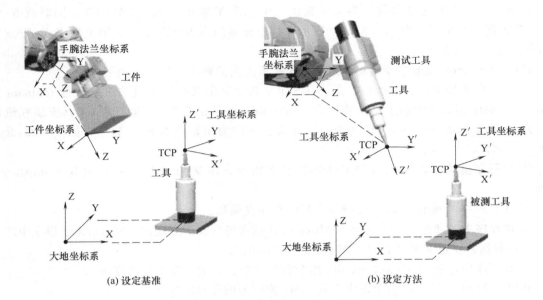

图 6.1.4   固定工具坐标系设定

在 RAPID 程序中,工具固定作业系统的工具坐标系原点(TCP 位置)和方向,可分别利用固定工具坐标系原点设定指令 SToolTCPCalib 和方向设定指令 SToolRotCalib 自动计算和设定,指令的编程说明如表 6.1.2 所示。

表 6.1.2   固定工具坐标系计算与设定指令说明表

名称		编程格式与示例	
固定工具坐标系原点设定	SToolTCPCalib	编程格式	SToolTCPCalib Pos1,Pos2,Pos3,Pos4,Tool,MaxErr,MeanErr;
		程序数据与添加项	Pos1,Pos2,Pos3,Pos4:测试点 1~4,数据类型 robtarget; Tool:工具名称,数据类型 tooldata; MaxErr:最大误差,数据类型 num; MeanErr:平均误差,数据类型 num
		功能说明	利用 4 点定位,计算固定工具坐标系原点(TCP 位置)
		编程示例	SToolTCPCalib p1,p2,p3,p4,tool1,max_err,mean_err;
固定工具坐标系方向设定	SToolRotCalib	编程格式	SToolRotCalib RefTip ZPos XPos Tool;
		程序数据与添加项	RefTip:坐标系原点,数据类型 robtarget; ZPos:工具坐标系+Z 轴上的一点,数据类型 robtarget; XPos:工具坐标系+X 轴上的一点,数据类型 robtarget; Tool:工具名称,数据类型 tooldata
		功能说明	利用 3 点定位,计算固定工具坐标系方向四元数
		编程示例	SToolRotCalib pos_tip,pos_z,pos_x,tool1;

(2) 原点设定指令编程

固定工具坐标系原点设定指令 SToolTCPCalib 用于工具坐标系原点位置(TCP 在大地坐标系上的位置)的自动计算和设定,指令的编程格式及程序数据含义见表 6.1.2。

利用指令 SToolTCPCalib 设定固定工具坐标系原点时,首先在机器人上安装一把可在固定工具 TCP 上自由调整姿态、工具数据 tooldata 已定义的测试工具;然后,通过机器人手动操作等方式确定、读取图 6.1.5 所示 4 个测试点的大地坐标系位置。

测试点 Pos1、Pos2、Pos3、Pos4 是测试工具的定位点,在测试点上,测试工具必须具有不同的姿态,但 TCP 应位于同一点(固定工具 TCP)。4 个测试点的工具姿态变化越大,TCP

定位越准确，工具坐标系原点计算与设定就越准确。因测试点工具姿态、TCP 位置偏差所导致的工具坐标系原点设定最大误差值和平均误差值，可保存到程序数据 MaxErr、MeanErr 中。

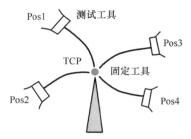

图 6.1.5　坐标系原点测试点

利用 SToolTCPCalib 指令自动设定固定工具坐标系原点的程序设计方法如下。

① 在程序模块中，利用永久数据 PERS 定义指令，定义待测工具的工具数据 tooldata 初始值。tooldata 初始值中的工具安装形式（robhold）必须定义为"FALSE"（工具不在机器人上安装），工具坐标系（tframe）为原点、方向均与大地坐标系重合的 pose 数据 [[0,0,0],[1,0,0,0]]。

② 在机器人上安装工具数据已定义的测试工具，并通过机器人手动操作等方式确定、读取图 6.1.5 所示 4 个测试点的大地坐标系位置后，在程序模块中，利用常量 CONST 定义指令，定义测试点的位置（robtarget 数据）。

③ 在程序中，利用 PDispOff 指令，撤销程序点偏移。

④ 在程序中，通过关节插补指令 MoveJ，使测试工具依次进行测试点定位，MoveJ 指令中的工具数据应为测试工具的 tooldata 数据，工件数据应为初始值"WObj：=WObj0；"。

⑤ 在程序中，利用 SToolTCPCalib 指令自动计算、设定待测工具的坐标系原点。

⑥ 如果需要，可通过程序数据 MaxErr、MeanErr 检查工具坐标系原点设定的最大误差和平均误差；必要时，重新选择测试点位置。

利用测试工具 point_tool 测试、设定待测工具 tool1 坐标系原点的程序示例如下。

```
MODULE STD_Defmodu                                              // 模块
……
PERS tooldata tool1：= [ FALSE,[ [ 0,0,0 ],[1,0,0 ,0 ] ],[0,001,[ 0,0,0. 001 ],[1,0,0,0],0,
0,0 ] ];                                                       // 预定义待测工具数据
CONST robtarget p1：= [...];                                     // 定义测试工具的测试点
CONST robtarget p2：= [...];
CONST robtarget p3：= [...];
CONST robtarget p4：= [...];
……
VAR num max_err;
VAR num mean_err;
……

! * * * * * * * * * * * * * * * * * * * * * * * * * * * * * * * * * *

PROC ST_TCPCalib ()                                             // 程序
……
PDispOff;
MoveJ p1,v10,fine,point_tool\WObj：=WObj0;                        // 测试工具测试点定位
MoveJ p2,v10,fine,point_tool\WObj：=WObj0;
MoveJ p3,v10,fine,point_tool\WObj：=WObj0;
MoveJ p4,v10,fine,point_tool\WObj：=WObj0;
SToolTCPCalib p1,p2,p3,p4,tool1,max_err,mean_err;               // 测定待测工具坐标原点
……
```

(3) 方向设定指令编程

固定工具坐标系方向设定指令 SToolRotCalib 用于工具坐标系方向（绕大地坐标系回转的四元数）的自动计算和设定，指令的编程格式及程序数据含义见表 6.1.2。

设定固定工具坐标系方向时，同样需要在机器人上安装一把工具数据 tooldata 已定义的测试工具；然后，在 RAPID 程序中定义图 6.1.6 所示的工具姿态保持不变的 3 个测试点，并通过手动操作定位等方式确定测试点的关节位置。其中，测试点 RefTip 应为待测工具的 TCP 位置（工具坐标系原点）；ZPos 应为工具坐标系＋Z 轴上的一点；XPos 应为工具坐标系＋X 轴上的一点。

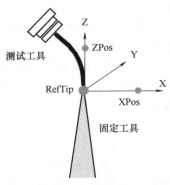

图 6.1.6　坐标系方向测试点

利用 SToolRotCalib 指令自动设定固定工具坐标系方向的程序设计方法如下。

① 在程序模块中，利用永久数据 PERS 定义指令，定义待测工具的工具数据 tooldata 初始值。tooldata 初始值中的工具安装形式（robhold）必须定义为"FALSE"（工具不在机器人上安装），工具坐标系（tframe）为原点、方向均与大地坐标系重合的 pose 数据 [[0,0,0],[1,0,0,0]]。

② 在机器人上安装工具数据已定义的测试工具，并通过机器人手动操作等方式确定、读取图 6.1.6 所示 3 个测试点的大地坐标系位置后，在程序模块中，利用常量 CONST 定义指令，定义测试点的位置（robtarget 数据）。

③ 在程序中，利用 PDispOff 指令，撤销程序点偏移。

④ 在程序中，通过关节插补指令 MoveJ，使测试工具依次进行测试点定位，MoveJ 指令中的工具数据应为测试工具的 tooldata 数据，工件数据应为初始值"WObj：=WObj0；"。

⑤ 在程序中，利用 SToolRotCalib 指令自动计算、设定待测工具的坐标系方向。

利用测试工具 point_tool 测试、设定待测工具 tool1 坐标系方向的程序示例如下。

```
MODULE STD_Defmodu                                              // 模块
……
PERS tooldata tool1：= [ FALSE,[[ 0,0,0],[1,0,0 ,0 ]],[0,001,[ 0,0,0.001 ],[1,0,0,0],0,
0,0 ]];                                                    // 预定义待测工具数据
……
CONST robtarget pos_tip：= [...];                               // 定义测试点
CONST robtarget pos_z：= [...];
CONST robtarget pos_x：= [...];
……

! * * * * * * * * * * * * * * * * * * * * * * * * * * * * * * * *
PROC ST_ROTCalib ()                                            // 程序
……
PDispOff；
MoveJ pos_tip,v10,fine,point_tool\WObj：= WObj01；               // 测试工具测试点定位
MoveJ pos_z,v10,fine,point_tool\WObj：= WObj01；
MoveJ pos_x,v10,fine,point_tool\WObj：= WObj01；
SToolRotCalib pos_tip,pos_z,pos_x,tool1；                      // 工具坐标系方向设定
……
```

6.1.3　负载数据设定与检查

（1）指令与函数功能

准确设定机器人负载，可使运动轴的伺服驱动系统获得最佳控制特性。工业机器人本体的负载数据，已由机器人生产厂家在机器人出厂时设定；机器人实际使用时增加的负载数据，需要由用户根据实际情况设定。机器人负载数据的计算较为复杂与繁琐，因此，实际使用时一般需要利用机器人的负载测定功能，由控制系统自动计算、设定负载数据。

ABB机器人的用户负载通常包括工具负载、作业负载、外部轴负载三类，工具负载是由安装在手腕上的基本工具（如焊钳、焊枪、抓手等）产生的机器人负载，工具负载需要在工具数据tooldata的数据项loaddata上定义（见第4章）；作业负载是工件移动作业系统（包括搬运、装配类机器人）作业时由工具所夹持物品产生的机器人附加负载（ABB机器人说明书称为有效载荷），作业负载可通过机器人移动指令的添加项\TLoad定义（见第4章）；外部轴负载是安装在工件变位器上的工件所产生的附加轴负载，通常只用于使用ABB工件变位器的机器人。

ABB机器人的用户负载数据可通过执行系统程序LoadIdentify及使用RAPID负载测定指令两种方式测试与设定。LoadIdentify程序可直接从系统程序编辑器文件目录ProgramEditor/Debug/CallRoutine.../LoadIdentify下选定，并启动执行；负载测定指令、函数命令的编程说明如表6.1.3所示。

表6.1.3　负载测定指令与函数命令编程说明表

名称			编程格式与示例		
工具及作业负载测定	LoadId	编程格式	LoadId ParIdType,LoadIdType,Tool [\PayLoad] [\WObj] [\ConfAngle] [\SlowTest] [\Accuracy];		
		指令添加项	—		
		程序数据与添加项	ParIdType:负载类别,数据类型 paridnum; LoadIdType:测定条件,数据类型 loadidnum; Tool:工具名称,数据类型 tooldata; \PayLoad:作业负载名称,数据类型 loaddata; \WObj:工件名称,数据类型 wobjdata; \ConfAngle:j6轴位置,数据类型 num; \SlowTest:慢速测定,数据类型 switch; \Accuracy:测量精度,数据类型 num		
	功能说明		自动测定负载,并将工具负载、作业负载保存在指定的程序数据中		
	编程示例		%"LoadId"% TOOL_LOAD_ID,MASS_WITH_AX3,grip3 \SlowTest;		
外部轴负载测定	ManLoadIdProc	编程格式	ManLoadIdProc [\ParIdType] [\MechUnit] | [\MechUnitName] [\AxisNumber] [\PayLoad] [\ConfAngle] [\DeactAll] | [\AlreadyActive] [\DefinedFlag] [\DoExit];		
		指令添加项	\ParIdType:负载类别,数据类型 paridnum; \MechUnit:机械单元名称,数据类型 mecunit; \MechUnitName:机械单元名称,数据类型 string; \AxisNumber:外部轴序号,数据类型 num; \PayLoad:外部轴负载名称,数据类型 loaddata; \ConfAngle:测定位置,数据类型 num; \DeactAll:机械单元停用,数据类型 switch; \AlreadyActive:机械单元生效,数据类型 switch; \DefinedFlag:测定完成标记名称,数据类型 bool; \DoExit:测定完成用 Exit 指令结束,数据类型 bool		
		程序数据	—		
	功能说明		测定机械单元外部轴负载,并将负载保存在指定的程序数据中		
	编程示例		ManLoadIdProc \ParIdType:= IRBP_L\MechUnit:= STN1 \PayLoad:= myload \ConfAngle:= 60 \AlreadyActive \DefinedFlag:= defined;		

名称		编程格式与示例	
测定对象检查	ParIdRobValid	命令格式	ParIdRobValid(ParIdType [\MechUnit] [\AxisNo])
		命令参数 与添加项	ParIdType：负载类别，数据类型 paridnum； \MechUnit：机械单元名称，数据类型 mecunit； \AxisNo：轴序号，数据类型 num
		执行结果	机器人负载测定功能有效或无效，paridvalidnum 型数据
	功能说明		检查当前测定对象是否符合负载测定条件
	编程示例		TEST ParIdRobValid (TOOL_LOAD_ID)
测定位置检查	ParIdPosValid	命令格式	ParIdPosValid (ParIdType, Pos, AxValid [\ConfAngle])
		命令参数 与添加项	ParIdType：负载类别，数据类型 paridnum； Pos：当前位置，数据类型 jointtarget； AxValid：测定结果，bool 型数组； \ConfAngle：j6 轴位置，数据类型 num
		执行结果	数据类型 Bool，测定点适合为 TRUE，否则为 FALSE
	功能说明		检查当前测定点是否适合负载测定
	编程示例		IF ParIdPosValid (TOOL_LOAD_ID, joints, valid_joints) = TRUE THEN
转矩补偿系统 参数读取	GetModalPay- LoadMode	命令格式	GetModalPayLoadMode()
		命令参数	—
		执行结果	系统参数 ModalPayLoadMode 设定值，数据类型 num
	功能说明		读取转矩补偿系统参数 ModalPayLoadMode 设定值
	编程示例		reg1 := GetModalPayLoadMode();

RAPID 作业负载测定指令 LoadId 可用于作业负载、工具负载的自动测定。在执行指令 LoadId 前，机器人应满足以下条件。

① 确认需要测定的负载已正确地加载在机器人上。

② 确认机器人的 j3、j5 和 j6 轴有足够的自由运动空间。

③ 确认机器人的 j4 轴处于原位（0°位置），手腕为水平状态。

④ 通过测定检查函数命令 ParIdRobValid，确认测定对象为有效对象。

⑤ 通过测定检查函数命令 ParIdPosValid，确认测定位置为有效位置。

⑥ 在 LoadId 指令前，通过以下指令，加载系统的负载测定程序模块：

```
Load \Dynamic,"RELEASE:/system/mockit.sys";
Load \Dynamic,"RELEASE:/system/mockit1.sys";
```

⑦ 测定完成后，再利用下述指令，卸载系统的负载测定程序模块：

```
UnLoad "RELEASE:/system/mockit.sys";
UnLoad "RELEASE:/system/mockit1.sys";
```

(2) 负载测定检查函数命令

RAPID 负载测定检查函数命令可用于测定对象、测定位置的检查，函数命令及编程要求分别如下。

① 测定对象检查函数。RAPID 负载测定对象检查函数命令 ParIdRobValid，可用来检查当前测定对象、测定位置是否符合测定条件。

函数命令 ParIdRobValid 的命令参数 ParIdType 用来设定需要测定的负载类别，需要用枚举数据 paridnum 定义。paridnum 数据在程序中一般以表 6.1.4 所示的字符串文本编程。

当命令参数 ParIdType 选择 "IRBP_K" 或 "IRBP_L" "IRBP_A" "IRBP_B" 等外部轴负载（ABB 工件变位器）时，还需要通过添加项\MechUnit、\AxisNo，分别指定外部轴（ABB

工件变位器）所在的机械单元名称、轴序号。

表 6.1.4　paridnum 数据设定值及含义

设定值		含　义
数值	字符串	
1	TOOL_LOAD_ID	工具负载测定
2	PAY_LOAD_ID	作业负载测定
3	IRBP_K	外部轴负载测定（IRBP K 型变位器）
4	IRBP_L 或 IRBP_C、IRBP_C_INDEX、IRBP_T	外部轴负载测定（IRBP L/C/T 型变位器）
5	IRBP_R 或 IRBP_A、IRBP_B、IRBP_D	外部轴负载测定（IRBP R/A/B/D 型变位器）

负载测定对象检查函数命令 ParIdRobValid 的执行结果为枚举数据 paridvalidnum。parid-validnum 数据在程序中一般以表 6.1.5 所示的字符串文本编程。

表 6.1.5　paridvalidnum 数据及含义

执行结果		含　义
数值	字符串	
10	ROB_LOAD_VAL	有效的测定对象
11	ROB_NOT_LOAD_VAL	无效的测定对象
12	ROB_LM1_LOAD_VAL	负载＜200kg 时，测定对象有效（IRB 6400FHD 机器人）

② 测定位置检查函数。RAPID 测定位置检查函数命令 ParIdPosValid，可用来检查机器人的当前位置是否适合负载的测定，如果适合，命令的执行结果为逻辑状态 TRUE；否则，执行结果为 FALSE。

测定位置检查函数命令的执行结果为逻辑状态型数组。命令不仅需要定义测定的负载类别参数 ParIdType，而且还需要定义用来保存机器人轴（j1～j6）、外部轴（e1～e6）测定位置检查结果的 12 元 bool 型数组。如果需要，还可通过添加项 \ConfAngle，明确机器人 j6 轴的位置；不使用添加项 \ConfAngle 时，控制系统默认 j6 为 90°。

RAPID 负载测定检查函数命令的编程示例如下。

```
VAR jointtarget joints;                                    // 程序数据定义
VAR bool valid_joints{12};                                 // 数组定义
……
IF ParIdRobValid(TOOL_LOAD_ID) < > ROB_LOAD_VAL THEN
EXIT;                                          // 检查测定对象,无效时直接退出程序
ENDIF
joints:= CJointT();                                        // 读取当前位置
IF ParIdPosValid (TOOL_LOAD_ID,joints,valid_joints) = FALSE THEN
EXIT;                                          // 检查测定位置,不合适时直接退出程序
ENDIF
……
```

(3) 工具及作业负载测定指令

负载测定指令 LoadId 可用于工具负载、作业负载的测定。负载测定指令正常执行完成后，控制系统可自动将测定得到的工具负载、作业负载数据，分别保存至指定的工具数据 tooldata 或负载数据 loaddata 中。

负载测定指令 LoadId 通常以混合数据指令%"LoadId"%的形式编程，指令的程序数据及要求如下。

ParIdType：负载类别，数据类型 paridnum。使用混合数据编程时，一般直接以表 6.1.4 的字符串文本作为设定值。例如，选择工具负载测定时，应设定为"TOOL_LOAD_ID"；选择作业负载测定时，应设定为"PAY_LOAD_ID"等。

LoadIdType：测定条件，数据类型 loadidnum。使用混合数据编程时，一般直接以系统规定字符串文本的形式设定。如果负载质量为已知，程序数据 LoadIdType 应设定为"MASS_KNOWN"；如果负载质量为未知，程序数据 LoadIdType 应设定为"MASS_WITH_AX3"，即需要通过 j3 轴的运动，自动测定负载质量。

Tool：工具数据名称，数据类型 tooldata。如果指令用于工具数据 tooldata 的负载特性项 tload 测定，需要在执行测定指令前，通过永久数据定义指令 PERS，事先完成 tooldata 数据的工具安装形式 robhold、工具坐标系 tframe 等数据项的定义；同时，还需要将负载特性项 tload 中未知参数的初始值设定为 0。

\PayLoad：作业负载名称，数据类型 loaddata。该添加项仅用于作业负载测定指令，测定前同样需要通过永久数据定义指令 PERS，事先定义程序数据。

\WObj：工件数据名称，数据类型 loaddata。该添加项仅用于作业负载测定指令，测定前同样需要通过永久数据定义指令 PERS，事先定义程序数据。

\ConfAngle：j6 轴位置设定，数据类型 num；未指定时默认 90°。

\SlowTest：慢速测定，数据类型 switch。使用该添加项时，控制系统仅进行慢速测定，测定的结果不保存。

\Accuracy：测定精度，数据类型 num。使用该添加项时，可用百分率形式指定所需要的测定精度。

在作业程序中，负载测定指令 LoadId 之前，需要利用前述的负载测定检查函数命令 ParIdRobValid、ParIdPosValid，检查当前测定对象、测定位置是否符合测定条件。然后，需要通过程序装载指令 Load，加载系统程序模块 mockit. sys、mockit1. sys。测定完成后，还需要通过程序卸载指令 UnLoad，卸载系统程序模块 mockit. sys、mockit1. sys。

利用 LoadId 指令测定质量已知（5kg）的作业负载数据 piece5 的编程示例如下。

```
    ……
    PERS tooldata grip3:= [ FALSE,[[97.4,0,223.1],[0.924,0,0.383,0]],[6,[10,10,100],[0.5,
0.5,0.5,0.5],1.2,2.7,0.5]];                                    // 已知工具数据定义
    PERS wobjdata wobj2:= [ TRUE,TRUE,"",[[34,0,-45],[0.5,-0.5,0.5 ,-0.5]],[[0.56,10,
68],[0.5,0.5,0.5 ,0.5]]];                                      // 已知工件数据定义
    PERS loaddata piece5:= [ 5,[0,0,0],[1,0,0,0],0,0,0];          // 预定义作业负载数据
    VAR num load_accuracy;                                        // 定义测定精度数据
    ……
    Load \Dynamic,"RELEASE:/system/mockit.sys";                   // 装载系统程序模块
    Load \Dynamic,"RELEASE:/system/mockit1.sys";
    %"LoadId"% PAY_LOAD_ID,MASS_KNOWN,grip3 \PayLoad:= piece5\WObj:= wobj2 \Accuracy:
= load_accuracy;                                                // 测定作业负载并保存
    UnLoad "RELEASE:/system/mockit.sys";                          // 卸载系统程序模块
    UnLoad "RELEASE:/system/mockit1.sys";
    ……
```

利用 LoadId 指令测定质量未知的工具 grip3 负载数据，设定 tooldata 的负载特性项 tload 的编程示例如下。

```
......
PERS tooldata grip3: = [ TRUE,[[97.4,0,223.1],[0.924,0,0.383,0]],[0,[0,0,0],[1,0,0,0],
0,0,0]];                                                              // 预定义工具数据
......
Load \Dynamic,"RELEASE:/system/mockit.sys";                          // 装载系统程序模块
Load \Dynamic,"RELEASE:/system/mockit1.sys";
%"LoadId"% TOOL_LOAD_ID,MASS_WITH_AX3,grip3 \SlowTest;                       // 慢速测定
%"LoadID"% TOOL_LOAD_ID,MASS_WITH_AX3,grip3;                         // 测定工具负载并保存
UnLoad "RELEASE:/system/mockit.sys";                                 // 卸载系统程序模块
UnLoad "RELEASE:/system/mockit1.sys";
......
```

(4) 外部轴负载测定指令

RAPID 外部轴负载测定指令 ManLoadIdProc 用于机器人变位器、工件变位器等外部轴的负载测定，指令的程序数据及要求如下。

\ParIdType：负载类别，数据类型 paridnum。指定变位器类别，一般以表 6.1.4 中的字符串文本作为设定值。例如，设定 IRBP_K、IRBP_L、IRBP_R，分别代表 ABB 公司规定的 K、L、R 型变位器等。

\MechUnit 或\MechUnitName：机械单元名称，数据类型 mecunit 或 string。指定变位器所在的机械单元名称（mecunit）或字符串文本形式的机械单元名称（string）。执行负载测定指令前，应通过机械单元生效指令 ActUnit，生效指定的机械单元。

\AxisNumber：外部轴序号，数据类型 num。指定外部轴在机械单元中的序号。

\PayLoad：外部轴负载名称，数据类型 loaddata。该程序数据为需要测定的外部轴负载名称。其所指定的外部轴负载，需要在测定指令前，利用永久数据定义指令 PERS 设定负载质量，同时，将 loaddata 数据的未知参数设定为初始值 0。

\ConfAngle：测定位置，数据类型 num。指定负载测定时的外部轴位置。

\DeactAll 或\AlreadyActive：测定时的机械单元工作状态选择（被停用或已生效），数据类型 switch。

\DefinedFlag：测定完成标记名称，数据类型 bool。该程序数据用来保存指令执行完成状态，正常测定完成时，其状态为 TRUE，否则为 FALSE。

\DoExit：测定完成用 Exit 指令结束，数据类型 bool。如果设定为 TRUE，系统将自动执行 Exit 命令，来结束负载测定，返回到主程序；如果不指定或设定为 FALSE，则不能自动执行 Exit 操作。

外部轴负载测定指令 ManLoadIdProc 的编程示例如下。

```
......
PERS loaddata myload: = [60,[0,0,0],[1,0,0,0],0,0,0];                // 预定义外部轴负载
VAR bool defined;                                                    // 定义测定完成标记
ActUnit STN1;                                                            // 生效机械单元
......
ManLoadIdProc \ParIdType: = IRBP_L \MechUnit: = STN1 \PayLoad: = myload \ConfAngle: =
60 \AlreadyActive \DefinedFlag: = defined;                               // 负载测定
......
```

6.2 工件坐标系的程序设定

6.2.1 工件坐标系设定要求

(1) 工件坐标系的设定方法

工件坐标系（work coordinates）是以机器人的作业对象（工件）为基准，直观地描述工具 TCP 位置、姿态以及工具运动的笛卡儿坐标系，在 ABB 机器人说明书中通常称为对象坐标系（object coordinates）。

ABB 机器人的坐标系齐全，设定灵活。控制系统可使用用户坐标系（user coordinates）、工件（对象）坐标系（object coordinates）定义工装、作业对象（工件）的基准点和方向，方便地描述机器人和工装、工装与工件、工件与工具的相对位置关系。用户坐标系、工件坐标系不但可通过控制系统配置参数和工件数据 wobjdata 进行定义（参见第 4 章），而且还可利用程序指令和函数命令，直接在 RAPID 程序中设定。由于利用程序指令设定的坐标系大多用来定义工件基准点和安装方向，因此，本书后述内容中统称为"工件坐标系"。

ABB 机器人控制系统的坐标系名称与用途统一。系统的工件坐标系（object coordinates）就是以工件为基准建立的坐标系，工具坐标系（tool coordinates）就是以工具为基准建立的坐标系。因此，在工具移动作业系统和工件移动作业系统上，用户、工件坐标系需要按以下要求定义。

(2) 工具移动作业系统

工具移动作业系统的工件（工装）相对于地面安装，机器人通过移动工具进行作业，大地坐标系、机器人基座坐标系、用户坐标系、工件坐标系、偏移坐标系的相互关系如图 6.2.1 所示，坐标系作用及定义方法如下。

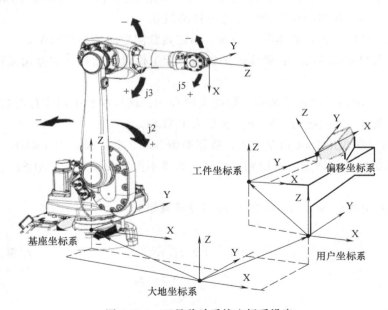

图 6.2.1　工具移动系统坐标系设定

① 大地坐标系。在工具移动作业系统上，大地坐标系是机器人基座坐标系、用户坐标系的设定基准，当机器人倒置、倾斜安装或进行多机器人联合作业时，需要利用大地坐标系来确

定不同机器人、工装（用户坐标系）的相对位置关系。机器人基座坐标系在大地坐标系上的位置需要通过系统配置参数定义，机器人出厂时默认基座坐标系与大地坐标系重合。

② 用户坐标系。用户坐标系通常用于多工位作业或带工件变位器的机器人系统，用来确定工装的安装位置和方向，描述工件（工件坐标系）运动。用户坐标系和大地坐标系的关系可通过工件数据 wobjdata 的 robhold（安装形式）、uframe（用户坐标系原点与方向）数据项定义（参见第4章）；使用工件数据初始值 wobj0 或不使用用户坐标系时，用户坐标系和大地坐标系重合，工件安装形式 robhold 为"FALSE"，用户坐标系原点与方向 uframe 为"[[0，0，0]，[1，0，0，0]]"。

③ 工件坐标系。工件坐标系是用来确定工件在工装上的安装位置和方向，描述工件运动的坐标系。工件坐标系需要以用户坐标系为基准设定，两者的关系可通过工件数据 wobjdata 中的 oframe（工件坐标系原点与方向）数据项定义（参见第4章）；使用工件数据初始值 wobj0 时，工件坐标系和用户坐标系重合，工件坐标系原点与方向 oframe 为"[[0，0，0]，[1，0，0，0]]"。

④ 偏移坐标系。偏移坐标系是利用程序点偏移指令（PDispON）或工件坐标系定义指令（PDispSet），直接在 RAPID 程序中设定的可编程工件坐标系。

对于单机器人简单工具移动作业系统，由于机器人出厂时已默认机器人基座坐标系、用户坐标系与大地坐标系重合，工件坐标系与用户坐标系重合，因此，实际使用时，通常可按图 6.2.2 所示，直接使用可编程偏移坐标系，来描述工具与工件的相对运动。

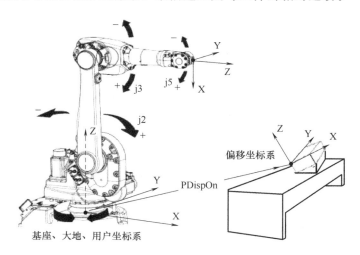

图 6.2.2　偏移坐标系设定

（3）工件移动作业系统

工件移动作业系统的工具相对于地面固定安装，机器人通过移动工件进行作业，大地坐标系、机器人基座坐标系、用户坐标系、工件坐标系、偏移坐标系的相互关系如图 6.2.3 所示，坐标系作用及定义方法如下。

① 大地坐标系。在工件移动作业系统上，大地坐标系是机器人基座坐标系、固定工具坐标系的设定基准，在机器人倒置、倾斜安装或多机器人联合作业的系统上，需要利用大地坐标系来确定不同机器人、固定工具的相对位置关系。机器人基座坐标系与大地坐标系的关系，需要通过系统配置参数定义，机器人出厂时默认基座坐标系与大地坐标系重合。固定工具坐标系与大地坐标系的关系，需要通过工具数据 tooldata 的 robhold（工具安装形式，必须为

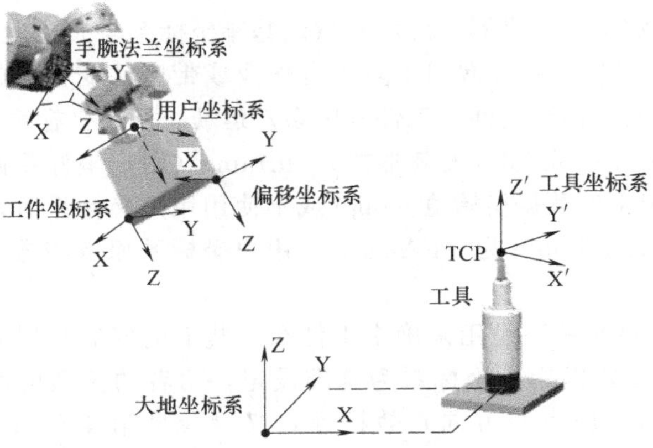

图 6.2.3 工件移动系统坐标系设定

FALSE)、tframe(工具坐标系原点与方向)数据项定义(参见第 4 章)。

② 用户坐标系。工件移动作业系统的用户坐标系通常用来确定工件夹持器(抓手)的基准位置和方向,用户坐标系需要以机器人的手腕法兰坐标系为基准设定,两者的关系可通过工件数据 wobjdata 中的 robhold(工件安装形式)、uframe(用户坐标系原点与方向)数据项定义(参见第 4 章)。使用工件数据初始值 wobj0 或不使用用户坐标系时,用户坐标系和手腕法兰坐标系重合,工件安装形式 robhold 必须为"TRUE",用户坐标系原点与方向为"[[0,0,0],[1,0,0,0]]"。

③ 工件坐标系。工件移动作业系统的工件坐标系用来确定工件在抓手上的安装位置和方向,工件坐标系需要以用户坐标系为基准设定,两者的关系可通过工件数据 wobjdata 中的 oframe(工件坐标系原点与方向)数据项定义(参见第 4 章)。使用工件数据初始值 wobj0 时,工件坐标系和用户坐标系重合,工件坐标系原点与方向 oframe 为"[[0,0,0],[1,0,0,0]]"。

④ 偏移坐标系。偏移坐标系是利用程序点偏移指令(PDispON)或工件坐标系定义指令(PDispSet),直接在 RAPID 程序中设定的、用来描述工件和固定工具相对运动的可编程工件坐标系。

6.2.2 工件坐标系的偏移设定

工件坐标系的偏移设定是根据已知工具在原坐标系的方位(参照点坐标和工具姿态)及在新坐标系的方位(目标位置坐标和工具姿态),由系统计算坐标系原点、姿态偏移量,自动设定工件坐标系(偏移坐标系)的一种简单方法。

工件偏移坐标系可通过 RAPID 程序点偏移指令设定,坐标系偏移可以通过机器人运动(机器人偏移)或外部轴运动(外部轴偏移)实现。

利用机器人偏移指令设定的工件坐标系不但可根据参照点和目标位置的 XYZ 坐标值,进行图 6.2.4(a)所示的坐标系平移,而且可根据参照点和目标位置的工具姿态,进行图 6.2.4(b)所示的坐标系平移、旋转。利用外部轴偏移指令设定的工件坐标系只能进行平移变换。

RAPID 程序点偏移指令的基本说明如表 6.2.1 所示。指令 PDispOn 和 EOffsOn 可同时编程,所产生的工件坐标系偏移量可叠加。

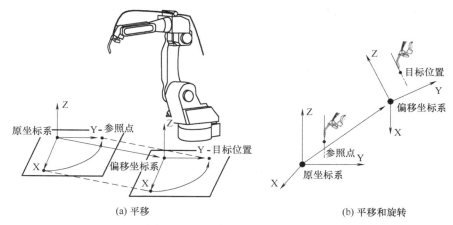

(a) 平移   (b) 平移和旋转

图 6.2.4　程序点偏移指令功能

表 6.2.1　程序点偏移指令编程说明表

名称			编程格式与示例
机器人偏移	PDispOn	编程格式	PDispOn [\Rot] [\ExeP,] ProgPoint, Tool [\WObj];
		指令添加项	\Rot:坐标系旋转有效,数据类型 switch;
			\ExeP:目标位置定义,数据类型 robtarget
		程序数据与添加项	ProgPoint:参照点,数据类型 robtarget;
			Tool:工具数据,数据类型 tooldata;
			\WObj:工件数据,数据类型 wobjdata
		功能说明	机器人偏移坐标系设定与生效
		编程示例	PDispOn\ExeP :=p10,p20,tool1;
工件坐标系撤销	PDispOff	编程格式	PDispOff;
		程序数据	—
		功能说明	撤销机器人工件坐标系
		编程示例	PDispOff;
外部轴偏移	EOffsOn	编程格式	EOffsOn [\ExeP,]ProgPoint;
		指令添加项	\ExeP:目标位置,数据类型 robtarget
		程序数据	ProgPoint:参照点,数据类型 robtarget
		功能说明	外部轴偏移坐标系设定与生效
		编程示例	EOffsOn \ExeP:=p10,p20;
外部轴偏移撤销	EOffsOff	编程格式	EOffsOff;
		程序数据	—
		功能说明	撤销外部轴偏移坐标系
		编程示例	EOffsOff;

(1) 机器人偏移与撤销

机器人偏移指令 PDispOn 用于工件偏移坐标系的设定和生效,偏移坐标系可由系统根据参照点和目标位置,自动计算生成。

指令 PDispOn 定义的工件偏移坐标系,可通过指令 PDispOff 清除;此外,使用后述的工件坐标系直接设定指令 PDispSet,也可撤销 PDispOn 设定的工件偏移坐标系。

机器人偏移、撤销指令 PDispOn、PDispOff 的编程格式及添加项、程序数据说明如下。

```
PDispOn [\Rot][\ExeP,]ProgPoint,Tool [\WObj];        // 偏移坐标系设定与生效
PDispOff;                                             // 偏移坐标系撤销
```

\ Rot:坐标系旋转选择,数据类型 switch。不使用该添加项时,偏移坐标系将根据目标位置和参照点的 XYZ 坐标值进行平移变换,不改变原坐标系的方向;使用添加项 \ Rot 时,

偏移坐标系将根据目标位置和参照点的 XYZ 坐标值和工具姿态，自动计算原点位置和方向，同时进行平移、旋转变换。

\ ExeP：目标位置（程序点名称），数据类型 robtarget。用来定义参照点 ProgPoint 在偏移坐标系上的位置；不使用添加项 \ ExeP 时，系统以机器人当前位置（准确停止点）作为 \ ExeP 目标位置。

ProgPoint：参照点（程序点名称），数据类型 robtarget。目标位置在原坐标系上的位置，目标位置与参照点的差值就是工件坐标系偏移量。参照点利用示教操作设定时，用"＊"代替程序点名称。

Tool：工具数据 tooldata，使用工件偏移坐标系的工具数据。

\ WObj：工件数据 wobjdata。增加添加项后，指令中的目标位置 \ ExeP、参照点 ProgPoint 将为工件数据 wobjdata 所定义的工件坐标系位置；否则，默认为大地坐标系（机器人基座坐标系）位置。

利用机器人程序点偏移指令 PDispOn、PDispOff 来设定、撤销工件偏移坐标系的编程示例如下。

```
……
MoveL p0,v500,z10,tool1;                          // 原坐标系移动
MoveL p1,v500,z10,tool1;
……
PDispOn\ExeP：=p1,p10,tool1;                       // 工件偏移坐标系设定并生效
MoveL p20,v500,z10,tool1;                          // 偏移坐标系移动
MoveL p30,v500,z10,tool1;
PDispOff;                                          // 偏移坐标系撤销
MoveL p40,v500,z10,tool1;                          // 原坐标系移动
……
```

在上述程序中，由于指令 PDispOn 未使用坐标系旋转添加项 \ Rot，偏移坐标系只需要根据 $p1$、$p10$ 的 XYZ 坐标值进行平移变换，机器人移动轨迹如图 6.2.5（a）所示。如果将程序中的"PDispOn \ ExeP：= p1，p10，tool1；"指令改为"PDispOn \ Rot \ ExeP：= p1，p10，tool1；"，则工件偏移坐标系需要根据 $p1$、$p10$ 的 XYZ 坐标值和工具姿态，进行平移、旋转变换，机器人移动轨迹如图 6.2.5（b）所示。

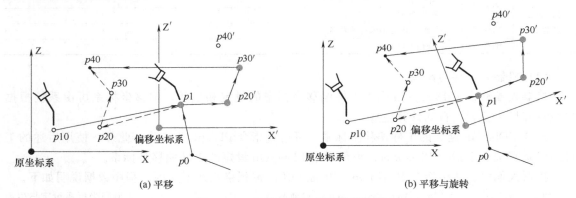

图 6.2.5　工件坐标系偏移设定示例

如果上述程序中的机器人 $p1$ 点采用 fine 准确定位，即指令"MoveL p1，v500，z10，tool1"改为"MoveL p1，v500，fine \ Inpos：= inpos50，tool1"等，此时，指令"PDispOn

"\ExeP:=p1，p10，tool1"可省略添加项"\ExeP:=p1"，简化为"PDispOn p10，tool1"。

(2) 外部轴偏移与撤销

外部轴偏移指令 EOffsOn 可用于利用机器人变位器运动进行的工件坐标系偏移，偏移坐标系同样可由系统根据参照点和目标点，自动计算生成。

指令 EOffsOn 生成的工件偏移坐标系，可通过指令 EOffsOff 清除；此外，利用后述的外部轴偏移设定指令 EOffsSet，也可撤销 EOffsOn 定义的工件偏移坐标系。

外部轴偏移生效、撤销指令 EOffsOn、EOffsOff 的编程格式如下。

```
EOffsOn [\ExeP,]ProgPoint;                                    // 偏移坐标系设定与生效
EOffsOff;                                                     // 外部轴偏移撤销
```

EOffsOn 指令的添加项 \ExeP 及程序数据 ProgPoint 含义与机器人偏移指令 PDispOn 相同；外部轴偏移只能整体改变机器人和工件的相对位置，因此，EOffsOn 指令不能使用添加项 \Rot，也无需定义工具、工件数据 Tool [\WObj]。

EOffsOn、EOffsOff 指令的编程示例如下。

```
……
MoveL p1,v500,z10,tool1;                                      // 无偏移运动
……
EOffsOn \ExeP := p1,p10;                                      // 工件偏移坐标系设定并生效
MoveL p20,v500,z10,tool1;                                     // 偏移坐标系移动
……
EOffsOff;                                                     // 偏移坐标系撤销
……
```

(3) 应用示例

在实际程序中，程序点偏移指令通常结合子程序使用，以便使机器人能够在不同的作业区域进行相同的作业。

例如，利用工件坐标系偏移完成图 6.2.6 所示的 3 个作业区相同作业的程序如下。

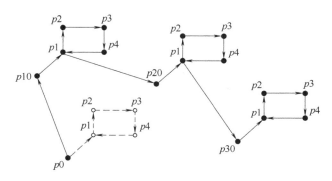

图 6.2.6　程序点偏移指令应用

```
PROC square_work()                                            // 主程序
    ……
    MoveJ p10,v1000,fine\Inpos := inpos50,tool1;              // 作业区 1 目标位置定位
    draw_square;                                              // 调用子程序
    ……
    MoveJ p20,v1000,fine \Inpos := inpos50,tool1;             // 作业区 2 目标位置定位
```

```
    draw_square;                                              // 调用子程序
    ......
    MoveJ p30,v1000,fine \Inpos := inpos50,tool1;             // 作业区 3 目标位置定位
    draw_square;                                              // 调用子程序
    ......
! * * * * * * * * * * * * * * * * * * * * * * * * * * * * * * *
PROC draw_square()                                            // 作业子程序
    ......
    PDispOn p0,tool1;                  // 以 p0 为参照、当前位置为目标，偏移坐标系
    MoveJ p1,v1000,z10,tool1;                                 // 机器人移动
    MoveL p2,v500,z10,tool1;
    MoveL p3,v500,z10,tool1;
    MoveL p4,v500,z10,tool1;
    MoveL p1,v500,z10,tool1;
    PDispOff;                                                 // 撤销偏移
ENDPROC
! * * * * * * * * * * * * * * * * * * * * * * * * * * * * * * *
```

6.2.3 工件坐标系的直接设定

(1) 指令功能

ABB 机器人的工件坐标系不仅可利用前述的程序点偏移指令 PDispOn、EOffsOn 简单定义，也可利用工件坐标系直接设定指令 PDispSet（机器人）、EOffsSet（外部轴）定义；但在同一程序区域，PDispSet、EOffsSet 指令不能同时编程。

利用指令 PDispSet 直接设定工件坐标系时，如果工件坐标系的原点、方向均与当前坐标系不同，指令需要定义原点偏移量和坐标旋转四元数，其理论计算较复杂，因此，在实际程序中，通常需要利用后述的 RAPID 函数命令，由系统自动计算坐标系原点位置和方向。

利用指令 PDispSet、EOffsSet 直接设定的工件坐标系，可通过指令 PDispOff、EOffsOff 撤销，此外，利用前述的程序点偏移指令 PDispON、EOffsON，也可撤销指令 PDispSet、EOffsSet 设定的工件坐标系。

工件坐标系直接设定指令的基本说明如表 6.2.2 所示。

表 6.2.2　工件坐标系直接设定指令与函数编程说明表

名称		编程格式与示例	
工件坐标系设定	PDispSet	编程格式	PDispSet DispFrame;
		程序数据	DispFrame:工件坐标系原点和方向，数据类型 pose
	功能说明	直接设定并生效工件坐标系	
	编程示例	PDispSet xp100;	
工件坐标系撤销	PDispOff	编程格式	PDispOff;
	功能说明	撤销工件坐标系	
	编程示例	PDispOff;	
外部轴偏移设定	EOffsSet	编程格式	EOffsSet EAxOffs;
		程序数据	EaxOffs:外部轴偏移量，数据类型 extjoint
	功能说明	直接设定外部轴偏移量	
	编程示例	EOffsSet eax_p100;	
	EOffsOff	编程格式	EOffsOff;
	功能说明	撤销外部轴偏移坐标系	
	编程示例	EOffsOff;	

(2) 编程格式

工件坐标系直接设定指令 PDispSet、EOffsSet 可在原程序坐标系的基础上，建立一个新的工件坐标系。利用指令 PDispSet、EOffsSet 建立的工件坐标系，同样可通过工件偏移坐标系撤销指令 PDispOff、EOffsOff 撤销。

工件坐标系直接设定指令的编程格式、程序数据说明如下。

```
PDispSet DispFrame;                                    // 工件坐标系设定
PDispOff;                                              // 工件坐标系撤销
EOffsSet EAxOffs;                                      // 外部轴偏移设定
EOffsOff;                                              // 外部轴偏移撤销
```

DispFrame：工件坐标系原点和方向（程序数据名称），数据类型 pose；是以当前坐标系为基准定义的工件坐标系原点位置和方向。

pose 数据是含 XYZ 坐标值 $[x，y，z]$ 和坐标旋转四元数 $[q1，q2，q3，q4]$ 的复合数据，其中，XYZ 坐标值为工件坐标系原点在当前坐标系上的坐标值；旋转四元数是工件坐标系需要绕当前坐标系回转的角度，如果工件坐标系的方向与当前坐标系相同，坐标旋转四元数应定义为 $[1，0，0，0]$。

EAxOffs：外部轴偏移量，数据类型 extjoint。利用外部轴偏移的距离或角度设定工件坐标系，直线轴偏移量的单位为 mm，回转轴偏移量的单位为度（°）。

(3) 编程示例

工件坐标系直接设定指令 PDispSet 可在现行程序坐标系的基础上，建立一个新的工件坐标系。如果工件坐标系只需要改变现行坐标系的原点位置，无需改变方向，坐标旋转四元数可直接定义为 $[1，0，0，0]$，原点位置可利用程序数据定义指令直接设定。

例如，对于图 6.2.7 所示的只需要进行 X 向平移的工件坐标系设定，可直接利用以下程序设定工件坐标系。

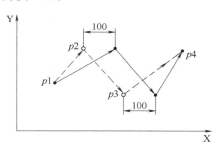

图 6.2.7　工件坐标系定义

```
……
VAR pose xp100 :=[[100,0,0],[1,0,0,0]];                // 工件坐标系设定值
……
MoveJ p1,v1000,z10,tool1;                              // 原坐标系运动
……
PDispSet xp100;                                        // 工件坐标系设定与选择
MoveL p2,v500,z10,tool1;                               // 工件坐标系运动
MoveL p3,v500,z10,tool1;                               // 工件坐标系运动
PDispOff;                                              // 工件坐标系撤销
MoveJ p4,v1000,z10,tool1;                              // 原坐标系运动
……
```

如果图 6.2.7 所示的工件坐标系利用 X 向直线变位的外部轴 e1 移动设定，工件坐标系的设定程序如下。

```
……
VAR extjoint eax_p100 :=[100,0,0,0,0,0];               // 外部轴偏移量
……
MoveJ p1,v1000,z10,tool1;                              // 原坐标系运动
```

```
……
EOffsSet eax_p100;                      // 工件坐标系设定与选择
MoveL p2,v500,z10,tool1;                // 工件坐标系运动
MoveL p3,v500,z10,tool1;
EOffsOff;                               // 工件坐标系撤销
MoveJ p4,v1000,z10,tool1;               // 原坐标系运动
……
```

6.2.4 工件坐标系定义函数

(1) 命令功能

利用指令 PDispSet 设定工件坐标系时，工件坐标系定义数据为包含原点位置（XYZ 坐标值）和方向（坐标旋转四元数）的方位型数据 pose。如果工件坐标系的方向与程序坐标系不同，利用程序数据定义指令直接定义工件坐标系时，就需要计算工件坐标系的原点位置和坐标旋转四元数。由于 pose 数据的理论计算较复杂，因此，实际编程时，一般需要利用示教操作等方式，由系统自动计算坐标系原点和方向数据。

ABB 机器人的工件坐标系方位可直接通过 RAPID 函数命令计算与定义，相关命令的说明如表 6.2.3 所示。

表 6.2.3　坐标系方位计算与定义函数说明表

名称		编程格式与示例	
坐标系 3 点定义函数	DefFrame	命令参数	NewP1,NewP2,NewP3
		可选参数	\Origin
	编程示例	frame1：=DefFrame (p1,p2,p3);	
坐标系 6 点定义函数	DefDFrame	命令参数	OldP1,OldP2,OldP3,NewP1, NewP2, NewP3
		可选参数	—
	编程示例	frame1：=DefDFrame (p1,p2,p3,p4,p5,p6);	
坐标系多点定义函数	DefAccFrame	命令参数	argetListOne, TargetListTwo, TargetsInList,MaxErrMeanErr
		可选参数	—
	编程示例	frame1：=DefAccFrame (pCAD,pWCS,5,max_err,mean_err);	

(2) 坐标系 3 点定义

工件坐标系 3 点定义函数命令 DefFrame 可用于工件坐标系在当前坐标系的方位计算。它可通过 3 个目标点的定位，由系统自动计算目标坐标系的方位数据 pose，命令的编程格式及参数要求如下。

```
DefFrame (NewP1,NewP2,NewP3 [\Origin])
```

$NewP1 \sim 3$：用来确定工件坐标系方位的 3 个目标点，数据类型 robtarget；目标点应以常量（CONST）的形式定义。

\ Origin：原点定义方式，数据类型 num，设定值的含义如下。

① 省略或 \ Origin＝1。目标点 $NewP1$ 为坐标系原点；$NewP2$ 为＋X 轴点；$NewP3$ 为 XY 平面第一象限点；＋Z 轴的方向由右手定则决定。坐标系方位及目标点选择要求如图 6.2.8 （a）所示。

② \ Origin＝2。目标点 $NewP1$ 为－X 轴点；$NewP2$ 为坐标系原点；XY 平面第一象限点；＋Z 轴方向由右手定则决定。坐标系方位及目标点选择要求如图 6.2.8 （b）所示。

③ \ Origin＝3。目标点 $NewP1$、$NewP2$ 均为＋X 轴点，＋X 方向由 $NewP1$ 指向 $NewP2$；$NewP3$ 为＋Y 轴点，通过 $NewP3$ 与 X 轴垂直相交的位置为坐标系原点；＋Z 轴方向由右手定则决定。坐标系方位及目标点选择要求如图 6.2.8 （c）所示。

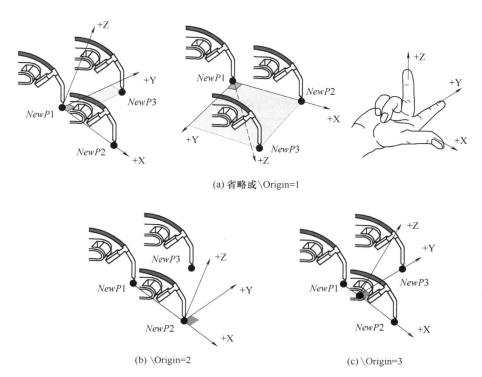

(a) 省略或\Origin=1

(b) \Origin=2   (c) \Origin=3

图 6.2.8 程序点选择

命令 DefFrame 所生成的坐标系方位数据可直接用于工件坐标系设定指令 PDispSet，命令的编程示例如下。

```
MODULE OF_Defmodu                                           // 模块
    ……
    CONST robtarget p1 : = [……];                            // 目标点定义
    CONST robtarget p2 : = [……];
    CONST robtarget p3 : = [……];
    VAR pose frame1;                                         // 方位数据定义
    ……
! * * * * * * * * * * * * * * * * * * * * * * * * * * * * * * * * * * * * * * * * * * *
    PROC OF_Move ()                                          // 程序
    ……
    frame1 : = DefFrame (p1,p2,p3);                          // 工件坐标系方位计算
    PDispSet frame1;                                         // 工件坐标系设定
    MoveL p2,v500,z10,tool1;                                 // 工件坐标系运动
    ……
    PDispOff;                                                // 撤销工件坐标系
    ……
```

(3) 坐标系 6 点定义

工件坐标系的 6 点定义函数可用于图 6.2.9 所示的工件坐标系在任意参照坐标系的方位计算，确定工件坐标系在参照坐标系上的方位数据 pose。

工件坐标系 6 点定义函数命令 DefDFrame 可利用 3 个参照点首先确定参照坐标系方位，在此基础上，再通过 3 个目标点确定工件坐标系在参照坐标系上的方位。

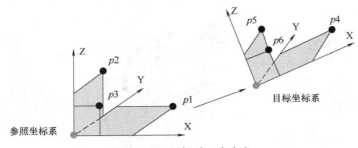

图 6.2.9 坐标系 6 点定义

DefDFrame 命令的编程格式及命令参数要求如下。

`DefDFrame (OldP1,OldP2,OldP3,NewP1,NewP2,NewP3)`

OldP1～3：参照点 1～3，数据类型 robtarget。参照点 1～3 用来确定参照坐标系方位，程序点应以常量（CONST）的形式定义。

NewP1～3：目标点 1～3，数据类型 robtarget。3 个参照点在工件坐标系上的位置，一般以程序变量（VAR）的形式定义。

参照点和目标点的选择要求如下。

$OldP1$、$NewP1$：分别为参照坐标系、工件坐标系 XY 平面第一象限上的点；

$OldP2$、$NewP2$：分别为参照坐标系、工件坐标系 YZ 平面第一象限上的点；

$OldP3$、$NewP3$：分别为参照坐标系、工件坐标系 ZX 平面第一象限上的点。

为了提高坐标系方位的计算精度，3 个参照点和 3 个目标点应尽可能增加间距。

利用坐标系 6 点定义函数确定工件坐标系在任意参照坐标系的方位的编程示例如下。

```
MODULE OF_Defmodu                                    // 模块
    ……
    CONST robtarget p1 := [……];                      // 参照点定义
    CONST robtarget p2 := [……];
    CONST robtarget p3 := [……];
    ……
    VAR robtarget p4 := [……];                        // 目标点定义
    VAR robtarget p5 := [……];
    VAR robtarget p6 := [……];
    VAR pose frame1;                                  // 方位数据定义
    ……
! * * * * * * * * * * * * * * * * * * * * * * * * * * * * * * * * * * * * *
    PROC OF_Move ()                                  // 程序
    ……
    frame1 := DefDframe (p1,p2,p3,p4,p5,p6);         // 坐标系方位计算
    PDispSet frame1;                                 // 工件坐标系设定
    MoveL p2,v500,z10,tool1;                         // 工件坐标系运动
    ……
    PDispOff;                                        // 工件坐标系撤销
    ……
```

（4）坐标系多点定义

工件坐标系的多点定义函数同样用于工件坐标系在任意参照坐标系的方位计算，以确定工

件坐标系在参照坐标系上的方位数据 pose。但是，其参照点和目标点的数量需要 3～10 个，由于命令的方位计算程序点较多，因此，不但可得到比 6 点定义函数更准确的工件坐标系方位，而且能够计算出因程序点定位误差导致的工件坐标系方位计算误差值。

工件坐标系的多点定义函数 DefAccFrame 的编程格式及命令参数要求如下。

```
DefAccFrame (TargetListOne,TargetListTwo,TargetsInList,MaxErr,MeanErr)
```

TargetListOne：以数组形式定义的参照点 3～10，数据类型 robtarget，程序点应以常量（CONST）的形式定义。

TargetListTwo：以数组形式定义的目标点 3～10，数据类型 robtarget，程序点一般以程序变量（VAR）的形式定义。

TargetsInList：参照点和目标点数量，数据类型 num，允许值为 3～10。

MaxErr：方位最大误差值，数据类型 num，单位 mm。

MeanErr：方位平均误差值，数据类型 num，单位 mm。

利用坐标系多点定义函数（如 5 点）确定工件坐标系在任意参照坐标系的方位的编程示例如下。

```
MODULE OF_Defmodu                                              // 模块
    ......
    CONST robtarget p1 := [......];                            // 定义参照点 1
    ......
    CONST robtarget p5 := [......];                            // 定义参照点 5
    ......
    VAR robtarget p6 := [......];                              // 定义目标点 1
    ......
    VAR robtarget p10 := [......];                             // 定义目标点 5
    VAR robtarget pCAD{5};                                     // 定义参照点数组
    VAR robtarget pWCS{5};                                     // 定义目标点数组
    VAR pose frame1;                                           // 定义方位数据
    VAR num max_err;                                           // 定义最大误差
    VAR num mean_err;                                          // 定义平均误差
    ......

! * * * * * * * * * * * * * * * * * * * * * * * * * * * * * * * * * * * * * * *
PROC OF_Move ()                                                // 程序
    ......
    pCAD{1} := p1;                                             // 参照点数组{1}赋值
    ......
    pCAD{5} := p5;                                             // 参照点数组{5}赋值
    pWCS{1} := p6;                                             // 目标点数组{1}赋值

    pWCS{5} := p10;                                            // 目标点数组{5}赋值
    frame1 := DefAccFrame (pCAD,pWCS,5,max_err,mean_err);      // 坐标系方位计算
    PDispSet frame1;                                           // 工件坐标系设定
    MoveL p2,v500,z10,tool1;                                   // 工件坐标系运动
    ......
    PDispOff;                                                  // 工件坐标系撤销
    ......
```

6.2.5 坐标系变换函数

(1) 功能说明

在 ABB 机器人上，不但可通过程序点偏移指令、工件坐标系设定指令，设定工件坐标系，变换程序点 TCP 位置，而且可以通过 RAPID 函数命令，进行程序点恢复、坐标逆变换、位置逆变换、坐标双重变换等多种坐标变换操作。常用坐标变换函数命令的编程说明如表 6.2.4 所示。

表 6.2.4 常用坐标变换函数命令编程说明表

名称	编程格式与示例		
偏移清除函数	ORobT	命令参数	OrgPoint
		可选参数	\InPDisp | \InEOffs
	编程示例	p10 := ORobT(p10\InEOffs);	
坐标逆变换	PoseInv	命令参数	Pose
	编程示例	pose2 := PoseInv(pose1);	
位置逆变换	PoseVect	命令参数	Pose,Pos
	编程示例	pos2 := PoseVect(pose1,pos1);	
坐标双重变换	PoseMult	命令参数	Pose1,Pose2
	编程示例	pose3 := PoseMult(pose1,pose2);	

(2) 坐标系清除函数

程序点偏移清除函数命令 ORobT 用于指定程序点的工件偏移坐标系清除，将程序点的工件偏移坐标系位置，恢复为原坐标系的位置。

程序点偏移清除函数命令 ORobT 的编程格式及命令参数要求如下。

```
ORobT (OrgPoint [\InPDisp] | [\InEOffs])
```

OrgPoint：需要清除工件偏移坐标系的程序点名称，数据类型 robtarget。

\InPDisp 或 \InEOffs：需要保留的工件坐标系偏移，数据类型 switch。不使用添加项时，命令将同时清除指令 PDispOn、EOffsOn 设定的机器人偏移、外部轴偏移；选择添加项 \InPDisp 时，可保留 PDispOn 指令设定的机器人偏移，清除 EOffsOn 设定的外部轴偏移；选择添加项 \InEOffs 时，可保留 EOffsOn 指令设定的外部轴偏移，清除 PDispOn 指令设定的机器人偏移。

程序点偏移清除函数命令 ORobT 的编程示例如下。

```
......
VAR robtarget p20;                                          // 程序数据定义
VAR robtarget p21;
VAR robtarget p22;
......
MoveJ p10,v1000,fine\Inpos := inpos50,tool1;                // 机器人定位
PDispOn p0,tool1;                                           // 设定并生效机器人偏移

MoveJ p1,v1000,z10,tool1;                                   // 机器人偏移坐标系移动
MoveL p2,v500,z10,tool1;
......
p20 := ORobT(p1);                                           // 清除p1的机器人偏移
p21 := ORobT(p1 \InPDisp);                                  // 保留p1的机器人偏移
PDispOff                                                    // 取消机器人偏移坐标系
......
```

```
EOffsOn \ExeP := p21,p20;                          // 设定并生效外部轴偏移
MoveL p1,v500,z10,tool1;                           // 外部轴偏移坐标系移动
MoveL p2,v500,z10,tool1;
……
p20 := ORobT(p1);                                  // 清除p1的外部轴偏移
EOffsOff
……
```

（3）坐标逆变换

坐标逆变换函数命令 PoseInv 可用来计算原坐标系在工件坐标系上的方位，命令的编程格式及说明如下。

```
PoseInv(Pose);
```

Pose：工件坐标系在原坐标系上的方位，数据类型 pose。

执行结果：原坐标系在工件坐标系上的方位，数据类型 pose。

例如，利用以下程序，可计算、设定工件坐标系在原坐标系上的方位 frame1，并利用命令 PoseInv 计算原坐标系在工件坐标系上的方位 frame0。

```
MODULE OF_Defmodu                                  // 模块
    ……
    CONST robtarget p1 := [……];                    // 工件坐标系目标点定义
    CONST robtarget p2 := [……];
    CONST robtarget p3 := [……];
    VAR pose frame0;                               // 方位数据定义
    VAR pose frame1;
    ……
! * * * * * * * * * * * * * * * * * * * * * * * * * * * * * * * * * * * * * *
    PROC OF_Inv ()                                 // 程序
    ……
    frame1 := DefFrame (p1,p2,p3);                 // 计算工件坐标系在原坐标系上的方位
    ……
    frame0 := PoseInv(frame1);                     // 计算原坐标系在工件坐标系上的方位
    ……
```

（4）位置逆变换

位置逆变换函数命令 PoseVect 可将工件坐标系程序点的 XYZ 坐标值变换为原坐标系的 XYZ 坐标值,，命令的编程格式及说明如下。

```
PoseVect(Pose,Pos);
```

Pose：工件坐标系在原坐标系上的方位，数据类型 pose。

Pos：工件坐标系的程序点位置（XYZ 坐标值），数据类型 pos。

执行结果：程序点在原坐标系上的位置（XYZ 坐标值），数据类型 pos。

例如，图 6.2.10 所示的工件坐标系 frame1 上的程序点 p1 位置，在原坐标系 frame0 上的 XYZ 坐标值，可通过以下程

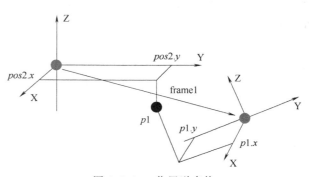

图 6.2.10　位置逆变换

序得到。

```
VAR pose frame1;                               // 程序数据定义
VAR pos p1;
VAR pos pos2;
……
pos2 := PoseVect(frame1,p1);                    // 位置逆变换
……
```

(5) 坐标双重变换

坐标双重变换函数命令 PoseMult，可计算坐标系 2 次变换的方位数据矢量积，将坐标系 2 次变换转换为 1 次变换。

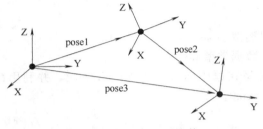

图 6.2.11　坐标双重变换

坐标双重变换函数命令 PoseMult 的功能如图 6.2.11 所示，编程格式及说明如下。

PoseMult（Pose1，Pose2）；

Pose1：第 2 坐标系在第 1 坐标系上的方位 pose1，数据类型 pose。

Pose2：第 3 坐标系在第 2 坐标系上的方位 pose2，数据类型 pose。

执行结果：第 3 坐标系在第 1 坐标系上的方位 pose3，数据类型 pose。

6.3　机器人运动保护设定

6.3.1　运动保护的基本形式

工业机器人在实际使用中，由于受到作业环境、工具、工件等条件的限制，运动时可能会出现干涉、碰撞等问题，为了防止出现安全事故，工业机器人一般都需要有行程极限保护、禁区保护、碰撞检测等安全保护功能。

(1) 行程极限保护

行程极限保护是用来限制机器人关节或外部轴运动范围，避免机械传动部件干涉、碰撞的运动保护措施，保护方式通常有机械挡块、超程开关、软件限位三种。

① 机械挡块。机械挡块是通过撞块和挡块的碰撞，迫使伺服驱动电机过载停止，避免减速器等进行传动部件损坏的最后保护措施。机械挡块只能用于运动范围小于 360°的回转轴或直线运动轴保护，垂直串联机器人一般用图 6.3.1 所示的 j1~j3 轴行程保护，撞块或挡块通常由强度低于进行传动部件、具有一定弹性的橡胶或容易产生变形的材料制作，两者的相对位置可根据实际需要调整。

② 超程开关。超程开关保护是利用电气控制线路，分断驱动器主电源或使驱动器急停、伺服关闭等方法，来停止机器人运动，防止运动轴超程的一种方法，一般和机械挡块同时使用。超程开关同样只能用于运动范围小于 360°的回转轴或直线运动轴的保护，保护动作应提前于机械挡块，以便切断驱动电机动力，减小机械冲击。

③ 软件限位。软件限位又称软极限，它用来规定运动轴的正/负极限位置。工业机器人软件限位的设定方式主要有图 6.3.2 所示的关节坐标系设定和笛卡儿直角坐标系设定两种。

关节坐标系限位是直接规定运动轴在关节坐标系的正/负向极限位置（转角或行程），限制机器人运动范围的保护功能，所有运动轴均可独立设定，并可用于超过 360°的回转轴。机器

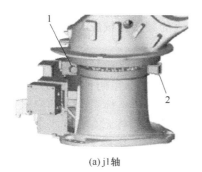
(a) j1轴

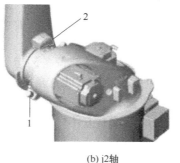
(b) j2轴

(c) j3轴

图 6.3.1 机械挡块保护

1—固定挡块；2—可调撞块

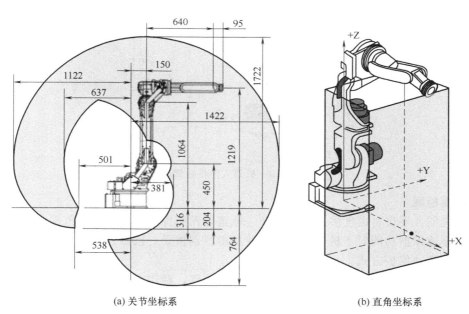

(a) 关节坐标系

(b) 直角坐标系

图 6.3.2 机器人的软件限位

人出厂设定的关节坐标系限位一般是不考虑工具、工件安装时的运动轴极限工作范围，样本中的工作范围（working range）通常就是出厂设定的关节坐标系限位区间。

直角坐标系限位是以笛卡儿直角坐标系位置的形式规定的机器人 TRP（工具参考点）运动允许区域，由于其运动允许区域为三维立方体，故有时称之为"立方体软极限""箱型软极限"等。使用直角坐标系限位可使机器人的操作编程更加简单、方便，但各运动轴的正/负行程极限位置（关节坐标系位置）相互影响，而且，机器人运动区间只能在关节坐标系工作范围内截取，因此，它并不能真正反映运动轴的实际工作范围，只能作为机器人的附加保护措施。

机器人的工作范围与结构形态有关。例如，垂直串联关节型机器人的作业空间为不规则空心球体，并联型结构机器人的作业空间为锥底圆柱体，圆柱坐标型机器人的作业空间为部分空心圆柱体等。为了能够更准确地规定机器人的工作范围，在 ABB 机器人上，还可通过 RAPID 禁区形状定义指令，将机器人的工作范围定义为圆柱形或球形等。

(2) 作业禁区

机器人硬件保护、软件限位所规定的运动保护区，通常都是用于运动轴或机器人本体机械部件保护的参数，它不考虑作业工具、工件可能对机器人运动所产生的干涉。当机器人用于实际作业时，由于作业工具、工件的安装，将使机器人作业空间内的某些区域成为实际上不能运动的干涉区，这样的区域称为机器人的"作业禁区"。

作业禁区一般用于工具、夹具、工件等外部设备的运动干涉保护。工业机器人的作业禁区（运动干涉区）同样可通过图 6.3.3 所示的笛卡儿直角坐标系、关节坐标系两种方式进行定义。

当作业禁区以大地坐标系、用户坐标系或基座坐标系等笛卡儿直角坐标系位置的形式定义时，禁区是一个边界与坐标轴平行的三维立方体，因此，有时称为"箱体形禁区""立方体禁区"等。如果作业禁区以机器人、外部轴关节坐标系位置的形式定义，则称为"轴禁区""关节禁区"等。

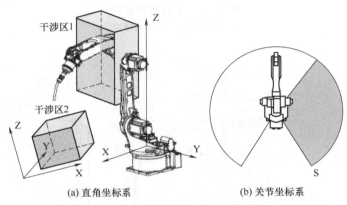

(a) 直角坐标系　　　　　　　　(b) 关节坐标系

图 6.3.3　机器人的作业禁区

（3）碰撞检测

多关节机器人不仅自由度多、运动复杂、轨迹可预测性差，而且工作范围内存在奇点，因此，干涉、碰撞保护功能对于机器人安全作业显得特别重要。机器人的干涉、碰撞保护通常也有硬件和软件两种保护方式。

硬件保护是通过安装检测开关、传感器等检测装置，利用电气控制线路或控制系统的逻辑控制程序，来防止机器人运动干涉和碰撞的保护措施。硬件保护属于预防性保护，其可靠性高、灵活性差，通常只用于固定区域的保护。

软件保护需要利用控制系统的碰撞检测功能实现。碰撞检测一般是通过伺服驱动电机的输出转矩（电流）监控，来判断机器人是否发生干涉和碰撞的功能。它只有在伺服电机的输出转矩超过规定值时才能动作。因此，碰撞检测实际上只是一种防止事故扩大的事后保护功能，它不能用来预防机器人的干涉和碰撞。

6.3.2　运动监控区设定

（1）指令与功能

RAPID 运动监控区设定指令用于机器人软件限位区、原点判别区、作业禁区、位置监控区等的位置、形状设定，相关指令的基本说明如表 6.3.1 所示。

表 6.3.1　运动监控区设定指令编程说明表

名称		编程格式与示例	
软件限位区设定	WZLimJointDef	编程格式	WZLimJointDef [\Inside,] ｜ [\Outside,] Shape,LowJointVal,High-JointVal
		指令添加项	\Inside:内侧,数据类型 switch; \Outside:外侧,数据类型 switch

名称		编程格式与示例	
软件限位区设定	WZLimJointDef	程序数据	Shape:区间名,数据类型 shapedata; LowJointVal:负极限位置,数据类型 jointtarget; HighJointVal:正极限位置,数据类型 jointtarget
		功能说明	通过关节坐标系绝对位置,设定机器人各轴的软件限位位置
		编程示例	WZLimJointDef \Outside,joint_space,low_pos,high_pos;
原点判别区设定	WZHomeJointDef	编程格式	WZHomeJointDef [\Inside] | [\Outside,] Shape,MiddleJointVal,DeltaJointVal;
		指令添加项	\Inside:内侧,数据类型 switch; \Outside:外侧,数据类型 switch
		程序数据	Shape:区间名,数据类型 shapedata; MiddleJointVal:中心点,数据类型 jointtarget; DeltaJointVal:允差,数据类型 jointtarget
		功能说明	以关节坐标系中心点、允差,定义原点判别区间
		编程示例	WZHomeJointDef \Inside,joint_space,home_pos,delta_pos;
箱体形监控区设定	WZBoxDef	编程格式	WZBoxDef [\Inside,] | [\Outside,] Shape,LowPoint,HighPoint;
		指令添加项	\Inside:内侧,数据类型 switch; \Outside:外侧,数据类型 switch
		程序数据	Shape:区间名,数据类型 shapedata; LowPoint:边界点 1,数据类型 pos; HighPoint:边界点 2,数据类型 pos
		功能说明	以大地坐标系为基准,通过对角线上的两点定义立方体监控区间
		编程示例	WZBoxDef \Inside,volume,corner1,corner2;
圆柱形监控区设定	WZCylDef	编程格式	WZCylDef [\Inside,] | [\Outside,] Shape,CentrePoint,Radius,Height;
		指令添加项	\Inside:内侧,数据类型 switch; \Outside:外侧,数据类型 switch
		程序数据	Shape:区间名,数据类型 shapedata; CentrePoint:底圆中心,数据类型 pos; Radius:圆柱半径,数据类型 num; Height:圆柱高度,数据类型 num
		功能说明	以大地坐标系为基准,定义圆柱形监控区间
		编程示例	WZCylDef \Inside,volume,C2,R2,H2;
球形区间设定	WZSphDef	编程格式	WZSphDef [\Inside] | [\Outside,] Shape,CentrePoint,Radius;
		指令添加项	\Inside:内侧,数据类型 switch; \Outside:外侧,数据类型 switch
		程序数据	Shape:区间名,数据类型 shapedata; CentrePoint:球心,数据类型 pos; Radius:球半径,数据类型 num
		功能说明	以大地坐标系为基准,定义球形监控区间
		编程示例	WZSphDef \Inside,volume,C1,R1;
中空手腕复位	HollowWristReset	编程格式	HollowWristReset;
		功能说明	复位可无限回转的回转轴位置值
		编程示例	HollowWristReset;

（2）软件限位区与原点判别区设定

机器人的软件限位区、原点判别区均以关节坐标系绝对位置（jointtarget 数据）的形式指定，回转、摆动轴的单位为（°），直线轴的单位为 mm。在 RAPID 程序中，机器人的软件限位区、原点判别区可以用不同名称的区间型数据 shapedata 定义。

RAPID 软件限位区、原点判别区设定指令 WZLimJointDef、WZHomeJointDef 所定义的软件限位、原点判别区间如图 6.3.4 所示。

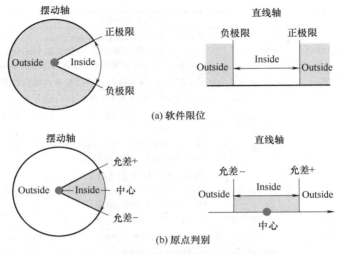

(a) 软件限位

(b) 原点判别

图 6.3.4　软件限位及原点判别区定义

软件限位区设定指令 WZLimJointDef 所定义的软件限位区间如图 6.3.4（a）所示，它可用于机器人的运动轴超程保护。运动轴的正、负向运动极限位置可分别通过指令中的程序数据 LowJointVal、HighJointVal 定义，无软件限位功能的运动轴可直接设定为 9E9。软件限位区的运动禁止区通常选择外侧（\Outside）。

原点判别区设定指令 WZHomeJointDef 所定义的原点判别区间如图 6.3.4（b）所示，它可用于机器人的运动轴零位判别。原点判别区的中心位置、允许误差，可分别通过程序数据 MiddleJointVal、DeltaJointVal 进行定义。原点判别区的到位区间通常选择内侧（\Inside）。

软件限位、原点判别区一般需要以常量的形式在程序模块中设定。例如，将机器人的工作范围设定为 j1 为 $-170°\sim170°$、j2 为 $-90°\sim155°$、j3 为 $-175°\sim250°$、j4 为 $-180°\sim180°$、j5 为 $-45°\sim155°$、j6 为 $-360°\sim360°$、e1 为 $-1000\sim1000\text{mm}$；原点判别区设定为 j1～j6 轴为 $0°\pm2°$，e1 轴设定为 $0\pm10\text{mm}$ 的程序模块编程示例如下。

```
MODULE SWLimit_Defmodu                                              // 模块
......
VAR shapedata joint_limit;                                          // 定义区间名
CONST jointtarget low_pos:=[[- 170,- 90,- 175,- 180,- 45,- 360],[- 1000,9E9,9E9,9E9,
9E9,9E9]];                                                          // 负向限位位置
CONST jointtarget high_pos : = [[170,155,250,180,225,360],[1000,9E9,9E9,9E9,9E9,
9E9]];                                                              // 正向限位位置
......
WZLimJointDef \Outside,joint_limit,low_pos,high_pos;               // 软件限位区间
! * * * * * * * * * * * * * * * * * * * * * * * * * * * * * * * * * * * *
......
VAR shapedata joint_home;                                           // 定义区间名
CONST jointtarget home_pos :=[[0,0,0,0,0,0],[0,9E9,9E9,9E9,9E9,9E9]];        //中心
CONST jointtarget delta_pos :=[[2,2,2,2,2,2],[10,9E9,9E9,9E9,9E9,9E9]];      //允差
......
WZHomeJointDef \Inside,joint_home,home_pos,delta_pos;             // 原点判别区间
......
```

(3) 监控区形状设定

机器人的作业禁区、位置监控区可定义为箱体形、圆柱形、球形等不同的形状。在 RAPID 程序中，机器人的作业禁区、位置监控区可以用不同名称的区间型数据 shapedata 定义。

监控区设定指令所定义的监控区形状如图 6.3.5 所示，指令中的边界点、圆心、球心位置，均以大地坐标系为基准设定。

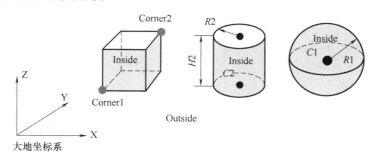

图 6.3.5　监控区形状定义

箱体形监控区设定指令 WZBoxDef 可通过立方体上的 2 个边界点 LowPoint、HighPoint，定义区间；边界点为大地坐标系的 XYZ 位置数据（pos），所定义的立方体（区间）边长不能小于 10mm。

圆柱形监控区设定指令 WZCylDef 可通过底面（高度为正值）或顶面（高度为负值）圆心位置 CentrePoint、圆柱半径 Radius、圆柱高度 Height，定义区间。指令中的圆心位置（图中的 $C2$ 点）应为大地坐标系的 XYZ 位置数据（pos）；圆柱半径 $R2$、高度 $H2$ 为 num 数据，单位 mm，半径 $R2$ 不能小于 5mm，高度 $H2$ 的绝对值不能小于 10mm（可为负值）。

球形监控区设定指令 WZSphDef 可通过球心位置 CentrePoint、球半径 Radius 定义区间；球心位置（图中的 $C1$ 点）应为大地坐标系的 XYZ 位置数据（pos）；球半径 $R1$ 为 num 数据，单位 mm，设定值不能小于 5mm。

监控区一般需要以常量的形式在程序模块中设定。例如，通过监控区设定指令，设定箱体形外侧监控区 volume1、圆柱形内侧监控区 volume2、球形外侧监控区 volume3 的编程示例如下。

```
MODULE Shape_Defmodu                                        // 模块
    ......
    VAR shapedata volume1;
    CONST pos corner1:=[200,200,100];
    CONST pos corner2:=[600,600,800];
    ......
    WZBoxDef \Outside,volume1,corner1,corner2;
    ......
    ! * * * * * * * * * * * * * * * * * * * * * * * * * * * * * * * *
    ......
    VAR shapedata volume2;
    CONST pos C2:=[0,0,0];
    CONST num R2:=400;
    CONST num H2:=800;
    ......
    WZCylDef \Inside,volume2,C2,R2,H2;
```

```
......
| * * * * * * * * * * * * * * * * * * * * * * * * * * * * * * * * * * * * *
......
VAR shapedata volume3;
CONST pos C1: = [0,0,0];
CONST num R1: = 800;
......
WZSphDef \Outside,volume3,C1,R1;
......
```

(4) 中空手腕复位

中空手腕复位指令 HollowWristReset 用于无限回转轴的实际位置（绝对位置）复位。为了提高作业灵活性，避免管线缠绕，机器人的回转关节有时采用减速器内部布置管线的中空结构，这样的关节轴便可实现无限回转。但是，由于机器人控制系统所使用的微处理器、储存器的位数有限，如 16 位、32 位、64 位等，当运动轴无限回转时，它将导致控制系统的位置计数器溢出，产生系统错误。例如，ABB 机器人控制系统的最大计数范围为 $\pm 114 \times 360°$，超过这一范围时，将产生系统错误。

为了避免以上系统错误，对于采用中空结构的无限回转轴，在 RAPID 程序中，可通过中空手腕复位指令 HollowWristReset，在实际位置接近计数极限时，复位实际位置计数器，防止计数溢出。

为了尽可能减少因计数器复位引起的位置误差，中空手腕复位指令 HollowWristReset 必须在机器人所有运动轴都处于准确停止（fine）状态时才能执行，并且，以回转轴处于 $n \times 360°$ 位置时执行复位指令为宜。

6.3.3 监控区功能设定

(1) 指令与功能

机器人的运动监控区可以是软件限位区、原点判别区，或是利用监控区设定指令定义的区间。RAPID 监控功能设定指令可用来定义运动监控区性质及监控方式。

监控区的性质可定义为临时监控区或固定监控区。临时监控区以 wztemporary 数据的形式保存，并可通过 RAPID 程序指令予以生效、撤销或清除。固定监控区以 wzstationary 数据的形式保存，它可在控制系统启动时自动生效，而且不能通过 RAPID 程序指令进行生效、撤销或清除。

监控区的监控方式可以是禁止机器人运动（禁区监控）或输出开关量控制信号（DO 输出监控）。禁区监控可通过系统错误（error）报警的方式，禁止机器人在监控区的运动，它多用于运动轴软件限位、作业禁区的设定。DO 输出监控可在机器人进入监控区时，向外部输出开关量控制信号（DO 信号），但不禁止机器人的运动，因此，可用于机器人或运动轴的特殊位置检测，如机器人原点检测等。

RAPID 运动监控功能设定指令的基本说明如表 6.3.2 所示。

表 6.3.2 运动监控功能设定指令编程说明表

名称			编程格式与示例
禁区监控	WZLimSup	编程格式	WZLimSup [\Temp] | [\Stat,] WorldZone,Shape;
		指令添加项	\Temp:临时监控,数据类型 switch; \Stat:固定监控,数据类型 switch

续表

名称			编程格式与示例
禁区监控	WZLimSup	程序数据	WorldZone：禁区名，数据类型 wztemporary 或 wzstationary； Shape：区间名，数据类型 shapedata
		功能说明	定义作业禁区
		编程示例	WZLimSup \Stat,max_workarea,volume;
DO 输出监控	WZDOSet	编程格式	WZDOSet [\Temp] | [\Stat,] WorldZone [\Inside] | [\Before],Shape,Signal,SetValue;
		指令添加项	\Temp：临时监控，数据类型 switch； \Stat：固定监控，数据类型 switch
		程序数据与添加项	WorldZone：DO 输出区名，数据类型 wztemporary 或 wzstationary； \Inside：监控区内侧输出 DO 信号，数据类型 switch； \Before：监控区边界前输出 DO 信号，数据类型 switch； Shape：区间名，数据类型 shapedata； Signal：DO 信号名称，数据类型 signaldo； SetValue：DO 信号输出值，数据类型 dionum
		功能说明	设定监控区 DO 信号的输出方式、信号名称、输出值
		编程示例	WZDOSet \Temp,service \Inside,volume,do_service,1;
临时监控生效	WZEnable	编程格式 程序数据	WZEnable WorldZone； WorldZone：临时区间名，数据类型 wztemporary
		功能说明	生效临时监控区
		编程示例	WZEnable wzone;
临时监控撤销	WZDisable	编程格式 程序数据	WZDisable WorldZone； WorldZone：临时区间名，数据类型 wztemporary
		功能说明	撤销临时监控区
		编程示例	WZDisable wzone;
临时监控清除	WZFree	编程格式 程序数据	WZFree WorldZone； WorldZone：临时区间名，数据类型 wztemporary
		功能说明	清除临时监控区的全部设定
		编程示例	WZFree wzone;

(2) 禁区监控设定

禁区监控指令 WZLimSup 用来生效监控区的运动保护功能。WZLimSup 指令一经执行，无论程序是自动运行或点动工作模式，只要机器人 TCP 到达禁区，控制系统便将自动停止机器人运动，并产生相应的系统错误（error）报警。

监控区一般需要以常量的形式在程序模块中设定。利用 WZLimSup 指令生效的监控区，可以是指令 WZLimJointDef 设定的软件限位区，也可为 WZBoxDef、WZCylDef、WZSphDef 等指令定义的监控区间。指令添加项 \Temp 或 \Stat 必须选择其中之一，以定义监控区性质（临时或固定禁区）。

例如，在以下程序中，可通过固定禁区 work_limit 的设定，将机器人关节轴的运动范围限制在 j1 为 $-170°\sim170°$、j2 为 $-90°\sim155°$、j3 为 $-175°\sim250°$、j4 为 $-180°\sim180°$、j5 为 $-45°\sim155°$、j6 为 $-360°\sim360°$ 范围内。程序一经执行，就定义了机器人关节轴的软件限位位置。

```
MODULE Shape_Defmodu                               // 模块
    ……
    VAR wzstationary work_limit;                   // 固定禁区定义
    VAR shapedata joint_limit;                     // 监控区间定义
    ……
```

```
    CONST jointtarget low_pos:=[[-170,-90,-175,-180,-45,-360],[-1000,9E9,9E9,
9E9,9E9,9E9]];                                                    // 监控区间负向极限位置
    CONST jointtarget high_pos:=[[170,155,250,180,225,360],[1000,9E9,9E9,9E9,9E9,
9E9]];                                                           // 监控区间正向极限位置
    ......
    WZLimJointDef \Outside,joint_limit,low_pos,high_pos;          // 设定软件限位区
    WZLimSup \Stat,work_limit,joint_limit;                        // 定义为固定禁区
    ......
```

再如，在以下程序中，通过临时禁区 work_temp 的设定，可将机器人 TCP 的运动范围暂时限制在 $x=400\sim1200$mm、$y=400\sim1200$mm、$z=0\sim1500$mm 的区间内。

```
VAR wztemporary work_temp;                                        // 临时禁区定义
VAR shapedata box_space;                                          // 定义区间名
......
CONST pos box_c1:=[400,400,0];                                    // 边界点 1
CONST pos box_c2:=[1200,1200,1500];                               // 边界点 2
......
WZBoxDef \Outside,box_space,box_c1,box_c2;                        // 区间设定
WZLimSup \Temp,work_temp,box_space;                               // 临时禁区定义
......
```

(3) DO 输出监控设定

DO 输出监控指令 WZDOSet 可在机器人 TCP 点进入监控区时，自动输出开关量控制信号（DO 信号）。指令同样可通过添加项 \Temp 或 \Stat 之一，将监控区性质定义为临时或固定监控区。DO 输出监控并不禁止机器人在监控区的运动，因此，如果需要，应通过外部控制线路，对控制系统输出的 DO 信号进行相关处理。

监控区的 DO 信号的地址、输出状态及动作位置，均可通过指令 WZDOSet 定义。指令必须利用添加项 \Before 或 \Inside 之一，明确是在机器人 TCP 点到达监控区边界前或进入监控区后输出 DO 信号。当监控区作为 WZHomeJointDef 原点检测区，以关节坐标绝对位置（jointtarget 数据）的形式定义时，通常需要用添加项 \Inside 定义成进入监控区后输出 DO 信号。

例如，当机器人的作业原点定义于（800，0，800）点，允许误差为 10mm 时，可通过以下程序，先设定以（800，0，800）为球心、半径 10mm 的球形监控区；然后，再利用 WZDOSet 指令，设定机器人到达作业原点时，自动输出原点到达信号 do_home＝1。

```
VAR wzstationary home;                                            // 定义固定监控区名
VAR shapedata volume;                                             // 定义区间名
CONST pos p_home:=[800,0,800];                                    // 定义作业原点
......
WZSphDef \Inside,volume,p_home,10;                                // 定义球形监控区
WZDOSet \Stat,home \Inside,volume,do_home,1;                      // 生效 DO 输出监控
......
```

(4) 临时禁区的生效、撤销与清除

临时禁区的生效、撤销与清除指令可用来生效、撤销与清除以 wztemporary 数据保存的临时监控区，但不能用来生效、撤销与清除以 wzstationary 数据保存的固定监控区。

例如，利用以下程序，可在机器人 TCP 向作业点 p_work1、p_work2……运动时，临时生效 $x = 400 \sim 1200\text{mm}$、$y = 400 \sim 1200\text{mm}$；$z = 0 \sim 1500\text{mm}$ 的外侧禁区；在机器人向原点 p_home 运动时，可以撤销临时禁区；当机器人作业完成后，可清除临时禁区设定。

```
……
VAR wztemporary work_temp;                          // 定义临时禁区名
……
VAR shapedata box_space;                            // 定义区间名
CONST pos box_c1:=[400,400,0];                      // 边界点1
CONST pos box_c2:=[1200,1200,1500];                 // 边界点2
……
WZBoxDef \Outside,box_space,box_c1,box_c2;          // 区间设定
WZLimSup \Temp,work_temp,box_space;                 // 定义临时禁区
MoveL p_work1,v500,z40,tool1;                       // 禁区监控有效
……
WZDisable work_temp;                                // 撤销临时禁区
MoveL p_home,v200,z30,tool1;                        // 禁区监控无效
……
WZEnable work_temp;                                 // 禁区监控重新生效
MoveL p_work2,v200,z30,tool1;                       // 禁区监控有效
……
WZDisable work_temp;                                // 撤销临时禁区
MoveL p_home,v200,z30,tool1;                        // 禁区监控无效
WZFree wzone;                                       // 清除临时禁区
……
```

6.3.4　负载和碰撞检测设定

(1) 指令与功能

机器人的碰撞检测是根据运动轴伺服电机的输出转矩（电流）监控机器人运行的功能。如果伺服电机的输出转矩超过了规定的值，表明机器人可能出现了机械碰撞、干涉等故障，系统将立即停止机器人运动，以免损坏机器人或外部设备。

伺服电机的输出转矩取决于负载。机器人系统的负载通常包括机器人本体运动部件负载、外部轴负载、工具负载、作业负载等。机器人本体运动部件负载通常由机器人生产厂设定，工具负载可通过工具数据 tooldata 中的负载特性项参数 tload 定义，它们无需在程序中另行设定。

作业负载是机器人作业时产生的附加负载，如搬运机器人的物品质量等。作业负载是随机器人作业任务改变的参数，因此，在 RAPID 程序中，需要根据实际作业要求，利用作业负载设定指令 GripLoad，进行相关设定。

外部轴负载与机器人使用厂家所选配的变位器、工件质量等因素有关，它同样随机器人作业任务的改变而变化，因此，也需要根据实际作业要求，利用作业程序中的外部轴负载设定指令 MechUnitLoad，进行相关设定。

在 RAPID 程序中，外部轴运动部件负载、工具负载、作业负载通过格式统一的负载型程序数据 loaddata 描述，loaddata 数据由负载质量 mass（num 数据）、X/Y/Z 轴转动惯量 $ix/iy/iz$（num 数据）、负载重心位置 cog（pos 数据）、负载重心方位 aom（orient 数据）等数据项复合而成，有关内容可参见工具数据说明。

　　由于机器人的负载计算复杂、繁琐,为了便于操作与使用,先进的机器人控制系统一般都具有负载自动测定功能。ABB 机器人的工具负载、作业负载、外部轴负载均可通过 RAPID 负载测定指令,由控制系统自动进行负载测试和数据设定(见后述)。

　　RAPID 负载和碰撞检测设定指令的基本说明如表 6.3.3 所示。

表 6.3.3　负载和碰撞检测设定指令编程说明表

名称	编程格式与示例		
作业负载设定	GripLoad	编程格式	GripLoad Load;
		程序数据	Load:作业负载,数据类型 loaddata
	功能说明		定义机器人作业时的附加负载
	编程示例		GripLoad load1;
外部轴负载设定	MechUnitLoad	编程格式	MechUnitLoad MechUnit,AxisNo,Load;
		程序数据	MechUnit:外部机械单元名称,数据类型 mecunit; AxisNo:外部轴序号,数据类型 num; Load:外部轴负载,数据类型 loaddata
	功能说明		定义外部机械单元运动轴的额定负载
	编程示例		ActUnit SNT1; MechUnitLoad STN1,1,load1;
碰撞检测设定	MotionSup	编程格式	MotionSup[\On] | [\Off] [\TuneValue];
		指令添加项	\On:负载监控生效,数据类型 switch; \Off:负载监控撤销,数据类型 switch; \TuneValue:碰撞检测等级,数据类型 num
		程序数据	—
	功能说明		生效或撤销碰撞检测功能,并设定碰撞检测等级
	编程示例		MotionSup \On \TuneValue:=200;

(2) 负载设定

　　机器人作业时,需要在 RAPID 程序中设定的负载包括作业负载、外部轴负载两类。

　　① 作业负载设定。RAPID 指令 GripLoad 用于机器人作业负载设定,如搬运机器人的物品质量等。作业负载一旦设定,控制系统便可自动调整机器人各轴的负载特性,重新设定控制模型,实现最佳控制;同时,也能够通过碰撞检测功能有效监控机器人。

　　作业负载对程序模拟(DI 信号 SimMode 为 1)、程序试运行操作无效;此外,当程序重新加载、重启或重新执行时,系统将默认作业负载为 load0(负载为 0)。

　　例如,在搬运机器人上,假设指令"Set gripper"(设置控制系统 DO 输出信号 gripper = 1)为机器人将抓取物品,而物品的负载数据已在程序数据 piece(loaddata 数据)上定义,其作业负载设定指令如下:

```
Set gripper;                                        // 抓取物品
WaitTime 0.3;                                       // 程序暂停
GripLoad piece;                                     // 作业负载设定
……
```

　　② 外部轴负载设定。MechUnitLoad 指令用于外部轴(如变位器等)负载设定。MechUnitLoad 指令应在外部轴机械单元生效指令 ActUnit 后,立即予以编程,以便控制系统能够建立驱动系统的动态模型,实现最佳控制;同时,也能够生效系统的碰撞检测功能,有效监控、保护外部轴。

　　例如,在使用双轴工件回转变位器(机械单元 STN1)的系统上,如果第 1、第 2 轴的负载数据分别在程序数据 fixTRUE、workpiece(loaddata 数据)上定义,则外部回转轴 1、2 的负载设定指令如下:

```
ActUnit STN1;                              // 启用机械单元 STN1
MechUnitLoad STN1,1,fixTRUE;               // 设定外部轴 1 负载
MechUnitLoad STN1,2,workpiece;             // 设定外部轴 2 负载
……
```

(3) 碰撞检测

机器人系统的负载一旦设定，系统便可通过对运动轴伺服电机的输出转矩（电流）的监控，确定机器人是否产生了机械干涉和碰撞。

在 RAPID 程序中，碰撞监控功能可通过碰撞检测指令 MotionSup 生效或撤销；在碰撞监控生效指令 MotionSup \ On 上，还可通过添加项 TuneValue 指定碰撞检测等级。所谓碰撞检测等级就是系统允许的过载倍数，其设定范围为 1％～300％；当 RAPID 程序重新加载、重启或重新执行时，系统将默认碰撞检测等级为 100％（额定负载）。

碰撞监控功能一旦生效，只要负载超过碰撞检测等级，系统将立即停止机器人运动并适当后退消除碰撞，同时发生碰撞报警。

碰撞检测生效、撤销指令的编程示例如下。

```
……
MotionSup \On \TuneValue: = 200;           // 生效碰撞检测功能
MoveAbsJ p1,v2000,fine \Inpos : = inpos50,grip1;
……
MotionSup \Off;                            // 撤销碰撞检测功能
……
```

6.4 搬运机器人程序实例

6.4.1 作业要求与程序数据定义

(1) 作业要求

搬运是机器人最常用的作业之一，ABB 机器人的完整作业程序需要编制程序模块、主程序以及子程序、函数、中断等多种格式的程序。为了便于全面了解搬运机器人作业程序的设计方法，下面将以 ABB IRB120 工业机器人进行图 6.4.1 所示的搬运作业为例，介绍机器人搬运

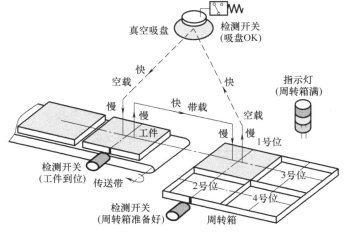

图 6.4.1 搬运作业要求

程序设计的基本方法。

图 6.4.1 所示的搬运系统由搬运机器人、真空吸盘及控制装置、传送带、周转箱等主要部件组成。搬运作业要求机器人利用真空吸盘抓取传送带上的工件,并将工件逐一、依次放置到周转箱的 1～4 号位置中;如果周转箱放满 4 个工件,控制系统应输出"周转箱满"的指示灯信号,提示操作者更换周转箱;周转箱更换完成后,可继续进行搬运作业。

以上搬运系统对机器人及辅助部件的动作要求及相关的传感器输入信号(DI)/输出控制信号(DO)如表 6.4.1 所示。

表 6.4.1 搬运作业动作表

工步	名称	动作要求	运动速度	DI/DO 信号
0	作业初始状态	机器人位于作业原点	—	
		周转箱准备好	—	周转箱准备信号为 1
		传送带工件到位	—	工件到位信号为 1
		吸盘真空关闭	—	吸盘 ON 信号为 0
1	抓取预定位	机器人运动到抓取点上方	空载高速	保持原状态
2	到达抓取位	机器人运动到抓取点	空载低速	保持原状态
3	抓取工件	吸盘 ON	—	吸盘 ON 为 1、吸盘 OK 为 1
4	工件提升	机器人运动到抓取点上方	带载低速	保持原状态
5	工件转移	机器人运动到放置点上方	带载高速	保持原状态
6	工件入箱	机器人运动到放置点	带载低速	保持原状态
7	放置工件	吸盘 OFF	—	吸盘 ON 为 0、吸盘 OK 为 0
8	机器人退出	机器人运动到放置点上方	空载低速	保持原状态
9	返回作业原点	机器人运动到作业原点	空载高速	保持原状态
10	检查周转箱	周转箱满:取走,继续下步 周转箱未满:重复 1～9	—	周转箱准备信号为 0
		周转箱已满指示	—	周转箱已满信号为 1
		重新放置周转箱,重复 1～9	—	周转箱准备信号为 1

根据作业程序设计的要求,假设机器人控制系统的 DI/DO 信号定义如表 6.4.2 所示。

表 6.4.2 DI/DO 信号及名称

DI/DO 信号	信号名称	作用功能
传送带工件到位检测开关	di01_InPickPos	1:传送带工件到位;0:传送带无工件
吸盘 OK 检测开关	di02_VacuumOK	1:吸盘 ON;0:吸盘 OFF
周转箱准备好检测开关	di03_BufferReady	1:周转箱到位(未满);0:无周转箱
吸盘 ON 阀	do32_VacuumON	1:开真空、吸盘 ON;0:关真空、吸盘 OFF
周转箱满指示灯	do34_BufferFull	1:周转箱满指示;0:周转箱可用

(2) 程序数据定义

作业程序设计前,首先应根据控制要求,通过示教操作、程序数据测试等方法,将机器人完成搬运作业所需要的定位点、运动速度,以及作业工具的形状、姿态、载荷等全部控制参数,定义为作业程序设计所需要的程序数据。

在本例中,假设根据上述搬运作业要求定义的程序数据如图 6.4.2、表 6.4.3 所示。其中

表 6.4.3 基本程序数据定义表

程序数据			含义	设定方法
性质	类型	名称		
CONST	robtarget	pHome	机器人作业原点	指令定义或示教设定
CONST	robtarget	pPick	工件抓取位置	指令定义或示教设定
CONST	robtarget	pPlaceBase	周转箱 1 号位置	指令定义或示教设定
CONST	speeddata	vEmptyHigh	空载高速	指令定义

续表

程序数据			含义	设定方法
性质	类型	名称		
CONST	speeddata	vEmptyLow	空载低速	指令定义
CONST	speeddata	vLoadHigh	带载高速	指令定义
CONST	speeddata	vLoadLow	带载低速	指令定义
CONST	num	nXoffset	周转箱 X 向位置间距	指令定义
CONST	num	nYoffset	周转箱 Y 向位置间距	指令定义
CONST	num	nZoffset	Z 向低速接近距离	指令定义
PERS	tooldata	tGripper	作业工具数据	指令定义或自动测定
PERS	loaddata	LoadFull	工件负载数据	指令定义或自动测定
PERS	wobjdata	wobjCNV	传送带坐标系	指令定义或自动测定
PERS	wobjdata	wobjBuffer	周转箱坐标系	指令定义或自动测定
PERS	robtarget	pPlace	周转箱放置点	程序自动计算
PERS	num	nCount	工件计数器	程序自动计算
VAR	bool	bPickOK	工件抓取状态	程序自动计算

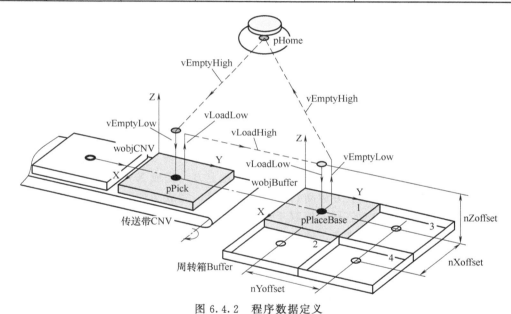

图 6.4.2　程序数据定义

的程序数据为搬运作业所需的基本操作数，且多为常量 CONST、永久数据 PERS，故需要在程序模块上定义。对于程序中数据运算、状态判断所需的其他程序变量 VAR，可在相应的程序中，根据需要进行个别定义。

6.4.2　程序模块设计

由于实现以上动作的作业程序实际上非常简单，因此，可以不考虑程序中断、错误处理等内容，直接将搬运作业分为作业初始化、传送带工件抓取、工件放置到周转箱、周转箱检查 4 个相对独立的动作，并编制相应的子程序。

(1) 作业初始化

作业初始化用来设置机器人循环搬运作业的初始状态，防止首次搬运时可能出现的运动干涉和碰撞。作业初始化只需要在首次搬运时进行，机器人进入循环搬运作业后，系统的工作状态可通过相应的作业程序保证。因此，作业初始化可用一次性执行子程序的形式，由主程序进行调用。

作业初始化包括机器人作业原点检查与定位、程序变量的初始状态设置等。

作业原点 pHome 是机器人进行搬运作业的 TCP 起始点和结束点，进行第一次搬运时，必须保证机器人 TCP 能够从作业原点附近，向传送带工件的上方移动，以防止运动部件的干涉和碰撞。机器人完成物品搬运后，可直接将该点定义为机器人 TCP 运动结束点，以便直接进入下一搬运循环。

出于安全上的考虑，如果作业开始时，机器人 TCP 不在作业原点附近，一般应首先进行 Z 轴的上升运动，将 TCP 移动到不会产生干涉和碰撞的安全位置，再进行 XY 平面移动，完成作业原点的定位。

作业原点是 TCP 位置数据（robtarget），它需要同时保证 XYZ 坐标和工具姿态的正确，因此，判定原点需要对 robtarget 数据的 (x, y, z) 坐标值、工具姿态四元数（$q1$、$q2$、$q3$、$q4$）进行比较与判别。实现以上功能的程序需要较多的运算、比较指令，而且，程序具有一定的通用性，故通常将其设计成具有独立功能的功能程序 FUNC。

如果能够保证机器人在首次运动时不产生干涉和碰撞，机器人的作业开始位置和作业原点允许有一定的偏差。因此，在作业原点检查与定位程序中，可将 XYZ 坐标和工具姿态四元数 $q1 \sim q4$ 误差不超过某一值（如 $\pm 20mm$、± 0.05）的点，视作作业原点。

作为参考，本例的作业初始化程序可设计为具有程序变量初始状态设置，能调用作业原点检查与定位子程序的独立程序 PROC rInitialize。在程序 PROC rInitialize 中，作业原点的检查和判别，需要通过 RAPID 功能程序 FUNC InHomePos 的调用完成；作业原点的定位运动可通过程序中的机器人运动实现。

(2) 传送带工件抓取

传送带工件抓取可通过机器人 TCP 的运动实现，机器人需要进行以下运动。

① 机器人从作业原点运动到传送带工件抓取位置上方，完成 XY 平面定位。

② 机器人从工件抓取位置上方运动到工件抓取位置，完成 Z 向定位。

③ 控制系统输出吸盘 ON 信号，抓取工件。

④ 调整机器人负载、运动速度，使机器人进行带载、低速的 Z 向运动。

⑤ 机器人连同工件返回到工件抓取位置上方，完成传送带工件抓取动作。

(3) 工件放置到周转箱

工件放置到周转箱同样通过机器人 TCP 的运动实现，机器人需要进行以下运动。

① 机器人从工件抓取位置上方运动到周转箱放置位置上方，完成 XY 平面定位。

② 机器人从周转箱放置位置上方运动到周转箱放置位置，完成 Z 向定位。

③ 控制系统输出吸盘 OFF 信号，放置工件。

④ 调整机器人负载、运动速度，使机器人进入空载、高速运动。

⑤ 机器人空载返回到周转箱放置位置上方，完成工件放置动作。

⑥ 机器人从周转箱放置位置上方返回到作业原点。

周转箱的 4 个工件放置位置可通过简单工件的计数确定。放置位置的坐标计算，可通过工件计数器数值、工件偏移坐标设定改变；为了便于程序修改，这一计算可通过独立的子程序完成。

(4) 周转箱检查

用来检查周转箱是否已放满工件，若工件已放满，则需要输出周转箱已满信号，通知操作者取走周转箱。周转箱是否已满，同样可通过工件计数器的计数判断。操作者取走周转箱后，需要将工件计数器复位到初始值。

根据以上动作要求，作业程序的程序模块结构及程序功能可按表 6.4.4 所示设计。

表 6.4.4　RAPID 应用程序结构与功能

名称	类型	程序功能
mainmodu	MODULE	主模块，定义表 6.4.3 的基本程序数据
mainprg	PROC	主程序，进行如下子程序调用与管理： 1. 一次性调用初始化子程序 rInitialize，完成机器人作业原点检查与定位，进行程序中间变量的初始状态设置； 2. 循环调用子程序 rPickPanel、rPlaceInBuffer、rCheckBuffer，完成搬运动作
rInitialize	PROC	一次性调用 1 级子程序，完成以下动作： 1. 调用 2 级子程序 rCheckHomePos，进行机器人作业原点检查与定位； 2. 工件计数器设置为初始值 1； 3. 关闭吸盘 ON 信号
rCheckHomePos	PROC	由 rInitialize 调用的 2 级子程序，完成以下动作： 调用功能程序 InHomePos，判别机器人是否处于作业原点； 机器人不在原点时进行如下处理： Z 轴直线提升至原点位置； XY 轴移动到原点定位
InHomePos	FUNC	由 rCheckHomePos 调用的 3 级功能子程序，完成机器人原点判别： 1. X/Y/Z 位置误差不超过 ±20mm； 2. 工具姿态四元数 $q1 \sim q4$ 误差不超过 ±0.05
rPickPanel	PROC	循环调用 1 级子程序，完成以下动作： 1. 确认机器人吸盘为空，否则，停止程序，示教器显示出错信息； 2. 机器人空载、快速定位到传送带工件抓取位置的上方； 3. 机器人空载、慢速下降到抓取位置； 4. 输出吸盘 ON 信号，抓取工件； 5. 设置机器人作业负载； 6. 机器人带载、慢速提升到传送带工件抓取位置的上方
rPlaceInBuffer	PROC	循环调用 1 级子程序，完成以下动作： 1. 调用放置点计算子程序 rCalculatePos，计算周转箱放置位置； 2. 机器人带载、高速定位到周转箱放置位置上方； 3. 机器人带载、低速下降到放置位置； 4. 输出吸盘 OFF 信号、放置工件； 5. 撤销机器人作业负载； 6. 机器人空载、慢速提升到放置位置上方； 7. 机器人空载、高速返回作业原点
rCalculatePos	PROC	由 rPlaceInBuffer 循环调用的 2 级子程序，完成以下动作： 工件计数器为 1：放置到 1 号基准位置； 工件计数器为 2：X 位置偏移，放置到 2 号位； 工件计数器为 3：Y 位置偏移，放置到 3 号位； 工件计数器为 4：X/Y 位置同时偏移，放置到 4 号位； 计数器错误，示教器显示出错信息，程序停止
rCheckBuffer	PROC	循环调用 1 级子程序，完成以下动作： 1. 如周转箱已满，输出周转箱已满信号，继续以下动作； 2. 等待操作者取走周转箱； 3. 工件计数器复位为初始值 1

6.4.3　RAPID 程序示例

根据以上设计要求与程序规划，RAPID 程序设计示例如下。

```
! * * * * * * * * * * * * * * * * * * * * * * * * * * * * * * * *
MODULE mainmodu (SYSMODULE)                          // 主模块声明
  ! Module name : Mainmodule for Transfer             // 注释
```

```
! Robot type : IRB 120
! Software : RobotWare 6. 01
! Created : 2017-06-06
! * * * * * * * * * * * * * * * * * * * * * * * * * * * * * *
                                                    // 定义程序数据(根据实际情况设定)
    CONST robtarget pHome: = [……];                              // 作业原点
    CONST robtarget pPick: = [……];                              // 抓取点
    CONST robtarget pPlaceBase: = [……];                         // 放置基准点
    CONST speeddata vEmptyHigh: = [……];                         // 空载高速
    CONST speeddata vEmptyLow: = [……];                          // 空载低速
    CONST speeddata vLoadHigh: = [……];                          // 带载高速
    CONST speeddata vLoadLow: = [……];                           // 带载低速
    CONST num nXoffset: = ……;                                  // 周转箱 X 向间距
    CONST num nYoffset: = ……;                                  // 周转箱 Y 向间距
    CONST num nZoffset: = ……;                                  // Z 向低速接近距离
    PERS tooldata tGripper: = [……];                            // 作业工具
    PERS loaddata LoadFull: = [……];                            // 作业负载
    PERS wobjdata wobjCNV: = [……];                             // 传送带坐标系
    PERS wobjdata wobjBuffer: = [……];                          // 周转箱坐标系
    PERS robtarget pPlace: = [……];                             // 当前放置点
    PERS num nCount;                                          // 工件计数器
    VAR bool bPickOK;                                         // 工件抓取状态
! * * * * * * * * * * * * * * * * * * * * * * * * * * * * * *
    PROC mainprg ()                                           // 主程序
      rInitialize;                                           // 调用初始化程序
    WHILE TRUE DO                                            // 无限循环
      rPickPanel;                                            // 调用工件抓取程序
      rPlaceInBuffer;                                        // 调用工件放置程序
      rCheckBuffer;                                          // 调用周转箱检查程序
      Waittime 0. 5                                          // 暂停 0. 5s
    ENDWHILE                                                 // 循环结束
  ENDPROC                                                    // 主程序结束
! * * * * * * * * * * * * * * * * * * * * * * * * * * * * * *
PROC rInitialize ()                                           // 初始化程序
    rCheckHomePos;                                           // 调用作业原点检查程序
    nCount: = 1                                              // 工件计数器预置
    bPickOK: = FALSE;                                        // 撤销抓取状态
    Reset do32_VacuumON                                      // 关闭吸盘
ENDPROC                                                      // 初始化程序结束
! * * * * * * * * * * * * * * * * * * * * * * * * * * * * * *
PROC rPickPanel ()                                           // 工件抓取程序
  IF bPickOK: = FALSE THEN
      MoveJ Offs(pPick,0,0,nZoffset),vEmptyHigh,z20,tGripper\ wobj : = wobjCNV;
                                                            // 移动到 pPick 上方减速点
      WaitDI di01_InPickPos,1;                              // 等待传送带到位 di01 = 1
      MoveL pPick,vEmptyLow,fine,tGripper\ wobj : = wobjCNV;    // pPick 点定位
```

```
        Set do32_VacuumON;                                              // 吸盘 ON(do32＝1)
        WaitDI di02_VacuumOK,1;                                       // 等待抓取完成 di02＝1
        bPickOK:＝TRUE;                                                    // 设定抓取状态
        GripLoad LoadFull;                                                   // 设定作业负载
        MoveL Offs(pPick,0,0,nZoffset),vLoadLow,z20,tGripper\ wobj :＝wobjCNV;
                                                                    // 提升到 pPick 上方减速点
      ELSE
        TPErase;                                                            // 示教器清屏
        TPWrite "Cycle Restart Error";                                      // 显示出错信息
        TPWrite "Cycle can't start with Panel on Gripper";
        TPWrite "Please check the Gripper and then restart next cycle";
        Stop;                                                                 // 程序停止
      ENDIF
    ENDPROC                                                          //工件抓取程序结束
    ! * * * * * * * * * * * * * * * * * * * * * * * * * * * * * * * *
    PROC rPlaceInBuffer ()                                              // 工件放置程序
      IF bPickOK:＝TRUE THEN
        rCalculatePos;                                              // 调用放置点计算程序
        WaitDI di03_BufferReady,1;                                 // 等待周转箱到位 di03＝1
        MoveJ Offs(pPlace,0,0,nZoffset),vLoadHigh,z20,tGripper\ wobj :＝wobjBuffer;
                                                                    // 移动到 pPlace 上方减速点
        MoveL pPlace,vLoadLow,fine,tGripper\ wobj :＝wobjBuffer;       // pPick 点定位
        Reset do32_VacuumON;                                           // 吸盘 OFF(do32＝0)
        WaitDI di02_VacuumOK,0;                                       // 等待放开 di02＝0
        Waittime 0.5                                                        // 暂停 0.5s
        bPickOK:＝FALSE;                                                    // 撤销抓取状态
        GripLoad Load0;                                                     // 撤销作业负载
        MoveL Offs(pPlace,0,0,nZoffset),vEmptyLow,z20,tGripper\ wobj :＝wobjBuffer;
                                                                    // 移动到 pPlace 上方减速点
        MoveJ pHome,vEmptyHigh,fine,tGripper;                           // 返回作业原点
        nCount:＝nCount + 1                                              // 工件计数器加 1
      ENDIF
    ENDPROC                                                          //工件放置程序结束
    ! * * * * * * * * * * * * * * * * * * * * * * * * * * * * * * * *
    PROC rCheckBuffer ()                                               // 周转箱检查程序
      IF nCount＞4 THEN
        Set do34_BufferFull;                                        // 周转箱满 ON(do34＝1)
        WaitDI di03_BufferReady,0;                                  // 等待取走周转箱 di03＝0
        Reset do34_BufferFull;                                      // 周转箱满 OFF(do34＝0)
        nCount:＝1                                                      //工件计数器复位
      ENDIF
    ENDPROC                                                          //周转箱检查程序结束
    ! * * * * * * * * * * * * * * * * * * * * * * * * * * * * * * * *
    PROC rCalculatePos ()                                              // 放置点计算程序
      TEST nCount                                                        // 计数器测试
        CASE 1:
```

```
      pPlace : = pPlaceBase;                                              // 放置点 1
   CASE 2:
      pPlace : = Offs(pPlaceBase,nXoffset,0,0);                           // 放置点 2
   CASE 3:
      pPlace : = Offs(pPlaceBase,0,nYoffset,0);                          // 放置点 3
   CASE 4:
      pPlace : = Offs(pPlaceBase,nXoffset,nYoffset,0);                   // 放置点 4
   DEFAULT:
      TPErase;                                                           // 示教器清屏
      TPWrite "The Count Number is Error";                              // 显示出错信息
      Stop;
   ENDTEST
ENDPROC                                                                  //放置点计算程序结束
! * * * * * * * * * * * * * * * * * * * * * * * * * * * * * *
PROC CheckHomePos ()                                                     // 作业原点检查程序
   VAR robtarget pActualPos;                                             // 程序数据定义
  IF NOT InHomePos( pHome,tGripper) THEN
                                         // 利用功能程序判别作业原点,非作业原点时进行如下处理
      pActualPos: = CRobT(\Tool: = tGripper \ wobj : =wobj0);            // 读取当前位置
      pActualPos. trans. z: =pHome. trans. z;                           // 改变 z 坐标值
      MoveL pActualPos,vEmptyHigh,z20,tGripper;                         // Z 轴退至 pHome
      MoveL pHome,vEmptyHigh,fine,tGripper;                             // X、Y 轴定位到 pHome
  ENDIF
ENDPROC                                                                  //作业原点检查程序结束
! * * * * * * * * * * * * * * * * * * * * * * * * * * * * * *
FUNC bool InHomePos (robtarget ComparePos,INOUT tooldata CompareTool)
                                                                        // 作业原点判别程序

   VAR num Comp_Count: = 0;
   VAR robtarget Curr_Pos;
   Curr_Pos: = CRobT(\Tool: = CompareTool \ wobj : =wobj0);
                                                    // 读取当前位置,进行以下判别
   IF Curr_Pos. trans. x>ComparePos. trans. x- 20 AND
   Curr_Pos. trans. x<ComparePos. trans. x+ 20 Comp_Count: = Comp_Count+ 1;
   IF Curr_Pos. trans. y>ComparePos. trans. y- 20 AND
   Curr_Pos. trans. y<ComparePos. trans. y+ 20 Comp_Count: = Comp_Count+ 1;
   IF Curr_Pos. trans. z>ComparePos. trans. z- 20 AND
   Curr_Pos. trans. z<ComparePos. trans. z+ 20 Comp_Count: = Comp_Count+ 1;
   IF Curr_Pos. rot. q1>ComparePos. rot. q1- 0. 05 AND
   Curr_Pos. rot. q1<ComparePos. rot. q1+ 0. 05 Comp_Count: = Comp_Count+ 1;
   IF Curr_Pos. rot. q2>ComparePos. rot. q2- 0. 05 AND
   Curr_Pos. rot. q2<ComparePos. rot. q2+ 0. 05 Comp_Count: = Comp_Count+ 1;
   IF Curr_Pos. rot. q3>ComparePos. rot. q3- 0. 05 AND
   Curr_Pos. rot. q3<ComparePos. rot. q3+ 0. 05 Comp_Count: = Comp_Count+ 1;
   IF Curr_Pos. rot. q4>ComparePos. rot. q4- 0. 05 AND
   Curr_Pos. rot. q4<ComparePos. rot. q4+ 0. 05 Comp_Count: = Comp_Count+ 1;
   RETUN Comp_Count = 7;                              // 返回 Comp_Count = 7 的逻辑状态
```

```
ENDFUNC                                              //作业原点判别程序结束
! * * * * * * * * * * * * * * * * * * * * * * * * * * * * * * * * *
ENDMODULE                                            // 主模块结束
! * * * * * * * * * * * * * * * * * * * * * * * * * * * * * * *
```

6.5　弧焊机器人程序实例

6.5.1　作业要求与程序数据定义

(1) 作业要求

弧焊同样是机器人最常用的作业之一，为了便于全面了解弧焊机器人作业程序的设计方法，下面将以 ABB IRB 2600 工业机器人进行图 6.5.1 所示焊接作业为例，介绍机器人弧焊程序设计的基本方法。

图 6.5.1 所示焊接系统要求机器人能按图示的轨迹移动，完成工件 $p3 \sim p5$ 点的直线焊缝焊接作业。工件焊接完成后，需要输出工件变位器回转信号，通过变位器的 180°回转，进行工位 A、B 的工件交换，并由操作者在 B 工位完成工件的装卸作业；然后，重复机器人运动和焊接动作，实现机器人的连续焊接作业。

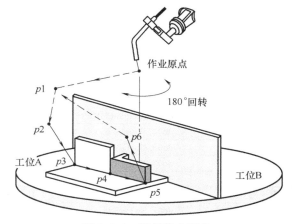

图 6.5.1　弧焊作业要求

若焊接完成后，B 工位完成工件的装卸作业尚未完成，则中断程序执行，点亮工件安装指示灯，提示操作者装卸工件；操作者完成工件装卸后，可通过应答按钮输入安装完成信号，程序继续。

若自动循环开始时工件变位器不在工作位置，或者 A、B 的工件交换信号输出后，变位器在 30s 内尚未回转到位，则利用错误处理程序，在示教器上显示相应的系统出错信息，并退出程序循环。

以上焊接系统对机器人及辅助部件的动作要求及相关的传感器输入信号（DI）/输出控制信号（DO）如表 6.5.1 所示。

表 6.5.1　焊接作业动作表

工步	名称	动作要求	运动速度	DI/DO 信号
0	作业初始状态	机器人位于作业原点	—	—
		加速度及倍率限制 50% 速度限制 600mm/s	—	—
		工件变位器回转阀关闭	—	A、B 工位回转信号为 0
		焊接电源、送丝、气体关闭	—	电源、送丝、气体信号为 0
1	作业区上方定位	机器人高速运动到 $p1$ 点	高速	同上
2	作业起始点定位	机器人高速运动到 $p2$ 点	高速	同上
3	焊接开始点定位	机器人移动到 $p3$ 点	500mm/s	焊接电源、送丝、气体信号为 1；焊接电流、电压输出（系统自动控制）
4	$p3$ 点附近引弧	自动引弧	焊接参数设定	
5	焊缝 1 焊接	机器人移动到 $p4$ 点	200mm/s	
6	焊缝 2 摆焊	机器人移动到 $p5$ 点	100mm/s	

续表

工步	名称	动作要求	运动速度	DI/DO 信号
7	p5 点附近熄弧	自动熄弧	焊接参数设定	焊接电源、送丝、气体信号为 0;焊接电流、电压关闭(系统自动控制)
8	焊接退出点定位	机器人移动到 p6 点	500mm/s	
9	作业区上方定位	机器人高速运动到 p1 点	高速	同上
10	返回作业原点	机器人移动到作业原点	高速	同上
11	变位器回转	A、B 工位自动交换	—	A 或 B 工位回转信号为 1
12	结束回转	撤销 A、B 工位回转信号	—	A、B 工位回转信号为 0

(2) DI/DO 信号

根据作业程序设计的要求,假设图 6.5.1 所示机器人焊接系统的 DI/DO 信号如表 6.5.2 所示。

表 6.5.2　DI/DO 信号及名称

DI/DO 信号	信号名称	作用功能
引弧检测	di01_ArcEst	1:正常引弧;0:熄弧
送丝检测	di02_WirefeedOK	1:正常送丝;0:送丝关闭
保护气体检测	di03_GasOK	1:保护气体正常;0:保护气体关闭
A 工位到位	di06_inStationA	1:A 工位在作业区;0:A 工位不在作业区
B 工位到位	di07_inStationB	1:B 工位在作业区;0:B 工位不在作业区
工件装卸完成	di08_bLoadingOK	1:工件装卸完成应答;0:未应答
焊接 ON	do01_WeldON	1:接通焊接电源;0:关闭焊接电源
气体 ON	do02_GasON	1:打开保护气体;0:关闭保护气体
送丝 ON	do03_FeedON	1:启动送丝;0:停止送丝
交换 A 工位	do04_CellA	1:A 工位回转到作业区;0:A 工位锁紧
交换 B 工位	do05_CellB	1:B 工位回转到作业区;0:B 工位锁紧
回转出错	do07_SwingErr	1:变位器回转超时;0:回转正常
等待工件装卸	do08_WaitLoad	1:等待工件装卸;0:工件装卸完成

(3) 弧焊作业指令

弧焊系统需要进行特殊的引弧、熄弧、送丝、退丝、剪丝等控制和焊接电流、电压等模拟量的自动调节,因此,控制系统通常需要配套专门的弧焊控制模块及用于弧焊作业的特殊编程软件。

ABB 弧焊机器人的弧焊作业指令及编程说明如表 6.5.3 所示。

表 6.5.3　弧焊作业指令编程说明表

名称		编程格式与示例	
直线引弧	ArcLStart	编程格式	ArcLStart ToPoint,Speed[\V],seam,weld [\Weave],Zone[\Z][\Inpos],Tool[\Wobj] [\TLoad];
		程序数据	seam:引弧、熄弧参数,数据类型 seamdata; weld:焊接参数,数据类型 welddata; \Weave:摆焊参数,数据类型 weavedata; 其他:同 MoveL 指令
		功能说明	TCP 直线插补运动,在目标点附近自动引弧
		编程示例	ArcLStart p1,v500,Seam1,Weld1,fine,tWeld \wobj := wobjStation;
直线焊接	ArcL	编程格式	ArcL ToPoint,Speed[\V],seam,weld [\Weave],Zone[\Z][\Inpos],Tool[\Wobj] [\TLoad];
		程序数据	同 ArcLStart 指令
		功能说明	TCP 直线插补自动焊接运动
		编程示例	ArcL p2,v200,Seam1,Weld1,fine,tWeld \wobj := wobjStation;

续表

名称			编程格式与示例
直线熄弧	ArcLEnd	编程格式	ArcLEnd ToPoint,Speed[\V],seam,weld [\Weave],Zone[\Z][\Inpos],Tool [\Wobj] [\TLoad];
		程序数据	同 ArcLStart 指令
	功能说明		TCP 直线插补运动,在目标点附近自动熄弧
	编程示例		ArcLEnd p1,v500,Seam1,Weld1,fine,tWeld \wobj :=wobjStation;
圆弧引弧	ArcCStart	编程格式	ArcCStart CirPoint,ToPoint,Speed[\V],seam,weld [\Weave],Zone[\Z][\Inpos],Tool[\Wobj] [\TLoad];
		程序数据	同 MoveC、ArcLStart 指令
	功能说明		TCP 圆弧插补自动焊接运动,在目标点附近自动引弧
	编程示例		ArcCStart p1,p2,v500,Seam1,Weld1,fine,tWeld \wobj :=wobjStation;
圆弧焊接	ArcC	编程格式	ArcC CirPoint,ToPoint,Speed[\V],seam,weld [\Weave],Zone[\Z][\Inpos],Tool[\Wobj] [\TLoad];
		程序数据	同 MoveC、ArcLStart 指令
	功能说明		TCP 圆弧插补自动焊接运动
	编程示例		ArcC p1,p2,v500,Seam1,Weld1,fine,tWeld \wobj :=wobjStation;
圆弧熄弧	ArcCEnd	编程格式	ArcCEnd CirPoint,ToPoint,Speed[\V],seam,weld [\Weave],Zone[\Z][\Inpos],Tool[\Wobj] [\TLoad];
		程序数据	同 MoveC、ArcLStart 指令
	功能说明		TCP 圆弧插补自动焊接运动,在目标点附近自动熄弧
	编程示例		ArcCEnd p1,p2,v500,Seam1,Weld1,fine,tWeld \wobj :=wobjStation;

表 6.5.3 的指令中,seamdata、welddata 及添加项 weavedata 是弧焊机器人专用的程序数据,需要在焊接程序中定义。程序数据及添加项的作用如下。

seamdata:主要用来定义焊枪的引弧、熄弧控制参数,例如,引弧/熄弧时的清枪时间 (Purge_time)、焊接开始前的提前送气时间 (Preflow_time)、焊接结束后的保护气体关闭延时 (Postflow_time) 等。

welddata:主要用来设定焊接工艺参数,例如,焊接速度 (Weld_speed)、焊接电压 (Voltaga)、焊接电流 (Current) 等。

weavedata:用来设定摆焊作业控制参数,例如,摆动形状 (Weave_shape)、摆动类型 (Weave_type)、行进距离 (Weave_Length),以及 L 形摆和三角形摆的摆动宽度 (Weave_Width)、摆动高度 (Weave_Height) 等参数。

6.5.2 程序数据定义与模块设计

(1) 程序数据定义

作业程序设计前,首先需要根据控制要求,将机器人工具的形状、姿态、载荷,以及工件位置、机器人定位点、运动速度等控制参数定义为 RAPID 程序数据。

根据上述弧焊作业要求,所定义的基本程序数据如表 6.5.4 所示。其中的程序数据为搬运作业所需的基本操作数,且多为常量 CONST、永久数据 PERS,故需要在程序主模块上予以定义。对于程序中数据运算、状态判断所需的其他程序变量 VAR,可在相应的程序中根据需要进行个别定义,有关内容详见后述的程序实例。

表 6.5.4 基本程序数据定义表

程序数据			含义	设定方法
性质	类型	名称		
CONST	robtarget	pHome	机器人作业原点	指令定义或示教设定
CONST	robtarget	Weld_p1	作业区预定位点	指令定义或示教设定

续表

程序数据			含义	设定方法
性质	类型	名称		
CONST	robtarget	Weld_p2	作业起始点	指令定义或示教设定
CONST	robtarget	Weld_p3	焊接开始点	指令定义或示教设定
CONST	robtarget	Weld_p4	摆焊起始点	指令定义或示教设定
CONST	robtarget	Weld_p5	焊接结束点	指令定义或示教设定
CONST	robtarget	Weld_p6	作业退出点	指令定义或示教设定
PERS	tooldata	tMigWeld	工具数据	手动计算或自动测定
PERS	wobjdata	wobjStation	工件坐标系	手动计算或自动测定
PERS	seamdata	MIG_Seam	引弧、熄弧数据	指令定义或手动设置
PERS	welddata	MIG_Weld	焊接数据	指令定义或手动设置
VAR	intnum	intno1	中断名称数据	程序自动计算

(2) 程序模块设计

为了使读者熟悉 RAPID 中断、错误处理指令的编程方法，在下一节程序示例中使用了中断、错误处理指令编程，并根据控制要求，将以上焊接作业分解为作业初始化、A 工位焊接、B 工位焊接、焊接作业、中断处理 5 个相对独立的动作。

① 作业初始化。作业初始化用来设置循环焊接作业的初始状态、设定并启用系统中断监控功能等。

循环焊接作业的初始化包括机器人作业原点检查与定位、系统 DO 信号初始状态设置等，它只需要在首次焊接时进行，机器人循环焊接开始后，其状态可通过作业程序保证。为了简化程序设计，本程序沿用了前述搬运机器人同样的原点检查与定位方式。

中断设定指令用来定义中断条件、连接中断程序、启动中断监控。由于系统的中断功能一旦生效，中断监控功能将始终保持有效状态，中断程序就可随时调用，因此，它同样可在一次性执行的初始化程序中编制。

② A 工位焊接。调用焊接作业程序，完成焊接；焊接完成后启动中断，等待工件装卸完成；输出 B 工位回转信号，启动变位器回转；回转时间超过时，调用主程序错误处理程序，输出回转出错指示。

③ B 工位焊接。调用焊接作业程序，完成焊接；焊接完成后启动中断，等待工件装卸完成；输出 A 工位回转信号，启动变位器回转；回转时间超过时，调用主程序错误处理程序，输出回转出错指示。

④ 焊接作业。沿图 6.5.1 所示的轨迹，完成表 6.5.1 中的焊接作业。

⑤ 中断处理。等待操作者工件安装完成应答信号，关闭工件安装指示灯。

根据以上设计思路，应用程序模块及主、子程序结构，以及程序实现的功能可规划为表 6.5.5 所示。

表 6.5.5　RAPID 应用程序结构与功能

名称	类型	程序功能
mainmodu	MODULE	主模块，定义表 6.5.4 的基本程序数据
mainprg	PROC	主程序，进行如下子程序调用与管理： 1. 一次性调用初始化子程序 rInitialize，完成机器人作业原点检查与定位、DO 信号初始状态设置、设定并启用系统中断监控功能； 2. 根据工位检测信号，循环调用子程序 rCellA_Welding() 或 rCellB_Welding()，完成焊接作业； 3. 通过错误处理程序 ERROR，处理回转超时出错

续表

名称	类型	程序功能
rInitialize	PROC	一次性调用 1 级子程序,完成以下动作: 1. 调用 2 级子程序 rCheckHomePos,进行机器人作业原点检查与定位; 2. 设置 DO 信号初始状态; 3. 设定并启用系统中断监控功能
rCheckHomePos	PROC	由 rInitialize 调用的 2 级子程序,完成以下动作: 调用功能程序 InHomePos,判别机器人是否处于作业原点。机器人不在原点时进行如下处理:Z 轴直线提升至原点位置;XY 轴移动到原点定位
InHomePos	FUNC	由 rCheckHomePos 调用的 3 级功能子程序,完成机器人原点判别: 1. X/Y/Z 位置误差不超过 $\pm 20mm$; 2. 工具姿态四元数 $q1 \sim q4$ 误差不超过 ± 0.05
rCellA_Welding()	PROC	循环调用 1 级子程序,完成以下动作: 1. 调用焊接作业程序 rWeldingProg(),完成焊接; 2. 启动中断程序 tWaitLoading,等待工件装卸完成; 3. 输出 B 工位回转信号,启动变位器回转; 4. 回转时间超时时,调用主程序错误处理程序,输出回转出错指示
rCellB_Welding()	PROC	循环调用 1 级子程序,完成以下动作: 1. 调用焊接作业程序 rWeldingProg(),完成焊接; 2. 启动中断程序 tWaitLoading,等待工件装卸完成; 3. 输出 A 工位回转信号,启动变位器回转; 4. 回转时间超时时,调用主程序错误处理程序,输出回转出错指示
tWaitLoading	TRAP	子程序 rCellA_Welding()、rCellB_Welding()循环调用的中断程序,完成以下动作: 1. 等待操作者工件安装完成应答信号; 2. 关闭工件安装指示灯
rWeldingProg()	PROC	子程序 rCellA_Welding()、rCellB_Welding()循环调用的 2 级子程序,完成以下动作: 沿图 6.5.1 所示的轨迹,完成表 6.5.1 中的焊接作业

6.5.3　RAPID 程序示例

根据以上设计要求与思路,设计的 RAPID 应用程序如下。

```
! * * * * * * * * * * * * * * * * * * * * * * * * * * * * * * *
MODULE mainmodu (SYSMODULE)                          // 主模块 mainmodu 及属性
! Module name : Mainmodule for MIG welding               // 注释
! Robot type : IRB 2600
! Software : RobotWare 6.01
! Created : 2017-06-18
! * * * * * * * * * * * * * * * * * * * * * * * * * * * * * * *
                                            // 定义程序数据(根据实际情况设定)
CONST robtarget pHome:=[……];                          // 作业原点
CONST robtarget Weld_p1:=[……];                        // 作业点 p1
……
CONST robtarget Weld_p6:=[……];                        // 作业点 p6
……
PERS tooldata tMigWeld:=[……];                          // 作业工具
PERS wobjdata wobjStation:=[……];                       // 工件坐标系
PERS seamdata MIG_Seam:=[……];                         // 引弧、熄弧参数
PERS welddata MIG_Weld:=[……];                         // 焊接参数
VAR intnum intno1;                                    // 中断名称
```

```
! * * * * * * * * * * * * * * * * * * * * * * * * * * * * * * * *
PROC mainprg ()                                        // 主程序
    rInitialize;                                       // 调用初始化程序
  WHILE TRUE DO                                        // 无限循环
  IF di06_inStationA = 1 THEN
    rCellA_Welding;                                    // 调用 A 工位作业程序
  ELSEIF di07_inStationB = 1 THEN
    rCellB_Welding;                                    // 调用 B 工位作业程序
  ELSE
    TPErase;                                           // 示教器清屏
    TPWrite "The Station positon is Error";            // 显示出错信息
    ExitCycle;                                         // 退出循环
  ENDIF
    Waittime 0.5;                                      // 暂停 0.5s
  ENDWHILE                                             // 循环结束
  ERROR                                                // 错误处理程序
    IF ERRNO = ERR_WAIT_MAXTIME THEN                   // 变位器回转超时
    TPErase;                                           // 示教器清屏
    TPWrite "The Station swing is Error";              // 显示出错信息
    Set do07_SwingErr;                                 // 输出回转出错指示
    ExitCycle;                                         // 退出循环
ENDPROC                                                // 主程序结束
! * * * * * * * * * * * * * * * * * * * * * * * * * * * * * * * *
PROC rInitialize ()                                    // 初始化程序
    AccSet 50,50;                                      // 加速度设定
    VelSet 100,600;                                    // 速度设定
    rCheckHomePos;                                     // 调用作业原点检查程序
    Reset do01_WeldON                                  // 焊接关闭
    Reset do02_GasON                                   // 保护气体关闭
    Reset do03_FeedON                                  // 送丝关闭
    Reset do04_CellA                                   // A 工位回转关闭
    Reset do05_CellB                                   // B 工位回转关闭
    Reset do07_SwingErr                                // 回转出错灯关闭
    Reset do08_WaitLoad                                // 工件装卸灯关闭
    IDelete intno1;                                    // 中断复位
    CONNECT intno1 WITH tWaitLoading;                  // 定义中断程序
    ISignalDO do08_WaitLoad,1,intno1;                  // 定义中断、启动中断监控
ENDPROC                                                // 初始化程序结束
! * * * * * * * * * * * * * * * * * * * * * * * * * * * * * * * *
PROC CheckHomePos ()                                   // 作业原点检查程序
    VAR robtarget pActualPos;                          // 程序数据定义
    IF NOT InHomePos( pHome,tMigWeld) THEN
                        // 利用功能程序判别作业原点,非作业原点时进行如下处理
    pActualPos: = CRobT(\Tool: = tMigWeld \ wobj : = wobj0);   // 读取当前位置
    pActualPos. trans. z: = pHome. trans. z;           // 改变 Z 坐标值
    MoveL pActualPos,v100,z20,tMigWeld;                // Z 轴退至 pHome
```

```
      MoveL pHome,v200,fine,tMigWeld;                        // X、Y 轴定位到 pHome
   ENDIF
 ENDPROC                                                       //作业原点检查程序结束
! * * * * * * * * * * * * * * * * * * * * * * * * * * * * * * * * *
FUNC bool InHomePos (robtarget ComparePos,INOUT tooldata CompareTool)
                                                             // 作业原点判别程序
    VAR num Comp_Count: = 0;
    VAR robtarget Curr_Pos;
    Curr_Pos: = CRobT(\Tool: = CompareTool \ wobj : = wobj0);
                                                   // 读取当前位置,进行以下判别
    IF Curr_Pos. trans. x>ComparePos. trans. x - 20 AND
    Curr_Pos. trans. x<ComparePos. trans. x+ 20 Comp_Count: = Comp_Count+ 1;
    IF Curr_Pos. trans. y>ComparePos. trans. y - 20 AND
    Curr_Pos. trans. y<ComparePos. trans. y+ 20 Comp_Count: = Comp_Count+ 1;
    IF Curr_Pos. trans. z>ComparePos. trans. z - 20 AND
    Curr_Pos. trans. z<ComparePos. trans. z+ 20 Comp_Count: = Comp_Count+ 1;
    IF Curr_Pos. rot. q1>ComparePos. rot. q1 - 0. 05 AND
    Curr_Pos. rot. q1<ComparePos. rot. q1+ 0. 05 Comp_Count: = Comp_Count+ 1;
    IF Curr_Pos. rot. q2>ComparePos. rot. q2 - 0. 05 AND
    Curr_Pos. rot. q2<ComparePos. rot. q2+ 0. 05 Comp_Count: = Comp_Count+ 1;
    IF Curr_Pos. rot. q3>ComparePos. rot. q3 - 0. 05 AND
    Curr_Pos. rot. q3<ComparePos. rot. q3+ 0. 05 Comp_Count: = Comp_Count+ 1;
    IF Curr_Pos. rot. q4>ComparePos. rot. q4 - 0. 05 AND
    Curr_Pos. rot. q4<ComparePos. rot. q4+ 0. 05 Comp_Count: = Comp_Count+ 1;
  RETUN Comp_Count = 7;                              // 返回 Comp_Count = 7 的逻辑状态
ENDFUNC                                                       //作业原点判别程序结束
! * * * * * * * * * * * * * * * * * * * * * * * * * * * * * * * *
PROC rCellA_Welding()                                          // A 工位焊接程序
    rWeldingProg;                                              // 调用焊接程序
    Set do08_WaitLoad;                                 // 输出工件安装指示,启动中断
    Set do05_CellB;                                             // 回转到 B 工位
    WaitDI di07_inStationB,1\MaxTime: = 30;                   // 等待回转到位 30s
    Reset do05_CellB;                                          // 撤销回转输出
    ERROR
    RAISE;                                             // 调用主程序错误处理程序
ENDPROC                                                       // A 工位焊接程序结束
! * * * * * * * * * * * * * * * * * * * * * * * * * * * * * * * *
PROC rCellB_Welding()                                          // B 工位焊接程序
    rWeldingProg;                                              // 调用焊接程序
    Set do08_WaitLoad;                                 // 输出工件安装指示,启动中断
    Set do04_CellA;                                             // 回转到 A 工位
    WaitDI di06_inStationA,1\MaxTime: = 30;                   // 等待回转到位 30s
    Reset do04_CellA;                                          // 撤销回转输出
    ERROR
    RAISE;                                             // 调用主程序错误处理程序
ENDPROC                                                       // B 工位焊接程序结束
```

```
! * * * * * * * * * * * * * * * * * * * * * * * * * * * * * * *
TRAP tWaitLoading                                           // 中断程序
    WaitDI di08_bLoadingOK;                                 // 等待安装完成应答
    Reset do08_WaitLoad;                                    // 关闭工件安装指示
ENDTRAP                                                     // 中断程序结束
! * * * * * * * * * * * * * * * * * * * * * * * * * * * * * * *
PROC rWeldingProg()                                         // 焊接程序
    MoveJ Weld_p1,vmax,z20,tMigWeld \wobj := wobjStation;   // 移动到p1
    MoveL Weld_p2,vmax,z20,tMigWeld \wobj := wobjStation;   // 移动到p2
    ArcLStart Weld_p3,v500,MIG_Seam,MIG_Weld,fine,tMigWeld \wobj := wobjStation;
                                                           // 直线移动到p3并引弧
    ArcL Weld_p4,v200,MIG_Seam,MIG_Weld,fine,tMigWeld \wobj := wobjStation;
                                                           // 直线焊接到p4
    ArcLEnd Weld_p5,v100,MIG_Seam,MIG_Weld\Weave:=Weave1,fine,tMigWeld
            \wobj := wobjStation;                    // 直线焊接(摆焊)到p5、并熄弧
    MoveL Weld_p6,v500,z20,tMigWeld \wobj := wobjStation;   // 移动到p6
    MoveJ Weld_p1,vmax,z20,tMigWeld \wobj := wobjStation;   // 移动到p1
MoveJ pHome,vmax,fine,tMigWeld \wobj := wobj0;              // 作业原点定位
ENDPROC                                                     // 焊接程序结束
! * * * * * * * * * * * * * * * * * * * * * * * * * * * * * * *
ENDMODULE                                                  // 主模块结束
! * * * * * * * * * * * * * * * * * * * * * * * * * * * * * * *
```

KUKA 篇

第7章

KRL程序设计基础

7.1 KRL 程序结构与格式

7.1.1 KRL 程序结构

(1) KRL 程序与文件

KUKA 机器人所使用的编程语言是 KUKA 公司在 C 语言基础上研发的 KUKA 机器人专用编程语言，英文名为"KUKA Robot Language"，简称 KRL。为了便于区分其他机器人程序，在本书后述的内容中，将 KUKA 机器人程序称为"KRL 程序"。

KUKA 机器人控制系统采用的是工业 PC 机。用于机器人控制的全部软件及数据都以"文件（File）"的形式保存在 IR 控制器（KUKA Control PC，简称 KPC）中。不同用途、不同层次的文件以文件夹的形式进行分类管理。

KUKA 机器人的控制文件安装在 IR 控制器的 C 盘（KRC:\）中，其名称由 KUKA 公司定义（如 PCRC40771 等）。控制文件的基本组成如图 7.1.1 所示。

KUKA 机器人控制文件由系统设置（STEU）和应用程序（R1）两大部分组成。系统设置文件（STEU 文件夹）保存有机器人控制系统的基本配置数据，如伺服驱动轴数、伺服驱动器及电机规格等参数，它需要由机器人生产厂

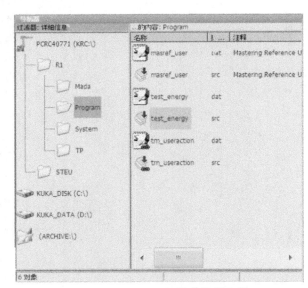

图 7.1.1　KUKA 机器人控制文件

家（KUKA）安装，机器人使用厂家不能对其进行设定、修改、删除。应用程序文件（R1 文件夹）用来保存机器人和工具控制、机器人操作编程、机器人作业的程序与数据，其中的作业

程序和数据可由用户编制。

KUKA 机器人的应用程序（R1 文件夹）采用模块式结构，完整的应用程序（R1）称为"项目（Project）"。组成项目的各类文件以文件夹的形式分类保存，称之为模块。

KUKA 机器人的模块分为机器数据（Mada 文件）、用户程序（Program 文件）、系统程序（System 文件）、工具控制程序（TP 文件）四类。其中，机器数据 Mada、系统程序 System、工具控制程序 TP 用于机器人和工具的设定与控制，统称系统模块。系统模块需要由机器人生产厂家（KUKA）编制与安装。用户程序 Program 用于机器人作业控制，可由机器人使用厂家的操作编程人员编辑与使用。

系统模块和用户程序的基本内容如下。

（2）系统模块

系统模块与机器人的结构、规格、功能、用途有关，需要由机器人生产厂家（KUKA）编制与安装。系统模块可在机器人控制系统启动时自动加载，用户一般不能对其进行编辑、删除操作。系统模块属于系统内部文件，只有"专家"级以上用户在使用密码登录后，才能在示教器上显示；机器人正常使用时，即使删除了用户程序模块（Program），系统模块也将继续保留。

KUKA 机器人系统模块的主要内容、功能简要说明如下。

① 机器数据（machine data，简称 Mada）。Mada 模块由系统参数 $MACHINE.dat、机器人参数 $ROBCOR.dat 以及系统和机器人升级程序 MACHINE.upg、ROBCOR.upg 等文件组成。其中，$MACHINE.dat 用来定义控制系统的功能和参数；$ROBCOR.dat 用来定义机器人的结构、规格、功能、用途等参数；MACHINE.upg、ROBCOR.upg 用于控制系统软件升级。

② 系统程序（system program，简称 System）。System 模块主要包括系统配置数据 $CONFIG.dat、机器人运动控制程序 BAS.src、机器人故障处理程序 IR_STOPM.src、系统监控程序 SPS.src 等内容。其中，系统配置数据 $CONFIG.dat 用来定义控制系统的硬件组成、硬件规格以及软件功能等系统参数；BAS.src、IR_STOPM.src、SPS.src 程序用于机器人的运动控制、故障处理及运行监控。

③ 工具控制程序（tool program，简称 TP）。TP 模块包括了机器人典型应用所需的作业工具控制程序与数据文件，以及用于机器人外部自动运行控制的基本程序文件 P00.src 与数据文件 P00.dat 等内容。其中，作业工具控制程序与数据文件包含了机器人用于弧焊、点焊、搬运的各种应用程序与数据，例如，用于弧焊机器人焊接电流/电压模拟量输入/输出设定与初始化的程序/数据文件 A10.src/A10.dat、A10_INI.src/A10_INI.dat、A20.src/A20.dat、A50.src/A50.dat；用于弧焊机器人显示、监控及摆焊控制的程序文件 ARC_MSG.src、ARCSPS.sub、WEAV_DEF.src、NEW_SERV.src；用于点焊机器人控制的程序文件 USERSPOT.src、BOSCH.src 与数据文件 USERSPOT.dat；用于搬运机器人控制的程序文件 H50.src、H70.src、USER_GRP.src 及数据文件 USER_GRP.dat；等等。

（3）用户程序模块

KUKA 机器人的用户程序模块（Program）是用于机器人自动运行控制的用户程序与数据，一般由用户操作编程人员编辑。

程序模块的基本内容如图 7.1.2 所示，模块由若干文件（夹）组成，其中，主程序（main program）以带 M 图标的文件夹显示，其他程序以子文件夹的形式分类显示。

KUKA 主程序是控制系统可直接执行的用户程序文件，主程序由程序（src 文件）和数据表（dat 文件）组成。程序（src 文件）包含机器人及外部轴（变位器）移动、开关量输入/输

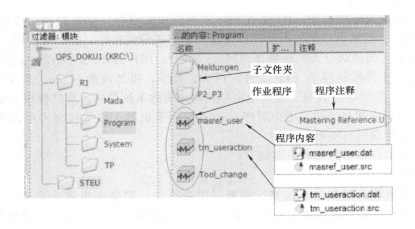

图 7.1.2　程序模块结构

出、工具控制、程序运行控制的全部指令（命令）；数据表（dat 文件）用来定义程序的指令操作数，如机器人移动目标位置、速度、坐标系等参数。数据表（dat 文件）是程序（src 文件）的附属文件，其基本文件名与程序（src 文件）一致，文件扩展名为 ".dat"。例如，图 7.1.2 中的 masref_user.dat 为程序 masref_user.src 的附属数据表，tm_useraction.dat 为程序 tm_useraction.src 的附属数据表等。

　　KUKA 机器人程序（src 文件）的示例如下，对于简单程序，指令操作数也可在程序中直接定义，此时附属数据表（dat 文件）为空白文件。

```
DEF MAIN_PROG()                                     // 程序 MAIN_PROG 开始(程序声明)
INI                                                        // 初始化指令
HOME = {AXIS:A1 0,A2 -90,A3 90,A4 0,A5 30,A6 0}      // 定义 HOME 点位置
PTP HOME Vel = 100%  DEFAULT                          // 机器人定位到 HOME 点
PTP {AXIS:A1 30,A2 -90,A3 90,A40,A5 0,A6 0}         // 机器人定位,直接指定关节位置
PTP POINT1 Vel = 100%  PDAT1 TOOL[1] BASE[2]
                          // 机器人工具 TOOL[1] 的 TCP 定位到坐标系 BASE[2] 的 POINT1 点
PTP POINT2 Vel = 80%  PDAT1 TOOL[1] BASE[2]      // TCP 定位到坐标系 BASE[2] 的 POINT2 点
......
PTP HOME Vel = 100%  DEFAULT                          // 机器人定位到 HOME 点
END                                                       // 程序结束
```

　　KUKA 机器人数据表（dat 文件）的示例如下，对于不使用数据表的程序，附属数据表的内容为空白。

```
DEFDAT MAIN_PROG()                           // 数据表 MAIN_PROG 开始(数据表声明)
DECL E6POS POINT1 = {X 900,Y 0,Z 800,A 0,B 0,C 0,S 6,T 27,E1 0 E2 0,E3 0,E4 0,E5 0,E6 0}
                                      // 定义 POINT1 的 TCP 位置、姿态及外部轴位置
DECL E6POS POINT2 = {X1200,Y500,Z 1000,A 0,B 0,C 0,S 6,T 27,E1 0 E2 0,E3 0,E4 0,E5 0,E6 0}
                                      // 定义 POINT2 的 TCP 位置、姿态及外部轴位置
......
ENDDAT                                                  // 数据表结束
```

(4) KRL 程序分类

KRL 主程序是机器人自动运行必需的基本程序，每一作业任务必须有唯一的主程序，主程序需要直接执行，因此，不能采用参数化编程。KRL 子程序是以主程序调用的形式执行的程序，不但可采用参数化编程，而且可根据程序的使用范围、功能分为多种类型。

根据程序的使用范围，KRL 子程序分为局域（local）子程序、全局（global）子程序两类。局域（local）子程序只能被指定的主程序使用（调用）；全局（global）子程序可被多个主程序使用（调用）。

根据程序的功能，KRL 子程序分为普通子程序（sub program）、功能子程序（function sub program）、中断子程序（interrupt sub program）三类，不同类别程序的格式、编程要求以及构成的应用程序结构有所不同。在 KUKA 说明书中，普通子程序一般直接称为"子程序"，功能子程序称为"函数"，中断子程序称为"中断"，为了与 KUKA 技术资料统一，本书后续内容中也将使用以上名称。

KRL 主程序、子程序的编程格式与要求如下。

7.1.2　KRL 主程序格式

(1) 主程序功能

在机器人程序中，具有程序组织与管理功能的程序称为主程序（main program）。主程序可用于机器人自动运行的登录和启动，故又称登录程序（entry routine），它是机器人自动运行必需的基本程序。

主程序理论上也可被其他程序调用，但是，由于它需要直接登录、启动、执行，因此，不能使用参数化编程技术，即程序指令中的操作数必须具有明确的数值，而不能使用需要通过调用指令赋值的操作数。此外，主程序也不能通过数值返回指令，向所调用的程序返回执行结果。

机器人的主程序可以有多个，但机器人自动运行时，只能选择其中之一作为当前运行的程序。主程序运行后，可调用子程序、函数、中断程序；控制系统退出（Exit）主程序后，机器人自动运行的重启必须从主程序重新开始。

(2) KRL 主程序格式

KUKA 机器人主程序（KRL 主程序）的基本格式如下。

```
DEF 主程序名称()  <程序数据声明>                          // 程序声明
<注释>
INI                                                  // 初始化指令(程序命令开始)
<程序数据初始值设定指令>
PTP HOME Vel = 100%  DEFAULT                          // BCO 运行
子程序调用指令
……
机器人运动指令
……
PTP HOME Vel = 100%  DEFAULT                          // BCO 运行
END                                                  // 主程序结束
```

根据指令功能，KRL 主程序分为程序声明和程序命令两部分。从 DEF 到 INI（不含）部分称为程序声明，INI（含）到 END 部分称为程序命令。

① 程序声明（DEF 行）。程序声明用来定义程序的使用范围、名称以及所使用的程序数据

类型等一般规定。程序声明以 DEF 起始，故又称 DEF 行。

主程序不能使用参数化编程技术，因此，名称后缀的程序参数赋值项应为空括号；如果主程序需要使用变量，定义变量名称、数据类型的指令（称为数据声明）需要紧接在程序名称后编写，但是，用来定义变量值的指令需要在程序的命令区编写。程序声明也可以根据需要添加注释（见下述）。

程序声明只是对程序的一般规定，它既不控制机器人的运动，也不会改变程序中的操作数，因此，其在控制系统出厂时默认对普通操作者隐藏，具体内容不在示教器上显示。具有"专家"以上操作权限的用户，可通过程序编辑器设定操作，显示和编辑程序声明内容。

② 程序命令。程序命令是控制系统实际需要进行的操作指令的集合，它是程序的主体。程序命令以初始化指令 INI 起始，以 END 结束；命令区包含程序数据赋值、子程序调用、机器人运动控制等各类指令。

初始化指令 INI 用来加载 KRL 程序运行所需的系统参数、程序数据默认值等基本数据，它是保证 KRL 程序准确运行的基本条件，必须在程序命令的起始位置编制。INI 指令及后续的程序命令可由操作、编程人员根据机器人实际作业需要编制，所有内容均可在示教器上显示与编辑。

KUKA 机器人的运动通常需要以机器人自动运行起点定位指令 PTP HOME 起始并结束，机器人执行 PTP HOME 指令的定位运动称为"BCO 运行"，BCO 运行的作用及指令说明见下述。

③ 注释。注释是程序的说明文本，可根据实际需要在任意位置添加或不使用。注释仅用于显示，对程序执行、机器人运动不产生任何影响，注释的编程要求可参见后述。

主程序可以调用子程序（函数、中断）。如果子程序只提供当前主程序调用（局域），这样的子程序可直接编写在主程序结束指令之后，并和主程序共用数据表；如果子程序不仅可提供当前主程序使用，还需要提供其他主程序使用（全局），则该子程序及子程序使用的数据表，必须单独编程，有关内容参见后述。

(3) BCO 运行

KUKA 机器人的作业程序，一般需要以起点定位指令"PTP HOME Vel＝100％ DE-FAULT"作为机器人的初始移动指令，执行该指令时，机器人将以系统默认的参数，定位到程序自动运行起点（HOME 位置）。这一运动在 KUKA 机器人上称为 BCO（block coincidence，程序段重合）运行。

机器人自动运行起点 HOME 是机器人出厂时设定的基准位置，也是程序创建前控制系统唯一的已知位置。由于程序自动运行启动时，机器人可能位于作业范围内的任意位置，而机器人移动指令是以机器人当前位置为起点，以指令目标位置为终点的运动，因此，如果起始位置不统一，程序中的第一移动指令的运动轨迹将无法预测。为了避免出现这一情况，KUKA 机器人规定机器人移动程序的第一条指令应为 BCO 运行指令，以保证机器人的后续移动都是以HOME 为起始点运动；同样，当机器人程序运行结束后，也需要编制 BCO 运行指令，将机器人定位到 HOME 位置。

KUKA 机器人的 HOME 位置在不同规格机器人上稍有不同，常用产品的 HOME 位置如图 7.1.3 所示。

KUKA 中小型机器人（KR 等系列）的 HOME 位置通常位于图 7.1.3（a）所示的下臂直立、上臂水平向前的位置；KUKA 大型机器人（QUANTEC 等系列）的 HOME 位置通常为图 7.1.3（b）所示的下臂后倾、上臂水平向前、机身偏转位置。HOME 位置的关节坐标值如表 7.1.1 所示。

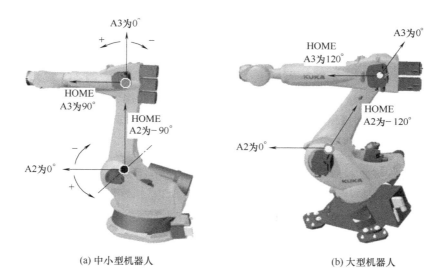

(a) 中小型机器人　　　　　　　　　　　(b) 大型机器人

图 7.1.3　HOME 位置

表 7.1.1　KUKA 机器人 HOME 位置定义

机器人规格	A1	A2	A3	A4	A5	A6
中小型	0	-90°	90°	0	0	0
大型	-20°	-120°	120°	0	0	0

7.1.3　KRL 子程序、函数、中断格式

(1) KRL 子程序及调用

一般意义上说，普通子程序（简称子程序）是用来实现需重复执行的特定动作所编制的程序块，可根据实际需要编制，简单程序也可不使用子程序。

KRL 子程序可通过主程序或其他子程序调用、执行。子程序调用方式有无条件调用和条件调用两种，无条件调用指令只需要在调用程序中编写子程序名称及赋值参数（如需要），无需编写指令代码 CALL；条件调用时，可将无条件调用指令和程序转移（跳转、分支控制）指令结合使用。

子程序调用指令的编程示例如下。

```
DEF MAIN_PROG1  ()                                       // 主程序 MAIN_PROG1
INI
SUB_PROG1()                                              // 无条件调用子程序 SUB_PROG1()
SUB_PROG2()                                              // 无条件调用子程序 SUB_PROG2()
……
```

KRL 子程序的基本格式如下，格式中带"< >"标记的项目为可选项（下同）。

```
<global> DEF 程序名称(< 参数:IN 或 OUT ,……>)  <程序数据声明>        // 程序声明
<注释>
<INI>
<程序数据设定指令>
< PTP HOME Vel = 100%  DEFAULT>                          // BCO 运行
程序指令
```

```
......
<PTP HOME Vel=100%  DEFAULT>                                    // BCO 运行
END                                                             // 子程序结束
```

　　根据使用范围，KRL 子程序分为局域（local）、全局（global）两类。局域子程序是系统默认的设定，它只能供指定的主程序（包括所属子程序）调用，程序直接以 DEF 开始，以 END 结束。局域子程序直接编写在主程序结束指令之后，且和主程序共用数据表，子程序中无需编制初始化指令 INI 和 BCO 运行指令 "PTP HOME"。

　　全局子程序可供所有主程序调用，子程序以 global DEF 起始，以 END 结束。全局子程序及附属的数据表必须单独编程，并在系统中以独立文件的形式保存，子程序的格式与主程序基本相同。

　　KRL 子程序可使用参数化编程技术。使用参数化编程的子程序需要在名称后缀的括号内定义程序参数及属性，如 "prog_par1：IN" "prog_par2：OUT" 等，不使用参数化编程的子程序仅需要保留名称后的空括号。

　　参数化编程的子程序不但可通过调用指令对子程序中的操作数进行赋值，而且可通过程序参数来改变调用程序中的操作数。仅用于子程序操作数赋值的程序参数，属性应定义为 "IN"，IN 参数的数值不能在子程序中改变。需要改变数值的程序参数，属性应定义为 "OUT"，OUT 参数不仅可通过调用指令设定初始值，而且可在子程序中改变数值；改变后的参数值可在子程序执行结束、返回主程序后，用于主程序的后续指令。

　　如果子程序使用变量编程，子程序声明中同样需要添加变量名称、数据类型进行定义的数据声明指令，并通过命令区的赋值指令设定变量初始值。

　　(2) 函数及调用

　　函数（function）是函数子程序（function sub program）的简称，这是一种用来计算操作数数值的特殊子程序，在中文说明书中有时译作 "功能"（如 ABB 机器人）。

　　函数实际上就是数学运算式，因此，函数子程序必须采用参数化编程，程序的执行结果就是操作数的数值。

　　函数通常分为系统标准函数与用户自定义函数两类。系统标准函数一般用于常规的数学运算与数据处理，如求绝对值（ABS）、平方根（SQRT）、三角函数（SIN、COS、TAN）和反三角函数（ACOS、ATAN2）运算等。标准函数的运算与处理程序通常由控制系统生产厂家编制并安装，调用时，只需要按照规定的格式，对运算数进行赋值，便可直接得到执行结果。例如：

```
B=-3.3
A=5* ABS(B)                                      // 用表达式、标准函数对程序数据赋值,A=16.5
```

　　用户自定义函数用于特殊的数据运算与处理，需要用户自行编制子程序。例如，对于以下程序，如果函数 CALC 是用来执行 $\sqrt{B^2+C^2}$ 运算的子程序，程序数据 A 的值将为 50。

```
B=30
C=40
A=CALC (B,C)                                      // 调用函数 CALC 对程序数据A 赋值
```

　　在 KRL 程序中，函数的基本格式如下。

```
<global> DEFFCT 数据类型  函数名称(程序参数名:IN 或 OUT ,……)          // 函数声明
<注释>
```

```
DECL REAL return_value 1                                          // 返回数据类型、名称定义
数据运算、处理指令
RETURN(return_value 1)                                            // 数据返回指令
ENDFCT                                                            // 函数结束
```

函数以 DEFFCT 或 global DEFFCT 起始，以 ENDFCT 结束。起始行为程序声明，用来定义使用范围、数据类型、函数名称、程序参数。

函数的使用范围同样分为局域（local）、全局（global）两类。局域函数是系统默认的设定，它只能供指定的主程序（包括所属子程序）调用，程序直接以 DEFFCT 开始，以 ENDFCT 结束。局域函数直接编写在主程序结束指令之后，并且和主程序共用数据表。

全局函数可供所有主程序调用，程序以 global DEFFCT 起始，以 END 结束。全局函数及附属的数据表必须单独编程，并在系统中以独立文件的形式保存。

函数必须采用参数化编程，名称后缀的括号内需要定义程序参数及属性，程序参数及属性的定义方法与普通子程序相同。

函数的执行结果需要通过 RETURN 指令返回，RETURN 指令必须在结束指令 ENDFCT 之前编制。返回数据的类型、名称，需要在函数中定义。

(3) KRL 中断及调用

中断（interrupt）是用来处理自动运行异常情况的特殊子程序，可由主程序规定的中断条件自动调用。在主程序开启（ON）并使能（ENABLE）后，只要中断条件满足，控制系统可立即暂停现行程序的运行，无条件跳转到中断（子程序）继续。

KRL 中断的基本格式与 KRL 子程序相同，示例如下。

```
<global>  DEF 中断程序名称(< 程序参数名:IN 或 OUT ,……>)              // 中断声明
<注释>
程序指令
……
END                                                              // 中断结束
```

KRL 中断与子程序只是调用方式不同，其他编程要求一致。局域中断以 DEF 开始，以 END 结束，直接编写在主程序结束指令之后；全局中断以 global DEF 起始，以 END 结束，程序与数据表必须单独编程。

局域中断只对所定义的程序及下级程序有效，子程序可以识别主程序定义的中断；但是，上级程序（主程序）不能识别下级程序（子程序）定义的中断。如果子程序未被调用、执行，即使发生子程序定义的中断，主程序的执行也不会被中断。

KRL 中断可以定义多个，执行次序以"优先级"区分。KRL 程序中可使用的优先级为 1（最高）、3、4~18、20~39、81~128（最低）；其他优先级为系统预定义。多个中断同时发生时，首先执行优先级最高的中断程序，其他中断进入列队等候状态。

中断优先级、中断条件、中断程序名称与程序参数，需要通过主程序的中断定义指令 "INTERRUPT DECL …… WHEN …… DO ……" 定义；已定义的中断，可通过主程序的指令 "INTERRUPT ON/OFF" 开启/关闭；开启的中断，可通过主程序的指令 "INTERRUPT ENABLE/DISABLE" 使能/禁止。中断禁止后仍可被系统识别、保留，但不能立即跳转到中断程序运行，它必须通过 "INTERRUPT ENABLE" 重新使能后，才能转入中断程序运行。

有关中断程序的详细说明可参见后述，中断定义、开启/关闭、使能/禁止指令的编程示例如下。

```
DEF MAIN_PROG 1 ()                                                    // 主程序 MAIN_PROG1
……
INI
……
global INTERRUPT DECL 1 WHEN $IN[1] = TRUE DO ESTOP_PROG (20,Val1)
                        //中断定义指令,优先级 1;中断条件为输入$IN[1] 为"1"(上升沿);
                          调用的程序为全局中断程序 ESTOP_PROG
INTERRUPT DECL 21 WHEN $IN [25] = TRUE DO ERR_PROG ()
                        // 中断定义指令,优先级 21;中断条件为输入$IN[25] 为"1"(上升沿);
                          调用的中断子程序为局域中断程序 ERR_PROG
……
INTERRUPT ON 1                                                        // 仅开启中断 1
……                                          // $IN[1] 上升沿可立即执行中断程序 ESTOP_PROG
INTERRUPT ON                                                    // 开启全部中断(1 和 21)
……                                      // $IN[1] 上升沿、$IN[25] 上升沿,可立即执行中断程序
                                          ESTOP_PROG、ERR_PROG
INTERRUPT DISABLE 21                                                 // 禁止中断 21
……                                        // 识别、保留中断 21,但不能执行 ERR_PROG
INTERRUPT ENABLE 21                                               // 重新使能中断 21
……                                                  // 执行发生或保存的中断 21
INTRAPT OFF                                                      // 关闭全部中断
……                                                          // 中断 1、21 无效
END
```

7.1.4 KRL 数据表格式

(1) 功能及使用

KRL 数据表是用来定义主程序、子程序、函数、中断中的数据名称、类型、初始值的附加文件,数据表名称应与程序名称相同(扩展名不同)。数据表不能用来定义控制系统、机器人配置等系统数据,系统数据需要通过专门的配置数据表 $CONFIG. dat 定义。

如果 KRL 程序只含有主程序和局域子程序(函数、中断),子程序(函数、中断)中的数据可直接在主程序的数据表中定义,无需另行编制数据表。全局子程序(函数、中断)为独立程序,必须有自己的数据表。

KRL 数据表的基本格式如下。

```
DEFDAT 数据表名称<PUBLIC>                                             // 数据表声明
<注释 >
DECL< GLOBAL> ……                                                  // 数据定义指令
……
ENDDAT                                                          // 数据表结束
```

数据表的起始行为数据表声明,用来定义数据表名称、使用范围等参数。仅用于当前程序的数据表称为局域数据表,可供其他程序使用的数据表称为全局数据表。

局域数据表是系统的默认设定,数据以 DEFDAT 起始,以 ENDDAT 结束,数据表声明时只需要输入与所属 KRL 程序相同的名称,不能添加公共数据表标记"PUBLIC"。局域数据表中的所有数据定义指令 DECL,均不能添加全局标记"GLOBAL"。

全局数据表必须在名称后添加公共标记"PUBLIC"。全局数据表中的所有数据定义指令DECL，都需要添加全局标记"GLOBAL"。全局数据表定义的数据可被其他程序使用，其他程序引用全局数据表数据时，需要通过导入指令 IMPORT 导入数据；数据导入程序后，可利用指令 IMPORT 重新命名。

例如，当程序 PROG_2 引用程序 PROG_1 附属全局数据表中所定义的整数型（INT）数据 OTTO_1，并重新命名为 OTTO_2 时，需要在 PROG_2 上编制如下导入指令。

```
DEF PROG_2()
......
IMPORTINTOTTO_2 IS /R1/PROG_1..OTTO_1          // 全局数据导入指令
......
A = 5* OTTO_2                                   // 使用导入数据
......
END
```

(2) 编程示例

数据表可根据实际需要编制，简单程序也可不使用数据表（数据表空白）。无数据表的程序，所有的数据都必须在程序中定义。利用 KRL 程序中定义数据时，数据名称、类型定义与初始值设定需要分别编程，数据名称、类型在程序声明指令（DEF 行）中编程，初始值设定需要在初始化指令 INI 后的命令区定义。

例如，假设程序 MAIN _ PROG1 需要定义的数据如下：

counter：数据类别为整数（INT）、初始值为 10；

price：数据类别为实数（REAL）、初始值为 0；

error：数据类别为逻辑状态（BOOL）、初始值为 FALSE；

symbol：数据类别为字符串（CHAR）、初始值为"X"。

如果不使用数据表，直接在程序中定义数据和初始值，其程序如下：

```
DEF MAIN_PROG1  ()                             // 程序 MAIN_PROG1 声明
......
DECL INT counter                               // 数据名称、类型定义
DECL REAL price
DECL BOOL error
DECL CHAR symbol
......
* * * * * * * * * * * * * * * * * * * * * * * *
INI                                            // 初始化指令
counter = 10                                   // 初始值设定
price = 0
error = FALSE
symbol = "X"
......
END
```

使用数据表定义数据时，数据名称、类型与初始值可以同时定义。例如，使用局域数据表定义以上数据时，其数据表如下：

```
DEFDAT MAIN_PROG1                              // 局域数据表 MAIN_PROG1
......
```

```
DECL INT counter = 10                          // 局域数据类型、初始值定义
DECL REAL price = 0
DECL BOOL error = FALSE
DECL CHAR symbol = "X"
……
ENDDAT
```

如果以上数据还需要用于 MAIN_PROG1 以外的其他程序，则需要通过全局数据表定义，其数据表如下：

```
DEFDAT MAIN_PROG1 PUBLIC                        // 全局数据表 MAIN_PROG1
……
DECL GLOBAL INT counter = 10                    // 全局数据类型、初始值定义
DECL GLOBAL REAL price = 0
DECL GLOBAL BOOL error = FALSE
DECL GLOBAL CHAR symbol = "X"
……
ENDDAT
```

7.1.5 局域程序与全局程序

只使用局域子程序（函数、中断）的 KRL 程序称为局域程序，需要使用全局子程序（函数、中断）的 KRL 程序通常称为全局程序，两者的格式有所不同。以子程序调用程序为例，局域程序与全局程序的基本格式如下，函数、中断调用程序的格式类似。

(1) 局域程序格式

局域子程序只提供给主程序使用，子程序只需要直接编写在所使用的主程序结束指令后。每一 KRL 主程序最大可附加 255 个局域子程序。

局域子程序可调用本程序所属的其他局域子程序或全局子程序，但不能调用其他主程序上的局域子程序；子程序的嵌套最大可使用 20 层。

局域子程序无需编制数据表，子程序所需的数据可直接在主程序的数据表上定义，同名数据在主程序、子程序上具有相同的数值。

使用局域子程序的 KRL 程序格式如下，主程序的示例名为 MAIN_PROG，局域子程序的示例名为 LOCAL_SUBPG1、LOCAL_SUBPG2。

```
DEF MAIN_PROG()                                // 主程序 MAIN_PROG 开始
……
INI
……
PTP HOME Vel = 100%  DEFAULT                    // BCO 运行
PTP P1 Vel = 100%  PDAT1                        // 定位到P1点,P1由数据表定义
PTP P2 Vel = 100%  PDAT2                        // 定位到P2点,P2由数据表定义
……
LOCAL_SUBPG1()                                  // 调用局域子程序 LOCAL_SUBPG1
……
LOCAL_SUBPG2()                                  // 调用局域子程序 LOCAL_SUBPG2
……
PTP HOME Vel = 100%  DEFAULT                    // BCO 运行
```

```
END                                                    // 主程序结束
* * * * * * * * * * * * * * * * * *
DEF LOCAL_SUBPG1()                                     // 子程序 LOCAL_SUBPG1(局域)开始
PTP P1 Vel = 100%  PDAT1                               // 定位到 P1 点,P1 由数据表定义
……
LOCAL_SUBPG2()                                          // 调用局域子程序 LOCAL_SUBPG2(嵌套)
……
END                                                    // 子程序 LOCAL_SUBPG1 结束
* * * * * * * * * * * * * * * * * *
DEF LOCAL_SUBPG2()                                     // 子程序 LOCAL_SUBPG2(局域)开始
PTP P2 Vel = 100%  PDAT2                               // 定位到 P2 点,P2 由数据表定义
……
END                                                    // 子程序 LOCAL_SUBPG2 结束
```

局域程序的数据表为主程序、局域子程序共用,当程序点 $P1$、$P2$ 通过数据表定义时,它们在主程序、子程序中具有同样的位置。

```
DEFDAT MAIN_PROG()                                     // 数据表 MAIN_PROG 开始
……
DECL E6POS XP1 = {X 900,Y 0,Z 800,A 0,B 0,C 0,S 6,T 27,E1 0 E2 0,E3 0,E4 0,E5 0,E6 0}
                          // 定义 P1 的 TCP 位置、工具姿态及外部轴位置(主、子程序共用)
DECL E6POS XP2 = {X1200,Y500,Z 1000,A 0,B 0,C 0,S 6,T 27,E1 0 E2 0,E3 0,E4 0,E5 0,E6 0}
                          // 定义 P2 的 TCP 位置、工具姿态及外部轴位置(主、子程序共用)
……
ENDDAT                                                  // 数据表 MAIN_PROG 结束
```

(2) 全局程序格式

全局程序的子程序可供所有主程序使用,子程序必须独立编写。全局子程序只能调用其他全局子程序,嵌套最大为 20 层。全局程序的主程序、子程序的数据都需要由各自的数据表分别定义。

使用全局子程序的 KRL 程序格式如下。

① 主程序。主程序(示例名 MAIN_PROG)及附属数据表的示例如下,主程序的数据表 MAIN_PROG 只能用来定义主程序及局域子程序 LOCAL_SUBPG3 的数据。

主程序 MAIN_PROG:

```
DEF MAIN_PROG()                                        // 主程序 MAIN_PROG 开始
……
INI
PTP HOME Vel = 100%  DEFAULT                           // BCO 运行
PTP P1 Vel = 100%  PDAT1                               // 定位到 MAIN_PROG 数据表定义的 P1 点
PTP P2 Vel = 100%  PDAT2                               // 定位到 MAIN_PROG 数据表定义的 P2 点
GLOBAL_SUBPG1()                                         // 调用全局子程序 GLOBAL_SUBPG1
……
GLOBAL_SUBPG2()                                         // 调用全局子程序 GLOBAL_SUBPG2
……
LOCAL_SUBPG3()                                          // 调用局域子程序 LOCAL_SUBPG3
……
PTP HOME Vel = 100%  DEFAULT                           // BCO 运行
```

```
END                                                      // 主程序结束
* * * * * * * * * * * * * * * * * * * *
DEF LOCAL_SUBPG3()                              // 子程序 LOCAL_SUBPG3(局域)开始
……
PTP P1 Vel＝100%  PDAT1                   // 定位到P1点,P1 由 MAIN_PROG 数据表定义
……
END                                                // 子程序 LOCAL_SUBPG3 结束
```

MAIN _ PROG 数据表：

```
DEFDAT MAIN_PROG()                              // 数据表 MAIN_PROG 开始
……
DECL E6POS XP1＝{X 100,Y 0,Z 800,A 0,B 0,C 0,S 6,T 27,E1 0 E2 0,E3 0,E4 0,E5 0,E6 0}
                                         // 定义 MAIN_PROG、LOCAL_SUBPG3 的P1 点
DECL E6POS XP2＝{X200,Y200,Z 1000,A 0,B 0,C 0,S 6,T 27,E1 0 E2 0,E3 0,E4 0,E5 0,E6 0}
                                                  // 定义 MAIN_PROG 的P2 点
……
ENDDAT                                          // 数据表 MAIN_PROG 结束
```

　② 全局子程序。全局子程序的示例如下，每一全局子程序都需要有独立的数据表来定义各自的数据。

　　子程序 GLOBAL_SUBPG1：

```
global DEF GLOBAL_SUBPG1()                    // 全局子程序 GLOBAL_SUBPG1 开始
……
PTP P1 Vel＝100%  PDAT1               // 定位到 GLOBAL_SUBPG1 数据表定义的P1 点
……
GLOBAL_SUBPG2()                      // 调用全局子程序 GLOBAL_SUBPG2(嵌套)
……
END                                          // 子程序 LOCAL_SUBPG1 结束
```

GLOBAL _ SUBPG1 数据表：

```
DEFDAT  GLOBAL_SUBPG1()                       // 数据表 GLOBAL_SUBPG1 开始
……
DECL E6POS XP1＝{X 500,Y 600,Z 600,A 0,B 0,C 0,S 6,T 27,E1 0 E2 0,E3 0,E4 0,E5 0,E6 0}
                                     // 定义子程序 GLOBAL_SUBPG1 的P1 点位置
……
ENDDAT                                       // 数据表 GLOBAL_SUBPG1 结束
```

　　子程序 GLOBAL _ SUBPG2：

```
global DEF GLOBAL_SUBPG2()                    // 全局子程序 GLOBAL_SUBPG2 开始
……
PTP P2 Vel＝100%  PDAT2               // 定位到 GLOBAL_SUBPG2 数据表定义的P2 点
……
END                                          // 子程序 GLOBAL_SUBPG2 结束
```

GLOBAL _ SUBPG2 数据表：

```
DEFDAT  GLOBAL_SUBPG2()                       // 数据表 GLOBAL_SUBPG2 开始
……
```

```
DECL E6POS XP2 = {X 1000,Y 1100,Z 600,A 0,B 0,C 0,S 6,T 27,E1 0 E2 0,E3 0,E4 0,E5 0,E6 0}
                                              // 定义子程序 GLOBAL_SUBPG2 的 P2 点位置
......
ENDDAT                                                   // 数据表 GLOBAL_SUBPG2 结束
```

以上程序中，虽然主程序、局域子程序、全局子程序有名称相同的数据（程序点 $P1$、$P2$），但是，子程序 GLOBAL_SUBPG1 的 $P1$、GLOBAL_SUBPG2 的 $P2$ 位置都由各自的数据表独立定义，它们与主程序 MAIN_PROG 和局域子程序 GLOBAL_SUBPG3 的 $P1$、$P2$ 点具有不同的位置值。

7.2　KRL 程序基本语法

7.2.1　名称、注释、行缩进与折合

(1) 名称

名称（name）又称标识（identifier），它是机器人程序构成元素的识别标记。KRL 程序、数据表、参数化程序的参数等都需要以"名称"进行区分；此外，为了便于程序编制、阅读，程序指令的操作数也可根据需要定义相应的名称。例如：

```
HOME = {AXIS:A1 0,A2 -90,A3 90,A4 0,A5 0,A6 0}
                                       // 将关节轴(0,-90,90,0,0,0)位置定义为"HOME"
REF_POS = {POS:X0,Y0,Z0,A0,B0,C0,S 2,T 0 }
                                  // 将笛卡儿坐标系(0,0,0)、工具姿态(0,0,0)定义为"REF_POS"
......
PTP HOME Vel = 100%  DEFAULT                          // 机器人定位到 HOME 点
PTP REF_POS Vel = 100%  PDAT1                         // 机器人定位到 REF_POS 点
......
```

一般而言，在同一控制系统中，不同的程序构成元素原则上不可使用同样的名称，也不能仅仅通过字母的大小写，来区分不同程序元素的名称。

KRL 程序的"名称"需要用 ISO 8859-1 标准字符编写，最多为 24 字符。"名称"的首字符通常为英文字母，不能为数字，后续的字符可为字母、数字、下划线"_"和"$"，但不能使用空格及已被系统定义为指令、函数以及有其他特殊含义的关键词（Keyword，见表7.2.1）；此外，字符"$"已规定为系统变量（系统参数）名称的起始字符，因此，用户不能以字符"$"作为名称的首字符。

表 7.2.1　KUKA 控制系统常用关键词

类别	系统关键词
程序、数据声明专用词	CHANNEL、DECL、DEF、DEFDAT、DEFFCT、ENUM、EXT、EXTFCT、GLOBAL、IMPORT、LOCAL、SIGNAL、STRUC
KRL 指令名	ANIN、ANOUT、BRAKE、CASE、CCLOSE、CIRC、CIRC _ REAL、CONFIRM、CONTINUE、COPEN、CWAIT、DEFAULT、DIGIN、DO、ELSE、END、ENDDAT、ENDFCT、ENDFOR、ENDIF、ENDLOOP、ENDSWITCH、ENDWHIE、EXIT、FOLD、FOR、GOTO、HALT、IF、INI、INTERRUPT、IS、LIN、LIN_REAL、LOOP、PTP、PTP_REAL、PULSE、REPEAT、RESUME、RETURN、SEC、SREAD、SWITCH、SWRITE、THEN、TO、TRIGGER、UNTIL、WAIT、WHEN、WHILE

续表

类别	系统关键词
KRL 指令参数名	DELAY、DISTANCE、MAXIMUM、MINIMUM、PRIO
KRL 逻辑运算符	AND、B_AND、B_EXOR、B_NOT、B_OR、NOT、OR、EXOR
KRL 标准函数名	ABS、ACOS、ATAN2、COS、SIN、SQRT、TAN
机器人轴名	A1～A6、E1～E6、X、Y、Z
程序数据类型名	AXIS、BOOL、CHAR、CONT、E6AXIS、E6POS、FRAME、INT、POS、REAL
系统参数名	$ * * *
KRL 状态名	DISABLE、ENABLE、FALSE、OFF、ON、TRUE

(2) 注释

注释（comment）是为了方便程序阅读所附加的说明文本。注释只能用于显示，而不具备任何动作功能，程序设计者可根据要求在程序的任何位置自由添加或省略。

KRL 程序注释以符号";"起始，以换行符结束。注释长度原则上不受限制，长文本注释可以连续编写多行。

注释通常用来标注程序信息、划分程序块、对程序段与指令进行说明等，例如：

```
DEF MAIN_PROG()
; Welding Main Program for KR8_R1420                    // 程序信息
; Programmed by JACK SPARROW
; Version 1. 5(10/10/2020)
……
; * * * * * * * * * * * * * * * * * * * * * * * * * *    // 划分程序段
; Initialization                                        // 程序段说明
INI
PTP HOME Vel=100%  DEFAULT
……
; * * * * * * * * * * * * * * * * * * * * * * * * *      // 划分程序段
; Work Start                                            // 程序段说明
PTP Start_pos1 Vel=100%  PDAT1
$OUT[10]=TRUE   ; Open Water                            // 指令说明
Weld_Prog1()  ; Call Sub Program Weld_Prog1            // 指令说明
PTP Start_pos2 Vel=100%  PDAT1
Weld_Prog2()  ; Call Sub Program Weld_Prog2            // 指令说明
……
; Work End                                              // 程序段说明
$OUT[10]=FALSE  ; Close Water                          // 指令说明
PTP HOME Vel=100%  DEFAULT
……
END
```

(3) 行缩进

行缩进可使程序指令的显示呈现梯度，便于程序阅读、理解。行缩进同样只改善显示效果，不会影响指令的处理。

例如，对于以下程序，利用行缩进可清晰地显示分支指令"SWITCH……CASE……ENDSWITCH"的转移条件、子程序调用情况，增加程序的可读性。

```
PTP HOME Vel=100%  DEFAULT
......
  SWITCH Sub_Prog_No
    CASE 1
      SUB_PROG1()
    CASE2
      SUB_PROG2()
    CASE 3
      SUB_PROG3()
......
  ENDSWITCH
PTP POINT1
......
```

(4) 折合

折合（fold）是 KUKA 机器人操作界面比较独特的功能，它可使示教器显示程序时，将那些普通操作人员不便（或无需）了解的程序指令隐藏，以免引起错误。显示隐藏的内容需要利用指令"FLOD 名称……ENDFLOD＜名称＞"指定，因此，在 KUKA 机器人说明书上，将这一功能直接译作"折合"或"折叠"。

KUKA 机器人出厂时默认的 FOLD 设定是"All FOLDs cls"（所有折合关闭），操作者需要以"专家""管理员"等高等级用户身份登录系统，然后，通过程序编辑器的软操作键"打开/关闭折合"打开或隐藏折合内容。

例如，以下为使用 2 条折合指令的程序（德文），折合的名称分别为 DECLARATION、INITIALISATION。

```
DEF FOLDS( )
FOLD  DECLARATION                                    // 折合 DECLARATION 开始
;------------Deklarationsteil-----------
EXT  BAS  (BAS_COMMAND:IN,REAL:IN)
DECL  AXIS  HOME
INT  I
ENDFOLD                                              // 折合 DECLARATION 结束
FOLD  INITIALISATION                                 // 折合 INITIALISATION 开始
;----------Initialisierung-----------
INTERRUPT DECL 3 WHEN $STOPMESS==TRUE DO IR_STOPM( )
INTERRUPT ON 3
BAS(# INITMOV,0); Initialisierung von Geschwindigkeiten,
;Beschleunigungen,$BASE,$TOOL,etc.
FOR I=1 TO 16
$OUT[I]=FALSE
ENDFOR
HOME={AXIS:A1  0,A2  -90,A3  90,A4  0,A5  0,A6  0}
ENDFOLD                                              // 折合 INITIALISATION 结束
;------------Hauptteil--------------
......
END
```

如果操作者以"专家""管理员"等高等级用户身份登录系统、打开折合后，示教器可显示图 7.2.1 所示的折合名称以及被折合部分的全部程序指令。

如果操作者以"操作人员""应用人员"等级的普通用户登录系统，示教器只能显示图 7.2.2 所示的折合名称及其他未折合的程序指令（主程序）。

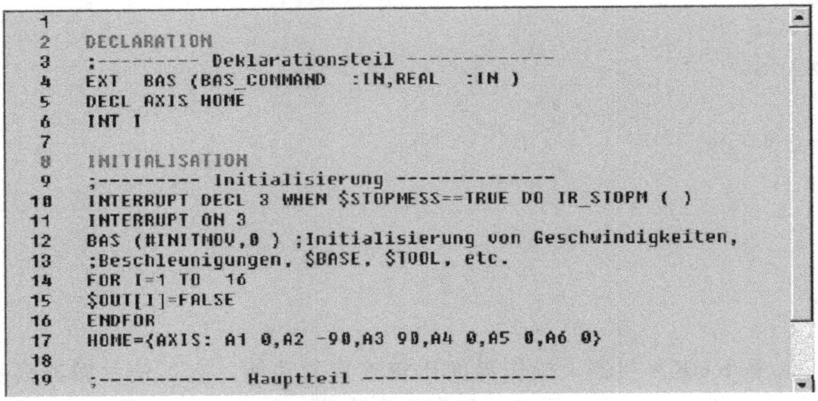

图 7.2.1　打开折合的程序显示

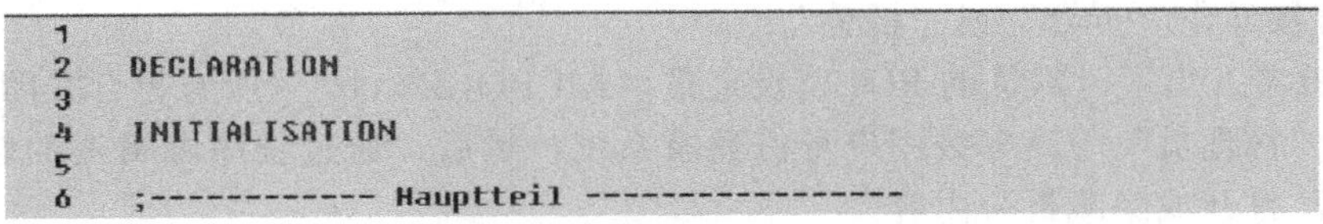

图 7.2.2　关闭折合的程序显示

7.2.2　指令格式及指令总表

(1) 指令格式

指令是 KRL 程序与数据表的主体，用来指定控制系统需要进行的操作。由于指令的功能、控制要求有所不同，工业机器人的程序指令形式差异很大。

作为基本要求，指令通常需要有指令码和操作数，指令码用来规定系统需要进行的操作，操作数用来规定操作对象。但是，对于循环结束、程序结束、子程序调用等系统内部执行的简单指令，有时无需指定操作数或省略指令码；而对于那些需要同时执行多种操作或需要同时控制机器人、作业工具、辅助部件等多个操作对象运动的复杂指令，则需要有多个指令码和多个操作数。

在机器人程序上，用来规定控制系统基本操作的指令称为基本指令，所需要的操作数称为基本操作数。如果指令需要附加其他操作或执行条件，可在基本指令和操作数的基础上，添加其他控制要求，这些辅助控制要求通常称为添加项。在机器人程序中，基本指令及操作数是指令的必需项，添加项可根据实际要求选择。例如：

```
……
SWITCH Sub_Prog_No              // 指令码:SWITCH;操作数:Sub_Prog_No
  CASE 1                          // 指令码:CASE;操作数:1
    SUB_PROG1()                   // 指令码:无;操作数:SUB_PROG1()
  CASE 2
    SUB_PROG2()
……
```

```
ENDSWITCH                                              // 指令码:ENDSWITCH;操作数:无
PTP   P1    Vel=100%                                   // 指令码(PTP)+ 基本操作数
LIN   P2    Vel=1m/s
……

PTP   POINT2   Vel=100%   PDAT2  ProgNr=10   ServoGun=1   Cont=CLS_OPN
      Part=3mm   Fore=3.2kN  Tool[1]:C_GUN1  Base[5]:A01_BASE
                                                      // 指令码(PTP)+ 基本操作数+ 添加项
……
```

　　机器人程序中的指令操作数类型与要求与指令功能有关，操作数的指定方式同样有多种，操作数可以是常量、变量，也可以为运算结果（表达式）。例如：

```
……
LIN {X 100,Y 200,Z 1000,A 0 B 90 C 30}                // 操作数用常量指定
LIN POINT1                                             // 操作数用变量指定
IF($TIMER[32]>500 AND fiash==TRUE)THEN                // 操作数用表达式指定
```

　　KRL 程序常用的指令、添加项及操作数的总体情况如下，指令的编程格式与要求将在后续章节中具体阐述。

(2) 指令总表

　　KRL 程序常用的指令格式、功能及操作数、添加项的说明如表 7.2.2 所示，表中的斜体字为指令操作数；带 "<>" 的内容为添加项，可根据需要选择；有关指令与添加项的编程格式与要求、程序示例，将在后续指令编程章节详细阐述。由于系统型号规格、软件版本、功能配置的不同，个别指令可能在部分机器人上不能使用。

表 7.2.2　KRL 指令及添加项表

指令格式	指令功能	操作数及添加项说明
ANIN ON *Signal_Value*=*Factor * Signal_name*<±*Offset*>	AI 循环读入启动	*Signal_Value*:输入存储器; *Factor*:输入转换系数;
ANIN OFF *Signal_name*	AI 循环读入关闭	*Signal_name*:AI 信号名称; *Offset*:输入偏移
ANOUT ON *Signal_name*=*Factor * Control_Element*<±*Offset*><DELAY=±*Time*><MINIMUM=*Minimum_Value*><MAXIMUM=*Maximum_Value*>	AO 循环输出启动	*Signal_name*:AO 信号名称; *Factor*:输出转换系数; *Control_Element*:输出存储器; *Offset*:输出偏移; *Time*:输出延时(单位 s);
ANOUT OFF *Signal_name*	AO 循环输出关闭	*Minimum_Value*:最小输出; *Maximum_Value*:最大输出
BRAKE<F>	运动停止	用于中断程序,F 为紧急制动选项
CCLOSE(*Handle*,*State*)	通道关闭	*Handle*:控制参数; *State*:执行状态(返回数据)
CHANNEL : *Channel_Name* : *Interface_Name Structure_Variable*	通道定义	*Channel_Name*:通道名称; *Interface_Name*:接口名称; *Structure_Variable*:系统变量
CIRC *Auxiliary_Point*,*Target_Position*,<,CA *Circular_Angle*><*Add_Command*>	圆弧插补	*Auxiliary_Point*:中间点; *Target_Position*:编程终点(绝对位置);
CIRC_REL *Auxiliary_Point*,*Inc_Position*,<,CA *Circular_Angle*><*Add_Command*>	圆弧插补(相对尺寸)	*Inc_Position*:终点(增量位置); *Circular_Angle*:实际终点(角度); *Add_Command*:指令添加项

续表

指令格式	指令功能	操作数及添加项说明
CONFIRM *Management_Number*	信息确认	*Management_Number*：确认数量
CONTINUE	连续执行	机器人移动时可执行后续非移动指令
COPEN(*Channel_Name*,*Handle*)	通道开启	*Channel_Name*：通道名称； *Handle*：控制参数
CONST_VEL START＝*Distance*	样条插补恒速运动起点	*Distance*：恒速运动起始位置（离起点距离，单位mm）
CONST_VEL END＝*Distance*	样条插补恒速运动终点	*Distance*：恒速运动结束位置（单位ms，＋/－代表位于终点之后/前）
CREAD(*Handle*,*State*,*Mode*,*Timeout*,*Offset*,*Format*,*Var* 1,*Val* 2,……*Val N*)	通道数据读入	*Handle*：控制参数； *State*：执行状态（返回数据）； *Mode*：读入模式；
CWRITE(*Handle*,*State*,*Mode*,*Format*,*Var* 1,*Val* 2,……*Val N*)	通道数据发送	*Timeout*：数据读入等待时间； *Offset*：数据读入起始地址； *Format*：数据格式； *Var* 1~*Val N*：读入/发送数据
DECL＜global＞＜CONST＞*Data_Type* *Date_Name*1,*Date_Name*2,……	程序数据声明	global：全局数据； CONST：常量； *Data_Type*：数据类型； *Date_Name N*：数据名称
＜global＞DEF *Program_Name*(＜*Parameter_List*＞)	程序声明	global：全局程序； *Program_Name*：程序名称； *Parameter_List*：程序参数（见前述）
DEFDAT *Data_List_Name*＜PUBLIC＞	数据表声明	*Data_List_Name*：数据表名称； PUBLIC：全局数据表（见前述）
＜global＞DEFFCT *Data_Type* *Function_Name*(＜*Parameter_List*＞)	函数声明	global：全局函数； *Data_Type*：数据类型； *Function_Name*：函数名称； *Parameter_List*：程序参数
DIGIN ON *Signal_Value* = *Factor* * \$*DIGINn* ＜±*Offset*＞	DIG循环读入（D/A转换）启动	*Signal_Value*：D/A转换结果； *Factor*：D/A转换系数；
DIGIN OFF \$*DIGINn*	DIG循环读入（D/A转换）关闭	\$*DIGINn*：DIG信号地址； *Offset*：D/A转换偏移
END	程序结束	主程序、子程序结束
ENDDAT	数据表结束	数据表结束，与DEFDAT匹配
ENDFCT	函数结束	函数结束，与DEFFCT匹配
ENDFLOD＜*Fold_Name*＞	折合结束	*Fold_Name*：折合名称，与FOLD指令匹配
ENDFOR	FOR循环结束	FOR循环结束，与FOR匹配
ENDIF	IF分支结束	IF分支结束，与IF指令匹配
ENDLOOP	LOOP循环结束	结束LOOP循环，与LOOP指令匹配
EDNSPLINE	样条曲线结束	样条曲线结束，与SPLINE指令匹配
ENDSWITCH	SWITCH结束	WHILF结束，与SWITCH指令匹配
ENDWHILF	WHILF结束	WHILF结束，与WHILF指令匹配
＜global＞ENUM *Enumeration_Type_Name* *Enum_Constant* 1,*Enum_Constant* 2 ＜,……*Enum_Constant N*＞	枚举数据声明	global：全局枚举数据； *Enumeration_Type_Name*：数据名称； *Enum_Constant* 1~*N*：枚举元素
EXIT	退出循环	无条件退出循环

指令格式	指令功能	操作数及添加项说明
EXT *Program_Source*（<*Parameter_List*>）	外部子程序声明	*Program_Source*：外部子程序名称； *Parameter_List*：程序参数（仅参数化编程程序，见前述）
EXTFCT *Data_Type Program_Source*（<*Parameter_List*>）	外部函数声明	*Data_Type*：数据类型； *Program_Source*：外部函数名称； *Parameter_List*：程序参数
FLOD *Fold_Name*	折合	*Fold_Name*：折合名称
FOR *Counter Start* TO *End* <STEP *Increment*> *Statements* ENDFOR	FOR 循环控制	*Counter*：循环计数器； *Start*：计数起始值； *End*：计数结束值； *Increment*：计数增量； *Statements*：循环执行指令
GOTO *Make*	无条件跳转	*Make*：跳转目标
HALT	程序停止	当前指令执行完成后程序停止运行

IF *Condition* THEN
Statements_1
<ELSE>
<*Statements_2*>
ENDIF
	IF 分支控制	*Condition*：分支条件（逻辑状态）；
		Statements_1：分支程序1；
		Statements_2：分支程序2

IMPORT *Data_Type Import_Name* IS *Data_Source..Data_Name*	全局数据导入	*Data_Type*：数据类型； *Import_Name*：数据导入后的名称； *Data_Source..*：全局数据表存储途径； *Data_Name*：数据在数据表的名称
INI	初始化	程序数据初始化
<global> INTERRUPT DECL *Prio* WHEN *Event* DO *Program_Name*（<*Parameter_List*>）	中断定义	global：全局中断； *Prio*：中断优先级； *Event*：中断条件； *Program_Name*：中断程序名称； *Parameter_List*：程序参数
INTERRUPT DISABLE<*Prio*>	中断禁止	*Prio*：中断优先级； 省略 *Prio*：所有中断禁止
INTERRUPT ENABLE<*Prio*>	中断使能	*Prio*：中断优先级； 省略 *Prio*：所有中断使能
INTERRUPT OFF<*Prio*>	中断关闭	*Prio*：中断优先级； 省略 *Prio*：所有中断关闭
INTERRUPT ON<*Prio*>	中断开启	*Prio*：中断优先级； 省略 *Prio*：所有中断开启
LIN *Target_Position*<*Add_Command*>	直线插补	*Target_Position*：终点（绝对位置）； *Inc_Position*：终点（增量位置）； *Add_Command*：指令添加项
LIN_REL *Inc_Position*<*Add_Command*>	直线插补（相对尺寸）	
LOOP	循环开始	无限循环开始，与 ENDLOOP 匹配
PTP *Target_Position*<*Add_Command*>	点定位	*Target_Position*：终点； *Inc_Position*：终点（增量位置）； *Add_Command*：指令添加项
PTP_REL *Inc_Position*<*Add_Command*>	点定位（相对尺寸）	
PTP SPLINE *Spline_Name*<*Add_Command*>	PTP 样条曲线定义	*Spline_Name*：样条曲线名称； *Add_Command*：指令添加项

指令格式	指令功能	操作数及添加项说明
PULSE（*Signal*，*Level*，*Pulse_Duration*）	脉冲输出	*Signal*：DO 信号地址； *Level*：脉冲极性； *Pulse_Duration*：脉冲宽度
REPEAT *Statement* UNTIL *Termination_Condition*	条件重复	*Statement*：重复执行指令； *Termination_Condition*：重复结束条件
RESUME	重新开始	用于中断程序
RETURN(*Fuction_Value*)	子程序返回	*Fuction_Value*：返回值（函数）
SCIRC *Auxiliary_Point*，*Target_Position*	CP 样条圆弧段	*Auxiliary_Point*：圆弧中间点； *Target_Position*：圆弧终点
SIGNAL *Signal_Name Interface_Name*1＜ TO *Interface_Name*2＞	I/O 信号定义	*Signal_Name*：信号名称； *Interface_Name*1：信号地址或 DI/DO 组信号起始地址； *Interface_Name*2：DI/DO 组信号结束地址
SIGNAL *System_Signal_Name* FALSE	内部继电器定义	*System_Signal_Name*：内部继电器名称
SLIN *Target_Position*	CP 样条直线段	*Target_Position*：LIN 终点
SPL *Nurbs_Point*	CP 样条点定义	*Nurbs_Point*：CP 样条曲线型值点
SPLINE *Spline_Name*＜*Add_Command*＞	CP 样条曲线定义	*Spline_Name*：样条曲线名称； *Add_Command*：指令添加项
SPTP *Nurbs_Point*	PTP 样条点定义	*Nurbs_Point*：样条曲线型值点
SREAD（*String*1，*State*，*Offset*，*Format*，*String*2＜，*Value*，*var*＞）	字符截取	*String*1：基本字符串； *State*：执行状态（返回数据）； *Offset*：截取起始位置； *Format*：数据格式； *String*2：截取字符串； *Value*：Format 附加格式； *Var*：Format 格式数值
STOP WHEN PATH = *Distance* ＜ ONSTART＞IF *Condition*	样条插补条件停止	*Distance*：基准点偏移（单位 mm，＋/－代表位于终点之后/前）； ONSTART：添加（基准点为样条段起点），省略（基准点为样条段终点）； *Condition*：机器人停止条件
＜global＞STRUC *Structure_Type_Name* *Data_Type*1 *Component_Name*1_1＜，*Component_Name*1_2，……＞ *Data_Type*2 *Component_Name*2_1＜，*Component_Name*2_2，……＞ ……	结构数据格式声明	global：全局数据； *Structure_Type_Name*：数据名称； *Data_Type N*：结构元素 N 的数据类型； *Component_NameN_M*：结构元素 N 的第 M 个数据名称
SWITCH *Selection_Criterion* 　CASE *Block_Identifier*1_1＜，*Block_Identifier*1_2，……＞ 　*Statement* 1 　＜CASE *Block_Identifier*2_1＞＜，*Block_Identifier*2_2，……＞ 　＜*Statement* 2＞ 　…… 　＜DEFAULT＞ 　…… ENDSWITCH	多分支控制	*Selection_Criterion*：控制参数； *Block_IdentifierN_M*：分支程序 N 的执行条件； *Statement N*：分支程序 N； DEFAULT：所有条件均不符合时执行的分支程序

续表

指令格式	指令功能	操作数及添加项说明
SWRITE(*String*1,*State*,*Offset*,*Format*,*String*2<,*Value*>)	字符串组合	*String*1:基本字符串; *State*:执行状态(返回数据); *Offset*:数据组合起始位置; *Format*:组合数据格式; *String*2:组合字符串; *Value*:*Format* 附加格式
SYN OUT *Signal_status Ref_Syn Delay_time*	同步输出	*Signal_status*:DO 地址及输出状态; *Ref_Syn*:同步基准位置;
SYN PULSE *Signal_status Ref_Syn Delay_time*	同步脉冲输出	*Delay_time*:同步延时(单位 ms,+/-代表位于基准点之后/前)
TRIGGER WHEN DISTANCE = *Ref_Point* DELAY = *Time* DO *Statement* <PRIO = *Priority*>	控制点操作	*Ref_Point*:基准点(0:起点,1:终点); *Distance*:基准点偏移(单位 mm,+/-代表位于终点之后/前); *Time*:控制点延时(单位 ms,+/-代表滞后/超前基准点);
TRIGGER WHEN PATH = *Distance* DELAY = *Time* DO *Statement* <PRIO = *Priority*>	基准偏移控制点操作	*Statement*:控制点操作指令; *Priority*:控制点中断优先级
UNTIL *Termination_Condition*	重复结束条件	见 REPEAT 指令
WAIT FOR *Continue_Condition*	条件等待	*Continue_Condition*:程序继续条件
WAIT SEC *Wait_Time*	程序暂停	*Wait_Time*:等待时间(s)
WHILF *Repetition_Condition* *Statement* ENDWHILF	条件执行	*Repetition_Condition*:执行条件; *Statement*:条件执行指令

7.2.3　程序数据及分类

机器人程序中使用的数据统称程序数据。程序数据的数量众多,为了识别与存储,控制系统需要对数据格式(类型)、赋值方式以及使用范围、性质等进行逐一分类。

KUKA 机器人的程序数据格式(类型)有简单数据、数组数据、结构数据、枚举数据四类,每类程序数据均有规定的格式要求,其定义方法详见后述。程序数据的赋值方式以及使用范围、性质的规定如下。

(1) 数值、常量和变量

在 KRL 程序上,程序数据的赋值方式有数值、常量和变量 3 种。

① 数值。数值是按系统规定的格式和要求,直接用数值、字符指定的程序数据,数值可直接在指令中使用。例如:

```
……
$VEL.CP = 0.9                    //  TCP 速度值为 0.9(m/s)
$OUT[10] = TRUE                  //  开关量输出$OUT[10]的状态为 ON
LIN {X 100,Y 200,Z 1000,A 0 B 90 C 30}   //  LIN 的终点为{X 100,……,C30}
……
```

② 常量(CONST)。常量是具有定值的程序数据。在 KRL 程序中,常量必须在数据表中用 DECL CONST 指令定义,定义时必须同时定义数据格式(类型)和值。例如:

```
DEFDAT MY_PROG
……
```

```
DECL CONST INT max_size = 99          // 常量 max_size 定义为正整数 99
DECL CONST REAL  PI = 3.1416          // 常量 PI 定义为实数 3.1416
……
```

③ 变量。变量是数值可变的程序数据，变量的名称、类型、初始值（状态）需要用数据定义指令定义。变量实际上是系统数据寄存器的代号，数据寄存器的内容才是程序数据的值，因此，变量是一种数值可变的操作数。例如：

```
……
LIN  POINT1                           // 变量 POINT 作为 LIN 指令操作数(目标位置)
C = 5 * A + B                         // 利用变量A、B，计算变量C 的值
SWITCH  Sub_Prog_No                  // 变量 Sub_Prog_No 作为 SWITCH 指令操作数
……
```

(2) 局域数据和全局数据

在 KRL 程序上，程序数据的使用范围分为局域数据（local data）和全局数据（global data）2 类。

① 局域数据。局域数据只能提供数据定义指令所在的程序（包括子程序）使用，通俗地说，就是"谁定义、谁使用"。局域数据是 KUKA 机器人默认的使用范围，因此，数据定义指令前无需添加 local 标记。

局域数据既可通过局域数据表定义，也可直接在 KRL 程序中定义（见前述）。

在 KRL 程序中定义的局域数据属于临时变量，它仅在程序启动运行后才生效，程序运行一旦结束，数据便将自动失效，存储器的内容将被清空；因此，它不能用来声明内容需要保留的常量，主程序所定义的程序数据也不能用于局域子程序（函数、中断）。

利用数据表定义的局域数据属于固定变量，只要程序被选择，即使程序未启动或运行结束，存储器内容也会被设定、保留；因此，程序数据既可用于主程序，也可用于局域子程序（函数、中断），还可用来声明常量。

在同一程序中，局域数据应具有唯一的名称，但不同程序的局域数据名称可以相同。局域数据也可以和全局数据同名，且优先级高于全局数据，当程序使用的局域数据和全局数据名称相同时，全局数据将无效。

② 全局数据。全局数据可供控制系统的所有程序使用，全局数据一般在全局数据表（数据表名称后带 PUBLIC 标记）中定义，数据定义时需要在 DECL 指令后附加"global"标记。全局数据所使用的数据存储器将被永久占用，内容始终保留。

在同一控制系统（机器人）中，全局数据的名称必须唯一，但全局数据可以和局域数据同名，其优先级低于局域数据。

(3) 系统变量和用户数据

在 KRL 程序上，程序数据的性质分为系统变量和用户数据两大类。

① 系统变量。系统变量是用于控制系统和机器人的配置与设定的系统参数，属于全局数据。在 KUKA 机器人上，系统变量以数据表文件（.dat）的形式保存在系统模块中，变量的名称、格式由控制系统生产厂家（KUKA）规定，名称统一以字符"$"起始。

系统变量与控制系统功能、机器人结构规格等有关，因此，大部分需要由机器人生产厂家（KUKA）在 $MACHINE.dat、$ROBCOR.dat 等系统数据文件上设定，在 KRL 程序中可以引用，但不能修改、删除。

KUKA 机器人的配置数据文件（$CONFIG.dat）用于机器人运动和作业控制的系统参

数设定，在 KRL 程序中使用最多。配置数据不仅可在 KRL 程序中引用，部分变量还可进行设定、修改。例如：

```
……
$VEL. CP = 0. 9                                    // 定义 TCP 速度
$OUT[10] = TRUE                                    // 定义输出状态
$PRO_MODE = # CSTEP                                // 选择连续步进运行
$BASE = {A1 0,A2 0,A3 0,A4 0,A5 0,A6 0}            // 设定工具坐标系
$TOOL = tool_data[1]                               // 选择工具数据
……
```

② 用户数据。用户数据的名称、使用范围可由用户定义，数值可在 KRL 程序上设定、修改。例如：

```
……
DECL INT counter                                   // 定义程序数据名称、类型、格式
STRUC  XYPOS_TYPE  REAL  X,Y,INT  S,T
DECL XYPOS_TYPE point_1
……
counter = 10                                       // 设定程序数据值
point_1 = {X 100,   Y 200,   S 2,   T 35}
……
C = 5*counter+5                                    // 使用程序数据
PTP   point_1
……
```

7.3　KRL 程序数据定义

7.3.1　数据格式与数据声明

(1) 数据格式

在计算机及其控制系统上，所有信息实际上都只能以二进制"0""1"及其组合进行表示。由于控制系统需要处理的数据有数值、字符、逻辑状态等多种类型，数值又有整数、实数、单精度（num）、双精度（dnum）之分，因此，不可能通过有限的存储器来一一区分所有的数据和信息。换句话说，同样的二进制状态或二进制组合状态，在不同的场合，也可能具有完全不同的意义。

例如，二进制状态"1"既可以用来代表某一数据的二进制位状态，也可以用来代表某一开关量输入或输出信号的逻辑状态；1 字节、8 位二进制状态的组合0001 1000，既可以用来代表十进制数值 24，也可以用来表示 BCD 代码 18，还可以用来表示 ASCII 字符的英文字母"B"等。

此外，不同格式的数据所需要的存储单元数量（存储器字长）也有很大的区别。例如，存储 1 个逻辑状态只需要 1 个二进制位；存储 1 个 ASCII 字符需要 8 个二进制位（1 字节）；存储 1 个单精度标准整数或 IEEE 标准规定的 binary32 浮点实数，则需要 32 个二进制位（4 字节）；等等。因此，为了使得控制系统能够正确识别、处理数据并对其分配存储单元，就必须在程序中对数据格式（类型）进行定义，并称之为数据声明。

工业机器人可以使用的数据格式（类型）与编程语言有关，由于目前机器人编程还没有统一的语言，因此，数据格式（类型）在不同厂家生产的机器人上有较大的不同。在 KUKA 机器人上，程序数据可分为简单数据、数组、复合数据（结构数据）、枚举数据四类，数据格式与编程要求详见后述。

(2) 数据声明

数据声明就是对程序数据（变量）类型的定义，KRL 程序的数据声明指令的格式及操作数含义如下：

```
DECL  < global>  < CONST>  Data_Type  Data_Name1,Data_Name2,……
```

DECL：指令代码。在 KUKA 机器人控制系统上，简单数据类型 INT（整数）、REAL（实数）、BOOL（布尔，逻辑状态）、CHAR（ASCII 字符），以及结构数据类型 AXIS（关节位置）、E6AXIS（带外部轴的关节位置）、POS（含机器人姿态的 TCP 位置）、E6POS（带外部轴、含机器人姿态的 TCP 位置）、FRAME（TCP 位置，不含机器人姿态）等，已作为系统标准数据事先定义，因此，数据声明时也可省略数据定义的指令代码 DECL。

＜global＞：选择项，添加时为全局程序数据。

＜CONST＞：选择项，添加时为常量。

Data_Type：数据类型，如 INT（整数）、REAL（实数）、BOOL（布尔，逻辑状态）、CHAR（ASCII 字符）、POS（含机器人姿态的 TCP 位置）等。

Data_NameN：数据名称，类型相同的多个程序数据可利用 1 条指令定义，不同名称间用逗号分隔。

KRL 数据声明指令的编程示例如下。

```
……
DECL BOOL   Statue_1,Statue_2          // 声明 Statue_1、Statue_2 为逻辑状态
DECL CHAR   symbol_1,symbol_2          // 声明 symbol_1、symbol_2 为 ASCII 字符
INT A,B,C                              // 声明A、B、C 为整数(省略 DECL)
REAL D,E                               // 声明D、E 为实数(省略 DECL)
……
```

程序数据既可在 KRL 程序中声明，也可在 KRL 数据表中声明，但作用及初始值设定方法有所不同。

在 KRL 程序中声明的程序数据属于局域数据中的临时变量，它只能在程序启动运行后才生效，程序运行结束时被清空，因此，它不能用来声明内容需要保留的常量，主程序所定义的程序数据也不能用于局域子程序（函数、中断）。此外，利用 KRL 程序声明数据时，数据声明和初始值设定指令必须在程序的不同区域编程。

利用 KRL 数据表声明的数据属于局域数据中的固定变量，只要程序被选择，即使程序未启动或运行结束，存储器内容也会被设定、保留，因此，可以用来声明常量，程序数据既可用于主程序，也可用于局域子程序（函数、中断）。此外，利用数据表声明数据时，数据声明指令还可以直接设定初始值。

(3) 初始值设定

初始值是程序数据存储器生效时的原始数值，如果不定义初始值，系统将根据数据类型自动选择默认值，例如，INT 数据为 0、BOOL 数据为 FALSE 等。

初始值的设定方法在 KRL 程序和数据表中有如下不同。

在 KRL 程序中，DECL 指令属于程序声明的一部分，仅用来规定数据格式，不能用来设定值，因此，DECL 指令需要紧跟在程序参数的括号后、初始化指令 INI 前的程序声明区编

制，而程序数据初始值设定则属于系统实际操作命令，必须在初始化指令 INI 之后的命令区编制。由于常量声明指令 DECL CONST 必须同时定义数据类型和值，因此，常量声明指令只能在数据表中编程。

为了便于程序阅读，在通常情况下，初始值设定指令大多紧接在初始化指令 INI 之后，在命令区的起始位置编制。例如：

```
DEF MAIN_PROG1  ()                                    // 程序 MAIN_PROG1 声明
......
INT counter                                           // 程序数据声明
REAL price
......
INI                                                   // 初始化指令
counter = 10                                          // 初始值设定
price = 100.15
......
END
```

利用 KRL 数据表声明程序数据时，DECL 指令不仅可用来定义程序数据类型，而且可以同时设定初始值，因此，KRL 数据表可以用来声明常量。如果程序数据较少，利用 KRL 数据表声明程序数据时，通常直接设定初始值。例如：

```
DEFDAT MAIN_PROG1                                     // 数据表 MAIN_PROG1
......
INT counter = 10                                      // 程序数据声明、初始值设定
REAL price = 100.15
DECL CONST INT max_size = 99                          // 常量声明
......
ENDDAT
```

7.3.2　简单数据定义

简单数据是绝大多数编程语言均可使用、具有单一值的基本数据。KRL 程序可使用的简单数据有整数（INT）、实数（REAL）、布尔（BOOL，逻辑状态）、ASCII 字符（CHAR）四类，数据定义要求与编程方法如下。

(1) 整数

由于计算机的数据存储器为有限字长的存储器，因此，任何计算机中的整数都只能是数学意义上整数的一部分（子集），不能用来表示超过存储器字长的数值。KUKA 机器人控制系统的数据存储器字长为 32 位（二进制），只能存储 binary32 格式数据。

整数（INT）的最高位为符号位（0 为正整数，1 为负整数），因此，KRL 程序的 INT 数值范围为 $-2^{31} \sim 2^{31}-1$（$-2147483648 \sim +2147483647$）。

在 KRL 程序中，整数 INT 的前 0 可以省略，数值可用十进制、二进制、十六进制 3 种方式表示并在程序中混用。用二进制、十六进制表示整数时，数值需要加单引号（'）并用前缀 B（二进制）、H（十六进制）注明进制。例如：

```
......
A = -258                                             // 整数 -258(十进制)
B = 'B111010'                                         // 整数 +58(二进制,前缀 B)
```

```
C='H3A'                                          // 整数+58(十六进制,前缀 H)
D=A+B-C                                                           // 混合使用
......
```

整数可使用表达式进行运算与处理,运算结果数据的格式仍为整数。如果除法运算后得到的商不为整数,余数将被直接删除,也就是说,整数除法运算只能得到商的整数部分,商中的小数部分(不论大小)都将被"舍尾"。

但是,KRL 程序中的实数可进行"四舍五入"处理,因此,如果用带小数的实数或者实数运算式对整数赋值,在整数上仍然可得到"四舍五入"的结果。为了区分整数与整实数,在 KRL 程序中,用来表示整数时,数值后不加小数点;对于整实数,则习惯上后缀小数点。例如:

```
......
INT A,B,C,D,E,F
......
INI
......
A=3
B=5.5                                // B 为整数,用实数赋值,四舍五入后 B=6
C=A/B                          // 整数运算结果为整数,舍去余数(小数 0.5),C=0
D=10./4.                        // 运算数有小数点,视为整实数,四舍五入,D=3
E=10/4                        // 运算数无小数点,视为整数,舍去余数(小数 0.5),E=2
F=B+9.8                         // 实数运算结果为 15.8,保存为整数,四舍五入 F=16
......
```

(2) 实数

KRL 实数(REAL)采用 ANSI/IEEE 754　IEEE Standard for Floating-Point Arithmetic 标准(等同 ISO/IEC/IEEE 60559)规定的 binary32 格式存储(与 ABB 机器人 num 数据相同,参见第 3 章),可表示的十进制数最大绝对值约为 3.402×10^{38}(2^{128});除 0 外,可表示的十进制数最小绝对值约为 1.175×10^{-38}(2^{-126})。

如运算结果不超过数值范围,实数(REAL)可在 KRL 程序中进行各种运算,也可通过"四舍五入"转换为整数。但是,由于实数(REAL)是以有限位小数表示的十进制数,系统在存储、运算时需要进行近似处理,因此,在 KRL 程序中,实数 REAL 不能用于"等于""不等于"的比较运算;对于除法运算,即使商为整数,但系统也不认为它是准确的整数。

KRL 实数(REAL)的编程示例如下。

```
......
REAL  A,B
INT C,D
INI
A=10.6
B=5.3
C=A                                       // 四舍五入转换为整数,C=11
D=B                                       // 四舍五入转换为整数,B=5
......
```

```
IF A/B = 2 THEN                                    //  IF条件永远无法满足
    Statements_1                                    // 始终被跳过
  ELSE
    Statements_2                                    // 始终被执行
ENDIF
......
```

在上述程序中，由于系统不认为实数除法运算 A/B 的商为准确整数 2，因而，IF 指令条件"$A/B = 2$"永远无法满足，程序区 $Statements\_1$ 始终跳过、程序区 $Statements\_2$ 始终执行。

（3）布尔

布尔（BOOL）数据用来表示开关量信号状态、比较运算结果、逻辑运算结果等逻辑状态。布尔数据只有"真（TRUE）""假（FALSE）"两种状态，只需要用一个二进制位存储。在 KRL 程序中，布尔（BOOL）数据的数值可直接用 TRUE、FALSE 指定。例如：

```
......
BOOL A, B, C, D
......
INI
A = TRUE
B = FALSE
C = 10> 10.1                                        // 比较运算结果C = FALSE
D = A AND C                                         // 逻辑运算结果D = FALSE
......
```

（4）字符

字符（CHAR）是用来表示字母、符号等显示、打印文字的数据。KUKA 机器人控制系统的字符同样使用美国信息交换标准代码（American Standard Code for Information Interchange，简称 ASCII，参见第 3 章）。

在 KRL 程序中，字符（CHAR）数据只能用来设定 1 个 ASCII 字符，字符需要加双引号（"）标记，如"X" 等；由多个字符组成的字符串文本，需要以 CHAR 数组（见后述）的形式定义，用 CHAR 数组表示的字符串文本也可一次性赋值，但同样需要加双引号（"）标记，如"XYZ" 等。例如：

```
......
DECL CHAR symbol_1, symbol_2                        // 定义单字符 symbol_1、symbol_2
DECL CHAR string [7]                                // 定义字符串 string(7元数组数据)
......
INI
symbol_1 = "X"                                      // 设定 symbol_1
symbol_2 = "Y"                                      // 设定 symbol_2
......
string [] = "ABCDEFG"                               // 设定字符串
......
```

7.3.3　数组数据定义

(1) 数组声明与使用

数组（Arrays）数据一般用于类型相同、作用一致的多个数据（称为元或数据元）的一次性定义，以简化程序，元的数据类型不限，但需要统一。

计算机控制系统常用的数组数据结构有 1 维、2 维、3 维 3 种形式，4 维及以上的数组一般较少使用。在 KRL 程序中，1 维、2 维、3 维数组的结构和使用方法分别如下。

① 1 维数组。1 维数组由若干并列元构成。在 KRL 程序中，1 维数组所包含数据元的个数 N，需要在数组声明指令中用数组名称后缀的"[N]"定义；但是，在数据设定、引用时，数组名称后缀的"[n]"，则用来表示数组构成元的序号，这一点在 KRL 程序设计时需要注意区分。例如：

```
......
INT  A                            // 数据声明,A 为整数
DECL CHAR string [7]              // 数据声明,定义 7 元字符数组数据 string
......
INI
......
string [7]= "G"                   // 数据设定,数组 string 的第 7 元为字符 G
A= B_NOT string [7]               // 数据引用,string 的第 7 元进行 B_NOT 运算
......
```

② 2 维数组。2 维数组是以列（column）、行（row）表示的矩阵数组。在 KRL 程序中，2 维数组所包含的列数 C、行数 R，同样需要在数组声明指令中用数组名称后缀的"[C，R]"定义；但是，在数据设定、引用时，数组名称后缀的"[c，r]"，则用来表示数组构成元的序号。例如：

```
......
INT  A                            // 数据声明,A 为整数
DECL INT Value_2D [4,3]           // 数据声明,定义 4 列、3 行 2 维数组 Value_2D
INI
......
Value_2D [4,3]= 10                // 数据设定,数组 Value_2D 的第 4 列、第 3 行元素为 10
A = Value_2D[4,3]                 // 数据引用,执行结果A = 10
......
```

③ 3 维数组。3 维数组是以层（level）、列（column）、行（row）表示的立体数组。在 KRL 程序中的定义及数据设定、引用方法与 1 维、2 维数组相同。例如：

```
......
INT  A                            // 数据声明,A 为整数
DECL INT Value_3D [3,5,4]         // 数据声明,定义 3 层、5 列、4 行 3 维数组数据 Value_3D
INI
......
```

```
Value_3D [3,5,4] = 10        // 数据设定,设定数组 Value_3D 的第 3 层、第 5 列、第 5 行元素为 10
A = Value_3D [3,5,4]                           // 数据引用,执行结果A = 10
……
```

在 KRL 程序中，数组数据同样可通过 KRL 程序或数据表，声明数据类型、设定初始值，但其编程要求、数值设定方法有所不同，分别说明如下。

(2) KRL 程序定义

在 KRL 程序中声明数组、设定数组初始值的方法与简单数据类似，定义数组数据类型、名称的数组声明指令 DECL，应在程序初始化指令 INI 之前的程序声明区编制；数组的初始值设定指令必须在初始化指令 INI 之后的命令区编制。例如：

```
DEF MAIN_PROG1  ()                                  // 程序 MAIN_PROG1 声明
……
DECL BOOL error[10]                                 // 1 维数组声明
DECL REAL value[5,2]                                // 2 维数组声明
DECL INT parts[3,4,5]                               // 3 维数组声明
INI                                                 // 初始化指令
error[1] = FALSE                                    // 初始值设定
……
error[10] = TRUE
value[1,1] = 1. 0
value[1,2] = 1. 25
……
value[2,5] = 80. 0
parts[1,1,1] = 10
parts[1,1,2] = 12
……
parts[3,4,5] = 96
……
```

数组的初始值一般需要通过数据元逐一赋值的方式设定，但 1 维字符 CHAR 数组（字符串）的初始值可一次性赋值，一次性赋值时元序号应为"空白"。例如：

```
DEF MAIN_PROG1  ()                                  // 程序 MAIN_PROG1 声明
……
DECL CHAR name_pos1 [11]                            // 1 维字符数组声明
INI                                                 // 初始化指令
name_pos1[] = "START_POINT"                         // 字符串一次性设定
……
```

如果数组所有元的初始值相同，为了简化程序，可通过循环指令"FOR……TO……"（详见后述）设定初始值。例如：

```
DEF MAIN_PROG1  ()                                  // 程序 MAIN_PROG1 声明
……
INT I                                               // 循环计数参数声明
DECL BOOL error[10]                                 // 数组 error 声明
……
```

```
INI                                                        // 初始化指令
……
FOR I = 1 TO 10                                    // 一次性设定数组 error 初始值
  error[I] = FALSE
ENDFOR
……
```

所有元初始值相同的 2 维数组初始值设定，需要使用 2 层嵌套循环指令"FOR……
TO……"。例如：

```
DEF MAIN_PROG1  ()                                 // 程序 MAIN_PROG1 声明
……
INT C,R                                                   // 循环计数参数声明
DECL INT Value_2D[4,3]                            // 数组 Value_2D 声明
INI                                                        // 初始化指令
……
FOR C = 1 TO 4                                  // 数组 Value_2D 一次性设定
  FOR R = 1 TO 3
    value[C,R] = 0
  ENDFOR
ENDFOR
……
```

如果 3 维数组所有元的初始值相同，同样可利用 3 层嵌套循环指令"FOR……TO……"
进行设定。例如：

```
DEF MAIN_PROG1  ()                                 // 程序 MAIN_PROG1 声明
……
INT  L,C,R                                              // 循环计数参数声明
DECL INT Value_3D[3,5,4]                         // 数组 Value_3D 声明
INI                                                        // 初始化指令
……
FOR L = 1 TO 3                                  // 数组 Value_3D 一次性设定
  FOR C = 1 TO 5
    FOR R = 1 TO 4
      value[L,C,R] = 0
    ENDFOR
  ENDFOR
ENDFOR
……
```

(3) 数据表定义

在数据表中定义数组时，初始值设定指令必须紧随数组声明指令，并且只能以数据元逐一
赋值的方法设定初始值。例如：

```
DEFDAT MAIN_PROG1                                  // 数据表 MAIN_PROG1 声明
EXTERNAL DECLARATIONS
DECL BOOL error[10]                                           // 数组声明
```

```
error[1] = FALSE
error[2] = FALSE
......

error[10] = FALSE
......
```

但是，如果数据表仅用于数组声明，初始值通过 KRL 程序设定，所有元初始值相同的数组仍可通过 KRL 程序的循环指令"FOR……TO……"一次性设定初始值。例如：

```
DEF MAIN_PROG1  ()                              // 程序 MAIN_PROG1 声明
......
INT I                                           // 循环计数参数声明
INI                                             // 初始化指令
......
FOR I = 1 TO 10                                 // 一次性设定数组 error 初始值
  error[I] = FALSE
ENDFOR
......
END
* * * * * * * * * * * * * * * * * * * * * * * * * * * * * * * * * * * * * * * * *
* * * * *
DEFDAT MAIN_PROG1                               // 数据表 MAIN_PROG1 声明
EXTERNAL DECLARATIONS
DECL BOOL error [10]                            // 数组声明
......
ENDDAT
```

7.3.4　结构数据定义

(1) 结构数据声明

结构数据（STRUC）的形式类似 1 维数组，但数据元的数据类型可以不同。KUKA 机器人的结构数据既可以是 KUKA 标准数据，也可由用户自定义格式。

在 KRL 程序中定义结构数据时，首先需要利用格式声明指令 STRUC 定义数据格式；然后，再通过数据声明指令声明数据，设定初始值。

结构数据的格式声明指令及操作数含义如下。

< global> STRUC *Structure_Type_Name Data_Type* 1 *Component_Name* 1_1< ,*Component_Name* 1_2,……> *Data_Type* 2　*Component_Name* 2_1< ,*Component_Name* 2_2,……>
......

<global>：选择项，添加时为全局数据。全局结构数据的格式需要在系统模块的数据表 $CONFIG. dat 中声明。

Structure_Type_Name：结构数据名称。为了便于区分，用户自定义结构数据的名称一般需要加后缀"_Type"。

Data_TypeN：数据元 N 的数据类型。

Component_NameN_M：数据元 N 的第 M 个数据名称。

结构数据可包含多种数据类型，同一类型的数据可以有多个；定义结构数据格式时，首先需要规定数据类型，然后依次列出该类型数据的名称（逗号分隔）。

结构数据格式定义指令之后，应紧接数据声明指令 DECL，定义结构数据的名称。

例如，结构数据 User_Data1 由 3 个整数型数据（A、B、C）、2 个实数型数据（D、E）、2 个逻辑状态型数据（F、G）构成，其格式名为"USER_TYPE"，数据定义指令的编程方法如下：

```
......
STRUC  USER_TYPE  INT A,B,C,REAL D,E,BOOL F,G
DECL  USER_TYPE  User_Data1
......
```

(2) KUKA 标准数据

为了便于用户使用，KUKA 机器人控制系统在出厂时，已预定义了部分结构数据的格式，这些格式可作为标准数据，在 KRL 程序中直接使用，无需再进行结构数据定义。常用的 KUKA 标准数据格式定义如下。

① AXIS 格式。AXIS 格式用于机器人本体关节轴 A1～A6 绝对位置定义，系统预定义格式如下：

```
STRUC  AXIS  REAL A1,A2,A3,A4,A5,A6
```

② E6AXIS 格式。E6AXIS 格式用于机器人本体关节轴 A1～A6、外部轴 E1～E6 的绝对位置定义，系统预定义的格式如下：

```
STRUC  E6AXIS  REAL A1,A2,A3,A4,A5,A6,E1,E2,E3,E4,E5,E6
```

③ POS 格式。POS 用于 6 轴垂直串联机器人 TCP 位置的完整定义，格式包含了机器人姿态（S、T），系统预定义的格式如下：

```
STRUC  POS  REAL X,Y,Z,A,B,C,INT S,T
```

④ E6POS 格式。E6POS 用于带外部轴的垂直串联机器人 TCP 位置的完整定义，格式包含了机器人姿态（S、T）和外部轴 E1～E6 位置，系统预定义的格式如下：

```
STRUC E6POS REAL X,Y,Z,A,B,C,E1,E2,E3,E4,E5,E6 INT S,T
```

⑤ FRAME 格式。FRAME 用于 6 轴垂直串联机器人 TCP 位置的常规定义，格式不含机器人姿态，系统预定义的格式如下：

```
STRUC  FRAME  REAL X,Y,Z,A,B,C
```

KUKA 标准格式的数据可直接声明，无需再定义结构数据格式；数据声明时也可省略指令代码 DECL。例如：

```
......
DECL  AXIS  joint_pos1                              // 声明 KUKA 标准 AXIS 数据
POS  rob_target1                          // 声明 KUKA 标准 POS 数据,省略 DECL
FRAME  rob_tcp1                          // 声明 KUKA 标准 FRAME 数据,省略 DECL
......
```

(3) 结构数据设定与使用

在 KRL 程序中，结构数据既可整体设定与使用，也可只设定与使用其中的某一元；如果数据元本身也是结构数据，还可使用数据元的构成元。

① 整体设定与使用。结构数据整体设定或初始化时，数据元必须为常量，数值需要加大括号"{}"；如果需要，数值前还可以加格式名称（用冒号分隔）；数值无需改变或使用系统

默认值的数据元可省略。例如：

```
……
INI                                                                    // 初始化指令
……
joint_pos1 = { A1 0,A2 0,A3 90,A4 0, A5 0,A6 0 }                       // 完整设定
rob_target1 = { X 100,Y 0,Z 0,A 0, B 0,C 0,S 2,T 35 }
rob_tcp1 = { FRAME:X 100,Y 200,Z 0,A 0, B 0,C 0 }                     // 加前缀
joint_pos2 = { A1 180,A2 45,A6 180}                                  // 省略数值不变的数据元
rob_target2 = { Z 900,C 90 }
rob_tcp2 = { X 500,Y500 }
……
PTP   joint_pos1                                                      // 数据使用
LIN   rob_target1
LIN   rob_tcp1
……
PTP   joint_pos2
LIN   rob_target2
LIN   rob_tcp2
……
```

　　② 数据元独立设定与使用。结构数据的数据元可单独设定与使用。数据元单独设定与使用时，可像普通程序数据一样编程，如利用变量、表达式、函数等其他方式赋值或在表达式中编程与使用。

　　结构数据元作为程序数据使用时，其名称规定为"数据名．元名"，如果数据元本身为结构数据，则名称为"数据名．元名．构成元名"。例如：

```
……
REAL   A,B,C                                                          // 数据声明
AXIS   joint_pos1
POS   rob_target1
FRAME   rob_tcp1
INI
……
A = 900
B = 90
joint_pos1. A1 = 180                                                 // 数据元独立设定
rob_target1. Z = A
rob_tcp1. C = 2*B
C = joint_pos1.A1+45                                                 // 数据元使用
……
```

7.3.5　枚举数据定义

(1) 枚举数据声明
枚举数据（Enumeration）是只能在某一类型数据的有限范围内取值的程序数据。例如，

对于用来表示日期的数据，"月"的取值范围只能是正整数 1～12，"日"的取值范围只能为正整数 1～31，等等。

KUKA 机器人的枚举数据可以在 KRL 程序中定义，枚举数据的类型为 ENUM，数据元需要用 ENUM 指令声明，且只能是有固定名称的常量。枚举数据一旦声明，数据元的序号将由系统自动生成。在 KRL 程序中，枚举数据的元可通过前缀有 "♯" 标记的元名引用，但不能对枚举数据及元进行重新定义、修改等操作。

在 KRL 程序中，枚举数据首先需要利用内容声明指令 ENUM 定义数据内容；然后，通过数据声明指令声明需要使用该枚举数据的程序数据。

枚举数据内容声明指令的格式及操作数含义如下。

`<global> ENUM Enumeration_Type_Name Enum_Constant 1,Enum_Constant 2< ,…… Enum_Constant N >`

<global>：选择项，添加时为全局枚举数据。全局枚举数据需要在系统模块的数据表 $CONFIG. dat 中声明。

Enumeration_Type_Name：数据名称。为了便于区分，用户自定义枚举数据的名称一般需要加后缀 "Type"。

Enum_Constant 1～N：枚举数据元（名称）。枚举数据为多元数据，元名称用逗号分隔。

枚举数据内容定义指令之后，应紧接数据声明指令 DECL，定义枚举数据的名称。

例如，程序数据 User_Color 需要使用由 green、blue、red、yellow 构成的 4 元枚举数据 "COLOR_TYPE" 时，枚举数据内容及程序数据 User_Color 的声明指令如下：

```
……
ENUM   COLOR_TYPE   green,blue,red,yellow                        // 声明枚举数据内容
DECL   COLOR_TYPE   User_Color                                   // 声明程序数据
……
```

(2) 数据使用

在 KRL 程序中，枚举数据内容利用指令 ENUM 声明后，数据元便可用 "♯元名称" 的方式使用，但不能对枚举数据的构成、内容进行修改。

在 KRL 程序中，利用指令 DECL 定义为枚举数据的程序数据，可通过枚举数据的元进行有限范围赋值，或进行比较运算等操作。例如：

```
……
ENUM   COLOR_TYPE   green,blue,red,yellow                        // 枚举数据内容声明
DECL   COLOR_TYPE   User_Color1,User_Color2                      // 程序数据声明
BOOL   A
……
INI
……
User_Color1 = # green                                           // 程序数据赋值
User_Color2 = # red
IF   User_Color1 = = # blue   THEN                               // 数据比较
    ……
ENDIF
A = User_Color1 = = # green   AND   User_Color2 = = # yellow     // 数据运算
……
```

7.4　KRL 表达式与函数

7.4.1　表达式、运算符与优先级

(1) 表达式、运算符与函数

在 KRL 程序中，程序数据既可直接赋值，也可使用 KRL 表达式、函数的运算处理结果。一般而言，简单算术运算、比较操作、逻辑运算可直接用表达式、运算符编程；函数运算需要使用 KRL 标准函数或函数子程序。

表达式是用来计算程序数据数值、逻辑状态的运算、比较式，简单表达式中的运算数可以直接用运算符连接。表达式中的运算数可以是常数、常量（CONST）、变量，但数据类型必须符合运算规定。

KRL 程序可使用的运算符、标准函数命令及运算数类型如表 7.4.1 所示，其中的坐标变换运算":"、数值取反运算"B_NOT"功能较特殊，其使用方法见后述。

表 7.4.1　KRL 运算符、函数表

运算符		运算	运算数类型	运算说明
算术运算	=	赋值	任意	$A=B$
	+	加	INT、REAL	整数的运算结果为整数,余数自动删除（舍尾）。运算数含有实数,结果数据为实数,转换为整数时四舍五入（见 7.3 节）
	−	减		
	*	乘		
	/	除		
逻辑运算	NOT	逻辑非	BOOL	符合基本逻辑运算规律,结果为逻辑状态（BOOL 数据）
	AND	逻辑与		
	OR	逻辑或		
	EXOR	异或		
比较运算	<	小于	INT、REAL、CHAR、ENUM	1. 运算结果为逻辑状态（BOOL 数据）; 2. BOOL 数据不能进行大于（大于等于）、小于（小于等于）比较,但可进行等于、不等于比较; 3. 整实数为近似值,和整数进行等于、不等于比较,不能得到准确的结果
	<=	小于等于		
	>	大于		
	>=	大于等于		
	<>	不等于	INT、REAL、CHAR、BOOL、ENUM	
	==	等于		
多位逻辑运算	B_AND	位与	INT、CHAR	字符 CHAR 以 ASCII 编码值进行运算
	B_OR	位或		
	B_EXOR	位异或		
标准函数运算	ABS	绝对值	REAL,$-\infty\sim\infty$	运算结果为实数（REAL 数据）
	SQRT	平方根	REAL,$0\sim\infty$	
	SIN	正弦	REAL,$-\infty\sim\infty$	
	COS	余弦	REAL,$-\infty\sim\infty$	
	TAN	正切	REAL,$-\infty\sim\infty$	
	ACOS	反余弦	REAL,$-1\sim1$	
	ATAN2	反正切	REAL,$-\infty\sim\infty$	
特殊运算	B_NOT	数值取反	INT、CHAR	数值加 1,取反操作,见后述
	:	坐标变换	POS、FRAME	POS、FRAME 坐标变换,见后述

（2）优先级

KRL 表达式的运算优先级分为表 7.4.2 所示的 7 级。优先级相同的运算按从左到右的次序依次处理；优先级可使用括号调整；当表达式含有函数时，函数具有最高优先级。

表 7.4.2　KRL 运算优先级

优先级	1	2	3	4	5	6	7
运算	NOT、B_NOT	*、/	+、-	AND、B_AND	EXOR、B_EXOR	OR、B_OR	比较

KRL 表达式编程示例如下。

```
……
INT  A,B,C                                              // 程序数据声明
BOOL  E、F、G
REAL  K,L,M
INI
A = 4                                                  // 程序数据赋值
B = 7
E = TRUE
F = FALSE
K = - 3.
G = NOT E  OR  F  AND  NOT (K+ 2* A> B)
                   // 第 1 步,计算括号内的 2* A ,结果为 8;
                   第 2 步,计算括号内的K +  2* A ,结果为 5;
                   第 3 步,计算括号内的K +  2* A >B ,结果为 FALSE;
                   第 4 步,计算 NOT E,结果为 FALSE;
                   第 5 步,计算 NOT(K + 2* A > B) ,结果为 TRUE;
                   第 6 步,计算 F AND NOT(K + 2* A > B) ,结果为 FALSE;
                   第 7 步,计算 NOT E  OR  F  AND  NOT (K + 2* A > B) ,结果为 FALSE。
L =   4+ 5* 3 - K/2                            // 算术运算,结果L = 20.5
M = 2* COS(45)                                 // 函数运算,结果M = 1. 41421356
……
```

7.4.2　算术、逻辑、比较运算

（1）算术运算

KRL 算术运算可用于整数、实数的四则运算。为了区别整数和整实数,整实数在 KRL 程序中需要后缀小数点或 ".0"。

KRL 算术运算的次序符合一般数学规律,运算式可使用括号;纯整数的运算结果为整数,整数除法的余数 "舍尾",实数可以 "四舍五入"。例如:

```
……
INT  A,B,C                                              // 数据声明
REAL  K,L,M
INI
A = 2                                                  // 整数赋值
B = 9.8                                   // 实数可四舍五入,赋值结果B = 10
C = 7/4                                   // 整数除法舍尾,结果 C = 1
```

```
K = 3. 5                                                  // 实数赋值
L = 0. 1E01                              // 指数赋值,结果L = 1.0
M = 3                        // 整数赋值,转换为有限位小数,结果M = 3.0
……
A = A * C                                   // 整数乘法,结果A = 2(整数)
A = A+'B011'                     // 十进制与二进制整数运算,结果A = 5
B = B-'H0C'                     // 十进制与十六进制整数运算,结果B = - 2
C = C + K                       // 整数与实数运算,结果为整数C = 5
K = K* 10                     // 整数与实数运算,结果为实数K = 35.0
L = 10/4                        // 纯整数除法,商取整数,结果L = 2.0
L = 10/4.                       // 除数为实数,商取实数,结果L = 2.5
L = 10. /4                      // 被除数为实数,商取实数,结果L = 2.5
M = (10/3)* M               // 整数商与实数相乘,商取整数,结果M = 9.0
……
```

(2) 逻辑运算

逻辑运算用于二进制位逻辑数据 BOOL 的逻辑处理,运算结果为逻辑状态(BOOL)数据"TRUE"(状态 1)、"FALSE"(状态 0)。

KRL 逻辑运算的次序符合逻辑运算一般规律,运算式可使用括号,例如:

```
……
BOOL  A,B,C,D                                           // 数据声明
INI
A = TRUE
B = NOT  A
……
C = A  AND  B                                   // C = FALSE
D = A  OR  B                                    // D = TRUE
C =(A  AND  B)OR  NOT(B  EXOR  NOT  A)          // C = TRUE
……
```

(3) 比较运算

KRL 比较运算用于程序数据的数值比较,运算结果为逻辑状态(BOOL)数据,"TRUE"表示符合,"FALSE"表示不符合。为了与赋值符"="区分,比较操作的"等于"符号需要以连续 2 个等号"=="表示。

整数 INT、实数 REAL、字符 CHAR、枚举 ENUM 型数据(包括常量、数据及数组数据、结构数据的基本组成元素),可直接进行大于(>)、小于(<)、大于等于(>=)、小于等于(<=)、等于(==)、不等于(<>)比较。BOOL 数据的值为逻辑状态,可以进行等于(==)、不等于(<>)比较,但不能用于大于(>)、小于(<)、大于等于(>=)、小于等于(<=)比较操作。

整实数是以有限位小数表示的近似值,如果和整数进行等于、不等于比较,将不能得到准确的结果。例如:

```
……
BOOL  A,B,C
INI
A = 10/3 = = 3                                  // 整数比较,结果A = TRUE
```

```
B = 4.98> 5                                          // 实数比较,结果B = FALSE
C = ((B = = A)< > (9.8> 8)) = = TRUE                 // 逻辑状态比较,结果C = TRUE
......
```

程序数据 C 的逻辑比较过程为：首先进行 $(B==A)$ 的逻辑状态比较，执行结果为 FALSE；接着，进行实数 $(9.8>8)$ 比较，执行结果为 TRUE；然后，进行 $(B==A)<>$ $(9.8>8)$ 的比较，执行结果为 TRUE；最后，进行 $((B==A)<>(9.8>8))==$TRUE 的比较，最终执行结果为 $C=$TRUE。

在 KRL 程序中，整数 INT 可使用二进制、十六进制格式的数据；字符数据 CHAR 进行比较操作时，以 ASCII 编码作为数值，如字符"1"的数值为十六进制整数 H31、字符"X"的数值为 H58、字符"a"的数值为 H61 等。例如：

```
......
CHAR   A,B
BOOL   C,D,E,F
INI
A = "X"                                              // 数据赋值
B = "a"
......
C = A> 50                                            // 数据比较,结果C = TRUE
D = B> 'H 62'                                        // 数据比较,结果D = FALSE
E = "1"< "a"                                         // 数据比较,结果E = TRUE
F = 10< 'B 1100'                                     // 数据比较,结果F = TRUE
......
```

枚举数据 ENUM 进行比较操作时，其数值为系统自动分配的数据元序号。例如，对于以下程序，枚举数据 ♯green 的数值为 1、♯blue 的数值为 2、♯red 的数值为 3、♯yellow 的数值为 4。

```
......
ENUM   COLOR_TYPE   green,blue,red,yellow            // 枚举数据内容声明
DECL   COLOR_TYPE   User_Color1,User_Color2          // 程序数据声明
BOOL   A,B
INI
User_Color1 = # green                                // 数据赋值
User_Color2 = # red
A = User_Color1> = User_Color2                       // 数据比较,结果A = FALSE
B = User_Color1< = 3                                 // 数据比较,结果B = TRUE
......
```

(4) 多位逻辑运算

KRL 多位逻辑运算可将整数 INT、字符 CHAR 视为二进制逻辑状态数据 BOOL 的组合，并一次性对每一位 BOOL 数据进行指定的逻辑运算操作。多位逻辑运算的结果以整数 INT 的形式保存。多位逻辑运算的 "B_NOT" 操作比较特殊，功能见后述。

在 KRL 程序中，多位逻辑运算的整数 INT 可使用二进制、十六进制格式的数据；字符 CHAR 的数值为对应的 ASCII 编码，如字符"1"的数值为十六进制整数 H31、字符"X"的数值为 H58 等。例如：

```
......
INT   A,B,C,D,E                                              // 数据声明
INI
A = 10  B_AND   9                          // 1010&1001 = 1000,结果A = 8
B = "1" B_OR    "X"              // 0011 0001 or 0101 1000 = 0111 1001,结果B = 121
C = 10  B_EXOR  9                          // 1010 xor 1001 = 0011,结果C = 3
D = 10  B_AND 'B 011'                      // 1010&0011 = 0010,结果D = 2
E = 10  B_OR 'H 7'                         // 1010&0111 = 1111,结果E = 15
......
```

7.4.3 标准函数与特殊运算

(1) 标准函数

函数实际上是用于数学函数运算的参数化编程子程序。为了便于用户使用，KUKA 机器人控制系统出厂时已经安装了部分用于标准函数运算的子程序，这些子程序称为 KUKA 标准函数或 KRL 标准函数，简称标准函数。

标准函数可以直接通过函数命令调用，常用标准函数的名称、功能、编程格式、操作数要求、运算结果等如表 7.4.3 所示。函数的操作数、运算结果均为实数 REAL，但取值范围需要符合三角函数的一般规定及 KRL 数据格式，例如，正切运算的操作数不能为 $\pm 90°$ 及其整数倍；实际运算结果的数值范围也只能为 32 位浮点数等。

表 7.4.3 KUKA 标准函数命令表

函数命令	功能	编程格式	操作数	运算结果
ABS	求绝对值	A = ABS(B)	REAL,$-\infty \sim \infty$	REAL,$0 \sim \infty$
SQRT	求平方根	A = SQRT(B)	REAL,$0 \sim \infty$	REAL,$0 \sim \infty$
SIN	正弦运算	A = SIN(B)	REAL,$-\infty \sim \infty$	REAL,$-1 \sim 1$
COS	余弦运算	A = COS(B)	REAL,$-\infty \sim \infty$	REAL,$-1 \sim 1$
TAN	正切运算	A = TAN(B)	REAL,$-\infty \sim \infty$	REAL,$-\infty \sim \infty$
ACOS	反余弦运算	A = ACOS(B)	REAL,$-1 \sim 1$	REAL,$0 \sim 180(°)$
ATAN2	反正切运算	A = ATAN2(y,x)	REAL,$y/x:-\infty \sim \infty$	REAL,$0 \sim 360(°)$

KRL 标准函数中无反正弦函数 ASIN，因此，需要进行反正弦运算时，应通过反余弦指令 ACOS 进行如下处理，可间接得到 $-90° \sim 90°$ 范围的反正弦值：

```
......
REAL A,B
INI
A = -1.0
B = 90.0 - ACOS(A)              // ACOS(A)为 180°,B = -90.0 = ASIN(A)
......
```

KRL 反正切运算 ATAN2 是以 (y, x) 形式编程的四象限运算，角度按 y/x 的比值计算，象限利用 y、x 的符号区分。

KUKA 标准函数的编程示例如下。

```
......
INI
A = -3.4
B = 18 + 5*ABS(A)                                           // B = 25.0
```

```
C = SQRT(B)                                                  // C = 5.0
D = SIN(60)                                                  // D = 0.8660254
E = 2*COS(45)                                                // E = 1.41421356
F = TAN(45)                                                  // F = 1.0
G = ACOS(D)                                                  // G = 30.0
deg_1 = ATAN2(1,1)                                           // deg_1 = 45.0
deg_2 = ATAN2(1,-1)                                          // deg_2 = 135.0
deg_3 = ATAN2(-1,-1)                                         // deg_3 = 225.0
deg_4 = ATAN2(-1,1)                                          // deg_4 = 315.0
......
```

(2) B_NOT 运算

B_NOT 是 KUKA 机器人比较特殊的运算，用于整数 INT、字符 CHAR（ASCII 编码）的取反操作，但是，所执行的运算是将操作数（十进制整数）加 1，然后再改变符号，保存为十进制整数。以二进制、十六进制格式数据，字符 CHAR 的 ASCII 编码数据，同样需要先转换为十进制，然后加 1，改变符号处理。例如：

```
......
INT A,B,C,D,E
INI
......
A = 197
B = B_NOT  A                                    // 执行结果 B = -198
C = B_NOT 'B 011'                               // 执行结果 C = -4
D = B_NOT 'H 0A'                                // 执行结果 D = -11
E = B_NOT "X"                                   // "X"的 ASCII 编码为 H58(88),结果 E = -89
......
```

(3) 坐标变换

KRL 坐标变换运算可将参考坐标系的 TCP 位置数据（x，y，z，A，B，C）恢复为基准坐标系的 TCP 位置数据（FRAME 数据）。坐标变换运算可通过运算符 ":" 连接，指令格式如下：

基准坐标系 TCP 位置与姿态 = 参考坐标系 : TCP 位置

坐标变换运算并不是坐标值（x，y，z）和工具姿态（A，B，C）的简单相加，而是需要通过矢量运算，将 TCP 位置从参考坐标系变换到基准坐标系中。

例如，要将图 7.4.1 所示参考坐标系 REF_1 中的 TCP 位置 TAR_1 变换为基准坐标系

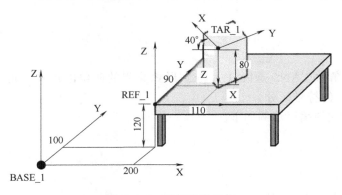

图 7.4.1　坐标变换示例

BASE_1 的 TCP 位置 PO1NT_1，其程序如下。

```
......
DECL  FRAME  REF_1,TAR_1,PO1NT_1
INI
REF_1 = {X 200,Y 100,Z 120,A 0,B 0,C 0}
TAR_1 = {X 110,Y 90,Z 80,A-40,B 180,C 0}
PO1NT_1 = REF_1 :TAR_1
......
```

由于本例中的参考坐标系 REF_1 的姿态和基准坐标系 BASE_1 相同，因此，坐标值可以直接相加，而工具姿态则可能发生变换或直接相加，即坐标变换的结果可能为：

PO1NT_1＝{X 310，Y 190，Z 200，A 140，B 0，C −180} 或

PO1NT_1＝{X 310，Y 190，Z 200，A −40，B 180，C 0}

以上两种变换结果虽然工具姿态 *A*、*B*、*C* 值（欧拉角）不同，但实质相同。欧拉角 {*A* 140，*B* 0，*C* −180} 所确定的姿态是：先绕基准坐标 Z 轴回转 140°，再绕旋转后的 X 轴回转 −180°。欧拉角 {*A* −40，*B* 180，*C* 0} 所确定的姿态是：先绕基准坐标 Z 轴回转 −40°，再绕旋转后的 Y 轴回转 180°。两者的结果一致。

坐标变换的参考坐标系、目标位置也可为含机器人姿态的 POS 数据，但变换对机器人姿态（状态 S、转角 T）无效。如果参考坐标系为 POS 数据、目标位置为 FRAME 数据，变换的结果仍为 FRAME 数据，而不考虑参考坐标系的机器人姿态（状态 S、转角 T）；如果参考坐标系为 FRAME 数据、目标位置为 POS 数据，变换的结果仍为 POS 数据，目标位置的机器人姿态（状态 S、转角 T）保持不变。

坐标变换指令也可作为位置偏移指令使用，例如，对于图 7.4.2 所示工具在工件坐标系 WORK_1、WORK_2 上的运动，可通过以下程序实现。

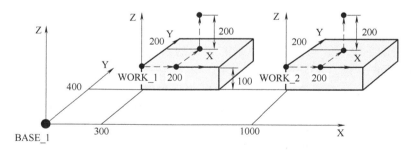

图 7.4.2　坐标偏移示例

```
......
DECL  POS  WORK_1,WORK_2
DECL  FRAME  offs_X,offs_Y,offs_Z
......
INI
......
WORK_1 = {X 300,Y 400,Z 200,A 0,B 0,C 0,S 6,T 2}
WORK_2 = {X 1000,Y 400,Z 200,A 0,B 0,C 0,S 6,T 2}
offs_X = {X 200,Y 0,Z 0,A 0,B 0,C 0}
offs_Y = {X 200,Y 200,Z 0,A 0,B 0,C 0}
```

```
offs_Z = {X 200,Y 200,Z 200,A 0,B 0,C 0}
......
PTP  WORK_1
WAIT SEC 2                                        // 程序暂停 2s
PTP  WORK_1 :offs_X
PTP  WORK_1 :offs_Y
PTP  WORK_1 :offs_Z
......
PTP  WORK_2
WAIT SEC 2                                        // 程序暂停 2s
PTP  WORK_2 :offs_X
PTP  WORK_2 :offs_Y
PTP  WORK_2 :offs_Z
......
```

7.5 系统变量、定时器与标志

7.5.1 系统变量与编程

(1) 系统变量

像可编程序逻辑控制器（PLC）、数控系统（CNC）一样，工业机器人控制器实际上也是一种通用控制装置，系统的组成模块、电路结构、I/O接口等基本硬件以及插补运算、伺服调节、通信控制等基本软件统一。系统用于不同结构、功能、规格的机器人控制时，只需要对运动控制模型、伺服驱动器和电机的规格、系统功能等参数进行相应的调整，便可适应不同机器人的控制需要。

用于运动控制模型、伺服驱动器和电机的规格、系统功能设定的参数称为系统参数。在KUKA机器人控制系统上，与伺服驱动系统相关的系统参数保存在SETU（设置）文件中，需要由控制系统生产厂家（KUKA）安装，用户不能对其进行设定、修改、删除。

与机器人应用相关的系统参数，以文件的形式分类保存在应用程序（项目R1）的机器数据（Mada）、系统（System）、工具控制（TP）模块中。其中，机器数据（Mada）、工具控制（TP）模块与机器人结构、规格、功能、用途有关，需要由机器人（系统）生产厂家设定，用户一般不可对其进行设定、修改及删除操作。

系统（System）模块主要包含配置数据＄CONFIG.dat、运动控制程序BAS.src、机器人故障处理程序IR_STOPM.src、运行监控程序SPS.src等文件。其中，配置数据＄CONFIG.dat用来定义控制系统的硬件结构及机器人控制参数；BAS.src、IR_STOPM.src、SPS.src程序用于机器人的运动控制、故障处理及运行监控。

配置数据＄CONFIG.dat以数据表文件的形式保存在系统模块（System）中。其中的部分控制参数与机器人操作、编程、作业控制有关，如机器人作业范围、作业禁区及坐标系、运动速度和加速度、到位区间、I/O信号状态、工艺参数等，它们需要根据机器人的实际使用情况，供用户检查、设定、修改，故称为系统变量。

系统变量属于全局数据，对所有KRL程序都有效。在KRL程序中，系统变量可作为指令操作数，在程序中读取、设定与修改。系统变量的名称、格式、属性由控制系统生产厂家（KUKA）统一规定，在程序中，变量名称前必须加前缀"＄"。

(2) 常用系统变量

KRL 程序常用系统变量的类别、名称、属性及说明如表 7.5.1 所示。

表 7.5.1　KRL 程序常用的系统变量表

类别	名称	含义	属性	变量说明
基本状态检查	$ MODE_OP	机器人操作模式	只读	枚举数据,内容如下: ♯T1:示教 1,手动示教; ♯T2:示教 2,程序试运行; ♯AUT:自动,示教器自动运行; ♯EX:外部自动,远程控制运行
	$ AXIS_ACT	关节坐标系实际位置	只读	关节轴当前实际位置
	$ POS_ACT	机器人 TCP 实际位置	只读	TCP 在当前坐标系的实际位置
	$ ACT_TOOL	生效的工具	只读	当前有效的工具数据
	$ ACT_BASE	生效的工件	只读	当前有效的工件数据
运动控制设定	$ IPO_MODE	插补方式选择	读/写	枚举数据,内容如下: ♯BASE:机器人移动工具(默认); ♯TCP:工具固定,机器人移动工件
	$ ORI_TYPE	直线插补工具姿态控制	读/写	枚举数据,内容如下: ♯CONSTANT:工具姿态保持不变; ♯VAR:姿态由起点连续变化到终点
	$ CIRC_TYPE	圆弧插补工具姿态控制	读/写	枚举数据,内容如下: ♯BASE:姿态根据工件坐标系调整; ♯PASH:姿态由起点连续变化到终点
	$ ADVANCE	提前执行非移动指令数	读/写	允许提前执行指令数:1～5
	$ Soft N_END[1]	关节轴 A1 负向软限位	读/写	关节轴 A1 负向软件限位位置设定
	……	……	……	……
	$ Soft N_END[n]	关节轴 An 负向软限位	读/写	关节轴 An 负向软件限位位置设定
	$ Soft P_END[1]	关节轴 A1 正向软限位	读/写	关节轴 A1 正向软件限位位置设定
	……	……	……	……
	$ Soft P_END[n]	关节轴 An 正向软限位	读/写	关节轴 An 正向软件限位位置设定
	$ AXWORKSPACE[n]	关节坐标系工作区间	读/写	关节坐标系工作区间设定
	$ WORKSPACE[n]	笛卡儿坐标系工作区间	读/写	笛卡儿坐标系工作区间设定
	$ VEL_ACT_MA	移动速度限制	读/写	允许的最大速度(最大速度倍率)
	$ ACC_ACT_MA	加速度限制	读/写	允许的最大加速度(最大加速度倍率)
	$ CP_VEL_TYPE	速度自动限制方式	读/写	枚举数据,内容如下: ♯VAR_T1:仅 T1 方式自动限制; ♯VAR_ALL:所有方式均自动限制; ♯CONSTANT:功能不使用
	$ CpVelRedMeld	速度自动限制显示	读/写	1:仅 T1、T2 方式显示; 100:所有方式均显示
笛卡儿坐标系设定	$ ROBROOT	基座坐标系	写保护	机器人基座坐标系,Mada 数据;作业坐标系的设定基准
	$ WORLD	大地坐标系	读/写	默认 $ WORLD= $ BASE
	$ BASE	工件坐标系	读/写	设定工件坐标系
	$ TOOL	工具坐标系	读/写	设定工具坐标系
	$ NULLFRAME	坐标系零点	只读	{X 0,Y 0,Z 0,A 0,B 0,C 0}
负载设定	$ LOAD	手腕负载	读/写	设定机器人手腕负载
	$ LOAD_A1	A1 轴附加负载	读/写	设定机器人腰附加负载
	$ LOAD_A2	A2 轴附加负载	读/写	设定机器人下臂附加负载
	$ LOAD_A3	A3 轴附加负载	读/写	设定机器人上臂附加负载
速度与加速度设定	$ VEL. AXIS[1]	关节轴 A1 运动速度(%)	读/写	设定关节轴 A1 运动速度倍率
	……	……	……	……

续表

类别	名称	含义	属性	变量说明
速度与加速度设定	$ VEL. AXIS[n]	关节轴 An 运动速度（%）	读/写	设定关节轴 An 运动速度倍率
	$ ACC. AXIS[1]	关节轴 A1 加速度（%）	读/写	设定关节轴 A1 加速度倍率
	……	……	……	……
	$ ACC. AXIS[n]	关节轴 An 加速度（%）	读/写	设定关节轴 An 加速度倍率
	$ VEL. CP	机器人 TCP 运动速度（m/s）	读/写	设定机器人 TCP 运动速度
	$ VEL. ORI1	工具定向摆动速度[(°)/s]	读/写	设定工具绕 Y、Z 轴回转速度
	$ VEL. ORI2	工具定向回转速度[(°)/s]	读/写	设定工具绕 X 回转速度
	$ ACC. CP	机器人 TCP 加速度（%）	读/写	定义机器人 TCP 加速度倍率
	$ ACC. ORI1	工具定向摆动加速度（%）	读/写	定义工具绕 Y、Z 轴回转加速度倍率
	$ ACC. ORI2	工具定向回转加速度（%）	读/写	定义工具绕 X 轴回转加速度倍率
到位区间设定	$ APO_DIS_PTP[1]	关节轴 A1 到位区间（°）	读/写	定义关节轴 A1 到位区间
	……	……	……	……
	$ APO_DIS_PTP[n]	关节轴 An 到位区间（°）	读/写	定义关节轴 An 到位区间
	$ APO. CPTP	关节轴到位区间调整（%）	读/写	定义关节轴到位区间倍率
	$ APO. CDIS	机器人 TCP 到位区间（mm）	读/写	定义机器人 TCP 到位区间半径
	$ APO. CORI	工具定向到位区间（°）	读/写	定义工具定向到位区间半径
	$ APO. CVEL	到位速度（%）	读/写	定义到位判定速度（倍率）
中断位置检查	$ AXIS_INT	中断点	只读	发生中断的位置（关节坐标系）
	$ AXIS_RET	机器人离开点	只读	机器人离开轨迹位置（关节坐标系）
	$ AXIS_BACK	被中断的轨迹起点	只读	被中断的轨迹起点（关节坐标系）
	$ AXIS_FOR	被中断的轨迹终点	只读	被中断的轨迹终点（关节坐标系）
	$ POS_INT	中断点	只读	发生中断的位置（笛卡儿坐标系）
	$ POS_RET	机器人离开点	只读	离开轨迹位置（笛卡儿坐标系）
	$ POS_BACK	被中断的轨迹起点	只读	被中断的轨迹起点（笛卡儿坐标系）
	$ POS_FOR	被中断的轨迹终点	只读	被中断的轨迹终点（笛卡儿坐标系）
I/O 信号	$ IN[1]～[1024]	DI 信号状态	只读	DI 信号当前实际状态
	$ IN[1025]	恒 TRUE 信号	只读	状态恒为 TRUE
	$ IN[1026]	恒 FALSE 信号	只读	状态恒为 FALSE
	$ DIGIN1～6	DI 信号组状态	只读	DI 信号组 1～6 当前实际状态
	$ OUT[1]～[1024]	DO 信号状态	读/写	DO 信号值读入或更新
	$ ANIN[1]～[32]	AI 信号值	只读	AI 信号当前值
	$ ANOUT[1]～[32]	AO 信号值	读/写	AO 信号值读入或更新
	$ ALARM_STOP	机器人急停	只读	远程运行状态输出，系统自动生成
	$ USER_SAF	安全防护门关闭	只读	远程运行状态输出，系统自动生成
	$ PERI_RDY	伺服驱动器准备好	只读	远程运行状态输出，系统自动生成
	$ STOPMESS	机器人显示停止信息	只读	远程运行状态输出，系统自动生成
	$ I_O_ACTCONF	远程 DI/DO 信号有效	只读	远程运行状态输出，系统自动生成
	$ PRO_ACT	程序 Cell. src 执行信号	只读	远程运行状态输出，系统自动生成
	$ APPL_RUN	用户程序执行信号	只读	远程运行状态输出，系统自动生成
	$ IN_HOME	到达 HOME 位置	只读	远程运行状态输出，系统自动生成
	$ IN_PATH	到达编程轨迹	只读	远程运行状态输出，系统自动生成
	$ EXT_START	远程运行程序启动信号	只读	远程运行控制输入，上级控制器发送
	$ I_O_ACT	远程 DI/DO 使能	只读	远程运行控制输入，上级控制器发送
	$ MOVE_ENABLE	运动使能	只读	远程运行控制输入，上级控制器发送
	$ CONF_MESS	停止确认	只读	远程运行控制输入，上级控制器发送
	$ DRIVES_ON	驱动器启动	只读	远程运行控制输入，上级控制器发送
	$ DRIVES_OFF	驱动器关闭	只读	远程运行控制输入，上级控制器发送
定时器与标志	$ TIMER[1]～[32]	系统定时器	读/写	见后述
	$ TIMER_FLAG[1]～[32]	定时器标志	只读	
	$ FLAG[1]～[1024]	系统标志	读/写	
	$ CRCFLAG[1]～[256]	循环刷新系统标志	读/写	

(3) 系统变量编程

KUKA 机器人系统变量的名称、功能、数据格式已由系统生产厂家规定，在 KRL 程序中可以作为操作数使用，但不能改变其名称、功能及数据格式。

系统变量分只读变量、读/写变量 2 类。只读变量是反映控制系统实际状态的参数，在 KRL 程序中可读取，但不能对其进行赋值；读/写变量是数值可设定的参数，在 KRL 程序中不仅可读取，而且可对其进行赋值。

使用系统变量的 KRL 程序示例如下。

```
......
DECL   POS   POINT_1
DECL   BOOL  A,B
INI
......
$VEL. AXIS[1] = 60                             // 设定 A1 轴速度
$ACC. AXIS[1] = 80                             // 设定 A1 轴加速度
$APO_DIS_PTP[1] = 5                            // 设定 A1 轴到位区间
$VEL. CP = 2                                   // 设定 TCP 速度
$ACC. CP = 5                                   // 设定 TCP 加速度
$APO. CDIS = 15                                // 设定 TCP 到位区间
......
POINT_1 = $POS_ACT                             // 读取机器人 TCP 位置
A = $IN[1]                                      // 读取 DI
B = ($IN[2] OR $OUT[10])AND  A                 // DI/DO 作为操作数
......
IF  $IN[10] = TRUE   THEN                       // DI 作为判断条件
PTP {A1 180}                                    // A1 轴 180°定位
$OUT[10] = A                                    // 设定 DO 信号
ENDIF
PTP  POINT_1
$BASE = { X 500,Y 0,Z 1000,A 0,B 0,C 0}        // 设定工件坐标系
$TOOL = $NULLFRAME                             // 设定工具坐标系
LIN {X 0,Y 0,Z 0,A 0,B 0,C 0}
......
```

7.5.2　定时器与编程

(1) 定时器及设定

KUKA 机器人控制系统的定时器（简称 KRL 定时器）是一种具有计时功能的特殊系统变量，变量名称为 $TIMER [i]。在 KRL 程序中，定时器可作为程序数据，用于延时控制、指令执行时间监控、程序块运行时间监控等操作。机器人可使用的定时器数量与系统型号、功能有关，常用的控制系统一般为 32 个，变量名称为 $TIMER [1] ~ $TIMER [32]。

KRL 定时器时间以 ms 为单位设定，数据格式为 INT（整数），因此，最大计时值约为 597h（2^{31}ms）。KRL 定时器的时间刷新在每一插补运算周期进行一次，因此，实际定时控制精度为 1 个插补周期（12ms）。

KRL 定时器的时间设定、启动停止控制既可通过示教器操作实现，也可利用 KRL 指令在程序中编程。控制系统出厂时，所有定时器的时间设定值均为 0。

定时器设定和使用的程序示例如下，在 KRL 程序中，定时器的定时时间可通过指令设定和复位，当前时间也可在程序中读取，并作为整数型操作数使用。

```
......
$TIMER[1] = 5000                              // 设定 TIMER[1]为 5s
$TIMER[2] = 0                                 // 复位 TIMER[2]的计时值
......
Value_T1 = TIMER[1]                           // 读取 TIMER[1]的当前时间
IF  TIMER[2]> = 2000   THEN                   // 当前时间作为操作数
......
```

(2) 定时控制

在 KRL 程序中，定时器的计时可通过系统变量 $TIMER_STOP [i] 来启动、停止；定时器的状态可通过系统变量 $TIMER_FLAG [i]（称为定时器标志）检查。系统变量 $TIMER_FLAG [i] 在定时器计时值到达设定值时为"TRUE"；设定时间到达后，若不停止计时，计时值可继续增加。控制系统启动时，系统变量 $TIMER_STOP [i] 默认为"TRUE"（停止），定时器标志变量 $TIMER_FLAG [i] 状态为"FALSE"。

定时器控制的程序示例如下，利用下述程序，可使得系统开关量输出 $OUT [1] 保持30s 的"ON（TRUE）"状态。

```
......
$TIMER[1] = 30000                             // 设定 TIMER[1]为 30s
$TIMER_STOP[1] = FALSE                        // 启动 TIMER[1]计时
$OUT[1] = TRUE
......
IF TIMER_FLAG[1] = TRUE   THEN
  $OUT[1] = FALSE
  $TIMER_STOP[1] = TRUE                       // 停止 TIMER[1]计时
  $TIMER[1] = 0                               // 复位 TIMER[1]
ENDIF
......
```

(3) 作业计时

KRL 定时器可用于机器人作业计时。例如：

```
......
DEC WORK_TIME()
......
IN1
......
$TIMER[1] = 0                                           // 复位 TIMER[1]
PTP  Start_point   Vel = 100%   DEFAULT                 // 机器人定位到作业开始点
WAIT SEC  0                                             // 暂停 0s,使机器人完成定位
$TIMER_STOP[1] = FALSE                                  // 启动 TIMER[1]计时
PTP XP1
PTP XP2
LIN XP3
......
PTP  Start_point   Vel = 100%   DEFAULT                 // 机器人返回作业开始点
```

```
WAIT SEC  0                              // 暂停 0s,使机器人完成定位
$TIMER_STOP[1] = TRUE                         // 停止 TIMER[1]计时
$TIMER[12] = $TIMER[1]                // 将作业时间保存到$TIMER[12]上
......
END
```

7.5.3　标志与编程

"标志"是一种用来保存逻辑状态的特殊系统变量,英文名为"Flag",故在机器人说明书中,有时被译作"旗标"或"标签"。

KUKA 机器人的标志分为 KRL 程序标志和循环扫描标志 2 类。KRL 程序标志简称标志,用系统变量 $ FLAG[i] 表示;循环扫描标志简称循环标志,用系统变量 $ CYCFLAG[i] 表示。标志和循环标志的作用及使用方法分别如下。

(1) 标志

KUKA 机器人的标志 $ FLAG[i] 可用来保存 KRL 程序全局逻辑状态(BOOL 数据),其作用与全局数据表的逻辑状态数据(BOOL 数据)相同。标志 $ FLAG[i] 对所有 KRL 程序均有效,在 KRL 程序中可直接读取、赋值,无需通过全局数据导入指令 IMPORT 导入,也不能通过导入指令 IMPORT 重新命名。

机器人可使用的标志数量与系统型号、功能有关,KUKA 常用系统一般为 1024 个,系统变量名称为 $ FLAG[1]~ $ FLAG[1024]。

标志 $ FLAG[i] 的状态既可通过示教器的操作显示与设定,也通过 KRL 程序指令读取、设定。控制系统出厂时,所有标志变量的默认值均为"FALSE"。

利用标志 $ FLAG[1] 的状态,选择、调用子程序 WORK_PRG1()、WORK_PRG2(),实现工件(或工作区)1、2 交替作业的 KRL 程序示例如下。

```
DEF MAIN_PRG()
......
IF  $FLAG[1] = FALSE  THEN                     // 检查$FLAG[1] 状态
    WORK_PRG1()                            // 调用子程序 WORK_PRG1()
  ELSE
    WORK_PRG2()                            // 调用子程序 WORK_PRG2()
ENDIF
......
END
* * * * * * * * * * * * * * * * * * * * * * * * * * * * * * * *
DEF WORK_PRG1()
......
PTP start_p10
......
$FLAG[1] = TRUE                                // 更新$FLAG[1] 状态
END
* * * * * * * * * * * * * * * * * * * * * * * * * * * * * * * *
DEF WORK_PRG2()
......
PTP start_p20
......
```

```
$FLAG[1]=FALSE                                              // 更新$FLAG[1]状态
END
```

(2) 循环标志

KUKA 机器人的循环标志 ＄CYCFLAG[i] 同样是一种专门用来保存 KRL 程序全局逻辑状态（BOOL 数据）的特殊系统变量，它和标志 ＄FLAG[i] 的区别在于：标志 ＄FLAG[i] 的状态在 KRL 程序中设定后将保持不变，直到下次重新设定；但是，循环标志 ＄CYCFLAG[i] 的状态可由操作系统在每一插补周期（12ms）自动刷新。

循环标志 ＄CYCFLAG[i] 同样对所有 KRL 程序有效，且能在 KRL 程序中直接读取、赋值，无需通过全局数据导入指令 IMPORT 导入，也不能通过导入指令 IMPORT 重新命名。

机器人可使用的循环标志数量与系统型号、功能有关，常用系统一般为 256 个，系统变量名称为 ＄CYCFLAG[1]～＄CYCFLAG[256]。

循环标志 ＄CYCFLAG[i] 的状态既可通过示教器的操作显示与设定，也可以在 KRL 程序中通过表达式定义和改变。控制系统出厂时，所有循环标志的预定义状态均为"FALSE"。

循环标志 ＄CYCFLAG[i] 可通过逻辑运算表达式赋值。＄CYCFLAG[i] 一经定义，就可以像 PLC 输入、输出一样，由操作系统对其进行输入采样、逻辑处理、输出刷新的循环扫描处理，在每一插补周期（12ms）自动刷新变量状态，从而在 KRL 程序中得到实时变化的逻辑状态。

例如，对于以下程序，系统输出＄OUT[1]、＄OUT[2] 使用的是普通标志＄FLAG[1] 状态，指令"＄FLAG[1]＝＄IN[1] AND ＄IN[2]"一旦执行完成，＄FLAG[1] 将保持不变，因此，＄OUT[1]、＄OUT[2] 的输出状态必然相同；但是，系统输出＄OUT[3]、＄OUT[4] 使用的是动态刷新循环标志＄CYCFLAG[1] 的状态，只要＄IN[1]、＄IN[2] 出现变化，KRL 程序中的状态也将随之变化，因此，＄OUT[3]、＄OUT[4] 的输出状态可能不同。

```
......
$FLAG[1]=$IN[1]  AND  $IN[2]                                  // 普通标志赋值
$OUT[1]=$FLAG[1]                                       // $OUT[1]、[2]状态必然相同
......
$OUT[2]=$FLAG[1]
......
$CYCFLAG[1]=$IN[1]  AND  $IN[2]                               // 循环标志赋值
$OUT[3]=$CYCFLAG[1]                                    // $OUT[3]、[4]状态可能相同
......
$OUT[4]=$CYCFLAG[1]
......
```

第**8**章

KRL指令与编程示例

8.1 机器人移动要素定义

8.1.1 作业形式与坐标系选择

(1) 坐标系与作业形式

机器人程序中的移动指令目标位置、工具姿态以及机器人实际位置等程序数据都与机器人的坐标系有关，坐标系的基本概念可参见第 2 章。KUKA 工业机器人的运动控制与作业需要定义以下坐标系。

① 关节坐标系：用于机器人实际运动控制的基本坐标系，坐标系零点、方向及运动范围均由机器人生产厂家规定。

② 机器人根坐标系（ROBROOT CS）：用来描述机器人 TCP 相对于基座基准点三维空间位置的基本坐标系；坐标系零点、方向由机器人生产厂家在系统变量＄ROBROOT 中定义，运动范围由机器人生产厂家规定。

③ 大地坐标系（WORLD CS）：用来描述机器人 TCP 相对于大地运动的坐标系，对于不使用基座变位器的机器人，系统默认基座（根）坐标系和大地坐标系重合。

④ 工件坐标系（BASE CS）：用来描述机器人 TCP 相对于外部基准运动的作业坐标系，最大可设定 32 个；坐标系零点、方向可由用户在系统变量＄BASE 中定义。

⑤ 工具坐标系（TOOL CS）：用来描述机器人 TCP 位置及方向的作业坐标系，最大可设定 16 个；坐标系零点、方向可由用户在系统变量＄TOOL 中定义。

需要注意的是：KUKA 机器人控制系统的工具、工件坐标系实际上只是针对常用的机器人移动工具作业系统所规定的参数名称，坐标系设定参数的真实用途与机器人作业形式有关，如果作业工具安装在机器人外部（地面或工装上），工件夹持在机器人手腕上，控制系统的工具坐标系参数用来定义工件的基准点位置和安装方向，而工件坐标系参数则被用来定义工具的TCP 位置和安装方向。

KUKA 机器人的作业形式需要通过系统变量＄IPO_MODE（插补模式，系统预定义枚举数据）定义，变量＄IPO_MODE 的定义方法如下。

$IPO_MODE=#BASE：机器人移动工具作业系统（系统默认设定），作业工具安装在机器人手腕上，机器人通过移动工具，实现搬运、装配、加工、包装等作业；控制系统的插补运算以工件坐标系为基准进行，工具坐标系参数（$TOOL）用来定义作业工具的 TCP 位置与工具安装方向，工件坐标系参数（$BASE）用来定义工件的基准点位置和安装方向。

$IPO_MODE=#TCP：机器人移动工件作业，作业工具安装在以大地坐标系为基准的工装上，机器人通过移动工件，控制 TCP 与工件的相对位置进行作业；控制系统的插补运算是相对工具 TCP 的工件运动；工具坐标系参数（$TOOL）用来定义工件的基准点位置和安装方向，工件坐标系参数（$BASE）用来定义作业工具的 TCP 位置与工具安装方向。机器人移动工件作业系统必须定义系统变量 $IPO_MODE=#TCP。

KUKA 机器不同作业形式的坐标系设定要求及移动指令目标位置、机器人实际位置的含义如下。

(2) 工具移动作业坐标系

设定 $IPO_MODE=#BASE、机器人移动工具作业时，控制系统可通过机器人移动，直接控制作业工具的 TCP 位置和姿态。控制系统的作业坐标系设定要求及移动指令目标位置、机器人实际位置（系统变量 $POS_ACT）的含义如图 8.1.1 所示。移动指令目标位置、器人实际位置（系统参数 $POS_ACT）数据（$x$，$y$，$z$，$a$，$b$，$c$）中的坐标值（$x$，$y$，$z$）为工具 TCP 在坐标系 $BASE 中的位置值，（$a$，$b$，$c$）为工具在坐标系 $BASE 中的姿态（欧拉角）。

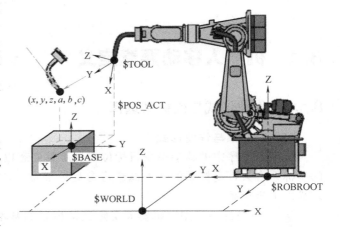

图 8.1.1 机器人移动工具作业

工具移动作业系统的坐标系作用如下。

① 大地坐标系 $WORLD：用来定义机器人根坐标系 $ROBROOT、工件坐标系 $BASE 的位置和方向。控制系统默认机器人根坐标系 $ROBROOT 与大地坐标系 $WORLD 重合（$ROBROOT=$WORLD）。

② 机器人根坐标系 $ROBROOT：机器人运动控制模型中的笛卡儿基准坐标系，用来建立笛卡儿坐标系 TCP 方位和关节轴位置的数学关系。

③ 工具坐标系 $TOOL：以法兰坐标系（FLANGE CS）为基准定义，坐标系原点就是工具控制点（TCP）位置，坐标系方向就是工具的安装方向。

④ 工件坐标系 $BASE：以大地坐标系（WORLD CS）为基准定义，坐标系原点就是工件基准点，坐标系方向就是工件安装方向。

机器人移动工具作业系统可以不设定工件坐标系 $BASE，此时，控制系统将默认工件坐标系 $BASE 与大地坐标系重合（即 $BASE=$WORLD），因此，如果机器人根坐标系也使用系统出厂默认值（$ROBROOT=$WORLD），那么，工件坐标系 $BASE 就是机器人根坐标系 $ROBROOT。

使用示教编程时，工具坐标系、工件坐标系可利用"联机表格"，在运动数据表 PDATn、CPDATn 中一次性定义。

机器人移动工具作业系统是绝大多数机器人的常用作业形式，因此，除非特别说明，在本书后述的内容中，将以此为例进行说明。

（3）工件移动作业坐标系

设定＄IPO_MODE＝♯TCP、机器人移动工件作业时，控制系统可通过机器人移动改变工件的基准点位置和方向，间接控制工具作业点位置和姿态。控制系统的作业坐标系设定要求及移动指令目标位置、机器人实际位置（系统变量＄POS_ACT）的含义如图8.1.2所示，移动指令目标位置、机器人实际位置（系统参数＄POS_ACT）数据（x，y，z，a，b，c）中的坐标值（x，y，z）为工件基准点在坐标系＄BASE中的位置值，（a，b，c）为工件在坐标系＄BASE中的姿态（欧拉角）。

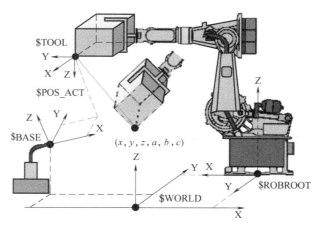

图8.1.2　机器人移动工件作业

工具移动作业系统的坐标系作用如下。

① 大地坐标系＄WORLD：用来定义机器人根坐标系＄ROBROOT、工件坐标系＄BASE（实际用来定义工具）的位置和方向。控制系统默认机器人根坐标系＄ROBROOT与大地坐标系＄WORLD重合（＄ROBROOT＝＄WORLD）。

② 机器人根坐标系＄ROBROOT：机器人运动控制模型中的笛卡儿基准坐标系，用来建立笛卡儿坐标系TCP方位和关节轴位置的数学关系。

③ 工具坐标系＄TOOL：实际用来定义工件的基准点和安装方向。＄TOOL以法兰坐标系（FLANGE CS）为基准定义，坐标系原点就是工件基准点，坐标系方向就是工件的安装方向。

④ 工件坐标系＄BASE：实际用来定义工具的TCP位置和安装方向。＄BASE以大地坐标系（WORLD CS）为基准定义，坐标系原点就是工具控制点TCP位置，坐标系方向就是工具安装方向。

机器人移动工件作业系统的工具控制点（TCP）不可能为机器人根坐标系原点，因此，必须设定工件坐标系＄BASE。

使用示教编程时，工具坐标系、工件坐标系可利用"联机表格"，在运动数据表PDATn、CPDATn中一次性定义。

8.1.2　程序点定义

机器人移动目标位置称程序点，它可通过关节坐标系和笛卡儿坐标系（工件坐标系）两种形式定义。

（1）关节位置定义

用关节坐标系绝对位置形式指定的程序点位置，称为关节位置（jointtarget）。关节位置是系统能够实际控制的直接位置，在机器人允许范围内，可任意设定，无需考虑机器人、工具姿态及奇点。

在KRL程序中，关节位置通常只作为机器人定位指令PTP的目标位置，而不用于直线、圆弧插补指令。对于连续定位运动（KUKA称CP运动），关节位置既可完整定义，也可只指定需要运动的关节轴位置，其他关节轴保持当前位置不变。

KUKA垂直串联机器人的关节位置数据有AXIS、E6AXIS两种格式，数据结构以及在KRL程序中的定义、使用方法分别如下。

① AXIS位置。AXIS是6轴垂直串联机器人关节位置设定标准数据格式，只能用于机器

人本体关节轴 A1～A6 的绝对位置定义，控制系统预定义的数据格式为：

```
STRUC AXIS REAL A1,A2,A3,A4,A5,A6
```

AXIS 位置的数据声明、位置定义及使用方法如下。

```
DECL AXIS joint_pos1,joint_pos2                    // 数据声明,可省略"DECL"
INI
joint_pos1={AXIS:A1 0,A2-90,A3 90,A4 0,A5 0,A6 0}
                                                    // 完整定义,可省略"AXIS:"
joint_pos2={A1 180,A2-60}                      // 指定部分位置(A1、A2),其余不变
……
PTP joint_pos1                                       // 机器人定位到 joint_pos1
PTP joint_pos2                               // 机器人定位,仅关节轴 A1、A2 运动
……
```

② E6AXIS 位置。E6AXIS 是带外部轴的 6 轴垂直串联机器人关节位置的数据格式，可用于机器人本体关节轴 A1～A6 及外部轴 E1～E6 的绝对位置定义，控制系统预定义的数据格式为：

```
STRUC E6AXIS REAL A1,A2,A3,A4,A5,A6,E1,E2,E3,E4,E5,E6
```

E6AXIS 位置只是在 AXIS 位置的基础上增加了外部轴 E1～E6 的位置，其数据声明、位置定义及使用编程方法相同。

(2) TCP 位置定义

TCP 位置是以虚拟笛卡儿直角坐标系描述的机器人 TCP 在工件坐标系中的三维空间位置。在机器人移动工具作业的系统上，由于系统默认工件坐标系、大地坐标系、基座（根）坐标系重合（$BASE=$WORLD、$ROBROOT=$WORLD），因此，初始的 TCP 位置也就是工具控制点（TCP）在机器人基座（根）坐标系上的位置值。但是，在机器人移动工件的系统上，TCP 位置则是工件基准点相对于工具的位置值。

在 KRL 程序中，TCP 位置既可以作为机器人定位指令 PTP 的目标位置，也可以作为直线、圆弧插补指令的目标位置。对于连续运动（CP 运动），TCP 位置既可完整定义，也可只指定需要运动的位置数据，其他数据保持当前位置不变。

工业机器人是一种多自由度控制的自动化设备，笛卡儿直角坐标系的位置需要通过逆运动学求解，因此，TCP 位置不仅需要定义（x，y，z）坐标值和工具姿态（a，b，c），而且还需要规定机器人和工具姿态，规避奇点。

KUKA 垂直串联机器人的关节位置数据有 POS、E6POS、FRAME 三种格式，数据结构以及在 KRL 程序中的定义、使用方法分别如下。

① POS 位置。POS 是描述 6 轴垂直串联机器人 TCP 位置的标准数据格式，数据包含了坐标值（x，y，z）、工具姿态（a，b，c）、机器人姿态（S、T）等全部参数，系统预定义的数据格式为：

```
STRUC POS REAL X,Y,Z,A,B,C,INT S,T
```

POS 位置的数据声明、位置定义及使用示例如下。

```
……
DECL POS tcp_pos1,tcp_pos2                         // 数据声明,可省略"DECL"
INI
tcp_pos1={POS:X 500,Y 0,Z 800,A 0,B 0,C 0,S 2,T35 }
                                                    // 完整定义,可省略"POS:"
tcp_pos2={X 800,Z 1000}                       // 指定部分位置(x,y),其余不变
……
```

```
PTP  tcp_pos1                              // POS 作为机器人定位目标位置
LIN  tcp_pos2                              // 直线插补目标位置,仅 x、z 向运动
……
```

② E6POS 位置。E6POS 是描述带外部轴的垂直串联机器人 TCP 位置的数据格式,数据包含了坐标值(x,y,z)、工具姿态(a,b,c)、外部轴位置(E1,E2,E3,E4,E5,E6)、机器人姿态(S、T)等全部参数,系统预定义的数据格式为:

```
STRUC E6POS  REAL X,Y,Z,A,B,C,E1,E2,E3,E4,E5,E6  INT S,T
```

E6AXIS 位置只是在 POS 位置的基础上增加了外部轴 E1～E6 的位置,其数据声明、位置定义及使用编程方法相同。

③ FRAME 位置。FRAME 是描述 6 轴垂直串联机器人 TCP 位置的简化格式,数据只包含坐标值(x,y,z)和工具姿态(a,b,c),不含机器人姿态参数(S、T),系统预定义的结构格式为:

```
STRUC  POS  REAL  X,Y,Z,A,B,C
```

FRAME 位置只是在 POS 位置的基础上省略了机器人姿态数据 S、T,其数据声明、位置定义及使用编程方法相同。

8.1.3　到位区间、速度及加速度定义

(1) 到位区间定义

到位区间是机器人连续运动时控制系统判别机器人当前移动指令是否执行完成的依据,如果机器人到达了目标位置到位区间所规定的范围,就认为指令的目标位置到达,系统随即开始执行后续指令。

机器人连续移动时的到位区间需要通过系统变量定义,其定义参数如表 8.1.1 所示。

表 8.1.1　到位区间定义系统变量表

变量名称	变量作用	单位	区间选择(指令添加项)
\$ APO_DIS_PTP[1]	关节轴 A1 到位区间	deg(°)	CONT C_PTP
……	……	……	……
\$ APO_DIS_PTP[n]	关节轴 An 到位区间	deg(°)	CONT C_PTP
\$ APO.CPTP	关节轴到位区间调整	%	CONT C_PTP
\$ APO.CDIS	TCP 到位区间	mm	CONT C_DIS
\$ APO.CORI	工具定向到位区间	deg(°)	CONT C_ORI
\$ APO.CVEL	到位速度	%	CONT C_VEL

① 关节轴到位区间。系统变量 \$ APO_DIS_PTP[n]、\$ APO.CPTP 用于机器人关节坐标系绝对定位指令 PTP 的移动到位判别,功能可通过指令 PTP 的添加项 C_PTP 生效。

变量 \$ APO_DIS_PTP[n] 定义的是各关节轴的最大定位允差(到位区间),实际到位区间可通过变量 \$ APO_DIS_PTP[n] 以倍率(百分率)的形式调整。当多个关节轴同时运动时,以最后到达到位区间的关节轴到位,作为定位指令 PTP 移动到位的判别条件。

② TCP 到位区间。系统变量 \$ APO.CDIS、\$ APO.CORI、\$ APO.CVEL 用于笛卡儿坐标系定位 PTP、直线插补 LIN、圆弧插补 CIRC 指令的执行完成判别,功能可分别通过指令 PTP、LIN、CIRC 的添加项 CONT 及 C_DIS、C_ORI、C_VEL 生效。

变量 \$ APO.CDIS 为机器人 TCP 的定位允差,所定义的到位区间是以目标位置为球心的半径(mm)值,到位区间半径不能超过指令理论移动距离的1/2。

变量 \$ APO.CORI 为工具定向的定位允差,所定义的到位区间是以目标姿态为中心线的角度允差(°)。

$APO. CVEL 为到位判别的附加检测条件，以指令速度的百分率形式设定。只有当机器人 TCP、工具定向到达到位区间，并且，移动速度低于 $APO. CVEL 规定的速度时，系统才认为指令的目标位置到达，执行后续指令。

到位区间的定义及使用示例如下。

```
......
DECL  AXIS  joint_pos1
DECL  POS  tcp_pos1
INI
joint_pos1={AXIS:A1 0,A2-90,A3 90,A4 0,A5 0,A6 0}
tcp_pos1={POS:X 500,Y 0,Z 800,A 0,B 0,C 0,S 2,T 35 }
$APO_DIS_PTP[1]=5              // 关节轴 A1 到位区间定义为 5°
$APO. CPTP=80                 // A1 到位区间调整为 4°
$APO. CDIS=12                 // TCP 到位区间半径为 12mm
$APO. CORI=6                  // 工具定向到位区间为 6°
$APO. CVEL=50                 // 到位速度为指令速度的 30%
......

PTP  joint_pos1
PTP  {A1 180 }  CONT  C_PTP   // A1 到达 176°即执行下一指令
......
PTP  tcp_pos1
LIN  { X1000 }  CONT  C_DIS   // X 到达 988mm 即执行下一指令
LIN  { C 180 }  CONT  C_ORI   // C 到达 174°即执行下一指令
LIN  { X 1200,Y200 }  CONT  Vel=2 m/s  C_VEL
                              // TCP 速度减速到 0.6m/s 时执行下一指令
......
```

(2) 移动速度定义

机器人移动速度包括关节轴回转速度、机器人 TCP 直线（或圆弧切向）运动速度、工具定向回转速度等。

在 KRL 程序中，机器人移动速度既可在移动指令中通过添加项 Vel 直接编程（见后述），也可以通过表 8.1.2 所示的系统变量，对不同的速度参数进行单独定义。

表 8.1.2　移动速度定义系统变量表

变量名称	变量作用	单位	变量说明
$VEL. AXIS[1]	关节轴 A1 回转速度	%	关节轴 A1 最大速度的倍率(%)
......	......	......	......
$VEL. AXIS[n]	关节轴 An 回转速度	%	关节轴 An 最大速度的倍率(%)
$VEL. CP	机器人 TCP 运动速度	m/s	LIN、CIRC 指令的 TCP 运动速度为 0.001～2m/s
$VEL. ORI1	工具定向摆动速度	(°)/s	工具定向指令的工具绕 X、Y 轴回转速度
$VEL. ORI2	工具定向回转速度	(°)/s	工具定向指令的工具绕 Z 轴回转速度

① 关节轴回转速度。系统变量 $VEL. AXIS[n] 可独立定义机器人执行关节坐标系定位指令 PTP 时的各关节轴回转速度值，变量以机器人关节轴最大回转速度倍率的形式设定，设定范围为 1%～100%。

关节轴最大回转速度是伺服驱动系统的基本参数和机器人的重要技术指标，其实际速度值需要由机器人生产厂家设定，用户不可以修改。

② TCP 移动速度。系统变量 $VEL. CP、$VEL. ORI1、$VEL. ORI2 可定义机器人直线、圆弧插补及工具定向时的 TCP 移动速度值。$VEL. CP 是直线、圆弧插补指令的机器人

TCP 基本移动速度。KUKA 机器人的速度单位规定为 m/s，允许设定范围为 $0.001 \sim 2m/s$。对于圆弧插补，\$ VEL. CP 定义的是 TCP 切向速度。

系统变量 \$VEL.CP、\$VEL.ORI1、\$VEL.ORI2 定义的速度受机器人关节轴最大回转速度的限制，如果折算到关节轴的回转速度超过了关节轴的最大回转速度，控制系统将根据系统变量 \$CP_VEL_TYPE 的设定，进行如下处理。

\$CP_VEL_TYPE＝♯VAR_T1：在 T1（低速示教）模式下自动降低速度（自动限速），使得超过最大速度的关节轴以最大速度回转，其他轴同比例降低。

\$CP_VEL_TYPE＝♯VAR_ALL：在所有模式均自动限制速度。

\$CP_VEL_TYPE＝♯CONSTANT：速度自动限制功能无效，关节轴超速时，控制系统将报警、停止。

移动速度的定义与使用示例如下。

```
……
DECL  AXIS  joint_pos1
DECL  POS  tcp_pos1
……
INI
joint_pos1 = {AXIS:A1 0,A2 -90,A3 90,A4 0,A5 0,A6 0}
tcp_pos1 = {POS:X 500,Y 0,Z 800,A 0,B 0,C 0,S 2,T 35 }
$VEL.AXIS[1] = 80                          // 关节轴 A1 回转速度定义为 80%
$VEL.CP = 2                                // TCP 移动速度定义为 2m/s
$VEL.ORI1 = 180                            // 工具绕 X、Y 轴回转速度为 180°/s
$VEL.ORI2 = 270                            // 工具绕 Z 轴回转速度为 270°/s
$CP_VEL_TYPE = # VAR_ALL                   // 自动限速功能有效
……
PTP  joint_pos1
PTP  {A1 180 }                             // A1 回转,速度为 80%
PTP  tcp_pos1
LIN  { X1000 }                             // TCP 沿 X 运动,速度为 2m/s
LIN  { C 180 }                             // 工具绕 X 回转,速度为 180°/s
LIN  { X1200  Y200  Z1000}                 // TCP 空间运动,速度为 2m/s
CIRC { X1500  Y200 },{ X1350  Y350 }       // TCP 切向速度为 2m/s
LIN  { A 180 }                             // 工具绕 Z 回转,速度为 270°/s
……
```

(3) 加速度定义

加速度与速度对应，机器人关节轴回转、TCP 直线（或圆弧切向）运动、工具定向回转都需要定义加速度。

在 KRL 程序中，机器人加速度需要通过表 8.1.3 所示的系统变量定义。

表 8.1.3　加速度定义系统变量表

变量名称	变量作用	单位	变量说明
\$ ACC. AXIS[1]	关节轴 A1 加速度	%	关节轴 A1 最大加速度的倍率
……	……	……	……
\$ ACC. AXIS[n]	关节轴 An 加速度	%	关节轴 An 最大加速度的倍率
\$ ACC. CP	机器人 TCP 加速度	m/s^2	LIN、CIRC 指令的 TCP 运动加速度
\$ ACC. ORI1	工具定向摆动加速度	$(°)/s^2$	工具定向指令的工具绕 X、Y 轴回转速度
\$ ACC. ORI2	工具定向回转加速度	$(°)/s^2$	工具定向指令的工具绕 Z 轴回转速度

① 关节轴回转加速度。系统变量 $ACC. AXIS[n]$ 可独立定义机器人执行关节坐标系定位指令 PTP 时的各关节轴回转加速度值，变量以机器人关节轴最大加速度倍率的形式设定。

关节轴最大加速度是机器人伺服驱动系统的基本控制参数和机器人主要技术指标，需要由机器人生产厂家设定，用户不可以修改。

② TCP 移动加速度。系统变量 $ACC. CP、$ACC. ORI1、$ACC. ORI2 可定义机器人直线、圆弧插补及工具定向运动的加速度值。变量 $ACC. CP、$ACC. ORI1、$ACC. ORI2 定义的加速度同样受机器人关节轴最大加速度的限制，如果折算到关节轴的加速度超过了关节轴的最大加速度，系统将发生报警并停止。

加速度的定义与使用示例如下。

```
……
DECL  AXIS  joint_pos1
DECL  POS  tcp_pos1
……
INI
joint_pos1 = {AXIS:A1 0,A2-90,A3 90,A4 0,A5 0,A6 0}
tcp_pos1 = {POS:X 500,Y 0,Z 800,A 0,B 0,C 0,S 2,T 35 }
$VEL.AXIS[1] = 80                         // 关节轴 A1 回转速度定义为 80%
$VEL. CP = 2                                // TCP 移动速度定义为 2m/s
$VEL. ORI1 = 180                           // 工具绕 X、Y 轴回转速度为 180°/s
$VEL. ORI2 = 270                           // 工具绕 Z 轴回转速度为 270°/s
$ACC. AXIS[1] = 60                         // 关节轴 A1 加速度定义为 60%
$ACC. CP = 5                               // TCP 移动速度定义为 5m/s²
$ACC. ORI1 = 360                           // 工具绕 X、Y 轴回转加速度为 360°/s²
$ACC. ORI2 = 480                           // 工具绕 Z 轴回转加速度为 480°/s²
……
PTP  joint_pos1
PTP  {A1 180 }                             // A1 加速度为 80%
PTP  tcp_pos1
LIN  { X1000 }                             // 沿 X 运动,加速度为 5m/s²
LIN  { C 180 }                             // 工具绕 X 回转,加速度为 360°/s²
LIN  { X1200  Y200  Z1000}                 // TCP 空间运动,加速度为 5m/s²
CIRC { X1500  Y200 },{ X1350  Y350 }       // TCP 切向加速度为 5m/s²
LIN  { A 180 }                             // 工具绕 Z 回转,加速度为 480°/s²
……
```

使用示教编程时，加速度、到位区间等参数也可以利用"联机表格"，在运动数据表 PDATn、CPDATn 中一次性定义。

8.1.4 工具姿态控制方式定义

当机器人执行 TCP 移动指令，并以 POS、FRAME 数据定义移动起点和移动目标位置时，如果起点和终点的工具姿态值 (a, b, c) 不一致，就需要根据实际作业要求，对工具姿态进行相应的调整和控制。

KUKA 机器人的工具姿态控制方式可通过系统变量 $ORI\_TYPE、$CIRC_TYPE 定义。$ORI\_TYPE、$CIRC_TYPE 为系统预定义枚举数据，可设定的变量值、姿态控制方式与机器人移动方式（插补指令）有关，具体如下。

（1）直线移动的工具姿态控制

机器人执行 TCP 定位（PTP）、直线插补（LIN）指令时，只需要通过系统变量＄ORI_TYPE，选择图 8.1.3 所示的连续变化（♯VAR）、固定不变（♯CONSTANT）两种控制方式。＄ORI_TYPE＝♯VAR（连续变化）是系统默认的标准姿态控制方式。

(a) 连续变化　　　　　　　　　　　　　　　(b) 固定不变

图 8.1.3　工具姿态控制方式

设定＄ORI_TYPE＝♯VAR，选择工具姿态连续变化时，机器人执行 TCP 移动指令 PTP、LIN，工具姿态将如图 8.1.3（a）所示，自动从起点姿态连续变化到目标位置姿态。机器人在终点位置的工具姿态，将与移动指令目标位置所规定的姿态一致。

设定＄ORI_TYPE＝♯CONSTANT，选择工具姿态保持不变时，机器人执行 TCP 移动指令 PTP、LIN，工具姿态将如图 8.1.3（b）所示，始终保持起点姿态不变，目标位置所指定的工具姿态参数（a，b，c）将被忽略。

（2）圆弧插补的工具姿态控制

机器人执行圆弧插补 CIRC 指令时，不仅需要利用系统变量＄ORI_TYPE 选择连续变化（♯VAR）、固定不变（♯CONSTANT）两种基本姿态控制方式，而且，还需要利用系统变量＄CIRC_TYPE 选择工件（♯BASE）、轨迹（♯PATH）2 种不同的姿态控制基准，其中，＄ORI_TYPE＝♯VAR（连续变化）、＄CIRC_TYPE＝♯BASE（以工件为基准）是系统默认的圆弧插补标准姿态控制方式。

选择不同控制基准、姿态控制方式时，工具姿态的调整方法如下。

① 以工件为基准、姿态连续变化。设定＄CIRC_TYPE ＝ ♯BASE、＄ORI_TYPE＝♯VAR，圆弧插补时的工具姿态将以图 8.1.4 所示的方式自动调整。此时，机器人手腕中心点（WCP）与工具控制点（TCP）连线在作业面的投影方向保持不变，工具姿态将沿圆弧的切线，从圆弧起点姿态连续变化到圆弧终点姿态。

② 以轨迹为基准、姿态连续变化。设定＄CIRC_TYPE ＝ ♯PATH、＄ORI_TYPE＝♯VAR，圆弧插补时的工具姿态将以图 8.1.5 所示的方式自动调整。此时，工具将沿圆弧的

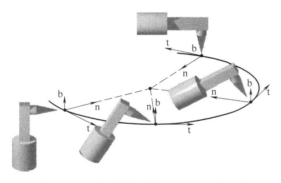

图 8.1.4　以工件为基准、姿态连续变化

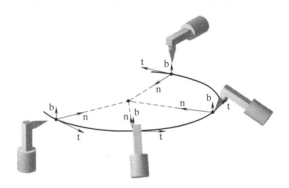

图 8.1.5　以轨迹为基准、姿态连续变化

法线，从圆弧起点姿态连续变化到圆弧终点姿态；系统在改变工具姿态的同时，还需要控制机器人上臂进行回绕圆心的旋转运动，使手腕中心点（WCP）与工具控制点（TCP）连线在作业面的投影始终位于圆弧的法线方向，以保持工具与轨迹（圆弧）的相对关系不变。

③ 以工件为基准、姿态固定。设定 $CIRC\_TYPE = \#BASE$、$ORI\_TYPE = \#CON$-STANT，圆弧插补时的工具姿态、手腕中心点（WCP）与工具控制点（TCP）连线在作业面的投影方向都将保持不变，圆弧终点姿态参数将被忽略，工具的运动如图 8.1.6 所示。

④ 以轨迹为基准、姿态固定。设定 $CIRC\_TYPE = \#PATH$、$ORI\_TYPE = \#CON$-STANT，圆弧插补时的工具姿态将保持不变，圆弧终点姿态参数将被忽略；但是，机器人上臂需要进行图 8.1.7 所示的回绕圆心的旋转运动，使手腕中心点（WCP）与工具控制点（TCP）连线在作业面的投影方向始终位于圆弧的法线方向，以保持工具与轨迹（圆弧）的相对关系不变。

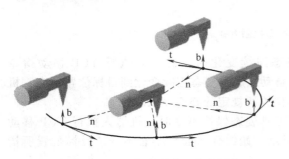

图 8.1.6　以工件为基准、姿态固定

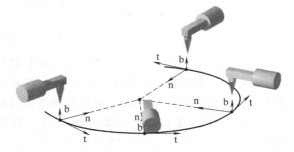

图 8.1.7　以轨迹为基准、姿态固定

使用示教编程时，工具姿态控制方式也可以利用"联机表格"，在运动数据表 PDATn、CPDATn 中一次性定义。

8.2　基本移动指令编程

8.2.1　指令格式与基本说明

(1) 指令格式

机器人的基本移动指令有定位和插补两类。所谓定位，是通过机器人本体轴、外部轴的运动，使机器人运动到目标位置的操作，它可以保证目标位置的到达，但不能对运动轨迹进行控制。所谓插补，是通过控制系统的插补运算，同步控制关节轴位置，使机器人 TCP 沿指定的轨迹连续移动到目标位置。

机器人定位 PTP、直线插补 LIN、圆弧插补 CIRC 是 KRL 程序最常用的基本移动指令，指令可根据移动目标位置的编程方式，选择绝对移动指令（无后缀）和增量移动指令（后缀_REL）两种格式。指令名称及编程格式如表 8.2.1 所示。

表 8.2.1　KRL 基本移动指令编程说明表

名称			编程格式
机器人定位	PTP	程序数据	Target_Position（绝对位置），数据格式：POS/E6POS、FRAME、AXIS/E6AXIS 或"!"（示教操作设定）
		基本添加项	CONT、Vel、PDATn、C_PTP、Tool[i]、Base[j]、DEFAULT
		作业添加项	与机器人用途有关
	PTP_REL	程序数据	Inc_Position（增量位置），数据格式同 PTP
		基本添加项	同 PTP
		作业添加项	同 PTP

续表

名称			编 程 格 式
直线插补	LIN	程序数据	Target_Position（绝对位置），数据格式：POS/E6POS、FRAME 或"！"（示教操作设定）
		基本添加项	CONT、Vel、CPDATn、C_DIS、C_VEL、C_ORI、Tool[i]、Base[j]
		作业添加项	与机器人用途有关
	LIN_REL	程序数据	Inc_Position（增量位置），数据格式同 LIN
		基本添加项	同 LIN
		作业添加项	同 LIN
圆弧插补	CIRC	程序数据	Auxiliary_Point（中间点、绝对位置）、Target_Position（编程终点、绝对位置），数据格式：POS/E6POS、FRAME 或！（示教操作设定）
		基本添加项	CONT、Vel、CA、CPDATn、C_DIS、C_VEL、C_ORI、Tool[i]、Base[j]
		作业添加项	与机器人用途有关
	CIRC_REL	程序数据	Auxiliary_Point（中间点，增量位置）、Target_Position（编程终点，增量位置），数据格式 POS/E6POS、FRAME 或"！"（示教操作设定）
		基本添加项	同 CIRC
		作业添加项	同 CIRC

基本移动指令中的目标位置、移动速度以及工具坐标系、工件坐标系等机器人移动必需的基本数据，需要在程序中预先定义或使用初始化指令 INI 定义的系统出厂默认值 DEFAULT；或者，利用"联机表格"，在运动数据表 PDATn、CPDATn 中一次性定义工具坐标系、工件坐标系、工具安装形式、加速度、到位区间、工具姿态控制方式等操作数。

基本移动指令的编程格式、程序数据、基本添加项的含义如下，添加项可用来调整指令的执行方式，可根据实际要求添加或省略。个别特殊的程序数据、添加项将在相关指令中具体说明。

（2）绝对与增量移动指令

绝对移动指令（PTP、LIN、CIRC）与增量移动指令（PTP_REL、LIN_REL、CIRC_REL）的区别仅在于移动目标的编程形式。

采用绝对移动指令时，指令所定义的目标位置是相对于当前有效坐标系原点的位置值，即关节位置机器人各关节轴相对于零点的位置，TCP 位置就是机器人 TCP（$TOOL）在当前工件坐标系（$BASE）上的位置值。

采用增量移动指令时，指令所定义的目标位置是相对于机器人当前位置的增加值，即关节位置是关节轴实际需要回转的角度，TCP 位置就是机器人 TCP 需要在当前工件坐标系（$BASE）上移动的距离。

例如，假设 PTP 定位的移动目标为图 8.2.1（a）所示的机器人关节位置，此时，A2、A3 轴的绝对位置应为 {A2 −90，A3 90}。如果在图 8.2.1（a）所示 A3 为 90°的位置上，继续执行绝对位置定位指令 PTP {A3 45}，机器人上臂 A3 将逆时针回转至图 8.2.1（b）所示的 A3 为 +45°位置。

如果在图 8.2.1（a）所示 A3 为 90°的位置上，继续执行增量定位指令 PTP_REL {A3 45}，机器人上臂 A3 将在现在位置（A3 为 90°）的基础上，正向（顺时针）回转 45°，定位至图 8.2.1（b）所示的 A3 为 +135°位置。

由于绝对移动指令所定义的目标位置与机器人当前位置无关，因此，在任何情况下，只要执行绝对移动指令，机器人总是能够到达指令的目标位置。而增量移动指令的目标位置则取决于机器人当前位置，机器人在不同位置执行增量移动指令时，机器人所到达的目标位置将不同。

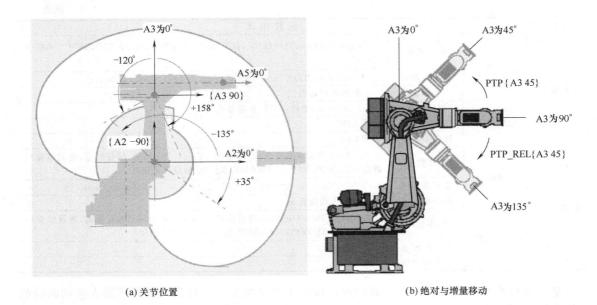

(a) 关节位置　　　　　　　　　　　　　　(b) 绝对与增量移动

图 8.2.1　绝对移动与增量移动

(3) 目标位置格式

目标位置 Target_Position（或 Inc_Position）是 KRL 移动指令必需的基本程序数据。KRL 移动指令的目标位置数据格式与移动方式有关，机器人定位指令 PTP 可使用关节坐标系位置 AXIS、E6AXIS 或笛卡儿坐标系位置 POS、E6POS、FRAME；直线插补、圆弧插补只能使用笛卡儿坐标系位置 POS、E6POS、FRAME。由于 FRAME 数据只包含坐标值和工具姿态（x，y，z，a，b，c），未定义机器人姿态 S、T，因此，它只能作为连续移动指令的后续点，而不能作为机器人移动指令的起始点，即利用 FRAME 数据定义目标位置的指令前，必须编制利用 POS、E6POS 或 AXIS、E6AXIS 数据作为目标位置的 PTP 定位或 LIN、CIRC 插补指令。例如：

```
……
INI
HOME = { AXIS:A1 0,A2 - 90,A3 90,A4 0,A5 0,A6 0}
                                                    // 关节位置 AXIS 定义
REF_POS = { POS:X 800,Y 0,Z 1000,A 0,B 0,C 0,S 2,T35 }
                                                    // 笛卡儿位置 POS 定义
caux_pos = {FRAME:X 800,Y 200,Z 1000,A 0,B 0,C 0}
cend_pos = {FRAME:X 1000,Y 200,Z 800,A 45,B 0,C 0}
                                                    // 笛卡儿位置 FRAME 定义
……
PTP   HOME                                          // 关节位置 AXIS 定位
PTP { X 800,Y 0,Z 1000,A 0,B 0,C 0 }               // FRAME 定位
……
PTP   REF_POS                                       // POS 定位
LIN { X 1000,Y 200,Z 800,A 90,B 0,C 0 }            // FRAME 位置插补
CIRC  caux_pos,cend_pos
……
```

KRL 基本移动指令的目标位置不仅可通过坐标值（常数）、程序数据（变量）等基本数据定义，也可以是通过示教操作定义的示教点，或者通过联机表格（inline table）定义的程序点。

利用示教操作定义目标位置的移动指令，目标位置用符号"!"代替。例如：

```
......
PTP  !                                            // 机器人示教点定位
LIN  !   C_DIS                                    // 直线插补,终点为示教点
CIRC !   CA 135.0                                 // 圆弧插补,中间点、终点为示教点
......
```

利用示教操作（KUKA 称联机表格，见后述）定义的程序点需要在程序其他指令中引用时，需要在程序点名称上加前缀"X"。例如：

```
......
PTP  XP1                                          // 机器人定位到示教操作定义的P1点
LIN  XP2  C_DIS                                   // 直线插补,终点为示教操作定义的P2点
CIRC XP3  XP4                                     // 圆弧插补,中间点、终点为示教操作定义的P3、P4点
......
```

(4) 添加项与使用

添加项可用来调整指令执行方式，可根据实际需要增加或省略。KRL 移动指令添加项包括基本添加项和作业添加项两类，基本添加项用于机器人运动控制，与机器人用途（类别）无关；作业添加项用于特定机器人控制，与机器人用途、作业工具有关。例如，在使用伺服焊钳的 KUKA 点焊机器人上，可通过作业添加项 ProgNr 选择焊接参数表、ServoGun 选择伺服焊钳名称、Cont 选择电极开合方式、Part 选择工件厚度、Force 选择电极压力等，有关内容可参见 KUKA 机器人使用说明书。

基本添加项 CONT 用来选择机器人在移动终点的连续移动。在选择连续移动的指令上，可继续利用基本添加项 C_PTP、C_DIS、C_VEL、C_ORI 或运动数据表 PDATn、CPDATn，设定终点的到位区间。KUKA 机器人到位区间的定义方法可参见前述。

PTP 指令基本添加项 PDATn 以及 LIN、CIRC 指令基本添加项 CPDATn 用来选择运动数据表。利用运动数据表，可一次性定义工具坐标系（$TOOL）、工件坐标系（$BASE）、插补模式（$IPO_MODE）、加速度（$ACC.CP）、工具姿态控制方式（$ORI_TYPE）以及连续运动时的到位区间（$APO.CPTP、$APO.CDIS、$APO.CORI、$APO.CVEL）等运动控制参数。使用添加项 DEFAULT，移动指令将使用控制系统出厂默认的运动数据。

基本添加项 Tool [i]、Base [j] 用来选择工具、工件坐标系，如果工具、工件定义了名称，名称和坐标系编号可通过":"连接，如"Tool [1]：GUN_1""Base [2]：BAN_2"等。

8.2.2　PTP 指令编程

(1) 指令功能

KRL 定位指令 PTP（绝对定位）、PTP_REL（增量定位）用于机器人定位控制，执行指令，机器人将以指定的关节轴回转速度（最大速度的倍率），快速定位到指令目标位置。

执行 PTP（PTP_REL）指令的机器人 TCP 运动如图 8.2.2 所示，它是以机器人当前位置（执行指令前的位置 $P1$）为起点、以指令目标位置（$P2$）为终点的快速运动；机器人的所有关节轴同时启动、同时停止。

PTP（PTP_REL）指令具有改变机器人 TCP 位置、调整机器人和工具姿态的功能。定位

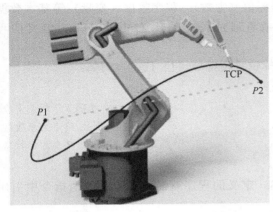

图 8.2.2　TCP 运动

指令的起点 $P1$ 和终点 $P2$ 的 TCP 位置、机器人姿态、工具姿态均可以不同。

PTP（PTP_REL）指令的机器人运动速度，需要以关节轴最大速度倍率的形式，通过指令操作数 Vel 定义。其中，运动时间最长的关节轴（称为主导轴或导向轴），其回转速度与编程速度（最大回转速度 × Vel）相同，而其他关节轴的回转速度，则需要按"同时启动、同时到达终点"的要求，由控制系统自动计算生成。

机器人定位指令 PTP（PTP_REL）实际上只是按"同时启动、同时到达终点"速度要求，所进行的关节轴独立运动，系统并不对各关节轴的位置进行同步控制，因此，机器人 TCP 的运动轨迹、工具姿态变化都为各轴独立运动所合成的自由曲线（一般不为直线）。

(2) 基本格式

KUKA 定位指令 PTP（PTP_REL）的基本格式及常用添加项作用如下。

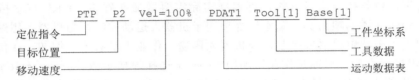

① 定位指令：绝对位置定位指令为 PTP，增量位置定位指令为 PTP_REL。

② 目标位置：目标位置可以是坐标值（常数）或程序数据（变量）；数据格式可以为关节坐标系位置 AXIS、E6AXIS，或者笛卡儿坐标系机器人 TCP 位置 POS、E6POS、FRAME，或者需要利用示教操作设定的程序点"!"。

在添加"CONT"的连续移动定位指令（PTP 或 PTP_REL）上，终点的到位区间可通过系统变量 \$APO_DIS_PTP[n]、\$APO.CPTP（倍率）定义后，利用添加项 C_PTP 选择；或者，在运动数据表 PDATn 中定义。

机器人进行笛卡儿坐标系 TCP 定位时，程序中的初始定位指令必须是含有机器人姿态参数 S、T 的完整位置（POS 或 E6POS 数据）。当机器人连续执行 TCP 定位运动时，如果不需要改变机器人姿态，随后的 PTP 指令目标位置可直接使用无机器人姿态参数 S、T 的简化格式（FRAME 数据）。

③ 移动速度：PTP 指令的移动速度以关节最大回转速度的倍率（%）形式定义，允许范围为 1%～100%；运动时间最长的主导轴与编程速度相同，其他轴速度由系统自动计算。

④ 运动数据表：用于插补模式、加速度、工具姿态控制方式以及连续运动时的到位区间等运动控制参数定义。

⑤ 工具数据：用于控制系统的工具坐标系 \$TOOL 及机器人负载参数选择。机器人 TCP 的笛卡儿坐标系定位指令必须定义工具数据。执行机器人关节定位指令时，虽然机器人的定位位置不受 \$TOOL、\$BASE 坐标系的影响，但是由于工具、工件的外形、重量等参数与机器人的安全运行、伺服驱动控制等因素密切相关，因此，即使是关节坐标系定位指令，同样需要定义工具坐标系及负载参数。

⑥ 工件坐标系：用于控制系统的工件坐标系＄BASE选择。机器人移动工具作业可使用系统默认设定（＄BASE＝＄WORLD），但是，对于工具固定、机器人移动工件的作业程序，系统的＄BASE坐标系用来定义工具的控制点位置和工具的安装方向，＄BASE坐标系和大地坐标系、机器人根坐标系不可能重合，因此，必须定义工件坐标系＄BASE。

PTP（PTP_REL）指令的移动速度、加速度、插补模式、工具姿态控制方式以及连续运动时的到位区间等运动控制参数，也可通过系统变量设定指令，在KRL程序中直接设定或改变，有关内容可参见前述。

对于机器人的连续定位运动，如果某一关节轴位置值、指令添加项等内容无需改变，后续PTP（PTP_REL）指令中相应的关节轴位置、指令添加项均可省略。

（3）编程示例

PTP指令的编程示例如下。

```
......
INI
HOME = { AXIS:A1 0,A2 - 90,A3 90,A4 0,A5 0,A6 0}                    // 关节位置定义
wstart_pos = {FRAME:X 800,Y 0,Z 1000,A 0,B 0,C 0 }                 // FRAME 位置定义
......
PTP   HOME   Vel = 100%   PDAT1  Tool[1]  Base[0]                   // 关节坐标系定位
PTP   { X 500,Y 0,Z 800,A 0,B 0,C 0,S 2,T 35 }  Vel = 100%   PDAT1
      Tool[1]  Base[1]  C_PTP                           // 直接定义 POS 位置、到位区间
PTP   wstart_pos   CONT   Vel = 80%   PDAT1   Tool[1]  Base[1]
                                                        // 连续定位,FRAME 位置
PTP_REL { X 100,Y 100}                           // X、Y 轴增量定位,省略相同数据
......
PTP !                                                                // 示教点定位
......
PTP   HOME   Vel = 100%   PDAT1   Tool[1]  Base[0]
......
```

8.2.3　LIN 指令编程

（1）指令功能

KRL直线插补指令LIN（绝对位置）、LIN_REL（增量移动）是以执行指令前的机器人TCP位置为起点、以指令目标位置（POS/E6POS、FRAME数据）为终点的直线运动，指令可用于图8.2.3所示的机器人TCP移动或工具定向运动。

KRL直线插补指令LIN（LIN_REL）起点$P1$和终点$P2$的机器人姿态必须相同，如果$P2$定义了与$P1$不同的姿态参数S、T，机器人姿态参数将被自动忽略。

直线插补的工具姿态控制方式可通过系统变量＄ORI_TYPE定义。对于通常情况，系统默认＄ORI_TYPE＝♯VAR（工具姿态连续变化），因此，当指令LIN（LIN_REL）的目标位置（$P2$）和起始位置（$P1$）的工具姿态（a，b，c）不同时，控制系统将通过关节轴同步运动控制，在保证机器人TCP的运动轨迹为图8.2.3（a）所示的连接起点$P1$和终点$P2$的直线的同时，使工具姿态由$P1$连续变化到$P2$。但是，如果在KRL程序中定义了系统变量数＄ORI_TYPE＝♯CONSTANT（工具姿态不变），机器人TCP的运动轨迹仍为连接起点$P1$和终点$P2$的直线，但工具将保持起点$P1$的姿态不变（见前述）。

当指令LIN（LIN_REL）用于工具定向控制时，目标位置（$P2$）和起始位置（$P1$）应具

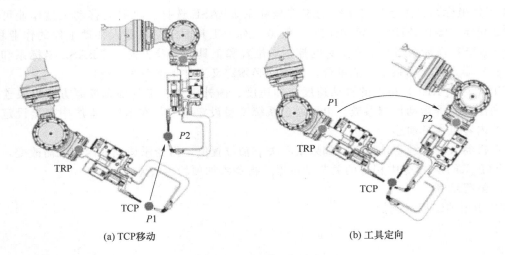

(a) TCP移动　　　　　　　　　　　(b) 工具定向

图 8.2.3　直线插补

有相同的坐标值 (x, y, z) 和不同的工具姿态 (a, b, c)，此时，控制系统将通过控制关节轴同步运动，在保持机器人 TCP 位置不变的前提下回转工具，使工具姿态由起点 $P1$ 连续变化到终点 $P2$。

LIN（LIN_REL）指令的机器人运动速度，需要通过指令操作数 Vel 直接定义，允许范围为 $0.001 \sim 2\mathrm{m/s}$，指令速度为所有关节轴运动合成后的机器人 TCP 移动速度。

(2) 基本格式

KRL 直线插补指令 LIN（LIN_REL）的基本格式及常用添加项如下。

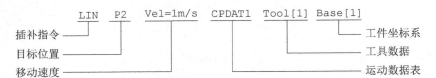

① 插补指令：绝对位置直线插补指令为 LIN，增量位置直线插补指令为 LIN_REL。

② 目标位置：LIN（LIN_REL）指令目标位置应为机器人 TCP 在笛卡儿坐标系上的位置，数据格式为 POS、E6POS 或 FRAME，目标位置可以是坐标值（常数）、程序数据（变量），或者是利用示教操作设定的程序点"!"。

在添加"CONT"的连续移动直线插补指令（LIN 或 LIN_REL）上，到位区间可通过系统变量 $APO. CDIS（TCP 到位区间）、$APO. CORI（回转到位、工具定向到位区间）、$APO. CVEL（到位速度）定义，并通过添加项 C_DIS、C_ORI、C_VEL 选择；或者，在运动数据表 CPDATn 中定义。

直线插补指令不能改变机器人姿态。如果 LIN（LIN_REL）指令的目标位置以 POS、E6POS 格式定义，数据中的机器人姿态参数 S、T 将自动忽略。因此，机器人执行直线插补指令 LIN（LIN_REL）前，必须通过 POS、E6POS、AXIS、E6AXIS 定位指令，规定机器人姿态。

③ 移动速度：LIN（LIN_REL）指令的移动速度直接以机器人 TCP 移动速度（m/s）的形式定义，允许编程的范围为 $0.001 \sim 2\mathrm{m/s}$。如果折算到关节轴的回转速度超过了关节轴最大回转速度，控制系统将根据系统变量 $CP_VEL_TYPE 的设定，自动降低速度（$CP_VEL_TYPE=#VAR_ALL）或报警、停止（$CP_VEL_TYPE=#CONSTANT）。

④ 运动数据表：直线插补指令的运动数据表名称为 CPDATn，数据表同样可用于插补模式、加速度、工具姿态控制方式以及连续运动时的到位区间等运动控制参数定义。

⑤ 工具数据：用于控制系统的工具坐标系 $TOOL 及机器人负载参数选择。直线插补的控制目标为笛卡儿坐标系的机器人 TCP 位置，必须定义工具坐标系 $TOOL 及负载参数。

⑥ 工件坐标系：用于控制系统的工件坐标系 $BASE 选择。机器人移动工具作业可使用系统默认设定（$BASE＝$WORLD），但是，对于工具固定、机器人移动工件的作业程序，同样必须定义工件坐标系（见 PTP 指令说明）。

LIN（LIN_REL）指令的移动速度、加速度、插补模式、工具姿态控制方式以及连续运动时的到位区间等运动控制参数，也可通过运动数据表一次性定义，或者利用系统变量设定指令，在 KRL 程序中直接设定或改变，有关内容可参见前述。此外，在机器人进行连续直线插补时，如果某一坐标轴位置值、指令添加项内容无需改变，后续指令目标位置中相应的坐标位置值、指令添加项均可省略。

(3) 编程示例

LIN 指令的编程示例如下。

```
……
INI
HOME = { AXIS:A1 0,A2 -90,A3 90,A4 0,A5 0,A6 0}                      // 关节位置定义
wstart_pos = {POS:X 800,Y 0,Z 1000,A 0,B 0,C 0,S 2,T 35}            // POS 位置定义
……
PTP  HOME  Vel = 100%  PDAT1  Tool[1]  Base[0]                      // 关节坐标系定位
LIN  wstart_pos  Vel = 1m/s  CPDAT1  Tool[1]  Base[1]  C_DIS        // 直线插补
LIN { X 500,Y 0,Z 800 }  CONT                                      // 直接定义目标位置,连续运动
LIN_REL { X 100,Y 100}                                             // 增量移动,省略相同数据
……
LIN_REL { A 180 }  C_ORI                                           // 工具定向
LIN !                                                              // 目标位置为示教点
……
LIN  wstart_pos  Vel = 1m/s  CPDAT1  Tool[1]  Base[1]
PTP  HOME  Vel = 100%  PDAT1  Tool[1]  Base[0]
……
```

8.2.4　CIRC 指令编程

(1) 指令功能

KRL 圆弧插补指令 CIRC（绝对位置）、CIRC_REL（增量移动）可使机器人 TCP 点按指定的移动速度，沿指定的圆弧，从当前位置移动到目标位置。

工业机器人的圆弧插补轨迹需要通过当前位置（起点 $P1$）、指令中间点（$P2$）和目标位置（终点 $P3$）3 点进行定义，TCP 点运动轨迹为图 8.2.4 所示经过 3 个编程点 $P1$、$P2$、$P3$ 的部分圆弧。

与直线插补一样，KRL 圆弧插补指令 CIRC（CIRC_REL）起点 $P1$ 和

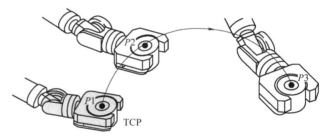

图 8.2.4　圆弧插补

终点 $P3$ 的机器人姿态必须相同，如果 $P3$ 定义了与 $P1$ 不同的姿态参数 S、T，机器人姿态参数将被自动忽略。

圆弧插补的工具姿态控制方式可通过系统变量 $ORI_TYPE、$CIRC_TYPE 定义。对于通常情况，由于控制系统默认的工具姿态控制系统变量数为 $ORI_TYPE=♯VAR（连续变化）、$CIRC_TYPE=♯BASE（以工件为基准），因此，当指令 CIRC（CIRC_REL）的目标位置（$P3$）和起始位置（$P1$）的工具姿态（a，b，c）不同时，控制系统将通过关节轴同步运动控制，保证机器人与工件的相对关系（上臂中心线方向）不变，而工具姿态将沿圆弧的切线，从圆弧起点 $P1$ 姿态连续变化到圆弧终点 $P3$ 姿态（见前述）。

CIRC（CIRC_REL）指令的运动速度为机器人 TCP 在圆弧切线方向的速度，速度可通过指令操作数 Vel 直接定义，允许范围为 $0.001\sim2m/s$。

（2）基本格式

KRL 圆弧插补指令 CIRC（CIRC_REL）的基本格式及常用添加项如下。

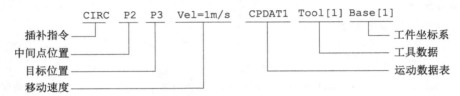

① 插补指令：绝对位置圆弧插补指令为 CIRC，增量位置圆弧插补指令为 CIRC_REL。

② 中间点、目标位置：CIRC（CIRC_REL）指令的中间点、目标位置应为机器人 TCP 在笛卡儿坐标系上的位置，数据格式为 POS、E6POS 或 FRAME，位置可以是坐标值（常数）、程序数据（变量），或者是利用示教操作设定的程序点"!"。

在添加"CONT"的连续移动圆弧插补指令（CIRC 或 CIRC_REL）上，终点的到位区间可通过系统变量 $APO.CDIS（TCP 到位区间）、$APO.CORI（回转到位区间）、$A-PO.CVEL（到位速度）定义，并通过添加项 C_DIS、C_ORI、C_VEL 选择；或者，在运动数据表 CPDATn 中定义。

为了保证圆弧轨迹的准确，圆弧中间点位置应满足规定的要求；此外，KRL 圆弧插补还可以通过特殊添加项 CA 规定圆心角，此时，指令中的目标位置只是控制系统用来确定圆弧的结算点，实际目标位置将由圆心角定义。有关内容详见后述。

圆弧插补指令同样不能改变机器人姿态。如果 CIRC（CIRC_REL）指令的目标位置以 POS、E6POS 格式定义，数据中的机器人姿态参数 S、T 将自动忽略。因此，机器人执行圆弧插补指令 CIRC（CIRC_REL）前，同样必须通过 POS、E6POS、AXIS、E6AXIS 定位指令，事先规定机器人姿态。

③ 移动速度：CIRC（CIRC_REL）指令的移动速度直接以机器人 TCP 在圆弧切向移动速度（m/s）的形式定义，允许编程的范围为 $0.001\sim2m/s$。同样，如果折算到关节轴的回转速度超过了关节轴最大回转速度，控制系统将根据系统变量 $CP_VEL_TYPE 的设定，自动降低速度（$CP_VEL_TYPE=♯VAR_ALL）或报警、停止（$CP_VEL_TYPE=♯CONSTANT）。

④ 运动数据表：圆弧插补指令的运动数据表名称为 CPDATn，数据表同样可用于插补模式、加速度、工具姿态控制方式以及连续运动时的到位区间等运动控制参数定义。

⑤ 工具数据：用于控制系统工具坐标系 $TOOL 及机器人负载参数选择。圆弧插补的控制目标为笛卡儿坐标系的机器人 TCP 位置，必须定义工具坐标系及负载参数。

⑥ 工件坐标系：用于控制系统的工件坐标系 $BASE 选择。机器人移动工具作业可使用

系统默认设定（＄BASE＝＄WORLD），但是，对于工具固定、机器人移动工件的作业程序，必须定义工件坐标系（见 PTP 指令说明）。

（3）中间点选择与圆心角定义

利用 3 点确定圆弧时，圆弧插补的中间点 $P2$ 理论上可以是处于圆弧起点和终点间的任意点，但是，由于操作、定位的误差，中间点有可能偏移圆弧，而导致轨迹误差，因此，为了获得正确的轨迹，中间点选取需要满足图 8.2.5 所示的要求。

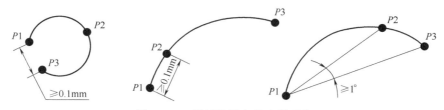

图 8.2.5　圆弧插补点的选择要求

① 中间点应尽可能靠近实际圆弧的中间位置。

② 起点 $P1$、中间点 $P2$、终点 $P3$ 间应有足够的间距，起点 $P1$ 离终点 $P3$、起点 $P1$ 离中间点 $P2$ 的距离，一般都应大于 0.1mm。

③ 应保证起点 $P1$ 和中间点 $P2$ 连接线与起点 $P1$ 和终点 $P3$ 连接线的夹角大于 1°。

④ 不能试图用终点和起点重合的圆弧插补指令，来实现 360°全圆插补；全圆插补需要通过 2 条或以上的圆弧插补指令实现，或者，在指令中添加下述的圆心角 CA。

可通过圆心角添加项 CA 定义圆弧插补指令的实际目标位置，是 KUKA 机器人与FANUC、安川、ABB 等机器人的区别。通过圆心角添加项，不仅可以获得更为准确的目标位置，而且可进行全圆、大于 360°圆弧的编程，此外，还允许圆弧不通过中间点、终点，从而使得圆弧示教、编程更加灵活。

添加项 CA 的编程方法如下。

利用圆心角添加项 CA 编程的圆弧插补轨迹如图 8.2.6 所示。

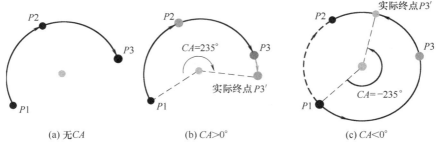

(a) 无CA　　　(b) $CA>0°$　　　(c) $CA<0°$

图 8.2.6　圆弧插补轨迹

$CA>0°$：轨迹如图 8.2.6（b）所示，圆弧由起点 $P1$、中间点 $P2$、终点 $P3$ 定义；圆弧方向与编程方向相同；CA 为从起点到实际终点的圆心角，单位（°），实际终点可位于指令的中间点 $P2$、终点 $P3$ 之前或之后。

$CA<0°$：轨迹如图 8.2.6（c）所示，圆弧由起点 $P1$、中间点 $P2$、终点 $P3$ 定义；圆弧方向与编程方向相反；CA 为从起点到实际终点的圆心角，单位（°），实际圆弧可能完全不经过指令的中间点 $P2$、终点 $P3$。

（4）编程示例

圆弧插补指令的编程示例如下。

```
……
INI
HOME = { AXIS:A1 0,A2 -90,A3 90,A4 0,A5 0,A6 0}                // 关节位置定义
wstart_pos = {POS:X 800,Y 0,Z 1000,A 0,B 0,C 0,S 2,T 35}      // POS 位置定义
P1 = {FRAME:X 800,Y 0,Z 1000,A 0,B 0,C 0 }                    // 起点
P2 = {FRAME:X 850,Y 200,Z 1000,A 0,B 0,C 0 }                  // 中间点
P3 = {FRAME:X 1250,Y 150,Z 1000,A 0,B 0,C 0 }                 // 编程终点
……
PTP  HOME  Vel = 100%   PDAT1   Tool[1]  Base[0]               // 关节坐标系定位
LIN  wstart_pos  Vel = 1m/s  CPDAT1  Tool[1]  Base[1]  C_DIS   // 直线插补
……
LIN  P1  Vel = 1m/s  CPDAT1  Tool[1]  Base[1]                  // 直线插补,移动到P1
CIRC  P2  P3                                                   // 圆弧插补
……
```

在以上程序中，基本指令"CIRC P2 P3"的运动轨迹如图 8.2.6（a）所示。如果将圆弧插补指令"CIRC P2 P3"更改为"CIRC P2 P3 CA=235"，则圆弧插补的运动轨迹如图 8.2.6（b）所示，实际终点将位于编程终点 $P3$ 之后。同样，如果将圆弧插补指令"CIRC P2 P3"更改为"CIRC P2 P3 CA= -235"，则圆弧插补的运动轨迹如图 8.2.6（c）所示，圆弧将不经过中间点 $P2$。

8.3 样条插补指令编程

8.3.1 样条插补功能与使用

(1) 功能与特点

样条曲线（spline curve）是经过一系列给定点（称为型值点、拟合点）的光滑曲线，样条曲线不仅可有序通过型值点，而且在型值点处的一阶和二阶导数连续，因此，曲线具有连续、曲率变化均匀的特点。

工业机器人、数控机床目前使用的样条曲线一般为非均匀有理 B 样条（non-uniform rational B-spline）曲线，简称 NURBS 曲线。它是国际标准化组织（ISO）规定的、用于工业产品几何形状定义的数学方法。

所谓样条插补，就是使得控制目标点（如工业机器人的 TCP）沿通过各给定点（型值点）的 NURBS 曲线移动的功能。它可以替代传统的小线段逼近参数曲线的插补方法，直接实现参数点（型值点）插补。

样条插补与直线、圆弧插补连续移动的小线段逼近相比，主要有以下特点。

① 编程容易。样条插补的移动轨迹可以直接利用图 8.3.1（a）所示的程序点定义给定点（型值点），TCP 移动轨迹（样条曲线）将直接通过指令中的程序点。采用连续移动的直线、圆弧插补指令逼近时，移动轨迹如图 8.3.1（b）所示，线段连接处的轨迹难以准确定义，TCP 移动轨迹一般不能通过指令中的程序点，因此，程序点（直线、圆弧插补终点）的选择比较困难，难以获得准确的轨迹。

② 轨迹准确。利用直线、圆弧插补连续移动小线段逼近时，曲线的形状与到位区间有关，并且受移动速度、加速度的影响，特别对于圆周和小圆弧移动，轨迹精度难以保证。样条插补曲线的形状始终不变，曲线形状与到位区间的大小基本无关，通常也不受 TCP 移动速度、加

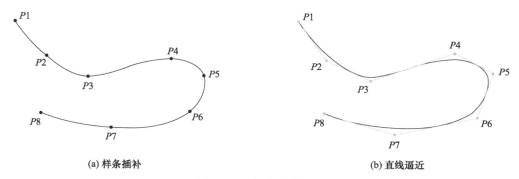

(a) 样条插补　　　　　　　　　　　　　(b) 直线逼近

图 8.3.1　样条插补功能

速度的影响，因此，即使是圆周和小圆弧移动，同样可以得到准确的运动轨迹。

③ 速度不变。利用直线、圆弧插补连续移动小线段逼近时，线段连接处的 TCP 移动速度不能直接编程。样条插补为连续的轨迹运动，TCP 移动速度可在程序中直接定义，在绝大多数情况下可保持移动速度不变。

④ 功能丰富。如果需要，样条插补指令可添加控制点操作（TRIGGER）及条件停止（STOP WHEN）、恒速运动控制（CONST_VEL）等附加指令，在机器人移动的同时进行相应的操作，有关内容可参见本书后述。

(2) 曲线定义

KRL 程序的样条曲线分 PTP 样条和 CP 样条 2 类。

PTP（point to point）样条只能以给定点（型值点）的方式定义，曲线是通过若干给定点（型值点）的连续定位运动曲线。

CP（continuous path）样条可以利用给定点（型值点）、直线段、圆弧段定义，曲线为给定点（型值点）、直线段、圆弧段组成的连续运动轨迹，也就是说，定义 CP 样条曲线可以包含直线段、圆弧段；给定点（型值点）、直线段、圆弧段可以在样条曲线中混合编程。

利用程序点、直线段定义的 CP 样条曲线示例如图 8.3.2（a）所示，当 $P3 \rightarrow P4$、$P7 \rightarrow P8$ 被定义为直线段时，样条曲线实际上被分为通过 $P1$、$P2$、$P3$ 的样条曲线和通过 $P4$、$P5$、$P6$、$P7$ 的样条曲线 2 部分，样条曲线与直线段平滑连接。

利用程序点、圆弧段定义的 CP 样条曲线示例如图 8.3.2（b）所示，当 $P4 \rightarrow P5 \rightarrow P6$ 被定义为圆弧段时，样条曲线实际上被分为通过 $P1$、$P2$、$P3$、$P4$ 的样条曲线和通过 $P6$、$P7$、$P8$ 的样条曲线 2 部分，样条曲线与圆弧段平滑连接。

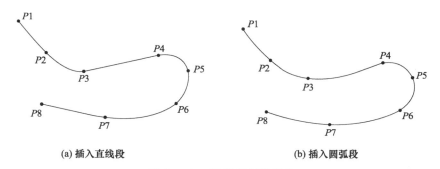

(a) 插入直线段　　　　　　　　　　　(b) 插入圆弧段

图 8.3.2　CP 样条插补定义

(3) 工具姿态控制

利用给定点、直线段定义样条曲线时，工具姿态的控制方法与 TCP 定位、直线插补指令相同（见前述）。设定 $ORI\_TYPE=\#VAR$、选择工具姿态连续变化时，TCP 进行样条曲线插补时，工具姿态将根据给定点的姿态连续变化；机器人在终点位置的工具姿态，将与最后一个给定点所规定的姿态一致。设定 $ORI\_TYPE=\#CONSTANT$、选择工具姿态保持不变时，TCP 进行样条曲线插补时，工具姿态将保持起点姿态不变，给定点所指定的工具姿态参数 (a,b,c) 将被忽略。

当样条曲线中插入圆弧段时，圆弧段的工具姿态控制同样可通过变量 $CIRC\_TYPE$、$ORI\_TYPE=\#VAR$ 进行定义（参见前述）。设定 $CIRC\_TYPE=\#BASE$、$ORI\_TYPE=\#VAR$ 时，机器人与工件的相对关系（上臂中心线方向）保持不变，工具姿态将沿圆弧的切线，从圆弧起点姿态连续变化到圆弧终点姿态。设定 $CIRC\_TYPE=\#PATH$、$ORI\_TYPE=\#VAR$ 时，工具将沿圆弧的法线，从圆弧起点姿态连续变化到圆弧终点姿态，同时，还需要控制机器人上臂进行回绕圆心的旋转运动，使机器人上臂中心线始终位于圆弧的法线方向，以保持工具与轨迹（圆弧）的相对关系不变。设定 $CIRC\_TYPE=\#BASE$、$ORI\_TYPE=\#CONSTANT$ 时，圆弧插补时的工具姿态、机器人与工件的相对关系（上臂中心线方向）都将保持不变，圆弧终点姿态参数将被忽略。设定 $CIRC\_TYPE=\#PATH$、$ORI\_TYPE=\#CONSTANT$ 时，圆弧插补时的工具姿态将保持不变，圆弧终点姿态参数将被忽略；但机器人上臂需要进行回绕圆心的旋转运动，使机器人上臂中心线始终位于圆弧的法线方向。

8.3.2 指令格式与编程示例

KRL 样条插补程序段由样条类型定义指令 PTP SPLINE（PTP 样条）或 SPLINE（CP 样条）起始，以指令 ENDSPLINE 结束，中间为型值点（SPTP、SPL）或直线段（SLIN）、圆弧段（SCIRC）。PTP 样条插补、CP 样条插补程序段的编程格式基本相同，编程格式如下。

（1）样条类型定义

KRL 样条插补的类型有 PTP（点定位）、CP（连续轨迹）两类，样条插补类型定义指令的编程格式如下。

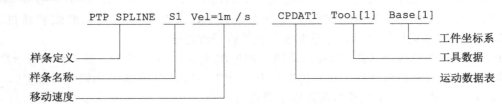

① 样条定义：PTP 样条定义指令为 PTP SPLINE，CP 样条定义指令为 SPLINE。

② 样条名称：样条段名称，示教编程时系统默认的名称为 Sn，需要时可以修改。

样条定义指令的移动速度 Vel、运动数据表 CPDATn、工具数据 Tool [i]、工件坐标系 Base [j] 的含义、编程要求与直线、圆弧插补指令相同。

（2）样条轨迹定义

PTP 样条轨迹只能以型值点（给定点）SPTP 定义，插补段的编程格式如下。

```
……
PTP SPLINE   Spline_Name  <Add_Command>                          // PTP 样条定义
SPTP  Nurbs_Point 1                                              // 给定点1
SPTP  Nurbs_Point 2                                              // 给定点2
……
ENDSPLINE                                                        // PTP 样条结束
```

CP 样条轨迹可以由型值点（给定点）SPL、直线段 SLIN、圆弧段 SCIRC 定义，插补段的编程格式如下。

```
......
SPLINE  Spline_Name  <Add_Command>                    // CP 样条定义
SPL  Nurbs_Point 1                                    // 给定点 1
SPL  Nurbs_Point 2                                    // 给定点 2
......
SLIN  Target_Position                                 // 样条直线段
......
SCIRC  Auxiliary_Point,Target_Position               // 样条圆弧段
......
ENDSPLINE                                             // CP 样条结束
```

（3）编程示例

图 8.3.3 所示的由给定点 $P1 \sim P8$ 定义的 CP 样条插补程序示例如下。对于 PTP 样条定位，只需要将程序中的 SPLINE 指令改为 PTP SPLINE，将给定点指令 SPL 改为 SPTP。

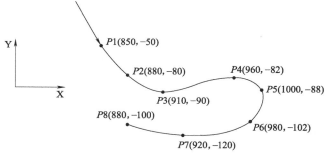

图 8.3.3　样条插补示例

```
......
INI
HOME = { AXIS:A1 0,A2 - 90,A3 90,A4 0,A5 0,A6 0}           // 关节位置定义
wstart_pos = {POS:X 838,Y 0,Z 1000,A 0,B 0,C 0,S 2,T 35}  // POS 位置定义
......
PTP  HOME  Vel = 100%  PDAT1  Tool[1]  Base[0]            // 关节坐标系定位
LIN  wstart_pos  Vel = 1m/s  CPDAT1  Tool[1]  Base[1]  C_DIS   // 直线插补
SPLINE S1 Vel = 1m/s  CPDAT1  Tool[1]  Base[1]           // 样条定义
SPL  {X 850,Y-50}                                        // 给定点 1
SPL  {X 880,Y-80}                                        // 给定点 2
SPL  {X 910,Y-90}                                        // 给定点 3
SPL  {X 960,Y-82}                                        // 给定点 4
SPL  {X 1000,Y-88}                                       // 给定点 5
SPL  {X 980,Y-102}                                       // 给定点 6
SPL  {X 920,Y-120}                                       // 给定点 7
SPL  {X 880,Y-100}                                       // 给定点 8
ENDSPLINE                                                // 样条插补结束
......
```

对于图 8.3.3 所示的 CP 样条曲线，如果 $P3{\rightarrow}P4$、$P7{\rightarrow}P8$ 定义为图 8.3.4 所示的直线段，上述程序中的样条曲线定义程序应作如下修改。

```
……
SPLINE S1 Vel=1m/s  CPDAT1  Tool[1]  Base[1]          // 样条定义
SPL  {X 850,Y-50}                                     // 给定点 1
SPL  {X 880,Y-80}                                     // 给定点 2
SPL  {X 910,Y-90}                                     // 给定点 3
SLIN  {X 960,Y-82}                                    // 直线段 1
SPL  {X 1000,Y-88}                                    // 给定点 5
SPL  {X 980,Y-102}                                    // 给定点 6
SPL  {X 920,Y-120}                                    // 给定点 7
SLIN  {X 880,Y-100}                                   // 直线段 2
ENDSPLINE                                             // 样条插补结束
……
```

同样，对于图 8.3.3 所示的 CP 样条曲线，如果 $P4{\rightarrow}P5{\rightarrow}P6$ 被定义为图 8.3.5 所示的圆弧段，上述程序中的样条曲线定义程序应作如下修改。

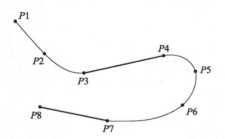

图 8.3.4　插入直线段的样条曲线

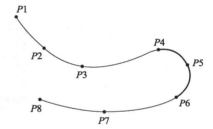

图 8.3.5　插入圆弧段的样条曲线

```
……
SPLINE S1 Vel=1m/s  CPDAT1  Tool[1]  Base[1]          // 样条定义
SPL  {X 850,Y-50}                                     // 给定点 1
SPL  {X 880,Y-80}                                     // 给定点 2
SPL  {X 910,Y-90}                                     // 给定点 3
SPL  {X 960,Y-82}                                     // 给定点 4
SCIRC  {X 1000,Y-88},{X 980,Y-102}                    // 圆弧段
SPL  {X 920,Y-120}                                    // 给定点 7
SPL  {X 880,Y-100}                                    // 给定点 8
ENDSPLINE                                             // 样条插补结束
……
```

(4) 轨迹修改

对于给定点定义的样条曲线，改变任意一个给定点的位置，将使整个样条曲线的形状发生变化。例如，将图 8.3.3 所示的给定点 $P3$ 改为 $P3'$，样条曲线的形状将发生图 8.3.6（a）所示的改变。

对于含有直线段、圆弧段的样条曲线，当改变非直线段终点或圆弧段终点、中间点的给定点位置时，直线段、圆弧段将保持不变，给定点的变化仅影响图 8.3.6（b）、图 8.3.6（c）所示的前后连接段的样条曲线。

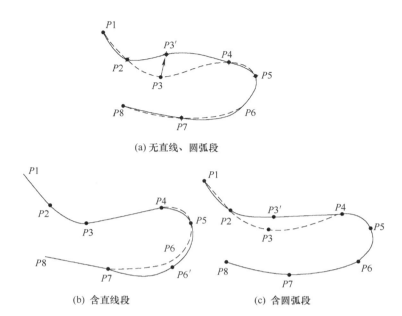

(a) 无直线、圆弧段

(b) 含直线段　　　　　　　　　(c) 含圆弧段

图 8.3.6　给定点修改

8.3.3　附加指令与编程

PTP、CP 样条插补可以附加控制点操作指令 TRIGGER 及条件停止 STOP WHEN、恒速运动 CONST_VEL 控制指令。

控制点操作指令 TRIGGER 是一种条件执行指令，它可用来控制机器人移动轨迹上指定位置的 DO 信号 ON/OFF 或脉冲输出、调用子程序等操作，并定义子程序调用中断优先级。指令的编程格式与要求将在本章后述的内容中详述。

条件停止 STOP WHEN、恒速运动 CONST_VEL 是样条插补特殊的控制指令，指令功能及编程格式与要求如下。

(1) 条件停止

条件停止指令 STOP WHEN 是样条插补特殊的附加指令，当样条段附加 STOP WHEN 指令时，可通过指定的条件，立即停止机器人运动。停止条件取消后，机器人继续运动。

STOP WHEN 指令的编程格式如下。

```
STOP WHEN PATH=Distance <ONSTART> IF Condition
```

Distance：基准点偏移。机器人实际停止位置到基准点的距离，单位 mm。当基准点定义为样条段终点时，偏移距离可以带符号，正值代表停止点位于基准点之后；负值代表停止点位于基准点之前。基准点偏移距离有规定的要求，对于准确定位的样条插补指令，停止点必须在起点和终点后第一个样条点之间；对于连续移动的样条插补指令，停止点必须在起点连续移动轨迹的开始点之后、终点后的第一个样条点连续移动轨迹开始点之前。

<ONSTART>：基准点定义。它是可选添加项，省略 ONSTART 时，基准点为样条段终点（系统默认）；添加 ONSTART，基准点为样条段起点。

Condition：机器人停止条件。机器人停止条件可以为全局逻辑状态数据（BOOL）、控制系统 DI/DO 信号，或者是比较运算式、简单逻辑运算表达式。

STOP WHEN 指令的编程示例如下。

```
……
SPLINE S1 Vel＝1m/s  CPDAT1  Tool[1]  Base[1]                    // 样条定义
SPL P1                                                           // 给定点 1
STOP  WHEN  PATH＝50  IF  $IN[10]＝＝FALSE                        // 条件停止
SPL P2
……
```

执行以上程序段时，理论上说，如果机器人在进行 $P1 \rightarrow P2$ 样条插补运动的过程中，系统的 DI 信号 $IN[10]$ 成为 OFF 状态，机器人将在终点 $P2$ 之后 50mm 的位置停止。但是，由于机器人的运动存在惯性，为了保证机器人能够在程序指定的点上准确停止，控制系统需要在机器人到达如图 8.3.7 所示的停止点 SP（stop point）以前，提前在制动点 BP（brake point）对机器人进行减速停止控制，因此，如果停止条件在插补轨迹的不同位置满足，机器人实际停止位置可能出现如下变化。

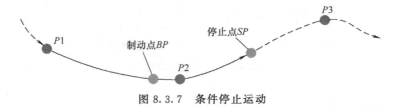

图 8.3.7　条件停止运动

① 正常停止。如果停止条件在 $P1 \rightarrow BP$ 区域满足，机器人正常减速停止，并在程序指定的停止点 SP 准确停止；停止条件取消后，机器人继续运动。

② 急停。如果停止条件在 $BP \rightarrow P2$ 区域满足，机器人急停，此时，系统将根据急停的机器人停止位置，进行如下处理。

机器人急停时的停止位置位于 SP 点之前：机器人急停，并移动到 SP 点停止，停止条件取消后，机器人继续运动。

机器人急停时的停止位置位于 SP 点之后：机器人以急停位置停止，停止点位置不定，停止条件取消后，机器人继续运动。

(2) 恒速运动控制

恒速运动控制指令 CONST_VEL 是用于连续轨迹样条插补（CP 样条）速度控制的特殊指令，指令对 PTP 样条无效。CP 样条插补段附加在恒速运动控制指令 CONST_VEL 后，可使机器人 TCP 在指令规定的区域，严格按照编程速度沿样条曲线移动。

CP 样条插补的恒速运动区的起点、终点，需要分别利用指令 CONST_VEL START、CONST_VEL END 定义，指令的编程格式如下。

```
CONST_VEL  START＝Distance  <ONSTART>                           // 恒速运动起点定义
CONST_VEL  END＝Distance  <ONSTART>                             // 恒速运动终点定义
```

Distance：基准点偏移，即恒速运动起点或终点到基准点的距离，单位 mm。当基准点定义为样条段终点时，偏移距离可以带符号，正值代表停止点位于基准点之后；负值代表停止点位于基准点之前。基准点偏移距离有规定的要求，对于准确定位的样条插补指令，恒速运动起点或终点必须在起点、终点后第一个样条点之间；对于连续移动的样条插补指令，恒速运动起点或终点必须在起点连续移动轨迹的开始点之后、终点后的第一个样条点连续移动轨迹开始点之前。

<ONSTART>：基准点定义。它是可选添加项，省略 ONSTART 时，基准点为样条段终点（系统默认）；添加 ONSTART，基准点为样条段起点。

CONST_VEL 指令的编程示例如下。

```
......
SPLINE S1 Vel=1m/s  CPDAT1  Tool[1]  Base[1]          // 样条定义
SPL P1                                                 // 给定点1
CONST_VEL  START=50                                    // 恒速运动开始点定义
SPL P2
SPL P3
SPL P4
CONST_VEL  END=-50                                     // 恒速运动结束点定义
SPL P5
......
```

以上程序段中，恒速运动开始点的基准为指令"SPL P2"的终点 $P2$（省略 ONSTART），结束点的基准为指令"SPL P5"的起点 $P4$（添加 ONSTART），因此，机器人 TCP 速度保持 1m/s 不变的区域为图 8.3.8 所示的从 $P2$ 点后 50mm 位置到 $P4$ 点前 50mm 的区域。

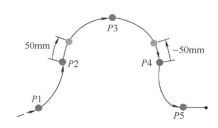

图 8.3.8　恒速运动控制

8.4　基本输入/输出指令编程

8.4.1　I/O 信号及处理

(1) I/O 信号及分类

输入/输出信号（简称 I/O）是用于机器人状态检测、运动保护，以及作业工具、工件等辅助部件的状态检测、动作控制的信号。例如，关节轴超程、碰撞检测，搬运机器人的抓手松夹状态检测及控制，焊接机器人的焊接电压、电流调节和焊接启动/关闭控制，等等。

工业机器人的输入/输出信号通常包括开关量输入/输出（data inputs/outputs，简称 DI/DO）、模拟量输入/输出（analog inputs/outputs，简称 AI/AO）两大类。信号的数量、连接与控制系统的功能选择（I/O 模块配置）有关，KUKA 工业机器人最大可连接的 DI/DO 为 4096/4096 点，AI/AO 为 32/32 通道，但是，对于一般用途的机器人，系统配置的 DI/DO、AI/AO 信号数量一般较少。机器人实际可使用的 DI/DO、AI/AO 数量可通过系统变量 $SET_IO_SIZE 检查，信号连接要求可参照机器人使用说明书进行。

工业机器人的 DI/DO 信号不仅可作为逻辑状态信号（BOOL 数据），进行通常的逻辑运算与处理，而且可组合为 DI/DO 组信号（DI/DO group，KUKA 简称 DIG/DOG 信号），批量读入、输出。DIG/DOG 信号可以由 2～32 个 DI/DO 点组成，其状态可利用多位逻辑运算指令，进行逻辑运算处理；或者，在 KRL 程序中，以整数（INT 数据）的形式，进行算术运算、比较、判断等操作。

工业机器人的 AI/AO 信号功能、用途、数量一般由机器人生产厂家规定，在作业程序中，AI/AO 信号可用实数（REAL 数据）的形式读入、输出，或者，在程序中进行算术运算、比较、判断等操作。

作为 KUKA 机器人控制系统的特殊功能，DI 组信号 DIG、模拟量输入/输出 AI/AO 还可以循环读入、动态刷新。循环读入的 DIG 信号可用来连接最大 32 位数字输出的位置、速度、电流、电压等检测传感器，实现动态 D/A 转换功能；循环读入 DIG 信号可通过 DIG 循环读入指令 DIGIN ON，在每一插补周期（通常为 12ms）动态刷新、循环读入，并转换为 KRL 程序中的模拟量（实数）。AI/AO 信号的循环读入、动态刷新处理方法与 DIG 信号相同，AI 循环读入应使用 ANIN ON 指令，AO 动态刷新应使用 ANOUT ON 指令。DIG、AI/AO 信号的循环读入、动态刷新指令及编程要求，将在 8.6 节详细说明。

(2) I/O 信号直接处理

在 KRL 程序中，KUKA 机器人的 I/O 信号既可直接利用系统变量 $IN[n]、$OUT[m]（n、m 为控制系统的 DI/DO 地址），以及 $ANIN[i]、$ANOUT[j]（i、j 为控制系统的 AI/AO 地址），在 KRL 程序中读入、输出或处理，也可将其定义为程序数据，以变量的形式在 KRL 程序中编程。

利用系统变量直接处理 I/O 信号时，在 KRL 程序中，输入信号 $IN[n]、$ANIN[i] 只能使用信号状态，不能改变信号值（只读信号）；输出信号 $OUT[m]、$ANOUT[j] 可以使用信号状态（读入）、控制输出；$OUT[m]、$ANOUT[j] 输出也可使用逻辑、算术运算式。如果直接以 $IN[n] 信号的 TRUE 状态作为 IF 等条件执行指令的判断条件，编程时可直接以"$IN[n]"代替"$IN[n]==TRUE"编程。

KRL 程序中的 DI/DO 信号的数据类型为逻辑状态数据 BOOL，$IN[n]、$OUT[m] 的变量值（状态）可为 TRUE（信号 ON）、FALSE（信号 OFF）。AI/AO 信号的数据类型为实数 REAL，变量 $ANIN[i]、$ANOUT[j] 的数值应为系统标准值（DC 10V）的倍率，其取值范围为 $-1.00 \sim 1.00$；超过 $\pm 10V$ 的 AO 输出，将被自动限制为 $\pm 10V$。

利用系统变量（$IN[n]、$OUT[m]、$ANIN[i]、$ANOUT[j]）读入、输出或处理的 I/O 信号为指令执行时刻的 I/O 信号状态。DI、DIG、AI 读入指令一旦执行完成，即使 $IN[n]、$ANIN[i] 状态发生变化，也不能改变 KRL 程序中的状态，直到再次执行 DI、DIG、AI 读入指令；同样，DO、DOG、AO 输出指令一旦执行完成，$OUT[m]、$ANOUT[j] 的输出状态也将保持不变，直到再次执行 DO、DOG、AO 输出指令。

利用系统变量直接处理 I/O 信号的程序示例如下，程序中的"IF……THEN……ENDIF"为分支控制指令，当 IF 条件满足时，继续执行后续指令；IF 条件不满足，则跳转至 ENDIF，继续执行后续指令。有关 IF 指令的编程方法将在 8.7 节详述。

```
……
BOOL  A,B
REAL  C,D
INI
……
A = $PIN[1]                                          // DI 状态读入
B = $OUT[2]                                          // DO 读入
$OUT[10] = TRUE                                      // DO 输出
A = $IN[1]  AND  $OUT[2]                      // DI/DO 逻辑运算处理
```

```
$OUT[11] = $IN[1]  AND  $IN[2]
......
C = $ANIN[1]                                          // AI 状态读入
D = $ANOUT[2]                                         // AO 读入
$ANOUT[1] = 0.58                                      // AO 输出
C = 0.5* $ANIN[1] + $ANOUT[2]                         // AI/AO算术运算处理
$ANOUT[1] = 0.58 * $ANIN[1] +  0.2
......
IF  $IN[1] = = TRUE  AND  $ANOUT[1] >= 0.5  THEN
  $OUT[10] = FALSE                                    // I/O 状态检测、比较
EDNIF
......
```

(3) I/O 信号定义

在 KRL 程序中，I/O 信号也可定义为程序数据，以变量的形式在 KRL 程序中使用。I/O 信号作为程序数据使用时，需要利用信号声明指令 SIGNAL 来定义程序数据名称；DI/DO 信号成组使用时，还需要规定 DI/DO 的起始、结束地址。信号声明指令属于程序声明的一部分，需要在程序声明区域编制。

信号声明指令的编程格式及操作数含义如下。

```
SIGNAL  Signal_Name  Interface_Name1  <TO  Interface_Name2>
```

Signal_Name：信号名称。

*Interface_Name*1：信号地址或 DI/DO 组信号的起始地址。

*Interface_Name*2：DI/DO 组信号的结束地址。

I/O 信号作为程序数据（变量）使用的编程示例如下，程序中的"WHILE……END-WHILE"为条件启动循环指令，当 WHILE 条件满足时，可循环执行 WHILE 至 END-WHILE 间的指令，如果 WHILE 条件不满足，则跳转至 ENDWHILE，继续执行后续指令。有关 WHILE 指令的编程方法将在 8.7 节详述。

```
......
SIGNAL  TERMINATE  $IN[16]                            // DI/DO 信号定义
SIGNAL  LEFT  $OUT[13]
SIGNAL  MIDDLE  $OUT[14]
SIGNAL  RIGHT  $OUT[15]
SIGNAL  POSITION  $OUT[13]  TO  $OUT[15]              // DI/DO 组信号定义
SIGNAL  CORRECTION  $ANIN[5]                          // AI/AO信号定义
SIGNAL  ADHESIVE  $ANOUT[1]
INI
......
WHILE  TERMINATE = = FALSE                            // I/O 信号编程
  IF  $IN[1]  AND  NOT  LEFT  THEN
    PTP { A1  45 }
    LEFT = TRUE
    MIDDLE = FALSE
    RIGHT = FALSE
    ADHESIVE = 0.5* CORRECTION
  ELSE
```

```
      IF  $IN[2]  AND  POSITION < > 'B010'  THEN
         PTP { A1   0 }
         POSITION = 'B010'
         ADHESIVE = 0.6* CORRECTION
      ELSE
         IF  $IN[3]  AND  POSITION < > 'B100'  THEN
            PTP { A1   -45 }
            POSITION = 'B100'
            ADHESIVE = 0.4* CORRECTION
         ENDIF
      ENDIF
   ENDIF
ENDWHILE
......
```

8.4.2 DI/DO 基本指令编程

(1) DI 读入指令编程

KUKA 机器人控制系统的 DI 信号用来连接机器人、作业工具及其他辅助部件的检测开关。在 KRL 程序中，DI 信号的状态（ON 或 OFF）既可作为单独的逻辑状态数据（BOOL）编程，也可将多点（最大 32 点）连续的 DI 信号组合为二进制数字信号 DIG，以整数（INT）的形式在程序中编程。DI、DIG 信号的状态需要由外部检测器件生成，因此，在 KRL 程序中，DI、DIG 信号只能使用其状态，但不能对其进行赋值操作。

DI 信号独立使用时，可直接利用系统变量 $IN[n]$ 编程，$IN[n]$ 可直接作为 KRL 程序的操作数，进行逻辑运算、比较等操作。系统变量 $IN[n]$ 也可通过信号声明指令 SIGNAL 定义为程序数据，以变量的形式在 KRL 程序中编程。

多个 DI 信号可以组合为 DIG 信号，进行多位逻辑运算处理和比较等操作。DIG 信号需要利用信号声明指令 SIGNAL 来定义名称及所包含的 DI 点数（DI 信号的起始、结束地址，最大 32 点）。DIG 信号可以通过程序数据名，以整数（INT）的形式在 KRL 程序中编程。DIG 信号不仅可利用通常的程序数据赋值指令读取指令执行时刻的当前值，还可以循环扫描的方式读入、动态刷新（见 8.6 节）。

DI 读入指令的程序示例如下。

```
......
BOOL  A                                          // 程序数据定义
INT  B
SIGNAL  Left_move  $IN[1]                         // DI 信号定义
SIGNAL  Middle_move  $IN[2]
SIGNAL  Right_move  $IN[3]
SIGNAL  Pos_act  $IN[11]  TO  $IN[13]             // DIG 信号定义
INI
A = $IN[16]                                       // DI 信号读入
B = Pos_act                                       // DIG 信号读入
WHILE  A = = FALSE                                // DI 信号编程
  IF  Left_move  AND  B < > 'B001'  THEN
    PTP { A1   45 }
```

```
        ELSE
          IF  Middle_move  AND  B < > 'B010'  THEN
            PTP { A1  0 }
          ELSE
            IF  Right_move  AND  B < > 'B100'  THEN
              PTP { A1  -45 }
            ENDIF
          ENDIF
        ENDIF
      ENDWHILE
......
```

(2) DO 读/写指令编程

KUKA 机器人控制系统的 DO 信号可用来连接机器人、作业工具及其他辅助部件的电磁阀等执行元件，控制执行元件的 ON/OFF 动作。

在 KRL 程序中，DO 信号的状态（ON 或 OFF）既可作为单独的逻辑状态数据（BOOL）编程，也可将多个连续的 DO 信号组合为二进制数字信号 DOG，以整数（INT）的形式在程序中编程。DO 信号的状态由系统控制，因此，在 KRL 程序中，DO、DOG 信号不仅可使用其状态，而且能对其进行赋值操作。

DO 信号独立使用时，可直接利用系统变量 $OUT[n] 编程。在 KRL 程序中，$OUT[n] 可作为操作数进行逻辑运算、比较、赋值等操作。系统变量 $OUT[n] 也可通过信号声明指令 SIGNAL 定义为程序数据，以变量的形式在 KRL 程序中编程。

多个 DO 信号可以组合为 DO 组信号 DOG，进行多位逻辑运算处理、比较、赋值等操作。DOG 信号需要利用信号声明指令 SIGNAL 来定义名称及所包含的 DO 点数（DO 信号的起始、结束地址，最大 32 点）；DOG 信号可以通过程序数据，以整数（INT）的形式在 KRL 程序中编程。在一般情况下，DO 信号的 ON/OFF 状态在指令执行时输出，但是，如果需要，也可以通过同步输出、控制点操作指令，在机器人移动的过程中同步执行，有关内容详见本章后述。

DO、DOG 信号的状态读入及 ON/OFF 控制指令的程序示例如下。

```
......
BOOL  A                                              // 程序数据定义
INT  B
SIGNAL  Left_out  $OUT[13]                           // DO 信号定义
SIGNAL  Middle_out  $OUT[14]
SIGNAL  Right_out  $OUT[15]
SIGNAL  Pos_out  $OUT[13]  TO  $OUT[15]              // DOG 信号定义
INI
......
A = Left_out                                         // DO 信号读入
B = Pos_out                                          // DOG 信号读入
WHILE  $IN[16] = = FALSE                             // DO、DOG 信号编程
  IF  $IN[1]  AND  NOT  A  THEN
    PTP { A1  45 }
    Pos_out = 'B001'
  ELSE
```

```
      IF  $IN[2]  AND  B< >  'B010'  THEN
        PTP { A1   0 }
        Pos_out = 'B010'
      ELSE
        IF  $IN[3]  AND  B< >  'B100'  THEN
          PTP { A1  -45 }
          Pos_out = 'B100'
        ENDIF
      ENDIF
    ENDIF
ENDWHILE
......
```

8.4.3 脉冲输出指令编程

(1) 指令格式

KRL 脉冲输出指令 PULSE 可在指定的 DO 点上输出脉冲信号，脉冲输出宽度、输出形式可通过指令添加项定义。KRL 程序通常允许使用最多 16 个脉冲信号。

PULSE 指令的编程格式及操作数含义如下。

```
PULSE ($OUT[n],Level,Pulse_Duration )
```

Signal：DO 信号地址，以系统变量 $ OUT[n] 的格式定义。

Level：脉冲极性。TRUE 为高电平（状态 1）脉冲，FALSE 为低电平（状态 0）脉冲。

Pulse_Duration：脉冲宽度，单位 s，输入范围为 0.001～3.0s（实际精度为 0.1s）。

在正常情况下，执行脉冲输出指令，可在指定的 DO 端输出 1 个脉冲信号。例如，执行指令 "PULSE（$ OUT[50]，TRUE，0.5）"，$ OUT[50] 将输出图 8.4.1（a）所示的宽度为 0.5s 的脉冲信号。但是，如果在脉冲输出期间，执行了图 8.4.1（b）所示的系统复位操作，脉冲输出将立即被复位。

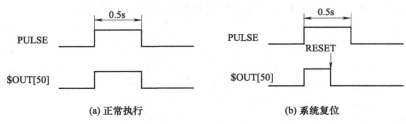

图 8.4.1 脉冲输出

脉冲输出与 DO 信号 ON/OFF 输出一样，一般情况下，脉冲在指令执行时启动输出，但是，如果需要，它同样可通过同步输出、控制点操作指令，在机器人移动的过程中同步执行，有关内容详见后述。此外，DO 信号的输出脉冲实际状态还与指令执行前的 DO 输出状态及指令的编程有关，在不同输出状态下执行同样的指令，或者采用不同的编程方式，可能会得到不同的输出脉冲。说明如下。

(2) 初始状态与脉冲极性一致

当 DO 初始状态与脉冲极性相同时，实际输出脉冲的宽度将被放大。具体而言，在输出 ON（$ OUT[n]=TRUE）的情况下，执行正脉冲输出指令，输出将在脉冲输出的下降沿成为 OFF（FALSE）状态；如果在输出 OFF（$OUT[n]=FALSE）的情况下，执行负脉冲输出指令，输出将在脉冲上升沿成为 ON（TRUE）状态。

例如，执行以下程序时，$OUT[50] 的输出如图 8.4.2（a）所示。

```
$OUT[50] = TRUE
……
PULSE($OUT[50],TRUE,0.5)
……
```

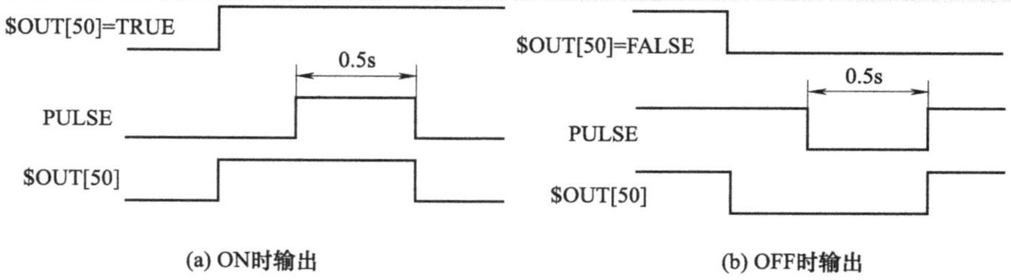

图 8.4.2 相同初始状态的脉冲输出

执行以下程序时，$OUT[50] 的输出如图 8.4.2（b）所示。

```
$OUT[50] = FALSE
……
PULSE($OUT[50],FALSE,0.5)
……
```

（3）脉冲输出期间执行输出指令

在正脉冲输出期间，如果执行输出 ON 指令（$OUT[n]=TRUE），输出 ON 指令将无效；如果执行输出 OFF 指令（$OUT[n]=FALSE），则输出立即成为 OFF 状态。

例如，执行以下程序时，$OUT[50] 的输出如图 8.4.3（a）所示。

```
……
PULSE($OUT[50],TRUE,0.5)
$OUT[50] = TRUE
……
```

执行以下程序时，$OUT[50] 的输出如图 8.4.3（b）所示。

```
……
PULSE($OUT[50],FALSE,0.5)
$OUT[50] = FALSE
……
```

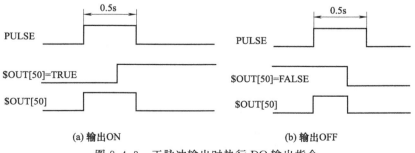

(a) 输出ON   (b) 输出OFF

图 8.4.3 正脉冲输出时执行 DO 输出指令

同样，在负脉冲输出期间，如果执行输出 OFF 指令（$OUT[n]＝FALSE），输出 OFF 指令将无效；如果执行输出 ON 指令（$OUT[n]＝TRUE），则输出立即成为 ON 状态。

（4）重复执行脉冲输出指令

在正脉冲输出期间，如果再次执行正脉冲输出指令，输出脉冲的宽度将被加宽；如果再次执行负脉冲输出指令，则输出被分为正脉冲、负脉冲两部分。

例如，执行以下程序时，$OUT[50] 的输出如图 8.4.4（a）所示。

```
……
PULSE($OUT[50],TRUE,0.5)
PULSE($OUT[50],TRUE,0.5)
……
```

执行以下程序时，$OUT[50] 的输出如图 8.4.4（b）所示。

```
……
PULSE($OUT[50],TRUE,0.5)
PULSE($OUT[50],FALSE,0.5)
……
```

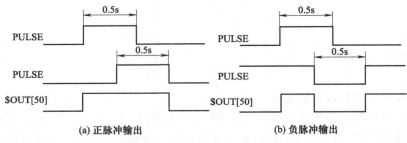

(a) 正脉冲输出　　　　　　　　　　(b) 负脉冲输出

图 8.4.4　重复执行脉冲输出指令

同样，在负脉冲输出期间，如果再次执行负脉冲输出指令，输出脉冲的宽度将被加宽；如果再次执行正脉冲输出指令，则输出被分为负脉冲、正脉冲两部分。

8.5　控制点输出指令编程

8.5.1　终点及连续移动起点输出

（1）DO 输出位置及定义

一般情况下，DO 信号的 ON/OFF、脉冲信号都在指令执行时输出，但是，在某些情况下，出于控制的需要，有时需要在机器人移动的同时，或者在移动轨迹的特定位置，利用系统变量 $OUT[n] 控制 DO 信号 ON/OFF 或利用 PULSE 指令输出脉冲信号，实现机器人和辅助部件的同步动作。为此，工业机器人控制系统通常都具有"控制点输出"功能。

控制点输出功能一般可用于点焊机器人的焊钳开合、电极加压、焊接启动、多点连续焊接，以及弧焊机器人的引弧、熄弧等诸多控制场合。机器人定位、直线/圆弧插补轨迹上需要控制 I/O 信号的位置，称为 I/O 控制点或触发点（trigger point）。KUKA 机器人的 I/O 控制点可以是机器人定位、直线/圆弧插补指令的目标位置（移动终点）、连续移动起始点，也可以是利用同步输出指令 SYN OUT、控制点操作指令 TRIGGER 定义的轨迹任意位置。

　　KUKA 机器人的移动终点、连续移动起始点输出，可通过简单的 DO 输出（包括脉冲输出，下同）指令添加项 CONT 控制，移动终点输出可直接使用系统变量 $OUT_C[n]$ 控制；或者，通过后述的同步输出指令 SYN OUT、控制点操作指令 TRIGGER 实现。

　　利用添加项 CONT、系统变量 $OUT_C[n]$ 控制 DO 输出的编程方法如下，同步输出指令 SYN OUT、控制点操作指令 TRIGGER 的编程要求见后述。

（2）添加项 CONT 控制

　　基本输出指令 $OUT[i]、脉冲输出 PULSE 增加连续执行添加项 CONT，可使得 DO 信号的输出提前至机器人连续移动轨迹的开始点执行。

　　通常情况下，当在机器人连续移动指令中插入无 CONT 添加项的基本输出指令 $OUT[i]（或脉冲输出 PULSE，下同）时，DO 输出将中断机器人的连续移动，在上一移动指令到达终点时才能输出。例如，对于以下含有输出指令（或脉冲指令，下同）的连续移动程序段，程序点 $P3$ 的连续移动将被中断，输出 $OUT[i]=TRUE（或 FALSE）将在机器人完成 $P3$ 定位后执行，TCP 运动轨迹如图 8.5.1（a）所示。

```
……
LIN  P1  Vel=0.2m/s  CPDAT1
LIN  CONT  P2  Vel=0.2m/s  CPDAT2
LIN  CONT  P3  Vel=0.2m/s  CPDAT3
$OUT[5]=TRUE
LIN  CONT  P4  Vel=0.2m/s  CPDAT4
……
```

　　但是，如果机器人连续移动指令中插入带添加项 CONT 的输出指令或脉冲指令，则 DO 输出将在连续移动的开始点提前执行。例如，执行以下程序时，$OUT[5]=TRUE 将在如图 8.5.1（b）所示的机器人 TCP 到达 $P2$ 到位区间、开始执行连续移动的位置输出，使机器人连续移动。

```
……
LIN  P1  Vel=0.2m/s  CPDAT1
LIN  CONT  P2  Vel=0.2m/s  CPDAT2
LIN  CONT  P3  Vel=0.2m/s  CPDAT3
$OUT[5]=TRUE  CONT
LIN  CONT  P4  Vel=0.2m/s  CPDAT4
……
```

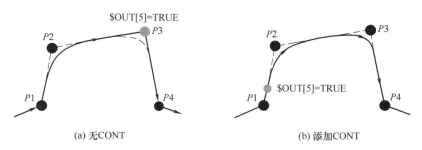

(a) 无CONT　　　　　　　　　　(b) 添加CONT

图 8.5.1　添加项 CONT 控制

（3）系统变量 $OUT_C[n] 输出

　　系统变量 $OUT_C[n] 用于移动终点输出控制，KRL 程序最大可使用 8 个系统变量

$OUT_C[n]，控制 8 点 DO 信号在机器人移动终点同时动作。

系统变量 $OUT_C[n] 与基本变量 $OUT[n] 的区别在于：利用基本变量 $OUT[n] 控制的 DO 输出指令属于非机器人移动指令，它可通过程序中的连续执行指令 CONTINUE，在机器人启动移动的同时提前执行。使用系统变量 $OUT_C[n] 后，DO 信号的输出增加了机器人移动到位检测条件，对于准确定位指令，DO 输出必须在机器人移动指令到达终点、定位完成后才能输出；如果移动指令的终点被定义为连续移动 CONT，则 DO 信号在连续移动轨迹的中间点输出。

例如，执行以下指令时，$OUT[1] 的实际输出位置如图 8.5.2（a）所示。

```
……
PTP  P20  Vel=100%   PDAT20
LIN  P21  Vel=0.2m/s  CPDAT21
$OUT_C[1]=TRUE                          // P21 点输出$OUT[1]
LIN  P22  Vel=0.2m/s  CPDAT22
……
```

执行以下指令时，$OUT［1］的实际输出位置如图 8.5.2（b）所示。

```
……
PTP  P20  Vel=100%   PDAT20
LIN  P21  CONT  Vel=0.2m/s  CPDAT21
$OUT_C[1]=TRUE                          // P21 连续轨迹中间点输出$OUT[1]
LIN  P22  Vel=0.2m/s  CPDAT22
……
```

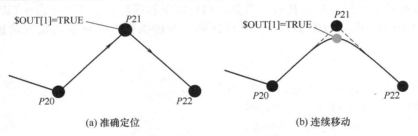

图 8.5.2 $OUT_C[n] 指令输出

需要注意的是：系统变量 $OUT_C[n] 只是对 DO 输出指令的执行附加了到位检测条件，但不能改变 DO 信号的地址，因此，在 KRL 程序中需要使用 DO 输出状态时，仍然需要利用系统变量 $OUT[n] 读取。此外，如果在非机器人移动指令之后，使用系统变量 $OUT_C[n] 控制 DO 输出，其功能与系统变量 $OUT[n] 相同。

使用系统变量 $OUT_C[n] 的程序示例如下。

```
……
PTP  P1  Vel=100%   PDAT1
$OUT_C[5]=TRUE                    // 必须到达P1点,才输出$OUT[5]～[7]
$OUT_C[6]=FALSE
$OUT_C[7]=TRUE
LIN  P2  Vel=0.2m/s  PDAT2
……
$OUT[20]=$OUT[5]  AND  NOT $OUT[6]        // DO 状态使用$OUT[5]～[7]
```

```
……
IF  $IN[1]＝TRUE  THEN
  $OUT_C[10]＝TRUE                              // 与$OUT[10]＝TRUE 指令同
EDNIF
……
```

8.5.2　同步输出指令编程

(1) 指令功能与编程格式

同步输出指令 SYN OUT、SYN PULSE 可用于直线、圆弧插补轨迹指定位置的 DO 信号 ON/OFF 或脉冲输出控制。由于机器人定位指令 PTP 的运动轨迹自由，移动距离、移动时间计算比较困难，因此，同步输出指令通常不能用于机器人定位指令 PTP。

同步输出指令 SYN OUT、SYN PULSE 的编程格式及操作数含义如下。

```
SYN OUT   Signal_status   Ref_Syn   Delay_time          // ON/OFF 状态输出
SYN PULSE Signal_status   Ref_Syn   Delay_time          // 脉冲输出
```

Signal_status：DO 地址及输出状态。SYN OUT 指令为 DO 地址（或名称）、输出状态，如 $OUT[50]＝TRUE（或 FALSE）等；SYN PULSE 指令为 DO 地址（或名称）、脉冲极性及宽度，如（$OUT [50]，TRUE，0.5）等。

Ref_Syn：同步基准位置。基准位置可以为移动指令的起点、终点或轨迹的指定位置（见下述）。

Delay_time：同步延时。同步延时为机器人 TCP 到达基准位置所需要的移动时间，设定范围为－10000～10000s，负值代表超前基准位置，正值代表滞后基准位置。同步延时不能超过移动指令的实际执行时间（见下述）。

指令 SYN OUT、SYN PULSE 的基准位置 *Ref_Syn* 的定义方法如下。

at Start：以移动指令的起点作为同步基准位置。

at End：以移动指令的终点作为同步基准位置。

Distance：定义同步基准位置离终点的距离，正值代表基准位置位于终点之后，负值代表基准位置位于终点之前。

DO 输出位置与直线、圆弧插补指令的定位方式有关，准确定位、连续移动时的输出位置分别如下，由于 DO 脉冲输出与输出 ON/OFF 控制只是输出指令的不同，在下述内容中将以输出 ON/OFF 控制为例进行说明。

(2) 准确定位指令

对于非连续移动、准确定位的直线、圆弧插补指令，基准位置为移动指令的起点或终点，同步延时 t 应按图 8.5.3 所示的要求定义。

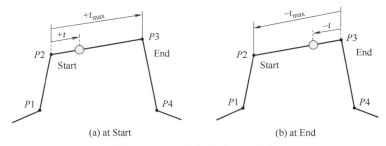

(a) at Start　　　　　(b) at End

图 8.5.3　准确定位的延时定义

当基准位置选择"at Start（起点）"时，同步延时 t 应为正，最大值 t_{max} 不能超过移动指令的实际执行时间。当基准位置选择"at End（终点）"时，延时 t 应为负，最大绝对值（$-t_{max}$）同样不能超过移动指令的实际执行时间。

例如，执行以下指令时，输出 $OUT[8] 将在机器人 TCP 由起点 $P2$ 向终点 $P3$ 的运动开始后 0.2s，成为 ON 状态，输出位置可参照图 8.5.3（a），图中的 t 为 200ms。

```
……
LIN  P1  Vel = 0.2m/s  CPDAT1
LIN  P2  Vel = 0.2m/s  CPDAT2
  SYN OUT  $OUT[8] = TRUE  at Start  Delay = 200ms          // 同步输出
LIN  P3  Vel = 0.2m/s  CPDAT3
LIN  P4  Vel = 0.2m/s  CPDAT4
……
```

如果执行以下指令，输出 $OUT[8] 将在机器人 TCP 到达终 $P3$ 前的 0.2s，成为 ON 状态，输出位置可参照图 8.5.3（b），图中的 t 为 200ms。

```
……
LIN  P1  Vel = 0.2m/s  CPDAT1
LIN  P2  Vel = 0.2m/s  CPDAT2
  SYN OUT  $OUT[8] = TRUE  at End  Delay = -200ms          // 同步输出
LIN  P3  Vel = 0.2m/s  CPDAT3
LIN  P4  Vel = 0.2m/s  CPDAT4
……
```

（3）连续移动指令

对于起点、终点被定义为连续移动的直线、圆弧插补指令，基准位置与到位区间有关，同步延时 t 的定义范围应按图 8.5.4 定义。

如果起点被定义为连续移动，起点的基准位置为图 8.5.4（a）所示的起点连续移动过渡曲线的结束点。基准位置选择"at Start（起点）"时，延时 t 应为正，最大延时值 t_{max} 不能超过机器人由基准位置移动到终点（终点为准确定位）或终点到位区间（终点为连续移动）的实际移动时间。

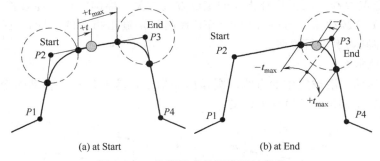

(a) at Start (b) at End

图 8.5.4 连续移动的同步延时定义

例如，执行以下指令时，输出 $OUT[8] 将在机器人 TCP 离开 $P2$ 连续移动过渡曲线结束点后 0.2s，成为 ON 状态，输出位置可参照图 8.5.4（a），图中的 t 为 200ms。

```
……
LIN  P1  Vel = 0.2m/s  CPDAT1
```

```
LIN  CONT  P2  Vel=0.2m/s  CPDAT2
   SYN OUT  $OUT[8]=TRUE  at Start  Delay=200ms                // 同步输出
LIN  CONT  P3  Vel=0.2m/s  CPDAT3
LIN  CONT  P4  Vel=0.2m/s  CPDAT4
……
```

如果终点被定义为连续移动，终点的基准位置为图8.5.4（b）所示的终点连续移动过渡曲线的中间点。当基准位置选择"at End（终点）"时，延时 t 可以为正，也可以为负。t 为正时，输出点位于终点连续移动过渡曲线的后段；t 为负时，输出点位于终点连续移动过渡曲线的前段，实际输出点不能超出连续移动过渡曲线。

例如，执行以下指令时，输出 $OUT[8] 将在机器人 TCP 到达终点 $P3$ 连续移动过渡曲线中间点前的 0.2s，成为 ON 状态，输出位置可参照图8.5.4（b），图中的 t 为 200ms。

```
……
LIN  P1  Vel=0.2m/s  CPDAT1
LIN  CONT  P2  Vel=0.2m/s  CPDAT2
   SYN OUT  $OUT[8]=TRUE  at End  Delay=-200ms                 // 同步输出
LIN  CONT  P3  Vel=0.2m/s  CPDAT3
LIN  CONT  P4  Vel=0.2m/s  CPDAT4
……
```

(4) 基准位置调整

同步输出基准位置可通过"Path=±$Distance$"调整，$Distance$ 为同步基准位置离终点的距离，单位 mm，正值代表基准位置位于终点之后，负值代表基准位置位于终点之前。调整基准位置后，指令仍可通过 $Delay\_time$ 定义动作延时。

同步输出基准位置调整后，实际输出点允许编程范围如图8.5.5所示。对于终点准确定位的直线、圆弧插补指令，实际输出点不能超出图8.5.5（a）所示的起点及下一移动指令的终点。对于终点连续移动的直线、圆弧插补指令，实际输出点不能超出图8.5.5（b）所示的连续移动过渡曲线的开始点和结束点。

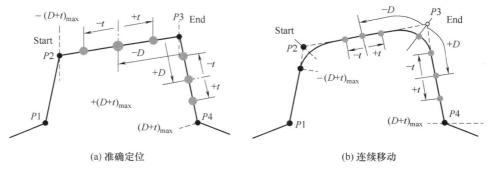

(a) 准确定位 (b) 连续移动

图 8.5.5 基准位置调整及输出点定义

例如，执行以下指令时，输出 $OUT[8] 将以机器人 TCP 离终点（$P3$）50mm 的位置作为基准，并提前 0.2s 成为 ON 状态。

```
……
LIN  P1  Vel=0.2m/s  CPDAT1
LIN  P2  Vel=0.2m/s  CPDAT2
   SYN OUT  $OUT[8]=TRUE  Path=-50  Delay=-200ms               // 同步输出
```

```
LIN  P3  Vel = 0.2m/s  CPDAT3
LIN  P4  Vel = 0.2m/s  CPDAT4
……
```

如果输出 $OUT[8] 需要在起点（P2）之后 50mm、延时 0.2s 输出，则需要按以下方式，将同步输出指令提前到 $P1 \rightarrow P2$ 直线插补指令之前，使得 $P2$ 成为同步输出指令的移动终点。

```
……
LIN  P1  Vel = 0.2m/s  CPDAT1
  SYN OUT  $OUT[8] = TRUE  Path = 50  Delay = 200ms          // 同步输出
LIN  P2  Vel = 0.2m/s  CPDAT2
LIN  P3  Vel = 0.2m/s  CPDAT3
LIN  P4  Vel = 0.2m/s  CPDAT4
……
```

8.5.3 控制点操作指令编程

(1) 指令功能与编程格式

控制点操作指令 TRIGGER 实际上是一种条件执行指令，它不仅可以用来控制指定位置的 DO 信号 ON/OFF 或脉冲输出控制，还可用于子程序调用等其他控制，并进行中断优先级的设定。同样，由于机器人定位指令 PTP 的运动轨迹自由，移动距离、移动时间计算比较困难，因此，指令 TRIGGER 通常也不能用于机器人定位指令 PTP。控制点操作指令可以用于样条插补，指令可通过示教编程的样条段输入编辑操作，在附加指令表 ADATn 中添加，有关内容详见第 9 章。

控制点操作指令 TRIGGER 的编程格式及操作数含义如下，指令应在机器人移动指令前编制；如果需要设定多个控制点，可连续编制多条控制点操作指令。

```
TRIGGER  WHEN  DISTANCE = Ref_Point  DELAY = Time  DO
Statement  < PRIO = Priority>                          // 控制点操作
TRIGGER  WHEN  PATH = Distance  DELAY = Time  DO
Statement  < PRIO = Priority>                          // 基准偏移控制点操作
```

Ref_Point：基准点选择。"0" 为移动指令起点，"1" 为移动指令终点。

Distance：基准偏移距离，单位 mm。正值代表控制点位于基准点之后，负值代表控制点位于基准点之前。

Time：动作延时，单位 ms，编程范围 -10000~10000s。负值代表指定操作在控制点到达前执行，正值代表指定操作在控制点到达后执行。

Statement：控制点操作指令。可以是 DO 信号 ON/OFF、脉冲输出指令，也可以为子程序调用等其他指令。

Priority：控制点中断优先级。优先级允许为 1~39、81~128，设定 PRIO = -1，优先级可由系统自动分配。

控制点操作指令 TRIGGER 用于 DO 输出控制时，其编程方法与同步输出指令类似，说明如下。

(2) 控制点位置

指令 TRIGGER 的控制点位置定义方法、参数含义、编程要求与同步输出指令基本相同，简要说明如下。

① 控制点操作指令。控制点操作指令的控制点位置取决于基准点 Ref_Point、动作延时 $Time$。

对于准确定位指令，当基准点选择"DISTANCE＝0（起点）"时，动作延时 $Time$ 应为正，最大值 t_{max} 不能超过移动指令的实际执行时间；当基准位置选择"DISTANCE＝1（终点）"时，动作延时 $Time$ 应为负，最大绝对值（$-t_{max}$）同样不能超过移动指令的实际执行时间。实际动作位置可参见前述的图 8.5.2。

对于连续移动的直线、圆弧插补指令，基准位置与到位区间有关。当基准位置选择"DISTANCE＝0（起点）"时，基准位置为起点连续移动过渡曲线的结束点，动作延时 $Time$ 应为正，最大值 t_{max} 不能超过移动指令到达终点到位区间的实际执行时间。当基准位置选择"DISTANCE＝1（终点）"时，基准点为终点连续移动过渡曲线的中间点，动作延时 $Time$ 可以为正，也可以为负。延时为正，控制点位于终点连续移动过渡曲线的后段；延时为负，控制点位于终点连续移动过渡曲线的前段，实际动作点不能超出连续移动过渡曲线。动作位置可参见前述的图 8.5.3。

② 基准偏移控制点操作指令。基准点可通过"Path＝$\pm Distance$"偏移，$Distance$ 为基准点离终点的距离，单位 mm，正值代表基准点位于终点之后，负值代表基准点位于终点之前。基准点偏移后，实际控制点仍可通过动作延时 $Time$ 指定。

对于非连续移动、准确定位的直线、圆弧插补指令，动作点不能超出起点及下一移动指令的终点；对于连续移动直线、圆弧插补指令，实际动作点不能超出连续移动过渡曲线的开始点和结束点。动作位置可参见前述的图 8.5.4。

（3）编程示例

对于图 8.5.6 所示的多点 DO 输出、脉冲输出控制，利用控制点操作指令 TRIGGER 编制的 KRL 程序如下。

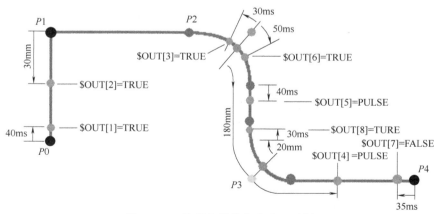

图 8.5.6　控制点操作指令编程示例

```
……
PTP  P0  Vel＝100%   PDAT1  Tool[1]  Base[0]
  TRIGGER  WHEN  DISTANCE＝0 DELAY＝40  DO  $OUT[1]＝TRUE
  TRIGGER  WHEN  PATH＝-30  DELAY＝0  DO  $OUT[2]＝TRUE  PRIO＝-1
LIN  CONT  P1  Vel＝0.2m/s  CPDAT1
  TRIGGER  WHEN  DISTANCE＝1 DELAY＝-30  DO  $OUT[3]＝TRUE
  TRIGGER WHEN  PATH＝180  DELAY＝0  DO  PULSE($OUT[4],TRUE,0.9)
```

```
   TRIGGER WHEN  PATH = 0   DELAY = 40   DO   $OUT[6] = TRUE   RIO = -1
LIN  CONT  P2  Vel = 0.2m/s  CPDAT2
   TRIGGER WHEN DISTANCE = 0 DELAY = 40   DO   PULSE($OUT[5],TRUE,1.4)
   TRIGGER  WHEN  PATH = -20  DELAY = -30  DO  $OUT[8] = TRUE  RIO = -1
LIN  CONT  P3  Vel = 0.2m/s  CPDAT3
   TRIGGER  WHEN  DISTANCE = 1 DELAY = -35  DO  $OUT[7] = FALSE  PRIO = -1
LIN  P4  Vel = 0.2m/s  CPDAT4
……
```

8.6 循环处理指令编程

8.6.1 DIG 循环读入指令编程

(1) 指令功能与编程格式

通常情况下，DI 信号、DIG 信号状态可利用基本 DI 状态读入指令读取，并在 KRL 程序中得到 DI、DIG 读入指令执行时刻的当前值。DI 状态读入指令一旦执行完成，KRL 中的 DI、DIG 状态将保持不变，直到再次执行 DI、DIG 读入指令。基本 DI、DIG 状态读入指令的编程方法可参见 8.4 节。

如果使用 DIG 循环读入指令 DIGIN ON，DIG 信号的状态可由操作系统在每一插补周期（通常为 12ms）循环读入、动态刷新，从而在 KRL 程序中得到实时变化的 DIG 输入状态，循环读入的 DIG 信号可自动进行 D/A 转换，成为 KRL 程序中的数值范围为 -1.00～1.00 的实数（REAL）。DIG 信号的循环读入需要由操作系统直接处理，因此，在 KRL 程序的同一区域最大允许同时启动 2 组 DIG 信号的循环读入操作。

循环读入的 DIG 信号由地址连续、不超过 32 点 DI 组成，状态循环读入需要利用指令 DIGIN ON 启动，利用指令 DIGIN OFF 关闭，指令的编程格式及操作数含义如下。

```
DIGIN ON  Signal_Value = Factor* $DIGINn  < ±Offset>        // DIG 循环读入启动
DIGIN OFF  $DIGINn                                          // DIG 循环读入关闭
```

Signal_Value：保存 D/A 转换结果的程序数据，数据格式为实数（REAL）。

Factor：D/A 转换系数，可以为实数型（REAL）变量（程序数据）或常数。

$DIGINn：DIG 信号地址。DIG 信号地址需要通过系统变量 $DIGIN1～$DIGIN6 定义（见下述）。

Offset：D/A 转换偏移，可以为实数型（REAL）变量（程序数据）或常数。

DIG 循环读入启动、关闭指令编程时，需要预先定义 DIG 信号的地址、数据格式等系统参数，系统参数需要在机器数据模块 Mada 中按照以下要求预先定义。

(2) 循环读入 DIG 信号定义

循环读入的 DIG 信号的地址、数据格式，以及用于外部传感器数据传输启动控制的输入选通信号的输出地址 $OUT[i]、极性等参数，需要在机器数据模块 Mada、系统数据文件 $MACHINE.dat（/Mada/ STEU/ $MACHINE.dat/）中，通过如下系统变量预先定义。

$DIGIN1～$DIGIN6：循环读入 DIG 信号起始、结束地址。KUKA 机器人控制系统最大可定义 6 组循环读入 DIG 信号，信号地址需要利用信号声明指令 SIGNAL 定义，输入地址在系统允许范围内选择。

$DIGIN1CODE～$DIGIN6CODE：循环读入 DIG 信号 $DIGIN1～$DIGIN6 的数据格

式。$DIGIN1CODE～$DIGIN6CODE 需要通过数据声明指令 DECL DIGINCODE 定义，可定义的数据格式为"♯UNSIGNAL"（无符号正整数）或"♯SIGNAL"（带符号整数）。例如，对于 12 点 DIG 信号，如果定义为♯UNSIGNAL 数据，数字量的数值范围为 0～4095（$2^{12}-1$）；如果定义为♯SIGNAL 数据，数字量数值范围为 $-2048～2047$（$-2^{11}～2^{11}-1$）。

$STROBE1～$STROBE6：循环读入 DIG 信号 $DIGIN1～$DIGIN6 的输入选通信号输出地址 $OUT[i]，$STROBE1～$STROBE6 需要通过信号声明指令 SIGNAL 定义，输出地址在系统允许范围内选择。

$STROBE1LEV～$STROBE6LEV：循环读入 DIG 信号 $DIGIN1～$DIGIN6 的输入选通信号极性。$STROBE1LEV～$STROBE6LEV 需要通过数据声明指令 BOOL 定义，极性定义为 TRUE 时，为正脉冲输出；定义为 FALSE 时，为负脉冲输出。

循环读入 DIG 信号定义示例如下。

```
......
SIGNAL   $DIGIN1 $IN[100]  TO  $IN[111]
                              // 定义$IN[100]～[111]为循环读入 DIG 信号$DIGIN1
DECL  DIGINCODE  $DIGIN1CODE = # UNSIGNAL              // $DIGIN1 为正整数
SIGNAL   $STROBE1  $OUT[100]               // $DIGIN1 输入选通信号为$OUT[100]
BOOL $STROBE1LEV = TURE                    // 选通信号$OUT[100]为正脉冲输出
SIGNAL   $DIGIN2  $IN[200]  TO  $IN[211]
                              // 定义$IN[200]～[211]为循环读入 DIG 信号$DIGIN2
DECL  DIGINCODE  $DIGIN2CODE = # SIGNAL               // $DIGIN2 为带符号整数
SIGNAL   $STROBE2  $OUT[200]               // $DIGIN2 输入选通信号为$OUT[200]
BOOL $STROBE1LEV = FALSE                    // 选通信号$OUT[200]为负脉冲输出
......
```

(3) 循环读入指令编程

在 KRL 程序中，DIG 信号的循环读入需要通过指令 DIGIN ON 启动，通过指令 DIGIN OFF 关闭。在 KRL 程序的同一区域，最大允许同时启动 2 组循环读入 DIG 信号。

循环读入利用 DIGIN ON 启动后，控制系统将在每一插补周期（如 12ms）里自动刷新输入状态，而不管 KRL 程序的实际执行指针（当前执行指令）处于何处。循环读入的 DIG 信号由系统自动进行 D/A 转换，成为 KRL 程序中数值为 $-1.00～1.00$ 的实数（REAL）。

DIG 循环读入指令的编程示例如下。

```
......
REAL  A,B,C
......
INI
......
DIGIN ON  A = 1 * $DIGIN1                       // 循环读入 $DIGIN1 的状态
......
DIGIN OFF  $DIGIN1                              // $DIGIN1 循环读入关闭
......
DIGIN ON  B = 0.9 * $DIGIN2 + 0.5               // 循环读入 $DIGIN2 的状态
......
DIGIN OFF  $DIGIN2                              // $DIGIN2 循环读入关闭
......
```

8.6.2 AI/AO 循环处理指令编程

(1) 指令与功能

通常情况下，AI/AO 的状态可利用基本 AI/AO 读入/输出指令读取/输出，AI 所读取的状态为指令执行时刻的输入值，AO 输出为固定不变的数值。指令一旦执行完成，AI 读入状态、AO 输出均将保持不变，直到再次执行 AI 读入、AO 输出指令。例如：

```
……
A = $ANIN[1]                            // AI 读入
$ANOUT[1] = 0.5                         // AO 输出
B = 0.5*$ANIN[1] + $ANOUT[1]           // AI/AO 运算
……
```

当 AI/AO 使用循环读入/输出功能时，控制系统可在每一插补周期（通常为 12ms）循环读入/动态刷新 AI/AO 信号的状态，从而在 KRL 程序中得到实时变化的 AI 状态，或者在 AO 输出端得到动态更新的输出状态。

AI/AO 信号的循环读入/动态刷新需要由操作系统直接处理，在 KRL 程序的同一区域，最大允许同时启动 3 通道 AI 信号的循环读入、4 通道 AO 信号的动态刷新操作。用于 AI/AO 循环读入/动态刷新的信号，不能直接使用系统变量 $ANIN[n]、$ANOUT[n]，而是需要利用信号声明指令 SIGNAL 定义为程序数据。

(2) AI 循环读入指令格式

AI 循环读入需要利用指令 ANIN ON 启动，利用指令 ANIN OFF 关闭。在 KRL 程序的同一区域，最大允许同时编制 3 条 AI 信号循环读入指令 ANIN ON。ANIN ON/OFF 指令的编程格式及操作数含义如下。

```
ANIN ON   Signal_Value = Factor* Signal_Name  < ±Offset>     // AI 循环读入启动
ANIN OFF  Signal_Name                                         // AI 循环读入关闭
```

Signal_Value：保存 AI 值的程序数据，数据格式为实数（REAL）。

Factor：输入系数，可以为实数型（REAL）变量（程序数据）或常数。

Signal_Name：AI 信号名称。AI 信号名称必须通过信号声明指令定义，不能直接使用系统变量 $ANIN[n]。

Offset：输入偏移，可以为实数型（REAL）变量（程序数据）或常数。

(3) AO 循环输出指令格式

AO 循环输出需要利用指令 ANOUT ON 启动，利用指令 ANOUT OFF 关闭。在 KRL 程序的同一区域，最大允许同时编制 4 条 AO 信号循环输出指令 ANOUT ON。ANOUT ON/OFF 指令的编程格式及操作数含义如下。

```
ANOUT ON   Signal_name = Factor* Control_Element  < ±Offset>   < DELAY = ±Time>
< MINIMUM = Minimum_Value>   < MAXIMUM = Maximum_Value>          // AO 循环输出启动
  ANOUT OFF   Signal_name                                        // AO 循环输出关闭
```

Signal_name：AO 信号名称。AO 信号名称必须通过信号声明指令定义，不能直接使用系统变量 $ANOUT[n]。

Factor：输出转换系数，可以为实数型变量（程序数据）或常数，输入范围 0.00~10.00。

Control_Element：输出存储器，保存 AO 值的程序数据，数据格式为实数（REAL）。

Offset：输出偏移，必须为实数型（REAL）常数。

Time：输出延时，单位 s，允许输入范围为−0.2～0.5；负值代表超前，正值代表延时。

Minimum_Value：最小输出值（数值），单位 V。允许编程范围为−1.00～1.00，对应的模拟电压输出为−10～10V；最小输出值必须小于最大输出值。

Maximum_Value：最大输出值（数值），单位 V。允许编程范围为−1.00～1.00，对应的模拟电压输出为−10～10V；最大输出值必须大于最小输出值。

使用添加项 *Minimum_Value*、*Maximum_Value* 时，AO 实际输出将被限定在最小值和最大值范围内，程序中的 AO 值小于 *Minimum_Value* 时，系统将直接输出 *Minimum_Value* 值；AO 值大于 *Maximum_Value* 时，系统将直接输出 *Maximum_Value* 值。

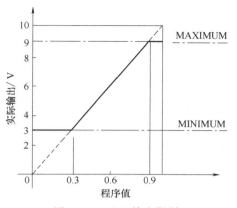

图 8.6.1　AO 输出限制

例如，当 ANOUT ON 指令添加"MINIMUM＝0.3　MAXIMUM ＝0.9"时，AO 实际输出电压将被限定在图 8.6.1 所示的 3～9V 范围内，KRL 程序中的 AO 值小于 0.3 时，直接输出 3V；大于 0.9 时，直接输出 9V。

（4）AI/AO 循环处理编程示例

AI/AO 循环处理指令的编程示例如下。

```
......
REAL  A
SIGNAL  CORRECTION  $ANIN[1]                    // 循环读入 AI 信号定义
SIGNAL  ADHESIVE  $ANOUT[2]                     // 动态刷新 AO 信号定义
......
INI
......
HOME = {AXIS:A1 0,A2 - 90,A3 90,A4 0,A5 0,A6 0}
......
FOR  I = 1  TO  16
  $ANOUT[I] = 0                                 // AO 输出 $ANOUT[1]～[16]输出 0V
ENDFOR
......
PTP  HOME  Vel = 100%   DEFAULT
A = $ANIN[2]                                    // $ANIN[2]状态直接读入
$ANOUT[1] = 0. 3                                // $ANOUT[1]直接输出 3V
......
IF  A > = 0. 05  THEN
  PTP  P1  Vel = 100%   PDAT1                    // 机器人定位
    ANIN  ON  $TECHIN[1]  1* CORRECTION + 0. 1

                                                // 循环读入$ANIN[1]状态

ANOUT  ON  ADHESIVE = 0.5* $VEL_ACT + 0. 2  DELAY = - 0. 12

                                                // 动态刷新$ANOUT[2]状态

  LIN  P2  Vel = 0. 2m/s  CPDAT2
  CIRC  P3,P4  Vel = 0. 2m/s  CPDAT4
    ANOUT  OFF  ADHESIVE                         // $ANIN[1]循环读入关闭
```

```
    ANIN  OFF  CORRECTION                          // $ANOUT[2]动态刷新关闭
  PTP  P5  Vel=100%   PDAT5
ENDIF
PTP  HOME  Vel=100%   DEFAULT
......
```

在以上程序中，程序启动后，首先可通过循环指令 FOR，将 AO 输出 $ANOUT [1]～[16] 全部置为 0V。接着，机器人执行 HOME 定位移动，定位完成后，通过程序数据 A 直接读入 AI 输入 $ANIN[2] 的状态，并在 AO 输出 $ANOUT[1] 上输出 3V 电压。程序数据 A 在后续的机器人移动中保持不变。

如果 AI 输入 $ANIN[2] 大于等于 0.5V，机器人将定位到 P1 点（作业起点），并利用系统变量 $TECHIN[1]（轨迹自动修正参数）循环读入 AI 输入 $ANIN[1]（轨迹修正传感器）的状态，自动修正 TCP 移动轨迹；接着，利用系统变量 $VEL_ACT（机器人 TCP 实际移动速度）动态刷新 AO 输出 $ANOUT[2]（移动速度显示）；然后，进行机器人 P1→P2 直线插补、P2→P4 圆弧插补移动，在移动过程中，系统变量 $TECHIN[1] 和 AO 输出 $ANOUT[2] 将始终处于自动刷新的状态，直到圆弧插补终点 P4 到达，才关闭 $ANIN[1] 循环读入和 $ANOUT[2] 动态刷新操作。

8.7 程序控制指令编程

8.7.1 执行控制指令编程

(1) 指令功能及说明

机器人的程序控制指令分为程序执行控制和程序转移（分支控制）两类。程序执行控制指令用于当前程序的运行、等待、暂停、跳转、结束等控制；程序转移指令用于子程序调用、程序跳转等分支控制，有关内容详见后述。

KUKA 机器人程序可使用的程序执行控制指令名称、功能如表 8.7.1 所示。

表 8.7.1　程序执行控制指令编程说明表

名称	指令代码	功能
程序结束	END	程序结束,系统结束程序自动运行操作
程序停止	HALT	系统在当前指令执行完成后,进入停止状态
运动停止	BRAKE <F>	停止机器人运动,中断程序执行过程。添加 F 后,机器人以紧急制动的方式,快速停止机器人运动;无 F 为正常的减速停止
程序暂停	WAIT SEC Time	程序暂停,等待延时 Time 到达后继续执行后续指令
条件等待	WAIT FOR Condition	程序暂停,等待条件 Condition 满足后继续执行后续指令
连续执行	CONTINUE	机器人移动时可执行后续非移动指令
跳转	GOTO Marker	跳转至 Marker 处继续执行

程序执行控制指令 END、HALT、BRAKE、CONTINUE 的格式简单，功能明确，简要说明如下。WAIT 指令的编程方法见后述。

① END 指令：程序结束，系统结束程序自动运行操作，若当前程序被其他程序调用，执行 END 指令可返回至原程序，并继续原程序后续指令。

② HALT 指令：HALT 指令用于正常情况的程序暂停。系统在当前运行指令执行完成（如机器人移动到位、延时到达等）、机器人及外部轴减速停止后，进入程序暂停状态。程序的继续运行需要移动光标到下一指令行，并通过启动键重新启动。

程序暂停时，系统的运行时间计时器将停止计时。对于脉冲输出指令，系统将在指定宽度的脉冲信号输出完成后，才停止运行。

③ BRAKE<F>指令：机器人停止或紧急停止。BRAKE<F>指令只能用于中断程序，当中断程序处理需要停止机器人运动时，可通过 BRAKE 指令停止机器人运动。指令添加 F 时，机器人将以最快的速度紧急制动；无 F 为正常的减速停止。BRAKE 指令的编程要求及示例详见 8.8 节。

④ WAIT 指令：用于程序暂停控制。WAIT 指令与程序暂停指令 HALT 的区别在于：WAIT 指令暂停可在延时到达或指定条件满足后，自动重启程序运行，继续执行后续指令；而 HALT 指令暂停后，需要由操作者通过程序启动键，手动重启程序运行，才能继续执行后续指令。WAIT 指令的使用方法见后述。

⑤ CONTINUE 指令：非移动指令连续执行，即机器人移动的同时，可执行后续非移动指令（如 DO 输出指令等）。CONTINUE 指令只能保证后续的 1 条非移动指令提前执行，如果需要多条指令提前执行，则需要编制多个 CONTINUE 指令。例如：

```
……
LIN  P1  Vel=0.2m/s  CPDAT1
$OUT[1]=TRUE                          // P1 到位,机器人移动停止后$OUT[1]输出 ON
……
LIN  P2  Vel=0.2m/s  CPDAT2
CONTINUE
$OUT[2]=TRUE                          // 机器人启动P1→P2移动的同时,$OUT[2]输出 ON
CONTINUE
$OUT[3]=TRUE                          // 机器人启动P1→P2移动的同时,$OUT[3]输出 ON
……
```

⑥ GOTO 指令：无条件跳转至程序指定的位置继续执行，跳转目标位置 *Marker* 应在 GOTO 指令中表明，并在 KRL 程序中以 "*Marker*：" 标记。GOTO 指令的跳转目标不但可以位于跳转指令之后，而且可以位于跳转指令之前；或者，由 IF、SWITCH 等分支内向外部跳转；但是，不能在循环执行指令 LOOP、FOR……TO、WHILE、REPEAT……UNTIL 中使用 GOTO 指令。

例如，执行如下程序时，如果输入 $IN[1]=TRUE，机器人可进行 $P1→P2→P5$ 直线插补运动；如果输入 $IN[1]=FALSE，机器人将进行 $P1→P3→P4→P1→P3……$ 的循环运动，直到 $IN[1]=TRUE 时，执行 $P1→P2→P5$ 移动，跳出 IF 分支。

```
……
MARK_1:                                        // 跳转目标 MARK_1
LIN  P1  Vel=0.2m/s  CPDAT1
IF  $IN[1]=TRUE  THEN
    LIN  P2  Vel=0.2m/s  CPDAT2
    GOTO  MARK_2                                // 跳转到 MARK_2 处
  ELSE
    LIN  P3  Vel=0.2m/s  CPDAT3
  ENDIF
    LIN  P4  Vel=0.2m/s  CPDAT4
GOTO  MARK_1                                    // 跳转到 MARK_1 处
MARK_2:                                         // 跳转目标 MARK_2
LIN  P5  Vel=0.2m/s  CPDAT5
……
```

(2) 程序暂停指令编程

程序暂停指令 WAIT SEC 可以使得程序自动运行暂停规定的时间，一旦延时到达，系统将自动重启程序运行，继续执行后续指令。如果在机器人连续移动指令中插入暂停时间为 0 的指令 "WAIT SEC 0"，则可以阻止机器人连续移动和程序预处理操作，在保证移动指令完全执行结束、机器人准确到达移动终点后，继续执行后续指令。

WAIT SEC 指令的暂停时间可以用常数、程序数据、表达式指定（单位 s），定时范围为 0.012～2147484s（联机表格的最大设定为 30s），定时精度为 12ms（1 个插补周期）。如果暂停时间小于等于 0，WAIT SEC 指令将无效，系统可继续执行后续指令。

WAIT SEC 指令的编程示例如下。

```
......
REAL  A,B
......
INI
......
A = 10.0
B = 5.0
WAIT  SEC  30.0                                    // 程序暂停 30s
WAIT  SEC  A                                        // 程序暂停 10s
WAIT  SEC  4 * A + B                                // 程序暂停 45s
......
PTP  { A1 180 }  Vel = 100%   DEFAULT
WAIT  SEC  0
PULSE($OUT[1],TRUE,1)              // A1 轴准确到位后 $OUT[1]输出脉冲信号
......
LIN  P1  Vel = 0.2m/s  CPDAT1
WAIT  SEC  0
$OUT[2] = TRUE                    // P1 准确到位后 $OUT[2]输出 ON 信号
......
```

(3) 条件等待指令编程

条件等待指令 WAIT FOR 可暂停程序的执行过程，直到指定条件满足时，才自动继续后续的指令。

等待条件 WAIT FOR 可以使用以下条件之一，系统定时器、标志、循环标志的编程方法可参见第 7 章。

$IN[n]、$OUT[n]：输入、输出信号 ON 状态（$IN[n] = TRUE、$OUT[n] = TRUE）。

$IN[n]、$OUT[n] 比较运算式：如 $OUT[n] == TRUE 或 FALSE 等。

$TIMER_FLAG[n]：系统定时器状态（$TIMER_FLAG[n] = TRUE），指令功能与程序暂停相同。

$TIMER[n] >= *Time*：定时器比较运算式。

标志 $FLAG[n] 及其比较运算式：如 $FLAG[n] == TRUE/FALSE 等。

$CYCFLAG[n]：系统循环标志状态。

WAIT SEC 指令的编程示例如下。

```
......
REAL   A,B
......
INI
......
WAIT   FOR   $IN[1]                           // 等待$IN[1] = TRUE
WAIT   $OUT[1] = = TRUE                        // 等待$OUT[1] = TRUE
......
$TIMER[1] = 30000                             // 设定 TIMER[1]为 30s
$TIMER_STOP[1] = FALSE                         // 启动 TIMER[1]计时
WAIT   FOR   $TIMER_FLAG[1] > = 10            // 等待 TIMER[1]计时超过 10s
$TIMER_STOP[1] = TRUE                          // 停止 TIMER[1]计时
$TIMER[1] = 0                                  // 复位 TIMER[1]s
......
WAIT   FOR   $TIMER_FLAG[1]                    // 等待 TIMER[1]计时到达(30s)
......
$FLAG[1] = $OUT[1]   OR   $OUT[2]              // 定义系统标志$FLAG[1]
WAIT   FOR   $FLAG[1] = = FALSE                // 等待$FLAG[1] = FALSE
......
$CYCFLAG[1] = $IN[1]   AND   $IN[2]           // 定义系统循环$CYCFLAG[1]
WAIT   FOR   $CYCFLAG[1]                       // 等待$CYCFLAG[1] = TRUE
......
```

(4) 条件等待指令提前执行

在正常情况下，条件等待指令可阻止程序预处理。因此，对于终点连续移动的运动，如果插入条件等待指令，终点的连续运动将被取消，机器人只有在准确定位后，才能继续后续运动。

例如，执行如下指令时，机器人将在 $P2$ 点准确定位，等待输入 $IN[1] 或 $IN[2] 为 TRUE 状态，然后，继续 $P2 \rightarrow P3$ 移动。其运动轨迹如图 8.7.1 所示。

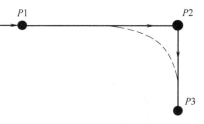

图 8.7.1 WAIT 正常执行

```
......
PTP   P1   Vel = 100%   PDAT1
LIN   P2   CONT   Vel = 0.2m/s   CPDAT2
WAIT   FOR   ( $IN[1]   OR   $IN[2] )
LIN   P3   Vel = 0.2m/s   CPDAT3
......
```

如果在条件等待指令前添加了非移动指令提前指令"CONTINUE"，WAIT 指令将被提前至机器人移动的同时执行。在这种情况下，对于终点为连续移动的指令，终点的连续运动可能被取消，也可能被保留。

例如，以下程序的执行过程如图 8.7.2 所示。

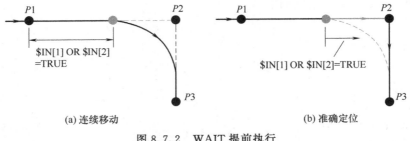

(a) 连续移动   (b) 准确定位

图 8.7.2　WAIT 提前执行

```
……
PTP  P1  Vel=100%  PDAT1
LIN  P2  CONT  Vel=0.2m/s  CPDAT2
CONTINUE
WAIT  FOR  ( $IN[1]  OR  $IN[2] )
LIN  P3  Vel=0.2m/s  CPDAT3
……
```

如果等待条件在图 8.7.2（a）所示的终点 $P2$ 连续移动之前满足，终点 $P2$ 的连续移动将被保留，机器人将由 $P1$ 连续移动到 $P3$。如果等待条件在图 8.7.2（b）所示的机器人进入终点 $P2$ 到位区之后才满足，终点 $P2$ 的连续移动将被取消，机器人将在 $P2$ 点准确定位，然后，继续 $P2 \to P3$ 移动。

8.7.2　循环执行指令编程

当机器人需要进行自动重复作业时，作业程序需要以循环执行的方式运行。KRL 程序的循环执行方式有无限循环 LOOP、计数循环"FOR……TO"、条件启动循环 WHILE、条件结束循环"REPEAT……UNTIL"4 种。使用循环指令编程时，不允许通过 GOTO 指令由循环外部跳入循环程序，或者反之。

KRL 循环指令的功能和编程方法如下。

（1）无限循环

无限循环指令 LOOP 可连续不断地重复执行程序，程序的自动运行需要通过外部操作，或利用外部信号控制的循环退出指令 EXIT，才能结束程序的循环运行。

无限循环指令的编程格式如下，需要循环执行的 KRL 指令必须编写在 LOOP 之后、ENDLOOP 之前，并且可以使用嵌套。

```
LOOP                                          // 循环开始
Instructions Statement                        // 循环执行指令
ENDLOOP                                        // 循环结束
```

无限循环可利用 EXIT 指令在循环任意位置自动退出。带嵌套的循环指令需要利用多条 EXIT 指令才能逐一退出。例如：

```
……
LOOP                                          // 外循环开始
PTP  P1  Vel=100%  PDAT1                       // 外循环指令
PTP  P2  Vel=100%  PDAT2
  LOOP                                        // 内循环开始
  PTP  P10  Vel=100%  PDAT10                  // 内循环指令
```

```
    PTP  P20  Vel=100%   PDAT20
    IF  $IN[10] = =TRUE  THEN
      EXIT                                          // 内循环退出
    ENDIF
    ENDLOOP                                         // 内循环结束
  IF  $IN[1] = =TRUE  THEN
    EXIT                                            // 外循环退出
  ENDIF
  ENDLOOP                                           // 外循环结束
  PTP  P5  Vel=100%   PDAT5
  ……
```

上述程序的自动运行一旦启动，机器人将进行 $P1→P2$ 移动，随后进行 $P10→P20$ 移动。如果系统输入 $IN[10] 不为 TRUE，机器人将重复 $P20→P10→P10……$ 内循环运动，直至 $IN[10] 成为 ON 状态。程序能退出内循环后，如果 $IN[10] 保持 ON 状态，但 $IN[1] 不为 TRUE，机器人将重复 $P1→P2→P10→P20→P1……$ 外循环运动，直至 $IN[1] 成为 ON 状态，退出外循环，进行 $P20→P5$ 移动。

(2) 计数循环

计数循环指令"FOR……TO"可以规定程序的循环执行次数，一旦程序执行到指定的次数，便可自动退出循环。

计数循环指令的编程格式及操作数含义如下，需要循环执行的 KRL 指令必须编写在 FOR 行之后、ENDFOR 行之前。该指令同样可以使用嵌套，或者利用 EXIT 指令在循环任意位置退出。

```
FOR  Counter=Start  TO  End  < STEP  Increment>    // 循环开始
Instructions Statement                             // 循环执行指令
ENDFOR                                             // 循环结束
```

Counter：循环计数器名称。循环计数器名称需要利用程序数据声明指令定义，数据类型应为整数（INT）。

Start：计数起始值，整数（INT）型常量。

End：计数结束值，整数（INT）型常量。

Increment：计数增量，整数（INT）型常量。*Increment* 可选择添加，正值为加计数，负值为减计数，省略时系统默认 *Increment*=+1。为了使得循环指令能够正确执行，对于 *Increment* 省略或为正的加计数，必须保证计数起始值小于等于结束值；对于 *Increment* 为负的减计数，必须保证计数起始值大于等于结束值。

计数循环编程示例如下。

```
……
INT  A                                            // 定义循环计数器
INI
……
FOR  A=1  TO  10                                  // 循环启动,最大执行10次
PTP  P1  Vel=100%   PDAT1                         // 循环执行指令
PTP  P2  Vel=100%   PDAT2
IF  $IN[10] = =TRUE  THEN                         // $IN[10] 为 ON 时立即退出
```

```
    EXIT
  ENDIF
  ENDFOR                                              // 循环结束
  ......
  FOR  A=10  TO  1  STEP=-2           // 循环启动,执行 5 次(A=10、8、6、4、2)
  PTP  P3  Vel=100%    PDAT3                          // 循环执行指令
  PTP  P4  Vel=100%    PDAT4
  ENDFOR
  ......
```

(3) 条件启动循环

条件启动循环指令 WHILE 只能在指定条件满足时,才能启动循环;否则,将自动跳过循环指令,直接执行后续程序。

条件启动循环指令的编程格式及操作数含义如下,需要循环执行的 KRL 指令必须编写在 WHILE 行之后、ENDWHILE 行之前,指令同样可以使用嵌套,或者利用 EXIT 指令在循环任意位置退出。

```
WHILE  Condition                                     // 循环启动
Instructions Statement                               // 循环执行指令
ENDWHILE                                             // 循环结束
```

Condition:循环启动条件,逻辑状态（BOOL）数据,可以使用逻辑运算表达式。

条件启动循环编程示例如下。

```
......
WHILE  $IN[3] = = TRUE                       // $IN[3] 为 ON 时启动循环
PTP  P1  Vel=100%    PDAT1                          // 循环执行指令
PTP  P2  Vel=100%    PDAT2
IF  $IN[10] = = TRUE  THEN                   // $IN[10] 为 ON 时立即退出
  EXIT
ENDIF
PTP  P3  Vel=100%    PDAT3
ENDWHILE                                             // 循环结束
......
WHILE (($IN[1] = = TRUE)AND ($IN[2] = = FALSE)OR (A> = 8))
                                             // 逻辑运算结果为 TRUE 时启动循环
PTP  P10  Vel=100%    PDAT10                         // 循环执行指令
PTP  P20  Vel=100%    PDAT20
PTP  P30  Vel=100%    PDAT30
ENDWHILE                                             // 循环结束
......
```

(4) 条件结束循环

条件结束循环指令 "REPEAT……UNTIL" 可直接启动,循环执行,直到 UNTIL 指定的条件满足,自动退出循环。

条件结束循环指令的编程格式及操作数含义如下。需要循环执行的 KRL 指令必须编写在 REPEAT 行之后、UNTIL 行之前,指令同样可以使用嵌套,或者,利用 EXIT 指令在循环中途任意位置退出。

```
REPEAT                                                        // 循环启动
Instructions Statement                                       // 循环执行指令
UNTIL  Condition                                             // 循环结束
```

Condition：循环结束条件，逻辑状态（BOOL）数据，可以使用逻辑运算表达式。

条件结束循环编程示例如下。

```
……
REPEAT                                                        // 循环启动
PTP  P1  Vel＝100%   PDAT1                                    // 循环执行指令
PTP  P2  Vel＝100%   PDAT2
IF  $IN[10] ＝＝TRUE  THEN                                   // $IN[10] 为 ON 时立即退出
   EXIT
ENDIF
PTP  P3  Vel＝100%   PDAT3
UNTIL  $IN[3] ＝＝FALSE                                      // $IN[3] 为 OFF 时循环结束
……
REPEAT
PTP  P10  Vel＝100%   PDAT10                                  // 循环执行指令
PTP  P20  Vel＝100%   PDAT20
PTP  P30  Vel＝100%   PDAT30
UNTIL((($IN[1] ＝＝TRUE)AND ($IN[2] ＝＝FALSE)OR (A>＝8))＝＝FALSE
                                                            // 逻辑运算结果为 FALSE 时结束循环
……
```

8.7.3　分支控制指令编程

分支控制程序可以根据判断条件，有选择地执行程序的某一部分。KRL 程序的分支控制方式有"IF……THEN……ELSE""SWITCH…… CASE" 2 种，指令功能和编程方法如下。

（1）IF 分支控制

在 KRL 程序中，IF 分支控制指令通常用于 2 分支程序控制，指令的编程格式及操作数含义如下。

```
IF  Condition   THEN                                         // 条件判断
Instructions Statement 1                                    // Condition条件满足时执行
<ELSE>                                                       // 可选添加项
Instructions Statement 2                                    // Condition条件不满足时执行
ENDIF                                                        // 分支结束
```

Condition：分支执行条件，逻辑状态（BOOL）数据，可以使用逻辑运算表达式。

ELSE：可选择添加项。使用 ELSE 时，若 *Condition* 条件不满足，可执行 ELSE 之后指令；如果省略 ELSE，*Condition* 条件不满足时，将直接跳过分支程序，执行 ENDIF 后续指令。

IF 分支控制的编程示例如下。

```
……
IF  $IN[10] ＝＝TRUE  THEN                                   // 条件判断
   PTP  P1  Vel＝100%   PDAT1                                // $IN[10] 为 ON 时执行
   PTP  P2  Vel＝100%   PDAT2
```

```
   ELSE
      PTP   P10   Vel=100%    PDAT10              // $IN[10] 为 OFF 时执行
      PTP   P20   Vel=100%    PDAT20
   ENDIF                                          // 分支结束
   ......
   IF (($IN[1] = = TRUE)AND ($IN[2] = = FALSE)OR (A> = 8))   // 条件判断
      PTP   P3  Vel=100%    PDAT3                 // 逻辑运算结果为 TRUE 时执行
      PTP   P4  Vel=100%    PDAT4
   ENDIF                                          // 分支结束
   ......
```

(2) SWITCH 分支控制

在 KRL 程序中，SWITCH 分支控制指令通常用于选择性多分支程序控制，分支执行条件与分支数量由 CASE 指令定义，CASE 指令数量原则上不受限制。

指令的编程格式及操作数含义如下。

```
SWITCH Selection_Criterion
CASE  Block_Identifier1_1  <,Block_Identifier1_2,……>
Instructions   Statement 1
<CASE  Block_Identifier2_1>   <,Block_Identifier2_2,……>
<Instructions Statement 2>
......
<DEFAULT>
......
ENDSWITCH
```

Selection_Criterion：控制参数，用来定义分支选择依据。KRL 程序的控制参数允许使用整数 INT、单独字符 CHAR（非字符串）、枚举数据 ENUM。

Block_IdentifierN_M：控制参数值（整数值、字符、枚举数据值），用来定义分支程序执行条件。分支执行条件可以为 1 个，也可以为多个。定义多个执行条件时，只要满足任意一个执行条件，分支程序便可执行。

Instructions Statement *N*：分支程序 *N*，其对应的分支程序执行条件满足时，程序将被执行。

DEFAULT：可选添加项，增加 DEFAULT 时，当所有 CASE 条件均不符合时，执行后续分支程序。

使用整数 INT 控制的 SWITCH 分支控制程序示例如下。

```
......
INT  A
INI
......
SWITCH  A                                        // 分支控制参数
  CASE  1                                        // A＝1 时执行
    PTP   P1  Vel=100%    PDAT1
    PTP   P2  Vel=100%    PDAT2
  CASE  2,3                                      // A＝2 或 3 时执行
    PTP   P11  Vel=100%    PDAT11
    PTP   P12  Vel=100%    PDAT12
```

```
      CASE   4,8,16                                        // A = 4 或 8、16 时执行
        PTP   P21  Vel = 100%   PDAT21
        PTP   P22  Vel = 100%   PDAT22
      DEFAULT                                              // A ≠ 1～4、8、16 时执行
        PTP   P31  Vel = 100%   PDAT31
        PTP   P32  Vel = 100%   PDAT32
   ENDSWITCH
   ……
```

使用字符 CHAR 控制的 SWITCH 分支控制程序示例如下。

```
   ……
   CHAR   Test_Symbol
   INI
   ……
   SWITCH   Test_Symbol                                    // 分支控制参数
     CASE   "Z"                                            // Test_Symbol 为 Z 时执行
       PTP   P1  Vel = 100%   PDAT1
       PTP   P2  Vel = 100%   PDAT2
     CASE   "X","Y"                                        // Test_Symbol 为 X 或 Y 时执行
       PTP   P11  Vel = 100%   PDAT11
       PTP   P12  Vel = 100%   PDAT12
     CASE   "A","B","C"                                    // Test_Symbol 为 A 或 B、C 时执行
       PTP   P21  Vel = 100%   PDAT21
       PTP   P22  Vel = 100%   PDAT22
     DEFAULT                                               // Test_Symbol 不为 X、Y、Z、A、B、C 时执行
       PTP   P31  Vel = 100%   PDAT31
       PTP   P32  Vel = 100%   PDAT32
   ENDSWITCH
   ……
```

使用枚举数据 ENUM 控制的 SWITCH 分支控制程序示例如下。

```
   ……
   ENUM   COLOR_TYPE   green,blue,red,yellow               // 枚举数据内容声明
   DECL   COLOR_TYPE   User_Color                          // 程序数据声明
   INI
   ……
   SWITCH   User_Color                                     // 分支控制参数
     CASE   #green                                         // User_Color 为 green 时执行
       PTP   P1  Vel = 100%   PDAT1
       PTP   P2  Vel = 100%   PDAT2
     CASE   #blue,#red                                     // User_Color 为 blue 或 red 时执行
       PTP   P11  Vel = 100%   PDAT11
       PTP   P12  Vel = 100%   PDAT12
     DEFAULT                                               // User_Color 不为 green、blue、red 时执行
       PTP   P31  Vel = 100%   PDAT31
       PTP   P32  Vel = 100%   PDAT32
   ENDSWITCH
   ……
```

8.8 中断程序编程

8.8.1 中断定义、启用与使能

(1) 中断程序与处理

中断（interrupt）通常是用来处理自动运行异常情况的特殊子程序。中断由程序规定的中断条件自动调用，中断开启（ON）并使能（ENABLE）后，只要中断条件满足，控制系统可立即暂停现行程序的运行，无条件跳转到中断（子程序）继续。如果中断在机器人移动过程中发生，通常情况下，系统可在执行中断指令的同时，继续完成当前移动指令的执行，但也可通过中断程序中断 BRAKE 指令，停止机器人移动。利用 BRAKE 指令停止机器人移动时，如果中断程序不含机器人移动指令，被中断所停止的移动轨迹通常可在系统中保留，中断程序执行完成后，机器人可继续被中断的移动；如果中断程序含有机器人移动指令，则必须在中断程序中利用 RESUME 指令删除原程序的轨迹，使得机器人在原程序中的移动从新的起点重新开始。

中断程序的格式与编程要求可参见 7.1 节。局域中断只能被当前程序或下级程序调用，中断程序需要直接编写主程序结束指令之后，且和主程序共用数据表；全局中断可被不同主程序调用，中断及附属的数据表必须单独编程。中断可以使用参数化编程，参数化编程的中断需要在中断定义指令的中断（程序）名称后添加程序参数，不使用参数化编程的中断，只需要在中断（程序）名称后保留括号。

KRL 程序最大可定义 32 个中断，不同的中断以"优先级"进行区分，同一优先级的中断在同一程序中只能定义 1 个。KRL 程序可使用的中断优先级为 1（最高）、3、4～18、20～39、81～128（最低）；其他的优先级为系统预定义中断，用户通常不能使用。

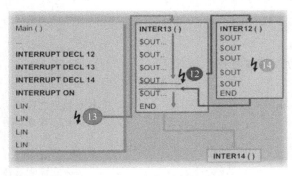

图 8.8.1　中断程序处理

已定义的中断需要通过 KRL 程序中的指令 INTERRUPT ON 开启。在 KRL 程序同一程序区域，最大允许同时开启 16 个中断。当多个中断同时发生时，优先级最高的中断首先执行，其他中断进入列队等候状态。

例如，对于图 8.8.1 所示的程序，主程序 Main 中定义了 12、13、14（优先级）三个中断，中断 12 的优先级为最高。

当主程序 Main 利用指令 INTERRUPT ON 开启所有中断后，如果程序执行时发生中断 13，系统将立即执行中断程序 INTER13；如果在执行 INTER13 时，又发生了更高优先级的中断 12，系统将立即执行中断程序 INTER12；如果在执行中断程序 INTER12 时，发生了低于 INTER12、INTER13 的中断 14，则中断程序 INTER14 进入列队等候状态。当系统执行完最高优先级程序 INTER12 后，首先返回 INTER13；INTER13 执行完成后，最后执行列队等候的 INTER14；INTER14 执行完成后，返回主程序 Main。

如果需要系统按照中断发生次序，依次执行中断程序，可以在中断程序中添加中断禁止指令 INTERRUPT DISABLE 或中断关闭指令 INTERRUPT OFF。利用中断禁止指令禁止的中断可以保留中断信息，中断重新使能后仍可以立即调用中断程序；利用中断关闭指令关闭中断后，中断信息将被忽略，即使重新开启中断，也不能直接启动中断程序。

例如，在 INTER13 的起始位置添加中断禁止指令"INTERRUPT DISABLE 12"、结束位置添加中断使能指令"INTERRUPT ENABLE 12"，INTER13 执行过程中发生的 INTER12 将在INTER13 执行完成后才能启动；如果在 INTER13 的起始位置添加中断关闭指令"INTERRUPTOFF 12"、结束位置添加中断开启指令"INTERRUPT ON 12"，INTER13 执行过程中所发生的INTER12 中断将被忽略。

（2）中断定义

使用中断功能时，主程序需要通过中断定义指令"INTERRUPT DECL……WHEN……DO……"，对中断优先级、中断条件、中断程序名称与程序参数进行定义。

中断定义指令的编程格式及操作数含义如下，需要注意的是：虽然中断定义指令中包含有DECL 字符，但是，它不属于程序数据定义指令，因此，必须在程序的指令区（INI 指令之后）编制。此外，如果所定义的中断需要对所有程序均有效（全局中断），指令需要增加前缀global（全局）。

```
INTERRUPT DECL Prio WHEN Event DO Program_Name(Parameter_List)
```

Prio：中断名称。中断名称直接以优先级表示 1、3、4~18、20~39、81~128。

Event：中断条件。中断条件应为逻辑状态（BOOL）数据，可使用的条件为 DI/DO 信号、比较指令、程序数据（BOOL 型）。KRL 程序中的中断只能通过中断条件的上升沿触发，因此，如果中断条件为状态固定不变的常量，中断程序将无法被启动、调用。

Program_Name：中断程序名称。不同的中断可使用同一中断程序，但是，同一中断不能调用 2 个不同的中断程序。

Parameter_List：程序参数。中断程序采用参数化编程时，可进行中断程序的参数赋值，参数的使用方法可参见后述的编程示例。

中断定义指令不能自动开启中断功能，中断功能的开启需要通过下述的 INTERRUPTON 指令开启、生效。开启后的中断可以利用 INTERRUPT OFF 指令关闭，或者利用指令INTERRUPT DISABLE 禁止。

（3）中断开启/关闭、禁止/使能

已定义的中断需要通过指令 INTERRUPT ON 开启后才能生效，开启的中断可利用 IN-TERRUPT OFF 指令关闭。中断关闭后，对应的中断信息将被忽略，即使重新开启中断，也不能由已被忽略的中断启动中断程序。

已开启的中断，可通过中断禁止指令 INTERRUPT DISABLE 暂时禁止，被禁止的中断可以保留中断信息，且可利用中断使能指令 INTERRUPT ENABLE 重新使能。中断重新使能后，可立即启动被禁止的中断。

中断开启/关闭、禁止/使能指令的编程格式如下。

```
INTERRUPT  ON  <Prio>                          // 中断开启
INTERRUPT  OFF  <Prio>                         // 中断关闭
INTERRUPT DISABLE <Prio>                       // 中断禁止
INTERRUPT ENABLE <Prio>                        // 中断使能
```

中断开启/关闭、禁止/使能指令中的 *Prio* 为可选择中断名称（优先级），添加 *Prio* 后，开启/关闭、禁止/使能指令仅对指定中断有效；省略 *Prio* 时，将同时开启/关闭、禁止/使能全部中断。

（4）编程示例

使用中断的程序示例如下。

```
DEF MAIN_PROG1  ()                                            // 主程序 MAIN_PROG1
……
DECL AXIS HOME
DECL POS PART [3]                                             // 数据声明,定义 3 元 POS 数组 PART
……
* * * * * * * * * * * * * * * * * * * * * * * * * * * * * * * *
INI
HOME = { AXIS:A1 0,A2 - 90,A3 90,A4 0,A5 0,A6 0}
INTERRUPT DECL 4 WHEN $IN[1] = TRUE DO PICK_PROG1 ()          // 中断定义
INTERRUPT DECL 5 WHEN $IN[2] = TRUE DO PICK_PROG2 ()
INTERRUPT DECL 6 WHEN $IN[3] = TRUE DO PICK_PROG3 ()
……
FOR  I = 1  TO  3
    $OUT[ I ] = FALSE                                         // $OUT[1]~[3] 输出 OFF
    $FLAG[ I ] = FALSE                                        // $FLAG[1]~[3] 复位
ENDFOR
PTP  HOME  Vel = 100%   DEFAULT
PTP  P1  Vel = 100%    PDAT1
INTERRUPT  ON                                                 // 开启所有中断
LIN  P2  Vel = 0.2m/s  CPDAT2                                 // P1→P2 移动
INTERRAPT  OFF  4                                             // 关闭中断 4
INTERRAPT  OFF  5                                             // 关闭中断 5
INTERRAPT  OFF  6                                             // 关闭中断 6
PTP  HOME  Vel = 100%   DEFAULT
FOR  I = 1  TO  3
    IF $FLAG[ I ]  THEN
      LIN  PART [ I ]  Vel = 0.2m/s  CPDAT11
      $OUT[ I ] = TRUE
      PTP  HOME  Vel = 100%   DEFAULT
      $OUT[ I ] = FASLE
      $FLAG[ I ] = FALSE
    ENDIF
EDNFOR
……
END
* * * * * * * * * * * * * * * * * * * * * * * * * * * * * * * *
DEF  PICK_PROG1 ()                                            // 中断 4 程序
$FLAG[1] = TRUE
PART [1] = $ POS_INT
END
* * * * * * * * * * * * * * * * * * * * * * * * * * * * * * * *
DEF  PICK_PROG2 ()                                            // 中断 5 程序
$FLAG[2] = TRUE
PART [2] = $ POS_INT
END
* * * * * * * * * * * * * * * * * * * * * * * * * * * * * * * *
```

```
DEF  PICK_PROG3 ()                                          // 中断 6 程序
$FLAG[3] = TRUE
PART [3] = $POS_INT
END
```

以上程序可用于类似工件分拣等场合。程序可在机器人由 *P*1 向 *P*2 的直线运动过程中，通过 DI 输入 $IN[1]～[3]（如工件检测传感器）搜索工件 1～3，并通过中断程序 PICK_PROG1～3，将对应的标志 $FLAG[1]～[3] 置为 ON，然后，利用程序数据 PART[1]～[3] 读取 $IN[1]～[3] 中断位置（系统变量 $POS_INT）。

中断程序执行完成、返回主程序后，机器人首先由 *P*2 点移动到自动运行起始点 HOME，然后，再根据 $FLAG[1]～[3] 的状态，直线移动到中断位置 PART[1]～[3]，并将输出 $OUT[1]～[3] 置为 ON（启动工件 1～3 拾取操作），最后，机器人返回自动运行起始点 HOME，将输出 $OUT[1]～[3] 置为 OFF（放置工件），并复位 $FLAG[1]～[3]，完成工件分拣过程。

上述程序的中断程序 PICK_PROG1～3 实际上只有标志 $FLAG、POS 数组的地址区别，因此，也可以通过参数化编程的中断程序，将 PICK_PROG1～3 合并为指令相同、输入参数（如 Work_No）不同的同一中断程序 PICK_PROG（Work_No：IN）。采用参数化编程后的程序示例如下。

```
DEF MAIN_PROG1  ()                                          // 主程序 MAIN_PROG1
……
DECL AXIS HOME
DECL POS PART [3]                                 // 数据声明,定义 3 元 POS 数组 PART
……
* * * * * * * * * * * * * * * * * * * * * * * * * * * * * * *
INI
HOME = { AXIS:A1 0,A2 -90,A3 90,A4 0,A5 0,A6 0}
INTERRUPT DECL 4 WHEN $IN[1] = TRUE DO PICK_PROG (1)
INTERRUPT DECL 5 WHEN $IN[2] = TRUE DO PICK_PROG (2)
INTERRUPT DECL 6 WHEN $IN[3] = TRUE DO PICK_PROG (3)
                            // 中断定义,中断 4～6 调用参数化编程中断程序 PICK_PROG
……
FOR  I = 1  TO  3
   $OUT[ I ] = FALSE                               // $OUT[1]～[3] 输出 OFF
   $FLAG[ I ] = FALSE                              // $FLAG[1]～[3] 复位
ENDFOR
PTP  HOME  Vel = 100%   DEFAULT
PTP  P1  Vel = 100%   PDAT1
INTERRUPT  ON                                        // 开启所有中断
LIN  P2  Vel = 0.2m/s  CPDAT2                         // P1→P2 移动
INTERRAPT  OFF  4                                     // 关闭中断 4
INTERRAPT  OFF  5                                     // 关闭中断 5
INTERRAPT  OFF  6                                     // 关闭中断 6
PTP  HOME  Vel = 100%   DEFAULT
FOR  I = 1  TO  3
   IF  $FLAG[ I ]  THEN
```

```
        LIN  PART [ I ]  Vel = 0.2m/s  CPDAT11
        $OUT[ I ] = TRUE
        PTP  HOME  Vel = 100%   DEFAULT
        $OUT[ I ] = FASLE
        $FLAG[ I ] = FALSE
     ENDIF
 EDNFOR
 END
 ……
 * * * * * * * * * * * * * * * * * * * * * * * * * * * * * * * * * * * *
 DEF  PICK_PROG (Work_No:IN)                    // 参数化中断程序,Work_No 为输入参数
 $FLAG[Work_No] = TRUE
 PART [Work_No] = $ POS_INT
 END
 * * * * * * * * * * * * * * * * * * * * * * * * * * * * * * * * * * * *
```

8.8.2　机器人停止及位置记录

(1) 移动指令中断方式

如果中断在机器人移动过程中发生，KUKA 机器人控制系统可根据不同的情况，选择如下处理方式。

① 继续移动。如果中断程序不含机器人移动指令、无需改变原程序的机器人移动轨迹，在通常情况下，系统可在执行中断指令的同时，继续完成当前移动指令的执行过程。

选择机器人继续移动时，如果系统执行中断程序的时间小于机器人完成当前移动指令、到达终点的时间，机器人的运动将连续；如果系统执行中断程序的时间大于机器人完成当前移动指令、到达终点的时间，则机器人将在到达当前移动指令的终点后，等待中断程序执行完成，然后，继续后续移动。

② 停止移动。如果中断必须在机器人停止移动的情况下处理，但无需更改机器人运动轨迹，可通过中断程序中的 BRAKE 指令，正常停止（BRAKE）或急停（BRAKE F）机器人移动。选择 BRAKE <F> 指令中断机器人移动时，系统可保留中断轨迹及中断点，当前移动指令起点、终点，等参数，以便中断程序执行完成后重启被中断的机器人移动。BRAKE 指令的编程要求及示例见下述。

③ 删除轨迹。如果中断必须在机器人停止移动的情况下处理，且中断程序含有机器人移动指令，那么，中断程序首先应利用 BRAKE 指令停止机器人运动，接着再进行机器人移动，最后利用 RESUME 指令删除原轨迹，返回原程序，从新的起点重新开始机器人移动。

由于中断程序改变了机器人的位置，返回原程序后，系统将以中断程序中的机器人运动结束位置，作为原程序移动指令（或后续第一条移动指令）的起点，因此，移动指令的起点位置、移动方式、移动轨迹将被自动更改。RESUME 指令的编程要求及示例详见后述。

(2) BRAKE 指令编程

发生中断时，如果需要机器人停止移动，必须在中断程序中编制机器人停止指令 BRAKE 或 BRAKE F。指令 BRAKE 或 BRAKE F 只能用于中断程序，不能用于主程序或普通主程序，否则，将导致系统报警。

BRAKE 或 BRAKE F 指令在中断程序的编程位置不限。如果中断不在系统执行机器人移动指令时发生，BRAKE 或 BRAKE F 指令将被自动忽略。

指令 BRAKE 与 BRAKE F 的区别在于机器人停止方式。使用 BRAKE 指令时，机器人可按正常的加速度，即系统变量 $ACC.AXIS[n]$、$ACC.CP$、$ACC.ORI1$、$ACC.ORI2$（参见 8.1 节）所设定的值减速停止；对于快速运动的机器人，机器人实际停止位置和中断发生位置间将存在较大的偏移。使用 BRAKE F 指令时，机器人将按急停方式，以电机最大输出转矩，快速停止关节轴运动，以减小机器人实际停止位置和中断发生位置的偏移。

机器人停止移动后，系统可保留中断轨迹及中断点，当前移动指令起点、终点，等参数。如果在中断程序中不含删除轨迹指令 RESUME，中断程序执行完成、返回原程序后，机器人继续沿原轨迹移动，也就是说，中断只是暂停了原程序的机器人移动过程，但不会改变运动轨迹，也不会影响后续移动指令的执行。

BRAKE 指令的编程示例如下。

```
DEF MAIN_PROG1  ()                                          // 主程序 MAIN_PROG1
......
DECL AXIS HOME
INI
......
HOME = { AXIS:A1 0,A2 - 90,A3 90,A4 0,A5 0,A6 0}
INTERRUPT DECL 1 WHEN $IN[1] = TRUE DO  EMG_STOP ()          // 中断定义
INTERRUPT DECL 4 WHEN $IN[1] = TRUE DO  ERR_STOP ()
......
$OUT1 = TRUE
$OUT2 = TRUE
INTERRUPT  ON  1                                            // 开启中断 1
PTP  HOME  Vel = 100%   DEFAULT
INTERRUPT  ON  4                                            // 开启中断 4
PTP  P1  Vel = 100%   PDAT1
PTP  P2  Vel = 100%   PDAT2
......
INTERRUPT  OFF  4                                           // 关闭中断 4
PTP  HOME  Vel = 100%   DEFAULT
INTERRUPT  OFF  1                                           // 关闭中断 1
END
* * * * * * * * * * * * * * * * * * * * * * * * * * * * * * *
DEF  EMG_STOP()
BRAKE  F                                                    // 机器人急停
$OUT1 = FALSE
$OUT2 = FALSE
END
* * * * * * * * * * * * * * * * * * * * * * * * * * * * * * *
DEF  ERR_STOP()
BRAKE                                                       // 机器人减速停止
$OUT1 = FALSE
$OUT2 = TRUE
END
* * * * * * * * * * * * * * * * * * * * * * * * * * * * * * *
```

(3) 中断位置记录

利用指令 BRAKE ＜F＞ 停止机器人移动时，被中断的移动指令起点、终点、中断点等位置参数将在系统变量（系统参数）中，以关节坐标系、笛卡儿坐标系的形式分别保存。由于系统检测到中断至机器人停止运动需要一定的时间，因此，中断发生点（INT 位置）和机器人实际停止点（RET 位置）保存在不同的系统变量中。

保存中断位置数据的系统变量如下。

＄AXIS_INT：中断发生点，关节坐标系绝对位置值。

＄AXIS_RET：机器人离开运动轨迹的位置，关节坐标系绝对位置值。

＄AXIS_ACT：机器人当前位置，关节坐标系绝对位置值。

＄AXIS_BACK：移动指令的起点位置，关节坐标系绝对位置值。

＄AXIS_FOR：移动指令的终点位置，关节坐标系绝对位置值。

＄POS_INT：中断发生点，笛卡儿坐标系 POS 位置值。

＄POS_RET：机器人离开运动轨迹的位置，笛卡儿坐标系 POS 位置值。

＄POS_ACT：机器人当前位置，笛卡儿坐标系 POS 位置值。

＄POS_BACK：移动指令的起点位置，笛卡儿坐标系 POS 位置值。

＄POS_FOR：移动指令的终点位置，笛卡儿坐标系 POS 位置值。

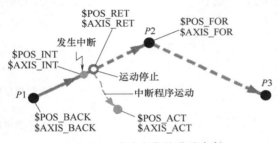

图 8.8.2 准确定位的移动中断

如果中断在机器人执行准确定位移动指令时发生，系统变量 ＄AXIS_BACK、＄POS_BACK 及 ＄AXIS_FOR、＄POS_FOR 所保存的移动指令起点、终点位置将与编程位置一致。例如，对于图 8.8.2 所示的 $P1 \to P2$ 准确定位运动时，系统变量中记录的中断数据如图 8.8.2 所示。

如果中断在机器人执行连续移动指令时发生，系统变量记录的位置与中断发生位置有关。如果中断发生位置不在起点、终点的定位区间内，系统变量 ＄AXIS_BACK、＄POS_BACK 中将保存图 8.8.3 所示的起点连续移动过渡曲线的结束点，系统变量 ＄AXIS_FOR、＄POS_FOR 将保存终点连续移动过渡曲线的开始点。

如果中断发生位置位于终点的定位区间内，系统变量 ＄AXIS_BACK、＄POS_BACK 中将保存图 8.8.4 所示的终点连续移动过渡曲线的起始位置，系统变量 ＄AXIS_FOR、＄POS_FOR 中将保存终点连续移动过渡曲线的结束位置。

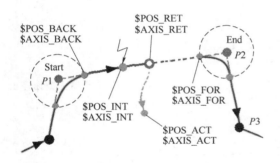

图 8.8.3 不在定位区间的连续移动中断

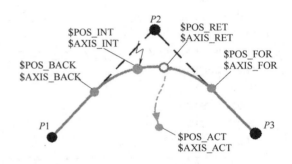

图 8.8.4 处于定位区间的连续移动中断

8. 8. 3 轨迹删除与重新启动

(1) 轨迹删除及移动重启指令

如果发生中断时，不仅需要机器人停止移动，而且需要在中断程序中移动机器人，那么中断程序不但需要编制机器人停止指令 BRAKE（或 BRAKE F），停止机器人移动，还需要在中断程序结束处，编制删除原程序轨迹、重新开始机器人运动的指令 RESUME。

RESUME 指令同样只能用于中断程序，不能用于主程序或普通主程序，否则，将导致系统报警。此外，声明为所有程序共用的全局中断程序，也不允许使用 RESUME 指令编程。

如果中断程序含有机器人移动指令，即使中断不在机器人移动过程中发生，中断程序执行完成后，也将改变机器人在原程序中的位置。因此，凡是含有机器人移动的中断程序，都需要利用 RESUME 指令删除原程序轨迹，然后，以新的机器人位置作为起点，重新开始机器人在原程序中的移动。

利用 RESUME 指令删除轨迹、返回原程序重新开始机器人运动时，由于机器人已离开了中断停止位置，无法继续按原程序轨迹进行运动，因此，如果机器人在执行移动指令时发生中断，原移动指令的移动方式、移动轨迹将被系统自动改变；如果在其他情况下发生中断，则发生中断后的第一条移动指令的移动方式、移动轨迹同样将被自动改变。系统对移动指令自动进行的修改如下。

PTP 指令：运动方式保持不变，执行以机器人实际位置为起点，指令目标位置为终点的机器人定位（PTP）运动。

LIN 指令：运动方式保持不变，执行以机器人实际位置为起点，指令目标位置为终点的直线插补（LIN）运动。

CIRC 指令：由于起点的变化，使得原程序的圆弧插补运动已无法实现，因此，运动方式自动更改为直线插补；机器人执行以机器人实际位置为起点，圆弧插补指令目标位置为终点的直线插补（LIN）运动。

由于中断程序执行完成、返回原程序时，机器人的运动轨迹与原程序轨迹不同，因此，使用含有机器人移动及 RESUME 指令的中断程序时，必须十分注意安全，避免发生机器人返回时可能出现的危及人身、设备安全的碰撞事故。

(2) RESUME 指令编程

当中断程序含有机器人移动指令时，定义中断的主程序不能进行程序预处理操作，因此，机器人移动需要通过专门的子程序，保证系统预处理操作在中断定义程序的下一级（子程序中）进行；此外，还需要在子程序移动结束后，利用程序暂停指令"WAIT SEC 0"或系统变量设定指令"＄ADVANCE＝0"，阻止系统的预处理操作，但不能在中断程序中改变系统变量 ＄ADVANCE 的设定。

RESUME 指令编程示例如下。

```
DEF MAIN_PROG1  ()                                          // 主程序 MAIN_PROG1
……
DECL AXIS   HOME
INI
HOME = { AXIS:A1 0,A2 - 90,A3 90,A4 0,A5 0,A6 0}
INTERRUPT DECL 1 WHEN $IN[1] = TRUE DO  EMG_STOP ()         // 中断定义
……
$OUT1 = TRUE
$OUT2 = TRUE
```

```
MOVE_SUB ()                                          //调用子程序 MOVE_SUB 移动机器人
……
END
* * * * * * * * * * * * * * * * * * * * * * * * * * * * * * * *
DEF  MOVE_SUB ()                                       // 机器人移动子程序
INTERRUPT  ON  1                                        // 开启中断 1
PTP  HOME  Vel=100%   DEFAULT
PTP  P1  Vel=100%   PDAT1
PTP  P2  Vel=100%   PDAT2
PTP  HOME  Vel=100%   DEFAULT
WAIT  SEC  0                                          // 阻止系统预处理
INTERRUPT  OFF  1                                      // 关闭中断 1
END
* * * * * * * * * * * * * * * * * * * * * * * * * * * * * * * *
DEF  EMG_STOP()                                        // 中断程序
BRAKE  F                                              // 机器人急停
$OUT1 = FALSE
$OUT2 = FALSE
PTP  $POS_INT                                          // 机器人退回到中断点
RESUME                                                // 删除轨迹
END
* * * * * * * * * * * * * * * * * * * * * * * * * * * * * * * *
```

以上程序也可采用主程序开启中断，利用子程序 $ADVANCE＝0 阻止预处理的方式编程，程序示例如下。

```
DEF MAIN_PROG1  ()                                     // 主程序 MAIN_PROG1
……
DECL AXIS  HOME
INI
HOME = { AXIS:A1 0,A2 -90,A3 90,A4 0,A5 0,A6 0}
INTERRUPT DECL 1 WHEN $IN[1] = TRUE DO  EMG_STOP ()      // 中断定义
……
$OUT1 = TRUE
$OUT2 = TRUE
INTERRUPT  ON  1                                        // 开启中断 1
MOVE_SUB ()                                          //调用子程序 MOVE_SUB 移动机器人
$ADVANCE = 3                                          // 恢复预处理操作
INTERRUPT  OFF  1                                      // 关闭中断 1
……
END
* * * * * * * * * * * * * * * * * * * * * * * * * * * * * * * *
DEF  MOVE_SUB ()                                       // 机器人移动子程序
PTP  HOME  Vel=100%   DEFAULT
PTP  P1  Vel=100%   PDAT1
PTP  P2  Vel=100%   PDAT2
PTP  HOME  Vel=100%   DEFAULT
```

```
$ADVANCE = 0                                              // 阻止系统预处理
END
* * * * * * * * * * * * * * * * * * * * * * * * * * * * * * *
DEF   EMG_STOP()                                          // 中断程序
BRAKE   F                                                 // 机器人急停
$OUT1 = FALSE
$OUT2 = FALSE
PTP   $POS_INT                                            // 机器人退回到中断点
RESUME                                                    // 删除轨迹
END
* * * * * * * * * * * * * * * * * * * * * * * * * * * * * * *
```

第**9**章

机器人手动操作与示教编程

9.1 操作部件与功能

9.1.1 控制柜面板

(1) 机器人控制系统

工业机器人的操作与所配套的控制系统与机器人用途、结构、功能有关。为了保证用户使用，机器人生产厂家都会根据产品的特点，提供详细的操作说明书，操作人员只需要按操作说明书提供的方法、步骤，便可完成所需要的操作。

KUKA 机器人控制系统有早期的 KRC1/KRC2/KRC3、近期的 KRC4、最新的 KRC5/KRC5 micro 等系列产品，其中，KRC4 系列是近年使用最为广泛的系统，包括 KRC4 标准型、KRC4 compact 紧凑型、KRC4 smallsize 小型、KRC4 extended 扩展型等多种规格。在本书后述内容中，将以目前最常用的 KRC4 标准型系统为例，对 KUKA 机器人的操作进行具体介绍。由于各方面的原因，KUKA 说明书、示教器显示上的部分专业词汇的翻译可能不甚确切，在书中已对此进行了相应的修改。

配套 KRC4 系统的 KUKA 工业机器人基本组成及操作部件的安装位置如图 9.1.1 所示，主要操作部件的功能如下。

总开关：用于机器人控制系统输入电源的通/断控制。

控制面板：系统辅助操作部件，用于控制系统基本工作状态指示、网络及移动设备连接（见下述）。

示教器：机器人、控制系统主要操作部件，用于机器人手动操作、程序自动运行控制、作业程序及系统数据设定、控制系统工作状态及数据显示等（见后述）。

控制面板、示教器是机器人控制系统的基本操作部件。控制面板通常用于系统辅助操作。示教器是用于机器人手动操作、程序自动运行控制、作业程序及系统数据设定、控制系统工作状态及数据显示的主要操作部件。

KUKA 机器人控制系统的控制面板的功能如下，示教器功能见后述。

(2) 控制面板

KUKA 机器人控制系统的控制面板又称控制系统面板（Controller System Panel，简称

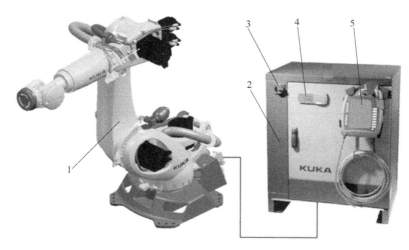

图 9.1.1　KUKA 机器人系统组成

1—机器人；2—控制柜；3—总开关；4—控制面板；5—示教器

CSP）。KUKA 控制面板（CSP）是用于控制系统基本工作状态指示、以太网及移动存储设备连接的辅助操作部件。

　　KUKA 控制面板（CSP）的指示灯和通信接口设置如图 9.1.2 所示，指示灯和通信接口的作用如表 9.1.1 所示。

　　KRC4 的通信接口 USB1、2 为用于 U 盘等移动存储设备连接的 USB 标准接口，可直接使用 USB 标准电缆连接。

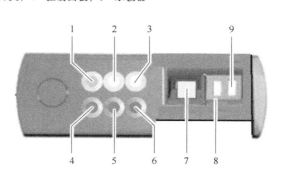

图 9.1.2　控制面板

表 9.1.1　控制面板指示灯及通信接口表

序号	代号	类别/名称	颜色/规格	含义、作用
1	LED1	指示灯/系统启动	绿	控制系统已启动、机器人正常运行
2	LED2	指示灯/待机	白	控制系统已启动、机器人等待运行
3	LED3	指示灯/自动	白	控制系统处于程序自动运行状态
4	LED4	指示灯/故障 1	红	控制系统故障 1
5	LED5	指示灯/故障 2	红	控制系统故障 2
6	LED6	指示灯/故障 3	红	控制系统故障 3
7	KLI	通信接口/以太网	RJ45,100Mbit/s	以太网连接,如调试计算机、PLC 等
8	USB1	通信接口/USB1	USB 2.1	U 盘、移动存储设备连接
9	USB2	通信接口/USB2	USB 2.1	U 盘、移动存储设备连接

　　以太网接口 RJ45 按 EIA/TIA T568 设计，可连接安装有 KUKA Work Visual 机器人编程软件的调试计算机、上级控制器（PLC 等）等外部设备，以网络通信的方式控制系统运行、检查系统工作状态。

　　以太网接口 RJ45 应使用双绞屏蔽电缆按表 9.1.2 的要求与外部设备连接。

表 9.1.2　RJ45 通信接口连接表

控制系统侧		计算机侧		导线颜色
引脚	代号	引脚	代号	
1	TX+	3	RX+	白/橙
2	TX-	6	RX-	橙

续表

控制系统侧		计算机侧		导线颜色
引脚	代号	引脚	代号	
3	RX+	1	TX+	白/绿
4、5	—	—	—	—
6	RX−	2	TX−	绿
7、8	—	—	—	—

9.1.2 Smart PAD 示教器

(1) 示教器结构

示教器是工业机器人最主要的操作部件。KUKA 机器人控制系统所配套的示教器有图 9.1.3 所示的 2 种。

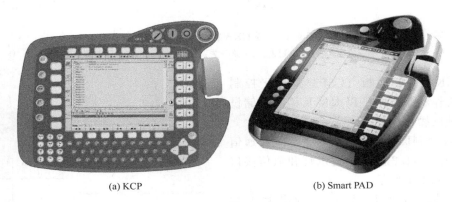

(a) KCP　　　　　　　　　　　　(b) Smart PAD

图 9.1.3　KUKA 示教器

早期 KRC1/KRC2/KRC3 机器人控制系统配套的示教器如图 9.1.3（a）所示。该示教器采用的是带液晶显示、软功能键及键盘输入的菜单式常规操作/显示设备，KUKA 使用说明书称之为 KUKA 控制面板（KUKA Control Panel，简称 KCP）。

KRC4 及最新 KRC5 控制系统配套的示教器如图 9.1.3（b）所示。该示教器以 8.4 英寸（1 英寸＝2.54 厘米）、600×800 分辨率彩色显示的平板电脑（PAD）取代了传统的键盘、菜单操作 KCP，使之成了以触摸屏操作为主的智能型操作部件，KUKA 使用说明书称之为 "Smart PAD"。

Smart PAD 与 KUKA 控制面板 KCP 的主要区别在操作显示功能上。Smart PAD 显示更大、更清晰，操作更便捷。两种示教器上其他辅助操作器件（按键、开关）的作用、功能基本相同。在本书后述内容中，将以目前最常用的 KRC4 系统配套的 Smart PAD 为例，对 KUKA 机器人的操作进行具体介绍。

(2) Smart PAD 正面

除触摸屏操作外，Smart PAD 示教器还设有部分直接操作的辅助按键、开关。Smart PAD 示教器正面的辅助按键、开关设置如图 9.1.4 所示，按键、开关的基本功能如下，器件的具体操作与使用方法见后述。

①Smart PAD 热插拔按钮：可在系统通电的情况下断开示教器与系统的连接，将示教器从控制系统中取下，分离保管；或者，在系统启动时重新安装示教器，将其连接到系统。

②机器人解锁：又称连接管理器，带钥匙旋钮，用于使能/禁止的机器人操作模式切换（详见后述）。

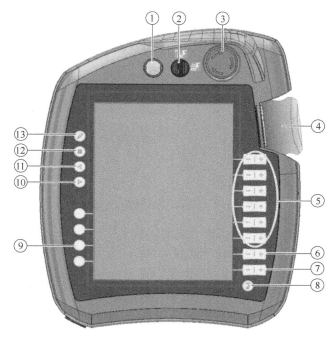

图 9.1.4　Smart PAD 示教器正面

③急停按钮：自锁按钮，按下时机器人在编程轨迹上快速停止，随后切断伺服驱动器主电源（KUKA 称为安全停止 STOP1 方式）。

④机器人手动操作杆：用于机器人手动操作，KUKA 称为 3D 鼠标。

⑤方向键：用于机器人手动操作时的坐标轴及运动方向选择。

⑥编程速度倍率调节：用于机器人程序自动运行时的编程速度倍率（programming override，简称 POV）调节，可选择的速度倍率为 100%、75%、50%、30%、10%、3%、1%。

⑦手动速度倍率调节：用于机器人手动操作时的手动速度倍率（hand operated override，简称 HOV）调节，可选择的速度倍率为 100%、75%、50%、30%、10%、3%、1%。

⑧主菜单：示教器主菜单显示。

⑨状态显示：用于机器人参数设定与显示操作。

⑩程序前进：启动机器人程序自动运行，程序由上至下，向前执行。

⑪程序回退：启动机器人程序逆向运行，程序由下至上，向后执行。

⑫程序停止：程序自动运行暂停。

⑬软键盘显示：此按钮可打开机器人、工具、坐标系名称输入及程序编辑、数据设定等操作所需要的字符、数字输入软键盘，进行字符、数据输入与编辑操作。对于通常情况，Smart PAD 示教器的软键盘可直接通过系统的输入识别功能自动打开，无需利用按键专门显示。

例如，当选中数字输入区时，图 9.1.5（a）所示的数字软键盘自动打开；当选中字符输入区时，图 9.1.5（b）所示的字符输入软键盘自动打开。

(3) Smart PAD 背面

Smart PAD 示教器背面的辅助按键、开关设置如图 9.1.6 所示，按键、开关的基本功能如下。

①操作确认按钮：操作确认按钮与手握开关具有相同的功能，可用于伺服驱动器的手动启

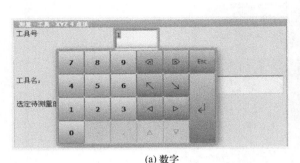

(a) 数字

(b) 字符

图 9.1.5　Smart PAD 输入软键盘

动控制。操作确认按钮有"松开""中间""按下"3
个位置，按钮松开时驱动器的伺服启动（伺服 ON）
信号将被撤销，伺服轴处于闭环位置自动调节的
"伺服锁定"状态；按钮处于中间位置时，系统将输
出伺服启动信号，伺服轴可由机器人控制器的位置
指令脉冲控制移动；按钮处于按下位置时，系统将
输出伺服急停信号，伺服轴立即停止运动。机器人
手动操作（T1、T2 操作模式）时，必须将按钮按
至中间位置并保持，才能启动伺服，利用示教器手
动操作移动机器人。

②程序启动按钮：启动机器人程序自动运行。

③、⑤手握开关：手握开关同样有"松开""中
间""握下"3 个位置，其功能与操作确认按钮相

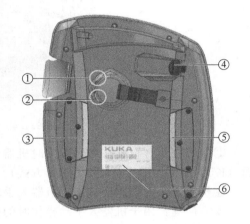

图 9.1.6　Smart PAD 示教器背面

同。进行机器人手动操作（T1、T2 操作模式）时，需要将手握开关保持在中间位置，才能启
动伺服，手动移动机器人。

④USB 接口：用于带 USB 接口的 U 盘等移动存储设备的连接，接口只能进行 FAT32 格
式的文件保存或系统还原操作。

⑥铭牌：Smart PAD 规格、型号及识别条形码。

9.2　系统基本操作与设定

9.2.1　启动/关机与示教器热插拔

(1) 系统启动与关机

KUKA 机器人控制系统的正常启动步骤如下。

① 检查控制系统连接，确保控制柜的电源输入电缆、示教器连接电缆、机器人连接电缆、
保护接地线及其他部件的电气连接准确无误。

② 保证控制系统电源输入正确，电源输入容量符合机器人使用说明书规定要求。

③ 将系统控制柜的电源总开关（见图 9.1.1）置于 ON 位置。

在通常情况下，电源总开关为 ON 后，控制系统便可启动并自动安装 KUKA 系统软件

（KUKA System Software，简称 KSS），如果控制系统的自动启动功能被禁止、KSS 不能自动安装与启动，选择路径 C：\ KRC，点击 KSS 启动程序 StartKRC. exe，便可安装、启动 KSS。系统启动完成后，示教器（Smart PAD）便可显示正常操作界面。

④ 复位示教器、外部控制面板（如存在）的全部急停按钮，利用示教器（Smart PAD）操作，接通伺服驱动器主电源（见后述），启动伺服驱动系统。

伺服驱动系统启动后，便可按照规定的步骤对机器人进行正常操作。系统启动后，控制系统的初始状态与系统启动方式有关（冷启动、热启动或软件重启），有关内容详见后述。

KUKA 机器人控制系统的正常关机步骤如下。

① 确认程序已执行完成，机器人、作业工具、辅助部件等可动部件的运动均已停止，停止位置合适；如果在系统启动方式设定中选择了"重新启动控制系统 PC"操作，则必须等待机器人控制器计算机重新启动完成。

② 利用示教器（Smart PAD）操作，断开伺服驱动器主电源（见后述），关闭启动伺服驱动系统。

③ 将系统控制柜的电源总开关（见图 9.1.1）置于 OFF 位置。

（2）示教器热插拔

Smart PAD 示教器具有热插拔功能，允许在通电的状态下从控制系统中取下。Smart PAD 与控制系统的连接位置可参见前述的系统连接（图 9.1.4）。

在系统通电状态取下 Smart PAD 的操作步骤如下。

① 按图 9.2.1 所示的 Smart PAD 热插拔按钮，示教器即可显示热插拔提示信息并进入 30s 倒计时。

② 在 30s 倒计时到达前，将示教器电缆连接器从系统控制柜中拔出，取下示教器。如果操作未能完成，可再次按下 Smart PAD 热插拔按钮，重启 30s 倒计时。

图 9.2.1　Smart PAD 热插拔

示教器一旦取下，其急停按钮将无效，因此，对于需要取下示教器运行的机器人，应增设外部急停按钮，外部急停按钮应按系统规定连接。此外，为了防止操作者在紧急情况下误操作已取下的示教器急停按钮，示教器取下后应将其放置到远离操作者、机器人的场所。

在系统通电状态插入 Smart PAD 的操作步骤如下。

① 确认 Smart PAD 型号、规格准确。

② 将示教器连接电缆插入系统控制柜的连接器上。

示教器插入系统大致 30s 以后示教器将显示正常操作界面，恢复全部操作功能。为了确保安全，避免实际未生效的示教器被用于急停等操作，示教器插入系统后，操作者必须等待 Smart PAD 功能完全恢复后，才能离开现场。如果操作允许，更换者最好对 Smart PAD 的急停按钮、手握开关功能进行一次试验。

9.2.2　操作界面与信息显示

（1）Smart HMI 操作界面

触摸屏是 Smart PAD 示教器最主要的操作部件，它需要在控制系统启动后才能正常使用。触摸屏是用于操作者与控制系统进行人机对话操作的窗口，故又称人机接口（human machine interface，简称 HMI），KUKA 使用说明书称之为 KUKA Smart HMI 操作界面，简称操作界面或 Smart HMI。

KRC4 控制系统 Smart HMI 操作界面的基本显示如图 9.2.2 所示（KUKA 说明书称为"导航器"显示），中间为系统主显示区，显示内容及操作方法将根据机器人实际操作要求，在后述的内容中具体说明；四周为辅助显示、操作区，作用与功能如下。

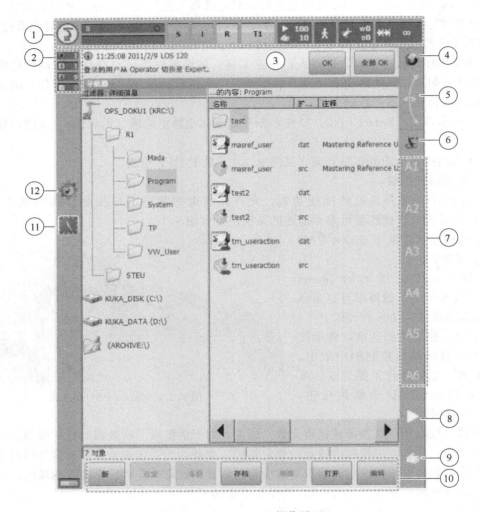

图 9.2.2　Smart HMI 操作界面

①状态显示栏：可显示机器人名称、作业程序名称，以及控制系统、伺服驱动器、机器人工作状态显示和操作的图标与按键（详见后述）。

②信息提示：可显示控制系统未处理的各类系统信息及数量，点击图标可显示"现有信息"显示窗，显示各类信息的名称及数量（见下述）。

③信息显示窗：信息显示窗默认显示最近一条系统提示信息，点击显示区可进一步显示其他未处理的信息（见下述）。

④3D 鼠标操作坐标系：可显示当前有效的、3D 鼠标操作所对应的机器人坐标系，点击坐标显示区，可显示、切换机器人的其他坐标系。

⑤3D 鼠标定位：显示 3D 鼠标当前的定位方向，点击显示区，可调整 3D 鼠标的定位位

置，使鼠标操作方向和机器人运动方向对应。

⑥手动方向键操作坐标系：可显示当前有效的、手动方向键操作所对应的机器人坐标系，点击坐标显示区，可显示、切换机器人的其他坐标系。

⑦手动操作坐标轴指示：可显示当前有效的、手动方向键（示教器辅助操作键，见前述）所对应的机器人坐标轴，选择关节坐标系时，显示区可显示 A1～A6 轴；选择笛卡儿坐标系时，显示区可显示 X/Y/Z/A/B/C 轴。

⑧编程速度倍率调节：点击图标，可打开/关闭机器人程序自动运行的编程速度倍率（POV）微调按钮，以 1％的增量微调速度倍率；点击显示区以外的区域，可关闭倍率微调按钮，生效速度倍率。编程速度倍率也可通过编程速度倍率调节键（示教器辅助操作键，见前述）选择 100％、75％、50％、30％、10％、3％、1％。

⑨手动速度倍率调节：点击图标，可打开/关闭机器人手动操作的速度倍率（HOV）微调按钮，以 1％的增量微调速度倍率；点击显示区以外的区域，可关闭倍率微调按钮，生效速度倍率。手动速度倍率也可通过手动速度倍率调节键（示教器辅助操作键，见前述）选择 100％、75％、50％、30％、10％、3％、1％。

⑩软操作键：功能可变的操作键，用于当前页面输入、编辑、显示等操作。

⑪系统时间：显示控制系统时间，点击图标可显示系统当前时间、日期数据。

⑫Work Visual 图标：点击图标可打开/显示系统项目管理器，进行项目复制、删除等编辑操作。

（2）信息显示

信息提示是控制系统自动生成的操作提醒，点击示教器的"信息提示"图标，可显示图 9.2.3 所示的"现有信息"显示窗，显示当前各类信息的名称及数量。选定信息类别，可在信息显示区显示信息文本及操作确认键。

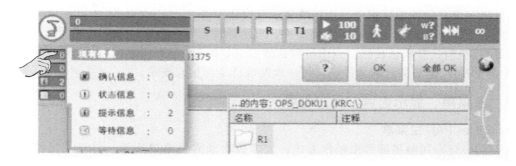

图 9.2.3　"现有信息"显示窗

KUKA 机器人"现有信息"显示窗的显示图标、信息类别、信息性质及需要操作者进行的操作如表 9.2.1 所示。

表 9.2.1　信息显示图标、类别、性质及需要进行的操作

图标		信息类别	信息性质	需要进行的操作
形状	颜色			
⊗	红	确认信息	中断操作，导致机器人停止，并禁止机器人启动	需要操作员利用正确的操作进行确认
⚠	黄	状态信息	系统状态显示	需要改变系统的工作状态来解除状态信息

续表

图标		信息类别	信息性质	需要进行的操作
形状	颜色			
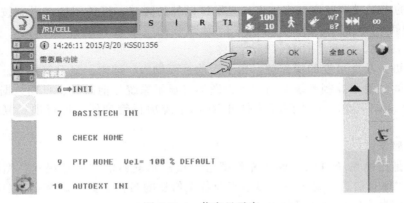	蓝	操作提示 （提示信息）	对操作者的操作提示	可按提示要求进行操作
	绿	等待信息	系统等待内容显示	等待条件满足，或利用"模拟"键解除

选定"现有信息"显示窗的信息类别，示教器的信息显示窗可显示图 9.2.4 所示的最近一条系统信息，并进行相关处理。点击信息显示空白区，可展开显示其他未处理的信息，点击第一行，可重新收拢显示区。

图 9.2.4 信息显示窗

信息显示窗右侧的图标用于信息详情显示与确认。

〖？〗：可打开当前显示信息的帮助文件、显示详情，有关内容可参见后述。

〖OK〗：当前信息确认按钮，点击可确认当前信息提示。

〖全部 OK〗：全部信息确认按钮，可一次性确认全部信息提示。

9.2.3 主菜单、显示语言与用户等级

（1）Smart PAD 主菜单

Smart PAD 采用触摸屏菜单操作方式，大多数功能需要菜单选择、打开及操作。机器人控制系统启动、Smart HMI 操作界面正常显示后，按图 9.2.5（a）所示的 Smart PAD 主菜单键或点击 Smart HMI 状态显示栏的主菜单图标，示教器便可显示图 9.2.5（b）所示的 Smart PAD 操作主菜单。

主菜单显示页可显示的内容与操作图标如下。

①主菜单关闭：点击可关闭主菜单显示页面。

②HOME 操作：点击可显示所有已打开的下级菜单。

③返回：点击可返回上级菜单。

④子菜单打开：点击可打开子菜单。

⑤下级菜单打开：点击可继续打开下一级子菜单（如存在）。

⑥已打开的下级菜单（最大 6 项）：点击可直接显示已打开的下级菜单。

（2）语言选择

Smart HMI 操作界面可根据需要，选择德文、英文、中文、法文、日文及西班牙文等 20

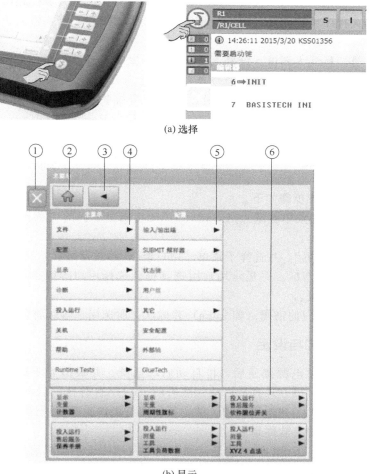

(a) 选择

(b) 显示

图 9.2.5　系统操作主菜单

多种语言显示与操作，其中，德文、英文为基本语言，词义准确，可用于任何操作，中文显示的部分词义可能不甚专业，本书中进行了局部修改，对此不再进行专门说明。

Smart HMI 操作界面语言选择的操作步骤如下。

① 按 Smart PAD 主菜单键或点击 Smart HMI 状态显示栏的主菜单图标，Smart PAD 显示图 9.2.5（b）所示的主菜单。

② 点击主菜单"配置"，并选择子菜单"其他"，示教器可显示"语种"选择图标。

③ 点击"语种"选择图标，并选定所需要的语言。

④ 点击操作确认键"OK"，操作界面将切换为所选择的语言。

(3) 用户等级选择

KUKA 系统软件（KSS）可针对不同的操作者（KUKA 手册称为用户组），设定相应的操作权限。机器人安装调试完成后，调试人员可根据操作者的层次，设定相应的密码，分配系统操作权限。KUKA 机器人出厂默认的所有用户密码均为"kuka"。

KSS 的操作权限可由低到高设定如下 6 级，操作人员、用户为系统默认的操作权限，可直接操作；专家及以上级用户需要通过密码登录，高级用户可覆盖低级用户的全部权限。

操作人员：普通操作者，只能进行最基本的操作与编程。

用户：机器人使用厂家的一般操作人员，操作权限与"操作人员"相同。

专家：机器人程序设计人员，可进行高层次的操作与编程，需要输入正确的专家密码才能登录系统。

安全维护人员：机器人调试、维修人员，可在专家级的基础上增加机器人安全保护设定功能，需要输入正确的安全维护密码才能登录系统。

安全投入运行人员：机器人设计人员，可在安全维护级的基础上增加机器人安全操作（KUKA . Safe Operation）、安全范围监控（KUKA . Safe Range Monitoring）功能，需要输入正确的安全投入运行密码才能登录系统。

管理员：机器人设计人员，可对控制系统插件（Plug-Ins）进行集成，需要输入正确的管理员密码才能登录系统。

选择用户等级的操作步骤如下。

① 按 Smart PAD 主菜单键或点击 Smart HMI 状态显示栏的主菜单图标，Smart PAD 显示图 9.2.5 所示的主菜单。

② 点击主菜单"配置"，并选择子菜单"用户组"，示教器可显示当前用户级别。

③ 点击"登录…"图标，可显示用户组选择框，选择用户等级；点击"标准"图标，可恢复系统默认的用户等级。

④ 输入用户等级对应的密码（如 kuka）并确认，所选用户等级将生效。

9.2.4 系统启动方式与设定

机器人控制系统在总电源接通后，将自动启动系统、并根据需要进行相关处理。KUKA机器人控制系统常用的开机方式有冷启动、热启动（KUKA 称休眠启动）、软件重启（KUKA 称重新启动控制系统 PC）、初始化启动 4 类，其作用与操作步骤如下。

(1) 冷启动、热启动与软件重启

① 冷启动。冷启动（Cold Start）是控制系统最常用的正常开机启动方式，可直接利用接通电源总开关启动。控制系统以冷启动方式开机时，通常进行如下处理。

——控制系统的全部输出（DO、AO 等）都被设置为 OFF（FALSE）状态。

——程序自动"结束"运行，程序运行状态全部复位。

——速度倍率、坐标系等恢复为系统默认的初始值。

——冷启动完成后，示教器显示系统默认初始页面。

② 热启动。热启动（Hot Start）是连续作业机器人的开机启动方式，同样可直接利用接通电源总开关启动。控制系统的热启动方式开机与个人电脑的休眠状态恢复类似，故 KUKA称之为"休眠启动"。控制系统以热启动方式开机时，将进行如下处理。

——控制系统的全部输出（DO、AO 等）都恢复为电源断开时刻的状态。

——如果电源断开时，程序处于自动运行状态，则恢复断电时刻的程序状态，并自动生效程序暂停功能，程序自动运行可通过程序启动键继续。

——速度倍率、坐标系等设定均恢复为电源断开时刻的状态。

——热启动完成后，示教器可恢复断电时刻的显示页面。

③ 软件重启。软件重启在 KUKA 说明书中称为"重新启动控制系统 PC"，功能通常用于生效控制系统参数、清除不明原因的软件故障等。软件重启时，机器人控制系统计算机（PC）将重新安装控制软件，并进行冷启动类似的处理。

④ 初始化启动。系统初始化启动将重新安装操作系统、恢复所有出厂设定，格式化用户存储器、清除全部用户数据，系统通常需要重新调试才能恢复正常工作，因此，该操作一般需

要由专业调试维修人员在更换硬件、重装操作系统时才能进行。

（2）系统启动方式设定内容

KUKA 机器人控制系统的启动方式设定需要"专家"或更高权限的用户操作，可进行的设定如图 9.2.6 所示，设定项含义如下。

"用主开关关断的标准设定"栏用于启动方式及系统关闭延时设定，其设定状态可一直保持有效，直至再次被设定。设定项的含义如下。

冷启动：点击选择后，可生效系统冷启动方式。

休眠：点击选择后，可生效系统休眠启动（热启动）方式。

Power-off 等待时间：电源总开关断开时，机器人控制器的计算机关闭延迟，Power-off 等待期间，计算机电源利用后备电池支持，用于电网的瞬时断电保护。Power-off 等待时间可通过点击"＋"或"－"键调节，最大设定值为 240s。

"只在下次用主开关关断时适用的设定"是只用于下系统次启动的一次性设定，设定状态只对设定完成后的系统第一次启动有效。设定项的含义如下。

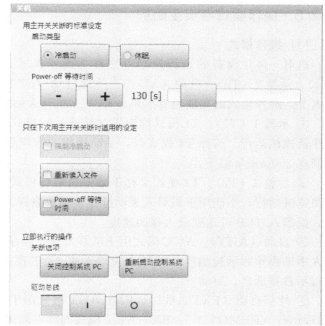

图 9.2.6　系统启动方式设定

强制冷启动：如果当前的启动方式选择了"休眠"，点击选择后，系统下次启动强制以"冷启动"方式启动，如当前启动方式为"冷启动"，此项无效。

重新读入文件：如果当前的启动方式为"冷启动"，或者，在"休眠"方式下选择了"强制冷启动"，点击选择"重新读入文件"可将下一次启动方式更改为"初始化启动"。

Power-off 等待时间：点击可激活/取消下次关机时的 Power-off 等待时间。

"立即执行的操作"栏仅对示教操作模式 T1、测试运行模式 T2 有效，所选操作可立即执行。设定项的含义如下。

关断选项"关闭控制系统 PC"：机器人控制器计算机关闭。

关断选项"重新启动控制系统 PC"：机器人控制器计算机重新启动。选择"重新启动控制系统 PC"操作时，必须等待机器人控制器计算机重新启动完成后，才能关断电源总开关。

驱动总线状态显示图标：绿色为总线通信正常工作，红色为总线通信中断，灰色为总线无效、状态未知。

驱动总线"I"图标：点击可启动驱动总线通信。

驱动总线"O"图标：点击可中断驱动总线通信。

（3）系统启动方式设定操作

系统启动方式设定的操作步骤如下。

① 按 Smart PAD 主菜单键或点击 Smart HMI 状态显示栏的主菜单图标，Smart PAD 显示图 9.2.5 所示的主菜单。

② 点击主菜单"配置"，并选择子菜单"用户组"，选择"专家"或更高权限用户，输入

密码（如 kuka）后登录系统。

③ 返回主菜单，点击主菜单"关机"，Smart PAD 可显示图 9.2.6 所示的系统启动方式设定框。

④ 根据需要选择设定项，完成系统启动方式设定。

9.2.5 操作模式与安全防护

(1) 操作模式

机电一体化设备的运行控制方法称为操作模式。工业机器人的操作模式通常有示教 1（T1）、示教 2（T2）、自动（AUT）、外部自动（EXT AUT）四种，但在不同公司生产的机器人上，操作模式的功能稍有区别。KUKA 机器人的操作模式与功能如下。

① 示教 1（T1）。T1 模式称为手动低速运行模式，可用于机器人手动操作、示教编程及程序低速试运行。选择 T1 模式时，手动操作或程序自动运行的机器人 TCP 运动速度均将被限制在 250mm/s 以下。

② 示教 2（T2）。T2 模式又称手动快速运行模式，KUKA 机器人的 T2 模式只能用于程序高速试运行，不能用于机器人手动操作和示教编程。选择 T2 模式时，程序可按编程速度运行，机器人 TCP 可达到最大移动速度。

③ 自动（AUT）。AUT 模式用于机器人作业程序的再现（Play）自动运行，不能用于机器人手动操作和示教编程。KUKA 机器人的 AUT 模式属于"本地运行"，自动运行程序需要通过示教器选择、启动。

④ 外部自动（EXT AUT）。EXT AUT 模式用于上级控制器控制的程序自动运行，又称"远程运行（REMOTE）"。EXT AUT 模式同样不能用于机器人手动操作和示教编程，自动运行的程序选择、启动需要由控制系统的 DI 信号控制。

(2) 安全防护

工业机器人是一种多自由度的自动化设备。为了确保操作人员人身及设备安全，需要根据不同的操作模式，设置相应的安全防护装置。

工业机器人的安全防护装置主要有急停按钮、手握开关（包括操作确认按钮）、安全栅栏等。急停按钮、手握开关是任何机器人必备的基本安全防护装置，至少需要在示教器上安装。Smart PAD 示教器的手动操作保护开关可参见 9.1 节。

图 9.2.7 所示的安全栅栏用于机器人作业防护，防止机器人自动运行时，人员、设备进入机器人作业区。

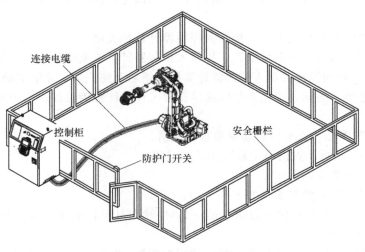

图 9.2.7　安全栅栏

KUKA 机器人不同操作模式的安全保护装置如表 9.2.2 所示，安全保护功能如下。

表 9.2.2　KUKA 机器人的安全保护措施

保护装置	安全保护动作	机器人操作模式			
		T1	T2	AUT	EXT AUT
急停按钮	机器人急停、驱动器主电源断开	有效	有效	有效	有效
手握开关（中间）	机器人减速停止、伺服启动信号撤销	有效	有效	无效	无效
手握开关（握下）	机器人急停、驱动器主电源断开	有效	有效	无效	无效
安全栅栏门开关	机器人急停、驱动器主电源断开	无效	无效	有效	有效

T1 模式：安全栅栏防护门开关无效，驱动器的伺服启动（伺服 ON）信号由示教器背面的手握开关或操作确认按钮控制（参见 9.1 节、图 9.1.6），手握开关握至中间位置并保持，系统可输出伺服启动信号，控制机器人运动；松开手握开关，伺服启动信号撤销，机器人减速停止；握下手握开关，机器人急停，驱动器主电源断开。

T2 模式：安全栅栏防护门开关无效，机器人同样由示教器的手握开关或操作确认按钮控制伺服启动、机器人急停。但是，由于 T2 模式的机器人需要以最大速度高速运动，存在碰撞和干涉的危险，因此，应由专业操作人员在确保人身、设备安全的前提下实施。

AUT 模式：示教器手握开关无效，机器人原则上应设置安全栅栏，利用防护门开关控制机器人自动运行、紧急停止。AUT 模式的机器人同样需要以最大速度高速运动，对于未安装安全栅栏的机器人，必须由专业操作人员在确保人身、设备安全的前提下实施。

EXT AUT 模式：示教器手握开关无效，机器人必须设置安全栅栏，利用防护门开关控制机器人自动运行、紧急停止。

（3）操作模式选择

采用 Smart PAD 示教器的 KRC4 工业机器人控制系统无专门的操作模式选择开关，机器人操作模式切换需要在机器人解锁（KUKA 称为连接管理器）后，利用示教器操作实现。其操作步骤如下。

① 确认机器人的自动运行已经束，可动部件均已停止运动。

② 如图 9.2.8（a）所示，将机器人解锁钥匙插入 Smart PAD 示教器的操作模式切换旋钮上，并将旋钮旋转至"解锁"位置。此时，Smart PAD 示教器可显示图 9.2.8（b）所示的机器人操作模式选择框。

③ 在操作模式选择框中，点击选定所需要的操作模式后，将机器人解锁钥匙旋回至"闭锁"位置，取下钥匙。

④ 在图 9.2.8（c）所示的状态栏显示图标上，确认操作模式已生效。

9.2.6　状态栏图标及操作

（1）状态显示

Smart HMI 状态显示栏如图 9.2.9 所示。

状态显示栏左起第 1 个图标为 Smart PAD 主菜单显示图标，作用与 Smart PAD 主菜单按键相同，点击可打开前述图 9.2.5 所示的 Smart PAD 主菜单。

状态显示栏左起第 2 个位置的第 1 行为机器人名称显示。机器人名称可通过主菜单"投入运行"→子菜单"机器人数据"，在机器人数据设定页面进行设定与修改。

状态显示栏左起第 2 个位置的第 2 行为程序名称显示。选择程序编辑、自动运行等操作时，此区域可显示当前选择的编辑、自动运行程序名称。

状态显示栏右侧区域为控制系统状态显示与操作图标，其内容如下。

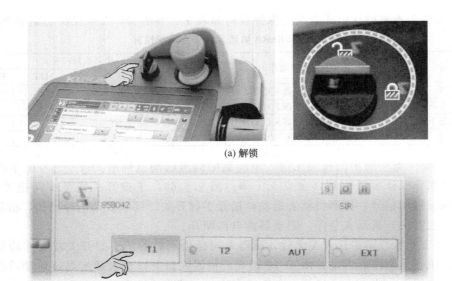

(a) 解锁

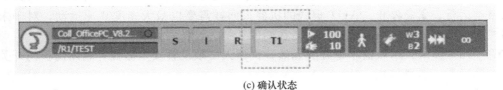

(b) 选择模式

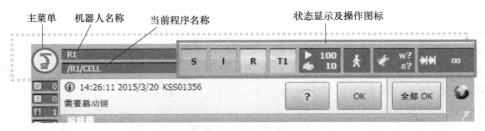

(c) 确认状态

图 9.2.8　操作模式选择

主菜单　机器人名称　当前程序名称　　　　　　　　状态显示及操作图标

图 9.2.9　Smart HMI 状态显示栏

(2) 后台处理状态显示与操作

　　KUKA 机器人控制系统具有前后台程序并行处理功能，前台处理用于机器人运动、I/O 信号输入/输出处理，KUKA 说明书译作"机器人解释器"；后台处理用于变量读写、I/O 缓冲器状态读写、非同步附加轴运动等辅助指令处理，KUKA 说明书中译为"提交解释器""SUBMIT 解释器""控制解释器"等。

　　系统后台处理的状态，在 Smart PAD 上以带 S 的图标表示，点击图标可打开图 9.2.10 所示的后台处理操作选项，选择、启动或停止、取消后台处理功能。

　　后台处理操作选项也可通过前述图 9.2.5 所示的 Smart PAD 主菜单〖配置〗→〖SUBMIT 解释器〗打开与选择。

　　后台处理状态显示图标的颜色含义如下。

　　绿色：已选择并启动后台处理功能（正常状态）。

　　红色：后台处理已停止，需要重新启动。

黄色：已选择程序，但后台处理未启动，执行指针位于程序的起始位置。

灰色：未选择后台处理功能。

(3) 驱动器状态显示与操作

控制系统的伺服驱动器状态以带"I"或"O"的图标表示，点击图标可打开图 9.2.11 所示的驱动器通/断控制及启动条件显示框（KUKA 说明书中译为"移动条件"），并进行驱动器主电源接通或断开操作。伺服驱动器状态显示图标的含义如下。

图 9.2.10　后台处理状态显示与操作

图 9.2.11　伺服驱动器状态显示与操作

I（绿色）：伺服驱动器已启动并正常运行。驱动器主电源已接通，直流母线充电完成，伺服启动（伺服 ON）信号已接通（处于中间位置），系统无报警，机器人可正常移动。

I（灰色）：伺服驱动器主电源接通，直流母线充电完成，但是，伺服启动（伺服 ON）信号未接通，例如，机器人手动操作时，手握开关或操作确认按钮不在中间位置，或者系统存在报警，伺服启动信号被断开，机器人不能运动。

O（灰色）：驱动器主电源断开或直流母线充电未完成，机器人不能运动。

驱动器通/断控制及启动条件显示框的显示内容如下。

驱动装置：点击"I"可接通伺服驱动器主电源；点击"O"可断开伺服驱动器主电源。

Safety 驱动装置开通：驱动器急停信号状态显示。绿色代表急停信号正常接通，允许接通驱动器主电源；灰色代表急停信号断开，系统处于 STOP 0 或 STOP 1 状态，禁止接通驱动器主电源。

Safety 运行许可：驱动器伺服使能状态指示。绿色代表驱动器的伺服使能信号正常，机器人可以正常运动；灰色代表伺服启动信号断开，系统处于 STOP 1 或 STOP 2 状态，机器人不能运动。

操作员防护装置：安全栅栏等机器人安全保护信号状态指示。绿色代表机器人手动操作（模式 T1、T2）时，已接通手握开关（或操作确认按钮）的伺服启动信号，或者程序自动运行时（模式 AUT）安全栅栏等防护装置已关闭，允许机器人运动；灰色代表以上条件不具备，不允许机器人运动。

确认键：手握开关（或操作确认按钮）信号状态指示。绿色代表手握开关（或操作确认按钮）的伺服启动信号已接通（处于中间位置）；灰色代表手握开关（或操作确认按钮）尚未接通，或者当前操作无需接通手握开关（或操作确认按钮）。

(4) 前台处理状态显示与操作

控制系统的前台处理状态以带"R"的图标表示（KUKA 说明书中译为"机器人解释器"），点击图标可打开图 9.2.12 所示的程序选择（或取消程序选择）、程序复位操作选项，选择、取消或复位 KRL 程序。程序选择的方法详见 9.4.1 节。

前台处理状态显示图标的颜色含义如下。

黄色：程序已选择，程序执行指针（光标）位于程序开始位置。

绿色：程序已选择，并启动前台处理。

红色：程序已选择，前台处理处于停止状态。

黑色：程序已选择，但程序执行指针（光标）位于程序结束位置。

灰色：程序未选择。

(5) 操作模式显示

控制系统当前操作模式以带代号的图标显示，T1 为手动示教、T2 为

图 9.2.12　程序执行状态显示与操作

程序试运行、AUT 为程序自动运行、EXT 为外部自动运行（EXT AUT）。操作模式的切换方法可参见前述。

(6) 速度倍率显示与调节

控制系统当前的速度倍率以倍率图标的形式显示，点击图标可打开图 9.2.13 所示的速度倍率调节框。点击"＋""－"键或移动滑移调节图标，可改变编程速度倍率 POV（程序调节量）、手动速度倍率 HOV（手动调节量）的值。

点击图 9.2.13 中的"选项"图标，可进一步打开机器人手动移动选项设定框，进行手动操作条件设定，有关内容详见后述的机器人手动操作说明。

(7) 程序运行方式显示与操作

控制系统当前的程序运行方式以图标的形式显示，点击图标可打开图 9.2.14 所示的程序运行方式选择框，改变程序运行方式。

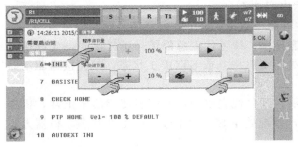

图 9.2.13　速度倍率显示与调节

图 9.2.14　程序运行方式显示与选择

程序运行方式显示图标及含义如下。

：连续执行，正向连续执行程序。

：机器人单步，正向、单步执行机器人移动指令，到达程序点自动暂停。

：指令单步，正向、单步执行全部指令（需要有专家级以上操作权限）。

：单步后退，逆向、单步执行机器人移动指令。

点击"选项"图标，同样可打开机器人手动移动选项设定框，进行机器人手动操作条件的综合设定，有关内容详见后述的机器人手动操作说明。

(8) 坐标系显示与选择

控制系统当前生效的坐标系以图标的形式显示，点击图标可打开图 9.2.15 所示的坐标系

选择框，改变工具、工件坐标系及工具安装方式。

工具、工件坐标系可通过点击输入选择键选择，当工具、工件坐标系未设定时，坐标系名称显示"未知"、编号显示"〔?〕"。工具安装方式可通过点击"法兰""外部工具"选定，选择"法兰"时为机器人移动工具作业；选择"外部工具"时为机器人移动工件作业（见第8章）。点击"选项"图标，同样可打开机器人手动移动选项设定框，进行机器人手动操作条件的设定，有关内容详见后述的机器人手动操作说明。

（9）手动增量显示与设定

机器人手动增量移动以图 9.2.16 所示的图标显示，点击图标可打开手动增量操作设定框，改变移动方式和手动增量值。

图 9.2.15　坐标系显示与选择

图 9.2.16　手动增量显示与设定

选择"持续的"时，机器人为手动连续移动（JOG）；选择"0.1mm/0.005°""1mm/1°""10mm/3°""100mm/10°"（角度用于关节坐标系、工具定向增量移动）时，机器人为手动增量操作。

9.2.7　帮助文件与使用

KUKA 系统软件（KSS）及配套提供的各类机器人典型作业控制软件（KUKA 称为"工艺程序包"，如弧焊、点焊、搬运机器人控制软件等）附带有帮助文件，操作者可根据需要，随时打开与查阅。

在 KUKA 机器人上，系统帮助文件称为"KUKA 嵌入式信息服务（KUKA Embedded Information Services）"文件，它通常包括"文献"和"信息提示"两类，文献相当于软件使用说明书；信息提示则是对示教器信息显示窗口信息，如故障名称、发生原因、处理方法等的专项说明。两类帮助文件的使用方法如下。

（1）帮助文献及使用

KUKA 机器人的帮助文献可通过以下操作打开、阅读。

① 按 Smart PAD 主菜单键或点击 Smart HMI 状态显示栏的主菜单图标，Smart PAD 显示图 9.2.5 所示的主菜单。

② 点击主菜单"帮助"，并选择子菜单"文献"，示教器可显示帮助文献的类别。

③ 点击所需要的类别（如系统软件等），Smart PAD 可显示图 9.2.17 所示的帮助文献，并通过页面、章节选择按钮，选择、阅读相关内容。

（2）信息提示帮助文件及使用

KUKA 机器人的信息提示帮助文件可通

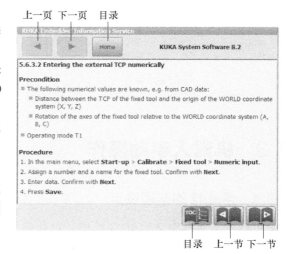

图 9.2.17　KUKA 帮助文献

过主菜单打开，或者通过信息显示窗口直接选择、打开当前显示信息的帮助文件。

利用主菜单打开、阅读信息提示文件的操作步骤如下。

① 按 Smart PAD 主菜单键或点击 Smart HMI 状态显示栏的主菜单图标，Smart PAD 显示图 9.2.5 所示的主菜单。

② 点击主菜单"帮助"，选择"信息提示"，示教器可显示信息提示帮助文献的类别。

③ 点击所需要的类别（如系统软件等），Smart PAD 可显示该类提示信息的目录（提示信息索引表）。

④ 点击选择提示信息目录，Smart PAD 便可显示图 9.2.18（a）所示的信息提示帮助文件，检查该提示信息对系统运行的影响以及产生原因、解决办法。

⑤ 点击信息提示帮助文件显示页的页面选择、目录图标，可切换显示内容；点击"详细显示"图标，可继续显示图 9.2.18（b）所示的详细说明文件，查看提示信息产生原因、解决办法的详细说明。

需要打开当前显示信息帮助文件时，可点击信息显示窗口的"？"图标，示教器便可显示图 9.2.18（a）所示的帮助文件；点击"详细显示"图标，可显示图 9.2.18（b）所示的详细说明文件。

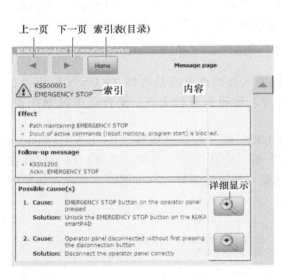
(a) 基本显示

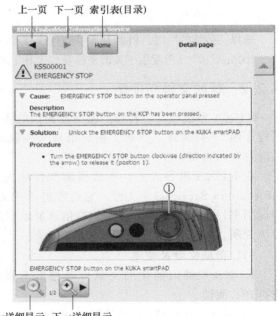
(b) 详细说明

图 9.2.18　信息提示文件

9.3　机器人手动操作

9.3.1　手动移动选项设定

机器人手动操作又称 JOG 操作，它是利用示教器手动控制机器人、外部轴移动的一种方式。机器人手动操作可在关节坐标系、笛卡儿坐标系（工件、工具等）进行，但外部轴移动一般只能在关节坐标系进行。机器人手动操作前，首先应通过示教器操作，完成机器人手动移动选项设定，然后，选择手动模式，启动伺服，移动机器人。手动操作的步骤参见后述，手动移动选项设定方法如下。

(1) 手动移动选项设定显示

KUKA 机器人的手动移动选项设定用于机器人手动操作参数的综合设定，其中的部分参数也可直接通过对应的 Smart PAD 状态显示栏设定（见 9.2.6 节），两者作用相同。

手动移动选项设定可通过点击图 9.3.1（a）所示的状态显示栏图标（S、I、R 除外）后，再点击"选项"图标打开，其基本显示如图 9.3.1（b）所示。

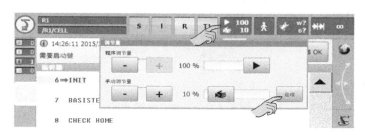

(a) 选择

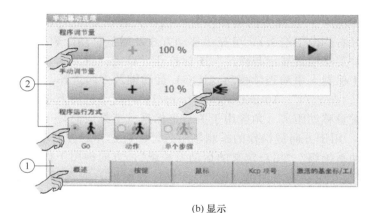

(b) 显示

图 9.3.1　手动移动选项设定显示

手动移动选项设定的显示区①可显示手动设定的项目标签；显示区②可显示所选项目的设定项，并进行相关设定。

Smart PAD 手动移动选项打开后，可自动显示图 9.3.1（b）所示的基本设定页面，并进行速度倍率、程序运行方式的显示与设定，显示页也可通过点击标签"概述"打开，其设定内容可参见 9.2.6 节。其他设定标签的设定内容如下。

(2) 手动方向键设定

手动移动选项设定标签"按键"用于图 9.3.2（a）所示 Smart PAD 示教器的手动方向键功能设定。点击手动移动选项设定标签"按键"，可显示图 9.3.2（b）所示的设定选项，并进行如下设定。

① 激活按键：点击图标可生效/取消（接通/关闭）Smart PAD 示教器手动方向键。

对于机器人本体，当手动方向键有效时，机器人可通过图 9.3.2（a）所示的方向键进行手动移动；手动方向键取消时，机器人只能通过后述的 3D 鼠标进行手动移动。如果手动方向键和 3D 鼠标同时有效，则在鼠标操作和机器人移动停止后，机器人可利用方向键移动；在方向键操作和机器人移动停止后，机器人可利用 3D 鼠标移动。

(a) 方向键

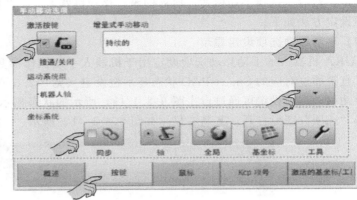

(b) 设定显示

图 9.3.2　手动方向键设定

变位器等附加轴的手动移动只能通过方向键操作，不能用 3D 鼠标手动移动，因此，附加轴手动移动必须生效手动方向键。

② 增量式手动移动：可选择方向键操作时的机器人移动方式及增量移动的距离。点击输入选项图标（显示区右侧向下箭头），可显示移动方式及增量移动距离输入选项，并点击选定。选项也可直接点击"手动增量显示与设定"图标打开、设定（参见 9.2.6 节）。

"持续的"：用于机器人手动连续移动（JOG）运动轴及方向选择。

0.1mm/0.005°、1mm/1°、10mm/3°、100mm/10°：用于机器人手动增量移动操作时，按一次方向键的手动增量移动距离（角度用于关节坐标系、工具定向）。

③ 运动系统组：用于方向键操作的控制轴组选择。可选择的控制轴组有"机器人轴""附加轴"及"外部运动系统组""用户定义的运动系统组"，方向键用于机器人手动操作时，应选择"机器人轴"；用于变位器等附加轴（E1~E6 轴）控制时，应选择"附加轴"；"外部运动系统组""用户定义的运动系统组"一般只用于特殊机器人系统操作。

④ 坐标系：用于机器人手动方向键操作的坐标系选择，选择"轴""全局""基坐标""工具"图标，分别为关节（joint）、大地（world）、工件（base）、工具（tool）坐标系移动。图标"同步"用于手动方向键、3D 鼠标坐标系同步控制，未选择时，方向键操作和后述 3D 鼠标可以选择不同的坐标系；选择时，方向键操作和后述 3D 鼠标的手动操作坐标系自动同步，更改手动方向键坐标系时，3D 鼠标坐标系也将被同时修改。

（3）3D 鼠标设定

手动移动选项设定标签"鼠标"用于图 9.3.3（a）所示的 Smart PAD 示教器 3D 鼠标设定。点击手动移动选项的设定标签"鼠标"，示教器可显示图 9.3.3（b）所示的设定框，并进行如下设定。

① 激活鼠标：点击图标可生效/取消（接通/关闭）Smart PAD 示教器的 3D 鼠标，参见上述"手动方向键设定"说明。

② 鼠标设置：用于 3D 鼠标的操作功能设定，详见后述。

③ 坐标系：用于机器人 3D 鼠标手动操作的坐标系选择，含义与手动方向键相同，参见上述"手动方向键设定"说明。

（4）示教器操作方位设定

手动移动选项设定标签"Kcp 项号"用于示教器操作方位设定，使得 3D 鼠标的操作方向与机器人实际移动方向一致，有关内容详见后述。

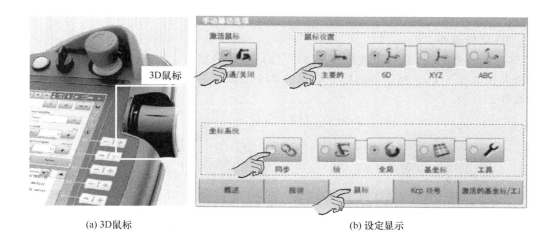

(a) 3D鼠标　　　　　　　　　　　　　(b) 设定显示

图 9.3.3　3D 鼠标设定

(5) 工件/工具坐标系设定

手动移动选项设定标签"激活的基坐标/工具"用于机器人手动操作的工件、工具坐标系选择，点击标签"激活的基坐标/工具"，可显示图 9.3.4 所示的工件、工具坐标系的设定选项，并进行如下设定。

①工具选择：点击输入选择图标，可显示系统现有的工具坐标系（$TOOL）名称、编号，并点击选定。系统出厂默认的工具坐标系为"无效（$NULLFRAME）"、坐标系编号为 [0]，即工具坐标系与手腕基准坐标系重合。如果编号显示 [?]，表明此工具坐标系尚未设定。

②基坐标选择：点击输入选择图标，可显示系统现有的工件坐标系（$BASE）名称、编号，并点击选定。系统出厂默认的工件坐标系为"无效（$NULLFRAME)"、坐标系编号为 [0]，即工件坐标系与机器人基座坐标系重合，如果编号为"[?]"代表工件坐标系未设定。

③IPO 模式选择：用于工具安装方式（插补模式）设定，选择图标"法兰"为机器人移动工具作业（$IPO_MODE＝$BASE）；选择图标"外部工具"为机器人移动工件作业（$IPO_MODE＝$TCP）。有关工具安装方式的详细说明可参见第 8 章。

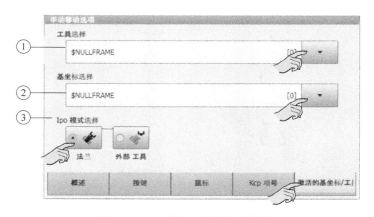

图 9.3.4　工件、工具坐标系设定

9.3.2　3D鼠标操作设定

(1) 3D鼠标操作

KUKA示教器的3D鼠标可进行图9.3.5（a）所示的前后、上下、内外3个方向的直线移动，以及图9.3.5（b）所示的回绕中心点的3个方向偏转或倾斜，因此，最大可以用于6轴手动操作。

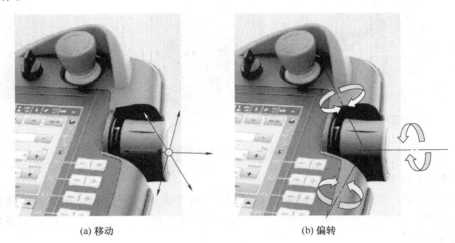

(a) 移动　　　　　　　　　　　　　(b) 偏转

图9.3.5　3D鼠标操作

3D鼠标操作与机器人TCP笛卡儿坐标系运动轴、方向的对应关系，以及鼠标功能，需要通过示教器操作方位、鼠标功能设定操作设定，其设定内容、操作步骤如下。

(2) 示教器操作方位设定

示教器操作方位设定的目的是在机器人进行TCP笛卡儿坐标系手动移动时，可以使3D鼠标的操作与机器人TCP的运动方向一致。

带3D鼠标的Smart PAD或KCP示教器的操作方位设定操作，可通过点击手动移动选项的设定标签"Kcp项号"选择，设定页面的显示如图9.3.6（a）所示；移动圆周上的示教器图标，便可改变示教器与机器人的相对位置，使3D鼠标操作与机器人TCP的实际运动方向统一。

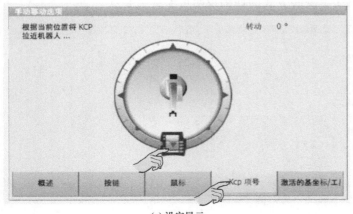

(a) 设定显示　　　　　　　　　　　(b) 0°位置

图9.3.6　示教器方位设定

示教器操作方位划分为间隔45°的8个位置，当操作者手持示教器处于图9.3.6（b）所示的机器人正前方，面朝机器人基座坐标系－X轴方向时，示教器操作方位为0°（系统默认方位），其他位置以相对0°顺时针旋转的角度表示。

在0°方位，控制机器人TCP及工具定向正向运动时，3D鼠标的操作方向如图9.3.7（a）所示；鼠标反向操作时，可使对应轴反向运动。例如，将3D鼠标拉出（向右），机器人TCP可进行基座坐标系＋Y方向的直线移动；将3D鼠标压入（向左），机器人TCP可进行基座坐标系－Y方向的直线移动；逆时针偏转3D鼠标，可使工具进行绕基座坐标系＋Y轴回转的＋B轴工具定向运动；等等。

3D鼠标也可以用于关节坐标系手动操作（关节手动），此时，机器人的运动与示教器方位无关，关节轴正向回转所对应的3D鼠标操作始终如图9.3.7（b）所示；反向操作鼠标时，同样可进行关节轴的反向回转运动。

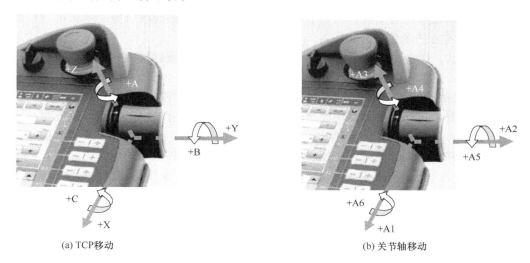

(a) TCP移动　　　　　　　　　　　　　　　(b) 关节轴移动

图9.3.7　3D鼠标操作方向

（3）鼠标功能设定

Smart PAD示教器的3D鼠标的操作功能，可通过图9.3.8所示的手动移动选项"鼠标"设定页的"鼠标设置"项选择，点击对应的图标，可选择如下操作功能。

〖主要的〗：主导轴操作。点击图标选定后，3D鼠标只能用于"主导轴"移动控制，其他方向的控制均无效。"主导轴"可以在图标选定后，通过操作鼠标确定。

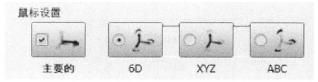

图9.3.8　3D鼠标功能设定

例如，对于前述图9.3.7所示的3D鼠标，如果向外拉动3D鼠标，机器人TCP沿基座坐标系Y轴的运动便成为"主导轴"，鼠标只能用于Y轴移动控制。如果在确定主导轴时，鼠标同时产生了多个方向的移动，系统将以鼠标移动量最大的轴作为主导轴。

〖6D〗：3D鼠标6个方向的运动控制均生效。

〖XYZ〗：3D鼠标的转动、偏摆操作无效，鼠标只能通过左右、前后、上下推拉，控制机器人TCP的笛卡儿坐标系X、Y、Z轴正反向直线移动，或者，控制关节轴A1、A2、A3的正反向回转。

〖ABC〗：3D 鼠标的左右、前后、上下推拉操作无效，鼠标只能通过转动、偏摆来控制作业工具的笛卡儿坐标系 A、B、C 轴正反向定向回转，或者，控制关节轴 A4、A5、A6 的正反向回转。

9.3.3 机器人手动操作

(1) 基本说明

工业机器人的手动操作是利用示教器按键、3D 鼠标，对机器人及附加部件进行的手动操作。KUKA 机器人手动操作的移动方式分以下几种。

根据操作对象，工业机器人的手动移动方式通常有机器人本体及附加轴的关节坐标系手动移动（以下简称关节手动），以及笛卡儿坐标系的机器人手动移动与工具定向（以下简称机器人手动）两类。关节手动可用于机器人本体关节（机器人轴）、变位器等附件（附加轴）的位置调整，一般以单轴移动为主；机器人手动通常用于作业工具的位置调整、示教编程，其运动为多个关节轴合成的三维空间运动。

根据运动方式，工业机器人的手动移动方式通常有手动连续移动（JOG，亦称点动）和手动增量移动（INC，亦称手动单步）两种。选择 JOG 操作时，可通过 Smart PAD 示教器按键、3D 鼠标的操作，控制机器人进行指定方向的移动；松开按键、3D 鼠标，运动即停止。选择手动增量移动时，运动轴及方向需要通过示教器按键选择（3D 鼠标无效），每操作一次操作方向键，机器人可以在指定方向上移动指定距离；运动到位后，无论是否松开方向键，机器人均将停止运动；需要继续运动时，必须在松开方向键后，进行再次操作。

KUKA 机器人手动操作的移动方式、移动速度、坐标系及操作控制部件（方向键、3D 鼠标）等条件需要在机器人移动前予以设定。KUKA 机器人的手动操作条件可通过"手动移动选项"、点击状态栏图标、操作 Smart PAD 右侧图标等多种方式打开、设定，其效果相同。例如，对于 3D 鼠标操作的坐标系，既可通过图 9.3.9（a）所示的"手动移动选项"设定操作选择，也可点击图 9.3.9（b）所示的 Smart PAD 右侧 3D 鼠标坐标系图标选定，对此不再一一

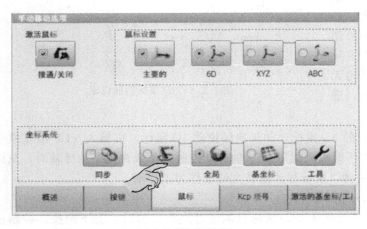

(a)"手动移动选项"选择

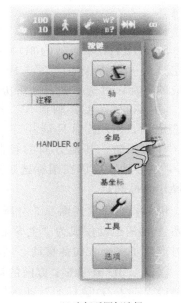

(b) 坐标系图标选择

图 9.3.9　3D 鼠标坐标系选择

说明。以下以"手动移动选项"设定为例进行说明。

(2) 关节手动操作

关节手动操作可用于图 9.3.10 所示的机器人本体或外部轴的关节坐标系手动移动。由于 KUKA 机器人关节轴的运动方向与 FANUC、安川、ABB 等公司的机器人有所不同（参见第 2 章），手动操作时需要注意运动方向选择。

KUKA 机器人关节手动的基本操作步骤分别如下。

① 检查确定机器人、变位器（外部轴）等运动部件均处于安全、可自由运动的位置。

② 接通总电源，启动机器人控制系统。

③ 复位示教器及外部操作部件（如存在）上的急停按钮，并确认控制系统工作正常、无报警。

④ 点击状态显示区的驱动器状态显示图标，接通伺服驱动器主电源（参见前述）。

⑤ 在 Smart PAD 示教器操作模式切换旋钮上插入钥匙，并旋转至"解锁"位置，然后，在示教器显示的操作模式选择框中选

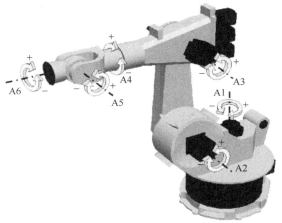

图 9.3.10 KUKA 机器人关节手动

择 T1 模式（手动与示教操作模式）；操作模式选定后，再将旋钮旋回"闭锁"位置，取下钥匙，并确认状态显示区的操作模式图标为 T1（参见前述）。

⑥ 点击状态显示区的速度倍率显示图标（或其他图标），在打开的显示框中点击"选项"，打开手动移动选项设定框后，选择项目标签完成如下设定（参见前述）。

"概述"项：利用"手动调节量"的"＋""－"键或滑移调节图标，以倍率的形式，设定手动移动速度。T1 模式的机器人 TCP 最大移动速度为 250mm/s，对应的倍率为 100%。

"按键"项：根据实际操作需要，完成如下设定。

点击"激活按键"图标，生效/取消 Smart PAD 示教器手动方向键。方向键一旦被取消，机器人手动操作只能利用 3D 鼠标进行，因此，机器人将不能进行手动增量移动。

点击"增量式手动移动"输入选择图标，选择手动移动方式及增量距离。进行手动连续移动操作时选择"持续的"；进行手动增量移动时，选定增量移动距离（0.1mm/0.005°或 1mm/1°、10mm/3°、100mm/10°），并确认方向键有效。

点击"运动系统组"输入选择图标，选择控制轴组（机器人轴或附加轴）。

点击"坐标系统"选项，选定方向键操作的机器人坐标系，关节手动时，必须选定"轴"，使用关节坐标系。

"鼠标"项：根据实际需要，完成如下设定。

点击"激活鼠标"图标，生效/取消 Smart PAD 示教器 3D 鼠标。

点击"鼠标设置"选项，设定 3D 鼠标操作功能（主导轴操作、3 轴操作或 6 轴操作）。

点击"坐标系统"选项，选定 3D 鼠标操作的机器人坐标系，关节手动时，同样必须选定"轴"，使用关节坐标系；或者，点击生效"同步"选项，自动选择方向键操作相同的坐标系（关节坐标系）。

"Kcp 项号"项：关节手动操作时 3D 鼠标与关节轴对应关系保持不变，无需设定示教器操作方位。

"激活的基坐标/工具"项：关节手动操作与工具、工件等笛卡儿坐标系无关，无需设定工

件、工具坐标系。

⑦ 将 Smart PAD 示教器的手握开关握至中间位置并保持，启动伺服。

⑧ 利用 Smart PAD 示教器的手动方向键、3D 鼠标选择移动轴及运动方向，机器人关节即可按要求移动。选择手动增量移动时，3D 鼠标无效，关节只能利用 Smart PAD 示教器的方向键选择运动轴与方向。

(3) 机器人手动操作

利用机器人手动操作，可使机器人 TCP 在所选的笛卡儿坐标系中进行 X、Y、Z 轴直线移动及 A（绕 Z 轴回转）、B（绕 Y 轴回转）、C（绕 X 轴回转）轴工具定向回转。

例如，当手动操作坐标系为基座坐标系时（系统默认设定大地坐标系、基座坐标系、工件坐标系重合），机器人可进行图 9.3.11（a）所示的 X、Y、Z 轴直线移动及图 9.3.11（b）所示的工具定向回转。

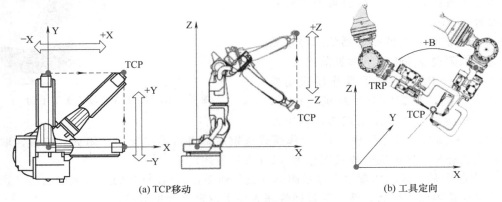

(a) TCP移动　　　　　　　　　　(b) 工具定向

图 9.3.11　机器人手动

KUKA 机器人手动的基本操作步骤分别如下。

①～⑤ 同关节手动操作。

⑥ 点击打开状态显示区的速度倍率显示（或其他图标），选择"选项"打开手动移动选项设定框，并利用项目标签完成如下设定（参见前述）。

"概述"项：选定手动移动速度倍率（同关节手动）。

"按键"项：与关节手动同样，生效/取消 Smart PAD 示教器手动方向键，选择手动移动方式及增量距离，设定控制轴组（机器人轴或附加轴）。然后，在"坐标系统"选项中选择方向键操作的笛卡儿坐标系，机器人手动的坐标系必须为"全局（大地坐标系 $WORLD）"或"基坐标（工件坐标系 $BASE）""工具（工具坐标系 $TOOL）"之一，不能选择"轴（关节坐标系）"。

"鼠标"项：与关节手动同样，生效/取消 Smart PAD 示教器 3D 鼠标，在"鼠标设置"选项中选定鼠标操作功能。然后，在"坐标系统"选项中选择 3D 鼠标操作的笛卡儿坐标系，机器人手动的坐标系同样必须为"全局（大地坐标系 $WORLD）"或"基坐标（工件坐标系 $BASE）""工具（工具坐标系 $TOOL）"之一，或者，点击生效"同步"选项，自动选择方向键操作相同的笛卡儿坐标系。

"Kcp 项号"项：根据实际需要，调整示教器操作方位，将 3D 鼠标操作和机器人实际运动方向调成一致。

"激活的基坐标/工具"项：选定机器人的工件、工具坐标系编号，对于无作业工具、进行机器人基坐标系移动的手动操作，工件、工具坐标系可选择 $NULLFRAME [0]；然后，在"Ipo 模式选择"选项中选定工具安装形式。

⑦ 将示教器手握开关握至中间位置并保持，启动伺服。

⑧ 利用 Smart PAD 示教器手动方向键、3D 鼠标选择移动轴及方向，机器人 TCP、作业工具即可按要求移动、定向。选择手动增量移动时，3D 鼠标无效，机器人只能利用 Smart PAD 示教器手动方向键选择运动轴与方向。

9.4　用户程序创建与项目管理

9.4.1　文件管理器及操作

(1) 文件管理器

KUKA 机器人控制系统的软件与数据以"文件"形式保存在系统存储器中，系统启动后，Smart PAD 示教器可显示图 9.4.1 所示的文件管理器页面（KUKA 称为"导航器"）。

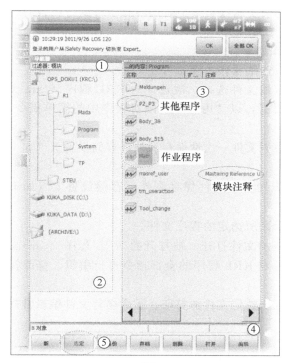

(a) 模块

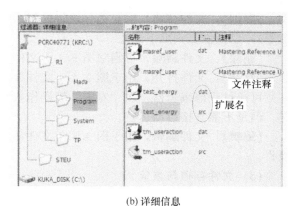

(b) 详细信息

图 9.4.1　文件管理器显示

Smart PAD 示教器文件管理器的一般显示内容如下，在不同规格、不同用途、不同软件版本的机器人控制系统上，示教器的显示形式、操作方法可能稍有区别，但功能基本相同，对此不再另行说明。

①标题行。标题行可显示存储器显示区②所选定的文件夹在文件显示区③的显示形式（KUKA 说明书称为"过滤器"功能），文件显示形式（过滤器）可选择两种。

模块：文件显示区③以图 9.4.1（a）所示的模块形式显示，不同的模块以不同的图标显示，含有 KRL 主程序（main program，src 文件）及附属数据表（dat 文件）的可执行程序模块（参见第 7 章），以带"M"的立方体图标显示；其他程序模块的图标为文件夹。模块注释显示在图标行的右侧。

详细信息（系统默认设定）：文件显示区③以图 9.4.1（b）所示的文件形式显示，文件扩展名".src"".dat"及注释、属性、容量等信息显示在图标行的右侧；扩展名、属性的显示需要专家级以上操作权限。

文件显示形式（过滤器）需要由"专家"以上权限的用户，通过软操作键〖编辑〗、选项"过滤器"选择，过滤器选定后用"OK"键确认。

②存储器显示。显示计算机的文件存储途径及项目（Project）结构树。

③文件显示区。以模块或文件形式显示存储器显示区所选定的文件夹内容。

④状态行。可显示项目结构树中选定的文件夹所包含的模块（文件）数量，以及操作时的执行信息等。

⑤软操作键。用于程序文件管理的软操作键，功能见下述。

（2）文件管理操作

Smart PAD 文件管理器具有用户程序文件的创建、编辑、保存、打印等功能，其操作可通过图 9.4.1 中的文件管理器软操作键⑤进行。为便于阅读，本书后述内容中将以"〖名称〗"的形式表示软操作键。

Smart PAD 文件管理器软操作键的功能与操作如下。

〖新〗：新建，用于用户程序文件的创建操作，详细操作步骤见后述。

〖选定〗：文件选择，用于图 9.4.1 文件显示区的文件选择，被选择的 KRL 程序（.src 文件）不但可直接启动运行，而且可以通过程序编辑器，以"用户"权限对程序中的简单指令，进行编辑、修改操作。

〖备份〗：系统备份，可将控制系统全部应用数据文件一次性保存到外部存储设备上（如 U 盘等），以便进行系统还原操作。

〖存档〗：文件存档，可有选择地将控制系统应用数据文件保存到外部存储设备上（如 U 盘等），以便恢复（见下述）。

〖删除〗：文件删除，可删除图 9.4.1 文件显示区所选定的程序文件。

〖打开〗：文件打开，用于图 9.4.1 文件显示区的文件打开，被打开的 KRL 程序（.src 文件）可通过程序编辑器，以"专家"级操作权限，对 KRL 程序的全部指令进行编辑、修改操作，但是不能直接启动运行。

〖编辑〗：文件编辑，用于图 9.4.1 文件显示区所选定文件的打印、重命名等文件编辑常规操作。

（3）文件存档与恢复

利用 Smart PAD 文件管理器的存档操作，可将指定的文件保存到 U 盘上（通常情况），以便恢复。

选择〖存档〗操作时，示教器可显示如下选项。

所有：可将"KRC："盘及"C：\KRC"文件夹的所有应用程序文件全部保存到 U 盘上，可用于文件恢复。

应用：可将当前项目（R1）的程序文件 Program、系统文件 System 以及系统设置文件 STEU 中的系统配置参数（Steu\$config*.*）保存到 U 盘上，可用于文件恢复。

系统数据：可将"KRC："盘当前项目（R1）的机器数据文件 Mada、系统文件 System、工具控制程序 TP、系统设置文件 STEU 中的机器人数据 Steu\Mada，以及 C 盘中与当前项目相关的机器人数据（如 C：\KRC\Roboter\Config\User 等）保存到 U 盘上，用于文件恢复。

Log 数据：机器人操作日志，仅用于文件保存，不能用于恢复。

KrcDig：KUKA 故障诊断数据，仅供 KUKA 公司用于维修，不能用于恢复。

文件存档也可直接通过 Smart PAD 主菜单"文件"进行（参见图 9.2.5），其一般操作步骤如下。

① 将 KUKA 公司提供的 U 盘插入到 Smart PAD 背面的 USB 接口上，或者控制柜操作面板的 USB 接口上。

② 按 Smart PAD 主菜单键或点击 Smart HMI 状态显示栏的主菜单图标，打开 Smart HMI 主菜单（参见图 9.2.5）。

③ 选择主菜单"文件"，选择子菜单"存档"，并在示教器显示的 U 盘安装位置选择项"USB（KCP）"（示教器安装）、"USB"（控制柜操作面板安装）上选定 U 盘安装位置。

④ 利用 Smart PAD 文件管理器（或主菜单选项）操作，选定需要存档的文件，并在示教器显示的操作确认框中选择"是"，便可启动 U 盘的文件保存操作。

⑤ 文件保存完成时，示教器可短暂显示提示窗；U 盘指示灯熄灭后，即可拔出 U 盘，完成文件存档操作。

选择"所有""应用""系统数据"选项存档的 U 盘文件，可以用于系统文件的文件恢复。文件恢复一般可直接通过 Smart PAD 主菜单"文件"进行（参见图 9.2.5），其操作步骤如下。

① 将保存有存档文件的 U 盘插入到 Smart PAD 背面的 USB 接口上，或者控制柜操作面板的 USB 接口上。

② 按 Smart PAD 主菜单键或点击 Smart HMI 状态显示栏的主菜单图标，打开 Smart HMI 主菜单（参见图 9.2.5）。

③ 选择主菜单"文件"，选择子菜单"还原"，并在示教器显示的 U 盘安装位置选择项"USB（KCP）"（示教器安装）、"USB"（控制柜操作面板安装）上选定 U 盘安装位置。

④ 选定需要恢复的文件，并在示教器显示的操作确认框中选择"是"，便可将 U 盘的文件重新安装到系统中。

⑤ U 盘指示灯熄灭后，可拔出 U 盘。

⑥ 关闭控制系统电源，并重新启动，生效系统恢复数据。

9.4.2　程序选择、打开与显示

(1) KRL 程序选择与取消

程序选择可用于机器人"T1"或"T2""AUT"操作模式的 KRL 程序显示、自动运行启动，以及以"用户"权限对所选程序中的单行简单指令进行有限修改；但不能打开、显示外部操作模式（EXT AUT）的机器人程序。

程序选择功能可在图 9.4.1 所示程序文件管理器的文件显示区③选定文件后，按软操作键〖选定〗生效；文件显示区③中所选择的文件可以是程序（src），也可以是模块、数据表（dat）；选择模块、数据表（dat）时，Smart PAD 示教器同样可显示模块、数据表（dat）所对应的 src 程序。

程序一旦被选择，示教器将显示图 9.4.2 所示的程序编辑器（Editor）页面，程序编辑器除显示指令外，还可显示以下内容。

①程序执行指针。程序执行指针可指示程序的启动位置（指令行），所选程序可通过程序启动按钮直接启动运行。

②光标。光标用来选择程序编辑的位置，程序选定后，程序编辑器将被同时打开，操作者可以对程序中的指令进行简单修改，修改内容在执行下述的"取消程序选择"操作时，即可自

动保存。

③路径。显示当前程序的路径及文件名。

④光标位置。显示光标的当前位置（行号、位置）。

⑤程序选择标记。程序选择时，可显示图示的已选择标记。

程序一旦选定，该程序的状态便可在 Smart PAD 示教器状态显示栏的前台处理状态图标（R）上显示，状态显示栏图标的颜色及含义详见 9.2.6 节。

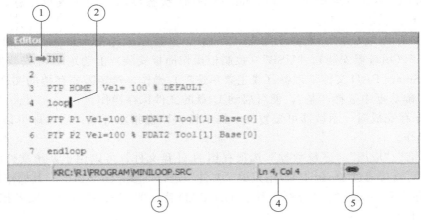

图 9.4.2　程序选定显示

示教器显示程序编辑器页面时，如果点击软操作键〖编辑〗、选择"导航器"选项，示教器可返回图 9.4.1 所示的程序文件管理器（导航器）显示页面；如果在程序文件管理器（导航器）显示页面上，点击软操作键〖编辑〗、选择"程序"选项，则可再次切换到图 9.4.2 所示的程序编辑器页面。

被选定的程序可通过点击软操作键〖编辑〗、选择"取消选择程序"选项，或者，点击状态显示栏的前台处理状态图标（R）、选择"取消程序选择"来取消。取消程序选择时，程序所作的修改将被自动保存。对于运行中的程序，"取消程序选择"操作需要在程序停止运行后才能进行。

（2）KRL 程序打开与关闭

程序打开适合专家级以上用户的程序完全编辑，但不能用来启动程序的自动运行。程序打开可用于机器人所有操作模式，在"T1"或"T2""AUT"操作模式下打开的程序，所有指令均可显示和编辑；在 EXT AUT 模式下打开的程序，只能显示，不能编辑。程序打开后，如果操作者对程序进行了编辑、修改操作，程序关闭时，示教器将显示安全询问框，操作者确认后，进行的编辑、修改将被保存、生效。

程序打开功能可在图 9.4.1 所示程序文件管理器的文件显示区③选定文件后，按软操作键〖打开〗生效。如果在文件显示区③中选择了程序文件（src），Smart PAD 示教器将显示程序（src）；如果选择了数据表文件（dat），示教器将显示数据表（dat）。

程序打开后，示教器同样可显示程序编辑器页面，但是，由于利用打开操作显示的程序不能用于自动运行的启动，因此，程序编辑器不能显示图 9.4.2 中的程序执行指针①以及程序选择标记⑤。

程序打开时，Smart PAD 示教器状态显示栏的前台处理状态图标（R）呈灰色（程序未选定），操作者可对程序的所有指令进行修改、编辑。

示教器显示程序编辑器页面时，如果点击软操作键〖编辑〗，选择"导航器"选项，示教器可返回图 9.4.1 所示的程序文件管理器（导航器）显示页面；如果在程序文件管理器（导航器）显示页面上，点击软操作键〖编辑〗，选择"编辑器"选项，则可再次切换到程序编辑器显示页面。

程序编辑完成后，可通过图 9.4.3 所示的关闭键关闭程序编辑器，编辑内容需要在示教器显示的安全询问框中确认后才能保存。

图 9.4.3　程序编辑器关闭

(3) KRL 程序显示与设定

为了使 Smart PAD 示教器的程序显示简洁、明了，系统默认的程序编辑器显示为 KRL 程序命令区的指令显示，初始化指令 INI 前的程序声明指令（简称 DEF 行）以及折叠指令（FOLD、ENDFOLD）、程序注释等内容均自动隐藏（参见第 7 章），因此，只要选择程序，便可利用程序启动键直接从初始化指令 INI 开始执行 KRL 程序命令区的指令。

对于具有"专家"以上操作权限的用户，如果需要，可通过以下操作，在程序编辑器上显示完整的 KRL 程序。

① 程序声明显示/隐藏。程序声明指令（DEF 行）包含程序性质、程序名称、程序参数、程序数据定义等内容（参见第 7 章），它是 KRL 程序必需的程序开始指令。具有"专家"以上操作权限的用户，可在程序编辑器显示页上，点击软操作键〖编辑〗→〖视图〗，选中"DEF 行"选项，生效 DEF 行显示功能，使 DEF 行在程序编辑器上显示；取消"DEF 行"选项，程序编辑器将隐藏 DEF 行显示。DEF 行也可直接通过选择下述的"详细显示"选项显示，此时，无需再选择"DEF 行"显示。

DEF 行显示时，程序启动后将执行程序声明指令（DEF 行）；关闭 DEF 行后，可从初始化指令 INI 开始执行程序。

② 详细信息显示/隐藏。除了程序声明指令（DEF 行）外，完整的 KRL 程序还可能包含折叠指令（FOLD、ENDFOLD）、注释等其他信息（参见第 7 章）。具有"专家"以上操作权限的用户，可在程序编辑器显示页上，点击软操作键〖编辑〗→〖视图〗，选中"详细显示（ASCII）"选项，生效详细信息显示功能，使程序编辑器显示包括 DEF 行的 KRL 程序全部内

容；取消"详细显示（ASCII）"选项，则可隐藏详细信息。

③ 自动换行。工业机器人的部分指令含有多个添加项，指令长度可能超过 Smart PAD 示教器显示行的最大显示字符数，因此，系统默认设置为自动换行功能有效。

自动换行功能生效时，如果指令长度超过了显示行的最大显示字符数，示教器将如图 9.4.4 所示，在下一行中以 L 形箭头起始显示指令的其他内容。

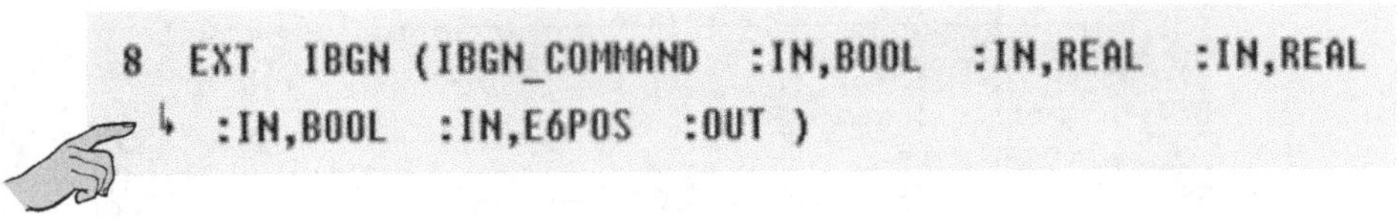

```
8  EXT  IBGN (IBGN_COMMAND  :IN,BOOL  :IN,REAL  :IN,REAL
   ↳ :IN,BOOL  :IN,E6POS  :OUT )
```

图 9.4.4　换行显示

具有"专家"以上操作权限的用户，可在程序编辑器上，点击软操作键〖编辑〗→〖视图〗，选择"换行"选项，生效自动换行显示功能。

9.4.3　用户程序模块创建

KUKA 机器人的应用程序采用模块式结构，完整的应用程序称为"项目（Project）"，组成项目的各类文件称为模块。完整的项目通常包含机器数据（Mada）、用户程序（Program）、系统（System）、工具控制程序（TP）四种模块，每一模块又可包括多个子模块。其中，用于机器人自动运行控制的作业程序（KRL 程序，".src"文件）及附属的数据表（KRL 数据表，".dat"文件）以子模块的形式，保存在用户程序模块（Program 文件夹）中，有关内容可参见第 7 章。

如果机器人需要使用多种工具、进行多种不同类型的作业，控制系统就需要有多个项目，此时，需要通过项目管理操作，进行项目激活、编辑、删除等操作（见后述）。使用同类工具的规定用途机器人一般只需要 1 个项目，用于不同工件作业的 KRL 程序与数据表以子模块形式保存在用户程序模块（Program 文件夹）中，因此，输入机器人作业程序时，首先需要创建作业程序子模块，建立 KRL 程序文件（.src）和数据表文件（.dat），然后，通过本章后述的示教编程等操作，输入、编辑 KRL 程序和数据表文件，完成作业程序的编制。

用户程序模块创建的操作步骤如下。

（1）用户程序模块创建

利用 Smart PAD 示教器操作，在项目的程序模块 Program 中创建一个用户程序模块的操作步骤如下。

① 机器人操作方式选择 T1。

② 在图 9.4.5 所示文件管理器中选择项目（如 R1），点击打开项目程序文件夹 Program 后，按软操作键〖新〗（新建程序文件），Smart PAD 示教器可自动显示图 9.4.6（a）所示的新建用户程序子模块的名称输入软键盘。

③ 按 KRL 程序的标识（identifier）规定（参见第 7 章），点击软键盘的字母、字符及编辑键，输入新建的用户程序子模块的名称（如 test100 等）；模块名输入完成后，点击软操作键〖OK〗确认，新建的用户程序子模块（test100）即被添加至图 9.4.6（b）所示的项目程序模块 Program 中。

（2）加载程序模板

新建的用户程序模块（如 test100）是只有名称的空文件夹，文件夹内容需要通过文件输入操作编辑、添加。

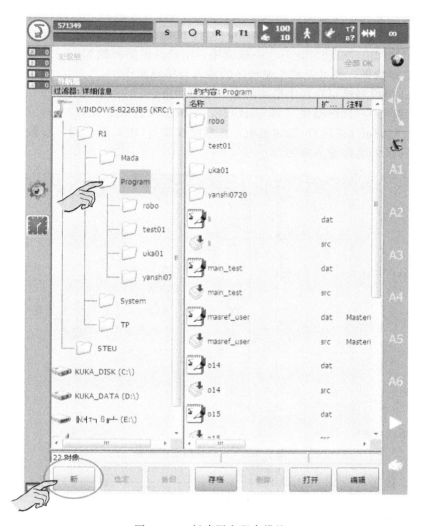

图 9.4.5　新建用户程序模块

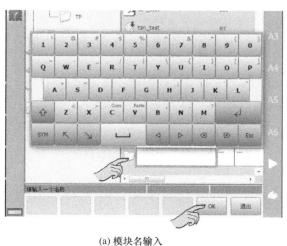

(a) 模块名输入

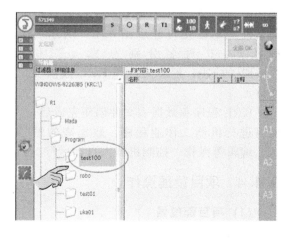

(b) 完成显示

图 9.4.6　用户程序模块命名

为了便于用户编程，保证文件格式正确、完整，KUKA 机器人已在控制系统中集成了各类程序文件的模板，用户可直接使用。其中，包含 KRL 程序与数据表的机器人作业程序文件模板的名称为"Modul（模块）"，对于一般应用，用户只需要加载 Modul 模板，在此基础上添加相关指令、程序数据，便可完成作业程序的输入与编辑操作。

使用 Modul 模板创建用户程序模块的操作步骤如下。

① 点击新建的用户程序模块（如 test100），示教器可显示图 9.4.7（a）所示的 KUKA 程序模板，点击"Modul（模块）"选定模板，按软操作键〖OK〗确认后，示教器便可自动显示图 9.4.7（b）所示的名称输入软键盘。

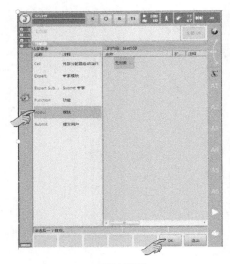
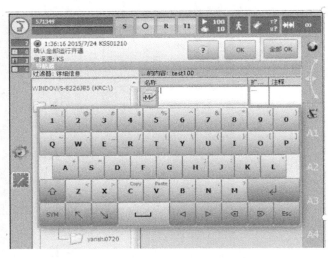

(a) 选择模板   (b) 输入名称

图 9.4.7　用户程序模板加载

② 按 KRL 程序的标识（identifier）规定（参见第 7 章），点击软键盘的字母、字符及编辑键，输入新建的程序模块名称（如 Myprog 等）；输入完成后，点击软操作键〖OK〗确认，文件管理器的文件显示区便可显示图 9.4.8 所示名称相同、扩展名分别为".src"和".dat"的 KRL 程序文件和 KRL 数据表文件。

KRL 程序和数据表文件创建完成后，便可进行机器人作业程序、数据表的输入、编辑等操作，控制机器人自动运行。

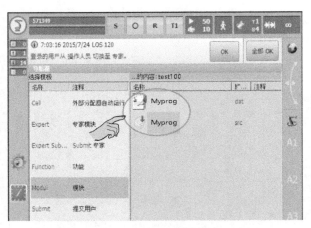

图 9.4.8　KRL 程序和数据表创建

9.4.4　项目管理操作

(1) 项目管理器

需要进行多种不同类型作业的多用途机器人，需要有多个项目。项目可以通过项目管理器进行激活、编辑、删除等操作。

Smart PAD 示教器的项目管理操作需要由"专家"以上操作权限的用户，通过项目管理器进行。打开项目管理器的操作步骤如下。

① 机器人操作模式选择 T1/T2。

② 用户等级选择"专家"以上操作权限。

③ 打开 Smart PAD 主菜单（参见图 9.2.5），点击"文件"，选择子菜单"项目管理"，选择项目管理操作。

④ 点击 Smart PAD 示教器的 Work Visual 图标，示教器可显示图 9.4.9（a）所示的"激活的项目"显示框。

⑤ 点击"激活的项目"显示框的"打开"图标，示教器可显示图 9.4.9（b）所示的项目管理页面，并显示以下内容。

特别项目：显示区可显示系统的主要项目及操作键图标。

可用的项目：显示系统已建立的其他项目及状态。

显示页的下部为项目管理软操作键。

(a) 打开　　　　　　　　　　　　　(b) 显示

图 9.4.9　Smart PAD 项目管理器

Smart PAD 示教器项目管理操作需要由专业维修人员进行，项目管理器的主要功能及项目激活的基本操作步骤简要说明如下。

（2）项目管理器显示与操作

图 9.4.9 所示项目管理页面各显示区的显示内容及可进行的操作如下。

①初始项目：KUKA 机器人出厂设置的初始应用程序及主要信息显示。

②供货状态：项目初始化操作键。点击"供货状态"，可将机器人应用程序恢复为 KUKA 出厂设置的状态。

③主项目：机器人基本应用程序。主项目应包含系统的全部配置信息，当激活的项目缺失配置信息时，系统将自动默认主项目的配置信息。主项目可以复制、覆盖，但不能进行其他编辑。复制的主项目可作为其他项目创建的模板。修改主项目时，首先应将项目激活，然后才能将其设定为主项目。

④复制：复制主项目，作为其他项目创建的模板。

⑤激活的项目：当前有效的机器人应用程序（激活项目）的主要信息显示。

⑥设为主项目：主项目覆盖操作键。如果项目包含系统的全部配置信息，可点击"设为主项目"，将激活的项目保存为主项目。

⑦保存当前状态：保存当前激活的项目状态，建立一个不能编辑、删除的项目副本（KUKA 说明书称之为"固定""钉住"）。

⑧可用的项目：显示系统已创建、保存但未生效（激活）的其他应用程序。

(3) 软操作键

图 9.4.9 所示项目管理页面的软操作键功能如下。

〖激活〗：激活所选项目。如果所选项目已被固定（钉住），系统将复制一个项目副本，操作者可通过副本再次激活项目。

〖固定〗（或〖松开〗）：将所选定的不能编辑、删除的项目固定；如所选项目是被固定的项目，软操作键显示〖松开〗，点击可解除项目的固定。

〖拷贝〗：复制所选项目。

〖删除〗：删除所选项目。激活项目、固定项目不能删除。

〖编辑〗：可进行项目名称、说明信息的修改，固定项目不能编辑。

〖更新〗：更新项目管理器显示页面。

(4) 项目激活

激活项目将改变机器人的配置参数，只有在必须改变时，才能由专业调试维修人员以"安全维护人员"以上操作权限登录系统，在确保机器人安全的前提下实施；项目激活后，必须重新检查机器人的全部安全配置数据，确保机器人安全、可靠运行。

项目激活的操作步骤简介如下。

① 机器人操作模式选择 T1/T2，并以"安全维护人员"以上操作权限登录系统。

② 打开项目管理器，显示图 9.4.8 所示的 Smart PAD 项目管理页面。

③ 在"可用的项目"显示区选定需要激活的项目，按软操作键〖激活〗后，示教器将显示"允许激活项目…吗？"等安全询问对话框，操作者根据实际需要，选择"是"或"不是"，确认或放弃对应的操作。

④ 操作完成后，示教器将显示项目的修改信息，点击显示框的"详细信息"可进一步显示修改详情。

⑤ 项目修改信息确认后，在示教器显示的"您想继续吗？"安全询问框中点击"是"，所选项目将被激活。

⑥ 检查机器人的全部安全配置数据，确认机器人运行安全、可靠。

9.5 程序输入与编辑

9.5.1 程序指令输入

(1) 初始显示

用户程序模块创建后，点击选定文件显示区的 KRL 程序文件（如 Myprog. src），按软操作键〖选定〗（或〖打开〗），便可打开程序编辑器，显示程序内容及用于程序输入编辑的软操作键。调试完成的机器人上，可进行示教编程操作。

利用系统"Modul（模块）"模板新建的 KRL 程序打开后，示教器可显示图 9.5.1 所示的 KRL 程序初始页面。

KRL 程序初始页面的默认状态为隐藏程序声明（DEF 行）、关闭折合（FOLD），并自动生成系统预设的 INI 指令、PTP HOME 指令及指令的行号。

初始页面第 1 行的 INI 指令用于 KRL 程序的初始化，指令用来加载控制系统的 KRL 程序运行参数，以及机器人坐标系、移动速度等基本程序数据。

初始页面第 2 行一般用来添加程序注释；第 4 行为 KRL 程序指令插入的起始位置。

初始页面第 3 行、第 5 行的 PTP HOME 指令用于程序命令开始、结束时的机器人 BCO（block coincidence，程序段重合）运行，使机器人定位，返回到程序自动运行起点（HOME 位置）。第 5 行的 BCO 运行指令应位于程序结束位置，随着第 4 行以后的指令输入，行号 5 可自动添加。有关 KUKA 机器人 BCO 运行、HOME 位置的详细说明，可参见第 7 章。

（2）KRL 程序指令输入

KRL 程序指令的输入操作因指令及编程方式而异，对于一般用户的常用程序指令，可以直接利用示教操作输入。机器人的示教编程应在机器人零点校准及工具、工件坐标系设定等调试工作全部完成（见第 10 章），机器人能够在程序规定的坐标系上准确移动和定位的前提下进行。

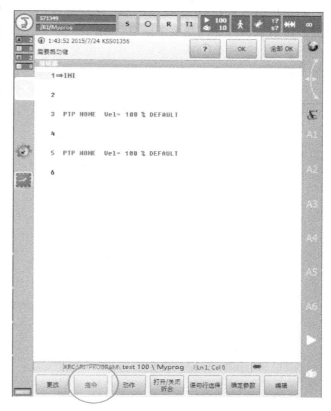

图 9.5.1 程序初始页面显示

以下将以常用的机器人定位移动指令 PTP 为例，介绍示教编程指令的一般输入方法，其他常用指令的示教编程输入方法将在后面的章节详述。

机器人定位指令 PTP 的示教编程输入操作步骤如下。

① 操作模式选择 T1，如果需要安装工具，且需要在工件坐标系上定位，应事先完成工件、工具坐标系设定（见第 10 章）。

② 选择或打开新建的 KRL 程序，使示教器显示图 9.5.1 所示的程序编辑初始页面后，将光标定位到需要输入的指令行的前一行行号（如 4）上。

③ 利用手动示教方式输入 PTP 指令目标位置（程序点）时，需要利用机器人的手动移动，确定程序点位置。

点击状态显示区的坐标系显示与选择图标，使示教器显示图 9.5.2 所示的机器人手动操作（程序点示教）的工具、工件坐标系选择框。然后，在工具、工件坐标系设定框的"工具选择"输入栏选定机器人手动操作（程序点示教）工具坐标系（如 gun_1），在"基坐标选择"输入栏选定机器人手动操作（程序点示教）工件坐标系（如 work_1），在"Ipo 模式选择"栏选定工具（如 gun_1）的安装方式（如法兰，机器人移动工具作业）。

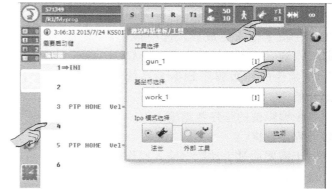

图 9.5.2 程序点示教坐标系选择

如果机器人未安装工具、工件，可直接在工具、工件坐标系中选择"NULLFRAME"，此时，将以机器人手腕基准坐标系（$FLANGE）作为工具坐标系（$TOOL），以机器人基座坐标系作为工件坐标系（$BASE）。设定完成后点击程序编辑器显示区，关闭工具、工件坐标系设定框。

④ 按前述机器人手动操作要求，启动伺服，并将机器人移动到PTP目标点（如"P1"）。

⑤ 点击软操作键〖指令〗，示教器可显示图9.5.3（a）所示的指令输入菜单。

(a) 指令输入

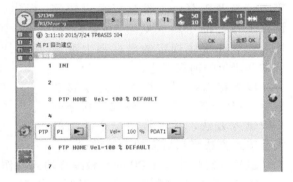

(b) 编辑框显示

图9.5.3　指令输入

⑥ 依次点击"运动""PTP"，输入PTP指令后，示教器可显示图9.5.3（b）所示的PTP指令输入编辑框（KUKA称为联机表格）；输入编辑框也可在指令输入完成后，选中指令，按软操作键〖更改〗重新打开、编辑。

⑦ 指令的初始程序数据为系统默认的初始值，需要修改程序数据时，可点击指令编辑框的程序数据输入框，重新输入程序数据。

对于需要通过手动数据输入操作输入、编辑的程序数据，例如，LIN或CIRC指令的机器人TCP移动速度、程序点名称等，输入框选中后可自动弹出图9.5.4所示的数字或字符输入软键

图9.5.4　程序数据手动输入

盘，直接输入数值或字符。

对于已保存在系统中的可选择程序数据，如工具、工件坐标系设定，到位区间，等，可按程序数据扩展箭头，示教器便可显示相应的程序数据输入选择框，然后，通过点击输入框的下拉箭头显示选项，选定所需的程序数据。

例如，点击程序点"P1"右侧的扩展箭头，示教器即可显示图9.5.5所示的程序点"P1"的坐标系选择框；点击输入框的下拉箭头，即可显示系统已设定的工具、工件坐标系；然后，选定所需的工具坐标系（如gun_1）、工件坐标系（如work_1）等。

部分程序数据输入时，示教器可能显示图9.5.6所示的操作确认对话框，操作者在确认无误后，可点击"是"确认。

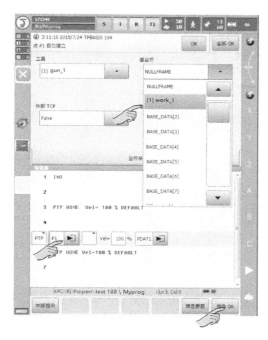

图9.5.5　程序数据选择

图9.5.6　程序数据确认对话框

⑧ 程序数据修改完成后，点击软操作键〖指令OK〗确认，正确的指令便可在图9.5.7所示的程序中显示。

⑨ 重复以上操作步骤②～⑧，便可完成程序指令的输入操作。

如果需要，指令输入完成后，可以继续进行下述的注释添加、程序编辑、指令修改等操作。程序全部编辑完成后，可通过前述的程序退出或关闭操作，保存程序，返回程序文件管理器（导航器）显示页面，继续其他操作。

9.5.2　程序注释与程序编辑

(1) 程序注释输入

注释（comment）是为了方便程序

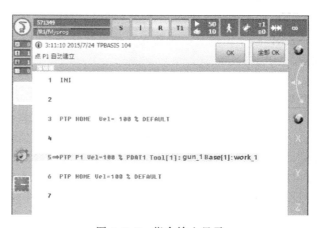

图9.5.7　指令输入显示

阅读所附加的说明文本或修订标注，在 KUKA 说明书上，说明文本直接称为"正常注释"，简称"正常"；修订标注称为"印章"。注释只用于显示，不具备任何动作功能，可在程序的任何位置添加。注释以符号"；"起始，以换行符结束，长文本注释可以连续编写多行。

KRL 程序注释输入的基本操作步骤如下。

① 机器人操作模式选择 T1。

② 打开程序编辑器，显示程序编辑页面，光标定位到需要输入整数的指令行的前一行行号上。

③ 点击软操作键〖指令〗，并在示教器显示的程序编辑器指令输入菜单上点击子菜单"注释"，即可显示"正常""印章"选项。

④ 选择"正常"，示教器即可显示图 9.5.8（a）所示的说明文本输入框；选择"印章"，示教器可显示图 9.5.8（b）所示的修订标注输入框。标注输入框的起始位置为系统日期与时间，随后为修订者姓名（NAME）、修订说明文本（CHANGES）的输入框。

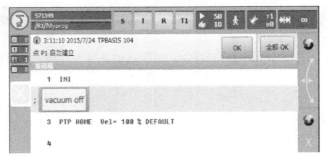

(a) 说明文本

注释可自动保留系统上一次输入操作的内容，需要修改时，可继续如下操作。

⑤ 点击软操作键〖新文本〗，可清空注释文本、修订文本输入框的内容，重新输入说明文本；点击软操作键〖新时间〗，可修改系统时间；点击软操作键〖新名称〗，可清空修订者姓名输入框的内容，重新输入修订者姓名。

(b) 修订标注

图 9.5.8　注释输入

⑥ 注释编辑完成后，点击软操作键〖指令 OK〗确认。

程序注释输入完成后，如果不需要进行其他操作，可退出或关闭操作保存程序，返回程序文件管理器（导航器）显示页面。

(2) 程序编辑

KRL 程序编辑时，机器人操作模式应选择 T1，操作者原则上应具有"专家"以上的操作权限。

程序编辑可在选择或打开用户程序、进入程序编辑器页面后，利用程序编辑器软操作键选择所需要的程序来编辑操作。

程序编辑器的软操作键如图 9.5.9 所示，功能如下。

〖更改〗：点击可打开光标选定行的指令输入编辑框，对指令、程序数据进行修改；指令修改完成后，可通过软操作键〖确定参数〗、〖指令 OK〗保存修改结果。

〖指令〗：点击可打开程序指令选择菜单，输入或修改程序指令。

〖动作〗：点击可打开机器人移动指令选择菜单，输入或修改机器人移动指令。

〖打开/关闭折合〗：点击可打开系统的显示隐藏功能设置选项（参见 7.2 节），显示或关闭折合（FOLD）指令。

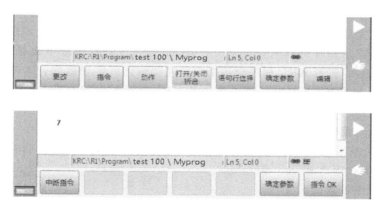

图 9.5.9 程序编辑器软操作键

〖语句行选择〗：点击可选定光标所在的程序行。

〖确定参数〗：点击可保存修改后的指令参数（添加项）。

〖编辑〗：点击可打开程序常规编辑菜单，对程序进行删除、剪切、复制、粘贴、替换等常规编辑操作（见下述）。

〖中断指令〗：点击可进行中断指令的输入、编辑操作。

〖指令 OK〗：点击可保存指令输入编辑内容。

利用软操作键〖编辑〗可进行的常规编辑操作如下。编辑操作选择后，示教器通常会自动显示操作确认对话框，选择"是"可生效所选的编辑操作；选择"否"可放弃所选的编辑操作。

① 行删除：点击需要删除的程序行，使光标位于删除行的任意位置，点击软操作键〖编辑〗，选择子菜单〖删除〗，便可删除光标所在的程序行。程序行删除时，示教点位置仍然可在数据表文件中保留，以用于其他指令。

② 多行删除：按住删除区域的程序起始行，拖动手指到删除区域的最后行，使删除区域成为彩色显示后，点击软操作键〖编辑〗，选择子菜单〖删除〗，便可删除所选的程序区域。

③ 剪切：按住剪切区的起始位置，拖动手指到剪切区的结束位置，使剪切区成为彩色显示后，点击软操作键〖编辑〗，选择子菜单〖剪切〗，便可删除所选的程序区域，并将内容转移到粘贴板中。

④ 复制：按住复制区的起始位置，拖动手指到剪切区的结束位置，使复制区成为彩色显示后，点击软操作键〖编辑〗，选择子菜单〖复制〗，便可在保留所选程序区域的同时，在粘贴板中得到所选程序区域的内容。

⑤ 粘贴：光标选定到粘贴区的前一指令行，点击软操作键〖编辑〗，选择子菜单〖粘贴〗，便可将剪切或复制得到的粘贴板内容粘贴到光标选定行之后。

⑥ 替换：按住替换区的起始位置，拖动手指到替换区的结束位置，使替换区成为彩色显示，点击软操作键〖编辑〗，选择子菜单〖替换〗，便可用剪切或复制得到的粘贴板内容替换光标选定的区域。

9.6 机器人移动指令示教

9.6.1 移动指令输入与编辑

KUKA 机器人的程序编辑方法、功能与用户等级有关，对于"操作人员""用户"级用户，可直接通过 Smart PAD 示教器显示的指令输入编辑框（KUKA 称为"联机表格"），利用示教操作，简单完成 KRL 程序常用的基本指令输入和编辑操作（示教编程）。具有"专家"以上操作权限的用户，通常可利用安装 Work Visual 软件的计算机或示教器的 KRL 辅助编辑器（KRL Assistent），进行 KRL 程序全部指令的完整输入。限于篇幅，本节将对示教编程操作进行详细介绍，有关 Work Visual 软件使用及 KRL 辅助编辑器的操作说明，可参见 KUKA 公司提供的技术资料。

(1) 指令输入与编辑

KUKA 机器人基本移动指令 PTP 定位、LIN 直线插补、CIRC 圆弧插补的示教输入编辑框如图 9.6.1 所示。指令输入、编辑与常规编辑的操作步骤如下。

① 操作模式选择 T1。

② 点击选定文件管理器文件显示区的 KRL 程序文件（如 Myprog.src），按软操作键〖选定〗或〖打开〗，打开程序编辑器，显示程序编辑页面。

③ 需要输入机器人基本移动指令时，将光标定位到需要输入（插入）的指令行的前一行行号上。

④ 利用手动示教方式输入移动指令目标位置（程序点）时，通过手动操作选定工件、工具坐标系。

⑤ 按前述的机器人手动操作要求，启动伺服，并将机器人移动到 PTP、LIN 指令的移动目标位置（终点）或 CIRC 指令的中间点位置。

⑥ 点击程序编辑页面的软操作键〖指令〗，并在示教器显示的指令类型菜单上点击"运动"后，在示教器显示的移动指令选项上选定移动指令，示教器即可显示所选指令的输入编辑框。

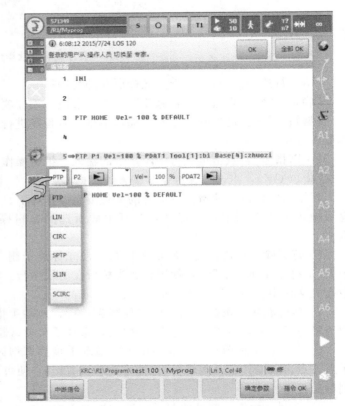

图 9.6.1 移动指令输入编辑框

⑦ 通过指令编辑操作（见下述），完成程序数据输入。

⑧ 点击软操作键〖指令 OK〗，完成指令插入操作。

需要对程序中的基本移动指令进行修改时，可点击选定指令行，然后，通过软操作键打开程序常规编辑菜单，对程序进行删除、剪切、复制、粘贴、替换等常规编辑操作；或者，点击软操作键〖更改〗，打开图 9.6.1 所示的移动指令输入编辑框，利用指令编辑操作（见下述），对移动方式（指令码）、程序数据进行编辑、修改，完成后，可通过软操作键〖确定参数〗保存。

(2) PTP/LIN 指令编辑

机器人定位指令 PTP、直线插补指令 LIN 的输入和编辑操作基本相同，示教器的指令输入编辑框显示如图 9.6.2 所示，显示内容及编辑方法如下。

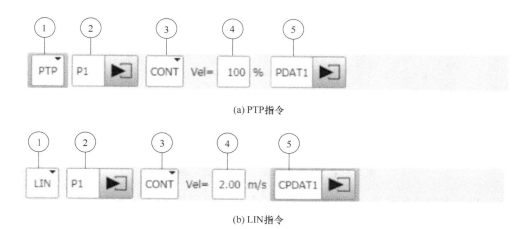

(a) PTP指令

(b) LIN指令

图 9.6.2　PTP/LIN 指令输入编辑框

①指令代码：用于基本移动指令的指令代码的显示与输入，点击向下箭头，可打开移动指令选择框（见图 9.6.1），更改移动指令代码。

②程序点名称：示教输入的程序点名称由系统自动生成，需要时可点击显示区，重新输入程序点名称。

程序点名称右侧的扩展箭头用于程序点数据设定，点击可打开图 9.6.3 所示的程序点数据编辑框（KUKA 称为"帧"），进行如下项目的选择与设定。

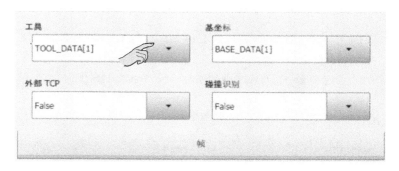

图 9.6.3　程序点数据（帧）编辑框

工具：程序点位置数据所使用的工具坐标系（$TOOL）名称。

基坐标：程序点位置数据所使用的工件坐标系（$BASE）名称。

外部 TCP：程序点位置数据所采用的机器人移动方式，选择"False"为机器人移动工具作业，"True"为机器人移动工件作业。

碰撞识别：程序点的碰撞监控功能设定，选择"False"为功能无效，"True"为功能生效。

③到位区间选择：机器人精确定位时选择空白，连续移动时选择"CONT"；到位区间可在运动数据表 PDATn 或 CPDATn 中设定。

④机器人移动速度：PTP 定位指令以关节最大移动速度倍率（1%～100%）的形式设定；LIN 指令可直接设定机器人工具控制点（TCP）的直线移动速度（0.001～2m/s）。

⑤运动数据表名称：示教输入的数据表名称由系统自动生成，需要时可点击显示区，重新输入运动数据表名称。

点击运动数据表名称右侧的扩展键（箭头），可打开图 9.6.4 所示的运动数据表编辑框（KUKA 称移动参数），进行如下设定。

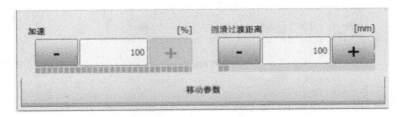

图 9.6.4 运动数据表（移动参数）编辑框

加速：以最大加速度倍率（1%～100%）的形式，设定机器人运动加速度。点击"＋"或"－"键可改变倍率值。

圆滑过渡距离：如果到位区间选择框选定了连续移动"CONT"，可设定目标位置的到位区间；PTP 指令通常以关节轴最大到位区间倍率（1%～100%）的形式设定，LIN 指令可直接设定到位区间半径（单位 mm）。

(3) CIRC 指令编辑

机器人圆弧插补指令 CIRC 的输入编辑框显示如图 9.6.5（a）所示。其中，指令代码①、圆弧插补中间点②/终点③、到位区间④、机器人移动速度⑤的输入与编辑方法与 PTP/LIN 相同；运动数据表⑥的编辑框（移动参数）显示如图 9.6.5（b）所示，除了加速度、到位区间外，还可在"方向导引"栏选择如下工具基本姿态控制参数（系统变量 $ORI_TYPE，参见第 8 章）。

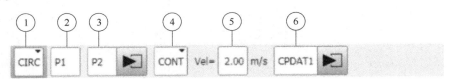

(a) 指令

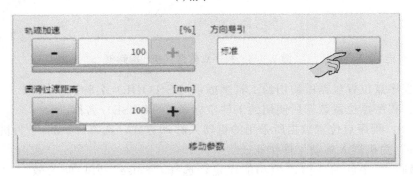

(b) 运动数据表

图 9.6.5 CIRC 指令输入编辑框

标准：工具姿态连续变化（$ORI_TYPE＝#VAR）。工具姿态由圆弧起点连续变化到圆弧终点。如果系统参数 $CIRC_TYPE＝#PATH（以轨迹为基准），系统在改变工具姿态的同时，还需要控制机器人上臂进行回绕圆心的旋转运动，使机器人上臂中心线始终位于圆弧的法线方向，以保持工具与轨迹（圆弧）的相对关系不变（参见第 8 章）。

手动 PTP：可手动设定奇点姿态的连续变化。选择手动 PTP 时，如果圆弧插补运动需要经过机器人奇点，奇点的工具姿态可以手动单独设定；除奇点外的其他位置，工具姿态由起点连续变化到终点（同标准）。

固定：工具姿态保持不变（＄ORI_TYPE＝♯CONSTANT）。

9.6.2　样条类型定义指令输入

KRL 程序的样条曲线分 PTP 样条和 CP 样条两类。PTP（point to point）样条曲线是由若干型值点定位（PTP）段组成的连续运动轨迹；CP（continuous path）样条是由若干型值点 SPL、直线段 SPLINE、圆弧段 SCIRC 组成的连续运动轨迹。KRL 程序执行时，控制系统将样条曲线作为一条移动指令执行与处理。

KRL 样条曲线插补指令输入时，首先需要利用样条定义指令 PTP SPLINE（PTP 样条）或 SPLINE（CP 样条），定义样条曲线类型（KUKA 说明书称为"样条组"），创建样条段输入区间；然后，再定义样条段（定位段、直线段、圆弧段）、编辑型值点，完成样条曲线插补指令编程。

(1) 样条类型定义指令输入

样条曲线定义指令 PTP SPLINE、SPLINE 输入的基本操作步骤如下，样条段定义及型值点输入操作见后述。

① 操作模式选择 T1。

② 点击选定文件管理器文件显示区的 KRL 程序文件（如 Myprog. src），按软操作键〖选定〗或〖打开〗，打开程序编辑器，显示程序编辑页面。

③ 将光标定位到需要输入（插入）样条曲线的指令行的前一行行号上。

④ 点击程序编辑页面的软操作键〖指令〗，并在示教器显示的指令类型菜单上，点击"运动"，打开图 9.6.6 所示的移动指令选项。

图 9.6.6　样条组定义指令输入

⑤ 在移动指令选项上，根据需要选定样条曲线的类型（CP 样条曲线选择"样条组"，PTP 样条曲线选择"PTP 样条组"）后，示教器即可显示 PTP SPLINE、SPLINE 指令的输入编辑框（联机表格，见下述）。

⑥ 通过 PTP SPLINE、SPLINE 指令编辑操作（见下述），完成程序数据输入。

⑦ 点击软操作键〖指令 OK〗，完成指令插入操作。

样条曲线类型定义完成后，便可打开 PTP SPLINE（PTP 样条）、SPLINE（CP 样条）的编程区间，输入型值点（直线、圆弧），定义样条曲线。

(2) 名称与添加项输入

样条曲线类型定义指令 PTP SPLINE（PTP 样条）、SPLINE（CP 样条）的输入编辑框如图 9.6.7 所示，显示内容及编辑方法如下。

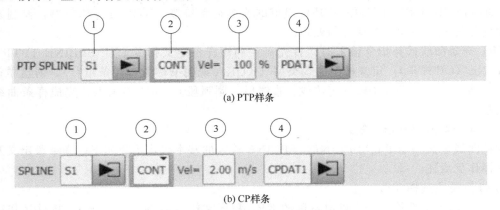

(a) PTP样条

(b) CP样条

图 9.6.7　样条组定义指令输入编辑框

①样条曲线名称。示教输入的样条曲线名称由系统自动生成，需要时可点击显示区，重新输入样条曲线名称。

样条曲线名称右侧的扩展箭头用于样条点基本添加项设定，点击可打开图 9.6.8 所示的数据编辑框（KUKA 称为"帧"），进行工具、工件坐标系及工具安装方式的设定，有关内容可参见前述的 PTP/LIN 指令说明。

②到位区间选择。该项对 PTP 样条无效。CP 样条曲线需要精确定位时，选择空白；连续移动时，选择"CONT"，样条点到位区间值可在运动数据表 PDATn 或 CPDATn 中设定。

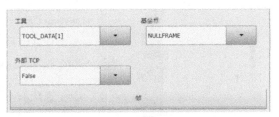

图 9.6.8　样条点基本数据（帧）编辑框

③机器人移动速度。PTP 样条以关节最大移动速度倍率（1%～100%）的形式设定；CP 样条可直接设定机器人工具控制点（TCP）的直线移动速度（0.001～2m/s）。

④运动数据表名称。示教输入的数据表名称由系统自动生成，需要时可点击显示区，重新输入运动数据表名称。点击运动数据表名称右侧的扩展键（箭头），可打开图 9.6.9 所示的样条点运动数据表编辑框（KUKA 称移动参数），按照下述的要求设定运动数据表。

(3) 运动数据表设定

样条曲线类型定义指令 PTP SPLINE（PTP 样条）、SPLINE（CP 样条）的样条点运动数据表可进行以下添加项的设定。

① 加速度。PTP 样条插补的机器人运动加速度可在"加速"设定框设定；CP 样条插补的机器人运动加速度可在"轴加速"设定框设定。加速度设定值为关节轴最大加速度的倍率（1%～100%），点击"＋"或"－"键可改变倍率值。

② 到位区间。该项对 PTP 样条无效。CP 样条定义指令输入框的到位区间选定连续移动

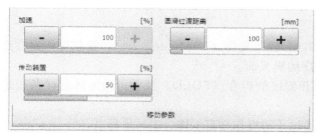
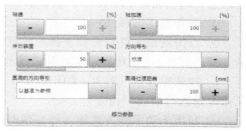

(a) PTP样条　　　　　　　　　　　(b) CP样条

图 9.6.9　样条点运动数据表（移动参数）编辑框

"CONT"时，样条插补型值点到位区间可在"圆滑过渡距离"设定框设定。到位区间设定值为到位半径（单位 mm），点击"＋"或"－"键可改变到位区间的值。

③ 加速度变化率。KUKA 机器人样条插补采用的是加速度变化率保持恒定、速度呈 S 形变化的 S 形加减速方式，加速度变化率在"传动装置"设定框设定。加速度变化率设定值为系统允许最大加速度变化率的倍率（1%～100%），点击"＋"或"－"键可改变加速度变化率倍率值。

PTP 样条的关节轴运动速度已通过指令的机器人移动速度设定定义，工具姿态始终为由起点连续变化到终点，运动数据表只需要设定以上 3 个添加项。对于 CP 样条插补，指令 SPLINE 还可以进一步设定以下运动数据，有关工具基本姿态控制参数 ORI_TYPE、圆弧插补工具姿态控制基准参数 $CIRC\_TYPE$ 的详细说明，可参见第 8 章。

④ 关节轴最大速度。CP 样条插补的关节轴最大运动速度限制值可在"轴速"设定框设定。设定值为关节轴最大速度的倍率（1%～100%），点击"＋"或"－"键可改变倍率值。

⑤ 工具姿态控制方式。CP 样条插补的工具基本姿态控制参数（系统变量 ORI_TYPE）可通过"方向导引"设定框选择，可选择的选项如下。

恒定的方向：CP 样条插补时，工具保持样条起点姿态不变，系统变量 ORI_TYPE＝♯CONSTANT。

标准：CP 样条插补时，工具姿态由起点连续变化到终点，系统变量 ORI_TYPE＝♯VAR。

手动 PTP：CP 样条插补时，奇点的工具姿态可手动设定；除奇点外的其他样条点，工具姿态连续变化（同标准，系统变量 ORI_TYPE＝♯VAR）。

无取向：忽略样条点工具姿态，控制系统可根据前后程序，自动选择工具姿态。

⑥ 圆弧插补工具姿态控制基准。CP 样条插补的圆弧段工具姿态控制基准参数（系统变量 $CIRC\_TYPE$）可通过"圆周的方向导引"设定框选择，可选择的选项如下。

以基准为参照：圆弧段的工具姿态控制以工件为基准（$CIRC\_TYPE$＝♯BASE），手腕中心点（WCP）与工具控制点（TCP）连线在作业面的投影方向保持不变。

以轨道为参照：圆弧段的工具姿态控制以圆弧轨迹为基准（$CIRC\_TYPE$＝♯PATH），机器人上臂可回绕圆心旋转，使 WCP 与 TCP 连线在作业面的投影始终位于圆弧法线方向。

9.6.3　型值点与样条段输入

(1) 型值点与样条段输入

样条段是由通过多个型值点的同类运动合并而成的运动段。PTP 样条曲线的样条段只能为 PTP 定位段，CP 样条曲线的样条段可以为型值点 SPL、直线段 SLIN、圆弧段 SCIRC。样条段输入与编辑的基本操作步骤如下。

① 操作模式选择 T1。

② 点击选定文件管理器文件显示区的 KRL 程序文件（如 Myprog. src），按软操作键〖选定〗或〖打开〗，打开程序编辑器，显示程序编辑页面。

③ 按软操作键〖打开/关闭折合〗，打开程序的折合（FOLD）显示；光标选定样条段定义指令输入行的前一指令行。

④ 利用手动示教方式输入样条段时，通过手动操作选定工件、工具坐标系。

⑤ 按前述的机器人手动操作要求，启动伺服，并将机器人移动到样条段的 PTP、LIN 指令目标位置（终点）或 CIRC 指令中间点位置。

⑥ 点击程序编辑页面的软操作键〖指令〗，并在示教器显示的指令类型菜单上，点击"运动"后，在示教器显示的移动指令选项上选定样条段类型（SPTP 或 SPL、SLIN、SCIRC），示教器即可显示所选样条段指令的输入编辑框。

⑦ 通过指令编辑操作（见下述），完成样条段程序数据输入。

⑧ 点击软操作键〖指令 OK〗，完成指令插入操作。

(2) 名称与添加项输入

PTP 样条段只能通过指令 SPTP 定义，指令输入编辑框显示如图 9.6.10 所示，显示内容及编辑方法如下。

图 9.6.10　SPTP 样条段输入编辑框

①指令代码。定义样条段的移动指令代码，PTP 样条段为 SPTP。点击向下箭头，可打开移动指令选择框（见图 9.6.1），更改样条段定义方式。

②程序点名称。示教输入的程序点（样条点）名称由系统自动生成，需要时可点击显示区，重新输入程序点名称。

程序点名称右侧的扩展箭头用于样条点基本数据设定，点击可打开图 9.6.11 所示的程序点数据（KUKA 称为"帧"）编辑框。样条点的工具坐标系（$TOOL）、工件坐标系（$BASE）、工具安装方式可在样条曲线定义指令 PTP SPLINE（PTP 样条）上设定，因此，样条段的程序点数据编辑框只需要选择"FALSE"或"TRUE"，取消或生效碰撞识别功能。

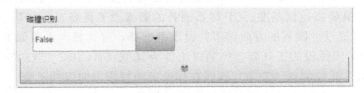

图 9.6.11　样条点数据（帧）编辑框

③机器人移动速度。PTP 样条段的机器人移动速度以关节最大移动速度倍率（1%～100%）的形式设定。

④运动数据表名称。该名称由系统自动生成，并可修改；点击右侧扩展键（箭头），可打开运动数据表（与 PTP 样条类型定义指令 PTP SPLINE 相同，参见图 9.6.6）编辑、修改。

⑤附加指令设定表。附加指令设定表在 KUKA 说明书中称为"逻辑参数"，KRL 样条插

补可以添加控制点操作指令 TRIGGER 以及特殊的条件停止 STOP WHEN、恒速运动 CONST_VEL 控制指令。示教编程时，设定表的名称由系统自动生成，需要时也可重新命名；点击设定表名称右侧的扩展键（箭头），可打开附加指令编辑框，进行控制点操作 TRIGGER、条件停止 STOP WHEN、恒速运动 CONST_VEL 指令的编辑。

（3）CP 样条段输入

组成 CP 样条的程序段可以是型值点、直线段、圆弧段（参见第 8 章），对应的样条段定义指令为 SPL、SLIN、SCIRC。指令的输入编辑框显示如图 9.6.12 所示，显示内容及编辑方法如下。

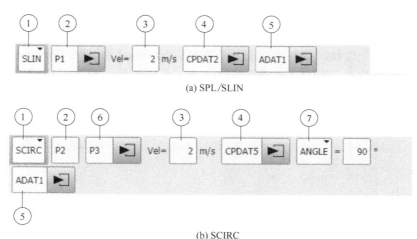

(a) SPL/SLIN

(b) SCIRC

图 9.6.12　CP 样条段输入编辑框

①指令代码。CP 样条段可点击向下箭头，可打开移动指令选择框（见图 9.6.1），选择样条段移动指令 SPL、SLIN、SCIRC。

②程序点名称。示教输入的程序点（样条点）名称由系统自动生成，需要时可点击显示区，重新输入程序点名称。直线移动段 SPL、SLIN 只需要定义终点，圆弧插补段 SCIRC 需要先定义中间点，然后继续示教，添加圆弧插补终点⑥。

程序点名称右侧的扩展箭头用于程序点（样条点）基本数据设定，点击可打开图 9.6.11 所示的程序点数据编辑框（帧）。与 PTP 样条段一样，CP 样条段定义同样只需要选择"False"或"True"，来取消或生效碰撞识别功能。

③机器人移动速度。CP 样条可直接设定机器人工具控制点（TCP）的直线移动、圆弧切向移动速度（0.001～2m/s）。

④运动数据表名称。该名称由系统自动生成，并可修改；点击右侧扩展键（箭头），可打开运动数据表（与 CP 样条类型定义指令 SPLINE 相同的页面，参见图 9.6.6）编辑、修改。

⑤附加指令设定表。CP 样条段与 PTP 样条段一样，可进行附加指令（KUKA 称"逻辑参数"）设定。示教编程时，附加指令设定表的名称由系统自动生成，需要时也可重新命名；点击名称右侧的扩展键（箭头），可打开附加指令编辑框，进行控制点操作 TRIGGER、条件停止 STOP WHEN、恒速运动 CONST_VEL 指令的编辑，有关内容见后述。

⑥圆弧插补终点。用于 CP 样条圆弧段 SCIRC 编辑，圆弧中间点示教完成后，继续示教，添加终点。

⑦圆弧插补圆心角。用于圆弧插补圆心角添加项 CA 定义（参见第 8 章），利用圆心角添加项，不但可进行全圆、大于 360°圆弧的编程，而且还允许圆弧不通过中间点、终点，从而

使圆弧示教、编程更加灵活。

9.6.4 样条插补附加指令输入

(1) 附加指令选择

PTP、CP 样条插补可以附加控制点操作指令 TRIGGER 及条件停止 STOP WHEN、恒速运动 CONST_VEL 控制指令。

附加指令可通过 PTP、CP 样条段的附加指令设定表 ADATn 输入与编辑。点击设定表名称右侧的扩展箭头，可打开附加指令设定表，选择、显示附加指令；指令选定后，可进一步显示所选指令的输入编辑框，进行指令添加项的输入与编辑。

PTP 样条段、CP 样条段的附加指令设定表显示如图 9.6.13 所示。显示框下部的按钮图标用于样条段附加指令选择，点击"Trigger"或"Conditional Stop""Constant velocity"，可分别打开控制点操作指令 TRIGGER 或条件停止 STOP WHEN、恒速运动 CONST_VEL 指令的输入编辑框，并在显示框的上部显示该指令的设定添加项。

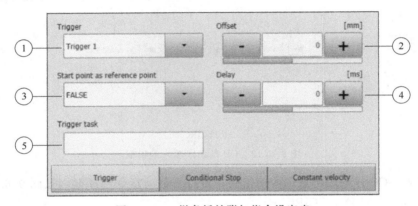

图 9.6.13 样条插补附加指令设定表

样条插补附加指令的示教（联机表格）输入编辑操作如下。

(2) 控制点操作指令输入

控制点操作指令 TRIGGER 是一种条件执行指令，它可用来控制指定位置的 DO 信号 ON/OFF 或脉冲输出、调用子程序等操作，并定义子程序调用中断优先级。

控制点操作指令 TRIGGER 可通过点击按钮图标"Trigger"打开，输入编辑框显示如图 9.6.13 所示（系统默认显示），显示内容如下，指令添加项的详细说明可参见第 8 章。

①控制点名称（Trigger）：样条插补指令的每一样条段最大可设定 8 个控制点，控制点名称由系统自动生成（Trigger 1~8）；输入框选定后，可选择软操作键【选择操作】→【添加触发器】添加控制点，或者，选择软操作键【选择操作】→【删除触发器】删除控制点。

②位移（Offset）：控制点到基准点的距离，单位 mm，正值代表控制点位于基准点之后，负值代表控制点位于基准点之前。

③起始点是参照点（Start point as reference point）：选择"TRUE"，基准点为移动指令起点；选择"FALSE"，基准点为移动指令终点。

④动作延时（Delay）：单位 ms，负值代表指定操作在控制点到达前执行，正值代表指定操作在控制点到达后执行。

⑤控制点操作指令（Trigger task）：可以是 DO 信号 ON/OFF、脉冲输出指令，也可以为子程序调用等其他指令；子程序调用指令的优先级允许为 1~39、81~128；设定 PRIO=

—1，优先级可由系统自动分配。

（3）条件停止指令输入

条件停止指令 STOP WHEN 是样条插补特殊的附加指令，样条段附加 STOP WHEN 指令时，可通过指定的条件，立即停止机器人运动。指令 STOP WHEN 的详细说明可参见第8章。

利用示教操作编制条件停止指令 STOP WHEN 时，需要在指令输入行的上一样条段输入编辑框中添加。点击图9.6.13中的按钮图标"Conditional Stop"，打开如图9.6.14所示的指令输入编辑框，进行如下指令添加项的编辑，添加项的输入要求可参见第8章。

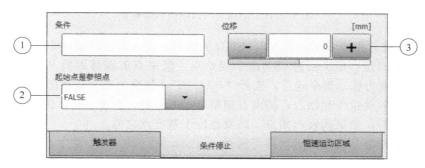

图 9.6.14　条件停止指令输入编辑框

①条件：设定机器人停止的条件，样条插补的机器人停止条件可以为全局逻辑状态数据（BOOL）、系统 DI/DO 信号、比较运算式及简单逻辑运算式。

②起始点是参照点：样条插补的条件停止指令可以在轨迹的指定位置执行，指令执行位置可通过基准点偏移的方式定义，选择"TRUE"，基准点为移动指令起点；选择"FALSE"，基准点为移动指令终点。

③位移：条件停止点到基准点的距离，单位 mm，正值代表条件停止点位于基准点之后，负值代表条件停止点位于基准点之前。

条件停止指令编辑完成后，即可通过点击软操作键〖折合打开/关闭〗键打开，以指令 SPL P1 添加条件停止指令"STOP WHEN PATH＝50 IF ＄IN［77］＝＝FALSE"为例，打开折合后的显示如图9.6.15所示。

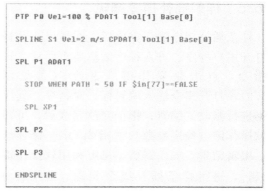

```
PTP P0 Vel=100 % PDAT1 Tool[1] Base[0]

SPLINE S1 Vel=2 m/s CPDAT1 Tool[1] Base[0]

SPL P1 ADAT1

    STOP WHEN PATH ~ 50 IF $in[77]==FALSE

    SPL XP1

SPL P2

SPL P3

ENDSPLINE
```

图 9.6.15　条件停止指令显示

（4）恒速运动指令输入

恒速运动指令 CONST_VEL 是用于连续轨迹样条插补（CP 样条）速度控制的特殊指令，指令对 PTP 样条无效。CP 样条插补段附加恒速运动控制指令 CONST_VEL 后，可使机器人 TCP 在指令规定的区域，严格按照编程速度沿样条曲线移动。指令 CONST_VEL 的详细说明可参见第8章。

利用示教操作编制恒速运动控制指令 CONST_VEL 时，需要在指令输入行的上一样条段输入编辑框中添加。点击图9.6.13中的按钮图标"Constant velocity"，打开如图9.6.16所示的指令输入编辑框，进行如下指令添加项的编辑，添加项的输入要求可参见第8章。

①恒速运动起始点、结束点（Start or end）：用于恒速运动起始点、结束点定义指令选择。选择"Start"时，可进行指令 CONST_VEL START 的编辑，定义恒速运动开始点；选

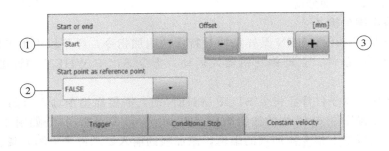

图 9.6.16　恒速运动指令输入编辑框

择"End"时，可进行指令 CONST_VEL END 的编辑，定义恒速运动结束点。

②起始点是参照点：定义恒速运动指令起始点、结束点的偏移距离基准位置定义，选择"TRUE"，基准位置为移动指令起点，选择"FALSE"，基准位置为移动指令终点。

③位移：恒速运动指令起始点、结束点到基准点的距离，单位 mm，正值代表起始点、结束点位于基准点之后，负值代表起始点、结束点位于基准点之前。

恒速运动控制指令编辑完成后，即可通过点击软操作键〖折合打开/关闭〗键打开，以指令 SPL P1 添加恒速运动控制开始点定义指令"CONST_VEL START＝50"、SPL P4 添加恒速运动控制结束点定义指令"CONST_VEL END＝－50 ONSTART"为例，打开折合后的显示如图 9.6.17 所示。

9.6.5　样条插补指令编辑

样条插补指令输入完成后，同样可在选择或打开用户程序、进入程序编辑器页面后，选定指令，点击软操作键〖更改〗（参见图 9.5.9），打开指令输入编辑框，对指令、程序数据进行修改、编辑；指令修改完成后，可通过软操作键〖确定参数〗、〖指令 OK〗保存修改、编辑结果。如果需要，也可利用软操作键

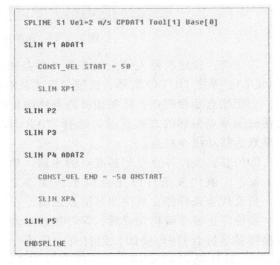

图 9.6.17　恒速运动控制指令显示

〖编辑〗，进行样条插补指令删除、剪切、复制、替换等常规编辑操作，有关内容可参见 9.5 节。

利用程序编辑器修改、编辑样条插补指令时，机器人操作模式应选择为 T1，操作者原则上应具有"专家"以上的操作权限。不同样条插补指令的修改、编辑方法如下。

(1) PTP 样条指令编辑

PTP 样条插补由若干型值点定位指令 SPTP 组成，在程序编辑器页面选定指令 SPTP，点击软操作键〖更改〗后，示教器可显示图 9.6.18 所示的 SPTP 指令编辑框。SPTP 指令编辑框在 SPTP 型值点输入编辑框的基础上，增加了准确定位/连续移动选项（CONT 或空白），其他均相同。

如果指令只需要修改添加项，可在编辑框打开后，点击选中输入区，然后，按型值点输入同样的方法，输入或选择新的数据；完成后，点击软操作键〖指令 OK〗保存修改结果。

图 9.6.18 SPTP 指令编辑框

如果需要修改指令的型值点位置（程序点），可进行以下操作。

① 按前述的机器人手动操作要求，启动伺服，并将机器人移动到新的型值点位置。

② 光标选定 SPTP 指令行，点击软操作键〖更改〗，打开 SPTP 指令编辑框。

③ 点击软操作键〖Touch Up（修改）〗，示教器可显示编辑确认对话框。

④ 点击编辑确认对话框的"是"，新的示教点将替换原型值点。

⑤ 如果需要，可进行添加项修改；完成后，点击软操作键〖指令 OK〗保存编辑结果。

（2）CP 样条指令编辑

CP 样条插补由若干型值点 SPL、直线段 SLIN、圆弧段 SCIRC 指令组成，在程序编辑器页面选定指令，点击软操作键〖更改〗后，示教器可显示图 9.6.19 所示的 SPL、SLIN、SCIRC 指令编辑框。CP 样条指令编辑框在 CP 样条段输入编辑框的基础上，增加了准确定位/连续移动选项（CONT 或空白），其他均相同。

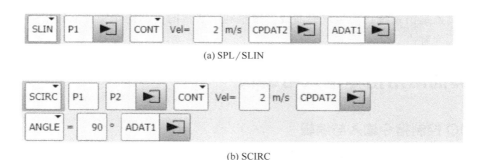

(a) SPL/SLIN

(b) SCIRC

图 9.6.19 CP 样条指令编辑框

如果指令只需要修改添加项，可在编辑框打开后，点击选中输入区，然后，按 SPL、SLIN、SCIRC 样条段输入同样的方法，输入或选择新的数据；完成后，点击软操作键〖指令 OK〗保存修改结果。

如果需要修改 SPL、SLIN、SCIRC 指令的程序点，可进行以下操作。

① 按前述的机器人手动操作要求，启动伺服，并将机器人移动到新的 SPL、SLIN 指令终点或 SCIRC 指令中间点。

② 光标选定 SPL、SLIN、SCIRC 指令行，点击软操作键〖更改〗，打开指令编辑框。

③ 对于 SPL、SLIN 指令，点击软操作键〖Touch Up（修改）〗，示教器可显示编辑确认对话框；对于 SCIRC 指令，点击软操作键〖Touchup HP（修改辅助点）〗，示教器可显示编辑确认对话框，点击编辑确认对话框的"是"，新的示教点将替换原程序点。

SPL、SLIN 指令编辑直接进入步骤⑥，SCIRC 指令编辑继续以下操作。

④ 手动移动机器人到 SCIRC 指令终点。

⑤ 点击软操作键〖Touchup ZP（修改目标点）〗，示教器可显示编辑确认对话框，点击编辑确认对话框的"是"，新的示教点将替换原程序点。

⑥ 如果需要，可进行添加项修改；完成后，点击软操作键〖指令 OK〗保存编辑结果。

(3) 附加指令编辑

样条插补附加指令可利用 SPTP、SPL、SLIN、SCIRC 指令的附加指令设定表 ADATn 修改，或者，在点击软操作键〖折合打开/关闭〗键，打开折合，显示附加指令后，选定附加指令，点击软操作键〖更改〗，在打开的指令编辑框修改；完成后，点击软操作键〖指令 OK〗保存编辑结果。

例如，条件停止指令 STOP WHEN 的编辑框如图 9.6.20 所示，指令可进行如下修改。

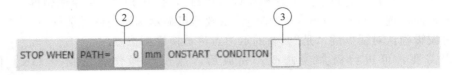

图 9.6.20　条件停止指令编辑框

①基准点位置：可通过点击软操作键〖切换 On Start〗插入或删除。

②偏移距离：可重新输入条件停止点到基准点的距离。

③机器人停止条件：可重新输入机器人停止条件。

样条插补附加指令的偏移距离实际上也可以用程序点示教的方法输入与修改，但是，由于样条曲线的轨迹是由系统自动生成的曲线，很难利用通常的手动操作实现准确定位，因此，以数值直接输入为宜。

9.7 其他常用指令输入与编辑

9.7.1 DO 控制指令输入与编辑

(1) DO 控制指令输入操作

KUKA 机器人控制系统的 DI/DO 信号用来连接机器人、作业工具及其他辅助部件的检测开关、电磁阀等辅助器件。在 KRL 程序中，DI 信号只能使用其状态，并且可直接作为其他指令的程序数据使用，无需专门的编程指令，有关内容可参见第 8 章。

控制系统的 DO 信号可以通过指令控制其状态，使 DO 信号输出 ON/OFF 状态或宽度、极性可设定的脉冲。

利用 Smart PAD 示教器输入、编辑 DO 控制指令的基本操作步骤如下。

① 操作模式选择 T1。

② 选择或打开 KRL 程序，示教器显示程序编辑页面后，将光标定位到需要输入的指令行的前一行行号上。

③ 点击软操作键〖指令〗，并在示教器显示的指令菜单上选择子菜单"逻辑"（参见图 9.5.3），示教器可显示以下 2 级子菜单，选择后可打开对应的指令输入编辑框或指令选项。由于软件版本不同，部分系统的显示为括号内的中文。

WAIT（等候）：可打开程序暂停指令输入编辑框，输入 WAIT SEC 指令。

WAITFOR（循环等候）：可打开条件等待指令输入编辑框，输入 WAIT FOR 指令。

OUT（输出端）：可进一步显示 DO 输出指令选项，选择 DO 控制指令。

④ 输入 DO 控制指令时，选择 2 级子菜单"输出端（OUT）"，可显示以下指令选项，选择后可打开对应的指令输入编辑框。

OUT（输出端）：可打开 DO 状态直接输出指令的输入编辑框，输入"＄OUT［n］＝…"指令。

PULSE（脉冲）：可打开 DO 脉冲输出指令输入编辑框，输入"PULSE（＄OUT［n］，…）"指令。

SYN OUT（同步输出）：可打开 DO 同步输出指令输入编辑框，输入"SYN OUT ＄OUT［n］＝…"指令。

SYN PULSE（同步脉冲）：可打开 DO 同步脉冲输出指令输入编辑框，输入"SYN PULSE（＄OUT［n］，…）"指令。

⑤ 点击选定 DO 控制指令，并根据输入编辑框的内容，输入指令参数（见后述）。

⑥ 点击软操作键〖指令 OK〗，完成指令输入操作。

DO 直接输出指令"＄OUT［n］＝TRUE/FALSE"及 DO 脉冲输出指令"PULSE（＄OUT［n］，…）"的输入编辑框显示与输入操作方法如下，同步输出、同步脉冲输出指令的操作见后述。

（2）DO 控制指令编辑操作

示教编程时，KRL 程序的 DO 控制指令同样可利用编辑操作修改，其基本步骤如下。

① 操作模式选择 T1。

② 点击选定文件管理器文件显示区的 KRL 程序文件（如 Myprog. src），按软操作键〖选定〗或〖打开〗，打开程序编辑器，显示程序编辑页面。

③ 将光标定位到需要修改的 DO 控制指令上，点击软操作键〖更改〗，示教器即可显示该指令的输入编辑框（见下述）。

④ 按下述 DO 控制指令输入同样的方法，输入或选择新的数据；完成后，点击软操作键〖指令 OK〗保存修改结果。

（3）DO 直接输出指令输入

示教编程时，DO 直接输出指令"＄OUT［n］＝…"的输入编辑框，可在示教器显示程序编辑页面后，点击软操作键〖指令〗，选择指令菜单"逻辑"→子菜单"OUT（输出端）"→操作选项"OUT（输出端）"打开，编辑框显示如图 9.7.1 所示，指令及添加项的详细说明可参见第 8 章。

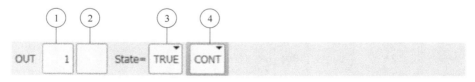

图 9.7.1　直接输出指令输入编辑框

①DO 信号地址。DO 信号的地址、功能与机器人控制系统的硬件配置、连接有关，应根据 KUKA 提供的机器人使用说明书输入。

②DO 信号名称。如果 DO 信号定义了名称，显示区可显示信号名称。具有"专家级"以上操作权限的用户，可通过编辑框输入、定义信号名称。

③DO 输出状态。点击可选择"TRUE"（信号 ON）、"FALSE"（信号 OFF），设定 DO 输出状态。

④添加项 CONT。选择空白时，指令将中断机器人的连续移动，在上一移动指令到达终

点时才能输出；选择 CONT，机器人连续移动时，可将 DO 输出点提前至移动指令的开始点（参见第 8 章），使机器人移动连续。

（4）DO 脉冲输出指令输入

示教编程时，DO 脉冲输出指令"PULSE（＄OUT［n］，…）"的输入编辑框，可在示教器显示程序编辑页面后，点击软操作键〖指令〗，选择指令菜单"逻辑"→子菜单"OUT（输出端）"→操作选项"PULSE（脉冲）"打开，编辑框显示如图 9.7.2 所示，指令及添加项的详细说明可参见第 8 章。

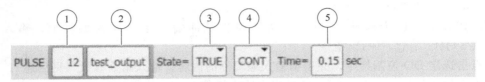

图 9.7.2　脉冲输出指令输入编辑框

DO 脉冲输出指令输入编辑框中的①、②、④依次为 DO 信号地址、DO 信号名称、添加项 CONT 的输入编辑区，其含义与 DO 直接输出指令相同，其他显示项内容如下。

③脉冲极性。点击可选择"TRUE"（高电平输出）、"FALSE"（低电平输出），设定脉冲输出极性。

⑤脉冲宽度。点击可输入脉冲宽度（单位 s）。

9.7.2　同步输出指令编辑

KRL 同步输出指令 SYN OUT、SYN PULSE 可用于直线、圆弧插补轨迹指定位置的 DO 信号 ON/OFF 或脉冲输出控制。由于机器人定位指令 PTP 的运动轨迹自由，移动距离、移动时间计算比较困难，因此，同步输出指令通常不能用于机器人定位指令 PTP。

同步输出、同步脉冲输出指令的示教输入编辑操作方法如下。

（1）DO 同步输出指令

示教编程时，DO 同步输出指令 SYN OUT 的输入编辑框，可在示教器显示程序编辑页面后，点击软操作键〖指令〗，选择指令菜单"逻辑"→子菜单"OUT（输出端）"→操作选项"SYN OUT（同步输出）"打开，编辑框显示如图 9.7.3 所示，SYN OUT 指令及添加项的详细说明可参见第 8 章。

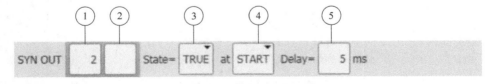

图 9.7.3　SYN OUT 指令输入编辑框

DO 同步输出指令输入编辑框中的①、②、③，依次为 DO 信号地址、DO 信号名称、输出状态的输入编辑区，其含义与 DO 直接输出指令相同，指令添加项的显示如下，添加项的详细说明可参见第 8 章。

④同步基准位置。选择"START"时为移动指令的起点，选择"END"时为移动指令的终点。

同步基准位置选择"PATH"时，可显示图 9.7.4 所示的基准点偏移距离输入框⑥，进行基准点偏移距离的设定。SYN OUT 指令的基准点偏移距离为基准位置离移动指令终点的距离，正值代表基准位置位于终点之后，负值代表基准位置位于终点之前。

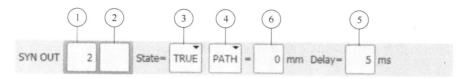

图 9.7.4　带偏移的 SYN OUT 指令输入编辑框（①～⑤同图 9.7.3）

⑤同步延时。同步延时为机器人 TCP 到达基准位置所需要的移动时间，负值代表超前基准位置，正值代表滞后基准位置。同步延时不能超过移动指令的实际执行时间。

（2）DO 同步脉冲输出指令

示教编程时，DO 同步脉冲输出指令 SYN PULSE 的输入编辑框，可在示教器显示程序编辑页面后，点击软操作键〖指令〗，选择指令菜单"逻辑"→子菜单"OUT（输出端）"→操作选项"SYN PULSE（同步脉冲）"打开，编辑框显示如图 9.7.5 所示，指令及添加项的详细说明可参见第 8 章。

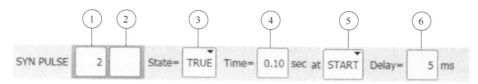

图 9.7.5　SYN PULSE 指令输入编辑框

DO 同步脉冲输出指令输入编辑框中的①、②、③、④，依次为 DO 信号地址、DO 信号名称、脉冲极性、脉冲宽度的输入编辑区，其含义与 DO 脉冲输出指令相同，指令添加项的显示如下，添加项的详细说明可参见第 8 章。

⑤同步基准位置。选择"START"时为移动指令的起点，选择"END"时为移动指令的终点。

同步基准位置选择"PATH"时，可显示图 9.7.6 所示的基准点偏移距离输入框⑦，进行基准点偏移距离的设定。SYN PULSE 指令的基准点偏移距离同样为基准位置离移动指令终点的距离，正值代表基准位置位于终点之后，负值代表基准位置位于终点之前。

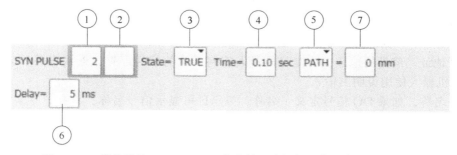

图 9.7.6　带偏移的 SYN PULSE 指令输入编辑框（①～⑥同图 9.7.5）

⑥同步延时。同步延时为机器人 TCP 到达基准位置所需要的移动时间，负值代表超前基准位置，正值代表滞后基准位置。同步延时不能超过移动指令的实际执行时间。

9.7.3　WAIT 指令编辑

（1）程序暂停指令

程序暂停指令 WAIT SEC 可以使得程序自动运行暂停规定的时间，一旦延时到达，系统将自动重启程序运行，继续执行后续指令。

示教编程时，程序暂停指令 WAIT SEC 的输入编辑框，可在示教器显示程序编辑页面后，点击软操作键〖指令〗，选择指令菜单"逻辑"→子菜单"WAIT（等候）"打开，编辑框显示如图 9.7.7 所示，指令及添加项的详细说明可参见第 8 章。

图 9.7.7　程序暂停指令输入编辑框

WAIT SEC 指令的暂停时间可在编辑框内输入。如果在机器人连续移动指令中插入暂停时间为 0 的指令"WAIT SEC 0"，可阻止机器人连续移动和程序预处理操作，保证移动指令完全执行结束、机器人准确到达移动终点后，继续执行后续指令。

（2）条件等待指令

条件等待指令 WAIT FOR 可暂停程序的执行过程，直到指定条件满足时，才自动继续后续的指令。

示教编程时，条件等待指令 WAIT FOR 的输入编辑框，可在示教器显示程序编辑页面后，点击软操作键〖指令〗，选择指令菜单"逻辑"→子菜单"WAITFOR（循环等候）"打开，编辑框显示如图 9.7.8 所示，指令及添加项的详细说明可参见第 8 章。

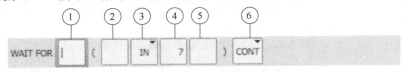

图 9.7.8　条件等待指令输入编辑框

①状态取反。指令 WAIT FOR 的等待条件可使用状态取反指令 NOT，等待条件需要进行状态取反操作时，输入"NOT"；无需取反时，保留空白。

②信号取反。指令 WAIT FOR 等待的条件信号可为输入 $IN [n]、输出 $OUT [n]、定时器 $TIMER_FLAG [n]、标志 $FLAG [n]、循环标志 $CYCFLAG [n] 及其比较运算式（如 $OUT [n]==FALSE、$TIMER_FLAG [1]>=10 等），有关内容可参见第 8 章。当条件等待信号的状态需要取反时，输入"NOT"；无需取反时，保留空白。

③信号选择。可选择输入 $IN [n]、输出 $OUT [n]、定时器 $TIMER_FLAG [n]、标志 $FLAG [n]、循环标志 $CYCFLAG [n]。

④信号地址。信号的地址、功能与机器人控制系统的硬件配置、连接有关，应根据 KU-KA 提供的机器人使用说明书输入。

⑤信号名称。如果 DO 信号定义了名称，显示区可显示信号名称。具有"专家"级以上操作权限的用户，可通过编辑框输入、定义信号名称。

⑥添加项 CONT。选择空白时，WAIT FOR 指令可阻止程序预处理，因此，对于终点连续移动的运动，如果插入条件等待指令，终点的连续运动将被取消，机器人只有在准确定位后，才能继续后续运动。选择 CONT，WAIT FOR 指令将被提前至机器人移动的同时执行；在这种情况下，对于终点为连续移动的指令，终点的连续运动可能被取消，也可能被保留，有关内容可参见第 8 章。

9.7.4　AO 指令编辑

（1）AO 直接输出指令

KUKA 机器人控制系统模拟量输出信号 AO 的状态，可通过系统变量赋值指令直接输出（如 $ANOUT [1]=0.3 等）。利用系统变量赋值指令直接输出的 AO 信号具有固定不变的数值，指令一旦执行完成，输出值将保持不变，直到再次执行系统变量赋值指令，这种 AO 输出方式亦称"静态输出"。

示教编程时，AO 直接输出指令的输入编辑框，可在示教器显示程序编辑页面后，点击软操作键〖指令〗，选择指令菜单"模拟输出"→操作选项"静态"打开，编辑框显示如图 9.7.9 所示，指令及添加项的详细说明可参见第 8 章。

图 9.7.9　AO 直接输出指令输入编辑框

①AO 地址。控制系统的模拟量输出通道号，模拟量输出通道的地址、功能与机器人控制系统的硬件配置、连接有关，应根据 KUKA 提供的机器人使用说明书输入。

②AO 输出值。AO 输出值以控制系统输出标准值（DC 10V）倍率的形式设定，数值设定范围为 −1.00～1.00。

（2）AO 循环输出指令

KUKA 机器人控制系统模拟量输出信号 AO 的状态，不但可通过系统变量赋值指令输出静态值，而且还可利用 AO 循环输出指令，在控制系统每一插补周期（通常为 12ms）中动态刷新，这种 AO 输出方式亦称"动态输出"。

在 KRL 程序中，AO 循环输出需要利用指令 ANOUT ON 启动，利用指令 ANOUT OFF 关闭。ANOUT ON 指令需要由操作系统直接处理，在 KRL 程序的同一区域，最大允许同时编制 4 条 AO 循环输出指令 ANOUT ON。

示教编程时，AO 循环输出指令的输入编辑框，可在示教器显示程序编辑页面后，点击软操作键〖指令〗，选择指令菜单"模拟输出"→操作选项"动态"打开，编辑框显示如图 9.7.10 所示，指令及添加项的详细说明可参见第 8 章。

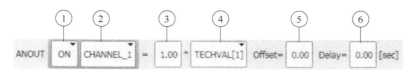

图 9.7.10　AO 循环输出指令输入编辑框

①AO 循环输出指令选择：选择"ON"为 AO 循环输出启动指令"ANOUT ON"；选择"OFF"为 AO 循环输出关闭指令"ANOUT ON"。

②AO 地址：控制系统的模拟量输出通道号，模拟量输出通道的地址、功能与机器人控制系统的硬件配置、连接有关，应根据 KUKA 提供的机器人使用说明书输入。

对于 AO 循环输出启动指令"ANOUT ON"，输入编辑框还可以设定以下程序数据及指令添加项。

③输出转换系数：允许输入范围为 0.00～10.00。

④输出存储器：AO 输出存储器地址，选择"VEL_ACT"为系统变量 $VEL_ACT（机器人 TCP 实际移动速度）；选择"TECHVAL [1]～[6]"为系统输出存储器 1～6。

⑤输出偏移：以控制系统输出标准值（DC 10V）倍率的形式设定，数值设定范围为 −1.00～1.00。

⑥输出延时：单位 s，允许输入范围为 −0.2～0.5s；负值代表超前输出，正值代表延时输出。

第 **10** 章

机器人设定与状态显示

10.1 机器人零点设定与校准

10.1.1 KUKA 机器人调试要求

(1) 机器人调试内容

机器人调试是确保机器人安全可靠运行、快速准确运动的重要工作，也是机器人程序运行的前提条件。工业机器人调试通常包括本体位置调整和作业数据设定两大内容。

① 本体位置调整。机器人本体位置调整包括机器人零点校准、运动范围及软极限、作业干涉区设定等。其中，机器人运动范围、软极限、作业干涉区设定是用来限制关节轴运动，避免关节轴超越机械部件允许的运动范围，防止机器人运动时发生碰撞和干涉的运动保护参数，它们均可在机器人零点设定后，利用系统软件加以限定。

机器人零点是机器人运动的基准位置，机器人的作业范围、软极限、加工保护区等安全保护参数，以及工件坐标系、工具坐标系等作业数据，都需要以关节轴零点为基准建立，因此，机器人正式运行前必须予以准确设定。

垂直串联机器人采用的是关节、连杆串联结构，部件刚性和结构稳定性较差。当机器人手腕安装作业工具或工件时，减速器、连杆等机械传动部件将产生弹性变形，直接影响机器人定位精度。因此，机器人零点不仅需要设定无负载时的本体零点，而且需要根据不同的负载，调整关节轴零点的位置。

在 KUKA 机器人上，机器人设定无负载本体零点的操作称为"首次调整"或"首次零点标定"（不同软件版本、不同型号机器人的名称有所不同），安装工具后的零点偏移量设定操作称为"偏量学习"。

② 作业数据设定。机器人作业数据设定内容包括工具、工件的坐标系设定，机器人手腕及机身上安装的负载的质量、重心、惯量等参数的设定等。

机器人控制系统的工具坐标系是用来确定安装在机器人手腕上的作业部件基准点及安装方向的坐标系，工件坐标系是用来描述安装于地面的作业部件基准点及安装方向的坐标系，它们是机器人程序运行的首要条件。由于工业机器人的笛卡儿坐标系运动需要通过逆向运动学求解，工具、工件坐标系的数据计算较为复杂，因此，一般需要通过示教操作，由控制系统自动计算与设定坐标轴原点、方向等负载数据。

（2）机器人调试模式选择

机器人调试需要进行安全保护参数的设定，通常的安全保护措施将失去作用，运动存在一定风险，因此，机器人调试需要由专业调试维修技术人员承担。

为了确保安全，机器人调试原则上在 T1 模式（低速示教）下进行。KUKA 机器人控制系统 KRC4 的调试模式可通过主菜单"投入运行"→子菜单"售后服务"，生效操作选项"投入运行模式"后选定。

投入运行模式一旦选定，控制系统将自动复位外部急停、机器人停止、安全防护门开关等信号，外部停止将成为无效。为了保证机器人安全，作为控制系统的安全保护措施，在以下情况下，控制系统将自动退出投入运行模式。

① "投入运行模式"生效后，30min 内未进行调试操作。

② 进行了 Smart PAD 示教器热插拔操作，或示教器已从控制系统中取下。

③ 建立了控制系统与上级控制器的网络连接。

为了确保调试安全，除 KUKA 专业调试维修人员外的其他人员，在机器人调试前，必须认真阅读机器人使用说明书和系统安装的机器人调试帮助文件。

机器人调试帮助文件可通过以下操作打开。

① 确认程序自动运行已结束并退出（取消选择），机器人操作模式选择 T1。

② 按 Smart PAD 主菜单键或点击 Smart HMI 状态显示栏的主菜单图标，显示 Smart PAD 操作主菜单（参见第 9 章）。

③ 选定主菜单"投入运行"、子菜单"投入运行助手"，示教器即可显示机器人调试的基本方法与步骤。

（3）机器数据检查

KUKA 机器人调试前，必须检查机器人控制系统的参数文件 Mada（机器数据），确保系统参数与实际机器人一致。机器人数据检查的基本操作步骤如下。

① 确认程序自动运行已结束并退出（取消选择），机器人操作模式选择 T1。

② 按 Smart PAD 主菜单键或点击 Smart HMI 状态显示栏的主菜单图标，显示 Smart PAD 操作主菜单。

③ 选定主菜单"投入运行"、子菜单"机器人数据"，示教器即可显示机器数据显示页面。

④ 检查机器数据显示页面的"机器参数"栏显示内容与图 10.1.1 所示的机器人铭牌上的 $TRAFONAME [ ] = "＃……" 数据一致。

图 10.1.1　机器人铭牌

10.1.2　机器人零点与校准

（1）关节轴零点与设定

关节轴零点是关节轴角度为 0°的位置，它是机器人运动控制的基准位置，机器人样本、说明书中的运动范围参数均以此为基准标注。

工业机器人关节轴位置一般以伺服电机内置的绝对编码器（absolute rotary encoder 或 absolute pulse coder）作为位置检测器件。从本质上说，机器人目前所使用的绝对编码器，实际上只是一种能保存位置数据的增量编码器。这种编码器的结构与增量编码器完全相同，但是，其接口电路安装有存储"零脉冲"计数值和角度计数值的存储器（计数器）。

"零脉冲"计数器又称为"转数计数器（revolution counters）"。由于编码器的"零脉冲"为电机每转 1 个，因此，"零脉冲"计数值代表了电机所转过的转数。

角度计数器用来记录、保存编码器零点到当前位置所转过的脉冲数（增量值）。例如，对于 2^{20} p/r（每转输出 2^{20} 脉冲）的编码器，如果当前位置离零点 $360°$，角度计数值就是 1048576（2^{20}）；如果当前位置离零点 $90°$，角度计数值就是 262144。

因此，以编码器脉冲数表示的电机绝对位置，可通过下式计算：

电机绝对位置＝角度计数值＋转数计数值×编码器每转脉冲数

电机绝对位置除以传动系统减速比后，即可计算出机器人关节轴的绝对位置值（关节坐标值）。

保存绝对编码器的转数、角度计数器的计数值的存储器通常安装在机器人底座上。存储器具有断电保持功能，当机器人控制系统关机时，存储器数据可通过后备电池或其他具有断电保持功能的存储器（如 KUKA 的 EDS 存储卡等）保持；控制系统开机时，则可由控制系统自动读入数据。因此，在正常情况下，机器人开机时无需通过回参考点操作设定零点，控制系统同样可获得机器人正确的位置，从而起到物理刻度绝对编码器同样的效果。

但是，如果后备电池失效、电池连接线被断开、存储卡损坏，或者驱动电机、编码器被更换，则转数、角度计数存储器的数据将丢失或出错。此外，若安装有编码器的驱动电机与机器人的机械连接件被脱开，或者，因碰撞、机械部件更换等原因，使得驱动电机和运动部件连接产生了错位，也将导致转数、角度计数器的计数值与机器人的关节实际位置不符，使机器人关节位置产生错误。所以，一旦出现以上情况，就必须重新设定准确的编码器转数计数器、角度计数器的计数值，这一操作称为机器人"零点校准（zero position mastering）"。

设定关节轴零点时，既可以在关节轴 $0°$ 位置上，将零脉冲计数值、角度计数值设定为 0，直接定义零点，也可以在关节特定的角度上，将零脉冲计数值、角度计数值设定为规定值，间接确定零点位置。

（2）机器人零点

机器人零点又称原点，它是为了方便操作、编程而设定的机器人基准位置，通常设置在机器人操作方便、结构稳定的位置，该位置在机器人上通常设有明显的标记。机器人零点既是机器人操作、编程的基准，也是用来定义关节轴零点的零点设定位置，但是不一定是所有关节轴为 $0°$ 的位置。

KUKA 机器人的零点称为 HOME 位置，它是机器人程序自动运行的起始位置。由于结构不同，不同型号的机器人零点位置有图 10.1.2 所示的区别。

KUKA 中小型机器人（KR 系列等）的 HOME 位置通常设置在图 10.1.2（a）所示的下臂直立（A2 为 $-90°$）、上臂水平向前（A3 为 $90°$）、其他关节轴均为 $0°$ 的位置；大型机器人（QUANTEC 系列等）的 HOME 位置通常设置在图 10.1.2（b）所示的机身偏转（A1 为 $-20°$）、下臂后倾（A2 为 $-120°$）、上臂水平向前（A3 为 $120°$）、其他关节轴均为 $0°$ 的位置。

（3）机器人零点校准方式

机器人无负载时的本体零点在机器人出厂时已经设定，机器人交付用户后，由于运输、重新安装及工具、工件安装等原因，可能导致零点位置偏移，因此，机器人在用户安装完成后，需要通过零点校准操作，重新设定零点参数。

KUKA 工业机器人的零点校准方法有多种。其中，使用 KUKA 专用校准工具的本体零点校准（KUKA 称为"首次调整"或"首次零点标定"）、带负载零点校准（KUKA 称为"偏

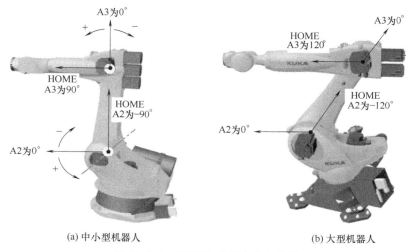

(a) 中小型机器人　　　　　　　　(b) 大型机器人

图 10.1.2　KUKA 机器人零点位置

量学习”）和本体零点恢复（KUKA 称为“带偏量”）是最常用的零点自动测定、校准操作。此外，也可以通过精密刻度线目测、千分表测量（KUKA 称为“千分表调整”）等方法，测定零点设定位置，直接设定零点数据。

使用 KUKA 专用校准工具的三种零点自动测定与校准操作的功能与用途分别如下。

① 首次调整。“首次调整（首次零点标定）”用于机器人在用户安装完成后的本体零点自动测定与校准，或者机器人发生重大故障，如系统控制板故障，减速器、机械传动部件损坏，等情况下的机器人本体关节轴零点重新设定。首次调整需要在机器人不安装任何负载的情况下进行，校准后可重新设定机器人零点，消除由安装、运输或部件更换等原因引起的零点误差。

首次调整校准可保证机器人空载时的本体定位准确，如果机器人的定位精度要求不高、工具（或工件）的重量较轻，“首次调整”校准完成后，机器人也可以直接投入使用。

② 偏量学习。“偏量学习”用于机器人安装工具、工件（带负载）后的零点自动测定与校准。对于定位精度要求较高，或点焊、搬运、码垛等需要安装、抓取大质量工具、工件的机器人，为了提高机器人定位精度，需要通过“偏量学习”操作，测量、计算机器人空载与安装工具后的零点偏差，并将其补偿到机器人实际位置值上。

“偏量学习”必须在完成“首次调整”零点校准的基础上进行，所设定的零点仅对指定工具（或工件）有效，因此，多工具作业的机器人，每一个工具（或工件）都需要进行“偏量学习”零点校准操作。

③ 带偏量。“带偏量”校准用于机器人本体空载零点设定值恢复，“带偏量”零点自动测定与校准必须在完成“偏量学习”零点设定的基础上进行。当更换关节轴电机、编码器连接线断开时，保存在存储器中的编码器转数、角度计数器的计数值将产生错误，此时，可以将带负载的机器人定位到零点上，然后，利用偏量学习所得到的零点偏差值，自动推算、设定机器人本体空载时的“首次调整”零点设定值。

以上三种零点自动测定与校准方法都需要准确测量零点设定位置，在关节轴准确定位到零点设定位置后，才能设定零点参数，因此，都需要使用 KUKA 专用零点校准工具。

10.1.3　零点校准测头及安装

(1) 零点设定位置检测

KUKA 机器人的零点设定位置可通过安装在关节回转部位上的零点检测装置检测。检测

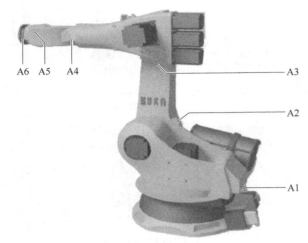

图 10.1.3　零点检测装置安装位置

装置在机器人上的安装位置如图 10.1.3 所示，由于机器人结构、规格、型号的区别，不同机器人的零点校准位置可能稍有区别；此外，由于结构限制，中小规格垂直串联机器人的 A6 轴通常较难安装零点检测装置，只有精密刻度线。

KUKA 机器人的零点检测装置实际上是一个机械发信装置。使用专用工具进行"首次调整（首次零点标定）""偏量学习""带偏量"零点自动测定与校准时，检测装置中的探针可推动测头的发信装置运动，使测头在零点设定位置发出零点设定信号，由控制系统自动设定零点数据。检测装置中的探针也可作为千分表的检测杆，用来确定"千分表调整"校准时的零点设定位置。

KUKA 机器人零点检测装置的外形及测量原理如图 10.1.4 所示，检测装置包括测量探针、发信挡块等部件。

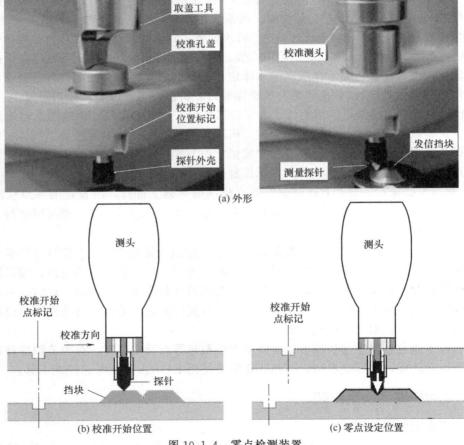

图 10.1.4　零点检测装置

检测装置的探针为下方带 V 形尖的弹性杆，弹性杆上方是与测头、千分表等测量器具接触的平面。探针通常安装在关节回转部件上，上方带有保护盖。

发信挡块用来推动探针移动，挡块中间加工有探针 V 形尖定位的凹槽。发信挡块一般固定在关节支承部件上。

使用校准工具校准零点时，首先需要将关节轴定位到图 10.1.4 所示的校准开始位置，使得探针的 V 形尖与发信挡块的平面接触，弹性杆处于压缩的位置；零点校准启动后，关节轴将自动进行低速负向回转，当探针 V 形尖完全进入挡块 V 形槽，到达挡块最低点时，弹性杆被松开，测头发出零点设定位置到达信号。利用这一信号，控制系统将立即停止关节轴运动，自动设定关节轴零点数据。

(2) 专用校准工具

利用"首次调整（首次零点标定）""偏量学习""带偏量"操作自动测定与校准零点时，需要使用 KUKA 公司随机器人提供的零点校准专用工具测定零点设定位置。

KUKA 零点校准工具箱内包含图 10.1.5 所示的零点测定与校准器件，用途如下。

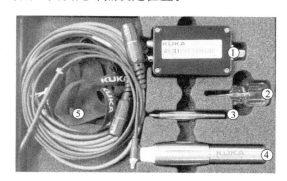

①转换接口：用来连接、转换零点设定信号的系统接口电路。

②螺钉旋具：微型测头配套工具。

③微型测头：用于小型机器人零点校准的微型测头（micro electronic mastering device），简称 MEMD。

④标准测头：用于常用机器人零点校准的标准测头（standard electronic mastering device），简称 SEMD。

图 10.1.5　KUKA 零点校准工具

⑤连接电缆：包括转换接口与控制系统连接的串行总线电缆（Ethen CAT 电缆，较粗）和转换接口与测头连接的测头电缆（较细）。

微型测头（MEMD）和标准测头（SEMD）只有外形、体积的区别，两者的原理、功能、安装方法相同。

(3) 校准工具安装

KUKA 零点校准工具的安装方法如图 10.1.6 所示，微型测头（MEMD）和标准测头（SEMD）安装、连接方法相同，安装步骤如下。

① 取下机器人电气连接板上的串行总线连接器 X32 盖板。

② 用工具箱中的串行总线电缆（Ethen CAT 电缆），将转换接口与电气连接板上的串行总线连接器 X32 连接。

③ 打开关节轴检测装置的探针保护盖，将测头安装到检测装置上。

④ 用工具箱中的测头电缆，将转换接口与测头连接。

在零点校准过程中，更换测头位置只需要取下测头连接电缆，无需取下串行总线连接电缆。串行总线连接电缆只有在全部轴零点校准完成后，才需要从电气连接板上取下。

10.1.4　零点自动测定与校准

(1) 零点校准次序

利用 KUKA 零点校准工具，机器人控制系统可以自动寻找零点设定位置，设定零点数据，完成"首次调整""偏量学习""带偏量"零点校准操作。

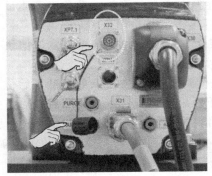
(a) 取出X32盖板

(b) 连接接口电缆

(c) 安装测头

(d) 连接测头电缆

图 10.1.6　零点校准工具安装

　　利用"首次调整""偏量学习""带偏量"操作自动测定、校准零点时，控制系统需要通过关节轴的负向低速运动自动寻找零点设定位置，因此，启动零点校准前，需要将关节轴定位到图 10.1.4 所示的处于零点设定位置正方向的校准开始点，使得测头的弹性杆处于压缩位置，然后才能正式启动零点校准运动。

　　零点自动测定与校准必须按"首次调整"→"偏量学习"→"带偏量"的操作次序进行。因为，只有完成"首次调整"操作、机器人本体（无负载）零点设定后，才能通过"偏量学习"操作，计算出机器人安装工具、工件时的零点偏差，设定机器人带负载时的零点参数；也只有经过"偏量学习"，保存有机器人带负载零点偏差数据的机器人才能够通过"带偏量"操作，恢复机器人本体（无负载）的零点设定值。

　　在垂直串联结构的机器人上，后置轴（如下臂）的位置可能影响到前置轴（如上臂）的重心，导致零点位置偏移，因此，关节轴的零点校准必须按照 A1→A2→…→A6 的次序，逐一进行。如果 A6 轴未安装零点检测装置，A6 轴需要在零点校准前首先定位到精密刻度线位置，然后，通过精密刻度线校准操作设定零点数据（见后述）。

　　KUKA 机器人的校准开始点定位以及"首次调整""偏量学习""带偏量"零点校准的操作步骤如下。由于软件版本、翻译等方面的原因，部分机器人的操作菜单、软操作键可能显示括号内的名称，对此不再一一说明。

（2）零点校准开始点定位

　　利用"首次调整""偏量学习""带偏量"操作自动测定、校准零点时，首先需要将机器人的所有关节轴定位到零点校准开始点或精密刻度线（A6 轴）位置，才能正式启动零点校准运动。

　　关节轴的零点校准开始点指示标记如图 10.1.7 所示，关节轴可通过以下操作定位到零点

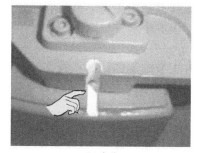

(a) 移动　　　　　　　　　　(b) 定位

图 10.1.7　零点校准开始点定位

校准开始点；无开始点标记的 A6 轴精密刻度线及定位方法见后述。

① 机器人操作模式选择 T1，确认机器人的程序自动运行已结束并退出（取消选择）。

② 通过手动移动选项的设定，生效关节轴手动方向键，调整手动移动速度，选定关节坐标系（参见前述）。

③ 通过关节轴手动操作，将关节轴定位到图 10.1.7（b）所示的零点校准开始点位置，对齐零点校准开始点指示标记。

对于零点校准开始点指示标记已损坏或无法辨认的关节轴，可通过安装测头、利用测头信号确定零点校准开始点位置，其操作步骤如下。

① 机器人操作模式选择 T1，确认机器人的程序自动运行已结束并退出（取消选择）。

② 通过手动移动选项的设定，生效关节轴手动方向键，调整手动移动速度（参见第 9 章）。

③ 通过关节轴手动操作，将关节轴定位到零点设定位置＋（3°～5°）的位置（大致值），使得关节轴安装测头后，能通过负向移动靠近发信挡块。

④ 按 Smart PAD 主菜单键或点击 Smart HMI 状态显示栏的主菜单图标，显示 Smart PAD 操作主菜单（参见第 9 章）后，选择主菜单"投入运行"。

⑤ 依次选定子菜单"调整"→"EMD"→"带负载校准"后，根据随后需要进行的零点校准操作，选择"首次调整""偏量学习""负载校准"选项之一。选择"负载校准"时，还需要进一步选定"带偏量"选项。但是，切不可点击软操作键〖校正（零点标定）〗、〖学习〗、〖检验（检查）〗，直接启动零点校准操作。

⑥ 按前述的方法，连接转换接口，然后，将测头（SEMD 或 MEMD）安装到关节轴 A1 的零点检测装置上，并使之与转换接口连接。测头连接后，示教器可显示图 10.1.8 所示的检测信号状态显示页面，并显示如下内容。

机器人轴 1～机器人轴 6：测头安装指示，安装有测头的关节轴蓝色高亮显示。

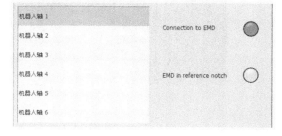

图 10.1.8　测头状态显示页面

Connection to EMD：测头连接指示，绿色代表测头已与系统连接器 X32 正确连接；红色代表测头未与系统连接器 X32 连接或连接不正确。

EMD in reference notch：测头信号指示，灰色代表测头未与系统连接器 X32 连接；红色代表测头已连接，但探针尚未与发信挡块的平面接触，弹性杆处于完全松开的位置；绿色代表测头已连接，并且探针已与发信挡块的平面接触，弹性杆处于压缩位置。

⑦ 确认测头信号指示为红色，然后通过关节轴低速手动操作，使得测头探针缓慢靠近发

信挡块，一旦测头信号指示成为绿色，立即停止机器人移动，此时，探针已与发信挡块的平面接触，关节轴处于零点校准开始点位置。

⑧ 按 A1→A2→…→A6 的次序，将测头移至下一轴（保留转换接口总线连接），重复步骤③～⑦，将所有关节轴定位到零点校准开始点位置。

⑨ 取下转换接口及接口与电气连接板 X32 连接的串行总线电缆。

(3) 首次调整

"首次调整"用于机器人在用户安装完成后的本体零点校准；零点校准时，机器人不能安装任何工具、工件及其他负载。"首次调整"零点自动测定与校准的操作步骤如下。

① 确认机器人未安装任何工具、工件及其他负载。

② 通过前述的零点校准开始点定位操作，将关节轴定位到零点校准开始点。

③ 按 Smart PAD 主菜单键或点击 Smart HMI 状态显示栏的主菜单图标，显示 Smart PAD 操作主菜单（参见第 9 章）后，依次选择主菜单"投入运行"→子菜单"调整（零点标定）"→"EMD"→"带负载校正"→"首次调整（首次零点标定）"，示教器便可显示"首次调整"零点校准页面，并指示必须首先校准的关节轴。

④ 按前述的方法，连接转换接口后，将测头（SEMD 或 MEMD）安装到示教器指示的关节轴零点检测装置上，并使之与转换接口连接。

⑤ 点击软操作键〖校正（零点标定）〗，启动"首次调整"零点自动测定与校准操作。

⑥ 接通伺服驱动器主电源，将手握开关或确认按钮按至中间位置并保持，启动伺服（参见第 9 章）。

⑦ 按下并保持图 10.1.9 所示的示教器正面或背面的程序启动键，关节轴即可向零点设定位置移动。关节轴到达零点设定位置、探针的 V 形尖完全进入发信挡块的 V 形槽后，系统可通过测头发出零点设定信号自动停止运动，并自动设定零点参数；设定完成后，示教器上的关节轴指示将消失。

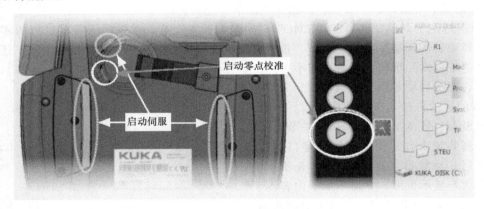

图 10.1.9 伺服、零点校准操作启动

⑧ 按 A1→A2→…→A6 的次序，将测头移至下一轴（保留转换接口总线连接），重复步骤④～⑦，完成所有关节轴的"首次调整"零点校准操作。如果 A6 轴未安装零点检测装置，A6 轴零点需要通过后述的精密刻度线校准操作校准。

⑨ 取下转换接口及接口与电气连接板 X32 连接的串行总线电缆。

(4) 偏量学习

"偏量学习"用于机器人安装工具、工件（带负载）后的零点自动测定与校准。"偏量学习"必须在完成"首次调整"的基础上进行，并且所设定的零点仅对指定的工具（或工件）有效，因此，每一工具（或工件）都需要单独进行"偏量学习"零点校准。"偏量学习"零点校准的操作步骤如下。

① 确认机器人已经安装工具或工件等负载，并已完成"首次调整"零点校准操作；然后，通过前述的零点校准开始点定位操作，将关节轴定位到零点校准开始点。

② 按 Smart PAD 主菜单键或点击 Smart HMI 状态显示栏的主菜单图标，显示 Smart PAD 操作主菜单（参见第 9 章）后，依次选择主菜单"投入运行"→子菜单"调整（零点标定）"→"EMD"→"带负载校正"→"偏量学习"，示教器便可显示"偏量学习"工具选择页面。

③ 点击工具号输入框，输入当前安装工具的工具号后，按软操作键〖工具 OK〗确认，示教器即可显示"偏量学习"零点校准页面，并指示必须首先校准的关节轴。

④ 按前述的方法，连接转换接口后，将测头（SEMD 或 MEMD）安装到示教器指示的关节轴零点检测装置上，并使之与转换接口连接。

⑤ 点击软操作键〖学习〗，启动"偏量学习"零点自动测定与校准操作。

⑥ 接通伺服驱动器主电源，将手握开关或确认按钮按至中间位置并保持，启动伺服。

⑦ 按下并保持图 10.1.9 所示的示教器正面或背面的程序启动键，关节轴即可向零点设定位置移动。关节轴到达零点设定位置，探针的 V 形尖完全进入发信挡块的 V 形槽后，系统可通过测头发出零点设定信号自动停止运动；同时，示教器将显示"偏量学习"零点位置及零点位置与"首次调整"设定值的偏差（增量角度）。

点击软操作键〖OK〗，系统可自动设定"偏量学习"零点，保存零点偏差，完成后，示教器上的关节轴指示将消失。

⑧ 按 A1→A2→…→A6 的次序，将测头移至下一轴（保留转换接口总线连接），重复步骤④～⑦，完成所有关节轴的"偏量学习"零点校准操作。如果 A6 轴未安装零点检测装置，A6 轴零点需要通过后述的精密刻度线校准操作校准。

⑨ 取下转换接口及接口与电气连接板 X32 连接的串行总线电缆。

(5) 带偏量

"带偏量"校准用于机器人本体空载零点设定值的恢复。"带偏量"校准时，机器人应安装工具、工件（带负载），并且这一负载必须已通过"偏量学习"零点校准操作。"带偏量"零点校准的操作步骤如下。

① 确认机器人已安装经过"偏量学习"零点校准操作的工具或工件等负载，然后，通过前述的零点校准开始点定位操作，将关节轴定位到零点校准开始点。

② 按 Smart PAD 主菜单键或点击 Smart HMI 状态显示栏的主菜单图标，显示 Smart PAD 操作主菜单（参见第 9 章）后，依次选择主菜单"投入运行"→子菜单"调整（零点标定）"→"EMD"→"带负载校正"→"负载校准（负载零点标定）"→"带偏量"，示教器便可显示"带偏量"校准工具选择页面。

③ 点击工具号输入框，输入当前安装工具的工具号后，按软操作键〖工具 OK〗确认，示教器即可显示"带偏量"零点校准页面，并指示必须首先校准的关节轴。

④ 按前述的方法，连接转换接口后，将测头（SEMD 或 MEMD）安装到示教器指示的关节轴零点检测装置上，并使之与转换接口连接。

⑤ 点击软操作键〖检验（检查）〗，启动"带偏量"零点自动测定与校准操作。

⑥ 接通伺服驱动器主电源，将手握开关或确认按钮按至中间位置并保持，启动伺服。

⑦ 按下并保持图 10.1.9 所示的示教器正面或背面的程序启动键，关节轴即可向零点设定位置移动。关节轴到达零点设定位置，探针的 V 形尖完全进入发信挡块的 V 形槽后，系统可通过测头发出零点设定信号自动停止运动；同时，系统将计算"首次调整"的零点位置，并在

示教器上显示"偏量学习"零点位置及零点位置与"首次调整"设定值的偏差（增量角度）。

点击软操作键〖备份（保存）〗，系统可保存计算得到的"首次调整"零点设定数据，完成后，示教器上的关节轴指示将消失。

⑧ 按 A1→A2→…→A6 的次序，将测头移至下一轴（保留转换接口总线连接），重复步骤④～⑦，完成所有关节轴的"带偏量"零点校准操作，恢复"首次调整"零点设定数据。如果 A6 轴未安装零点检测装置，A6 轴零点需要通过后述的精密刻度线校准操作校准。

⑨ 取下转换接口及接口与电气连接板 X32 连接的串行总线电缆。

10.1.5 零点直接设定与删除

KUKA 机器人除了可以使用零点自动测定与校准操作，自动测量零点设定位置，设定零点数据外，也可以不使用测头，通过精密刻度线目测、千分表测量等方法确定零点设定位置，直接设定零点数据；如果需要，还可通过零点删除（KUKA 称"取消调整"）操作删除关节轴零点。

(1) 精密刻度线校准

由于结构限制，中小规格垂直串联机器人的 A6 轴通常较难安装零点检测装置，无法通过测头自动检测零点设定位置，设定零点数据，为此，需要通过图 10.1.10 所示的精密刻度线目测定位，直接设定零点数据。

A6 轴零点数据直接设定可用于"首次调整""偏量学习""带偏量"零点校准操作。A6 轴使用零点数据直接设定校准零点时，需要在正式启动零点校准操作前，将 A6 轴定位到精密刻度线对齐的位置，然后，在示教器指示 A6 轴校准时，通过如下操作直接设定 A6 轴零点数据。

① 按 Smart PAD 主菜单键或点击 Smart HMI 状态显示栏的主菜单图标，显示 Smart PAD 操作主菜单（参见第 9 章）后，依次选择主菜单"投入运行"→子菜单"调整（零点标定）"→"参考"，示教器便可显示 A6 轴零点直接设定页面。

图 10.1.10 A6 轴刻度线

② 点击软操作键〖零点标定〗，A6 轴零点数据将被直接设定，示教器零点直接设定页面的 A6 轴显示将消失。

(2) 千分表校准

KUKA 机器人的"千分表调整"是通过千分表检测零点设定位置，直接设定零点数据的零点校准操作，由于千分表安装、调整较麻烦，故多用于固定作业机器人关节轴零点的一次性设定。

利用"千分表调整"校准零点时，机器人一般需要安装工具和工件（带负载），零点设定通常只进行一次。因此，它不能像"偏量学习"校准那样，针对不同的工具或工件设定多组不同的零点数据。

采用"千分表调整"校准零点时，可通过千分表对零点检测检测杆的位置检测，将关节轴准确定位到零点设定位置，其定位精度比普通的刻度线目测定位更高。

千分表的安装方法如图 10.1.11 所示。打开检测装置的保护盖后，千分表可用专用连接杆安装在检测装置上方，使得千分表测头与检测装置测量杆接触，然后，可通过以下操作，设定关节轴零点。

① 确认机器人已经安装工具、工件及其他负载。

② 通过前述的零点校准开始点定位操作，将关节轴定位到零点校准开始点。

③ 按 Smart PAD 主菜单键或点击 Smart HMI 状态显示栏的主菜单图标，显示 Smart PAD 操作主菜单（参见第 9 章）后，依次选择主菜单"投入运行"→子菜单"调整（零点标定）"→"千分表"，示教器便可显示千分表调整页面，并指示必须首先调整的关节轴。

④ 将千分表安装到系统指定的关节轴零点检测装置上。

⑤ 以最低手动速度（倍率 1%）回转关节轴，使探针 V 形尖完全进入发信挡块 V 形槽，千分表指针到达最小值；然后，转动表盘，将千分表指针调整到"0"刻度位置，确定关节轴零点设定位置。

图 10.1.11 千分表安装

⑥ 通过关节轴正向手动退出零点设定位置，返回零点校准开始点。然后，通过关节轴负向手动靠近零点设定位置，当千分表指针到达 5～10 刻度位置时，将手动操作模式切换为增量操作，再通过最小距离（0.005°）增量移动，确认千分表指针 0 刻度位置为探针的最低点（零点设定位置）。

步骤⑤～⑥可重复多次，以确保关节轴能在零点设定位置准确定位。

⑦ 确认千分表指针处于 0 刻度位置（零点设定位置），点击软操作键〖零点标定〗，系统即可设定零点参数；零点设定完成后，关节轴显示将从千分表调整页面消失。

⑧ 按 A1→A2→…→A6 的次序，将千分表移至下一轴，重复步骤④～⑦，完成所有关节轴的"千分表调整"零点校准操作。

(3) 零点删除

KUKA 机器人的关节轴零点设定数据可直接通过示教器操作手动删除。零点设定数据一经删除，机器人的软极限将无效，因此，只有在必须通过删除零点，才能恢复机器人运行的情况下，才实施零点删除操作。

垂直串联机器人的手腕轴 A4、A5、A6 的机械结构关联性很强，后置轴的位置将直接影响前置轴的定位，因此，如果删除 A5 轴零点，A6 轴零点也将由系统自动删除；如果删除 A4 轴零点，则 A5、A6 轴零点将被系统自动删除。

机器人零点手动删除的操作步骤如下。

① 机器人操作模式选择 T1，确认机器人的程序自动运行已结束并退出（取消选择）。

② 确认机器人已处于可安全运行的位置。

③ 按 Smart PAD 主菜单键或点击 Smart HMI 状态显示栏的主菜单图标，显示 Smart PAD 操作主菜单（参见第 9 章）后，依次选择主菜单"投入运行"→子菜单"调整（零点标定）"→"取消调整"，示教器便可显示零点删除关节轴选择页面。

④ 选定需要删除零点的关节轴后，点击软操作键〖取消调节〗，所选关节轴的零点数据将被删除。

⑤ 重复步骤④，可继续删除其他关节轴零点。

10.2 软极限、负载及坐标系设定

10.2.1 关节轴软极限设定

(1) 关节轴超程保护

工业机器人关节轴的超程保护措施一般有软极限（软件限位）、超程开关（电气限位）、机械限位挡块三种。

软极限是通过控制系统对机器人关节轴位置的监控，限制轴运动范围，防止关节轴超程的运动保护功能。软极限是关节轴的第一道行程保护措施，可用于所有运动轴。机器人出厂设定的软极限通常就是机器人样本中的工作范围（working range）。需要注意的是：机器人样本、说明书中的工作范围（working range）通常是不考虑工具、工件安装时的最大运动范围，因此，机器人实际使用时，需要根据实际作业工具、作业区间的要求，在不超出样本、说明书工作范围的前提下，重新设定软极限。

超程开关是通过安装关节轴行程终点检测开关和电气控制线路，分断驱动器主回路，关闭伺服，禁止关节轴运动的保护方法，只能用于非 360°回转的摆动轴或直线运动轴。超程开关是关节轴的第二道行程保护措施，它可以在机器人零点、软极限位置设定错误或被超越的情况下，为关节轴的运动提供进一步的保护。

机械限位挡块是在机械部件结构允许的情况下，通过机械挡块碰撞，强制阻挡关节轴运动的保护措施，限位挡块也只能用于非 360°回转的摆动轴或直线运动轴。限位挡块是关节轴行程保护的最后措施，它可在电气控制系统出现重大故障、软件限位和超程开关保护失效或被跨越的情况下，强制阻挡关节轴运动，避免机器人的机械部件损坏。

由于结构限制，在通常情况下，垂直串联机器人的 A1、A2、A3 轴可使用软极限以及可调式超程开关和限位挡块保护；A5 轴可使用软极限以及固定式超程开关和限位挡块保护；A4、A6 轴一般只能使用软极限保护。

机器人的超程开关、限位挡块通常为选配件，其安装调整方法可参见机器人使用说明书，超程开关、限位挡块调整后，必须同时改变软极限位置，使之与超程开关、限位挡块的行程保护相匹配。

KUKA 机器人的软极限设定需要"专家级"以上操作权限，软极限设定可采用手动数据输入和根据程序自动计算两种方法，其操作步骤如下。

（2）软极限手动设定

软极限手动设定可以任意设定关节轴的软极限位置、限定关节轴运动范围，其操作步骤如下。

① 确认机器人零点已准确设定。

② 选择专家级以上操作权限（参见第 9 章）；机器人操作模式选择 T1 或 T2、AUT。

③ 按 Smart PAD 主菜单键或点击 Smart HMI 状态显示栏的主菜单图标，显示 Smart PAD 操作主菜单（参见第 9 章）后，依次选择主菜单"投入运行"→子菜单"售后服务"→"软件限位开关"，示教器便可显示图 10.2.1 所示的软极限设定页面，并显示以下内容及相关软操作键。

图 10.2.1　软极限设定显示

轴：关节轴选择。

负：负向软极限位置显示与设定。

当前位置：关节轴当前位置显示。

正：正向软极限位置显示与设定。

④ 点击选定需要设定的关节轴软极限显示与设定框，输入软极限设定值。

⑤ 完成全部软极限设定后，点击软操作键〖保存〗，系统便可生效软极限设定数据。

（3）软极限自动设定

KUKA 机器人的软极限自动设定功能用于程序运行时的关节轴行程限制。功能生效时（自动计算启动后），控制系统可通过 1 个或多个程序的自动运行，自动计算、选取程序运行过程中各关节轴曾经到达过的最大、最小位置，并将其设定为软极限。

软极限自动设定的操作步骤如下。

① 通过软极限手动设定同样的操作，使得示教器显示图 10.2.1 所示的软极限设定页面。

② 点击软极限设定显示页的软功能键〖自动计算〗，示教器即可显示图 10.2.2 所示的软极限自动计算页面，并在信息栏显示"自动获取进行中"操作提示信息。

③ 选定自动运行程序并启动运行，直至程序完全结束。

④ 退出程序自动运行（取消选择），示教器即可在图 10.2.2 所示的软极限自动设定页面显示程序运行过程中各关节轴所到达的最大、最小位置。

⑤ 重复以上操作步骤③、④，进行其他程序的自动运行。直至全部程序都被完整执行一次，示教器即可显示在所有程序自动运行过程中，关节轴曾经到达过的最大、最小位置值。

软件限位开关	最小	当前位置	最大	
轴				自动计算
A1 [°]	0.00	0.00	0.00	
A2 [°]	0.00	0.00	0.00	结束
A3 [°]	0.00	0.00	0.00	保存
A4 [°]	0.00	0.00	0.00	
A5 [°]	0.00	0.00	0.00	
A6 [°]	0.00	0.00	0.00	

图 10.2.2　软极限自动计算显示页

⑥ 按软操作键〖结束〗，示教器可返回图 10.2.1 所示的软极限设定页面，并在正负极限栏显示各关节轴曾经到达过的最大、最小位置值。

⑦ 点击软操作键〖保存〗，系统便可生效软极限设定数据。

10.2.2　机器人负载设定

（1）机器人负载类别

垂直串联机器人关节轴的重心远离回转中心，负载将直接影响机器人性能，因此，需要通过负载设定来调整驱动器参数，平衡重力，改善动静态特性。

工业机器人的负载一般有图 10.2.3 所示的四类，其内容与设定方法如下。

① 本体负载。本体负载由机器人本体构件及机械传动系统摩擦阻力产生，负载参数由机器人生产厂家设定。

垂直串联机器人的手腕（A5、A6 轴）结构复杂、驱动电机规格小，负载变化对机器人运动特性的影响大。如果维修时更换了驱动电机、减速器、传动轴承等部件，部分机器人（如 FANUC）需要通过手腕负载校准操作，更新负载参数。

② 工具负载。工具负载是机器人手腕所安装的负载统称，手腕安装工具时，工具负载就是作业工具本身。在工具固定、机器人移动工件作业的机器人上，工具负载就是工件。工具负载参数需要通过机器人工具数据设定操作来设定，不同工具（或工件）需要设定不同的负载参数。

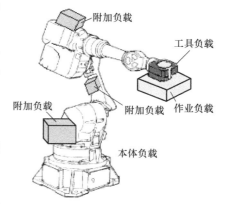

图 10.2.3　机器人负载

③ 作业负载。作业负载是搬运、装配类机器人作业时，由物品产生的负载。作业负载的

数据会随物品的变化而变化，为此，通常由机器人生产厂家以样本、说明书的承载能力参数为参考，在机器人出厂时设定。

④ 附加负载。附加负载由安装在机身上的辅助部件产生，如搬运机器人抓手控制的电磁阀、点焊机器人的阻焊变压器等。附加负载通常安装在腰体和上臂上，部分机器人有时也允许下臂安装附加负载（如 KUKA）。附加负载数据一般利用手动数据输入操作直接设定。

机器人使用时，用户通常只需要进行工具负载、附加负载的设定，KUKA 机器人负载的设定要求如下。

(2) 工具负载及设定

KUKA 机器人工具负载可通过图 10.2.4 所示的工具数据显示页面的"Load Data"栏显示、设定。

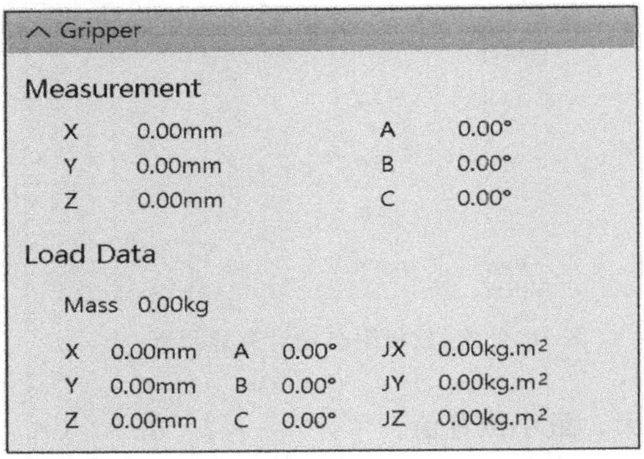

```
∧ Gripper

Measurement

   X    0.00mm          A    0.00°
   Y    0.00mm          B    0.00°
   Z    0.00mm          C    0.00°

Load Data

   Mass  0.00kg

   X  0.00mm   A  0.00°   JX  0.00kg.m²
   Y  0.00mm   B  0.00°   JY  0.00kg.m²
   Z  0.00mm   C  0.00°   JZ  0.00kg.m²
```

图 10.2.4　工具数据显示

显示页的标题行为工具名称（如 Gripper 等）；Measurement 栏为工具坐标系原点（X/Y/Z）与方向（A/B/C）；Load Data 栏为工具负载数据。

Load Data 栏的"Mass"为工具质量；"X/Y/Z"栏后为工具重心在手腕基准坐标系（FLANGE CS）上的坐标值；"A/B/C"栏后为惯量坐标系方向；"JX/JY/JZ"栏后为工具转动惯量值。

例如，对于图 10.2.5 所示的弧焊机器人焊枪，机器人工具负载数据的设定方法如下。

"Mass"栏：输入焊枪、安装支架及相关管线的质量（单位 kg）。

"X/Y/Z"栏：输入工具重心位置 $X=Lx$、$Y=0$、$Z=Lz$（单位 mm）。

"A/B/C"栏：输入惯量坐标系方向 $A=90°$、$B=180°$、$C=0°$，A、B、C 依次为惯量坐标系按 Z→Y→X 旋转次序绕手腕基准坐标系 FLANGE CS 旋转的欧拉角。

"JX/JY/JZ"栏：输入工具绕惯量坐标系 Xj、Yj、Zj 轴回转的转动惯量值（单位 kg·m²）。

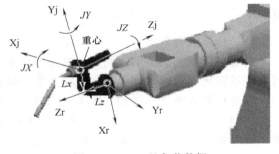

图 10.2.5　工具负载数据

KUKA 机器人的工具负载设定的操作步骤如下，由于工具负载设定页面可在工具坐标系原点、方向设定后自动显示，因此，如果负载设定与工具坐标系设定同时进行，可直接进入操作步骤③。

① 按 Smart PAD 主菜单键或点击 Smart HMI 状态显示栏的主菜单图标，显示 Smart PAD 操作主菜单（参见第 9 章）后，依次选择主菜单"投入运行"→子菜单"测量"→"工具"→"工具负载数据"。

② 在示教器显示的工具号、工具名称输入页面上，输入当前工具的工具号及名称，按软操作键〖继续〗，示教器可显示工具数据设定页面。

③ 在"Mass""X/Y/Z""A/B/C""JX/JY/JZ"输入框中，分别输入工具质量、重心位置、惯量坐标系方向、转动惯量值；或者，按软操作键〖默认〗，设定机器人出厂默认值。

④ 按软操作键〖继续〗。

⑤ 按软操作键〖保存〗，系统将保存工具负载数据，结束工具负载设定操作。

(3) 附加负载及设定

KUKA 机器人的关节轴 A1、A2、A3 允许安装图 10.2.6 所示的附加负载 Load A1、Load A2、Load A3。机器人的附加负载数据包括负载质量（单位 kg）、重心位置，其中，重心位置需要按照以下要求设定。

A1 轴重心 (x, y, z)：关节轴 A1 为 0°时，负载（Load A1）重心在机器人基座坐标系（根坐标系 ROBROOT）上的坐标值。

A2 轴重心 (x, y, z)：关节轴 A1 为 0°、A2 为 −90°时，负载（Load A2）重心在机器人基座坐标系（根坐标系 ROBROOT）上的坐标值。

A3 轴重心 (x, y, z)：关节轴 A4、A5、A6 为 0°时，负载（Load A3）重心在机器人手腕基准坐标系（法兰坐标系 FLANGE）上的坐标值。

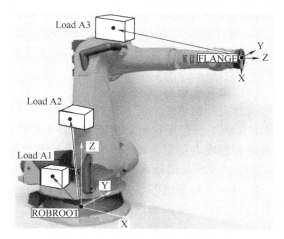

图 10.2.6　KUKA 机器人附加负载

KUKA 机器人的附加负载需要通过以下操作，手动输入。

① 按 Smart PAD 主菜单键或点击 Smart HMI 状态显示栏的主菜单图标，显示 Smart PAD 操作主菜单（参见第 9 章）后，依次选择主菜单"投入运行"→子菜单"测量"→"附加负载数据"。

② 输入安装附加负载的轴号，按软操作键〖继续〗，示教器可显示所选轴的附加负载设定页面。

③ 在对应的输入框中，输入负载质量、重心位置，按软操作键〖继续〗。

④ 按软操作键〖保存〗，系统将保存附加负载数据，结束附加负载设定操作。

10.2.3　机器人坐标系与设定

机器人的运动需要通过坐标系描述。程序中的机器人移动指令目标位置、工具姿态、机器人实际位置等程序数据都与机器人的坐标系有关，因此，无论手动操作还是程序自动运行前，都必须设定机器人坐标系。

工业机器人的关节坐标系、机器人基座坐标系（KUKA 机器人根坐标系 ROBROOT CS）、手腕基准坐标系（KUKA 法兰坐标系 FLANGE CS）是用来构建运动控制模型、控制机器人运动的基本坐标系，需要由机器人生产厂家设定，用户不能改变。工业机器人的大地坐标系、工具坐标系、工件坐标系等坐标系是为了方便用户操作、编程而设置的坐标系，故称为作业坐标系。

机器人的作业坐标系设定与机器人作业形式（插补模式）、系统结构有关，有关内容详见本章后述，作业坐标系的作用及基本设定要求简述如下。

(1) 大地坐标系

机器人的大地坐标系（world coordinates）亦称世界坐标系、全局坐标系，简称 WORLD CS。它是用来描述组成系统的机器人本体、固定工具或工件、机器人或工件变位器等部件安装位置和方向，确定各部件相互关系的基准坐标系，每一机器人系统只有也只能设定唯一的大地坐标系。

大地坐标系的设定要求与机器人系统的结构有关，倒置或倾斜安装的机器人、使用变位器的机器人系统、多机器人联合作业系统通常都需要设定大地坐标系。对于只有机器人和固定工件（或工具）的简单作业系统，为了简化调试，方便操作与控制，控制系统出厂时已设定大地坐标系和机器人基座坐标系重合，用户无需另行设定。

KUKA 机器人的大地坐标系通常称作世界坐标系，设定数据保存在系统变量 $WORLD 中。控制系统出厂时，默认机器人基座坐标系（ROBROOT CS）与世界坐标系重合，即 $ROBROOT= $WORLD。

（2）工具坐标系

机器人控制系统的工具坐标系（tool coordinates，简称 TOOL CS）是以手腕基准坐标系（KUKA 称为法兰坐标系，简称 FLANGE CS）为基准，用来描述机器人所安装（夹持）的物品方向和基准点位置的笛卡儿坐标系。机器人作业时，手腕上必定需要安装（夹持）物品，因此，TOOL CS 是机器人最基本的作业坐标系，任何机器人都需要设定。

机器人控制系统的 TOOL CS（工具坐标系）只是描述机器人手腕安装（夹持）物品的坐标系代号，它与物品的性质无关，也就是说，如果机器人手腕安装的是作业工具，TOOL CS 即被用来定义工具控制点（TCP）位置与工具方向；如果机器人手腕安装的是工件，TOOL CS 即被用来定义工件的基准位置与工件方向。

KUKA 机器人控制系统最大可设定 16 个 TOOL CS，TOOL CS 的原点、方向数据保存在系统变量 $TOOL_DATA [n]（工具数据，$n=1\sim16$）中，其中，系统变量 $TOOL_DATA [0] 的工具坐标系名称为 $NULLFRAME、数值为 0，代表 TOOL CS 与 FLANGE CS 重合，即机器人手腕未安装任何工具或工件。

在 KRL 程序中，控制系统的 TOOL CS 可以通过系统变量 $TOOL 设定与选择。

（3）工件坐标系

机器人控制系统的工件坐标系是以大地坐标系 WORLD CS 为基准设定，用来描述机器人与指定物品相对运动的笛卡儿坐标系，KUKA 称之为"基坐标系（base coordinates）"，简称 BASE CS。由于"基坐标系"易与机器人基座坐标系混淆，本书仍按通常习惯称之为工件坐标系。机器人作业时，机器人和物品间必定有相对运动，因此，BASE CS 同样是机器人最基本的作业坐标系，任何机器人都需要设定。

同样，机器人控制系统的 BASE CS（工件坐标系）只是用来描述机器人和物品相对运动的坐标系代号，它与物品的性质无关，也就是说，如果机器人相对工件运动，BASE CS 即被用来定义工件的基准位置与工件方向；如果机器人相对工具运动，BASE CS 即被用来定义工具控制点（TCP）位置与工具方向。

KUKA 机器人控制系统最多可设定 32 个 BASE CS，BASE CS 的原点位置、方向数据保存在系统变量"$BASE_DATA [n]"（工件数据，$n=1\sim32$）中，其中，系统变量 $BASE_DATA [0] 的工件坐标系名称为 $NULLFRAME，数值为 0，代表 BASE CS 与 WORLD CS 重合，即不专门指定机器人运动基准。因此，对于机器人基座坐标系 ROBROOT CS 与大地坐标系 WORLD CS 重合的简单系统，如果选择系统变量"$BASE_DATA [0]"，则 BASE CS、WORLD CS、ROBROOT CS 三者将合一。

在 KRL 程序中，控制系统的 BASE CS 可以通过系统变量"$BASE"设定与选择。

（4）外部运动系统坐标系

为了扩大机器人的作业范围，机器人系统经常使用变位器移动机器人本体（机器人变位器）或工件（工件变位器）。

标准的机器人、工件变位器与机器人关节轴一样，需要利用伺服驱动系统驱动。变位器的定位位置、运动速度可通过机器人的附加轴手动操作或 KRL 程序来任意改变，因此，需要配套伺服驱动器、伺服电机等部件和相关的控制软件，组成完整的运动控制系统。变位器驱动系统在 KUKA 机器人上称为"外部运动系统"。

KUKA 机器人控制系统最大可控制 6 个附加轴（E1～E6），因此，最多可使用 6 个单轴驱动的机器人变位器、工件变位器。外部运动系统需要通过系统配置操作，在系统的机器人数据文件上设定外部运动系统编号"ETn_KIN"（$n=1\sim6$）、名称，以及用于运动控制的附加轴编号"ETn_AX"（$n=1\sim6$）、伺服系统控制数据等系统参数。外部运动系统配置操作一般需要由机器人生产厂家完成。

使用变位器的作业系统需要以大地坐标系 WORLD CS 为参考，确定各部件的安装位置和方向，因此，需要设定以下"外部运动系统"坐标系。

① 机器人变位器坐标系。机器人变位器坐标系（ERSYSROOT CS）是用来描述机器人变位器安装位置和方向的坐标系，需要以大地坐标系 WORLD CS 为基准设定，ERSYSROOT CS 原点就是变位器基准点在 WORLD CS 上的位置，变位器安装方向需要通过 ERSYSROOT CS 绕 WORLD CS 回转的欧拉角定义。

使用机器人变位器时，机器人基座坐标系 ROBROOT CS 将成为运动坐标系，ROBROOT CS 在变位器坐标系 ERSYSROOT CS 上的位置和方向保存在系统参数 $ERSYS 中；ROBROOT CS 在大地坐标系 WORLD CS 上的位置和方向保存在系统参数 $ROBROOT_C 中。

② 工件变位器坐标系。工件变位器坐标系（ROOT CS）是用来描述工件变位器安装位置、方向的坐标系，需要以大地坐标系 WORLD CS 为基准设定，ROOT CS 原点就是工件变位器基准点在 WORLD CS 上的位置，变位器安装方向需要通过 ROOT CS 绕 WORLD CS 回转的欧拉角定义。

工件变位器可以用来安装工件或工具，使用工件变位器时，控制系统的工具坐标系 BASE CS 将成为运动坐标系，因此，工件数据（系统变量"$BASE\_DATA[n]$"）中需要增加 ROOT CS 数据。

(5) 坐标系设定方法

工业机器人控制系统的作业坐标系设定方法有示教设定和数据直接输入两种。

① 示教设定。示教设定是通过手动操作机器人进行若干规定点（示教点）的定位，由控制系统自动计算坐标系原点和方向数据、定义坐标系的一种方法。示教设定无需事先知道需设定的坐标系在基准坐标系上的原点位置和方向数据，故可用于形状复杂、坐标系原点和方向计算较为麻烦的作业坐标系设定。

示教设定时，机器人需要按规定进行多方位运动和定位（示教），由于机器人的定位位置一般依靠目测，因此，通常不适合精度要求高、机器人无法进行多方位定位的世界坐标系、码垛机器人工具坐标系等作业坐标系的设定。

② 数据直接输入。数据直接输入是通过手动数据输入操作，直接输入坐标系原点和方向数据、定义坐标系的一种方法。

数据直接输入可用于任何机器人、所有作业坐标系的设定，坐标系设定对系统的状态无要求，也无需移动机器人。数据直接输入可准确定义坐标系原点和方向，但必须事先知道需要设定的坐标系在基准坐标系上的原点位置和方向，因此，通常用于形状规范、尺寸具体、安装定位准确的作业坐标系以及无法利用示教操作进行多方位定位的大地（世界）坐标系、码垛机器人工具坐标系设定。

KUKA 机器人作业坐标系的设定与机器人作业形式（插补模式）、系统结构有关，本章后述的内容中将对此一一说明。

10.3 工具移动作业坐标系设定

10.3.1 坐标系定义与数据输入

(1) 坐标系定义

在工件固定、机器人移动工具作业的 KUKA 机器人系统上，控制系统的工具坐标系 TOOL CS、工件坐标系 BASE CS 应按照图 10.3.1 所示的要求定义，如果系统配置有机器人变位器、工件变位器，还需要在此基础上增加后述的外部运动系统坐标系。

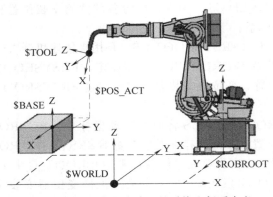

图 10.3.1 机器人移动工具系统坐标系定义

工件固定、机器人移动工具作业时，控制系统的工具坐标系 TOOL CS 用来定义作业工具的控制点位置和安装方向。TOOL CS 原点 (x, y, z) 就是 TCP 在手腕基准坐标系 (FLANGE CS) 上的位置；工具安装方向需要通过 TOOL CS 绕 FLANGE CS 回转的欧拉角 (a, b, c) 定义。工具坐标系可以通过系统变量 $TOOL 设定、选择。

工件固定、机器人移动工具作业系统的工件坐标系 BASE CS 用来定义工件的基准位置和安装方向。BASE CS 原点就是工件基准点在大地坐标系 WORLD CS 上的位置，工件安装方向需要通过 BASE CS 绕 WORLD CS 回转的欧拉角定义。工件坐标系可通过系统变量 $BASE 设定、选择。机器人实际位置 $POS_ACT 是工具控制点（TCP）在 BASE CS 上的位置值。

对于不使用变位器的简单机器人移动工具作业系统，大地坐标系 WORLD CS、工件坐标系 BASE CS 可根据要求设定、选择。如果机器人不设定大地坐标系，系统默认大地坐标系与机器人基座坐标系重合，即 $ROBROOT = $WORLD；如果不设定工件坐标系，系统默认工件坐标系与大地坐标系重合，即 $BASE = $WORLD。

(2) 工具坐标系输入

在工件固定、机器人移动工具作业的系统上，如果工具控制点（TCP）在手腕基准坐标系 FLANGE CS 上的位置、工具绕 FLANGE CS 回转的欧拉角均为已知，控制系统的 TOOL CS 可利用数据输入操作直接设定，其操作步骤如下。

① 确认 TOOL CS 原点、方向数据已知，机器人操作模式选择 T1。

② 按 Smart PAD 主菜单键或点击 Smart HMI 状态显示栏的主菜单图标，显示 Smart PAD 操作主菜单（参见第 9 章）后，依次选择主菜单"投入运行"→子菜单"测量"→"工具"→"数字输入"，示教器即可显示工具数据直接设定页面。

③ 在设定页的工具数据号、工具名称栏，输入需要设定的工具数据号、名称，按软操作键〖继续〗。

④ 在设定页的 TOOL CS 输入栏，直接输入原点、方向，按软操作键〖继续〗。

⑤ 在设定页的负载栏，直接输入工具负载数据（见后述），按软操作键〖继续〗。

⑥ 按软操作键〖保存〗。

（3）工件坐标系输入

在工件固定、机器人移动工具作业的系统上，如果工件基准点在大地坐标系 WORLD CS 上的位置、工件绕 WORLD CS 回转的欧拉角均为已知，控制系统的 BASE CS 可利用数据输入操作直接设定，其操作步骤如下。

① 确认 BASE CS 原点、方向数据已知，机器人操作模式选择 T1。

② 按 Smart PAD 主菜单键或点击 Smart HMI 状态显示栏的主菜单图标，显示 Smart PAD 操作主菜单后，选择主菜单"投入运行"→子菜单"测量"→"基坐标系"→"数字输入"，示教器即可显示的工件数据直接设定页面。

③ 在设定页的工件数据号、工件名称栏，输入需要设定的工件数据号、名称，按软操作键〖继续〗。

④ 在设定页的 BASE CS 输入栏，直接输入原点、方向，按软操作键〖继续〗。

⑤ 按软操作键〖保存〗。

（4）工具、工件坐标系改名

如果需要，控制系统的工具坐标系 TOOL CS、工件坐标系 BASE CS 的名称，可以通过以下操作修改。

① 机器人操作模式选择 T1。

② 按 Smart PAD 主菜单键或点击 Smart HMI 状态显示栏的主菜单图标，显示 Smart PAD 操作主菜单后，选择主菜单"投入运行"→子菜单"测量"。

③ 需要修改工具坐标系 TOOL CS 名称时，选择选项"工具"→"更改名称"；需要修改工件坐标系 BASE CS 名称时，选择选项"基坐标系"→"更改名称"。

④ 点击选定需要修改的工具坐标系或工件坐标系，按软操作键〖名称〗。

⑤ 在示教器显示的工具坐标系或工件坐标系名称设定页面上，输入新的工具坐标系或工件坐标系名称后，按软操作键〖保存〗。

10.3.2　TOOL CS 原点示教

利用示教操作设定工件固定、机器人移动工具作业系统的工具坐标系时，控制系统的工具坐标系（TOOL CS）原点、方向需要单独示教。其中，TOOL CS 原点示教可以可采用"XYZ 4 点""XYZ 参照"两种方法，TOOL CS 方向示教的方法见后述。

（1）原点 4 点示教设定

TOOL CS 原点 4 点示教设定操作在 KUKA 说明书中称为"XYZ 4 点"。

利用 4 点示教操作设定控制系统的 TOOL CS 原点时，需要在机器人可自由改变工具方向的位置，安装图 10.3.2 所示的检测工具控制点位置的 TCP 定位装置；然后，通过手动操作机器人，使工具以四种不同的姿态，定位到 TCP 定位装置的测量点上；这样，系统便可计算出 TCP 定位装置的测量点位置，并由此推算出 TCP 在机器人手腕基准坐标系（FLANGE CS）上的位置，自动设定 TOOL CS 原点。4 个示教点的工具姿态变化越大，系统计算得到的 TOOL CS 原点就越准确。

利用 4 点示教操作设定机器人移动工具作业系统 TOOL CS 原点的步骤如下。

① 将需要测定的工具安装到机器人手腕上，并在工具姿态可以较大范围变化的位置上，安装 TCP 定位

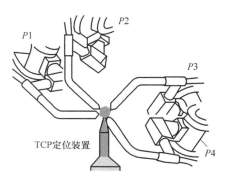

图 10.3.2　原点 4 点示教设定

装置。

② 机器人操作模式选择 T1，按 Smart PAD 主菜单键或点击 Smart HMI 状态显示栏的主菜单图标，显示 Smart PAD 操作主菜单后，依次选择主菜单"投入运行"→子菜单"测量"→"工具"→"XYZ 4 点"，示教器即可显示 TOOL CS 原点 4 点示教设定页面。

③ 在设定页的工具数据号、工具名称输入栏，输入待测工具的工具数据号、名称，按软操作键〖继续〗。

④ 手动操作机器人，将待测工具控制点定位到 TCP 定位装置的测量点后，按软操作键〖测量〗，示教器可显示"是否应用当前位置？继续测量"对话框。

⑤ 点击对话框的"是"，确认示教点。

⑥ 手动操作机器人改变工具姿态后，重复步骤④、⑤，完成 4 点示教操作。

⑦ 如果需要，在设定页的负载输入栏，输入工具负载数据，按软操作键〖继续〗；或者，直接按软操作键〖继续〗，跳过负载设定操作，示教器将显示系统自动计算得到的 TOOL CS 原点位置及测量、计算误差。

⑧ 如果需要，可按软操作键〖测量点〗，显示 4 个示教点的具体位置；确认后，可按软操作键〖退出〗，返回 TOOL CS 原点位置及测量误差显示页面。

⑨ 按软操作键〖保存〗，系统将保存原点位置，结束 TOOL CS 原点示教操作；如果按软操作键〖ABC 2 点法〗、〖ABC 世界坐标法〗，系统可在保存 TOOL CS 原点位置的同时，直接进入工具坐标系 TOOL CS 方向示教操作。

（2）原点参照示教设定

采用原点参照示教操作（KUKA 称为"XYZ 参照"）设定控制系统的 TOOL CS 原点时，控制系统需要通过图 10.3.3 所示的参照工具（基准工具）和待测工具在同一测试点定位时的位置比较，计算待测工具的 TOOL CS 原点。

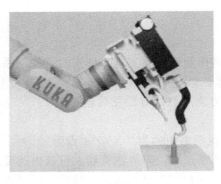 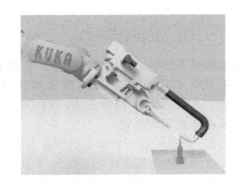

(a) 参照工具　　　　　　　　　　　(b) 待测工具

图 10.3.3　原点参照示教设定

示教操作时，首先需要通过图 10.3.3（a）所示的 TOOL CS 原点已设定的参照工具在 TCP 定位装置测量点的定位，确定 TCP 定位装置的测量点（参照点）位置；然后，取下参照工具，换上待测工具，并将待测工具定位到图 10.3.3（b）所示的参照点，这样，控制系统便可根据参照点位置及待测工具在参照点定位时的机器人实际位置，计算出待测工具的 TCP 位置，设定 TOOL CS 原点。

利用原点参照（XYZ 参照）示教设定控制系统 TOOL CS 原点时，首先需要通过以下操作，记录参照工具的 TOOL CS 原点。

① 机器人操作模式选择 T1。

② 按 Smart PAD 主菜单键或点击 Smart HMI 状态显示栏的主菜单图标，显示 Smart PAD 操作主菜单后，依次选择主菜单"投入运行"→子菜单"测量"→"工具"→"XYZ 参照"，示教器即可显示原点参照示教设定页面。

③ 在设定页的工具数据号、工具名称栏，输入参照工具的工具数据号及名称；由于参照工具的 TOOL CS 原点已设定，示教器可直接显示 TOOL CS 原点数据。

④ 记录参照工具的 TOOL CS 原点数据。

参照工具的 TOOL CS 原点数据记录完成后，便可通过以下操作，测定 TCP 定位装置的测量点（参照点）位置，并以此为参照，测定新工具的 TCP 位置，设定 TOOL CS 原点。

① 在机器人上安装 TOOL CS 原点已设定的参照工具，并选取合适的位置安装 TCP 定位装置后，机器人操作模式选择 T1。

② 按 Smart PAD 主菜单键或点击 Smart HMI 状态显示栏的主菜单图标，显示 Smart PAD 操作主菜单后，依次选择主菜单"投入运行"→子菜单"测量"→"工具"→"XYZ 参照"，示教器即可显示原点参照示教设定页面。

③ 在显示页的工具数据号、工具名称栏，输入待测工具的工具数据号及名称，按软操作键〖继续〗后，在参照工具原点数据输入栏，输入已记录的参照工具 TOOL CS 原点，按软操作键〖继续〗。

④ 手动操作机器人，将参照工具 TCP 定位到定位装置测量点（参照点），按软操作键〖测量〗，并在示教器显示的操作确认对话框中点击"是"，系统便可自动计算参照点的位置。

⑤ 将参照工具从机器人上取下，换上需要测定的新工具（待测工具）。

⑥ 手动操作机器人，将待测工具 TCP 定位到定位装置测量点（参照点），按软操作键〖测量〗，并在示教器显示的操作确认对话框中点击"是"，系统便可根据参照点位置及机器人实际位置，自动计算待测工具的 TCP 位置，设定 TOOL CS 原点。

⑦ 如果需要，在设定页的负载输入栏，输入工具负载数据，按软操作键〖继续〗；或者，直接按软操作键〖继续〗，跳过负载设定操作，示教器即可显示系统自动计算得到的新工具 TOOL CS 原点位置。

⑧ 如果需要，可按软操作键〖测量点〗显示示教点位置；确认后，可按软操作键〖退出〗，返回 TOOL CS 原点位置显示页面。

⑨ 按软操作键〖保存〗，系统将保存原点位置，结束 TOOL CS 原点示教操作；如果按软操作键〖ABC 2 点法〗、〖ABC 世界坐标法〗，系统可在保存 TOOL CS 原点位置的同时，直接进入工具坐标系 TOOL CS 方向示教操作。

10.3.3　TOOL CS 方向示教

(1) TOOL CS 方向示教方法

工具坐标系（TOOL CS）方向就是工具安装时的初始姿态，KUKA 机器人移动工具作业时，控制系统的 TOOL CS 方向以手腕基准坐标系（FLANGE CS）为基准，按 Z→Y→X 次序旋转的欧拉角 A、B、C 表示。

KUKA 机器人移动工具作业系统的 TOOL CS 方向示教，可采用"ABC 2 点法""ABC 世界坐标法"两种方法，其中，"ABC 2 点法"可用于 TOOL CS 方向的完整、精确设定；"ABC 世界坐标法"只能进行工具坐标系 TOOL CS 的＋X 轴方向设定，TOOL CS 的 Y、Z 轴方向将由控制系统自动设定。

需要注意的是：KUKA 机器人的工具坐标系方向的定义方法与 FANUC、ABB、安川等机器人有所不同。采用示教操作设定 KUKA 机器人工具坐标系方向时，控制系统将默认图

10.3.4所示的方向，所设定的TOOL CS是以工具中心线为X轴、工具接近工件方向为＋X方向的坐标系；TOOL CS的Y、Z轴方向需要通过示教确定（ABC 2点法），或者，由系统自动设定（ABC世界坐标法）。

利用示教操作设定KUKA机器人控制系统TOOL CS方向的方法如下。

(2) ABC 2点法

KUKA机器人的"ABC 2点法"可用于控制系统TOOL CS方向的完整、精确定义，因此，可用于工具需要进行3个方向运动的点焊机器人焊钳、搬运装配机器人专用夹具等的TOOL CS方向设定。

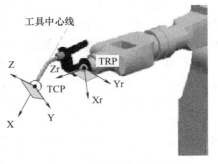

图 10.3.4　工具坐标系方向定义

"ABC 2点法"示教实际上需要进行图10.3.5所示的3个示教点的定位，示教点选择要求如下。

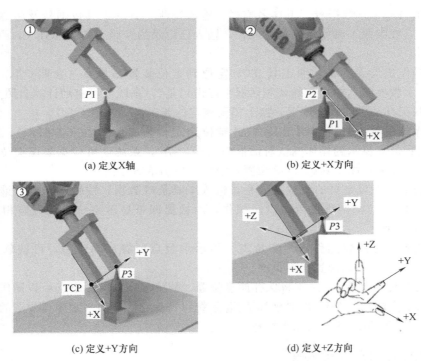

(a) 定义X轴　　　　(b) 定义+X方向

(c) 定义+Y方向　　　　(d) 定义+Z方向

图 10.3.5　ABC 2点法示教

示教点$P1$：用来确定TOOL CS的X轴位置，$P1$可以为工具坐标系X轴上的任意一点，如工具坐标系原点（TCP）等。

示教点$P2$：用来确定TOOL CS的X轴及方向，由$P2$到$P1$的直线方向为工具坐标系的＋X向。

示教点$P3$：用来确定TOOL CS的Y轴位置与＋Y方向，$P3$可以为工具坐标系＋Y轴上的任意一点，示教点$P3$必须位于通过TOOL CS原点（TCP）并与X轴垂直相交的直线上。

TOOL CS的X、Y轴及方向确定后，系统便可按右手定则自动确定Z轴及方向。

利用"ABC 2点法"示教操作设定TOOL CS方向的操作步骤如下。

① 确认机器人安装的工具已完成 TOOL CS 原点设定，机器人操作模式为 T1。

② 按 Smart PAD 主菜单键或点击 Smart HMI 状态显示栏的主菜单图标，显示 Smart PAD 操作主菜单后，依次选择主菜单 "投入运行"→子菜单 "测量"→"工具"→"ABC 2 点"，示教器即可显示 TOOL CS 方向示教设定页面。

③ 在设定页的工具数据号、名称输入栏，输入当前工具的工具数据号及名称，按软操作键〖继续〗。

④ 如图 10.3.5 (a) 所示，手动操作机器人，使工具的示教点 P1 定位到 TCP 定位装置的测量点，按软操作键〖测量〗，并在示教器显示的操作确认对话框中点击 "是"，P1 将被定义为工具坐标系 X 轴上的一点。

⑤ 如图 10.3.5 (b) 所示，手动操作机器人，使工具的示教点 P2 定位到 TCP 定位装置的测量点，按软操作键〖测量〗，并在示教器显示的操作确认对话框中点击 "是"，由 P2 到 P1 的方向即被定义为工具坐标系的 +X 方向。

⑥ 如图 10.3.5 (c) 所示，手动操作机器人，使工具的示教点 P3 定位到 TCP 定位装置的测量点，按软操作键〖测量〗，并在示教器显示的操作确认对话框中点击 "是"，P3 将被定义为工具坐标系 +Y 轴上的一点。

⑦ 如果需要，可在显示页的负载设定栏，输入工具负载数据，按软操作键〖继续〗；或者，直接按软操作键〖继续〗，跳过负载设定操作。

⑧ 如果需要，可按软操作键〖测量点〗，显示示教点位置；确认后，按软操作键〖退出〗，可返回 TOOL CS 方向设定页面。

⑨ 按软操作键〖保存〗，系统将保存 TOOL CS 方向数据，结束 TOOL CS 设定操作。

(3) ABC 世界坐标法

KUKA 机器人的 "ABC 世界坐标法" 可用于控制系统 TOOL CS 方向的快捷定义，示教设定时，只需要将工具中心线方向调整到与大地坐标系（WORLD CS，即世界坐标系）Z 轴平行的位置，并使工具方向与 WORLD CS 的 −Z 轴方向一致，控制系统便可自动设定 TOOL CS 方向。

"ABC 世界坐标法" 可根据实际需要，选择图 10.3.6 所示的 "5D" 或 "6D" 两种示教方式，两者的区别如下。

① "5D" 示教。5D 示教通常用于只需要进行工具中心线方向垂直运动、绕手腕基准坐标

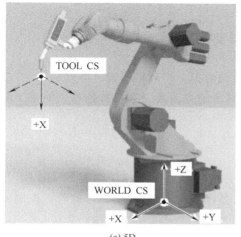
(a) 5D

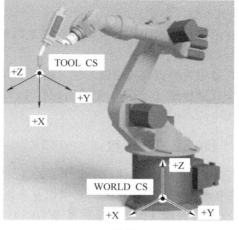
(b) 6D

图 10.3.6　ABC 世界坐标法示教

系 Z 轴回转调整姿态的弧焊机器人焊枪，以及激光、等离子、火焰切割枪等作业工具的工具坐标系设定。

5D 示教时只需要调整工具中心线的位置与方向，控制系统便可自动设定图 10.3.6（a）所示的 TOOL CS，将通过 TCP 且与 WORLD CS 的 Z 轴平行的直线定义为 TOOL CS 的 X 轴、WORLD CS 的 $-$Z 轴方向为 TOOL CS 的 $+$X 方向。TOOL CS 的 Y、Z 轴方向将由系统自动生成，用户无需（不能）设定。

② "6D" 示教。6D 示教适用于需要进行 3 方向直线和回转运动的点焊焊钳、涂胶喷嘴、气动抓手等作业工具的坐标系设定。

6D 示教时需要按以下规定调整工具方向，使控制系统自动设定图 10.3.6（b）所示的工具坐标系。

X 轴：通过 TCP 且与 WORLD CS 的 Z 轴平行的直线为控制系统 TOOL CS 的 X 轴，TOOL CS 的 $+$X 向与 WORLD CS 的 $-$Z 向相同。

Y 轴：通过 TCP 且与 WORLD CS 的 Y 轴平行的直线为控制系统 TOOL CS 的 Y 轴，TOOL CS 的 $+$Y 向与 WORLD CS 的 $+$Y 向相同。

Z 轴：通过 TCP 且与 WORLD CS 的 X 轴平行的直线为控制系统 TOOL CS 的 Z 轴，TOOL CS 的 $+$Z 向与 WORLD CS 的 $+$X 向相同。

利用 "ABC 世界坐标法" 定义工具坐标系方向的操作步骤如下。

① 确认机器人安装的工具已完成 TOOL CS 原点设定，机器人操作模式为 T1。

② 按 Smart PAD 主菜单键或点击 Smart HMI 状态显示栏的主菜单图标，显示 Smart PAD 操作主菜单后，依次选择主菜单 "投入运行" → 子菜单 "测量" → "工具" → "ABC 世界"，示教器即可显示 TOOL CS 方向的示教设定页面。

③ 在设定页的工具数据号、工具名称输入栏，输入当前工具的工具数据号及名称，按软操作键〖继续〗。

④ 根据需要，在显示页的 "5D""6D" 选择栏，点击选定 "5D" 或 "6D" 示教方式，按软操作键〖继续〗。

⑤ 选择 "5D" 示教方式时，手动操作机器人，将工具中心线调整到图 10.3.6（a）所示的与 WORLD CS 的 Z 轴平行的位置后，按软操作键〖测量〗。

选择 "6D" 示教方式时，手动操作机器人，将工具方向调整成图 10.3.6（b）所示的方向，按软操作键〖测量〗。

⑥ 在示教器显示的 "要采用当前位置码？测量将继续" 操作确认对话框中，点击 "是"，确认工具示教位置。

⑦ 在显示页的负载数据输入栏，输入工具负载数据，按软操作键〖继续〗。

⑧ 按软操作键〖保存〗，系统将保存 TOOL CS 的方向及工具负载数据，结束工具数据的设定操作。

10.3.4　BASE CS 示教

在工件固定、机器人移动工具作业的系统上，控制系统的工件坐标系 BASE CS 用来定义工件的基准点位置和安装方向。简单作业系统也可以不设定 BASE CS，此时，控制系统将默认 BASE CS 与大地（世界）坐标系 WORLD CS 重合。

在工具移动作业的 KUKA 机器人上，控制系统的 BASE CS 示教设定可采用 "3 点法" "间接法" 两种方法。

(1) 3点法示教

"3点法"示教需要以 TOOL CS 已准确设定的移动工具作为测试工具，通过测试工具在图 10.3.7 所示的工件基准点 $P1$（BASE CS 原点）及 2 个方向示教点 $P2$、$P3$ 的定位，控制系统可自动计算 BASE CS 在大地（世界）坐标系WORLD CS 上的原点位置与方向。

"3点法"示教设定的示教点选择要求如下。

$P1$：工件上作为系统 BASE CS 原点的基准位置。

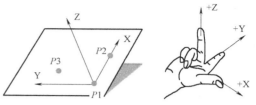

图 10.3.7　BASE CS 的 3 点示教

$P2$：工件上位于系统 BASE CS 的 +X 轴的任意点（除 $P1$ 外）。

$P3$：工件上位于系统 BASE CS 第一象限的任意一点（除 $P1$、$P2$ 外）。

"3点法"示教时，机器人需要安装 TOOL CS 已准确设定、TCP 位置及方向已知的工具，作为检测示教点 WORLD CS 位置的测试工具。示教点 $P1$ 的定位精度越高，3 个示教点的间隔越大，示教设定的 BASE CS 就越准确。

"3点法"示教时，控制系统 BASE CS 的 Y、Z 方向由示教点 $P3$ 决定。例如，对于图 10.3.8 所示的示教点 $P1$、$P2$，如果示教点 $P3$ 在 +X 轴左侧，所设定的 BASE CS 方向为 +Z 向上、+Y 向右；如果 $P3$ 在 +X 轴右侧，所设定的 BASE CS 方向为 +Z 向下、+Y 向左。

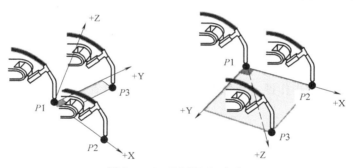

图 10.3.8　BASE CS 方向

KUKA 机器人控制系统 BASE CS 的"3点法"示教设定操作步骤如下。

① 确认机器人已安装 TOOL CS 已准确设定的工具，机器人操作模式为 T1。

② 按 Smart PAD 主菜单键或点击 Smart HMI 状态显示栏的主菜单图标，显示 Smart PAD 操作主菜单后，依次选择主菜单"投入运行"→子菜单"测量"→"基坐标系"→"3点"，示教器即可显示工件坐标系 3 点示教设定页面。

③ 在设定页的工件数据号、工具名称栏，输入需要设定的工件数据号、名称，按软操作键〖继续〗。

④ 手动操作机器人，依次将 TCP 定位到示教点 $P1$、$P2$、$P3$，示教点定位完成后，按软操作键〖测量〗，并在示教器显示的操作确认对话框中，点击"是"。

⑤ 如果需要，可按软操作键〖测量点〗，显示示教点位置；确认后，按软操作键〖退出〗，可返回 BASE CS 设定页面。

⑥ 按软操作键〖保存〗，系统将保存 BASE CS 数据，完成 BASE CS 示教设定操作。

(2) 间接法示教

"间接法"示教可用于检测工具无法检测工件基准点、示教 BASE CS 原点的场合，例如，工件基准点位于工件内部，或者，检测工具无法移动到工件基准点位置等。

"间接法"示教需要以 TOOL CS 已准确设定的移动工具作为测试工具，通过测试工具在图 10.3.9 所示的 4 个 BASE CS 位置已知的示教点定位，控制系统可自动计算 BASE CS 在 WORLD CS 上的原点位置与坐标轴方向。

KUKA 机器人控制系统 BASE CS 的"间接法"示教设定操作步骤如下。

① 确认机器人已安装 TOOL CS 已准确设定的工具，4 个间接示教点在需要设定的 BASE CS 上的位置为已知。

② 机器人操作模式为 T1。

③ 按 Smart PAD 主菜单键或点击 Smart HMI 状态显示栏的主菜单图标，显示 Smart

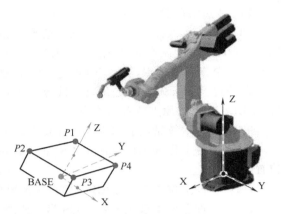

图 10.3.9　BASE CS 间接示教

PAD 操作主菜单后，依次选择主菜单"投入运行"→子菜单"测量"→"基坐标系"→"间接"，示教器即可显示工件坐标系间接示教设定页面。

④ 在设定页的工件数据号、工件名称栏，输入需要设定的工件数据号、名称，按软操作键〖继续〗。

⑤ 在设定页的示教点 $P1$ 输入框上，输入 $P1$ 在需设定的 BASE CS 上的位置值。

⑥ 手动操作机器人，将 TCP 定位到示教点 $P1$ 后，按软操作键〖测量〗，并在示教器显示的操作确认对话框中，点击"是"。

⑦ 对示教点 $P2$、$P3$、$P4$ 重复操作步骤⑤、⑥。

⑧ 如果需要，可按软操作键〖测量点〗，显示示教点位置；确认后，按软操作键〖退出〗，可返回 BASE CS 设定页面。

⑨ 按软操作键〖保存〗，系统将保存 BASE CS 数据，完成 BASE CS 的示教设定操作。

10.4　工件移动作业坐标系设定

10.4.1　坐标系定义与数据输入

(1) 坐标系定义

在工具固定、机器人移动工件作业的 KUKA 机器人系统上，控制系统的工具坐标系 TOOL CS、工件坐标系 BASE CS 应按照图 10.4.1 所示的要求定义，如果系统配置有机器人变位器、工件变位器，还需要在此基础上增加后述的外部运动系统坐标系。

工具固定、机器人移动工件作业时，控制系统的工具坐标系 TOOL CS 将被用来定义工件的基准点和安装方向。TOOL CS 原点就是工件基准点在手腕基准坐标系 FLANGE CS 上的位置，工件安装方向需要通过 TOOL CS 绕 FLANGE CS 回转的欧拉角定义。TOOL CS 同样可通过系统变量 $ TOOL 设定、选择。

工具固定、机器人移动工件作业系统的工件坐标系 BASE CS 用来定义作业工具的 TCP 位置和工具安装方向，控制系统的工件坐标系 BASE CS 原点就是固定工具的控制点 TCP 在大地坐标系（WORLD CS）上的位置，工具安装方向需要通过 BASE CS 绕 WORLD CS 回转的欧拉角定义。BASE CS 同样通过系统变量"$ BASE"设定、选择。

在工具固定、机器人移动工件作业的系统上，TOOL CS、BASE CS 都必须设定与选择；

机器人实际位置＄POS＿ACT 为工件基准点在 BASE CS 上的位置。对于不使用变位器的简单系统，大地坐标系 WORLD CS 可根据要求设定，若不设定大地坐标系，控制系统将默认大地坐标系与机器人基座坐标系＄ROBROOT 重合，即＄ROBROOT＝＄WORLD。

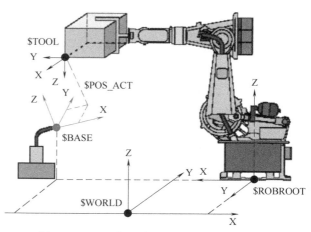

图 10.4.1　机器人移动工件系统坐标系定义

（2）工具坐标系输入

在工具固定、机器人移动工件作业的系统上，如果工件基准点在手腕基准坐标系 FLANGE CS 上的位置、工件绕 FLANGE CS 回转的欧拉角均为已知，控制系统的 TOOL CS 可利用数据输入操作直接设定，其操作步骤如下。

① 确认 TOOL CS 原点、方向数据已知，机器人操作模式选择 T1。

② 按 Smart PAD 主菜单键或点击 Smart HMI 状态显示栏的主菜单图标，显示 Smart PAD 操作主菜单后，依次选择主菜单"投入运行"→子菜单"测量"→"固定工具"→"工件"→"数字输入"，示教器即可显示工具数据直接设定页面。

③ 在设定页的工具数据号、工具名称栏，输入代表移动工件的工具数据号、名称，按软操作键〖继续〗。

④ 在设定页的 TOOL CS 输入栏，直接输入原点、方向，按软操作键〖继续〗。

⑤ 在设定页的负载输入栏，直接输入工具负载数据（见后述），按软操作键〖继续〗。

⑥ 按软操作键〖保存〗。

（3）工件坐标系输入

在工具固定、机器人移动工件作业的系统上，如果固定工具控制点 TCP 在大地坐标系 WORLD CS 上的位置、工具绕 WORLD CS 回转的欧拉角均为已知，控制系统的 BASE CS 可利用数据输入操作直接设定，其操作步骤如下。

① 确认 BASE CS 原点、方向数据已知，机器人操作模式选择 T1。

② 按 Smart PAD 主菜单键或点击 Smart HMI 状态显示栏的主菜单图标，显示 Smart PAD 操作主菜单后，选择主菜单"投入运行"→子菜单"测量"→"固定工具"→"数字输入"，示教器即可显示工件数据直接设定页面。

③ 在设定页的工件数据号、工件名称输入栏，输入代表固定工具的工件数据号、名称，按软操作键〖继续〗。

④ 在设定页的 BASE CS 输入栏，直接输入原点、方向，按软操作键〖继续〗。

⑤ 按软操作键〖保存〗。

10.4.2　BASE CS 示教

在工具固定、机器人移动工件作业的 KUKA 机器人系统上，利用示教操作设定作业坐标系时，首先需要设定控制系统的 BASE CS（工件坐标系），确定 TCP 位置与安装方向，这一操作在 KUKA 说明书上称为"测量外部 TCP"；然后，示教机器人上安装的工件基准点和方向，设定控制系统的 TOOL CS（工具坐标系），这一操作在 KUKA 说明书上称为"测量工件"。

KUKA 机器人移动工件作业系统的 BASE CS 示教设定方法有"5D"和"6D"两种，其作用及操作要求如下。

（1）"5D"示教

"5D"示教用于固定工具的 TCP 位置和中心线方向测定，设定以 TCP 位置为原点、以工具中心线为＋X 轴的 BASE CS，BASE CS 的 Y、Z 轴方向将由控制系统自动生成，用户无需（不能）设定。

"5D"示教时，机器人需要安装系统工具坐标系 TOOL CS 已准确设定的工具，作为测试工具；然后，通过图 10.4.2（a）所示的测试工具 TCP 在固定工具 TCP 上的定位，确定固定工具 TCP 在 WORLD CS 上的位置，设定 BASE CS 原点。在此基础上，将机器人手腕调整至图 10.4.2（b）所示的状态，使手腕基准坐标系 FLANGE CS 的 Z 轴与固定工具的中心线平行、FLANGE CS 的－Z 方向与需要设定的 BASE CS 的＋X 向一致，控制系统便可自动完成 BASE CS 的 X 轴及方向设定，进而，再自动生成符合右手定则的 BASE CS 的 Y、Z 轴与方向。

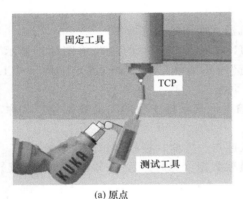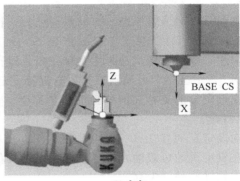

(a) 原点   (b) 方向

图 10.4.2　BASE CS 的"5D"示教

利用"5D"示教设定系统 BASE CS 的操作步骤如下。

① 确认机器人已安装完成 TOOL CS 设定的测试工具，需要进行 BASE CS 设定的固定工具已安装在指定位置，机器人操作模式为 T1。

② 按 Smart PAD 主菜单键或点击 Smart HMI 状态显示栏的主菜单图标，显示 Smart PAD 操作主菜单后，依次选择主菜单"投入运行"→子菜单"测量"→"固定工具"→"工具"，示教器即可显示系统 BASE CS 的示教设定页面。

③ 在设定页的工件数据号、工件名称栏，输入固定工具所对应的工件数据号和名称，按软操作键〖继续〗。

④ 在设定页的示教方式选择栏，点击选定"5D"示教方式，按软操作键〖继续〗。

⑤ 手动操作机器人，将测试工具的 TCP 移动到图 10.4.2（a）所示的固定工具 TCP 上，按软操作键〖测量〗后，在示教器显示的操作确认对话框中，点击"是"。

⑥ 手动操作机器人，将机器人手腕基准坐标系（FLANGE CS）的 Z 轴调整到图 10.4.2（b）所示的与固定工具的中心线平行的位置，并使得 FLANGE CS 的－Z 方向与需要设定的系统 BASE CS 的＋X 向一致。

⑦ 按软操作键〖测量〗后，在示教器显示的操作确认对话框中，点击"是"。

⑧ 如果需要，可按软操作键〖测量点〗，显示示教点位置；确认后，按软操作键〖退出〗，可返回 BASE CS 设定页面。

⑨ 按软操作键〖保存〗，系统将保存 BASE CS 数据，完成 BASE CS 的示教设定操作。

（2）"6D" 示教

"6D" 示教用于固定工具的 TCP 位置（BASE CS 原点）和安装方向（BASE CS 方向）的完整设定，控制系统 BASE CS 的原点和方向均可通过示教操作定义。

"6D" 示教时，机器人同样需要以 TOOL CS 已准确设定的固定工具作为测试工具，通过测试工具 TCP 在图 10.4.3（a）所示的固定工具 TCP 的定位，由控制系统自动计算固定工具 TCP 在 WORLD CS 上的位置，设定系统 BASE CS 原点；在此基础上，将机器人手腕调整至图 10.4.3（b）所示的符合以下规定的状态，由控制系统自动设定 BASE CS 方向。

X 轴：通过固定工具 TCP 且与手腕基准坐标系（FLANGE CS）Z 轴平行的直线为控制系统 BASE CS 的 X 轴，BASE CS 的 +X 方向与 FLANGE CS 的 -Z 方向相同。

Y 轴：通过固定工具 TCP 且与机器人手腕基准坐标系（FLANGE CS）Y 轴平行的直线为控制系统 BASE CS 的 Y 轴，BASE CS 的 +Y 方向与 FLANGE CS 的 +Y 方向相同。

Z 轴：通过固定工具 TCP 且与机器人手腕基准坐标系（FLANGE CS）X 轴平行的直线为控制系统 BASE CS 的 Z 轴，BASE CS 的 +Z 方向与 FLANGE CS 的 +X 方向相同。

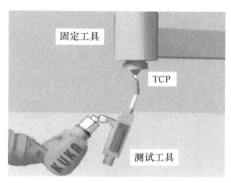 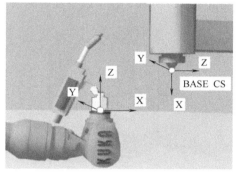

(a) 原点　　　　　　　　　　　　　　(b) 方向

图 10.4.3　BASE CS 的 "6D" 示教

利用 "6D" 示教设定系统 BASE CS 的操作步骤如下。

① 确认机器人已安装完成 TOOL CS 设定的测试工具，需要进行 BASE CS 设定的固定工具已安装在指定位置，机器人操作模式为 T1。

② 按 Smart PAD 主菜单键或点击 Smart HMI 状态显示栏的主菜单图标，显示 Smart PAD 操作主菜单后，依次选择主菜单 "投入运行"→子菜单 "测量"→"固定工具"→"工具"，示教器即可显示系统 BASE CS 的示教设定页面。

③ 在设定页的工件数据号、工件名称栏，输入固定工具所对应的工件数据号和名称，按软操作键〖继续〗。

④ 在设定页的示教方式选择栏，点击选定 "6D" 示教方式，按软操作键〖继续〗。

⑤ 手动操作机器人，将测试工具的 TCP 移动到图 10.4.3（a）所示的固定工具 TCP 上，按软操作键〖测量〗后，在示教器显示的操作确认对话框中，点击 "是"。

⑥ 手动操作机器人，将机器人手腕基准坐标系（FLANGE CS）的调整成图 10.4.3（b）所示的状态，使 FLANGE CS 的 -Z、+Y、+X 方向与需要设定的系统 BASE CS 的 +X、+Y、+Z 方向一致。

⑦ 按软操作键〖测量〗后，在示教器显示的操作确认对话框中，点击 "是"。

⑧ 如果需要，可按软操作键〖测量点〗，显示示教点位置；确认后，按软操作键〖退出〗，

可返回 BASE CS 设定页面。

⑨ 按软操作键〖保存〗，系统将保存 BASE CS 数据，完成 BASE CS 的示教设定操作。

10.4.3 TOOL CS 示教

在工具固定、机器人移动工件作业的系统上，控制系统的 TOOL CS（工具坐标系）用于机器人手腕上所安装的工件基准点位置和安装方向定义。利用示教操作设定控制系统 TOOL CS 时，首先，需要利用前述的"测量外部 TCP"操作，完成控制系统的 BASE CS（工件坐标系）设定，确定固定工具的 TCP 位置与安装方向；然后，以固定工具作为测试工具，通过"测量工件"示教操作，设定控制系统的 TOOL CS（工具坐标系）。

KUKA 机器人移动工件作业系统的 TOOL CS 示教设定方法有"直接法"和"间接法"两种，其作用及操作要求如下。

(1) 直接法示教

"直接法"示教需要以 BASE CS 已准确设定的固定工具作为检测工具，通过检测工具在图 10.4.4 所示的工件基准点 $P1$（BASE CS 原点）及 2 个方向示教点 $P2$、$P3$ 的定位，由控制系统自动计算 TOOL CS 在手腕基准坐标系 FLANGE CS 的位置与方向。

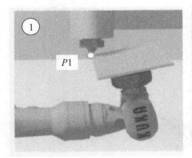 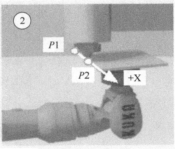 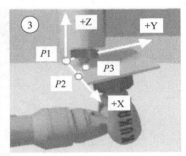

(a) 原点   (b) +X向   (c) 第一象限

图 10.4.4　TOOL CS 直接示教

"直接法"示教设定的示教点选择要求如下。

$P1$：工件上作为系统 TOOL CS 原点的基准位置。

$P2$：工件上位于系统 TOOL CS 的+X 轴的任意点（除 $P1$ 外）。

$P3$：工件上位于系统 TOOL CS 第一象限的任意一点（除 $P1$、$P2$ 外）。

利用"直接法"示教设定系统 TOOL CS 的操作步骤如下。

① 确认机器人已安装需要进行 TOOL CS 设定的移动工件，用于测试的固定工具已完成 BASE CS 设定，机器人操作模式为 T1。

② 按 Smart PAD 主菜单键或点击 Smart HMI 状态显示栏的主菜单图标，显示 Smart PAD 操作主菜单后，依次选择主菜单"投入运行"→子菜单"测量"→"固定工具"→"工件"→"直接测量"，示教器可显示系统 TOOL CS 的直接法示教设定页面。

③ 在设定页的工具数据号、工具名称栏，输入移动工件所对应的工具数据号、名称，按软操作键〖继续〗。

④ 在设定页的工件数据号栏，输入用于测试的固定工具的工件数据号，按软操作键〖继续〗。

⑤ 手动操作机器人，依次将图 10.4.4 所示的工件示教点 $P1$、$P2$、$P3$，移动到固定工具 TCP 上；示教点 $P1$、$P2$、$P3$ 定位完成后，需要按软操作键〖测量〗，然后，在示教器显示

的操作确认对话框中，点击"是"。

⑥ 如果需要，可在显示页的负载设定栏，输入工具负载数据，按软操作键〖继续〗；或者，直接按软操作键〖继续〗，跳过负载设定操作。

⑦ 如果需要，可按软操作键〖测量点〗，显示示教点位置；确认后，按软操作键〖退出〗，可返回 TOOL CS 设定页面。

⑧ 按软操作键〖保存〗，系统将保存 TOOL CS 数据，完成 TOOL CS 的示教设定操作。

（2）间接法示教

"间接法"示教可用于固定工具无法检测工件基准点、示教 TOOL CS 原点的场合。例如，工件基准点位于工件内部，或者，固定工具无法移动到工件基准点等。

"间接法"示教需要以 BASE CS 已准确设定的固定工具作为检测工具，通过检测工具在图 10.4.5 所示的 4 个 TOOL CS 位置已知的示教点定位，由控制系统自动计算 TOOL CS 在手腕基准坐标系 FLANGE CS 上的原点位置与坐标轴方向。

利用"间接法"示教设定系统 TOOL CS 的操作步骤如下。

① 确认用于测试的固定工具已完成 BASE CS 设定；机器人已安装具有 4 个 TOOL CS 位置已知示教点的待测工件；机器人操作模式为 T1。

② 按 Smart PAD 主菜单键或点击 Smart HMI 状态显示栏的主菜单图标，显示 Smart

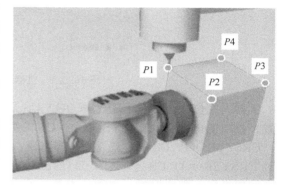

图 10.4.5　间接法示教

PAD 操作主菜单后，依次选择主菜单"投入运行"→子菜单"测量"→"固定工具"→"工件"→"间接测量"，示教器可显示系统 TOOL CS 的间接法示教设定页面。

③ 在设定页的工具数据号、工具名称栏，输入移动工件所对应的工具数据号、名称，按软操作键〖继续〗。

④ 在设定页的工件数据号栏，输入用于测试的固定工具的工件数据号，按软操作键〖继续〗。

⑤ 在设定页的示教点 P1 输入框上，输入 P1 在需设定的 TOOL CS 上的位置值。

⑥ 手动操作机器人，使示教点 P1 定位到固定工具 TCP 上，按软操作键〖测量〗，并在示教器显示的操作确认对话框中，点击"是"。

⑦ 对示教点 P2、P3、P4 重复操作步骤⑤、⑥。

⑧ 如果需要，可按软操作键〖测量点〗，显示示教点位置；确认后，按软操作键〖退出〗，可返回 TOOL CS 设定页面。

⑨ 按软操作键〖保存〗，系统将保存 TOOL CS 数据，完成 TOOL CS 的示教设定操作。

10.5　外部运动系统坐标系设定

10.5.1　机器人变位器坐标系设定

（1）坐标系定义

垂直串联结构的机器人具有腰回转关节（A1 轴），因此，机器人变位器以线性运动的直线变位器为主，单轴、直线移动的机器人变位器在 KUKA 说明书中被译作"线性滑轨"。

使用直线变位器的 KUKA 机器人变位系统需要在基本的工具、工件坐标系基础上，增加图 10.5.1 所示的用来描述机器人本体运动的机器人变位器坐标系。

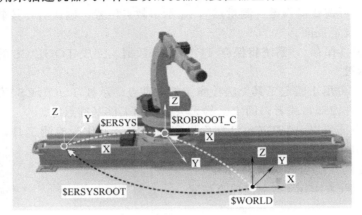

图 10.5.1　机器人变位器坐标系定义

机器人变位器坐标系 ERSYSROOT CS 是用来描述机器人直线变位器（线性滑轨）安装位置、方向的坐标系。ERSYSROOT CS 需要以大地（世界）坐标系 WORLD CS 为基准设定，ERSYSROOT CS 原点就是变位器基准点在 WORLD CS 上的位置，变位器安装方向需要通过 ERSYSROOT CS 绕 WORLD CS 回转的欧拉角定义。

使用机器人变位器时，机器人基座坐标系 ROBROOT CS 是一个移动坐标系，ROBRO-OT CS 在变位器坐标系 ERSYSROOT CS 上的位置、方向，保存在系统变量"＄ERSYS"中；ROBROOT CS 在大地坐标系 WORLD CS 上的位置、方向，保存在系统变量"＄RO-BROOT _C"中。

机器人变位系统的机器人本体相对于大地运动，因此，必须通过系统变量"＄WORLD"，定义大地坐标系 WORLD CS。WORLD CS 具有唯一性，如果系统同时使用机器人变位器、工件变位器，两者的大地坐标系必须一致。

标准的机器人变位器需要使用伺服电机驱动，直接利用机器人控制系统的附加轴进行控制，因此，需要由机器人生产厂家配置相关软、硬件，设置系统参数。用户安装调试时，可以直接输入 KUKA 公司提供的 ERSYSROOT CS 数据，或者，进行后述的 ERSYSROOT CS 示教修正。

(2) ERSYSROOT CS 输入

在使用机器人变位器的系统上，如果变位器基准点在大地坐标系 WORLD CS 上的位置、变位器绕 WORLD CS 回转的欧拉角均为已知，控制系统的 ERSYSROOT CS 可利用数据输入操作直接设定，其操作步骤如下。

① 确认控制系统已配置机器人变位器，ERSYSROOT CS 原点、方向数据已知，机器人操作模式选择 T1。

② 按 Smart PAD 主菜单键或点击 Smart HMI 状态显示栏的主菜单图标，显示 Smart PAD 操作主菜单后，选择主菜单"投入运行"→子菜单"测量"→"外部运动系统"→"线性滑轨（数字）"。控制系统将自动检测当前的机器人变位器配置，并显示机器人变位器的数据输入设定页面。

③ 确认设定页的外部运动系统编号"＄ETn_KIN"、名称，以及用于运动控制的附加轴编号"＄ETn_AX"等配置数据准确。

④ 选择附加轴手动操作，按示教器方向键"＋"，利用变位器移动机器人。

⑤ 根据机器人实际运动方向，点击方向设定选项"＋""－"，定义变位器手动操作的方向键，按软操作键〖继续〗。

⑥ 在设定页的 ERSYSROOT CS 输入栏，直接输入 ERSYSROOT CS 原点、方向数据，按软操作键〖继续〗。

⑦ 按软操作键〖保存〗。

（3）ERSYSROOT CS 示教修正

为了便于控制与操作，机器人变位器坐标系 ERSYSROOT CS 的方向原则上与机器人基座坐标系 ROBROOT CS 相同；但是，由于安装、运输等影响，用户安装完成后，两者可能产生一定的误差，此时，需要利用变位器示教操作进行修正。

进行 KUKA 单轴、直线变位器（线性滑轨）ERSYSROOT CS 示教修正时，机器人需要安装已完成 TOOL CS 设定的工具作为测试工具，并选择一个固定点（WORLD CS 位置）作为测试参照点；然后，通过变位器运动，将机器人定位到变位器的 3 个不同位置，并在 3 个不同的位置上，分别移动机器人，将测试工具 TCP 定位到同一参照点；这样，控制系统便可根据 3 组不同的机器人位置数据，自动计算、修正 ERSYSROOT CS 位置。

ERSYSROOT CS 修正数据保存在系统变量"＄ETn_TFLA3"（n 为外部运动系统编号）中，机器人在变位器上定位的 3 个示教点位置间隔越大，所得到的修正数据就越准确。

KUKA 单轴、直线变位器（线性滑轨）ERSYSROOT CS 示教修正的操作步骤如下。

① 确认控制系统已正确配置机器人变位器；机器人已安装上用于测试的已完成 TOOL CS 设定的工具；机器人操作模式为 T1。

② 按 Smart PAD 主菜单键或点击 Smart HMI 状态显示栏的主菜单图标，显示 Smart PAD 操作主菜单后，选择主菜单"投入运行"→子菜单"测量"→"外部运动系统"→"线性滑轨"，控制系统将自动检测当前的机器人变位器配置，并显示机器人变位器直接设定页面。

③ 确认设定页的外部运动系统编号"＄ETn_KIN"、名称，以及用于运动控制的附加轴编号"＄ETn_AX"等配置数据准确。

④ 选择附加轴手动操作，按示教器方向键"＋"，利用变位器移动机器人。

⑤ 根据机器人实际运动方向，点击方向设定选项"＋""－"，定义变位器手动操作的方向键，按软操作键〖继续〗。

⑥ 选择附加轴手动操作，通过变位器运动，将机器人定位到第 1 个示教位置。

⑦ 选择机器人手动操作，将测试工具 TCP 定位到测量参照点后，按软操作键〖测量〗。

⑧ 重复步骤⑥、⑦，完成机器人在变位器第 2、第 3 个示教位置的测试。

⑨ 按软操作键〖保存〗，系统将保存 ERSYSROOT CS 数据，同时，将显示是否需要修改机器人示教点位置的安全询问对话框。

⑩ 点击对话框的"是"，系统将根据新的变位器坐标系 ERSYSROOT CS，修正已保存的机器人示教编程点位置；点击对话框的"否"，系统仅修正变位器坐标系 ERSYSROOT CS，不改变已保存的机器人示教编程点位置。

机器人变位器坐标系 ERSYSROOT CS 修正后，必须重新检查或设定变位器的软、硬件限位位置，确保变位器运行安全。

10.5.2 工件变位器坐标系设定

（1）坐标系定义

垂直串联机器人的工件变位器大多为回转变位器。使用工件变位器的 KUKA 机器人系统

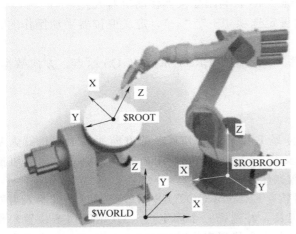

图 10.5.2　工件变位器坐标系定义

需要增加图 10.5.2 所示的用来描述变位器运动的工件变位器坐标系 ROOT CS。

工件变位器坐标系 ROOT CS 需要以大地坐标系为基准设定，ROOT CS 原点就是变位器基准点在 WORLD CS 上的位置，变位器安装方向需要通过 ROOT CS 绕WORLD CS 回转的欧拉角定义。

在使用工件变位器的机器人系统上，工件（或工件）将随变位器运动，因此，控制系统的工件坐标系 BASE CS 需要以工件变位器坐标系 ROOT CS 为基准设定。如果不设定 BASE CS，系统将默认 BASE CS 与 ROOT CS 重合。

工件变位系统的工件（或工件）相对于大地运动，因此，必须定义大地坐标系 WORLD CS。WORLD CS 具有唯一性，如果系统同时使用工件变位器、机器人变位器，两者的大地坐标系必须一致。

标准的工件变位器需要使用伺服电机驱动，直接利用机器人控制系统的附加轴进行控制，因此，需要由机器人生产厂家配置相关软、硬件，设置系统参数。用户安装调试时，可以根据变位器的安装位置与方向，直接输入 ROOT CS 数据，或者，通过 ROOT CS 示教操作，设定变位器坐标系 ROOT CS。

（2）ROOT CS 输入

在使用工件变位器的系统上，如果变位器基准点在大地坐标系 WORLD CS 上的位置、变位器绕 WORLD CS 回转的欧拉角均为已知，控制系统的 ROOT CS 可利用数据输入操作直接设定，其操作步骤如下。

① 确认控制系统已配置工件变位器，ROOT CS 原点、方向数据已知，机器人操作模式选择 T1。

② 按 Smart PAD 主菜单键或点击 Smart HMI 状态显示栏的主菜单图标，显示 Smart PAD 操作主菜单后，选择主菜单"投入运行"→子菜单"测量"→"外部运动系统"→"基点（数字）"，控制系统将自动检测当前的工件变位器配置，并显示工件变位器直接设定页面。

③ 选定保存工件变位器数据的工件数据号，按软操作键〖继续〗。

④ 在设定页的外部运动系统编号、名称输入栏，输入工件变位器所对应的外部运动系统编号、名称，按软操作键〖继续〗。

⑤ 在设定页的 ROOT CS 输入栏，直接输入 ROOT CS 原点、方向数据，按软操作键〖继续〗。

⑥ 按软操作键〖保存〗。

（3）ROOT CS 示教

工件变位器坐标系 ROOT CS 也可以通过示教操作设定。为了便于使用，KUKA 配套的工件变位器上设置有用于 ROOT CS 示教设定的测量基准点（参照点），参照点在 ROOT CS 上的位置、方向，已由 KUKA 在系统变量"$ETn\_TPINFL"（$n=1\sim6$）中设定，用户安装调试时，可以直接利用这一参照点的示教操作，设定工件变位器坐标系 ROOT CS。如果需要，具有"专家级"以上操作权限的用户，可修改系统变量"ETn_TPINFL"（$n=1\sim6$）的设定值，改变参照点位置。

在使用 KUKA 工件变位器的机器人系统上，示教设定工件变位器坐标系 ROOT CS 时，机器人需要安装已完成 TOOL CS 设定的工具，作为测试工具；然后，通过变位器运动，将参照点定位到 WORLD CS 的 4 个不同位置，并在这 4 个位置上分别通过机器人移动将测试工具 TCP 定位到参照点；这样，控制系统便可根据 4 组不同的机器人位置数据，自动计算、设定 ROOT CS。4 个参照点在 WORLD CS 上的位置变化越大，示教设定的 ROOT CS 就越准确。

利用示教操作设定工件变位器坐标系 ROOT CS 的步骤如下。

① 确认控制系统已正确配置工件变位器，变位器参照点的位置已在系统变量"＄ETn_ TPINFL"中设定；机器人已安装上用于测试的已完成 TOOL CS 设定的工具；机器人操作模式为 T1。

② 按 Smart PAD 主菜单键或点击 Smart HMI 状态显示栏的主菜单图标，显示 Smart PAD 操作主菜单后，选择主菜单"投入运行"→子菜单"测量"→"外部运动系统"→"基点"，控制系统将自动检测当前的工件变位器配置，并显示工件变位器设定页面。

③ 在设定页的工件数据号输入栏，选定保存工件变位器数据的工件数据号，按软操作键〖继续〗。

④ 在设定页的外部运动系统编号、名称输入栏，输入工件变位器所对应的外部运动系统编号、名称，按软操作键〖继续〗，示教器即可显示变位器参照点位置数据（系统变量"＄ETn_ TPINFL"）设定值。

⑤ 确认或修改（需要专家级以上操作权限）"＄ETn_ TPINFL"设定值，按软操作键〖继续〗。

⑥ 选择附加轴手动操作，通过变位器运动，将参照点定位到第 1 个示教位置。

⑦ 选择机器人手动操作，将测试工具 TCP 定位到参照点，按软操作键〖测量〗，系统将记录机器人位置，按软操作键〖继续〗。

⑧ 重复步骤⑥、⑦，完成参照点在示教位置 2～4 的测试。

⑨ 按软操作键〖保存〗，系统将保存 ROOT CS 数据。

10.5.3　工件变位器的 BASE CS 设定

工件变位器既可用于机器人移动工具作业系统的工件变位，也可用于机器人移动工件作业系统的工具变位。在使用工件变位器改变工件、工具位置的作业系统上，工件变位器坐标系 ROOT CS 将成为控制系统工件坐标系 BASE CS 的设定基准，BASE CS 的原点、方向将随工件变位器的运动而改变。

使用工件变位器时，机器人移动工具作业系统、机器人移动工件作业系统的 BASE CS 的设定方法分别如下。

(1) 机器人移动工具系统

当工件变位器用于机器人移动工具系统的工件变位时，BASE CS 原点为工件基准点在工件变位器坐标系 ROOT CS 上的位置，工件在变位器上的安装方向需要通过 BASE CS 绕 ROOT CS 回转的欧拉角定义。如果不设定工件坐标系 BASE CS，系统将默认工件坐标系和工件变位器坐标系重合（＄BASE＝＄ROOT）。

使用工件变位器的机器人移动工具作业系统的 BASE CS 可采用数据直接输入、"3 点法"示教 2 种方法设定，其操作如下。

① BASE CS 数据输入。在使用工件变位器的机器人移动工具作业系统上，如果工件基准点在变位器坐标系 ROOT CS 上的位置、工件绕 ROOT CS 回转的欧拉角均为已知，控制系统的 BASE CS 可利用数据输入操作直接设定，其操作步骤如下。

a. 确认控制系统的工件变位器坐标系 ROOT CS 已准确设定；工件在 ROOT CS 上的方位（基准点位置、安装方向）数据已知；机器人操作模式选择 T1。

b. 按 Smart PAD 主菜单键或点击 Smart HMI 状态显示栏的主菜单图标，显示 Smart PAD 操作主菜单后，选择主菜单"投入运行"→子菜单"测量"→"外部运动系统"→"偏差（数字）"，示教器即可显示 BASE CS 输入页面。

c. 在设定页的工件数据号输入栏，选定保存工件变位器数据的工件数据号，示教器可显示工件坐标系名称，按软操作键〖继续〗。

d. 在设定页的外部运动系统编号输入栏，输入工件变位器所对应的外部运动系统编号，示教器可显示外部运动系统名称，按软操作键〖继续〗。

e. 在设定页的 BASE CS 原点、方向数据输入栏，输入工件基准点位置、工件安装方向数据，按软操作键〖继续〗。

f. 按软操作键〖保存〗，系统将保存 BASE CS 数据。

②"3 点法"示教。利用工件变位器改变工件位置的机器人移动工具系统的 BASE CS 示教设定方法与固定工件的"3 点法"示教类似。

"3 点法"示教设定时，需要以 TOOL CS 已设定的移动工具作为测试工具，通过测试工具在图 10.5.3 所示的工件基准点 $P1$（BASE CS 原点）及 2 个方向示教点 $P2$（BASE CS 的 +X 轴点）、$P3$（BASE CS 的第一象限点）的定位，控制系统可自动计算 BASE CS 在工件变位器坐标系 ROOT CS 上的原点位置与方向。

配置 KUKA 工件变位器的机器人系统，利用示教操作设定工件坐标系 BASE CS 的步骤如下。

a. 确认控制系统已正确配置工件变位器，变位器坐标系 ROOT CS 已准确设定；机器人已安装上用于测试的已完成 TOOL CS 设定的工具；机器人操作模式为 T1。

b. 按 Smart PAD 主菜单键或点击 Smart HMI 状态显示栏的主菜单图标，显示 Smart

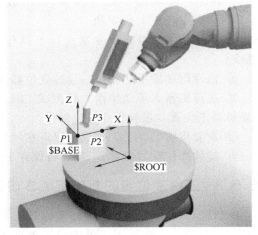

图 10.5.3　3 点法示教

PAD 操作主菜单后，选择主菜单"投入运行"→子菜单"测量"→"外部运动系统"→"偏差"，示教器即可显示 BASE CS 示教设定页面。

c. 在设定页的工件数据号输入栏，选定保存工件变位器数据的工件数据号，示教器即可显示工件数据设定的工件坐标系名称，按软操作键〖继续〗。

d. 在设定页的外部运动系统编号输入栏，输入工件变位器所对应的外部运动系统编号，示教器可显示外部运动系统名称，按软操作键〖继续〗。

e. 在设定页的工具数据号输入栏，输入测试工具所对应的工具数据号，按软操作键〖继续〗。

f. 选择机器人手动操作，将测试工具 TCP 定位到示教点 $P1$（BASE CS 原点），按软操作键〖测量〗，使系统记录机器人位置，按软操作键〖继续〗。

g. 在示教点 $P2$（BASE CS 的 +X 轴点）、$P3$（BASE CS 的第一象限点）上，重复操作步骤 f。

h. 按软操作键〖保存〗，系统将保存 BASE CS 数据。

(2) 机器人移动工件系统

当工件变位器用于机器人移动工件系统的工具变位时，控制系统的 BASE CS 原点为工具控制点（TCP）在工件变位器坐标系 ROOT CS 上的位置，工具在变位器上的安装方向需要通过 BASE CS 绕 ROOT CS 回转的欧拉角定义。

BASE CS 设定可采用数据直接输入以及"5D"示教、"6D"示教 3 种方法设定，其设定要求及操作步骤如下。

① BASE CS 数据输入。在使用工件变位器的机器人移动工件作业系统上，如果工具控制点在变位器坐标系 ROOT CS 上的位置、工具绕 ROOT CS 回转的欧拉角均为已知，控制系统的 BASE CS 可利用数据输入操作直接设定，其操作步骤如下。

a. 确认控制系统的工件变位器坐标系 ROOT CS 已准确设定；工具在 ROOT CS 上的方位（TCP 位置、安装方向）数据已知；机器人操作模式选择 T1。

b. 按 Smart PAD 主菜单键或点击 Smart HMI 状态显示栏的主菜单图标，显示 Smart PAD 操作主菜单后，选择主菜单"投入运行"→子菜单"测量"→"固定工具"→"数字输入"，示教器即可显示 BASE CS 输入页面。

c. 在设定页的工件数据号、名称输入栏，输入代表工具的工件数据号、名称，按软操作键〖继续〗。

d. 在设定页的 BASE CS 原点、方向数据输入栏，输入工具控制点（TCP）位置、工件安装方向数据，按软操作键〖继续〗。

e. 按软操作键〖保存〗，系统将保存 BASE CS 数据。

② BASE CS 示教方法。在利用工件变位器改变工具位置的机器人移动工件系统上，控制系统的 BASE CS 示教设定可使用与固定工具类似的"5D""6D"两种方法设定（参见前述）。

"5D""6D"示教设定都需要在机器人手腕上安装 TOOL CS 已准确设定的移动工具，作为测试工具，然后，将测试工具 TCP 定位到安装在工件变位器上的待测工具 TCP 上，确定待测工具 TCP 在 ROOT CS 上的位置，设定控制系统的 BASE CS 原点。在此基础上，再利用"5D""6D"示教，设定 BASE CS 方向。

选择"5D"示教时，需要将机器人手腕调整成手腕基准坐标系（FLANGE CS）的 Z 轴与工具的中心线平行、FLANGE CS 的−Z 方向与需要设定的系统 BASE CS 的＋X 向一致的状态，系统便可完成 BASE CS 的 X 轴与方向的设定，并自动生成 Y、Z 轴方向。

选择"6D"示教时，则需要将机器人手腕调整成符合以下规定的状态，由控制系统自动设定 BASE CS 方向。

X 轴：通过工具 TCP 且与机器人手腕基准坐标系（FLANGE CS）Z 轴平行的直线为控制系统 BASE CS 的 X 轴，BASE CS 的＋X 向与 FLANGE CS 的−Z 向相同。

Y 轴：通过工具 TCP 且与机器人手腕基准坐标系（FLANGE CS）Y 轴平行的直线为控制系统 BASE CS 的 Y 轴，BASE CS 的＋Y 向与 FLANGE CS 的＋Y 向相同。

Z 轴：通过工具 TCP 且与机器人手腕基准坐标系（FLANGE CS）X 轴平行的直线为控制系统 BASE CS 的 Z 轴，BASE CS 的＋Z 向与 FLANGE CS 的＋X 向相同。

③ BASE CS 示教操作。使用工件变位器的机器人移动工件作业系统的 BASE CS "5D""6D"示教设定操作步骤如下。

a. 确认控制系统已正确配置工件变位器，变位器坐标系 ROOT CS 已准确设定；机器人已安装用于测试的已完成 TOOL CS 设定的工具；机器人操作模式为 T1。

b. 按 Smart PAD 主菜单键或点击 Smart HMI 状态显示栏的主菜单图标，显示 Smart PAD 操作主菜单后，选择主菜单"投入运行"→子菜单"测量"→"固定工具"→"外部运动系统偏量"，示教器即可显示 BASE CS 示教设定页面。

c. 在设定页的工件数据号输入栏，选定保存工件变位器数据的工件数据号，示教器可显示工件数据设定的工件坐标系名称，按软操作键〖继续〗。

d. 在设定页的外部运动系统编号输入栏，输入工件变位器所对应的外部运动系统编号，示教器可显示外部运动系统名称，按软操作键〖继续〗。

e. 在设定页的工具数据号输入栏，输入测试工具所对应的工具数据编号，按软操作键〖继续〗。

f. 在设定页的"5D""6D"示教方式选择栏，选定"5D"示教或"6D"示教操作，按软操作键〖继续〗。

g. 选择机器人手动操作，将测试工具 TCP 定位到工件变位器上的待测工具 TCP 上，按软操作键〖测量〗，系统将记录机器人位置，按软操作键〖继续〗。

h. 根据所选的示教方式，将机器人手腕基准坐标系（FLANGE CS）调整成"5D"或"6D"示教要求的状态，按软操作键〖测量〗，系统将记录机器人位置，按软操作键〖继续〗。

i. 按软操作键〖保存〗，系统将保存 BASE CS 数据。

10.6　机器人工作区间设定与监控

10.6.1　作业边界与作业区域定义

(1) 机器人运动保护

为了保证运行安全，防止机器人本体出现碰撞，损坏机械传动部件，作为基本的行程保护措施，工业机器人的关节轴一般需要设置软极限（软件限位）、超程开关（电气限位）和限位挡块（机械限位），以限定关节轴的运动范围。超程开关、机械限位挡块与机器人控制系统、本体机械结构有关，通常需要由机器人生产厂家安装，用户原则上不能改变；关节轴软极限需要通过机器人调试（投入运行）操作设定，有关内容可参见前述。

软极限、超程开关、限位挡块都是用于关节轴行程极限保护的基本措施，但是，机器人实际使用时，由于工具、工件及其他设备的安装，即使在行程允许范围内，仍然可能产生碰撞和干涉，因此，需要在基本行程保护措施基础上，通过工作区间的设定与监控，限定关节轴或机器人 TCP 的运动范围。

机器人的工作区间（或作业禁区）设定与监控是用来预防机器人发生干涉、碰撞的一种安全措施。例如，在图 10.6.1 (a) 所示的单机器人作业系统上，可通过机器人位置监控，禁止机器人进入可能与其他部件发生碰撞的区域；而在图 10.6.1 (b) 所示的多机器人作业系统上，则可用来协调机器人运动，避免机器人在作业干涉区发生相互碰撞。

KUKA 机器人控制系统的工作区间设定与监控需要 8.0 以上版本的软件及选择功能 Safe Operation 的支持；工作区间（或作业禁区）的设定与监控需要定义作业边界和作业区域，作业区域可以选择边界内侧（inside）或外侧（outside），另一侧即为作业禁区。

KUKA 机器人的作业边界和作业区域定义方法如下。

(2) 作业边界定义

KUKA 机器人作业边界可以用关节坐标系、笛卡儿坐标系两种形式，按以下要求定义，每一形式均可定义最大 8 个作业区间。不同的作业区间边界可以重叠。

① 关节坐标系定义。以关节坐标系形式定义的作业边界可直接限定机器人关节轴、附加轴的运动区间。

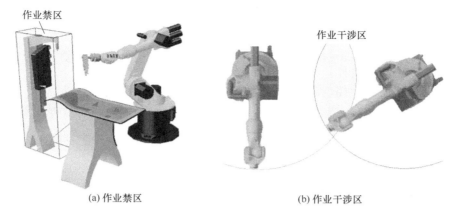

(a) 作业禁区　　　　　　　　　　(b) 作业干涉区

图 10.6.1　机器人工作区间

关节坐标系作业边界需要在系统变量"＄AXWORKSPACE [n]"（$n=1\sim8$）中定义。系统变量"＄AXWORKSPACE [n]"包括关节轴和附加轴的负侧边界位置（An_N、En_N）、正侧边界位置（An_P、En_P）以及作业区域定义项 MODE（见下述）。

例如，对于图 10.6.2 所示的工作区间 SPACE [1]，如果以关节坐标系的形式设定，机器人作业边界为：

```
$AXWORKSPACE[1]= {A1_N-30,   A1_P 30, A2_N-135, A2_P-45, ……}
```

② 笛卡儿坐标系定义。以笛卡儿坐标系形式定义的作业边界用来限定机器人 TCP 的运动范围，但是，机器人的其他部位有可能进入或跨越边界。

笛卡儿坐标系作业边界需要在系统变量"＄WORKSPACE [n]"（$n=1\sim8$）中定义。系统变量"＄WORKSPACE [n]"包括边界坐标系 SPACE CS 在大地坐标系 WORLD CS 上的方位（x，y，z，a，b，c）、正侧边界（顶点 $P1$）的 SPACE CS 坐标值（$x1$，$y1$，$z1$）、负侧边界（底点 $P2$）的 SPACE CS 坐标值（$x2$，$y2$，$z2$）以及作业区域定义项 MODE（见下述）。

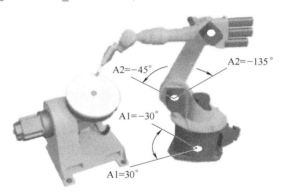

图 10.6.2　关节坐标系边界

例如，对于图 10.6.3 所示的工作区间 SPACE [1]，假设边界坐标系 SPACE CS 的原点位于大地坐标系的（0，1000，500）位置；SPACE CS 绕大地坐标系回转的欧拉角为（0，0，-30）；正侧边界（顶点 $P1$）的 SPACE CS 坐标值为（500，500，1000），负侧边界（底点 $P2$）的 SPACE CS 坐标值为（-500，-500，0）；以笛卡儿坐标系定义的机器人 TCP 作业边界为：

```
$WORKSPACE[1]= {X 0,Y 1000,Z 500,A 0,B 0,C-30,X1 500,Y1 500,Z1 1000,X2-500,Y2-500,Z2 0,
……}
```

(3) 作业区域定义

KUKA 机器人的作业区域需要通过系统变量"＄AXWORKSPACE [n]""＄WORKSPACE [n]"中的附加项"模式（MODE）"，以枚举数据的格式定义，MODE 可设定的数值及含义如下。

♯OFF：工作区间监控功能无效，作业边界的内、外侧均可运动。

♯INSIDE：内侧监控，关节轴、机器人TCP进入边界内侧时，控制系统可以输出DO监控信号。

♯OUTSIDE：外侧监控，关节轴、机器人TCP进入边界外侧时，控制系统可以输出DO监控信号。

♯INSIDE_STOP：内侧禁止，关节轴、机器人TCP进入边界内侧时，机器人停止运动、输出DO监控信号。

♯OUTSIDE_STOP：外侧禁止，关节轴、机器人TCP进入边界外侧时，机器人停止运动、输出DO监控信号。

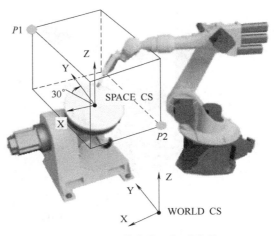

图10.6.3　笛卡儿坐标系边界

例如，图10.6.2所示的机器人工作区间SPACE［1］限定为关节轴A1的−30°～30°区域、A2轴的−135°～−45°区域（外侧禁止），系统变量"＄AXWORKSPACE［1］"可设定如下：

```
$AXWORKSPACE[1]= {A1_N-30,  A1_P 30,A2_N-135,A2_P-45,……,MODE # OUTSIDE_STOP}
```

例如，图10.6.3所示的机器人工作区间SPACE［1］限定为SPACE CS负侧顶点（−500，−500，0）、正侧顶点（500，500，1000）的内侧区域（外侧禁止），系统变量"＄WORKSPACE［1］"可设定如下：

```
$WORKSPACE[1]= {X 0,Y 1000,Z 500,A 0,B 0,C-30,X1 500,Y1 500,Z1 1000,X2-500,Y2-500,Z2 0,
MODE # OUTSIDE_STOP}
```

10.6.2　工作区间的输入设定

KUKA机器人的工作区间可以通过机器人的配置操作或KRL数据表进行设定，利用机器人配置操作输入工作区间数据的方法如下。

(1) 关节坐标系工作区间设定

KUKA机器人的关节坐标系工作区间的数据输入操作步骤如下。

① 按Smart PAD主菜单键或点击Smart HMI状态显示栏的主菜单图标，显示Smart PAD操作主菜单。

② 选择主菜单"配置"→子菜单"其他（或工具）"→"工作区间监控"→"配置"后，按软操作键〖轴坐标〗，示教器即可显示图10.6.4（a）所示的关节坐标系工作区间输入页面，并显示如下内容。

"编"：关节坐标系工作区间编号，允许输入1～8。

"名"：关节坐标系工作区间名称，系统默认的名称为"WORKSPACE n"；如果需要，用户可输入自定义名称。

"轴"栏：A1～A6的"最小""最大"列，可分别输入关节轴的负向、正向边界位置（单位°）；E1～E6的"最小""最大"列，可分别输入外部轴的负向、正向边界位置（单位°或mm）。

"模式"：可点击扩展箭头，打开作业区域设定的模式（MODE）选项，选择作业区域。

③ 根据实际需要，输入工作区间数据。

④ 如果需要，可以点击软操作键〖信号〗，示教器即可显示图10.6.4（b）所示的工作区

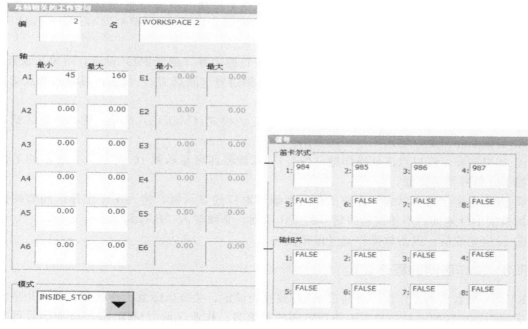

(a) 工作区间　　　　　　　　　　　　(b) DO信号

图 10.6.4　关节坐标系工作区间设定

间监控 DO 信号设定页面。

⑤ 点击选定"轴相关"栏与工作区间编号对应的显示框，输入用于工作区间监控信号输出的系统 DO 地址；不使用监控信号的工作区间，必须输入"FALSE"。

⑥ 设定完成后，点击软操作键〖保存〗。

(2) 笛卡儿坐标系工作区间设定

KUKA 机器人的笛卡儿坐标系工作区间的数据输入操作步骤如下。

① 按 Smart PAD 主菜单键或点击 Smart HMI 状态显示栏的主菜单图标，显示 Smart PAD 操作主菜单。

② 选择主菜单"配置"→子菜单"其他（或工具）"→"工作区间监控"→"配置"后，按软操作键〖笛卡尔式〗（"笛卡尔"即"笛卡儿"旧译名），示教器即可显示图 10.6.5 所示的笛卡儿坐标系工作区间输入页面，并显示如下内容。

"编"：笛卡儿坐标系工作区间编号，允许输入 1～8。

"名"：笛卡儿坐标系工作区间名称，系统默认的名称为"WORK-SPACE n"；如果需要，用户可输入自定义名称。

"原点"栏："X""Y""Z"用于边

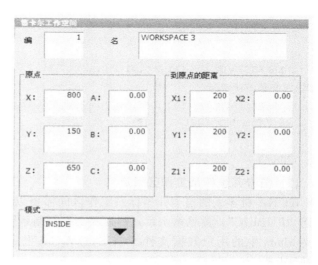

图 10.6.5　笛卡儿坐标系工作区间设定

界坐标系 SPACE CS 原点设定，可输入 SPACE CS 原点在大地坐标系 WORLD CS 上的位置值；"A""B""C"用于边界坐标系 SPACE CS 方向设定，可输入 SPACE CS 绕 WORLD CS 旋转的欧拉角。

"到原点的距离"栏："X1""Y1""Z1"用于正侧边界（顶点 $P1$）设定，可输入顶点 $P1$ 的 SPACE CS 坐标值；"X2""Y2""Z2"用于负侧边界（底点 $P2$）设定，可输入底点 $P2$ 的 SPACE CS 坐标值。

"模式"：可点击扩展箭头，打开作业区域设定的模式（MODE）选项，选择作业区域。

③ 根据实际需要，输入工作区间数据。

④ 如果需要，可以点击软操作键〖信号〗，示教器即可显示图 10.6.4（b）所示的工作区间监控 DO 信号设定页面。

⑤ 点击选定"笛卡尔式"栏与工作区间编号对应的显示框，输入用于工作区间监控信号输出的系统 DO 地址；不使用监控信号的工作区间，必须输入"FALSE"。

⑥ 设定完成后，点击软操作键〖保存〗。

10.6.3　工作区间的程序设定

KUKA 机器人的工作区间可通过 KRL 数据表设定，关节坐标系工作区间、笛卡儿坐标系工作区间、工作区间监控信号需要使用不同的数据表；作业区域（MODE）、监控信号可通过 KRL 程序指令选择或关闭。

机器人工作区间的 KRL 数据表、KRL 程序编程方法如下。

（1）关节坐标系工作区间定义

KUKA 机器人的关节坐标系工作区间需要以全局数据表（数据表名称后需要添加公共标记"PUBLIC"，参见第 7 章）的形式，在控制系统的应用程序（项目 R1）目录下的机器人数据文件夹 Mada 中的系统数据文件 $MACHINE.dat 上定义。文件路径为 R1\Mada \ $MA-CHINE.dat。

例如，当关节坐标系工作区间 $AXWORKSPACE[1] 定义为正侧、负侧边界均为"0"的全范围、无初始监控信号输出（MODE ♯OFF）；$AXWORKSPACE[2] 定义为 A1 轴负侧边界 45°、正侧边界 160°，初始监控状态为内侧禁止（MODE ♯INSIDE_STOP）工作区间时，对应的 KRL 数据表如下。

```
DEFDAT $MACHINE PUBLIC
......
$AXWORKSPACE[1]= {A1_N 0,A1_P 0,A2_N 0,A2_P 0,……A6_N 0,A6_P 0,E1_N 0,E1_P 0,……E6_N
0,E6_P 0,MODE# OFF}
$AXWORKSPACE[2]= {A1_N 45,A1_P 160,A2_N 0,A2_P 0,……A6_N 0,A6_P 0,E1_N 0,E1_P 0,……E6
_N 0,E6_P 0,MODE# INSIDE_STOP}
......
ENDDAT
```

（2）笛卡儿坐标系工作区间定义

KUKA 机器人的笛卡儿坐标系工作区间需要以全局数据表（数据表名称后需要添加公共标记"PUBLIC"，参见第 7 章）的形式，在控制系统的设置（STEU）目录下的机器人数据文件夹 Mada 中的用户数据文件 $CUSTOM.dat 上定义。文件路径为 STEU \Mada \ $CUS-TOM.dat。

例如，当笛卡儿坐标系工作区间 $WORKSPACE[1] 定义为 SPACE CS 坐标系原点、方向、正侧边界、负侧边界均为"0"的全范围工作、无初始监控信号输出（MODE ♯ OFF），$WORKSPACE [2] 定义为 SPACE CS 坐标系原点（400，−100，1200）、方向（0，30，0）、正侧边界（250，150，200）、负侧边界（−50，−100，−250），初始监控状态为外侧输出（MODE ♯ OUTSIDE）工作区间时，对应的 KRL 数据表如下。

```
DEFDAT $CUSTOM PUBLIC
……
$WORKSPACE[1]= {X 0,Y 0,Z 0,A 0,B 0,C 0,X1 0,Y1 0,Z1 0,X2 0,Y2 0,Z2 0,MODE # OFF}
$WORKSPACE[2]= {X 400,Y-100,Z 1200,A 0,B 30,C 0,X1 250,Y1 150,Z1 1200,X2-50,Y2-100,Z2
-250,MODE # OUTSIDE}
……
ENDDAT
```

(3) 监控信号定义

KUKA 机器人的工作区间监控信号需要以全局数据表（数据表名称后需要添加公共标记"PUBLIC"，参见第 7 章）的形式，在控制系统的设置（STEU）目录下的机器人数据文件夹 Mada 中的系统数据文件 $MACHINE.dat 上定义。文件路径为 STEU \ Mada \ $MA-CHINE.dat。

例如，当系统使用 2 个关节坐标系工作区间、2 个笛卡儿坐标系工作区间，并且，关节坐标系工作区间 $AXWORKSPACE [1] 的监控信号设定为系统 DO 输出 $OUT [712]，$AXWORKSPACE [2] 的监控信号设定为系统 DO 输出 $OUT [713]；笛卡儿坐标系工作区间 $WORKSPACE [1] 的监控信号设定为系统 DO 输出 $OUT [984]，$WORKSPACE [2] 的监控信号设定为系统 DO 输出 $OUT [985] 时，对应的 KRL 数据表如下。

```
DEFDAT $MACHINE PUBLIC
……
SIGNAL $AXWORKSPACE[1]$OUT[712]
SIGNAL $AXWORKSPACE[2]$OUT[713]
SIGNAL $AXWORKSPACE[3]FALSE
……
SIGNAL $WORKSPACE[1]$OUT[984]
SIGNAL $WORKSPACE[2]$OUT[985]
SIGNAL $WORKSPACE[3]FALSE
……
ENDDAT
```

(4) 作业区域选择与监控开启/关闭

KUKA 机器人的作业区域（MODE）、监控信号可通过 KRL 程序指令"$AXWORK-SPACE [n]. MODE"选择或关闭。

使用以上工作区间监控功能的主程序示例如下。

```
DEF  myprog( )
……
INI
$AXWORKSPACE[2].MODE= # OUTSIDE
……                                    // $AXWORKSPACE[2]外侧输出$OUT[713]
$AXWORKSPACE[2].MODE= # OFF
……                                    // $AXWORKSPACE[2]监控关闭
```

```
$WORKSPACE[2].MODE= # INSIDE_STOP
......                                                    // $WORKSPACE[2]内侧禁止
$WORKSPACE[2].MODE= # OFF
......                                                    // $WORKSPACE[2]监控关闭
......
ENDDAT
```

10.7 控制系统状态显示

10.7.1 机器人实际位置显示

(1) 位置显示方式

KUKA 工业机器人的实际位置可通过系统显示操作，以关节位置或 TCP 位置的形式在示教器上显示。

选择关节位置显示时，示教器可显示机器人当前的本体轴 A1～A6、附加轴 E1～E6 的关节绝对位置及伺服电机实际位置。关节绝对位置就是系统变量"$ AXIS_ACT"的数值，回转轴单位为 deg (°)、直线轴（附加轴）单位为 mm；电机实际位置就是伺服电机编码器的计数值，其单位为 deg (°)。

选择 TCP 位置显示时，示教器可显示机器人当前的笛卡儿坐标系位置及工具姿态，即系统变量"$ POS_ACT"的数值。TCP 位置显示的含义与控制系统当前有效的作业坐标系、作业形式（插补模式）有关。

如果控制系统当前未选定任何作业坐标系，即系统变量 $ TOOL = $ NULLFRAME、$ BASE = $ NULLFRAME、$ ROBROOT = $ WORLD，示教器所显示的笛卡儿坐标系位置就是图 10.7.1 所示的手腕基准坐标系 FLANGE CS 原点（工具参考点 TRP）相对于机器人基座坐标系 ROBROOT CS 的位置值 (x, y, z)；工具姿态的显示为零。

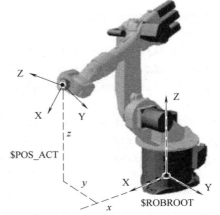

如果控制系统当前选定了作业坐标系，示教器显示的笛卡儿坐标系位置、姿态与机器人当前选择的作业形式（插补模式）有关，其含义如图 10.7.2 所示。

在图 10.7.2 (a) 所示的工件固定、机器人移动工具作业的系统上，控制系统的工具坐标系 TOOL CS 用来描述作业工具控制点（TCP）在机器人手腕

图 10.7.1 无作业坐标系的位置显示

基准坐标系 FLANGE CS 上的位置及工具的安装方向；控制系统的工件坐标系 BASE CS 用来描述工件基准点在大地坐标系 WORLD CS 上的位置及工件的安装方向。因此，示教器显示的 XYZ 就是工具 TCP 在 BASE CS 上的位置值 (x, y, z)，ABC 为工具绕 FLANGE CS 回转的欧拉角。

在图 10.7.2 (b) 所示的工具固定、机器人移动工件作业的系统上，控制系统的工具坐标系 TOOL CS 被用来描述工件基准点在机器人手腕基准坐标系 FLANGE CS 上的位置及工件的安装方向；控制系统的工件坐标系 BASE CS 则被用来描述工具控制点（TCP）在大地坐标系 WORLD CS 上的位置及工具的安装方向。因此，示教器显示的 XYZ 就是工件基准点在 BASE

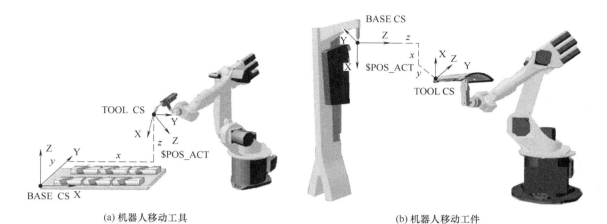

| (a) 机器人移动工具 | (b) 机器人移动工件 |

图 10.7.2 作业形式与实际位置显示

CS 上的位置值 (x, y, z)，ABC 为工件绕 FLANGE CS 回转的欧拉角。

（2）位置显示操作

控制系统启动工作后，只要按 Smart PAD 主菜单键或点击 Smart HMI 状态显示栏的主菜单图标，显示 Smart PAD 操作主菜单，并选择主菜单"显示"→子菜单"实际位置"，示教器即可显示图 10.7.3 所示的机器人实际位置显示页面。

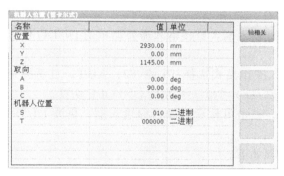
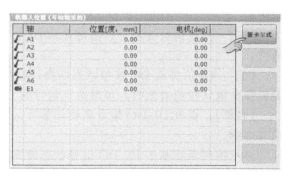

| (a) TCP位置 | (b) 关节位置 |

图 10.7.3 机器人实际位置显示

点击软操作键〖轴相关〗或〖笛卡尔式〗，示教器可进行机器人关节位置、TCP 位置显示的转换。

10.7.2 系统输入/输出信号显示

（1）基本 DI/DO 信号显示

控制系统启动工作后，控制系统基本 DI/DO 信号的当前状态可随时通过示教器检查。DI/DO 状态显示页面如图 10.7.4 所示，显示内容如下。

①编号：显示 DI/DO 信号地址编号，即系统变量"$IN [n]""$OUT [n]"的"n"。

②值：显示 DI/DO 信号当前的状态，红色标记代表信号 ON（逻辑状态 TRUE）；白色标记代表信号 OFF（逻辑状态 FALSE）。

③状态：显示 DI/DO 信号当前的控制方式，"SIM"代表仿真；"SYS"代表控制系统实际状态。

④名称：DI/DO信号名称，系统默认的DI信号名称为"INPUT（德文Eingang）"、DO信号名称为"OUTPUT（德文Ausgang）"。

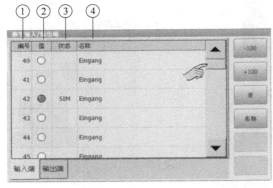

(a) DI状态显示

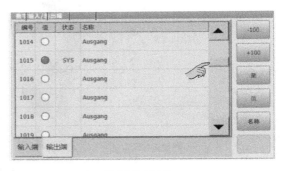

(b) DO状态显示

图10.7.4　控制系统基本DI/DO显示

DI/DO状态显示页的右侧的软操作键功能如下。

〚−100〛/〚+100〛：显示页切换，切换到当前地址编号减去/加上"100"的DI/DO信号显示页面。

〚−100〛/〚+100〛：显示页切换，切换到当前地址编号减去/加上"100"的DI/DO信号显示页面。

〚至〛：指定信号显示，点击可显示DI/DO地址输入框，直接输入需要显示的DI/DO信号地址。

〚值〛：DI仿真或DO模拟状态切换，当机器人操作模式选择T1或T2、AUT，且手握开关或操作确认按钮有效时，可对选定信号的DI仿真/DO模拟状态进行ON/OFF切换。

〚名称〛：更改DI/DO信号名称，信号选定后，点击可显示信号名称输入框，更改DI/DO信号名称。

显示控制系统基本DI/DO信号状态的操作步骤如下。

① 按Smart PAD主菜单键或点击Smart HMI状态显示栏的主菜单图标，显示Smart PAD操作主菜单。

② 选择主菜单"显示"→子菜单"输入/输出端"→"数字输入/输出端"，示教器即可显示图10.7.4所示的控制系统基本DI/DO状态显示页面。

③ 按显示栏下方的软操作键〚输入端〛、〚输出端〛，选定DI、DO信号显示页。

④ 点击或拖动显示栏右侧的标尺；或者，点击软操作键〚至〛，在显示的地址输入框中输入DI/DO信号地址，选择需要检查的DI/DO信号。

⑤ 如果需要，可点击选定DI/DO信号后，点击软操作键〚名称〛，在显示的名称输入框中输入新的DI/DO信号名称。

(2) 远程运行控制信号显示

在使用外部控制器的系统上，控制系统的远程运行控制信号状态可随时通过示教器检查。远程运行控制DI/DO信号的常规显示页面与基本DI/DO显示页类似，点击显示页的软操作键〚详细信息/正常〛，示教器可显示如图10.7.5所示的详细内容。

因中文翻译的原因，显示页的部分信号名称可能不甚确切，有关说明可参见前述，显示页的栏目内容如下。

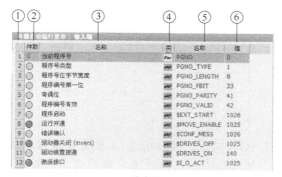
(a) DI状态显示

(b) DO状态显示

图 10.7.5 远程控制信号显示

①序号：DI/DO 信号序号由系统自动生成。

②件数（栏目翻译不恰当，应为"状态"）：显示 DI/DO 信号当前的状态，红色标记代表信号 ON（逻辑状态 TRUE）；灰色标记代表信号 OFF（逻辑状态 FALSE）或不使用。

③名称：显示远程控制 DI/DO 信号名称。

④类型：DI/DO 信号类型显示，"Var（黄色）"为数值输入信号，"I/O（绿色）"为 DI/DO 信号。

⑤名称：用来存储控制参数、DI/DO 状态的程序数据、系统变量名称。

⑥值：控制参数值或 DI/DO 信号地址。

远程运行控制 DI/DO 信号状态显示页的软操作键功能如下。

〖配置〗：直接切换到程序远程运行控制的参数与 DI/DO 信号设定页面。

〖输入端/输出端〗：用于远程控制 DI、DO 信号显示页切换。

〖详细信息/正常〗：用于常规、详细显示页切换，常规显示页不能显示图 10.7.5 中的栏目④～⑥。

显示控制系统基本 DI/DO 信号状态的操作步骤如下。

① 按 Smart PAD 主菜单键或点击 Smart HMI 状态显示栏的主菜单图标，显示 Smart PAD 操作主菜单。

② 选择主菜单"显示"→子菜单"输入/输出端"→"外部自动运行"，示教器即可显示远程运行控制 DI/DO 信号的常规显示页面。

③ 如果需要，可按显示页的软操作键〖输入端/输出端〗、〖详细信息/正常〗，进行 DI/DO 信号显示页、常规/详细显示页的切换；按软操作键〖配置〗，可切换到程序远程运行控制的参数与 DI/DO 信号设定页面，设定或修改参数与 DI/DO 信号地址。

（3）AI/AO 信号显示

在使用模拟量输入/输出功能的控制系统上，系统当前的 AI/AO 状态可通过示教器检查。AI/AO 信号状态显示页可通过以下操作打开。

① 按 Smart PAD 主菜单键或点击 Smart HMI 状态显示栏的主菜单图标，显示 Smart PAD 操作主菜单。

② 选择主菜单"显示"→子菜单"输入/输出端"→"模拟输入/输出端"，示教器即可显示 AI/AO 状态显示页面。

③ 如果需要，可按显示页的软操作键，进一步选择以下操作。

〖至〗：指定信号显示，点击可显示 AI/AO 地址输入框，直接输入需要显示的 AI/AO 信号地址。

〖电压〗：AO信号测试（输出模拟），信号选定后，点击可显示AO信号测试的电压输入框，输入AO测试电压值（-10~10V）。

〖名称〗：更改AI/AO信号名称，信号选定后，点击可显示信号名称输入框，更改AI/AO信号名称。

10.7.3 标志、定时器状态显示

(1) 标志、循环标志显示

KUKA机器人控制系统标志（系统变量＄FLAG［i］）、循环标志（系统变量＄CYC-FLAG［i］）的功能、用途可参见第7章。标志、循环标志的当前状态可随时通过示教器检查，其状态显示页面如图10.7.6所示。

标志、循环标志显示页的栏目、软操作键含义与基本DI/DO显示页相同，系统默认的标志名称为"Flag"，循环标志名称为"Maker"；显示标志、循环标志的操作步骤如下。

① 按Smart PAD主菜单键或点击Smart HMI状态显示栏的主菜单图标，显示Smart PAD操作主菜单。

② 选择主菜单"显示"→子菜单"变量"→"标识器"或"周期性旗标"，示教器即可显示标志FLAG或循环标志CYCFLAG的状态显示页面。

③ 如果需要，可通过显示页的软操作键，进行基本DI/DO状态显示同样的页面切换、信号名称更改、状态模拟等操作。

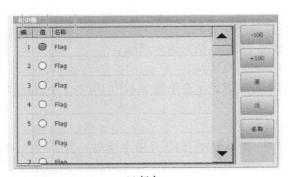
(a) 标志

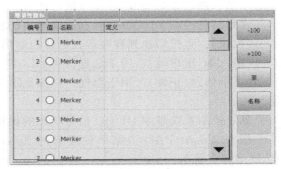
(b) 循环标志

图10.7.6 标志、循环标志显示

(2) 定时器显示

KUKA机器人控制系统定时器（系统变量＄TIMER［i］）的功能、用途可参见7.5节。定时器的当前状态可随时通过示教器检查，其状态显示页面如图10.7.7所示，显示内容如下。

①编号：显示定时器地址编号，即系统变量＄TIMER［i］的"i"。

②Status：显示定时器当前的状态，红色标记代表定时器未启动（＄TIMER_STOP［i］＝TRUE）；绿色标记代表定时器已启动计时（＄TIMER_STOP［i］＝

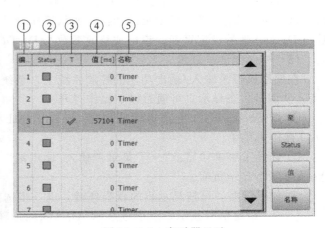

图10.7.7 定时器显示

FALSE）。

③T：定时器标志（系统变量＄TIMER_FLAG［i］）当前的状态显示，红色"√"标记代表定时器的计时值大于 0；无标记代表定时器的计时值小于等于 0。

④值：定时器当前的计时值显示，单位 ms。

⑤名称：系统默认的定时器名称为"Timer"。

定时器显示页的右侧的软操作键功能如下。

〖至〗：指定定时器显示。点击可显示定时器地址编号输入框，直接输入需要显示的定时器地址编号。

〖Status〗：定时器状态设置。当手握开关或操作确认按钮有效时，可对选定的定时器进行启动/停止切换。

〖值〗：定时值设定。定时器选定后，点击可显示定时器定时值输入框，直接设定所选定时器的定时值。

〖名称〗：更改定时器名称。定时器选定后，点击可显示定时器名称输入框，更改定时器名称。

显示控制系统定时器状态的操作步骤如下。

① 按 Smart PAD 主菜单键或点击 Smart HMI 状态显示栏的主菜单图标，显示 Smart PAD 操作主菜单。

② 选择主菜单"显示"→子菜单"变量"→"计时器"，示教器即可显示图 10.7.7 所示的控制系统定时器显示页面。

③ 点击或拖动显示栏右侧的标尺；或者，点击软操作键〖至〗，在显示的地址输入框中输入定时器地址，选择需要检查的定时器。

④ 如果需要，可点击选定定时器后，点击软操作键〖名称〗，在显示的名称输入框中输入新的定时器名称；或者，点击软操作键〖Status〗，按下手握开关或操作确认按钮，对选定的定时器进行启动/停止切换。

以上是 KUKA 机器人与 KRL 程序有关的常用设定操作，有关 KUKA 机器人操作更多的内容，可参见 KUKA 技术资料。

参考文献

[1] 龚仲华. ABB 工业机器人从入门到精通 [M]. 北京：化学工业出版社，2020.

[2] 龚仲华. ABB 工业机器人应用技术全集 [M]. 北京：人民邮电出版社，2020.

[3] 龚仲华. FANUC 工业机器人从入门到精通 [M]. 北京：化学工业出版社，2020.

[4] 龚仲华. 安川工业机器人从入门到精通 [M]. 北京：化学工业出版社，2020.

[5] 龚仲华. FANUC 工业机器人应用技术全集 [M]. 北京：人民邮电出版社，2021.

[6] 秦大同，龚仲华. 现代机械设计手册：单行本 减速器与变速器 [M]. 2 版. 北京：化学工业出版社，2020.